饲料法规文件汇编
（2021）

中国农业科学院饲料研究所 编

中国农业科学技术出版社

图书在版编目（CIP）数据

饲料法规文件汇编.2021/中国农业科学院饲料研究所编.--北京：中国农业科学技术出版社，2021.10
ISBN 978-7-5116-5238-6

Ⅰ.①饲… Ⅱ.①中… Ⅲ.①饲料工业-法规-汇编-中国②饲料工业-文件-汇编-中国 Ⅳ.①D922.49

中国版本图书馆 CIP 数据核字（2021）第 049741 号

责任编辑　崔改泵
责任校对　李向荣
责任印制　姜义伟　王思文

出 版 者	中国农业科学技术出版社 北京市中关村南大街 12 号　邮编：100081
电　　话	（010）82109194（编辑室）　（010）82109702（发行部） （010）82109709（读者服务部）
传　　真	（010）82109698
网　　址	http://www.castp.cn
经 销 者	各地新华书店
印 刷 者	河北鑫彩博图印刷有限公司
开　　本	185 mm×260 mm　1/16
印　　张	49.5
字　　数	1 180 千字
版　　次	2021 年 10 月第 1 版　2021 年 10 月第 1 次印刷
定　　价	198.00 元

◆版权所有·翻印必究◆

《饲料法规文件汇编（2021）》
编委会

总策划： 李　俊
主　编： 卞荣星　李　俊
副主编： 胡广东　李燕松　张　军　段海涛
编　委： （按姓氏笔画排序）

卞荣星　布艾杰尔·吾布力卡斯木
冯三令　吕秀娟　李　俊　李燕松
杨　洁　杨　莹　何麒麟　谷　旭
张　军　张　博　张令钢　胡广东
陆　静　郦智玉　段海涛　施　彬
姚　婷　秦　超　郭丽丽　葛莉莉

前 言

为更好地方便饲料行业管理者、基层饲料执法人员和从业者学习了解使用饲料法规政策，运用好国家法规政策，为行业提供便利的公共服务，中国农业科学院饲料研究所组织有关专家，对现行有效的法规、规章、规范性文件、技术标准和政策性文件等进行整理，形成本汇编。

在汇编过程中，力求让读者了解到最新出台的制修订文件版本的变化，针对面广量大的法规文件，不是采用简单的堆砌，而是通过抽丝剥茧，分门别类、条块划分归类，让读者一目了然，方便查询检索。本汇编包括条例及管理办法、规范使用、行政许可、新产品审定/评价指南及试验机构、批准上市/扩大适用范围的饲料和饲料添加剂、进口登记/进出口管理及服务、饲料质量安全管理规范、宠物饲料管理、饲料相关标准、监督执法、饲料行业税收政策、相关法律法规等 12 个部分。

本汇编对法规名称进行了编辑处理，对有名称的法规文件，加括号标明发布或修订的年代号和文件编号，如：饲料添加剂安全使用规范（农业部公告 2017 年第 2625 号发布，2019 年第 231 号修订）；对于没有名称的法规文件，采用内容提炼和描述性的名称+括号进行标明，如：停止生产、经营、进口、使用部分药物饲料添加剂（农业农村部公告 2019 年第 194 号发布）。

由于饲料管理法规体系涉及面广，文件数量多，汇编过程中难免有疏漏错误之处，敬请各位同行批评指正并提出修订意见。

编者
2021 年 9 月

目 录

一、条例及管理办法

饲料和饲料添加剂管理条例（国务院令1999年第266号发布，2011年第609号、2013年第645号、2016年第666号、2017年第676号修订） …………… (3)

饲料和饲料添加剂生产许可管理办法（农业部令2012年第3号发布，2013年第5号、2016年第3号、2017年第8号修订） …………… (14)

饲料添加剂和添加剂预混合饲料产品批准文号管理办法（农业部令2012年第5号） …………… (18)

新饲料和新饲料添加剂管理办法（农业部令2012年第4号发布，2016年第3号修订） …………… (21)

进口饲料和饲料添加剂登记管理办法（农业部令2014年第2号发布，2016年第3号、2017年第8号修订） …………… (24)

二、规范使用

饲料原料目录（农业部公告2012年第1773号发布，2013年第2038号、2014年第2133号、2015年第2249号、2017年第2634号修订；农业农村部公告2018年第22号、2020年第356号、2021年第459号修订） …………… (31)

饲料添加剂品种目录（农业部公告2013年第2045号发布，2014年第2134号、2017年第2634号修订；农业农村部公告2018年第21号、2018年第53号、2019年第231号、2020年第356号、2021年第459号修订） …………… (92)

饲料添加剂安全使用规范（农业部公告2017年第2625号发布，农业农村部公告2019年第231号修订） …………… (103)

禁止在饲料和动物饮用水中使用的药物品种目录（农业部、卫生部、国家药品监督管理局公告2002年第176号） …………… (136)

关于禁止在饲料中人为添加三聚氰胺和饲料中三聚氰胺限量规定的公告（农业部公告2009年第1218号） …………… (140)

关于停止缩二脲作为饲料添加剂生产和使用的公告（农业部公告2009年第1282号） …………… (141)

禁止在饲料和动物饮水中使用的物质（农业部公告2010年第1519号） …………… (142)

关于停止生产、进口、经营、使用部分药物饲料添加剂的公告（农业农村部公告2019年第194号） ……………………………………………………………………（143）
食品动物中禁止使用的药品及其他化合物清单（农业农村部公告2020年第250号） ………………………………………………………………………………………（144）

三、行政许可

《饲料生产企业许可条件》和《混合型饲料添加剂生产企业许可条件》（农业部公告2012年第1849号发布，农业部令2017年第8号修订） ……………（149）
饲料和饲料添加剂生产许可证申报材料要求（农业部公告2012年第1867号发布，农业部令2017年第8号修订） ……………………………………………（157）
农业部办公厅关于印发饲料和饲料添加剂生产许可现场审核表的通知（农办牧〔2012〕45号） …………………………………………………………………（215）
农业部办公厅关于饲料和饲料添加剂生产许可证核发范围和标示方法的通知（农办牧〔2012〕42号） …………………………………………………………（260）
关于饲料和饲料添加剂委托生产备案表的公告（农业部公告2013年第1954号发布，农业部令2017年第8号修订） ……………………………………………（264）
农业部办公厅关于办理饲用香味剂行政许可有关事项的通知（农办牧〔2014〕16号） ……………………………………………………………………………（268）
国务院关于取消和下放一批行政许可事项的决定（国发〔2019〕6号）（饲料添加剂预混合饲料、混合型饲料添加剂产品批准文号核发） …………（269）
农业农村部办公厅关于实施添加剂预混合饲料和混合型饲料添加剂产品备案管理的通知（农办牧〔2019〕32号） ……………………………………………（271）
农业农村部畜牧兽医局关于"饲料和饲料添加剂产品备案系统"试运行的通知（农牧便函〔2019〕562号） ……………………………………………………（272）
关于农业农村部行政许可事项服务指南的公告（农业农村部公告2019年第222号） ………………………………………………………………………………（281）
农业农村部办公厅印发落实《国务院关于在自由贸易试验区开展"证照分离"改革全覆盖试点的通知》实施方案的通知（农办质〔2019〕41号） ………（306）

四、新产品审定、评价指南及试验机构

关于印发《饲料添加剂稳定性试验指南（试行）》的通知（农办牧〔2008〕82号） …………………………………………………………………………………（317）
关于确定20家有能力承担饲料和饲料添加剂有效性试验机构和7家安全性评价机构的公告（农业部公告2009年第1142号） …………………………………（325）

目　录

农业部办公厅关于印发《饲料和饲料添加剂畜禽靶动物有效性评价试验指南
　　（试行）》和《饲料和饲料添加剂畜禽靶动物耐受性评价试验指南
　　（试行）》的通知（农办牧〔2011〕21号） ……………………………………（330）
农业部办公厅关于印发《饲料和饲料添加剂评价数据由主要畜禽物种向次要畜禽
　　物种外推的技术指南（试行）》《饲料和饲料添加剂水产靶动物有效性评价
　　试验指南（试行）》和《饲料和饲料添加剂水产靶动物耐受性评价试验指南
　　（试行）》的通知（农办牧〔2012〕1号） ……………………………………（347）
农业部办公厅关于组织申报饲料和饲料添加剂评价相关试验机构的通知
　　（农办牧〔2014〕34号） ………………………………………………………（364）
关于新饲料和新饲料证书核发网上申报的公告（农业部公告2014年第2204号）
　　………………………………………………………………………………………（373）
关于新饲料和新饲料添加剂登记标准和证书核发标准的公告（农业部公告2014年
　　第2197号） ………………………………………………………………………（382）
关于新饲料添加剂申报材料要求的公告（农业农村部公告2019年第226号）
　　………………………………………………………………………………………（387）
关于申请饲料原料和饲料添加剂审批咨询服务的公告（农业农村部公告2019年
　　227号） ……………………………………………………………………………（397）
关于确定25家饲料和饲料添加剂有效性和耐受性评价试验机构和9家毒理学
　　评价试验机构的公告（农业农村部公告2020年第279号） ………………（398）
农业农村部办公厅关于成立全国动物营养指导委员会的通知（农办牧〔2020〕
　　49号） ……………………………………………………………………………（408）

五、批准上市、扩大适用范围的饲料和饲料添加剂

关于增补大豆磷脂油粉等8种饲料原料，修订豆饼等8种饲料原料名称和特征描述，
　　酿酒酵母培养物等3种饲料添加剂转入《饲料原料目录》的公告（农业部
　　公告2013年第2038号） …………………………………………………………（413）
关于批准N-氨甲酰谷氨酸为新饲料添加剂的公告（农业部公告2014年第2091号）
　　………………………………………………………………………………………（417）
关于批准姜黄素、胆汁酸为新饲料添加剂的公告（农业部公告2014年第2131号）
　　………………………………………………………………………………………（419）
关于增补饲料原料鱼浆、低脂肪鱼粉〔低脂鱼粉〕、硅藻土的公告（农业部公告
　　2014年第2133号） ………………………………………………………………（422）
关于增补饲料添加剂辛烯基琥珀酸淀粉钠和索马甜、修订二氧化硅名称及扩大饲料
　　添加剂低聚异麦芽糖适用范围的公告（农业部公告2014年第2134号） ……（424）
关于扩大饲料原料初乳（粉）适用范围的公告（农业部公告2015年第2249号）
　　………………………………………………………………………………………（425）

关于扩大饲料添加剂胆汁酸适用范围的公告（农业部公告2016年第2358号）
………………………………………………………………………………（426）
关于准许生产经营和使用低含量规格一水硫酸锌的公告（农业部公告2016年
第2426号）…………………………………………………………………（427）
关于增补饲料原料辅酶Q_{10}渣和扩大饲料添加剂焦亚硫酸钠适用范围的公告
（农业部公告2017年第2634号）…………………………………………（428）
关于增补维生素K_1等78个饲料添加剂和扩大蛋氨酸羟基类似物等25个饲料
添加剂适用范围的公告（农业农村部公告2018年第21号）……………（429）
关于增补大麦苗粉等32种（类）饲料原料和修订事项的公告（农业农村部
公告2018年第22号）………………………………………………………（435）
关于扩大饲料添加剂硫酸钾适用范围的公告（农业农村部公告2018年第53号）
………………………………………………………………………………（440）
关于扩大饲料添加剂姜黄素适用范围的公告（农业农村部公告2019年第123号）
………………………………………………………………………………（441）
关于批准柠檬酸铜为新饲料添加剂的公告（农业农村部公告2019年第162号）
………………………………………………………………………………（442）
关于决定扩大饲料添加剂N-氨甲酰谷氨酸的适用范围的公告（农业农村部公告
2019年第163号）……………………………………………………………（444）
关于批准绿原酸为新饲料添加剂的公告（农业农村部公告2019年第217号）
………………………………………………………………………………（445）
关于增补饲料添加剂乙基纤维素和聚乙烯醇的公告（农业农村部公告2019年
第231号）……………………………………………………………………（447）
关于扩大饲料添加剂胆汁酸适用范围的公告（农业农村部公告2020年第257号）
………………………………………………………………………………（448）
关于批准植物炭黑为新饲料添加剂的公告（农业农村部2020年第258号）……（449）
关于增补饲料原料鸡蛋、灵芝、姬松茸和饲料添加剂紫胶蛋氨酸羟基类似
物异丙酯、L-抗坏血酸钠及扩大饲料添加剂蛋氨酸羟基类似物、羟丙
基甲基纤维素适用范围的公告（农业农村部公告2020年第356号）……（451）
关于增补饲料原料棕榈脂肪酸粉和饲料添加剂焦糖色及扩大饲料原料辅酶Q_{10}渣
适用范围的公告（农业农村部公告2021年第459号）……………………（453）
关于增补新饲料乙醇梭菌蛋白和新饲料添加剂吡咯并喹啉醌二钠的公告（农业
农村部公告2021年第465号）………………………………………………（455）

六、进口登记、进出口管理及服务

关于进口饲料和饲料添加剂登记申请材料要求的公告（农业部公告2014年
第2109号发布，农业部令2016年第3号、农业农村部公告2019年
第226号修订）………………………………………………………………（481）

关于进口饲料和饲料添加剂登记网上申报的公告（农业部公告2014年第2153号）
···（495）
关于进口饲料和饲料添加剂登记标准的公告（农业部公告2014年第2197号）
···（507）
关于进口鱼粉级别变更的公告（农业部公告2013年第1935号）················（510）
进出口饲料和饲料添加剂检验检疫监督管理办法（国家质检总局令第118号发布，
　第184号修订；海关总署令第238号、第240号、第243号修订）··········（511）
农业农村部办公厅关于办理饲料和饲料添加剂产品自由销售证明的通知
　（农办牧〔2020〕36号）··（521）

七、饲料质量安全管理规范

饲料质量安全管理规范（农业部令2014年第1号发布，2017年第8号修订）
···（527）
农业部关于全面实施《饲料质量安全管理规范》的意见（农牧发〔2015〕8号）
···（536）
关于进一步强化以猪血为原料的饲用血液制品生产过程管控有关要求的公告
　（农业农村部公告2018年第91号）···（539）
关于养殖者自行配制饲料规定的公告（农业农村部公告2020年第307号）······（544）

八、宠物饲料管理

关于宠物饲料管理的公告（农业农村部公告2018年第20号）··············（547）

九、饲料相关标准

饲料和饲料添加剂国家标准、行业标准目录（截至2020年3月共762个）·····（603）
饲料　采样GB/T 14699—2005/ISO 6497：2002 ···（641）
饲料标签GB/T 10648—2013 ···（657）
饲料标签《第1号修改单》（国家标准公告2020年第31号）··························（667）
饲料卫生标准GB 13078—2017 ··（668）

十、监督执法

最高人民法院、最高人民检察院关于办理非法生产、销售、使用禁止在饲料和
　动物饮用水中使用的药品等刑事案件具体应用法律若干问题的解释（法释
　〔2002〕26号）··（683）

最高人民法院、最高人民检察院关于办理危害食品安全刑事案件适用法律若干
　　问题的解释（法释〔2013〕12号） ……………………………………………（685）
农业行政许可听证程序规定（农业部令2004年第35号） ………………………（689）
关于认定违法所得问题意见的函（农办政函〔2005〕12号） …………………（693）
关于认定经营假劣饲料产品违法所得问题的复函（农办政函〔2005〕91号）
　　……………………………………………………………………………………（693）
农业部关于加强农业行政执法与刑事司法衔接工作的实施意见（农政发〔2011〕
　　2号） ………………………………………………………………………………（694）
农业部、公安部、工业和信息化部、商务部、卫生部、国家工商总局、国家质检
　　总局和国家食品药品监管局关于印发《"瘦肉精"涉案线索移送与案件督办
　　工作机制》的通知（农质发〔2011〕10号） …………………………………（696）
农业部关于印发《农业行政处罚案件信息公开办法》的通知（农政发〔2014〕
　　6号） ………………………………………………………………………………（699）
关于对瑞可旺丰年虫等产品适用饲料原料问题的函（农办政函〔2015〕26号）
　　……………………………………………………………………………………（702）
农业部办公厅关于加强饲料添加剂氯化钠监管的通知（农办牧〔2016〕31号）
　　……………………………………………………………………………………（703）
农业部办公厅关于饲料企业生产冒充其他企业的产品如何处罚的复函
　　（农办政函〔2016〕92号） ………………………………………………………（704）
农业农村部办公厅关于公布饲料和饲料添加剂检测任务承检机构名单等有关事宜的
　　通知（农办牧〔2018〕23号） ……………………………………………………（705）
规范农业行政处罚自由裁量权办法（农业农村部公告2019年第180号） ………（707）
农业农村部关于印发《农业综合行政执法事项指导目录（2020年版）》的通知
　　（农法发〔2020〕2号） ……………………………………………………………（711）
农业农村部关于加强水产养殖用投入品监管的通知（农渔发〔2021〕1号） ……（724）
农业农村部畜牧兽医局关于印发《饲料和饲料添加剂生产企业现场检查表》
　　的通知（农牧便函〔2021〕98号） ………………………………………………（727）

十一、饲料行业税收政策

财政部、国家税务总局关于饲料产品免征增值税问题的通知（财税〔2001〕
　　121号） ……………………………………………………………………………（731）
国家税务总局关于宠物饲料征收增值税问题的批复（国税函〔2002〕812号）
　　……………………………………………………………………………………（732）
国家税务总局关于饲用鱼油产品免征增值税的批复（国税函〔2003〕1395号）
　　……………………………………………………………………………………（732）
国家税务总局关于取消饲料产品免征增值税审批程序后加强后续管理的通知
　　（国税函〔2004〕884号） ………………………………………………………（733）

财政部、国家税务总局关于矿物质微量元素舔砖免征进口环节增值税的通知
（财关税〔2006〕73号） ………………………………………………………（734）

十二、相关法律法规

兽药管理条例（国务院令2004年第404号发布，2014年第653号、2016年
第666号、2020年第726号修订） ……………………………………………（737）
农业转基因生物安全管理条例（国务院令2001年第304号发布，2011年
第588号、2017年第687号修订） ……………………………………………（748）
农业转基因生物加工审批办法（农业部令2006年第59号发布，农业农村部令2
019年第2号修订） ……………………………………………………………（755）
水产养殖质量安全管理规定（农业部令2003年第31号） ……………………（757）
中华人民共和国农业法（主席令1993年第6号发布，2002年第81号、2009年
第18号、2012年第74号修正）（饲料相关条款） …………………………（762）
中华人民共和国畜牧法（主席令2005年第5号，2015年第十二届全国人大第十四
次会议修正）（饲料相关条款） ………………………………………………（764）
中华人民共和国农产品质量安全法（主席令2006年第49号）（饲料相关条款）
…………………………………………………………………………………（765）
中华人民共和国食品安全法（主席令2009年第9号发布，2015年第21号令修订）
（饲料相关条款） ………………………………………………………………（766）
中华人民共和国土壤污染防治法（主席令2018年第8号）（饲料相关条款）……（767）
中华人民共和国动物防疫法（主席令2021年第69号）（饲料相关条款） ……（768）
产业结构调整指导目录（**2019年本**）（国家发改委令2019年第29号）（饲料
相关内容） ………………………………………………………………………（769）
关于提供环境保护综合名录（2017年版）的函 …………………………………（771）
国家危险废物名录（2021年版）（生态环境部、国家发改委、公安部、交通
运输部、国家卫健委令2020年第15号） ……………………………………（774）

一、条例及管理办法

饲料和饲料添加剂管理条例

（国务院令 1999 年第 266 号发布，2011 年第 609 号、2013 年第 645 号、2016 年第 666 号、2017 年第 676 号修订）

（1999 年 5 月 29 日中华人民共和国国务院令第 266 号发布。根据 2001 年 11 月 29 日《国务院关于修改〈饲料和饲料添加剂管理条例〉的决定》第一次修订，根据 2011 年 11 月 3 日中华人民共和国国务院令第 609 号第二次修订，根据中华人民共和国国务院令 2013 年第 645 号第三次修订、根据国务院令 2016 年第 666 号第四次修订、根据国务院令 2017 年第 676 号第五次修订）

第一章　总则

第一条　为了加强对饲料、饲料添加剂的管理，提高饲料、饲料添加剂的质量，保障动物产品质量安全，维护公众健康，制定本条例。

第二条　本条例所称饲料，是指经工业化加工、制作的供动物食用的产品，包括单一饲料、添加剂预混合饲料、浓缩饲料、配合饲料和精料补充料。

本条例所称饲料添加剂，是指在饲料加工、制作、使用过程中添加的少量或者微量物质，包括营养性饲料添加剂和一般饲料添加剂。

饲料原料目录和饲料添加剂品种目录由国务院农业行政主管部门制定并公布。

第三条　国务院农业行政主管部门负责全国饲料、饲料添加剂的监督管理工作。

县级以上地方人民政府负责饲料、饲料添加剂管理的部门（以下简称饲料管理部门），负责本行政区域饲料、饲料添加剂的监督管理工作。

第四条　县级以上地方人民政府统一领导本行政区域饲料、饲料添加剂的监督管理工作，建立健全监督管理机制，保障监督管理工作的开展。

第五条　饲料、饲料添加剂生产企业、经营者应当建立健全质量安全制度，对其生产、经营的饲料、饲料添加剂的质量安全负责。

第六条　任何组织或者个人有权举报在饲料、饲料添加剂生产、经营、使用过程中违反本条例的行为，有权对饲料、饲料添加剂监督管理工作提出意见和建议。

第二章　审定和登记

第七条　国家鼓励研制新饲料、新饲料添加剂。

研制新饲料、新饲料添加剂，应当遵循科学、安全、有效、环保的原则，保证新饲料、新饲料添加剂的质量安全。

第八条 研制的新饲料、新饲料添加剂投入生产前,研制者或者生产企业应当向国务院农业行政主管部门提出审定申请,并提供该新饲料、新饲料添加剂的样品和下列资料:

(一)名称、主要成分、理化性质、研制方法、生产工艺、质量标准、检测方法、检验报告、稳定性试验报告、环境影响报告和污染防治措施;

(二)国务院农业行政主管部门指定的试验机构出具的该新饲料、新饲料添加剂的饲喂效果、残留消解动态以及毒理学安全性评价报告。

申请新饲料添加剂审定的,还应当说明该新饲料添加剂的添加目的、使用方法,并提供该饲料添加剂残留可能对人体健康造成影响的分析评价报告。

第九条 国务院农业行政主管部门应当自受理申请之日起5个工作日内,将新饲料、新饲料添加剂的样品和申请资料交全国饲料评审委员会,对该新饲料、新饲料添加剂的安全性、有效性及其对环境的影响进行评审。

全国饲料评审委员会由养殖、饲料加工、动物营养、毒理、药理、代谢、卫生、化工合成、生物技术、质量标准、环境保护、食品安全风险评估等方面的专家组成。全国饲料评审委员会对新饲料、新饲料添加剂的评审采取评审会议的形式,评审会议应当有9名以上全国饲料评审委员会专家参加,根据需要也可以邀请1至2名全国饲料评审委员会专家以外的专家参加,参加评审的专家对评审事项具有表决权。评审会议应当形成评审意见和会议纪要,并由参加评审的专家审核签字;有不同意见的,应当注明。参加评审的专家应当依法公平、公正履行职责,对评审资料保密,存在回避事由的,应当主动回避。

全国饲料评审委员会应当自收到新饲料、新饲料添加剂的样品和申请资料之日起9个月内出具评审结果并提交国务院农业行政主管部门;但是,全国饲料评审委员会决定由申请人进行相关试验的,经国务院农业行政主管部门同意,评审时间可以延长3个月。

国务院农业行政主管部门应当自收到评审结果之日起10个工作日内作出是否核发新饲料、新饲料添加剂证书的决定;决定不予核发的,应当书面通知申请人并说明理由。

第十条 国务院农业行政主管部门核发新饲料、新饲料添加剂证书,应当同时按照职责权限公布该新饲料、新饲料添加剂的产品质量标准。

第十一条 新饲料、新饲料添加剂的监测期为5年。新饲料、新饲料添加剂处于监测期的,不受理其他就该新饲料、新饲料添加剂的生产申请和进口登记申请,但超过3年不投入生产的除外。

生产企业应当收集处于监测期的新饲料、新饲料添加剂的质量稳定性及其对动物产品质量安全的影响等信息,并向国务院农业行政主管部门报告;国务院农业行政主管部门应当对新饲料、新饲料添加剂的质量安全状况组织跟踪监测,证实其存在安全问题的,应当撤销新饲料、新饲料添加剂证书并予以公告。

第十二条 (国务院令2017年第676号令修订)向中国出口中国境内尚未使用但出口国已经批准生产和使用的饲料、饲料添加剂的,由出口方驻中国境内的办事机构或者其委托的中国境内代理机构向国务院农业行政主管部门申请登记，并提供该饲料、饲料添加剂的样品和下列资料：

（一）商标、标签和推广应用情况；

（二）生产地批准生产、使用的证明和生产地以外其他国家、地区的登记资料；

（三）主要成分、理化性质、研制方法、生产工艺、质量标准、检测方法、检验报告、稳定性试验报告、环境影响报告和污染防治措施；

（四）国务院农业行政主管部门指定的试验机构出具的该饲料、饲料添加剂的饲喂效果、残留消解动态以及毒理学安全性评价报告。

申请饲料添加剂进口登记的，还应当说明该饲料添加剂的添加目的、使用方法，并提供该饲料添加剂残留可能对人体健康造成影响的分析评价报告。

国务院农业行政主管部门应当依照本条例第九条规定的新饲料、新饲料添加剂的评审程序组织评审，并决定是否核发饲料、饲料添加剂进口登记证。

首次向中国出口中国境内已经使用且出口国已经批准生产和使用的饲料、饲料添加剂的，应当依照本条第一款、第二款的规定申请登记。国务院农业行政主管部门应当自受理申请之日起10个工作日内对申请资料进行审查；审查合格的，将样品交由指定的机构进行复核检测；复核检测合格的，国务院农业行政主管部门应当在10个工作日内核发饲料、饲料添加剂进口登记证。

饲料、饲料添加剂进口登记证有效期为5年。进口登记证有效期满需要继续向中国出口饲料、饲料添加剂的，应当在有效期届满6个月前申请续展。

禁止进口未取得饲料、饲料添加剂进口登记证的饲料、饲料添加剂。

第十三条 国家对已经取得新饲料、新饲料添加剂证书或者饲料、饲料添加剂进口登记证的、含有新化合物的饲料、饲料添加剂的申请人提交的其自己所取得且未披露的试验数据和其他数据实施保护。

自核发证书之日起6年内，对其他申请人未经已取得新饲料、新饲料添加剂证书或者饲料、饲料添加剂进口登记证的申请人同意，使用前款规定的数据申请新饲料、新饲料添加剂审定或者饲料、饲料添加剂进口登记的，国务院农业行政主管部门不予审定或者登记；但是，其他申请人提交其自己所取得的数据的除外。

除下列情形外，国务院农业行政主管部门不得披露本条第一款规定的数据：

（一）公共利益需要；

（二）已采取措施确保该类信息不会被不正当地进行商业使用。

第三章　生产、经营和使用

第十四条 设立饲料、饲料添加剂生产企业，应当符合饲料工业发展规划和产业政策，并具备下列条件：

（一）有与生产饲料、饲料添加剂相适应的厂房、设备和仓储设施；

（二）有与生产饲料、饲料添加剂相适应的专职技术人员；

（三）有必要的产品质量检验机构、人员、设施和质量管理制度；

（四）有符合国家规定的安全、卫生要求的生产环境；

（五）有符合国家环境保护要求的污染防治措施；

（六）国务院农业行政主管部门制定的饲料、饲料添加剂质量安全管理规范规定的其他条件。

第十五条 （国务院令2013年第645号、国务院令2016年第666号修订）申请从事饲料、饲料添加剂生产的企业，申请人应当向省、自治区、直辖市人民政府饲料管理部门提出申请。省、自治区、直辖市人民政府饲料管理部门应当自受理申请之日起10个工作日内进行书面审查；审查合格的，组织进行现场审核，并根据审核结果在10个工作日内作出是否核发生产许可证的决定。

生产许可证有效期为5年。生产许可证有效期满需要继续生产饲料、饲料添加剂的，应当在有效期届满6个月前申请续展。

第十六条 （国务院令2013年第645号修订）饲料添加剂、添加剂预混合饲料生产企业取得生产许可证后，由省、自治区、直辖市人民政府饲料管理部门按照国务院农业行政主管部门的规定，核发相应的产品批准文号。

第十七条 饲料、饲料添加剂生产企业应当按照国务院农业行政主管部门的规定和有关标准，对采购的饲料原料、单一饲料、饲料添加剂、药物饲料添加剂、添加剂预混合饲料和用于饲料添加剂生产的原料进行查验或者检验。

饲料生产企业使用限制使用的饲料原料、单一饲料、饲料添加剂、药物饲料添加剂、添加剂预混合饲料生产饲料的，应当遵守国务院农业行政主管部门的限制性规定。禁止使用国务院农业行政主管部门公布的饲料原料目录、饲料添加剂品种目录和药物饲料添加剂品种目录以外的任何物质生产饲料。

饲料、饲料添加剂生产企业应当如实记录采购的饲料原料、单一饲料、饲料添加剂、药物饲料添加剂、添加剂预混合饲料和用于饲料添加剂生产的原料的名称、产地、数量、保质期、许可证明文件编号、质量检验信息、生产企业名称或者供货者名称及其联系方式、进货日期等。记录保存期限不得少于2年。

第十八条 饲料、饲料添加剂生产企业，应当按照产品质量标准以及国务院农业行政主管部门制定的饲料、饲料添加剂质量安全管理规范和饲料添加剂安全使用规范组织生产，对生产过程实施有效控制并实行生产记录和产品留样观察制度。

第十九条 饲料、饲料添加剂生产企业应当对生产的饲料、饲料添加剂进行产品质量检验；检验合格的，应当附具产品质量检验合格证。未经产品质量检验、检验不合格或者未附具产品质量检验合格证的，不得出厂销售。

饲料、饲料添加剂生产企业应当如实记录出厂销售的饲料、饲料添加剂的名称、数量、生产日期、生产批次、质量检验信息、购货者名称及其联系方式、销售日期等。记录保存期限不得少于2年。

第二十条 出厂销售的饲料、饲料添加剂应当包装，包装应当符合国家有关安全、卫生的规定。

饲料生产企业直接销售给养殖者的饲料可以使用罐装车运输。罐装车应当符合国家有关安全、卫生的规定，并随罐装车附具符合本条例第二十一条规定的标签。

易燃或者其他特殊的饲料、饲料添加剂的包装应当有警示标志或者说明，并注明储运注意事项。

第二十一条 饲料、饲料添加剂的包装上应当附具标签。标签应当以中文或者适用符号标明产品名称、原料组成、产品成分分析保证值、净重或者净含量、贮存条件、使用说明、注意事项、生产日期、保质期、生产企业名称以及地址、许可证明文件编号和产品质量标准等。加入药物饲料添加剂的，还应当标明"加入药物饲料添加剂"字样，并标明其通用名称、含量和休药期。乳和乳制品以外的动物源性饲料，还应当标明"本产品不得饲喂反刍动物"字样。

第二十二条 饲料、饲料添加剂经营者应当符合下列条件：

（一）有与经营饲料、饲料添加剂相适应的经营场所和仓储设施；

（二）有具备饲料、饲料添加剂使用、贮存等知识的技术人员；

（三）有必要的产品质量管理和安全管理制度。

第二十三条 饲料、饲料添加剂经营者进货时应当查验产品标签、产品质量检验合格证和相应的许可证明文件。

饲料、饲料添加剂经营者不得对饲料、饲料添加剂进行拆包、分装，不得对饲料、饲料添加剂进行再加工或者添加任何物质。

禁止经营用国务院农业行政主管部门公布的饲料原料目录、饲料添加剂品种目录和药物饲料添加剂品种目录以外的任何物质生产的饲料。

饲料、饲料添加剂经营者应当建立产品购销台账，如实记录购销产品的名称、许可证明文件编号、规格、数量、保质期、生产企业名称或者供货者名称及其联系方式、购销时间等。购销台账保存期限不得少于2年。

第二十四条 向中国出口的饲料、饲料添加剂应当包装，包装应当符合中国有关安全、卫生的规定，并附具符合本条例第二十一条规定的标签。

向中国出口的饲料、饲料添加剂应当符合中国有关检验检疫的要求，由出入境检验检疫机构依法实施检验检疫，并对其包装和标签进行核查。包装和标签不符合要求的，不得入境。

境外企业不得直接在中国销售饲料、饲料添加剂。境外企业在中国销售饲料、饲料添加剂的，应当依法在中国境内设立销售机构或者委托符合条件的中国境内代理机构销售。

第二十五条 养殖者应当按照产品使用说明和注意事项使用饲料。在饲料或者动物饮用水中添加饲料添加剂的，应当符合饲料添加剂使用说明和注意事项的要求，遵守国务院农业行政主管部门制定的饲料添加剂安全使用规范。

养殖者使用自行配制的饲料的，应当遵守国务院农业行政主管部门制定的自行配制饲料使用规范，并不得对外提供自行配制的饲料。

使用限制使用的物质养殖动物的，应当遵守国务院农业行政主管部门的限制性规定。禁止在饲料、动物饮用水中添加国务院农业行政主管部门公布禁用的物质以及对人体具有直接或者潜在危害的其他物质，或者直接使用上述物质养殖动物。禁止在反刍动物饲料中添加乳和乳制品以外的动物源性成分。

第二十六条 国务院农业行政主管部门和县级以上地方人民政府饲料管理部门应当加强饲料、饲料添加剂质量安全知识的宣传，提高养殖者的质量安全意识，指导养殖者安全、合理使用饲料、饲料添加剂。

第二十七条 饲料、饲料添加剂在使用过程中被证实对养殖动物、人体健康或者环境有害的，由国务院农业行政主管部门决定禁用并予以公布。

第二十八条 饲料、饲料添加剂生产企业发现其生产的饲料、饲料添加剂对养殖动物、人体健康有害或者存在其他安全隐患的，应当立即停止生产，通知经营者、使用者，向饲料管理部门报告，主动召回产品，并记录召回和通知情况。召回的产品应当在饲料管理部门监督下予以无害化处理或者销毁。

饲料、饲料添加剂经营者发现其销售的饲料、饲料添加剂具有前款规定情形的，应当立即停止销售，通知生产企业、供货者和使用者，向饲料管理部门报告，并记录通知情况。

养殖者发现其使用的饲料、饲料添加剂具有本条第一款规定情形的，应当立即停止使用，通知供货者，并向饲料管理部门报告。

第二十九条 禁止生产、经营、使用未取得新饲料、新饲料添加剂证书的新饲料、新饲料添加剂以及禁用的饲料、饲料添加剂。

禁止经营、使用无产品标签、无生产许可证、无产品质量标准、无产品质量检验合格证的饲料、饲料添加剂。禁止经营、使用无产品批准文号的饲料添加剂、添加剂预混合饲料。禁止经营、使用未取得饲料、饲料添加剂进口登记证的进口饲料、进口饲料添加剂。

第三十条 禁止对饲料、饲料添加剂作具有预防或者治疗动物疾病作用的说明或者宣传。但是，饲料中添加药物饲料添加剂的，可以对所添加的药物饲料添加剂的作用加以说明。

第三十一条 国务院农业行政主管部门和省、自治区、直辖市人民政府饲料管理部门应当按照职责权限对全国或者本行政区域饲料、饲料添加剂的质量安全状况进行监测，并根据监测情况发布饲料、饲料添加剂质量安全预警信息。

第三十二条 国务院农业行政主管部门和县级以上地方人民政府饲料管理部门，应当根据需要定期或者不定期组织实施饲料、饲料添加剂监督抽查；饲料、饲料添加剂监督抽查检测工作由国务院农业行政主管部门或者省、自治区、直辖市人民政府饲料管理部门指定的具有相应技术条件的机构承担。饲料、饲料添加剂监督抽查不得收费。

国务院农业行政主管部门和省、自治区、直辖市人民政府饲料管理部门应当按照职责权限公布监督抽查结果，并可以公布具有不良记录的饲料、饲料添加剂生产企业、经营者名单。

第三十三条 县级以上地方人民政府饲料管理部门应当建立饲料、饲料添加剂监督管理档案，记录日常监督检查、违法行为查处等情况。

第三十四条 国务院农业行政主管部门和县级以上地方人民政府饲料管理部门在监督检查中可以采取下列措施：

（一）对饲料、饲料添加剂生产、经营、使用场所实施现场检查；

(二) 查阅、复制有关合同、票据、账簿和其他相关资料；

(三) 查封、扣押有证据证明用于违法生产饲料的饲料原料、单一饲料、饲料添加剂、药物饲料添加剂、添加剂预混合饲料，用于违法生产饲料添加剂的原料，用于违法生产饲料、饲料添加剂的工具、设施，违法生产、经营、使用的饲料、饲料添加剂；

(四) 查封违法生产、经营饲料、饲料添加剂的场所。

第四章　法律责任

第三十五条　国务院农业行政主管部门、县级以上地方人民政府饲料管理部门或者其他依照本条例规定行使监督管理权的部门及其工作人员，不履行本条例规定的职责或者滥用职权、玩忽职守、徇私舞弊的，对直接负责的主管人员和其他直接责任人员，依法给予处分；直接负责的主管人员和其他直接责任人员构成犯罪的，依法追究刑事责任。

第三十六条　提供虚假的资料、样品或者采取其他欺骗方式取得许可证明文件的，由发证机关撤销相关许可证明文件，处5万元以上10万元以下罚款，申请人3年内不得就同一事项申请行政许可。以欺骗方式取得许可证明文件给他人造成损失的，依法承担赔偿责任。

第三十七条　假冒、伪造或者买卖许可证明文件的，由国务院农业行政主管部门或者县级以上地方人民政府饲料管理部门按照职责权限收缴或者吊销、撤销相关许可证明文件；构成犯罪的，依法追究刑事责任。

第三十八条　未取得生产许可证生产饲料、饲料添加剂的，由县级以上地方人民政府饲料管理部门责令停止生产，没收违法所得、违法生产的产品和用于违法生产饲料的饲料原料、单一饲料、饲料添加剂、药物饲料添加剂、添加剂预混合饲料以及用于违法生产饲料添加剂的原料，违法生产的产品货值金额不足1万元的，并处1万元以上5万元以下罚款，货值金额1万元以上的，并处货值金额5倍以上10倍以下罚款；情节严重的，没收其生产设备，生产企业的主要负责人和直接负责的主管人员10年内不得从事饲料、饲料添加剂生产、经营活动。

已经取得生产许可证，但不再具备本条例第十四条规定的条件而继续生产饲料、饲料添加剂的，由县级以上地方人民政府饲料管理部门责令停止生产、限期改正，并处1万元以上5万元以下罚款；逾期不改正的，由发证机关吊销生产许可证。

已经取得生产许可证，但未取得产品批准文号而生产饲料添加剂、添加剂预混合饲料的，由县级以上地方人民政府饲料管理部门责令停止生产，没收违法所得、违法生产的产品和用于违法生产饲料的饲料原料、单一饲料、饲料添加剂、药物饲料添加剂以及用于违法生产饲料添加剂的原料，限期补办产品批准文号，并处违法生产的产品货值金额1倍以上3倍以下罚款；情节严重的，由发证机关吊销生产许可证。

第三十九条　饲料、饲料添加剂生产企业有下列行为之一的，由县级以上地方人民政府饲料管理部门责令改正，没收违法所得、违法生产的产品和用于违法生产饲料的饲料原料、单一饲料、饲料添加剂、药物饲料添加剂、添加剂预混合饲料以及用于违法生产饲料添加剂的原料，违法生产的产品货值金额不足1万元的，并处1万元以上5万元以下罚款，货值金额1万元以上的，并处货值金额5倍以上10倍以下罚款；情节严重的，由发证机关吊销、撤销相关许可证明文件，生产企业的主要负责人和直接负责的主管人员10年内不得从事饲料、饲料添加剂生产、经营活动；构成犯罪的，依法追究刑事责任：

（一）使用限制使用的饲料原料、单一饲料、饲料添加剂、药物饲料添加剂、添加剂预混合饲料生产饲料，不遵守国务院农业行政主管部门的限制性规定的；

（二）使用国务院农业行政主管部门公布的饲料原料目录、饲料添加剂品种目录和药物饲料添加剂品种目录以外的物质生产饲料的；

（三）生产未取得新饲料、新饲料添加剂证书的新饲料、新饲料添加剂或者禁用的饲料、饲料添加剂的。

第四十条 饲料、饲料添加剂生产企业有下列行为之一的，由县级以上地方人民政府饲料管理部门责令改正，处1万元以上2万元以下罚款；拒不改正的，没收违法所得、违法生产的产品和用于违法生产饲料的饲料原料、单一饲料、饲料添加剂、药物饲料添加剂、添加剂预混合饲料以及用于违法生产饲料添加剂的原料，并处5万元以上10万元以下罚款；情节严重的，责令停止生产，可以由发证机关吊销、撤销相关许可证明文件：

（一）不按照国务院农业行政主管部门的规定和有关标准对采购的饲料原料、单一饲料、饲料添加剂、药物饲料添加剂、添加剂预混合饲料和用于饲料添加剂生产的原料进行查验或者检验的；

（二）饲料、饲料添加剂生产过程中不遵守国务院农业行政主管部门制定的饲料、饲料添加剂质量安全管理规范和饲料添加剂安全使用规范的；

（三）生产的饲料、饲料添加剂未经产品质量检验的。

第四十一条 饲料、饲料添加剂生产企业不依照本条例规定实行采购、生产、销售记录制度或者产品留样观察制度的，由县级以上地方人民政府饲料管理部门责令改正，处1万元以上2万元以下罚款；拒不改正的，没收违法所得、违法生产的产品和用于违法生产饲料的饲料原料、单一饲料、饲料添加剂、药物饲料添加剂、添加剂预混合饲料以及用于违法生产饲料添加剂的原料，处2万元以上5万元以下罚款，并可以由发证机关吊销、撤销相关许可证明文件。

饲料、饲料添加剂生产企业销售的饲料、饲料添加剂未附具产品质量检验合格证或者包装、标签不符合规定的，由县级以上地方人民政府饲料管理部门责令改正；情节严重的，没收违法所得和违法销售的产品，可以处违法销售的产品货值金额30%以下罚款。

第四十二条 不符合本条例第二十二条规定的条件经营饲料、饲料添加剂的，由县级人民政府饲料管理部门责令限期改正；逾期不改正的，没收违法所得和违法经营的产品，违法经营的产品货值金额不足1万元的，并处2 000元以上2万元以下罚款，货值金额1万元以上的，并处货值金额2倍以上5倍以下罚款；情节严重的，责令停止经营，并通知工商行政管理部门，由工商行政管理部门吊销营业执照。

第四十三条 饲料、饲料添加剂经营者有下列行为之一的,由县级人民政府饲料管理部门责令改正,没收违法所得和违法经营的产品,违法经营的产品货值金额不足1万元的,并处2 000元以上2万元以下罚款,货值金额1万元以上的,并处货值金额2倍以上5倍以下罚款;情节严重的,责令停止经营,并通知工商行政管理部门,由工商行政管理部门吊销营业执照;构成犯罪的,依法追究刑事责任:

(一) 对饲料、饲料添加剂进行再加工或者添加物质的;

(二) 经营无产品标签、无生产许可证、无产品质量检验合格证的饲料、饲料添加剂的;

(三) 经营无产品批准文号的饲料添加剂、添加剂预混合饲料的;

(四) 经营用国务院农业行政主管部门公布的饲料原料目录、饲料添加剂品种目录和药物饲料添加剂品种目录以外的物质生产的饲料的;

(五) 经营未取得新饲料、新饲料添加剂证书的新饲料、新饲料添加剂或者未取得饲料、饲料添加剂进口登记证的进口饲料、进口饲料添加剂以及禁用的饲料、饲料添加剂的。

第四十四条 饲料、饲料添加剂经营者有下列行为之一的,由县级人民政府饲料管理部门责令改正,没收违法所得和违法经营的产品,并处2 000元以上1万元以下罚款:

(一) 对饲料、饲料添加剂进行拆包、分装的;

(二) 不依照本条例规定实行产品购销台账制度的;

(三) 经营的饲料、饲料添加剂失效、霉变或者超过保质期的。

第四十五条 对本条例第二十八条规定的饲料、饲料添加剂,生产企业不主动召回的,由县级以上地方人民政府饲料管理部门责令召回,并监督生产企业对召回的产品予以无害化处理或者销毁;情节严重的,没收违法所得,并处应召回的产品货值金额1倍以上3倍以下罚款,可以由发证机关吊销、撤销相关许可证明文件;生产企业对召回的产品不予以无害化处理或者销毁的,由县级人民政府饲料管理部门代为销毁,所需费用由生产企业承担。

对本条例第二十八条规定的饲料、饲料添加剂,经营者不停止销售的,由县级以上地方人民政府饲料管理部门责令停止销售;拒不停止销售的,没收违法所得,处1 000元以上5万元以下罚款;情节严重的,责令停止经营,并通知工商行政管理部门,由工商行政管理部门吊销营业执照。

第四十六条 饲料、饲料添加剂生产企业、经营者有下列行为之一的,由县级以上地方人民政府饲料管理部门责令停止生产、经营,没收违法所得和违法生产、经营的产品,违法生产、经营的产品货值金额不足1万元的,并处2 000元以上2万元以下罚款,货值金额1万元以上的,并处货值金额2倍以上5倍以下罚款;构成犯罪的,依法追究刑事责任:

(一) 在生产、经营过程中,以非饲料、非饲料添加剂冒充饲料、饲料添加剂或者以此种饲料、饲料添加剂冒充他种饲料、饲料添加剂的;

(二) 生产、经营无产品质量标准或者不符合产品质量标准的饲料、饲料添加剂的;

（三）生产、经营的饲料、饲料添加剂与标签标示的内容不一致的。

饲料、饲料添加剂生产企业有前款规定的行为，情节严重的，由发证机关吊销、撤销相关许可证明文件；饲料、饲料添加剂经营者有前款规定的行为，情节严重的，通知工商行政管理部门，由工商行政管理部门吊销营业执照。

第四十七条 养殖者有下列行为之一的，由县级人民政府饲料管理部门没收违法使用的产品和非法添加物质，对单位处 1 万元以上 5 万元以下罚款，对个人处 5 000 元以下罚款；构成犯罪的，依法追究刑事责任：

（一）使用未取得新饲料、新饲料添加剂证书的新饲料、新饲料添加剂或者未取得饲料、饲料添加剂进口登记证的进口饲料、进口饲料添加剂的；

（二）使用无产品标签、无生产许可证、无产品质量标准、无产品质量检验合格证的饲料、饲料添加剂的；

（三）使用无产品批准文号的饲料添加剂、添加剂预混合饲料的；

（四）在饲料或者动物饮用水中添加饲料添加剂，不遵守国务院农业行政主管部门制定的饲料添加剂安全使用规范的；

（五）使用自行配制的饲料，不遵守国务院农业行政主管部门制定的自行配制饲料使用规范的；

（六）使用限制使用的物质养殖动物，不遵守国务院农业行政主管部门的限制性规定的；

（七）在反刍动物饲料中添加乳和乳制品以外的动物源性成分的。

在饲料或者动物饮用水中添加国务院农业行政主管部门公布禁用的物质以及对人体具有直接或者潜在危害的其他物质，或者直接使用上述物质养殖动物的，由县级以上地方人民政府饲料管理部门责令其对饲喂了违禁物质的动物进行无害化处理，处 3 万元以上 10 万元以下罚款；构成犯罪的，依法追究刑事责任。

第四十八条 养殖者对外提供自行配制的饲料的，由县级人民政府饲料管理部门责令改正，处 2 000 元以上 2 万元以下罚款。

第五章　附则

第四十九条 本条例下列用语的含义：

（一）饲料原料，是指来源于动物、植物、微生物或者矿物质，用于加工制作饲料但不属于饲料添加剂的饲用物质。

（二）单一饲料，是指来源于一种动物、植物、微生物或者矿物质，用于饲料产品生产的饲料。

（三）添加剂预混合饲料，是指由两种（类）或者两种（类）以上营养性饲料添加剂为主，与载体或者稀释剂按照一定比例配制的饲料，包括复合预混合饲料、微量元素预混合饲料、维生素预混合饲料。

（四）浓缩饲料，是指主要由蛋白质、矿物质和饲料添加剂按照一定比例配制的饲料。

（五）配合饲料，是指根据养殖动物营养需要，将多种饲料原料和饲料添加剂按照一定比例配制的饲料。

（六）精料补充料，是指为补充草食动物的营养，将多种饲料原料和饲料添加剂按照一定比例配制的饲料。

（七）营养性饲料添加剂，是指为补充饲料营养成分而掺入饲料中的少量或者微量物质，包括饲料级氨基酸、维生素、矿物质微量元素、酶制剂、非蛋白氮等。

（八）一般饲料添加剂，是指为保证或者改善饲料品质、提高饲料利用率而掺入饲料中的少量或者微量物质。

（九）药物饲料添加剂，是指为预防、治疗动物疾病而掺入载体或者稀释剂的兽药的预混合物质。

（十）许可证明文件，是指新饲料、新饲料添加剂证书，饲料、饲料添加剂进口登记证，饲料、饲料添加剂生产许可证，饲料添加剂、添加剂预混合饲料产品批准文号。

第五十条 药物饲料添加剂的管理，依照《兽药管理条例》的规定执行。

第五十一条 本条例自 2012 年 5 月 1 日起施行。

饲料和饲料添加剂生产许可管理办法

（农业部令2012年第3号发布，2013年第5号、2016年第3号、2017年第8号修订）

第一章　总则

第一条　为加强饲料、饲料添加剂生产许可管理，维护饲料、饲料添加剂生产秩序，保障饲料、饲料添加剂质量安全，根据《饲料和饲料添加剂管理条例》，制定本办法。

第二条　在中华人民共和国境内生产饲料、饲料添加剂，应当遵守本办法。

第三条　饲料和饲料添加剂生产许可证由省级人民政府饲料管理部门（以下简称省级饲料管理部门）核发。

省级饲料管理部门可以委托下级饲料管理部门承担单一饲料、浓缩饲料、配合饲料和精料补充料生产许可申请的受理工作。

第四条　农业部设立饲料和饲料添加剂生产许可专家委员会，负责饲料和饲料添加剂生产许可的技术支持工作。

省级饲料管理部门设立饲料和饲料添加剂生产许可证专家审核委员会，负责本行政区域内饲料和饲料添加剂生产许可的技术评审工作。

第五条　任何单位和个人有权举报生产许可过程中的违法行为，农业部和省级饲料管理部门应当依照权限核实、处理。

第二章　生产许可证核发

第六条　设立饲料、饲料添加剂生产企业，应当符合饲料工业发展规划和产业政策，并具备下列条件：

（一）有与生产饲料、饲料添加剂相适应的厂房、设备和仓储设施；
（二）有与生产饲料、饲料添加剂相适应的专职技术人员；
（三）有必要的产品质量检验机构、人员、设施和质量管理制度；
（四）有符合国家规定的安全、卫生要求的生产环境；
（五）有符合国家环境保护要求的污染防治措施；
（六）农业部制定的饲料、饲料添加剂质量安全管理规范规定的其他条件。

第七条　（农业部令2016年第3号修订）申请从事饲料、饲料添加剂生产企业，申请人应当向生产地省级饲料管理部门提出申请。省级饲料管理部门应当自受理申请之日起10个工作日内进行书面审查；审查合格的，组织进行现场审核，并根据审核结果在 10 个工作日内作出是否核发生产许可证的决定。

生产许可证式样由农业部统一规定。

第八条 （农业部令 2016 年第 3 号删除）。

第九条 取得饲料添加剂、添加剂预混合饲料生产许可证的企业，应当向省级饲料管理部门申请核发产品批准文号。

第十条 饲料、饲料添加剂生产企业委托其他饲料、饲料添加剂企业生产的，应当具备下列条件，并向各自所在地省级饲料管理部门备案：

（一）委托产品在双方生产许可范围内；委托生产饲料添加剂、添加剂预混合饲料的，双方还应当取得委托产品的产品批准文号。

（二）签订委托合同，依法明确双方在委托产品生产技术、质量控制等方面的权利和义务。

受托方应当按照饲料、饲料添加剂质量安全管理规范和饲料添加剂安全使用规范及产品标准组织生产，委托方应当对生产全过程进行指导和监督。委托方和受托方对委托生产的饲料、饲料添加剂质量安全承担连带责任。

委托生产的产品标签应当同时标明委托企业和受托企业的名称、注册地址、许可证编号；委托生产饲料添加剂、添加剂预混合饲料的，还应当标明受托方取得的生产该产品的批准文号。

第十一条 生产许可证有效期为 5 年。

生产许可证有效期满需继续生产的，应当在有效期届满 6 个月前向省级饲料管理部门提出续展申请，并提交相关材料。

第三章　生产许可证变更和补发

第十二条 饲料、饲料添加剂生产企业有下列情形之一的，应当按照企业设立程序重新办理生产许可证：

（一）增加、更换生产线的；

（二）增加单一饲料、饲料添加剂产品品种的；

（三）生产场所迁址的；

（四）农业部规定的其他情形。

第十三条 饲料、饲料添加剂生产企业有下列情形之一的，应当在 15 日内向企业所在地省级饲料管理部门提出变更申请并提交相关证明，由发证机关依法办理变更手续，变更后的生产许可证证号、有效期不变：

（一）企业名称变更；

（二）企业法定代表人变更；

（三）企业注册地址或注册地址名称变更；

（四）生产地址名称变更。

第十四条 生产许可证遗失或损毁的，应当在 15 日内向发证机关申请补发，由发证机关补发生产许可证。

第四章　监督管理

第十五条 饲料、饲料添加剂生产企业应当按照许可条件组织生产。生产条件发生变化，可能影响产品质量安全的，企业应当经所在地县级人民政府饲料管理部门报告发证机关。

第十六条 县级以上人民政府饲料管理部门应当加强对饲料、饲料添加剂生产企业的监督检查，依法查处违法行为，并建立饲料、饲料添加剂监督管理档案，记录日常监督检查、违法行为查处等情况。

第十七条 （农业部令2017年第8号删除）。

第十八条 饲料、饲料添加剂生产企业有下列情形之一的，由发证机关注销生产许可证：

（一）生产许可证依法被撤销、撤回或依法被吊销的；
（二）生产许可证有效期届满未按规定续展的；
（三）企业停产一年以上或依法终止的；
（四）企业申请注销的；
（五）依法应当注销的其他情形。

第五章　罚则

第十九条 县级以上人民政府饲料管理部门工作人员，不履行本办法规定的职责或者滥用职权、玩忽职守、徇私舞弊的，依法给予处分；构成犯罪的，依法追究刑事责任。

第二十条 申请人隐瞒有关情况或者提供虚假材料申请生产许可的，饲料管理部门不予受理或者不予许可，并给予警告；申请人在1年内不得再次申请生产许可。

第二十一条 以欺骗、贿赂等不正当手段取得生产许可证的，由发证机关撤销生产许可证，申请人在3年内不得再次申请生产许可；以欺骗方式取得生产许可证的，并处5万元以上10万元以下罚款；构成犯罪的，依法移送司法机关追究刑事责任。

第二十二条 饲料、饲料添加剂生产企业有下列情形之一的，依照《饲料和饲料添加剂管理条例》第三十八条处罚：

（一）超出许可范围生产饲料、饲料添加剂的；
（二）生产许可证有效期届满后，未依法续展继续生产饲料、饲料添加剂的。

第二十三条 饲料、饲料添加剂生产企业采购单一饲料、饲料添加剂、药物饲料添加剂、添加剂预混合饲料，未查验相关许可证明文件的，依照《饲料和饲料添加剂管理条例》第四十条处罚。

第二十四条 其他违反本办法的行为，依照《饲料和饲料添加剂管理条例》的有关规定处罚。

第六章　附则

第二十五条　本办法所称添加剂预混合饲料，包括复合预混合饲料、微量元素预混合饲料、维生素预混合饲料。

复合预混合饲料，是指以矿物质微量元素、维生素、氨基酸中任何两类或两类以上的营养性饲料添加剂为主，与其他饲料添加剂、载体和（或）稀释剂按一定比例配制的均匀混合物，其中营养性饲料添加剂的含量能够满足其适用动物特定生理阶段的基本营养需求，在配合饲料、精料补充料或动物饮用水中的添加量不低于0.1%且不高于10%。

微量元素预混合饲料，是指两种或两种以上矿物质微量元素与载体和（或）稀释剂按一定比例配制的均匀混合物，其中矿物质微量元素含量能够满足其适用动物特定生理阶段的微量元素需求，在配合饲料、精料补充料或动物饮用水中的添加量不低于0.1%且不高于10%。

维生素预混合饲料，是指两种或两种以上维生素与载体和（或）稀释剂按一定比例配制的均匀混合物，其中维生素含量应当满足其适用动物特定生理阶段的维生素需求，在配合饲料、精料补充料或动物饮用水中的添加量不低于0.01%且不高于10%。

第二十六条　本办法自2012年7月1日起施行。农业部1999年12月9日发布的《饲料添加剂和添加剂预混合饲料生产许可证管理办法》、2004年7月14日发布的《动物源性饲料产品安全卫生管理办法》、2006年11月24日发布的《饲料生产企业审查办法》同时废止。

本办法施行前已取得饲料生产企业审查合格证、动物源性饲料产品生产企业安全卫生合格证的饲料生产企业，应当在2014年7月1日前依照本办法规定取得生产许可证。

饲料添加剂和添加剂预混合饲料产品批准文号管理办法

（农业部令 2012 年第 5 号）

第一条 为加强饲料添加剂和添加剂预混合饲料产品批准文号管理，根据《饲料和饲料添加剂管理条例》，制定本办法。

第二条 本办法所称饲料添加剂，是指在饲料加工、制作、使用过程中添加的少量或者微量物质，包括营养性饲料添加剂和一般饲料添加剂。

本办法所称添加剂预混合饲料，是指由两种（类）或者两种（类）以上营养性饲料添加剂为主，与载体或者稀释剂按照一定比例配制的饲料，包括复合预混合饲料、微量元素预混合饲料、维生素预混合饲料。

第三条 在中华人民共和国境内生产的饲料添加剂、添加剂预混合饲料产品，在生产前应当取得相应的产品批准文号。

第四条 饲料添加剂、添加剂预混合饲料生产企业为其他饲料、饲料添加剂生产企业生产定制产品的，定制产品可以不办理产品批准文号。

定制产品应当附具符合《饲料和饲料添加剂管理条例》第二十一条规定的标签，并标明"定制产品"字样和定制企业的名称、地址及其生产许可证编号。

定制产品仅限于定制企业自用，生产企业和定制企业不得将定制产品提供给其他饲料、饲料添加剂生产企业、经营者和养殖者。

第五条 饲料添加剂、添加剂预混合饲料生产企业应当向省级人民政府饲料管理部门（以下简称省级饲料管理部门）提出产品批准文号申请，并提交以下资料：

（一）产品批准文号申请表；

（二）生产许可证复印件；

（三）产品配方、产品质量标准和检测方法；

（四）产品标签样式和使用说明；

（五）涵盖产品主成分指标的产品自检报告；

（六）申请饲料添加剂产品批准文号的，还应当提供省级饲料管理部门指定的饲料检验机构出具的产品主成分指标检测方法验证结论，但产品有国家或行业标准的除外；

（七）申请新饲料添加剂产品批准文号的，还应当提供农业部核发的新饲料添加剂证书复印件。

第六条 省级饲料管理部门应当自受理申请之日起 10 个工作日内对申请资料进行审查，必要时可以进行现场核查。审查合格的，通知企业将产品样品送交指定的饲料质量检验机构进行复核检测，并根据复核检测结果在 10 个工作日内决定是否核发产品批准文号。

产品复核检测应当涵盖产品质量标准规定的产品主成分指标和卫生指标。

第七条 企业同时申请多个产品批准文号的，提交复核检测的样品应当符合下列要求：

（一）申请饲料添加剂产品批准文号的，每个产品均应当提交样品；

（二）申请添加剂预混合饲料产品批准文号的，同一产品类别中，相同适用动物品种和添加比例的不同产品，只需提交一个产品的样品。

第八条 省级饲料管理部门和饲料质量检验机构的工作人员应当对申请者提供的需要保密的技术资料保密。

第九条 饲料添加剂产品批准文号格式为：

×饲添字（××××）××××××

添加剂预混合饲料产品批准文号格式为：

×饲预字（××××）××××××

×：核发产品批准文号省、自治区、直辖市的简称

（××××）：年份

××××××：前三位表示本辖区企业的固定编号，后三位表示该产品获得的产品批准文号序号。

第十条 饲料添加剂、添加剂预混合饲料产品质量复核检测收费，按照国家有关规定执行。

第十一条 有下列情形之一的，应当重新办理产品批准文号：

（一）产品主成分指标改变的；

（二）产品名称改变的。

第十二条 禁止假冒、伪造、买卖产品批准文号。

第十三条 饲料管理部门工作人员不履行本办法规定的职责或者滥用职权、玩忽职守、徇私舞弊的，依法给予处分；构成犯罪的，依法追究刑事责任。

第十四条 申请人隐瞒有关情况或者提供虚假材料申请产品批准文号的，省级饲料管理部门不予受理或者不予许可，并给予警告；申请人在1年内不得再次申请产品批准文号。

以欺骗、贿赂等不正当手段取得产品批准文号的，由发证机关撤销产品批准文号，申请人在3年内不得再次申请产品批准文号；以欺骗方式取得产品批准文号的，并处5万元以上10万元以下罚款；构成犯罪的，依法移送司法机关追究刑事责任。

第十五条 假冒、伪造、买卖产品批准文号的，依照《饲料和饲料添加剂管理条例》第三十七条、第三十八条处罚。

第十六条 有下列情形之一的，由省级饲料管理部门注销其产品批准文号并予以公告：

（一）企业的生产许可证被吊销、撤销、撤回、注销的；

（二）新饲料添加剂产品证书被撤销的。

第十七条 饲料添加剂、添加剂预混合饲料生产企业违反本办法规定，向定制企业以外的其他饲料、饲料添加剂生产企业、经营者或养殖者销售定制产品的，依照《饲

料和饲料添加剂管理条例》第三十八条处罚。

定制企业违反本办法规定，向其他饲料、饲料添加剂生产企业、经营者和养殖者销售定制产品的，依照《饲料和饲料添加剂管理条例》第四十三条处罚。

第十八条 其他违反本办法的行为，依照《饲料和饲料添加剂管理条例》的有关规定处罚。

第十九条 本办法所称添加剂预混合饲料，包括复合预混合饲料、微量元素预混合饲料、维生素预混合饲料。

复合预混合饲料，是指以矿物质微量元素、维生素、氨基酸中任何两类或两类以上的营养性饲料添加剂为主，与其他饲料添加剂、载体和（或）稀释剂按一定比例配制的均匀混合物，其中营养性饲料添加剂的含量能够满足其适用动物特定生理阶段的基本营养需求，在配合饲料、精料补充料或动物饮用水中的添加量不低于0.1%且不高于10%。

微量元素预混合饲料，是指两种或两种以上矿物质微量元素与载体和（或）稀释剂按一定比例配制的均匀混合物，其中矿物质微量元素含量能够满足其适用动物特定生理阶段的微量元素需求，在配合饲料、精料补充料或动物饮用水中的添加量不低于0.1%且不高于10%。

维生素预混合饲料，是指两种或两种以上维生素与载体和（或）稀释剂按一定比例配制的均匀混合物，其中维生素含量应当满足其适用动物特定生理阶段的维生素需求，在配合饲料、精料补充料或动物饮用水中的添加量不低于0.01%且不高于10%。

第二十条 本办法自2012年7月1日起施行。农业部1999年12月14日发布的《饲料添加剂和添加剂预混合饲料产品批准文号管理办法》同时废止。

新饲料和新饲料添加剂管理办法

（农业部令 2012 年第 4 号发布，2016 年第 3 号修订）

第一条 为加强新饲料、新饲料添加剂管理，保障养殖动物产品质量安全，根据《饲料和饲料添加剂管理条例》，制定本办法。

第二条 本办法所称新饲料，是指我国境内新研制开发的尚未批准使用的单一饲料。

本办法所称新饲料添加剂，是指我国境内新研制开发的尚未批准使用的饲料添加剂。

第三条 有下列情形之一的，应当向农业部提出申请，参照本办法规定的新饲料、新饲料添加剂审定程序进行评审，评审通过的，由农业部公告作为饲料、饲料添加剂生产和使用，但不发给新饲料、新饲料添加剂证书：

（一）饲料添加剂扩大适用范围的。

（二）饲料添加剂含量规格低于饲料添加剂安全使用规范要求的，但由饲料添加剂与载体或者稀释剂按照一定比例配制的除外。

（三）饲料添加剂生产工艺发生重大变化的。

（四）新饲料、新饲料添加剂自获证之日起超过 3 年未投入生产，其他企业申请生产的。

（五）农业部规定的其他情形。

第四条 研制新饲料、新饲料添加剂，应当遵循科学、安全、有效、环保的原则，保证新饲料、新饲料添加剂的质量安全。

第五条 农业部负责新饲料、新饲料添加剂审定。

全国饲料评审委员会（以下简称评审委）组织对新饲料、新饲料添加剂的安全性、有效性及其对环境的影响进行评审。

第六条 新饲料、新饲料添加剂投入生产前，研制者或者生产企业（以下简称申请人）应当向农业部提出审定申请，并提交新饲料、新饲料添加剂的申请资料和样品。

第七条 申请资料包括：

（一）新饲料、新饲料添加剂审定申请表。

（二）产品名称及命名依据、产品研制目的。

（三）（农业部令 2016 年第 3 号修订）有效组分、理化性质及有效组分化学结构的鉴定报告，或者动物、植物、微生物的分类（菌种）鉴定报告，微生物发酵制品还应当提供生产所用菌株的菌种鉴定报告。

（四）适用范围、使用方法、在配合饲料或全混合日粮中的推荐用量，必要时提供最高限量值。

（五）生产工艺、制造方法及产品稳定性试验报告。

（六）质量标准草案及其编制说明和产品检测报告；有最高限量要求的，还应提供有效组分在配合饲料、浓缩饲料、精料补充料、添加剂预混合饲料中的检测方法。

（七）农业部指定的试验机构出具的产品有效性评价试验报告、安全性评价试验报告（包括靶动物耐受性评价报告、毒理学安全评价报告、代谢和残留评价报告等）；申请新饲料添加剂审定的，还应当提供该新饲料添加剂在养殖产品中的残留可能对人体健康造成影响的分析评价报告。

（八）标签式样、包装要求、贮存条件、保质期和注意事项。

（九）中试生产总结和"三废"处理报告。

（十）对他人的专利不构成侵权的声明。

第八条 产品样品应当符合以下要求：

（一）来自中试或工业化生产线。

（二）每个产品提供连续3个批次的样品，每个批次4份样品，每份样品不少于检测需要量的5倍。

（三）必要时提供相关的标准品或化学对照品。

第九条 有效性评价试验机构和安全性评价试验机构应当按照农业部制定的技术指导文件或行业公认的技术标准，科学、客观、公正开展试验，不得与研制者、生产企业存在利害关系。

承担试验的专家不得参与该新饲料、新饲料添加剂的评审工作。

第十条 农业部自受理申请之日起5个工作日内，将申请资料和样品交评审委进行评审。

第十一条 新饲料、新饲料添加剂的评审采取评审会议的形式。评审会议应当有9名以上评审委专家参加，根据需要也可以邀请1至2名评审委专家以外的专家参加。参加评审的专家对评审事项具有表决权。

评审会议应当形成评审意见和会议纪要，并由参加评审的专家审核签字；有不同意见的，应当注明。

第十二条 参加评审的专家应当依法履行职责，科学、客观、公正提出评审意见。

评审专家与研制者、生产企业有利害关系的，应当回避。

第十三条 评审会议原则通过的，由评审委将样品交农业部指定的饲料质量检验机构进行质量复核。质量复核机构应当自收到样品之日起3个月内完成质量复核，并将质量复核报告和复核意见报评审委，同时送达申请人。需用特殊方法检测的，质量复核时间可以延长1个月。

质量复核包括标准复核和样品检测，有最高限量要求的，还应当对申报产品有效组分在饲料产品中的检测方法进行验证。

申请人对质量复核结果有异议的，可以在收到质量复核报告后15个工作日内申请复检。

第十四条 评审过程中，农业部可以组织对申请人的试验或生产条件进行现场核查，或者对试验数据进行核查或验证。

第十五条 评审委应当自收到新饲料、新饲料添加剂申请资料和样品之日起 9 个月内向农业部提交评审结果；但是，评审委决定由申请人进行相关试验的，经农业部同意，评审时间可以延长 3 个月。

第十六条 农业部自收到评审结果之日起 10 个工作日内作出是否核发新饲料、新饲料添加剂证书的决定。

决定核发新饲料、新饲料添加剂证书的，由农业部予以公告，同时发布该产品的质量标准。新饲料、新饲料添加剂投入生产后，按照公告中的质量标准进行监测和监督抽查。

决定不予核发的，书面通知申请人并说明理由。

第十七条 新饲料、新饲料添加剂在生产前，生产者应当按照农业部有关规定取得生产许可证。生产新饲料添加剂的，还应当取得相应的产品批准文号。

第十八条 新饲料、新饲料添加剂的监测期为 5 年，自新饲料、新饲料添加剂证书核发之日起计算。

监测期内不受理其他就该新饲料、新饲料添加剂提出的生产申请和进口登记申请，但该新饲料、新饲料添加剂超过 3 年未投入生产的除外。

第十九条 新饲料、新饲料添加剂生产企业应当收集处于监测期内的产品质量、靶动物安全和养殖动物产品质量安全等相关信息，并向农业部报告。

农业部对新饲料、新饲料添加剂的质量安全状况组织跟踪监测，必要时进行再评价，证实其存在安全问题的，撤销新饲料、新饲料添加剂证书并予以公告。

第二十条 从事新饲料、新饲料添加剂审定工作的相关单位和人员，应当对申请人提交的需要保密的技术资料保密。

第二十一条 从事新饲料、新饲料添加剂审定工作的相关人员，不履行本办法规定的职责或者滥用职权、玩忽职守、徇私舞弊的，依法给予处分；构成犯罪的，依法追究刑事责任。

第二十二条 申请人隐瞒有关情况或者提供虚假材料申请新饲料、新饲料添加剂审定的，农业部不予受理或者不予许可，并给予警告；申请人在 1 年内不得再次申请新饲料、新饲料添加剂审定。

以欺骗、贿赂等不正当手段取得新饲料、新饲料添加剂证书的，由农业部撤销新饲料、新饲料添加剂证书，申请人在 3 年内不得再次申请新饲料、新饲料添加剂审定；以欺骗方式取得新饲料、新饲料添加剂证书的，并处 5 万元以上 10 万元以下罚款；构成犯罪的，依法移送司法机关追究刑事责任。

第二十三条 其他违反本办法规定的，依照《饲料和饲料添加剂管理条例》的有关规定进行处罚。

第二十四条 本办法自 2012 年 7 月 1 日起施行。农业部 2000 年 8 月 17 日发布的《新饲料和新饲料添加剂管理办法》同时废止。

进口饲料和饲料添加剂登记管理办法

(农业部令 2014 年第 2 号发布，2016 年第 3 号、2017 年第 8 号修订)

第一条 为加强进口饲料、饲料添加剂监督管理，保障动物产品质量安全，根据《饲料和饲料添加剂管理条例》，制定本办法。

第二条 本办法所称饲料，是指经工业化加工、制作的供动物食用的产品，包括单一饲料、添加剂预混合饲料、浓缩饲料、配合饲料和精料补充料。

本办法所称饲料添加剂，是指在饲料加工、制作、使用过程中添加的少量或者微量物质，包括营养性饲料添加剂和一般饲料添加剂。

第三条 境外企业首次向中国出口饲料、饲料添加剂，应当向农业部申请进口登记，取得饲料、饲料添加剂进口登记证；未取得进口登记证的，不得在中国境内销售、使用。

第四条 （农业部令 2017 年第 8 号修订）境外企业申请进口登记，由境外企业驻中国境内的办事机构或者委托的中国境内代理机构办理。

第五条 申请进口登记的饲料、饲料添加剂，应当符合生产地和中国的相关法律法规、技术规范的要求。

生产地未批准生产、使用或者禁止生产、使用的饲料、饲料添加剂，不予登记。

第六条 申请饲料、饲料添加剂进口登记，应当向农业部提交真实、完整、规范的申请资料（中英文对照，一式两份）和样品。

第七条 申请资料包括：

(一) 进口饲料、饲料添加剂登记申请表。

(二) 委托书和境内代理机构资质证明：境外企业委托其常驻中国代表机构代理登记的，应当提供委托书原件和《外国企业常驻中国代表机构登记证》复印件；委托境内其他代理机构的，应当提供委托书原件和代理机构的法人营业执照复印件。

(三) 生产地批准生产、使用的证明，生产地以外其他国家、地区的登记资料，产品推广应用情况。

(四) 进口饲料的产品名称、组成成分、理化性质、适用范围、使用方法；进口饲料添加剂的产品名称、主要成分、理化性质、产品来源、使用目的、适用范围、使用方法。

(五) 生产工艺、质量标准、检测方法和检验报告。

(六) 生产地使用的标签、商标和中文标签式样。

(七) （农业部令 2016 年第 3 号修订）微生物产品或者发酵制品，还应当提供生产所用菌株的保藏情况证明。

向中国出口本办法第十三条规定的饲料、饲料添加剂的,还应当提交以下申请资料:

(一)有效组分的化学结构鉴定报告或动物、植物、微生物的分类鉴定报告。

(二)农业部指定的试验机构出具的产品有效性评价试验报告、安全性评价试验报告(包括靶动物耐受性评价报告、毒理学安全评价报告、代谢和残留评价报告等);申请饲料添加剂进口登记的,还应当提供该饲料添加剂在养殖产品中的残留可能对人体健康造成影响的分析评价报告。

(三)稳定性试验报告、环境影响报告。

(四)在饲料产品中有最高限量要求的,还应当提供最高限量值和有效组分在饲料产品中的检测方法。

第八条 产品样品应当符合以下要求:

(一)每个产品提供3个批次、每个批次2个样品,每份样品不少于检测需要量的5倍。

(二)必要时提供相关的标准品或者化学对照品。

第九条 农业部自受理申请之日起10个工作日内对申请资料进行审查;审查合格的,通知申请者将样品交由农业部指定的检验机构进行复核检测。

第十条 复核检测包括质量标准复核和样品检测。检测方法有国家标准和行业标准的,优先采用国家标准或行业标准;没有国家标准和行业标准的,采用申请人提供的检测方法;必要时,检验机构可以根据实际情况对检测方法进行调整。

检验机构应当在3个月内完成复核检测工作,并将复核检测报告报送农业部,同时抄送申请人。

第十一条 境外企业对复核检测结果有异议的,应当自收到复核检测报告之日起15个工作日内申请复检。

第十二条 复核检测合格的,农业部在10个工作日内核发饲料、饲料添加剂进口登记证,并予以公告。

第十三条 申请进口登记的饲料、饲料添加剂有下列情形之一的,由农业部依照新饲料、新饲料添加剂的评审程序组织评审:

(一)向中国出口中国境内尚未使用但生产地已经批准生产和使用的饲料、饲料添加剂。

(二)饲料添加剂扩大适用范围的。

(三)饲料添加剂含量规格低于饲料添加剂安全使用规范要求的,但由饲料添加剂与载体或者稀释剂按照一定比例配制的除外。

(四)饲料添加剂生产工艺发生重大变化的。

(五)农业部已核发新饲料、新饲料添加剂证书的产品,自获证之日起超过3年未投入生产的。

(六)存在质量安全风险的其他情形。

第十四条 饲料、饲料添加剂进口登记证有效期为5年。

饲料、饲料添加剂进口登记证有效期满需要继续向中国出口饲料、饲料添加剂的,应当在有效期届满 6 个月前申请续展。

第十五条 申请续展应当提供以下资料：

（一）进口饲料、饲料添加剂续展登记申请表。

（二）进口登记证复印件。

（三）委托书和代理机构资质证明。

（四）生产地批准生产、使用的证明。

（五）质量标准、检测方法和检测报告。

（六）生产地使用的标签、商标和中文标签式样。

第十六条 有以下情形之一的，申请续展时还应当提交样品进行复核检测：

（一）根据相关法律法规，技术规范，需要对产品质量安全检测项目进行调整的。

（二）产品检测方法发生改变的。

（三）监督抽查中有不合格记录的。

第十七条 进口登记证有效期内，进口饲料、饲料添加剂的生产场所迁址，或者产品质量标准、生产工艺、适用范围等发生变化的，应当重新申请登记。

第十八条 进口饲料、饲料添加剂在进口登记证有效期内有下列情形之一的，应当申请变更登记：

（一）产品的中文或外文商品名称改变的。

（二）申请企业名称改变的。

（三）生产厂家名称改变的。

（四）生产地址名称改变的。

第十九条 申请变更登记应当提供以下资料：

（一）进口饲料、饲料添加剂变更登记申请表。

（二）委托书和境内代理机构资质证明。

（三）进口登记证原件。

（四）变更说明及相关证明文件。

农业部在受理变更登记申请后 10 个工作日内作出是否准予变更的决定。

第二十条 从事进口饲料、饲料添加剂登记工作的相关单位和人员，应当对申请者提交的需要保密的技术资料保密。

第二十一条 境外企业应当依法在中国境内设立销售机构或者委托符合条件的中国境内代理机构销售进口饲料、饲料添加剂。

境外企业不得直接在中国境内销售进口饲料、饲料添加剂。

第二十二条 境外企业应当在取得饲料、饲料添加剂进口登记证后之日起 6 个月内，在中国境内设立销售机构或者委托销售代理机构并报农业部备案。

前款规定的销售机构或者销售代理机构发生变更的，应当在 1 个月内报农业部重新备案。

第二十三条 进口饲料、饲料添加剂应当包装，包装应当符合中国有关安全、卫生的规定，并附具符合规定的中文标签。

第二十四条 进口饲料、饲料添加剂在使用过程中被证实对养殖动物、人体健康或环境有害的，由农业部公告禁用并撤销进口登记证。

饲料、饲料添加剂进口登记证有效期内，生产地禁止使用该饲料、饲料添加剂产品或者撤销其生产、使用许可的，境外企业应当立即向农业部报告，由农业部注销进口登记证并公告。

第二十五条 境外企业发现其向中国出口的饲料、饲料添加剂对养殖动物、人体健康有害或者存在其他安全隐患的，应当立即通知其在中国境内的销售机构或销售代理机构，并向农业部报告。

境外企业在中国境内的销售机构或销售代理机构应当主动召回前款规定的产品，记录召回情况，并向销售地饲料管理部门报告。

召回的产品应当在县级以上地方人民政府饲料管理部门监督下予以无害化处理或者销毁。

第二十六条 农业部和县级以上地方人民政府饲料管理部门，应当根据需要定期或者不定期组织实施进口饲料、饲料添加剂监督抽查；进口饲料、饲料添加剂监督抽查检测工作由农业部或者省、自治区、直辖市人民政府饲料管理部门指定的具有相应技术条件的机构承担。

进口饲料、饲料添加剂监督抽查检测，依据进口登记过程中复核检测确定的质量标准进行。

第二十七条 农业部和省级人民政府饲料管理部门应当及时监督抽查结果，并可以公布具有不良记录的境外企业及其销售机构、销售代理机构名单。

第二十八条 从事进口饲料、饲料添加剂登记工作的相关人员，不履行本办法规定的职责或者滥用职权、玩忽职守、徇私舞弊的，依法给予处分；构成犯罪的，依法追究刑事责任。

第二十九条 提供虚假资料、样品或者采取其他欺骗手段申请进口登记的，农业部对该申请不予受理或者不予批准，1年内不再受理该境外企业和登记代理机构的进口登记申请。

提供虚假资料、样品或者采取其他欺骗方式取得饲料、饲料添加剂进口登记证的，由农业部撤销进口登记证，对登记代理机构处5万元以上10万元以下罚款，3年内不再受理该境外企业和登记代理机构的进口登记申请。

第三十条 其他违反本办法规定的，依照《饲料和饲料添加剂管理条例》的有关规定进行处罚。

第三十一条 本办法自2014年7月1日起施行。农业部2000年8月17日公布、2004年7月1日修订的《进口饲料和饲料添加剂登记管理办法》同时废止。

二、规范使用

饲料原料目录

(农业部公告2012年第1773号发布,2013年第2038号、2014年第2133号、2015年第2249号、2017年第2634号修订;农业农村部公告2018年第22号、2020年第356号、2021年第459号修订)

第一部分 通则

一、本目录所称饲料原料,是指来源于动物、植物、微生物或者矿物质,用于加工制作饲料但不属于饲料添加剂的饲用物质(含载体和稀释剂)。饲料生产企业所使用的饲料原料均应属于本目录规定的品种,并符合本目录的要求。

二、本目录之外的物质用作饲料原料的,应当经过科学评价并由农业部公告列入目录后,方可使用。

三、按照本目录生产、经营或使用的饲料原料,应符合《饲料卫生标准》《饲料标签》等强制性标准的要求。

四、本目录第二部分给出了常用饲料原料加工术语的名称、定义及其形成产品的修饰语,第三部分凡涉及相应术语的,其含义与第二部分的定义一致。

五、本目录第三部分原料列表给出了原料名称,饲料原料标签中标识的产品名称应与列表中的"原料名称"一致;饲料产品标签中"原料组成"所使用的原料名称也应与列表中的"原料名称"一致。"原料名称"栏内方括号列出的为饲料原料的常用别名,可以与括号前的名称等同使用。"原料名称"栏内圆括号列出的为相关原料不同物质形态,应根据产品实际进行选择。

六、本目录第三部分中原料编号采用三级编号格式,第一级表示大类编号;第二级代表相同大类下的不同原料来源;第三级表示相同原料来源下的不同产品。第二级和第三级原则上按首个中文字的拼音顺序进行排列。

七、本目录第三部分中"强制性标识要求"所规定的为质量要求或卫生特征指标,应在原料标签的分析保证值等项目中列出。

八、本目录第四部分所列单一饲料品种,是根据《饲料和饲料添加剂管理条例》及《饲料和饲料添加剂生产许可管理办法》和《进口饲料和饲料添加剂登记管理办法》,应当办理生产许可证和进口登记证的产品。未取得生产许可证或进口登记证的单一饲料产品不得作为饲料原料生产、经营和使用。

九、生产或使用涉及转基因动物、植物、微生物的饲料原料,还应当遵守《农业转基因生物安全管理条例》的有关规定。

十、饲料生产企业使用目录中所列原料，应按照保证饲料和养殖动物质量安全的原则和要求，根据饲喂对象和原料特点合理选择和使用。

十一、除目录中有特殊规定外，植物性饲料原料的植物学纯度通常不得低于95%。

十二、对饲料原料进行瘤胃保护处理的，应在原料标签中标明瘤胃保护方法。

第二部分　饲料原料加工术语

编号	加工工艺	定义	常用名称/修饰语
1	氨化 Ammoniation	将粗饲料用氨或铵盐进行处理，改善其品质，提高其利用率。	氨化
2	巴氏消毒 Pasteurisation	将物料加热到一定的温度并保持一定的时间、随后急速冷却的操作，以清除物料中的有害微生物。	巴氏灭菌
3	爆裂 Popping	在不加水的条件下，通过加热或烘炒，使谷物熟化、体积膨大、表面出现裂缝。	爆裂
4	剥皮/去皮/脱皮 Peeling	完全或部分去除谷物、豆类、种子、果实或蔬菜的种皮、果皮或内壳。	剥皮/去皮/脱皮
5	超临界萃取 Supercritical extraction	利用液体在超临界区域兼具气液两性的特点及其对溶质溶解能力随压力、温度改变而在相当宽的范围内变化的特性，实现溶质溶解、分离的工艺。一般采用二氧化碳作为萃取剂。	超临界萃取
6	超滤 Ultra-filtration	用孔径为0.002~0.1微米的滤膜过滤液体。	超滤
7	除臭 Deodorization	去除物料（如鱼粉等）腥臭味的工序。	除臭
8	发酵 Fermentation	应用酵母、霉菌或细菌在受控制的有氧或厌氧条件下，增殖菌体、分解底物或形成特定代谢产物的过程。	发酵
9	粉碎 Crushing	通过撞击、剪切、磨削等机械作用，使物料颗粒变小。	粉碎
10	分选 Fractionation	通过过筛或气流处理将物料中不同容重、不同粒径的组分分离。	分选
11	风选 Aspiration	利用物料之间或物料与杂质之间悬浮速度的差别，用空气（风力）对物料进行分级或去除杂质的过程。	风选
12	干燥 Drying	去除物料中的水分或者其他挥发成分。	干燥

二、规范使用

(续表)

编号	加工工艺	定义	常用名称/修饰语
13	谷物发芽 Malting	使谷物发芽，激活其自身能够使淀粉降解为可发酵碳水化合物、使蛋白质降解为氨基酸和小肽的酶。	麦芽
14	过滤 Filtration	通过多孔介质或膜分离固液混合物。	过滤
15	烘烤 Roasting/Toasting	物料置于火、热气、电或微波等加热环境中，进行烘焙、干燥，以提高消化率、加深颜色或减少天然抗营养因子。	烘烤
16	混合 Mixing	利用机械力、压缩空气或超声波，搅动、拌和物料，使之分布均匀、强化热交换的过程。	混合/搅拌
17	挤压膨化 Extrusion/Extruding	物料经螺杆推进、增压、增温处理后挤出模孔，使其骤然降压膨化，制成特定形状的产品。	膨化
18	挤压膨胀 Expansion/Expanding	物料经螺杆增压挤出模头，使其适度降压而膨大，制成不规则的形状。通常，挤压膨胀的压力和温度低于挤压膨化。	膨胀
19	加热 Heating	通过提高温度，加压或不加压，对物料进行处理的方法。	热处理
20	碱化 Basification	向物料中添加碱性物质使物料由酸性变为碱性（提高pH值）的过程。	碱化
21	胶凝 Gelling	形成不同凝胶强度的固体凝胶物质的过程（使用或不使用胶凝剂）。	凝胶
22	结晶 Crystallization	物质从溶液中形成固态晶体并与液体分离的分离纯化过程。	结晶
23	浸泡 Soaking/Steeping	在一定条件下，对物料（通常是对籽粒）进行湿润和软化的过程，以减少蒸煮时间，或有利于去除种皮，或加快水分吸收以促进发芽进程，或降低天然抗营养因子的浓度。	浸泡
24	浸提/抽提 Extraction	利用有机溶剂从物料中提取油脂，或利用水和水性溶剂提取糖或水溶性物质的过程。	浸提/抽提
25	精炼 Refining	用物理或化学方法将杂质全部或部分去除。	精炼
26	冷凝 Condensation	使物质从气体转变成液体的过程。	冷凝
27	冷却 Chilling	使物料降低温度至高于冰点的过程。	冷却

（续表）

编号	加工工艺	定义	常用名称/修饰语
28	瘤胃保护/过瘤胃 Rumen protection/By-pass rumen	通过加热、加压、汽蒸等物理方法，或者通过使用加工助剂，防止或减缓营养物质在瘤胃内降解的过程。	瘤胃保护/过瘤胃
29	碾米 Rice whitening	碾去糙米皮层的工序。	碾米
30	碾磨/磨碎/磨制/研磨 Grinding/Milling	通过干法或湿法加工减小固体颗粒粒度的过程。	碾磨/磨碎/磨制/研磨
31	浓缩 Concentration	通过去除水分或其他液体成分以提高主体组分浓度的过程。	浓缩/浓度
32	抛光 Polishing	在谷物加工过程中，通过滚筒使其粗糙度降低并获得光亮外表的过程。	抛光
33	喷雾干燥 Spray drying	将液体物料雾化，并以热气体干燥的过程。	喷雾干燥
34	膨化 Puffing	使处于高温、高压状态的物料迅速进入常压，物料中的水分因压力骤降而瞬间蒸发，导致物料组织结构突然膨松成为海绵状的过程。	膨化
35	漂白/脱色 Bleaching	去除物料中天然色泽的过程。	漂白/脱色
36	汽蒸 Steaming	用蒸汽直接加热物料，提高物料的温度和水分，以改变其理化特性。	蒸汽加工
37	切片 Slicing	将物料切成薄片的过程。	切片
38	切碎 Chopping/Cutting	使用刀或其他锋利器具切割物料使其粒度减小。	切碎
39	氢化 Hydrogenation	在使用催化剂的条件下，使甘油酸酯或游离脂肪酸由不饱和转化为饱和状态，或将还原糖转化为多元醇类似物。	加氢
40	清理 Cleaning	用筛选、风选、磁选或其他方法除去物料中所含杂质。	清理
41	青贮 Ensiling	将青绿植物切碎，经过压实、排气、密封，在厌氧条件下进行乳酸发酵，以延长储存时间。	青贮
42	去糖 Desugaring	用化学或物理方法完全或部分去除糖蜜或其他含糖物质中的单糖和二糖。	去糖/除糖

二、规范使用

(续表)

编号	加工工艺	定义	常用名称/修饰语
43	热烫 Blanching	通过蒸煮或汽蒸对有机物进行快速热处理，随后浸入冷水冷却的过程。目的是使天然酶变性、组织软化或去除物料原有的味道。	热烫
44	熔解 Melting	通过加热使物料由固相变成液相的过程。	熔化/熔融
45	揉搓 Rubbing	将秸秆等物料揉搓撕碎的过程。	揉搓
46	乳化 Emulsification	将两种互不相溶的液体（如油、水）混合，使之形成胶体悬浮液的过程。	乳化
47	筛选 Sieving/Screening	利用物料之间或杂质之间几何尺寸的差别，用过筛的方法将物料分级或去除杂质。	过筛/筛选
48	水解 Hydrolysis	在适宜条件下有水参与的，利用酶、酸、碱或高温高压将物料分解为简单小分子的过程。	水解
49	脱毒/去毒 Detoxification	用物理、化学和生物方法从物料中去除，或破坏有毒有害物质，或减小其浓度的过程。	脱毒/去毒
50	脱胶 Depectinising	从物料中提取胶质的过程，主要指从压榨或浸提油料制取的粗植物油中脱去磷脂等胶体物质的过程。	脱胶
51	脱壳/去壳/砻谷 Dehulling/Dehusking	通常指通过物理方法去除豆类、谷物或种子等植物的外壳。	脱壳/去壳/砻谷
52	脱盐 Desalination	以离子交换和膜过滤等方法将物料中的钠盐脱除的过程。	脱盐
53	脱脂 Deoiling/Defatting/Skimming	指从物料中去除脂类物质的过程。	脱脂/除油
54	压片/碾压 Flaking/Rolling	利用成对轧辊之间的挤压作用改变籽粒状饲料原料的形状或尺寸，可预先进行着水或调质处理。	压片
55	压榨 Pressing	用机械或液压等外力从固态物料中去除油脂、水分、汁液等液体组分的过程。	油饼/果浆/果渣/糖浆
56	烟熏 Smoking	将食物暴露于植物性材料（通常为木材）燃烧产生的烟中，用于调味、烹饪或保存食物的一种工艺。	烟熏
57	液化 Liquefying	使固相或气相转变成液相的过程。	液化
58	油炸 Frying	物料在油脂中进行蒸煮的过程。	油炸

(续表)

编号	加工工艺	定义	常用名称/修饰语
59	预糊化 Pregelatinization	为显著提高其在冷水中的膨胀特性而对淀粉进行改性处理的过程。	预糊化
60	造粒 Granulation	对饲料原料进行处理以获得特定粒度和均匀度的过程。	颗粒
61	蒸发 Evaporation	通过汽化或蒸馏获得浓缩物质的过程。	蒸发
62	蒸谷 Parboiling	在一定温度和压力下，对浸泡过的稻谷用蒸汽加热的过程。是生产蒸谷米水热处理工段的工序之一。目的是提高出米率，改善储藏特性和食用品质。	蒸谷
63	蒸馏 Distillation	通过使液体沸腾并将挥发气体收集到一个单独的容器内对液体不同组分进行分离的过程。	蒸馏
64	蒸煮/蒸炒/熟化 Cooking	在特定设备中对物料进行特定时间的湿热或加压处理，使淀粉糊化、蛋白变性和灭菌。	蒸煮/蒸炒/熟化
65	制粉 Flour milling	粉碎干燥的谷物并使其各部分分离，形成预定质量的粉、麸皮、中粉等一系列工序。	粉/麸皮/中粉
66	制粒 Pelleting	将粉状物料经（或不经）调质，挤出压模模孔，制成颗粒的过程。	颗粒

第三部分　饲料原料列表

（标注"★"的为需要办理许可证的原料种类和具体产品）

1. 谷物及其加工产品★

原料编号	原料名称	特征描述	强制性标识要求
1.1	大麦及其加工产品★		
1.1.1	大麦	包括皮大麦（*Hordeum vulgare* L.）和裸大麦（青稞）（*Hordeum vulgare* var. *nudum*）籽实。可经瘤胃保护。	
1.1.2	大麦次粉	以大麦为原料经制粉工艺产生的副产品之一，由糊粉层、胚乳及少量细麸组成。	淀粉 粗蛋白质 粗纤维
1.1.3★	大麦蛋白粉★	大麦分离出麸皮和淀粉后以蛋白质为主要成分的副产品。	粗蛋白质

(续表)

原料编号	原料名称	特征描述	强制性标识要求
1.1.4	大麦粉	大麦经制粉工艺加工形成的以大麦粉为主、含有少量细麦麸和胚的粉状产品。	淀粉 粗蛋白质
1.1.5	大麦粉浆粉	大麦经湿法加工提取蛋白、淀粉后的液态副产物经浓缩、干燥形成的产品。	粗蛋白质
1.1.6	大麦麸	以大麦为原料碾磨制粉过程中所分离的麦皮层。	粗纤维
1.1.7	大麦壳	大麦经脱壳工艺除去的外壳。	粗纤维
1.1.8	大麦糖渣	大麦生产淀粉糖的副产品。	粗蛋白质 水分
1.1.9	大麦纤维	从大麦籽实中提取的纤维，或者生产大麦淀粉过程中提取的纤维类产物。	粗纤维
1.1.10	大麦纤维渣[大麦皮]	大麦淀粉加工的副产品，主要成分为纤维素，含有少部分胚乳。	粗纤维
1.1.11	大麦芽	大麦发芽后的产品。	粗蛋白质 粗纤维
1.1.12	大麦芽粉	大麦芽经干燥、碾磨获得的产品。	粗蛋白质 粗纤维
1.1.13	大麦芽根	发芽大麦或大麦芽清理过程中的副产品，主要由麦芽根、大麦细粉、外皮和碎麦芽组成。	粗蛋白质 粗纤维
1.1.14	烘烤大麦	大麦经适度烘烤形成的产品。	淀粉 粗蛋白质
1.1.15	喷浆大麦皮	大麦生产淀粉及胚芽的副产品喷上大麦浸泡液干燥后获得的产品。	粗蛋白质 粗纤维
1.1.16	膨化大麦	大麦在一定温度和压力条件下经膨化处理获得的产品。	淀粉 淀粉糊化度
1.1.17	全大麦粉	不去除任何皮层的完整大麦籽粒经碾磨获得的产品。	淀粉 粗蛋白质
1.1.18	压片大麦	去壳大麦经汽蒸、碾压后的产品。其中可含有少部分大麦壳。可经瘤胃保护。	淀粉 淀粉糊化度
1.1.19[5]	大麦苗粉	大麦的幼苗经干燥、粉碎后获得的产品。	粗蛋白质 粗纤维 水分
1.2	稻谷及其加工产品★		
1.2.1	稻谷	禾本科草本植物栽培稻（*Oryza sativa* L.）的籽实。	

(续表)

原料编号	原料名称	特征描述	强制性标识要求
1.2.2	糙米	稻谷脱去颖壳后的产品，由皮层、胚乳和胚组成。	淀粉 粗纤维
1.2.3	糙米粉	糙米经碾磨获得的产品。	淀粉 粗蛋白质 粗纤维
1.2.4[5]	＿＿＿米	稻谷经脱壳并碾去皮层所获得的产品。产品名称可标称大米，可根据类别标明籼米、粳米、糯米，可根据特殊品种标明黑米、红米等。	淀粉 粗蛋白质
1.2.5	大米次粉	由大米加工米粉和淀粉（包含干法和湿法碾磨、过筛）的副产品之一。	淀粉 粗蛋白质 粗纤维
1.2.6★	大米蛋白粉★	生产大米淀粉后以蛋白质为主的副产物。由大米经湿法碾磨、筛分、分离、浓缩和干燥获得。	粗蛋白质
1.2.7	大米粉	大米经碾磨获得的产品。	淀粉 粗蛋白质
1.2.8★	大米酶解蛋白★	大米蛋白粉经酶水解、干燥后获得的产品。	酸溶蛋白（三氯乙酸可溶蛋白） 粗蛋白质 粗灰分 钙含量
1.2.9	大米抛光次粉	去除米糠的大米在抛光过程中产生的粉状副产品。	粗蛋白质 粗纤维
1.2.10	大米糖渣	大米生产淀粉糖的副产品。	粗蛋白质 水分
1.2.11	稻壳粉［砻糠粉］	稻谷在砻谷过程中脱去的颖壳经粉碎获得的产品。	粗纤维
1.2.12	稻米油［米糠油］	米糠经压榨或浸提制取的油。	酸价 过氧化值
1.2.13	米糠	糙米在碾米过程中分离出的皮层，含有少量胚和胚乳。	粗脂肪 酸价 粗纤维
1.2.14	米糠饼	米糠经压榨取油后的副产品。	粗蛋白质 粗脂肪 粗纤维
1.2.15	米糠粕［脱脂米糠］	米糠或米糠饼经浸提取油后的副产品。	粗蛋白质 粗纤维

二、规范使用

(续表)

原料编号	原料名称	特征描述	强制性标识要求
1.2.16	膨化大米(粉)	大米或碎米在一定温度和压力条件下,经膨化处理获得的产品。	淀粉 淀粉糊化度
1.2.17	碎米	稻谷加工过程中产生的破碎米粒(含米䴭)。	淀粉 粗蛋白质
1.2.18	统糠	稻谷加工过程中自然产生的含有稻壳的米糠,除不可避免的混杂外,不得人为加入稻壳粉。	粗脂肪 粗纤维 酸价
1.2.19	稳定化米糠	通过挤压、膨化、微波等稳定化方式灭酶处理过的米糠。	粗脂肪 粗纤维 酸价
1.2.20	压片大米	预糊化大米经压片获得的产品。	淀粉 淀粉糊化度
1.2.21	预糊化大米	大米或碎米经湿热、压力等预糊化工艺处理后形成的产品。	淀粉 淀粉糊化度
1.2.22	蒸谷米次粉	经蒸谷处理的去壳糙米粗加工的副产品。主要由种皮、糊粉层、胚乳和胚芽组成,并经碳酸钙处理。	粗蛋白质 粗纤维 碳酸钙
1.2.23[5]	大米胚芽	大米加工过程中提取的主要含胚芽的产品。	粗蛋白质 粗脂肪
1.2.24[5]	大米胚芽粕	大米胚芽经压榨取油后的副产品。	粗蛋白质 粗脂肪 粗纤维
1.3	高粱及其加工产品		
1.3.1	高粱	高粱 [*Sorghum bicolor* (L.) Moench.] 籽实。	
1.3.2	高粱次粉	以高粱为原料经制粉工艺产生的副产品之一,由糊粉层、胚乳及少量细麸组成。	淀粉 粗纤维
1.3.3	高粱粉浆粉	高粱湿法提取蛋白、淀粉后的液态副产物经浓缩、干燥形成的产品。	粗蛋白质 水分
1.3.4	高粱糠	加工高粱米时脱下的皮层、胚和少量胚乳的混合物。	粗脂肪 粗纤维
1.3.5	高粱米	高粱籽粒经脱皮工艺去除皮层后的产品。	淀粉 粗蛋白质
1.3.6	去皮高粱粉	高粱籽粒去除种皮、胚芽后,将胚乳部分研磨成适当细度获得的粉状产品。	淀粉 粗蛋白质
1.3.7	全高粱粉	不去除任何皮层的完整高粱籽粒经碾磨获得的产品。	淀粉 粗蛋白质

(续表)

原料编号	原料名称	特征描述	强制性标识要求
1.4	黑麦及其加工产品		
1.4.1	黑麦	黑麦（Secale cereale L.）籽实。	
1.4.2	黑麦次粉	以黑麦为原料经制粉工艺形成的副产品之一，由糊粉层、胚乳及少量细麸组成。	淀粉 粗纤维
1.4.3	黑麦粉	黑麦经制粉工艺制成的以黑麦粉为主、含有少量细麦麸和胚的粉状产品。	淀粉 粗蛋白质
1.4.4	黑麦麸	以黑麦为原料碾磨制粉过程中所分出的麦皮层。	淀粉 粗纤维
1.4.5	全黑麦粉	不去除任何皮层的完整黑麦籽粒经碾磨获得的产品。	淀粉 粗蛋白质
1.5	酒糟类★		
1.5.1★	干白酒糟★	白酒生产中，以一种或几种谷物或者薯类为原料，以稻壳等为填充辅料，经固态发酵、蒸馏提取白酒后的残渣，再经烘干粉碎的产品。	粗蛋白质 粗灰分 粗纤维
1.5.2★	干黄酒糟★	黄酒生产过程中，原料发酵后过滤获得的滤渣经干燥获得的产品。	粗蛋白质 粗脂肪 粗纤维
1.5.3★	＿＿＿＿干酒精糟[DDG]★ 1. 大麦 2. 大米 3. 玉米 4. 高粱 5. 小麦 6. 黑麦 7. 谷物 8. 薯类	谷物籽实或薯类经酵母发酵、蒸馏除去乙醇后，对剩余的釜溜物过滤获得的滤渣进行浓缩、干燥制成的产品。产品名称应标明具体的谷物来源。根据谷物种类不同，可分为大麦干酒精糟、大米干酒精糟、玉米干酒精糟、高粱干酒精糟、小麦干酒精糟、黑麦干酒精糟。以两种及两种以上谷物籽实获得的产品标称为谷物干酒精糟。可经瘤胃保护。	粗蛋白质 粗脂肪 粗纤维 水分
1.5.4★	＿＿＿＿干酒精糟可溶物[DDS]★ 1. 大麦 2. 大米 3. 玉米 4. 高粱 5. 小麦 6. 黑麦 7. 谷物 8. 薯类	谷物籽实或薯类经酵母发酵、蒸馏除去乙醇后，对剩余的釜溜物过滤获得的滤液进行浓缩、干燥制成的产品。产品名称应标明具体的谷物来源。根据谷物种类不同，可分为大麦干酒精糟可溶物、大米干酒精糟可溶物、玉米干酒精糟可溶物、高粱干酒精糟可溶物、小麦干酒精糟可溶物、黑麦干酒精糟可溶物。以两种及两种以上谷物籽实获得的产品标称为谷物干酒精糟可溶物。可经瘤胃保护。	粗蛋白质 粗脂肪 水分
1.5.5★	干啤酒糟★	以大麦为主要原料生产啤酒的过程中，经糖化工艺后过滤获得的残渣，再经干燥获得的产品。	粗蛋白质 粗脂肪 粗纤维

(续表)

原料编号	原料名称	特征描述	强制性标识要求
1.5.6★	含可溶物的_____干酒精糟［_____干全酒精糟］［DDGS］★ 1. 大麦 2. 大米 3. 玉米 4. 高粱 5. 小麦 6. 黑麦 7. 谷物 8. 薯类	谷物籽实或薯类经酵母发酵、蒸馏除去乙醇后，对剩余的全釜溜物（酒糟全液，至少含四分之三固体成分）进行浓缩、干燥制成的产品。产品名称应标明具体的谷物来源。根据谷物种类不同，可分为含可溶物的大麦干酒精糟、含可溶物的大米干酒精糟、含可溶物的玉米干酒精糟、含可溶物的高粱干酒精糟、含可溶物的小麦干酒精糟、含可溶物的黑麦干酒精糟。以两种及两种以上谷物籽实获得的产品标称为含可溶物的干谷物酒精糟。可经瘤胃保护。	粗蛋白质 粗脂肪 粗纤维 水分
1.5.7	_____湿酒精糟［DWG］ 1. 大麦 2. 大米 3. 玉米 4. 高粱 5. 小麦 6. 黑麦 7. 谷物 8. 薯类	谷物籽实或薯类经酵母发酵、蒸馏除去乙醇后，剩余的釜溜物经过滤后获得的滤渣。产品名称应标明具体的谷物来源。根据谷物种类不同，可分为大麦湿酒精糟、大米湿酒精糟、玉米湿酒精糟、高粱湿酒精糟、小麦湿酒精糟、黑麦湿精酒糟。以两种及两种以上谷物籽实获得的产品标称为谷物湿酒精糟。	粗蛋白质 粗脂肪 粗纤维 水分
1.5.8	_____湿酒精糟可溶物［DWS］ 1. 大麦 2. 大米 3. 玉米 4. 高粱 5. 小麦 6. 黑麦 7. 谷物 8. 薯类	谷物籽实或薯类经酵母发酵、蒸馏除去乙醇后，剩余的釜溜物经过滤后获得的滤液。产品名称应标明具体的谷物来源。根据谷物种类不同，可分为大麦湿酒精糟可溶物、大米湿酒精糟可溶物、玉米湿酒精糟可溶物、高粱湿酒精糟可溶物、小麦湿酒精糟可溶物、黑麦湿酒精糟可溶物。以两种及两种以上谷物籽实获得的产品标称为谷物湿酒精糟可溶物。	
1.5.9[5]	谷物酒糟糖浆	酿酒生产中谷物发酵蒸馏后的酒糟醪液经蒸发浓缩获得的产品。	粗蛋白质 水分
1.6	荞麦及其加工产品		
1.6.1	荞麦	蓼科一年生草本植物栽培荞麦（*Fagopyrum esculentum* Moench.）的瘦果。	
1.6.2	荞麦次粉	以荞麦为原料经制粉工艺形成的副产品之一，由糊粉层、胚乳及少量细麸组成。	淀粉 粗纤维
1.6.3	荞麦麸	荞麦经制粉工艺所分离出的麦皮层。	淀粉 粗纤维
1.6.4	全荞麦粉	以不去除任何皮层的完整荞麦经碾磨获得的产品。	淀粉 粗蛋白质

(续表)

原料编号	原料名称	特征描述	强制性标识要求
1.7	筛余物		
1.7.1	_____筛余物 1. 大麦 2. 大米 3. 玉米 4. 高粱 5. 小麦 6. 黑麦 7. 荞麦 8. 黍 9. 粟 10. 小黑麦 11. 燕麦	谷物籽实清理过程中筛选出的瘪的或破碎的籽实、种皮和外壳。因谷物种类不同，可分为大麦筛余物、大米筛余物、玉米筛余物、高粱筛余物、小麦筛余物、黑麦筛余物、荞麦筛余物、黍筛余物、粟筛余物、小黑麦筛余物、燕麦筛余物。	粗纤维 粗灰分
1.8	黍及其加工产品		
1.8.1	黍〔黄米〕	禾本科草本植物栽培黍（*Panicum miliaceum* L.）的籽实。	
1.8.2	黍米粉	黍米（脱皮或不脱皮）经制粉工艺加工而成的粉状产品。	淀粉 粗蛋白质
1.8.3	黍米糠	黍糙米在碾米过程中分离出的皮层，含有少量胚和胚乳。	粗脂肪 粗纤维 酸价
1.9	粟及其加工产品		
1.9.1	粟〔谷子〕	粟〔*Setaria italica* (L.) var. *germanica* (Mill.) Schred.〕的籽实。	
1.9.2	小米	粟经脱皮工艺除去皮层后的部分。按粒质不同分为粳性小米和糯性小米。	淀粉 粗脂肪
1.9.3	小米粉	小米经碾磨获得的粉状产品。	淀粉 粗蛋白质
1.9.4	小米糠	碾米机碾下的糙小米的皮层。	粗脂肪 粗纤维
1.10	小黑麦及其加工产品		
1.10.1	小黑麦	小黑麦（*Triticum* × *Secale cereale*）籽实，小麦与黑麦通过杂交和杂种染色体加倍而形成的新果实。	
1.10.2	全小黑麦粉	以完整小黑麦籽实不去除任何皮层经碾磨获得的产品。	淀粉 粗蛋白质
1.10.3	小黑麦次粉	以小黑麦为原料经制粉工艺形成的副产品之一。由糊粉层、胚乳及少量细麸组成。	淀粉 粗纤维

二、规范使用

(续表)

原料编号	原料名称	特征描述	强制性标识要求
1.10.4	小黑麦粉	小黑麦经制粉工艺制成的以小黑麦粉为主、含有少量细麦麸和胚的粉状产品。	淀粉 粗蛋白质
1.10.5	小黑麦麸	以小黑麦为原料碾磨制粉过程中所分出的麦皮层。	淀粉 粗纤维
1.11	小麦及其加工产品★		
1.11.1	小麦	小麦（*Triticum aestivum* L.）的籽实。可经瘤胃保护。	
1.11.2	发芽小麦［芽麦］	发芽的小麦。	粗蛋白质 粗纤维
1.11.3★	谷朊粉★［活性小麦面筋粉］［小麦蛋白粉］	以小麦或小麦粉为原料，去除淀粉和其他碳水化合物等非蛋白质成分后获得的小麦蛋白产品。由于水合后具有高度黏弹性，又称活性小麦面筋粉。	粗蛋白质 吸水率
1.11.4	喷浆小麦麸	将小麦浸泡液喷到小麦麸皮上并经干燥获得的产品。	粗蛋白质 粗纤维
1.11.5	膨化小麦	小麦在一定温度和压力条件下，经膨化处理获得的产品。	淀粉 粗蛋白质 淀粉糊化度
1.11.6	全小麦粉	不去除任何皮层的完整小麦籽粒经碾磨获得的产品。	淀粉 粗蛋白质 面筋量
1.11.7	小麦次粉	以小麦为原料经制粉工艺生产面粉的副产品之一，由糊粉层、胚乳及少量细麸组成。	淀粉 粗纤维
1.11.8	小麦粉［面粉］	小麦经制粉工艺制成的以面粉为主、含有少量细麦麸和胚的粉状产品。	淀粉 粗蛋白质 面筋量
1.11.9	小麦粉浆粉	小麦提取淀粉、谷朊粉后的废恋副产物经浓缩、干燥获得的产品。	粗蛋白质 水分
1.11.10	小麦麸［麸皮］	小麦在加工过程中所分出的麦皮层。	粗纤维
1.11.11	小麦胚	小麦加工时提取的胚及混有少量麦皮和胚乳的副产品。	粗蛋白质 粗脂肪
1.11.12	小麦胚芽饼	小麦胚经压榨取油后的副产品。	粗蛋白质 粗脂肪
1.11.13	小麦胚芽粕	小麦胚经浸提取油后的副产品。	粗蛋白质
1.11.14	小麦胚芽油	小麦胚经压榨或浸提制取的油脂。产品须由有资质的食品生产企业提供。	酸价 过氧化值
1.11.15★	小麦水解蛋白★	谷朊粉经部分水解后获得的产品。	粗蛋白质

(续表)

原料编号	原料名称	特征描述	强制性标识要求
1.11.16	小麦糖渣	小麦生产淀粉糖的副产品。	粗蛋白质 水分
1.11.17	小麦纤维	从小麦籽实中提取的纤维,或者生产小麦淀粉过程中提取的纤维类产物。	粗纤维
1.11.18	小麦纤维渣[小麦皮]	小麦淀粉加工副产品。主要成分为纤维素,含有少部分胚乳。	粗纤维 水分
1.11.19	压片小麦	去壳小麦经汽蒸、碾压后的产品。其中可含有少量小麦壳。可经瘤胃保护。	淀粉 粗蛋白质
1.11.20	预糊化小麦	将粉碎或破碎小麦经湿热、压力等预糊化工艺处理后获得的产品。	淀粉 粗蛋白质 淀粉糊化度
1.11.21[5]	小麦苗粉	小麦的幼苗经干燥、粉碎后获得的产品。	粗蛋白质 粗纤维 水分
1.12	燕麦及其加工产品		
1.12.1	燕麦	燕麦(*Avena sativa* L.)的籽实。可经瘤胃保护。	
1.12.2	膨化燕麦	碾磨或破碎燕麦在一定温度和压力条件下,经膨化处理获得的产品。	淀粉 淀粉糊化度
1.12.3	全燕麦粉	不去除任何皮层的完整燕麦籽粒经碾磨获得的产品。	淀粉 粗蛋白质
1.12.4	脱壳燕麦	燕麦的去壳籽实,可经蒸汽处理。	淀粉
1.12.5	燕麦次粉	以燕麦为原料经制粉工艺形成的副产品之一,由糊粉层、胚乳及少量细麸组成。	淀粉 粗纤维
1.12.6	燕麦粉	燕麦经制粉工艺制成的以燕麦粉为主、含有少量细麦麸和胚的粉状产品。	淀粉 粗蛋白质
1.12.7	燕麦麸	以燕麦为原料碾磨制粉过程中所分离出的麦皮层。	粗纤维
1.12.8	燕麦壳	燕麦经脱皮工艺后脱下的外壳。	粗纤维
1.12.9	燕麦片	燕麦经汽蒸、碾压后的产品。可包括少部分的燕麦壳。	淀粉 粗蛋白质
1.12.10[5]	燕麦苗粉	燕麦的幼苗经干燥、粉碎后获得的产品。	粗蛋白质 粗纤维 水分
1.13	玉米及其加工产品★		
1.13.1	玉米	玉米(*Zea mays* L.)籽实。可经瘤胃保护。	

二、规范使用

(续表)

原料编号	原料名称	特征描述	强制性标识要求
1.13.2★	喷浆玉米皮★	将玉米浸泡液喷到玉米皮上并经干燥获得的产品。	粗蛋白质 粗纤维
1.13.3	膨化玉米	玉米在一定温度和压力条件下,经膨化处理获得的产品。	淀粉 淀粉糊化度
1.13.4	去皮玉米	玉米籽实脱去种皮后的产品。	淀粉 粗蛋白质
1.13.5	压片玉米	去皮玉米经汽蒸、碾压后的产品。其中可含有少部分种皮。	淀粉 淀粉糊化度
1.13.6	玉米次粉	生产玉米粉、玉米碴过程中的副产品之一。主要由玉米皮和部分玉米碎粒组成。	淀粉 粗纤维
1.13.7★	玉米蛋白粉★	玉米经脱胚、粉碎、去渣、提取淀粉后的黄浆水,再经脱水制成的富含蛋白质的产品,粗蛋白质含量不低于50%(以干基计)。	粗蛋白质
1.13.8	玉米淀粉渣	生产柠檬酸等玉米深加工产品过程中,玉米经粉碎、液化、过滤获得的滤渣,再经干燥获得的产品。	淀粉 粗蛋白质 粗脂肪 水分
1.13.9	玉米粉	玉米经除杂、脱胚(或不脱胚)、碾磨获得的粉状产品。	淀粉 粗蛋白质
1.13.10★	玉米浆干粉★	玉米浸泡液经过滤、浓缩、低温喷雾干燥后获得的产品。	粗蛋白 二氧化硫
1.13.11★	玉米酶解蛋白★	玉米蛋白粉经酶水解、干燥后获得的产品。	酸溶蛋白 (三氯乙酸可溶蛋白) 粗蛋白质 粗灰分 钙含量
1.13.12	玉米胚	玉米籽实加工时所提取的胚及混有少量玉米皮和胚乳的副产品。	粗蛋白质 粗脂肪
1.13.13	玉米胚芽饼	玉米胚经压榨取油后的副产品。	粗蛋白质 粗脂肪 粗纤维
1.13.14	玉米胚芽粕	玉米胚经浸提取油后的副产品。	粗蛋白质 粗纤维
1.13.15	玉米皮	玉米加工过程中分离出来的皮层。	粗纤维
1.13.16	玉米糁[玉米碴]	玉米经除杂、脱胚、碾磨和筛分等系列工序加工而成的颗粒状产品。	淀粉 粗蛋白质

(续表)

原料编号	原料名称	特征描述	强制性标识要求
1.13.17	玉米糖渣	玉米生产淀粉糖的副产品。	淀粉 粗蛋白质 粗脂肪 水分
1.13.18	玉米芯粉	玉米的中心穗轴经研磨获得的粉状产品。	粗纤维
1.13.19	玉米油［玉米胚芽油］	由玉米胚经压榨或浸提制取的油。产品须由有资质的食品生产企业提供。	粗脂肪 酸价 过氧化值
1.13.20[5]	玉米糠	加工玉米时脱下的皮层、少量胚和胚乳的混合物。	粗脂肪 粗纤维
1.14[5]	其他[5]		
1.14.1[5]	藜麦	藜麦（Chenopodium quinoa Willd.）的籽实。种子外皮含有的皂素已去除。	
1.14.2[5]	薏米［薏苡仁、苡仁］	禾本科植物薏苡（Coix chinensis Tod.）的种仁。	淀粉 粗蛋白质

2. 油料籽实及其加工产品★

原料编号	原料名称	特征描述	强制性标识要求
2.1	扁桃［杏］及其加工产品		
2.1.1	扁桃［杏］仁饼	扁桃（Amygdalus Communis L.）仁或杏（Armeniaca vulgaris Lam.）仁经压榨取油后的副产品。	粗蛋白质 粗脂肪 粗纤维
2.1.2	扁桃［杏］仁粕	扁桃仁或杏仁饼经浸提取油后的副产品。	粗蛋白质 粗纤维
2.1.3	扁桃［杏］仁油	扁桃仁或杏仁经压榨或浸提制取的油脂。产品须由有资质的食品生产企业提供。	酸价 过氧化值
2.2	菜籽及其加工产品★		
2.2.1	菜籽［油菜籽］	十字花科草本植物栽培油菜（Brassica napus L.），包括甘蓝型、白菜型、芥菜型油菜的小颗粒球形种子。可经瘤胃保护。	
2.2.2	菜籽饼［菜饼］	菜籽经压榨取油后的副产品。可经瘤胃保护。	粗蛋白质 粗脂肪
2.2.3★	菜籽蛋白★	利用菜籽或菜籽粕生产的蛋白质含量不低于50%（以干基计）的产品。	粗蛋白质

二、规范使用

(续表)

原料编号	原料名称	特征描述	强制性标识要求
2.2.4	菜籽皮	油菜籽经脱皮工艺脱下的种皮。	粗脂肪 粗纤维
2.2.5★	菜籽粕［菜粕］★	油菜籽经预压浸提或直接溶剂浸提取油后获得的副产品，或由菜籽饼浸提取油后获得的副产品。可经瘤胃保护。	粗蛋白质 粗纤维
2.2.6	菜籽油［菜油］	菜籽经压榨或浸提制取的油。产品须由有资质的食品生产企业提供。	酸价 过氧化值
2.2.7	膨化菜籽	菜籽在一定温度和压力条件下，经膨化处理获得的产品。可经瘤胃保护。	粗蛋白质 粗脂肪
2.2.8	双低菜籽	油菜籽中油的脂肪酸中芥酸含量不高于5.0%，饼粕中硫苷含量不高于45.0μmol/g的油菜籽品种。可经瘤胃保护。	芥酸 硫苷
2.2.9★	双低菜籽粕［双低菜粕］★	双低菜籽预压浸提或直接溶剂浸提取油后获得的副产品，或由双低菜籽饼浸提取油后获得的副产品。可经瘤胃保护。	粗蛋白 粗纤维 硫苷
2.3	大豆及其加工产品★		
2.3.1	大豆	豆科草本植物栽培大豆［Glycine max (L.) Merr.］的种子。	
2.3.2★	大豆分离蛋白	以低温大豆粕为原料，利用碱溶酸析原理，将蛋白质和其他可溶性成分萃取出来，再在等电点下析出蛋白质，蛋白质含量不低于90%（以干基计）的产品。	粗蛋白质
2.3.3[1]	大豆磷脂油（大豆磷脂油粉）	在大豆原油脱胶过程中分离出的、经真空脱水获得的含油磷脂。或大豆磷脂油与载体（玉米粉、玉米芯粉、稻壳粉、麸皮）混合、干燥后的产品，粗脂肪≥50%。	丙酮不溶物 粗脂肪 酸价 水分
2.3.4★	大豆酶解蛋白★	大豆或大豆加工产品（脱皮豆粕/大豆浓缩蛋白）经酶水解、干燥后获得的产品。	酸溶蛋白（三氯乙酸可溶蛋白） 粗蛋白质 粗灰分 钙
2.3.5★	大豆浓缩蛋白★	低温大豆粕除去其中的非蛋白成分后获得的蛋白质含量不低于65%（以干基计）的产品。	粗蛋白质
2.3.6	大豆胚芽粕［大豆胚芽粉］	大豆胚芽脱油后的产品。	粗蛋白质 粗纤维
2.3.7	大豆胚芽油	大豆胚芽经压榨或浸提制取的油。产品须由有资质的食品生产企业提供。	酸价 过氧化值

（续表）

原料编号	原料名称	特征描述	强制性标识要求
2.3.8	大豆皮	大豆经脱皮工艺脱下的种皮。	粗蛋白质 粗纤维
2.3.9	大豆筛余物	大豆籽实清理过程中筛选出的瘪的或破碎的籽实、种皮和外壳。	粗纤维 粗灰分
2.3.10★	大豆糖蜜★	醇法大豆浓缩蛋白生产中，萃取液经浓缩获得的总糖不低于55%、粗蛋白质不低于8%的黏稠物（以干基计）。	总糖 蔗糖 粗蛋白质 水分
2.3.11	大豆纤维	从大豆中提取的纤维物质。	粗纤维
2.3.12	大豆油［豆油］	大豆经压榨或浸提取的油。产品须由有资质的食品生产企业提供。	酸价 过氧化值
2.3.13[1]	豆饼［大豆饼］	大豆籽粒经压榨取油后的副产品。可经瘤胃保护。	粗蛋白质 粗脂肪
2.3.14[1]★	豆粕［大豆粕］★	大豆经预压浸提或直接溶剂浸提取油后获得的副产品；或由大豆饼浸提取油后获得的副产品；或大豆胚片经膨胀浸提制油工艺提取油后获得的产品。可经瘤胃保护。	粗蛋白质 粗纤维
2.3.15[1]	豆渣［大豆渣］	大豆经浸泡、碾磨、加工成豆制品或提取蛋白后的副产品。	粗蛋白质 粗纤维
2.3.16	烘烤大豆（粉）	烘烤的大豆或将其粉碎后的产品。可经瘤胃保护。	
2.3.17	膨化大豆 ［膨化大豆粉］	全脂大豆经清理、破碎（磨碎）、膨化处理获得的产品。	粗蛋白质 粗脂肪
2.3.18★	膨化大豆蛋白 ［大豆组织蛋白］★	大豆分离蛋白、大豆浓缩蛋白在一定温度和压力条件下，经膨化处理获得的产品。	粗蛋白质
2.3.19[1]★	膨化豆粕★	豆粕经膨化处理后获得的产品。	粗蛋白质 粗纤维
2.4	番茄籽及其加工产品		
2.4.1	番茄籽粕	番茄（Lycopersicon esculentum Mill.）籽经压榨或浸提取油后的副产品。	粗蛋白质 粗纤维
2.4.2	番茄籽油	番茄籽经压榨或浸提制取的油。产品须由有资质的食品生产企业提供。	酸价 过氧化值
2.5	橄榄及其加工产品		
2.5.1	橄榄饼［油橄榄饼］	木犀科常绿乔木油树的椭圆形或卵形黑果油橄榄（Olea europaea L.）果实经压榨取油后的副产品。	粗蛋白质 粗脂肪 粗纤维

（续表）

原料编号	原料名称	特征描述	强制性标识要求
2.5.2	橄榄粕［油橄榄粕］	油橄榄饼经浸提取油后获得的副产品。	粗蛋白质 粗纤维
2.5.3	橄榄油	橄榄经压榨或浸提制取的油。产品须由有资质的食品生产企业提供。	酸价 过氧化值
2.6	核桃及其加工产品		
2.6.1	核桃仁饼	脱壳或部分脱壳（含壳率≤30%）的核桃（*Juglans regia* L.）经压榨取油后的副产品。	粗蛋白质 粗脂肪 粗纤维
2.6.2	核桃仁粕	核桃仁经预压浸提或直接溶剂浸提取油后获得的副产品，或由核桃仁饼浸提取油后获得的副产品。	粗蛋白质 粗纤维
2.6.3	核桃仁油	核桃仁经压榨或浸提制取的油。产品须由有资质的食品生产企业提供。	酸价 过氧化值
2.7	红花籽及其加工产品		
2.7.1	红花籽	菊科植物红花（*Carthamus tinctorius* L.）的种子。	
2.7.2	红花籽饼	红花籽（仁）经压榨取油后的副产品。	粗蛋白质 粗脂肪 粗纤维
2.7.3	红花籽壳	红花籽脱壳取仁后的产品。	粗纤维
2.7.4	红花籽粕	红花籽（仁）经浸提取油后的副产品。	粗蛋白质 粗纤维
2.7.5	红花籽油	红花籽（仁）经压榨或浸提制取的油。产品须由有资质的食品生产企业提供。	酸价 过氧化值
2.8	花椒籽及其加工产品		
2.8.1	花椒籽	芸香科花椒属植物青花椒（*Zanthoxylun schinifolium* Sieb. et Zucc.）或花椒（*Zanthoxylum bungeanum* Maxim. var. *bungeanum*）的干燥成熟果实中的籽。	
2.8.2	花椒籽饼［花椒饼］	花椒籽经压榨取油后的副产品。	粗蛋白质 粗脂肪 粗纤维
2.8.3	花椒籽粕［花椒粕］	花椒籽经预压浸提或直接溶剂浸提取油后获得的副产品，或由花椒饼浸提取油获得的副产品。	粗蛋白质 粗纤维
2.8.4	花椒籽油	花椒籽经压榨或浸提制取的油。产品须由有资质的食品生产企业提供。	酸价 过氧化值

(续表)

原料编号	原料名称	特征描述	强制性标识要求
2.9	花生及其加工产品★		
2.9.1	花生	豆科草本植物栽培花生（Arachis hypogaea L.）荚果的种子，椭圆形，种皮有黑、白、紫红等色。	
2.9.2	花生饼［花生仁饼］	脱壳或部分脱壳（含壳率≤30%）的花生经压榨取油后的副产品。	粗蛋白质 粗脂肪 粗纤维
2.9.3★	花生蛋白★	由花生及花生粕生产的蛋白质含量不低于65%（以干基计）的产品。	粗蛋白质 粗纤维
2.9.4	花生红衣	花生仁外衣，含有丰富单宁和硫胺。	粗纤维
2.9.5	花生壳	花生的外壳。	粗纤维
2.9.6★	花生粕［花生仁粕］★	花生经预压浸提或直接溶剂浸提取油后获得的副产品，或由花生饼浸提取油获得的副产品。	粗蛋白质 粗脂肪 粗纤维
2.9.7	花生油	花生（仁）经压榨或浸提制取的油。产品须由有资质的食品生产企业提供。	酸价 过氧化值
2.10	可可及其加工产品		
2.10.1	可可饼（粉）	脱壳后的可可（Theobroma cacao L.）豆经压榨取油后的副产品，可经粉碎。	粗蛋白质 粗脂肪 粗纤维
2.10.2	可可油［可可脂］	可可豆经压榨或浸提制取的油。产品须由有资质的食品生产企业提供。	酸价 过氧化值
2.11	葵花籽及其加工产品		
2.11.1	葵花籽［向日葵籽］	菊科草本植物栽培向日葵（Helianthus annuus L.）短卵形瘦果的种子。可经瘤胃保护。	
2.11.2	葵花头粉［向日葵盘粉］	葵花盘脱除葵花籽后剩余物粉碎烘干的产品。	粗纤维 粗灰分
2.11.3	葵花籽壳［向日葵壳］	向日葵籽的外壳。	粗纤维
2.11.4	葵花籽仁饼［向日葵籽仁饼］	部分脱壳的向日葵籽经压榨取油后的副产品。	粗蛋白质 粗脂肪 粗纤维
2.11.5	葵花籽仁粕［向日葵籽仁粕］	部分脱壳的向日葵籽经预压浸提或直接溶剂浸提取油后获得的副产品。可经瘤胃保护。	粗蛋白质 粗纤维
2.11.6	葵花籽油［向日葵籽油］	向日葵籽经压榨或浸提制取的油。产品须由有资质的食品生产企业提供。	酸价 过氧化值

（续表）

原料编号	原料名称	特征描述	强制性标识要求
2.12	棉籽及其加工产品★		
2.12.1	棉籽	锦葵科草木或多年生灌木棉花（Gossypium spp.）蒴果的种子。不得用于水产饲料。可经瘤胃保护。	
2.12.2	棉仁饼	按脱壳程度，含壳量低的棉籽饼称为棉仁饼。	粗蛋白质 粗脂肪 粗纤维
2.12.3	棉籽饼［棉饼］	棉籽经脱绒、脱壳和压榨取油后的副产品。	粗蛋白质 粗脂肪 粗纤维
2.12.4[1]	棉籽蛋白	由棉籽或棉籽粕生产的粗蛋白质含量在50%以上的产品。	粗蛋白质 游离棉酚
2.12.5	棉籽壳	棉籽剥壳，以及仁壳分离后以壳为主的产品。	粗纤维
2.12.6	棉籽酶解蛋白	棉籽或棉籽蛋白粉经酶水解、干燥后获得的产品。	酸溶蛋白（三氯乙酸可溶蛋白） 粗蛋白质 粗灰分 游离棉酚 钙
2.12.7★	棉籽粕［棉粕］★	棉籽经脱绒、脱壳、仁壳分离后，经预压浸提或直接溶剂浸提取油后获得的副产品，或由棉籽饼浸提取油获得的副产品。可经瘤胃保护。	粗蛋白质 粗纤维
2.12.8	棉籽油［棉油］	棉籽经压榨或浸提制取的油。产品须由有资质的食品生产企业提供。	酸价 过氧化值
2.12.9★	脱酚棉籽蛋白［脱毒棉籽蛋白］★	以棉籽为原料，在低温条件下，经软化、轧坯、浸出提油后并将棉酚以游离状态萃取脱除后得到的粗蛋白含量不低于50%、游离棉酚含量不高于400mg/kg、氨基酸占粗蛋白比例不低于87%的产品。	粗蛋白质 粗纤维 游离棉酚 氨基酸占粗蛋白比例
2.13	木棉籽及其加工产品		
2.13.1	木棉籽饼	木棉（Bombax malabaricum DC.）籽经压榨取油后的副产品。	粗蛋白质 粗脂肪 粗纤维
2.13.2	木棉籽粕	木棉籽经预压浸提或直接溶剂浸提取油后获得的副产品，或由木棉籽饼浸提取油获得的副产品。	粗蛋白质 粗纤维
2.13.3	木棉籽油	木棉籽经压榨或浸提制取的油。产品须由有资质的食品生产企业提供。	酸价 过氧化值

(续表)

原料编号	原料名称	特征描述	强制性标识要求
2.14	葡萄籽及其加工产品		
2.14.1	葡萄籽粕	葡萄（*Vitis vinifera* L.）籽经浸提取油后的副产品。	粗蛋白质 粗纤维
2.14.2	葡萄籽油	葡萄籽经浸提制取的油。产品须由有资质的食品生产企业提供。	酸价 过氧化值
2.15	沙棘籽及其加工产品		
2.15.1	沙棘籽饼	沙棘（*Hippophae rhamnoides* L.）籽经压榨取油后的副产品。	粗蛋白质 粗脂肪 粗纤维
2.15.2	沙棘籽粕	沙棘籽经浸提或超临界萃取取油后的副产品。	粗蛋白质 粗纤维
2.15.3	沙棘籽油	沙棘籽经压榨或浸提制取的油。产品须由有资质的食品生产企业提供。	酸价 过氧化值
2.16	酸枣及其加工产品		
2.16.1	酸枣粕	酸枣[*Ziziphus jujube* Mill. var. *spinosa*(Bunge) Hu ex H. F. Chou]果仁经浸提取油后的副产品。	粗蛋白质 粗纤维
2.16.2	酸枣油	酸枣果仁经浸提制取的油。产品须由有资质的食品生产企业提供。	酸价 过氧化值
2.17	文冠果加工产品		
2.17.1	文冠果粕	文冠果（*Xanthoceras sorbifolia* Bunge.）种子经压榨取油后的副产品。	粗蛋白质 粗纤维
2.17.2	文冠果油	文冠果种子经压榨制取的油。产品须由有资质的食品生产企业提供。	酸价 过氧化值
2.18	亚麻籽及其加工产品		
2.18.1	亚麻籽［胡麻籽］	亚麻（*Linum usitatissimum* L.）的种子。可经瘤胃保护。	
2.18.2	亚麻饼［亚麻籽饼、亚麻仁饼、胡麻饼］	亚麻籽经压榨取油后的副产品。	粗蛋白质 粗脂肪 粗纤维
2.18.3	亚麻粕［亚麻籽粕、亚麻仁粕、胡麻粕］	亚麻籽经浸提取油后的副产品。	粗蛋白质 粗纤维
2.18.4	亚麻籽油	亚麻籽经压榨或浸提制取的油。产品须由有资质的食品生产企业提供。	酸价 过氧化值
2.18.5[5]	亚麻籽粉	亚麻籽经制粉工艺获得的粉状产品。	粗蛋白质 粗脂肪 粗纤维

(续表)

原料编号	原料名称	特征描述	强制性标识要求
2.19	椰子及其加工产品		
2.19.1	椰子饼	以干燥的椰子（*Cocos nucifera* L.）胚乳（即椰肉）为原料，经压榨取油后的副产品。	粗蛋白质 粗脂肪 粗纤维
2.19.2	椰子粕	以干燥的椰子胚乳（即椰肉）为原料，经预榨以及溶剂浸提取油后的副产品。	粗蛋白质 粗纤维
2.19.3	椰子油	椰子胚乳（即椰肉）经压榨或浸提制取的油。产品须由有资质的食品生产企业提供。	酸价 过氧化值
2.20	油棕榈及其加工产品		
2.20.1	棕榈果	棕榈（*Trachycarpus fortunei* Hook.）果穗上的含油未加工脱脂和未分离果核的果（肉）实。	粗脂肪 粗蛋白质 粗纤维
2.20.2	棕榈饼［棕榈仁饼］	棕榈仁经压榨取油后的副产品。	粗蛋白质 粗脂肪 粗纤维
2.20.3	棕榈粕［棕榈仁粕］	棕榈仁经浸提取油后的副产品。	粗蛋白质 粗纤维
2.20.4	棕榈仁	油棕榈果实脱壳后的果仁。	
2.20.5	棕榈仁油	棕榈仁经压榨或浸提制取的油。产品须由有资质的食品生产企业提供。	酸价 过氧化值
2.20.6[1]	棕榈油（棕榈脂肪粉）	棕榈果肉经压榨或浸提制取的油。或棕榈油经加热、喷雾、冷却获得的颗粒状粉末。产品不得添加任何载体，粗脂肪≥99.5%。产品须由有资质的食品生产企业提供。	酸价 过氧化值
2.20.7[7]	棕榈脂肪酸粉	棕榈油经精炼、水解、氢化、蒸馏、喷雾、冷却制取的颗粒状棕榈脂肪酸粉。产品中总脂肪酸（包括棕榈酸、油酸和其他脂肪酸）含量不低于99.5%，其中棕榈酸（C16:0）含量大于60.0%，油酸（C18:1）含量小于25.0%。棕榈油须由有资质的食品生产企业提供。	酸价 过氧化值 碘价 总脂肪酸 棕榈酸
2.21	月见草籽及其加工产品		
2.21.1	月见草籽	月见草（*Oenothera biennis* L.）籽实。	
2.21.2	月见草籽粕	月见草籽经冷榨、浸提取油后的副产品。	粗蛋白质 粗纤维
2.21.3	月见草籽油	月见草籽经冷榨、浸提制取的油。产品须由有资质的食品生产企业提供。	酸价 过氧化值
2.22	芝麻及其加工产品		

(续表)

原料编号	原料名称	特征描述	强制性标识要求
2.22.1	芝麻籽	芝麻（*Sesamum indicum* L.）种子。	
2.22.2	芝麻饼［油麻饼］	芝麻籽经压榨取油后的副产品。	粗蛋白质 粗脂肪 粗纤维
2.22.3	芝麻粕	芝麻籽经预压浸提或直接溶剂浸提取油后的副产品，或芝麻籽饼浸提取油后的副产品。	粗蛋白质 粗纤维
2.22.4	芝麻油	芝麻籽经压榨或浸提制取的油。产品须由有资质的食品生产企业提供。	酸价 过氧化值
2.23	紫苏及其加工产品		
2.23.1	紫苏籽	紫苏（*Perilla frutescens* L.）的籽实。	
2.23.2	紫苏饼［紫苏籽饼］	紫苏籽经压榨取油后的副产品。	粗蛋白质 粗脂肪 粗纤维
2.23.3	紫苏粕［紫苏籽粕］	紫苏籽或紫苏籽饼经浸提取油后的副产品。	粗蛋白质 粗纤维
2.23.4	紫苏油	紫苏籽经压榨或浸提制取的油。产品须由有资质的食品生产企业提供。	酸价 过氧化值
2.24	其他		
2.24.1	氢化脂肪	植物油脂经氢化反应获得的产品。产品须由有资质的食品生产企业提供。	酸价 过氧化值
2.24.2[5]	琉璃苣籽油	琉璃苣（*Borago officinalis* L.）籽经压榨或浸提制取的油。	酸价 过氧化值

3. 豆科作物籽实及其加工产品（大豆及其加工产品见第 2 部分）★

原料编号	原料名称	特征描述	强制性标识要求
3.1	扁豆及其加工产品		
3.1.1	扁豆	豆科蝶形花亚科扁豆属扁豆（*Lablab purpureus* L.）的籽实。	
3.1.2	去皮扁豆	扁豆籽实去皮后的产品。	粗蛋白质 粗纤维
3.2	菜豆及其加工产品		
3.2.1	菜豆［芸豆］	豆科菜豆属菜豆（*Phaseolus vulgaris* L.）的籽实。	
3.3	蚕豆及其加工产品 ★		

二、规范使用

(续表)

原料编号	原料名称	特征描述	强制性标识要求
3.3.1	蚕豆	豆科野豌豆属蚕豆（Vicia faba L.）的籽实。	
3.3.2★	蚕豆粉浆蛋白粉	用蚕豆生产淀粉时，从其粉浆中分离出淀粉后经干燥获得的粉状副产品。	粗蛋白质
3.3.3	蚕豆皮	蚕豆籽实经去皮工艺脱下的种皮。	粗纤维 粗灰分
3.3.4	去皮蚕豆	蚕豆籽实去皮后的产品。	粗蛋白质 粗纤维
3.3.5	压片蚕豆	去皮蚕豆经汽蒸、碾压处理获得的产品。	粗蛋白质
3.4	瓜尔豆及其加工产品		
3.4.1[1]	瓜尔豆	豆科瓜尔豆属（Cyamopsis tetragonoloba L.）的籽实。	
3.4.2[1]	瓜尔豆胚芽粕	豆科瓜尔豆属瓜尔豆（Cyamopsis tetragonoloba L.）籽实的胚芽经浸提制取瓜尔豆胶后的副产品。	粗蛋白质
3.4.3	瓜尔豆粕	瓜尔豆籽实经浸提制取瓜尔豆胶后的副产品。	粗蛋白质
3.5	红豆及其加工产品		
3.5.1	红豆［赤豆、红小豆］	豆科豇豆属红豆[Vigna angulari（Willd.）Ohwi et H. Ohashi]的籽实。	
3.5.2	红豆皮	红豆籽实经脱皮工艺脱下的种皮。	粗纤维 粗灰分
3.5.3	红豆渣	红豆经湿法提取淀粉和蛋白后所得的副产品。	粗纤维 粗灰分 水分
3.6	角豆及其加工产品		
3.6.1	角豆粉	豆科长角豆属长角豆（Ceratonia siliqua L.）的籽实和豆荚一起粉碎后获得的产品。	粗蛋白质 粗纤维 总糖
3.7	绿豆及其加工产品★		
3.7.1	绿豆	豆科豇豆属绿豆（Vigna radiata L.）的籽实。	
3.7.2★	绿豆粉浆蛋白粉★	用绿豆生产淀粉时，从其粉浆中分离出淀粉后经干燥获得的粉状副产品。	粗蛋白质
3.7.3	绿豆皮	绿豆籽实经去皮工艺脱下的种皮。	粗纤维 粗灰分

(续表)

原料编号	原料名称	特征描述	强制性标识要求
3.7.4	绿豆渣	绿豆经湿法提取淀粉和蛋白后所得的副产品。	粗纤维 粗灰分 水分
3.8	豌豆及其加工产品★		
3.8.1	豌豆	豆科豌豆属豌豆（*Pisum sativum* L.）的籽实。可经瘤胃保护。	
3.8.2	去皮豌豆	豌豆籽实去皮后的产品。	粗蛋白质 粗纤维
3.8.3	豌豆次粉	豌豆制粉过程中获得的副产品，主要由胚乳和少量豆皮组成。	粗蛋白质 粗纤维
3.8.4	豌豆粉	豌豆经粉碎所得的产品。	粗蛋白质 粗纤维
3.8.5★	豌豆粉浆蛋白粉★	用豌豆生产淀粉时，从其粉浆中分离出淀粉后经干燥获得的粉状副产品。	粗蛋白质
3.8.6	豌豆粉浆粉	豌豆经湿法提取淀粉和蛋白后所得的液态副产物，经浓缩、干燥获得的粉状产品。主要由可溶性蛋白和碳水化合物组成。	粗蛋白质 水分
3.8.7	豌豆皮	豌豆籽实经去皮工艺脱下的种皮。	粗纤维 粗灰分
3.8.8	豌豆纤维	从豌豆中提取的纤维物质。	粗纤维
3.8.9	豌豆渣	豌豆经湿法提取淀粉和蛋白后所得的副产品。	粗纤维 粗灰分 水分
3.8.10	压片豌豆	去皮豌豆经汽蒸、碾压获得的产品。	粗蛋白质
3.9	鹰嘴豆及其加工产品		
3.9.1	鹰嘴豆	豆科鹰嘴豆属鹰嘴豆（*Cicer arietinum* L.）的籽实。	
3.10	羽扇豆及其加工产品		
3.10.1	羽扇豆	苦味物质含量低的豆科羽扇豆属多叶羽扇豆（*Lupinus polyphyllus* Lindl.）的籽实。	
3.10.2	去皮羽扇豆	羽扇豆籽实经去皮后的产品。	粗蛋白质 粗纤维
3.10.3	羽扇豆皮	羽扇豆籽实经去皮工艺脱下的种皮。	粗纤维 粗灰分
3.10.4	羽扇豆渣	羽扇豆提取蛋白或寡糖组分后获得的副产品。	粗纤维 粗灰分 水分

(续表)

原料编号	原料名称	特征描述	强制性标识要求
3.11	其他		
3.11.1	_____豆荚	本目录所列豆科植物籽实的豆荚,产品名称应标明原料的来源,如:豌豆荚。	粗纤维
3.11.2	_____豆荚粉	本目录所列豆科植物籽实的豆荚经粉碎获得的产品,产品名称应标明原料的来源,如:角豆荚粉。	粗纤维
3.11.3	烘烤_____豆	豆科菜豆属（*Phaseolus* L.）或豇豆属（*Vigna* Savi）植物的籽实经适当烘烤后的产品。产品名称应标明原料的来源,如:烘烤菜豆。可经瘤胃保护。	粗蛋白质
3.12[5]	兵豆及其加工产品[5]		
3.12.1[5]	兵豆[小扁豆]	豆科兵豆属兵豆（*Lens culinaris*）的籽实	

4. 块茎、块根及其加工产品★

原料编号	原料名称	特征描述	强制性标识要求
4.1	白萝卜及其加工产品		
4.1.1	萝卜干（片、块、粉、颗粒）	萝卜（*Raphanus sativus* L.）经切块、干燥、粉碎工艺获得的不同形态的产品。产品名称应注明产品形态,如:白萝卜干。	水分
4.2	大蒜及其加工产品		
4.2.1	大蒜粉（片）	百合科葱属蒜（*Allium sativum* L.）经粉碎或切片获得的白色至黄色粉末或片状物。	
4.2.2	大蒜渣	大蒜取油后的副产品。	粗纤维 水分
4.3	甘薯及其加工产品		
4.3.1	甘薯[红薯、白薯、番薯、山芋、地瓜、红苕]干（片、块、粉、颗粒）	旋花科番薯属甘薯（*Ipomoea batatas* L.）植物的块根,经切块、干燥、粉碎工艺获得的不同形态的产品。产品名称应注明产品形态,如:甘薯干。	水分
4.3.2	甘薯渣	甘薯提取淀粉后的副产品。	粗纤维 粗灰分 水分
4.3.3	紫薯干（片、块、粉、颗粒）	旋花科番薯属紫薯[*Ipomoea batatas* (L.) Lam.]的块根,经切块、干燥、粉碎工艺获得的不同形态的产品。产品名称应注明产品形态,如:紫薯干。	水分

57

（续表）

原料编号	原料名称	特征描述	强制性标识要求
4.4	胡萝卜及其加工产品		
4.4.1	胡萝卜干（片、块、粉、颗粒）	胡萝卜（*Daucus carota* L.）经切块、干燥、粉碎工艺获得的不同形态的产品。产品名称应注明产品形态，如：胡萝卜干。	水分
4.4.2	胡萝卜渣	胡萝卜经榨汁或提取胡萝卜素后获得的副产品。	粗纤维 粗灰分 水分
4.5	菊苣及其加工产品		
4.5.1	菊苣根干（片、块、粉、颗粒）	菊科菊苣属菊苣（*Cichorium intybus* L.）的块根，经干燥、粉碎工艺获得的不同形态的产品。产品名称应注明产品形态，如：菊苣根粉。	水分 总糖
4.5.2	菊苣渣	菊苣制取菊糖或香料后的副产品，由浸提或压榨后的菊苣片组成。	粗纤维 粗灰分 水分
4.6	菊芋及其加工产品		
4.6.1	菊糖	菊科向日葵属菊芋（*Helianthus tuberosus* L.）的块根中提取的果聚糖。产品须由有资质的食品生产企业提供。	菊糖
4.6.2	菊芋渣	菊芋提取菊糖后的副产物。	粗纤维 粗灰分 水分
4.7	马铃薯及其加工产品★		
4.7.1	马铃薯［土豆、洋芋、山药蛋］干（片、块、粉、颗粒）	马铃薯（*Solanum tuberosum* L.）经切块、切片、干燥、粉碎等工艺获得的不同形态的产品。产品名称应注明产品形态，如：马铃薯干。	水分
4.7.2★	马铃薯蛋白粉★	马铃薯提取淀粉后经干燥获得的粉状产品。主要成分为蛋白质。	粗蛋白质
4.7.3	马铃薯渣	马铃薯经提取淀粉和蛋白后的副产物。	粗纤维 粗灰分 水分
4.8	魔芋及其加工产品		
4.8.1	魔芋干（片、块、粉、颗粒）	天南星科魔芋属魔芋（*Amorphophalms konjac*）的块根经切块、切片、干燥、粉碎等工艺获得的不同形态的产品。产品名称应注明产品形态，如：魔芋干。	水分
4.9	木薯及其加工产品		

(续表)

原料编号	原料名称	特征描述	强制性标识要求
4.9.1	木薯干（片、块、粉、颗粒）	木薯（*Manihot esculenta* Crantz.）经切块、切片、干燥、粉碎等工艺获得的不同形态的产品。产品名称应注明产品形态，如：木薯干。	水分
4.9.2	木薯渣	木薯提取淀粉后的副产物。	粗纤维 粗灰分 水分
4.10	藕及其加工产品		
4.10.1	藕［莲藕］干（片、块、粉、颗粒）	莲藕经切块、切片、干燥、粉碎等工艺获得的不同形态的产品。产品名称应注明产品形态，如：莲藕干。	水分
4.11	甜菜及其加工产品		
4.11.1	甜菜粕［渣］	藜科甜菜属甜菜（*Beta vulgaris* L.）的块根制糖后的副产品，由浸提或压榨后的甜菜片组成。	粗纤维 粗灰分 水分
4.11.2	甜菜粕颗粒	以甜菜粕为原料，添加废糖蜜等辅料经制粒形成的产品。	粗纤维 粗灰分 水分
4.11.3	甜菜糖蜜	从甜菜中提糖后获得的液体副产品。	总糖 粗灰分 水分
	蔗糖	见 13.4.1	
4.12	食用瓜类及其加工产品		
4.12.1	_____瓜	可食用瓜类或其去除瓜籽后的产品。可鲜用或对其进行干燥加工处理，产品名称应标明使用原料的来源，如：南瓜。	水分
4.12.2	_____瓜籽	可食用瓜类的籽头经干燥等工艺加工获得的产品，产品名称应标明使用原料的来源，如：南瓜籽。	粗蛋白

5. 其他籽实、果实类产品及其加工产品[5]

原料编号	原料名称	特征描述	强制性标识要求
5.1	辣椒及其加工产品		
5.1.1	辣椒（粉）	辣椒（*Capsicum annuum* L.）经干燥、粉碎后所得的产品。	粗蛋白 粗灰分

（续表）

原料编号	原料名称	特征描述	强制性标识要求
5.1.2	辣椒渣	辣椒皮提取红色素后的副产品。	粗蛋白质 粗灰分
5.1.3	辣椒籽粕	辣椒籽取油后的副产品。	粗蛋白质 粗纤维
5.1.4[1]	辣椒籽油	辣椒籽经压榨或浸提制取的油。产品须由有资质的食品生产企业提供。	酸价 过氧化值
5.2	水果或坚果及其加工产品		
5.2.1	鳄梨［牛油果］干（片、块、粉）	鳄梨（Persea americana Mill.）经切片、切块、干燥、粉碎等工艺获得的不同形态的产品。产品名称应注明产品形态，如：鳄梨干。	总糖 水分
5.2.2	鳄梨［牛油果］浓缩汁	鳄梨压榨后的汁液经浓缩后获得的产品。产品须由有资质的食品生产企业提供。	总糖 水分
5.2.3	_____果仁	可食用的坚果仁或水果仁，产品名称应标明使用原料的来源。	粗蛋白质 粗脂肪
5.2.4	_____果渣	可食用水果榨汁或果品加工过程中获得的副产品，产品名称应标明使用原料的来源，如：柑橘渣。	粗纤维 粗灰分 水分
5.2.5[5]	_____果（汁、泥、片、干、粉）	可食用水果鲜果，或对其进行加工后获得的果汁、果泥、果片、果干、果粉等。不得使用变质原料。产品名称应标明原料来源，如苹果。	总糖 水分
5.3	枣及其加工产品		
5.3.1	枣	食用枣（Ziziphus jujuba Mill.）。	
5.3.2	枣粉	食用枣经干燥、粉碎获得的产品。	粗纤维 粗灰分
5.4[5]	蔬菜及其加工产品		
5.4.1[5]	_____菜（汁、泥、片、干、粉）	可食用蔬菜鲜菜，或对其进行加工后获得的蔬菜汁、蔬菜泥、蔬菜片、蔬菜干、蔬菜粉等。不得使用变质原料。产品名称应标明原料来源，如菠菜。	粗纤维 水分

6. 饲草、粗饲料及其加工产品

原料编号	原料名称	特征描述	强制性标识要求
6.1	干草及其加工产品		

二、规范使用

(续表)

原料编号	原料名称	特征描述	强制性标识要求
6.1.1	_____草颗粒（块）	收割的牧草经自然干燥或烘干脱水、粉碎及制粒或压块后获得的产品。不得含有有毒有害草。产品名称应标明草的品种，如：苜蓿草颗粒，苜蓿草块。	粗蛋白质 中性洗涤纤维
6.1.2	_____干草	收割的牧草经自然干燥或烘干脱水后获得的产品。不得含有有毒有害草。产品名称应标明草的品种，如：苜蓿干草。	粗蛋白质 中性洗涤纤维
6.1.3	_____干草粉	收割的牧草经自然干燥或烘干脱水、粉碎后获得的产品。不得含有有毒有害草。产品名称应标明草的品种，如：苜蓿干草粉。	粗蛋白质 中性洗涤纤维
6.1.4	苜蓿渣	苜蓿干草粉用水提取苜蓿多糖等成分后获得的副产品。可经烘干、粉碎或挤压成颗粒状。	粗蛋白质 中性洗涤纤维
6.2	秸秆及其加工产品		
6.2.1	_____氨化秸秆	以收获籽实后的玉米秸、麦秸、稻秸为原料，在密闭的条件下按一定比例喷洒液氨、尿素、碳铵等氨源，在适宜的温度下经一定时间的发酵而获得的产品。产品名称应标明作物的品种，如：玉米氨化秸秆。如原料为多种秸秆，产品名称直接标注氨化秸秆。	粗灰分 中性洗涤纤维 氨源种类
6.2.2	_____碱化秸秆	用烧碱（氢氧化钠）或石灰水（氢氧化钙）浸泡或喷洒玉米秸、麦秸、稻秸等粗饲料而获得的产品。产品名称应标明作物的品种，如：玉米碱化秸秆。如原料为多种秸秆，产品名称直接标注碱化秸秆。	粗灰分 中性洗涤纤维
6.2.3	_____秸秆	成熟农作物干的茎叶（穗）。产品名称应标明作物的品种，如：玉米秸秆。	粗灰分 中性洗涤纤维
6.2.4	_____秸秆粉	成熟农作物的茎叶（穗）经自然或人工干燥、粉碎后获得的产品。产品名称应标明作物的品种，如：玉米秸秆粉。	粗灰分 中性洗涤纤维
6.2.5	_____秸秆颗粒（块）	成熟农作物的茎叶（穗）经自然或人工干燥、粉碎、制粒或压块后获得的产品。产品名称应标明作物的品种，如：玉米秸秆颗粒，玉米秸秆块。	粗灰分 中性洗涤纤维
6.3	青绿饲料		
6.3.1	_____青绿粗饲料	指可饲用的植物新鲜茎叶，主要包括天然牧草、栽培牧草、田间杂草、菜叶类、水生植物。产品不得含有有毒有害草。产品名称应标明植物品种，如：苜蓿。	粗蛋白质 中性洗涤纤维水分
6.4	青贮饲料		

（续表）

原料编号	原料名称	特征描述	强制性标识要求
6.4.1	＿＿＿半干青贮饲料	又称低水分青贮饲料，是将青贮原料经过预干蒸发，使水分降低到40%~50%时进行青贮而获得的产品。有可能使用青贮添加剂。产品名称应标明青贮原料的品种，如：玉米半干青贮饲料。	粗灰分 中性洗涤纤维 青贮添加剂品种及用量 水分
6.4.2	＿＿＿黄贮饲料	以收获籽实后的农作物秸秆为原料，通过添加微生物菌剂、酸化剂、酶制剂等添加剂，有可能添加适量水，在密闭缺氧的条件下，通过厌氧乳酸菌的发酵作用而获得的一类粗饲料产品。包括压袋装产品。产品名称应标明农作物的品种，如玉米黄贮饲料。	粗灰分 中性洗涤纤维 青贮添加剂品种及用量 水分
6.4.3	＿＿＿青贮饲料	将含水率65%~75%的青绿粗饲料切碎后，在密闭缺氧的条件下，通过厌氧乳酸菌的发酵作用而获得的一类粗饲料产品。产品名称应标明粗饲料的品种，如：玉米青贮饲料。	粗灰分 中性洗涤纤维 青贮添加剂品种及用量 水分
6.5	其他粗饲料		
6.5.1	灌木或树木茎叶	指可饲用的3米以下的多年生木本植物的成熟植株及各种树木新鲜或干燥的茎叶。产品名称应标明灌木或树木的品种，如：大叶杨茎叶。	粗灰分 中性洗涤纤维 水分
6.5.2	灌木或树木茎叶粉	指可饲用的3米以下的多年生木本植物的成熟植株及各种树木的茎叶经干燥、粉碎后获得的产品。产品名称应标明灌木与树木的品种，如：松针粉。	粗灰分 中性洗涤纤维 水分
6.5.3	灌木与树木茎叶颗粒（块）	指可饲用的3米以下的多年生木本植物的成熟植株及各种树木的茎叶经干燥、粉碎、制粒后获得的产品。产品名称应标明灌木与树木的品种，如：大叶杨茎叶颗粒。	粗灰分 中性洗涤纤维 水分
6.5.4[5]	构树茎叶	构树［Broussonetia papyrifera (Linn.) L'Hèr. ex Vent.］新鲜或干燥茎叶。	粗蛋白质 中性洗涤纤维 水分
6.5.5[5]	辣木茎叶	辣木（Moringa oleifera Lam.）可饲用品种的新鲜或干燥茎叶。	粗蛋白质 中性洗涤纤维 水分

7. 其他植物、藻类及其加工产品 ★

原料编号	原料名称	特征描述	强制性标识要求
7.1	甘蔗加工产品		

二、规范使用

(续表)

原料编号	原料名称	特征描述	强制性标识要求
7.1.1	甘蔗糖蜜	甘蔗（*Saccharum officinarum* L.）经制糖工艺提取糖后获得的黏稠液体或甘蔗糖蜜精炼提取糖后获得的液体副产品。	蔗糖 水分
7.1.2	甘蔗渣	甘蔗提取糖后剩余的植物部分，主要由纤维组成。	粗纤维 水分
	蔗糖	见 13.4.1 和 13.4.3	
7.2	丝兰及其加工产品		
7.2.1	丝兰粉	丝兰（*Yucca schidigera* Roezl.）干燥、粉碎后得到的粉状产品。	吸氨量 水分
7.2.2⁵	丝兰	百合科丝兰属丝兰（*Yucca schidigera* Roezl.）	粗纤维
7.2.3⁵	丝兰汁	丝兰压榨后的汁液，或汁液经浓缩后获得的产品。	
7.3	甜叶菊及其加工产品		
7.3.1	甜叶菊渣	甜叶菊（*Stevia rebaudiana*（Bertoni）Hemsl.）提取甜菊糖后的副产物。	粗蛋白质 粗纤维 粗灰分 水分
7.4	万寿菊及其加工产品		
7.4.1	万寿菊渣	万寿菊（*Tagetes erecta* L.）提取叶黄素后的副产品。	粗蛋白质 粗纤维 粗灰分 水分
7.4.2⁵	万寿菊粉	万寿菊干燥、粉碎后得到的粉状产品。	粗纤维 粗灰分 叶黄素
7.5	藻类及其加工产品★		
7.5.1	＿＿＿＿藻	可食用大型海藻（如海带、巨藻、龙须藻）或食品企业加工食用大型海藻剩余的边角料，可经冷藏、冷冻、干燥、粉碎处理。产品名称应标明海藻品种和产品物理性状，如：海带粉。	粗蛋白质 粗灰分
7.5.2★	＿＿＿＿藻渣★	可食用大型海藻经提取活性成分后的副产品，产品名称应标明使用原料的来源，如：海带渣。	总糖 粗灰分 水分
7.5.3★	裂壶藻粉★	以裂壶藻（*Schizochytrium* sp.）种为原料，通过发酵、分离、干燥等工艺生产的富含DHA的藻粉。	粗脂肪 DHA

(续表)

原料编号	原料名称	特征描述	强制性标识要求
7.5.4★	螺旋藻粉★	螺旋藻（*Spirulina platensis*）干燥、粉碎后的产品。	粗蛋白质 粗灰分
7.5.5★	拟微绿球藻粉★	以拟微绿球藻（*Nannochloropsis* sp.）种为原料，通过培养、浓缩、干燥等工艺生产的富含 EPA 的藻粉。	粗脂肪 EPA
7.5.6★	微藻粕★	裂壶藻粉、拟微绿球藻粉或小球藻粉浸提脂肪后，经干燥得到的副产品。	粗蛋白 粗灰分
7.5.7★	小球藻粉★	以小球藻（*Chlorella* sp.）种为原料，通过培养、浓缩、干燥等工艺生产的富含 EPA 和 DHA 的藻粉。	粗脂肪 EPA DHA
7.5.8[5]	裸藻［绿虫藻］	裸藻（*Euglena*）及其干燥产品。	
7.5.9[5]	雨生红球藻粉	以雨生红球藻（*Haematococcus pluvialis*）种为原料，通过培养、浓缩、干燥等工艺生产的含虾青素的藻粉。	粗脂肪 虾青素
7.5.10[5]	_____藻油	本目录所列的藻类经压榨或浸提制取的油。产品名称应标明原料来源，如裂壶藻油。	粗脂肪 酸价 过氧化值
7.6[1]	其他可饲用天然植物（仅指所称植物或植物的特定部位经干燥或粗提或干燥、粉碎获得的产品）		
7.6.1	八角茴香	木兰科八角属植物八角（*Illicium verum* Hook.）的干燥成熟果实。	
7.6.2	白扁豆	豆科扁豆属（*Lablab* Adans.）植物的干燥成熟种子。	
7.6.3	百合	百合科百合属植物卷丹（*Lilium lancifolium* Thunb.）、百合（*Lilium brownii* F. E. Brown var. *viridulum* Baker）或细叶百合（*Lilium pumilum* DC.）的干燥肉质鳞叶。	
7.6.4	白芍	毛茛科芍药亚科芍药属植物芍药（*Paeonia lactiflora* Pall.）的干燥根。	
7.6.5	白术	菊科苍术属植物白术（*Atrctylodes macrocephala* Koidz.）的干燥根茎。	
7.6.6	柏子仁	柏科侧柏属植物侧柏［*Platycladus orientalis* (L.) Franco］的干燥成熟种仁。	
7.6.7	薄荷	唇形科薄荷属植物薄荷（*Mentha haplocalyx* Briq.）的干燥地上部分。	
7.6.8	补骨脂	豆科补骨脂属植物补骨脂（*Psoralea corylifolia* L.）的干燥成熟果实。	

二、规范使用

(续表)

原料编号	原料名称	特征描述	强制性标识要求
7.6.9	苍术	菊科苍术属植物苍术[*Atractylodes lancea*(Thunb.)DC.]或北苍术[*Atractylodes chinensis*(DC.)Koidz]的干燥根茎。	
7.6.10	侧柏叶	柏科侧柏属植物侧柏[*Platycladus orientalis*(L.)Franco]的干燥枝梢和叶。	
7.6.11	车前草	车前科车前属植物车前(*Plantago asiatica* L.)或平车前(*Plantago depressa* Willd.)的干燥全草。	
7.6.12	车前子	车前科车前属植物车前(*Plantago asiatica* L.)或平车前(*Plantago depressa* Willd.)的干燥成熟种子。	
7.6.13	赤芍	毛茛科芍药亚科芍药属植物芍药(*Paeonia lactiflora* Pall.)或川赤芍(*Paeonia veitchii* Lynch)的干燥根。	
7.6.14	川芎	伞形科藁本属植物川芎(*Ligusticum chuanxiong* Hort.)的干燥根茎。	
7.6.15	刺五加	五加科五加属植物刺五加[*Acanthopanax senticosus*(Rupr. et Maxim.)Harms]的干燥根和根茎或茎。	
7.6.16	大蓟	菊科蓟属植物蓟(*Cirsium japonicum* Fisch. ex DC.)的干燥地上部分。	
7.6.17	淡豆豉	豆科大豆属植物大豆[*Glycine max*(L.)Merr.]的成熟种子的发酵加工品。	
7.6.18	淡竹叶	禾本科淡竹叶属植物淡竹叶(*Lophatherum gracile* Brongn.)的干燥茎叶。	
7.6.19	当归	伞形科当归属植物当归[*Angelica sinensis*(Oliv.)Diels]的干燥根。	
7.6.20	党参	桔梗科党参属植物党参[*Codonopsis pilosula*(Franch.)Nannf.]、素花党参[*Codonopsis pilosula* Nannf. var. *modesta*(Nannf.)L. T. Shen]或川党参(*Codonopsis tangshen* Oliv.)的干燥根。	
7.6.21	地骨皮	茄科枸杞属植物枸杞(*Lycium chinense* Mill.)或宁夏枸杞(*Lycium barbarum* L.)的干燥根皮。	
7.6.22	丁香	桃金娘科蒲桃属植物丁香[*Syzygium aromaticum*(L.)Merr. et Perry]的干燥花蕾。	
7.6.23	杜仲	杜仲科杜仲属植物杜仲(*Eucommia ulmoides* Oliv.)的干燥树皮。	

(续表)

原料编号	原料名称	特征描述	强制性标识要求
7.6.24	杜仲叶	杜仲科杜仲属植物杜仲（*Eucommia ulmoides* Oliv.）的干燥叶。	
7.6.25	榧子	红豆杉科榧树属植物榧树（*Torreya grandis* Fort.）的干燥成熟种子。	
7.6.26	佛手	芸香科柑橘属植物佛手［*Citrus medica* L. var. *sarcodactylis*（Noot.）Swingle］的干燥果实。	
7.6.27	茯苓	多孔菌科茯苓属真菌茯苓［*Poria cocos*（Schw.）Wolf］的干燥菌核。	
7.6.28	甘草	豆科甘草属植物甘草（*Glycyrrhiza uralensis* Fisch.）、胀果甘草（*Glycyrrhiza inflata* Bat-al.）或洋甘草（*Glycyrrhiza glabra* L.）的干燥根和根茎。	
7.6.29	干姜	姜科姜属植物姜（*Zingiber officinale* Rosc.）的干燥根茎。	
7.6.30	高良姜	姜科山姜属植物高良姜（*Alpinia officinarum* Hance）的干燥根茎。	
7.6.31	葛根	豆科葛属植物葛［*Pueraria lobata*（Willd.）Ohwi］的干燥根。	
7.6.32	枸杞子	茄科枸杞属植物枸杞（*Lycium chinense* Mill.）或宁夏枸杞（*Lycium barbarum* L.）的干燥成熟果实。	
7.6.33	骨碎补	骨碎补科骨碎补属植物骨碎补（*Davallia mariesii* Moore ex Bak.）的干燥根茎。	
7.6.34	荷叶	睡莲科莲亚科莲属植物莲（*Nelumbo nucifera* Gaertn.）的干燥叶。	
7.6.35	诃子	使君子科诃子属植物诃子（*Terminalia chebula* Retz.）或微毛诃子［*Terminalia chebula* Retz. var. *tomentella*（Kurz）C. B. Clarke］的干燥成熟果实。	
7.6.36	黑芝麻	胡麻科胡麻属植物芝麻（*Sesamum indicum* L.）的干燥成熟种子。	
7.6.37	红景天	景天科红景天属植物大花红景天［*Rhodiola crenulata*（Hook. F. et Thoms.）H. Ohba］的干燥根和根茎。	
7.6.38	厚朴	木兰科木兰属植物厚朴（*Magnolia officinalis* Rehd. et Wils.）或凹叶厚朴［*Magnolia officinalis* subsp. *biloba*（Rehd. et Wils.）Cheng.］的干燥干皮、根皮和枝皮。	

二、规范使用

(续表)

原料编号	原料名称	特征描述	强制性标识要求
7.6.39	厚朴花	木兰科木兰属植物厚朴（*Magnolia officinalis* Rehd. et Wils.）或凹叶厚朴［*Magnolia officinalis* subsp. *biloba*(Rehd. et Wils.) Cheng.］的干燥花蕾。	
7.6.40	胡芦巴	豆科植物胡芦巴（*Trigonella foenum-graecum* L.）的干燥成熟种子。	
7.6.41	花椒	芸香科花椒属植物青花椒（*Zanthoxylum schinifolium* Sieb. et Zucc.）或花椒（*Zanthoxylum bungeanum* Maxim.）的干燥成熟果皮。	
7.6.42	槐角［槐实］	豆科槐属植物槐（*Sophora japonica* L.）的干燥成熟果实。	
7.6.43	黄精	百合科黄精属植物滇黄精（*Polygonatum kingianum* Coll. et Hemsl.）、黄精（*Polygonatum sibiricum* Delar.）或多花黄精（*Polygonatum cyrtonema* Hua）的干燥根茎。	
7.6.44	黄芪	豆科植物蒙古黄芪［*Astragalus membranaceus* (Fisch.) Bge. var. *Mongholicus* (Bge.) Hsiao］或膜荚黄芪［*Astragalus membranaceus* (Fisch.) Bge.］的干燥根。	
7.6.45	藿香	唇形科藿香属植物藿香［*Agastache rugosa* (Fisch. et Mey.) O. Ktze］的干燥地上部分。	
7.6.46	积雪草	伞形科积雪草属植物积雪草［*Centella asiatica* (L.) Urb.］的干燥全草。	
7.6.47	姜黄	姜科姜黄属植物姜黄（*Curcuma longa* L.）的干燥根茎。	
7.6.48	绞股蓝	葫芦科绞股蓝属（*Gynostemma* Bl.）植物。	
7.6.49	桔梗	桔梗科桔梗属植物桔梗［*Platycodon grandiflorus* (Jacq.) A. DC.］的干燥根。	
7.6.50	金荞麦	蓼科荞麦属植物金荞麦［*Fagopyrum dibotrys* (D. Don) Hara］的干燥根茎。	
7.6.51	金银花	忍冬科忍冬属植物忍冬（*Lonicera japonica* Thunb.）的干燥花蕾或带初开的花。	
7.6.52	金樱子	蔷薇科蔷薇属植物金樱子（*Rosa laevigata* Michx.）的干燥成熟果实。	
7.6.53	韭菜子	百合科葱属植物韭菜（*Allium tuberosum* Rottl. ex Spreng.）的干燥成熟种子。	
7.6.54	菊花	菊科菊属植物菊花［*Dendranthema morifolium* (Ramat.) Tzvel.］的干燥头状花序。	

(续表)

原料编号	原料名称	特征描述	强制性标识要求
7.6.55	橘皮	芸香科柑橘属植物橘（*Citrus Reticulata* Blanco）及其栽培变种的成熟果皮。	
7.6.56	决明子	豆科决明属植物决明（*Cassia tora* L.）的干燥成熟种子。	
7.6.57	莱菔子	十字花科萝卜属植物萝卜（*Raphanus sativus* L.）的干燥成熟种子。	
7.6.58	莲子	睡莲科莲亚科莲属植物莲（*Nelumbo nucifera* Gaertn.）的干燥成熟种子。	
7.6.59	芦荟	百合科芦荟属植物库拉索芦荟（*Aloe barbadensis* Miller）叶。也称"老芦荟"。	
7.6.60	罗汉果	葫芦科罗汉果属植物罗汉果［*Siraitia grosvenorii*（Swingle）C. Jeffrey ex Lu et Z. Y. Zhang］的干燥果实。	
7.6.61	马齿苋	马齿苋科马齿苋属植物马齿苋（*Portulaca oleracea* L.）的干燥地上部分。	
7.6.62	麦冬［麦门冬］	百合科沿阶草属植物麦冬［*Ophiopogon japonicus*（L.f）Ker-Gawl.］的干燥块根。	
7.6.63	玫瑰花	蔷薇科蔷薇属植物玫瑰（*Rosa rugosa* Thunb.）的干燥花蕾。	
7.6.64	木瓜	蔷薇科木瓜属植物皱皮木瓜［*Chaenomeles speciosa*（Sweet）Nakai］的干燥近成熟果实。	
7.6.65	木香	菊科川木香属植物川木香［*Dolomiaea souliei*（Franch.）Shih］的干燥根。	
7.6.66	牛蒡子	菊科牛蒡属植物牛蒡（*Arctium lappa* L.）的干燥成熟果实。	
7.6.67	女贞子	木犀科女贞属植物女贞（*Ligustrum lucidum* Ait.）的干燥成熟果实。	
7.6.68	蒲公英	菊科植物蒲公英（*Taraxacum mongolicum* Hand. Mazz.）、碱地蒲公英（*Taraxacum borealisinense* Kitam.）或同属数种植物的干燥全草。	
7.6.69	蒲黄	香蒲科植物水烛香蒲（*Typha angustifolia* L.）、东方香蒲（*Typha orientalis* Presl）或同属植物的干燥花粉。	
7.6.70	茜草	茜草科茜草属植物茜草（*Rubia cordifolia* L.）的干燥根及根茎。	

(续表)

原料编号	原料名称	特征描述	强制性标识要求
7.6.71	青皮	芸香科柑橘属植物橘（*Citrus reticulata* Blanco）及其栽培变种的干燥幼果或未成熟果实的果皮。	
7.6.72	人参	五加科人参属植物人参（*Panax ginseng* C. A. Mey.）的干燥根及根茎。	
7.6.73	人参叶	五加科人参属植物人参（*Panax ginseng* C. A. Mey.）的干燥叶。	
7.6.74	肉豆蔻	肉豆蔻科肉豆蔻属植物肉豆蔻（*Myristica fragrans* Houtt.）的干燥种仁。	
7.6.75	桑白皮	桑科桑属植物桑（*Morus alba* L.）的干燥根皮。	
7.6.76	桑椹	桑科桑属植物桑（*Morus alba* L.）的干燥果穗。	
7.6.77	桑叶	桑科桑属植物桑（*Morus alba* L.）的干燥叶。	
7.6.78	桑枝	桑科桑属植物桑（*Morus alba* L.）的干燥嫩枝。	
7.6.79	沙棘	胡颓子科沙棘属植物沙棘（*Hippophae rhamnoides* L.）的干燥成熟果实。	
7.6.80	山药	薯蓣科薯蓣属植物薯蓣（*Dioscorea opposita* Thunb.）的干燥根茎。	
7.6.81	山楂	蔷薇科山楂属植物山里红（*Crataegus pinnatifida* Bge. var. *major* N. E. Br.）或山楂（*Crataegus pinnatifida* Bge.）的干燥成熟果实。	
7.6.82	山茱萸	山茱萸科山茱萸属植物山茱萸（*Cornus officinalis* Sieb. et Zucc.）的干燥成熟果肉。	
7.6.83	生姜	姜科姜属植物姜（*Zingiber officinale* Rosc.）的新鲜根茎。	
7.6.84	升麻	毛茛科升麻属植物大三叶升麻（*Cimicifuga heracleifolia* Kom.）、兴安升麻［*Cimicifuga dahurica*（Turcz.）Maxim.］或升麻（*Cimicifuga foetida* L.）的干燥根茎。	
7.6.85	首乌藤	蓼科何首乌属植物何首乌［*Fallopia multiflora*（Thunb.）Harald.］的干燥藤茎。	
7.6.86	酸角	豆科酸豆属植物酸豆（*Tamarindus indica* L.）的果实。	

(续表)

原料编号	原料名称	特征描述	强制性标识要求
7.6.87	酸枣仁	鼠李科枣属植物酸枣［Ziziphus jujuba Mill. var. spinosa（Bunge）Hu ex H. F. Chow］的干燥成熟种子。	
7.6.88	天冬［天门冬］	百合科天门冬属植物天门冬［Asparagus cochinchinensis（Lour.）Merr.］的干燥块根。	
7.6.89	土茯苓	百合科菝葜属植物土茯苓（Smilax glabra Roxb.）的干燥根茎。	
7.6.90	菟丝子	旋花科菟丝子属植物南方菟丝子（Cuscuta australis R. Br.）或菟丝子（Cuscuta chinensis Lam.）的干燥成熟种子。	
7.6.91	五加皮	五加科五加属植物五加（Acanthopanax gracilistylus W. W. Smith）的干燥根皮。	
7.6.92	乌梅	蔷薇科杏属植物梅（Armeniaca mume Sieb.）的干燥近成熟果实。	
7.6.93	五味子	木兰科五味子属植物五味子［Schisandra chinensis（Turcz.）Baill.］的干燥成熟果实。	
7.6.94	鲜白茅根	禾本科白茅属植物白茅［Imperata cylindrica（L.）Beauv.］的新鲜根茎。	
7.6.95	香附	莎草科莎草属植物香附子（Cyperus rotundus L.）的干燥根茎。	
7.6.96	香薷	唇形科石荠苎属植物石香薷（Mosla chinensis Maxim.）或江香薷（Mosla chinensis 'Jiangxiangru'）的干燥地上部分。	
7.6.97	小蓟	菊科蓟属植物刺儿菜（Cirsium setosum（willd.）MB.）的干燥地上部分。	
7.6.98	薤白	百合葱属植物薤白（Allium macrostemon Bunge.）或藠头（Allium chinense G. Don）的干燥鳞茎。	
7.6.99	洋槐花	豆科刺槐属植物刺槐（Robinia pseudoacacia L.）的花，可经干燥、粉碎。	
7.6.100	杨树花	杨柳科杨属（Populus L.）植物的花，可经干燥、粉碎。	
7.6.101	野菊花	菊科菊属植物野菊（Dendranthema indicum L.）的干燥头状花序。	
7.6.102	益母草	唇形科益母草属植物益母草［Leonurus artemisia（Lour.）S. Y. Hu］的新鲜或干燥地上部分。	

二、规范使用

(续表)

原料编号	原料名称	特征描述	强制性标识要求
7.6.103	薏苡仁	禾本科薏苡属植物薏苡（*Coix lacryma-jobi* L.）的干燥成熟种仁。	
7.6.104	益智［益智仁］	姜科山姜属植物益智（*Alpinia oxyphylla* Miq.）的干燥成熟果实。	
7.6.105	银杏叶	银杏科银杏属植物银杏（*Ginkgo biloba* L.）的干燥叶。	
7.6.106	鱼腥草	三白草科蕺菜属植物蕺菜（*Houttuynia cordata* Thunb.）的新鲜全草或干燥地上部分。	
7.6.107	玉竹	百合科黄精属植物玉竹（*Polygonatum odoratum* (Mill.) Druce）的干燥根茎。	
7.6.108	远志	远志科远志属植物远志（*Polygala tenuifolia* Willd.）或西伯利亚远志（*Polygala sibirica* L.）的干燥根。	
7.6.109	越橘	杜鹃花科越橘属（*Vaccinium* L.）植物的果实或叶。	
7.6.110	泽兰	唇形科地笋属植物硬毛地笋（*Lycopus lucidus* Turcz. var. *hirtus* Regel）的干燥地上部分。	
7.6.111	泽泻	泽泻科泽泻属植物东方泽泻［*Alisma orientale* (Samuel.) Juz.］的干燥块茎。	
7.6.112	制何首乌	何首乌［*Fallopia multiflora* (Thunb.) Harald.］的炮制加工品。	
7.6.113	枳壳	芸香科柑橘属植物酸橙（*Citrus aurantium* L.）及其栽培变种的干燥未成熟果实。	
7.6.114	知母	百合科知母属植物知母（*Anemarrhena asphodeloides* Bge.）的干燥根茎。	
7.6.115	紫苏叶	唇形科紫苏属植物紫苏［*Perilla frutescens* (L.) Britt.］的干燥叶（或带嫩枝）。	
7.6.116[5]	绿茶	以茶树的新叶或芽为原料，未经发酵，经杀青、整形、烘干等工序制成的产品。	
7.6.117[5]	迷迭香	唇形科迷迭香属植物迷迭香（*Rosmarinus officinalis*）的干燥茎叶或花。	

8. 乳制品及其副产品

原料编号	原料名称	特征描述	强制性标识要求
8.1	干酪及干酪制品		
8.1.1	奶酪［干酪］	可食用的奶酪，根据使用要求可对其进行脱水干燥、碾磨粉碎等加工处理。产品须由有资质的乳制品生产企业提供。	蛋白质 脂肪 水分
8.2	酪蛋白及其加工制品		
8.2.1	酪蛋白［干酪素］	以脱脂乳为原料，用酸、盐、凝乳酶等使乳中的酪蛋白凝集，再经脱水、干燥、粉碎获得的产品。该产品蛋白质含量不低于80%。产品须由有资质的乳制品生产企业提供。	蛋白质 赖氨酸
8.2.2	水解酪蛋白	将酪蛋白经酶水解、干燥获得的产品。该产品蛋白质含量不低于74%。产品须由有资质的乳制品生产企业提供。	蛋白质 赖氨酸
8.3	奶油及其加工制品		
8.3.1	奶油［黄油］	以乳和（或）稀奶油（经发酵或不发酵）为原料，添加或不添加其他原料、食品添加剂和营养强化剂，经加工制成的脂肪含量不低于80%的产品。产品须由有资质的乳制品生产企业提供。	脂肪 酸价 过氧化值 水分
8.3.2	稀奶油	从乳中分离出的含脂肪的部分，添加或不添加其他原料、食品添加剂和营养强化剂，经加工制成的脂肪含量在10%～80%的产品。产品须由有资质的乳制品生产企业提供。	脂肪 酸价 过氧化值 水分
8.4	乳及乳粉		
8.4.1	＿＿＿＿乳	生牛乳或生羊乳，包括全脂乳、脱脂乳、部分脱脂乳。产品名称应标明具体的动物种类和产品类型，如：全脂牛乳，脱脂羊乳。产品须由有资质的乳制品生产企业提供。该产品仅限于宠物饲料（食品）使用。	蛋白质 脂肪 本产品仅限于宠物饲料（食品）使用
8.4.2[3]	＿＿＿＿初乳（粉）	产奶动物（牛或羊）在分娩后前5天内分泌的乳汁或将其加工制成的粉状产品，产品名称应标明具体的动物种类，如：牛初乳、羊初乳粉。产品须由有资质的乳制品生产企业提供。	蛋白质 脂肪 IgG
8.4.3	＿＿＿＿乳粉［奶粉］	以生牛乳或羊乳为原料，经加工制成的粉状产品，包括全脂、脱脂、部分脱脂乳粉和调制乳粉。产品名称应标明具体的动物品种来源和产品类型，如：全脂牛乳粉，脱脂羊乳粉。产品须由有资质的乳制品生产企业提供。	蛋白质 脂肪
8.5	乳清及其加工制品		

（续表）

原料编号	原料名称	特征描述	强制性标识要求
8.5.1	乳清粉	以乳清为原料经干燥制成的粉末状产品。产品须由有资质的乳制品生产企业提供。	蛋白质 粗灰分 乳糖
8.5.2	分离乳清蛋白	乳清蛋白粉的一种，蛋白质含量不低于90%。产品须由有资质的乳制品生产企业提供。	蛋白质 粗灰分
8.5.3	浓缩乳清蛋白	乳清蛋白粉的一种，蛋白质含量不低于34%。产品须由有资质的乳制品生产企业提供。	蛋白质 粗灰分 乳糖
8.5.4	乳钙［乳矿物盐］	从乳清液中分离出的高钙含量的产品。钙含量不低于22%。产品须由有资质的乳制品生产企业提供。	钙 磷 粗灰分
8.5.5	乳清蛋白粉	以乳清为原料，经分离、浓缩、干燥等工艺制成的蛋白质含量不低于25%的粉末状产品。产品须由有资质的乳制品生产企业提供。	蛋白质 粗灰分 乳糖
8.5.6	脱盐乳清粉	以乳清为原料，经脱盐、干燥制成的粉末状产品，乳糖含量不低于61%，粗灰分不高于3%。产品须由有资质的乳制品生产企业提供。	蛋白质 粗灰分 乳糖
8.6	乳糖及其加工制品		
8.6.1	乳糖	将乳清蒸发、结晶、干燥后获得的产品，乳糖含量不低于98%。产品须由有资质的乳制品生产企业提供。	乳糖

9. 陆生动物产品及其副产品★

原料编号	原料名称	特征描述	强制性标识要求
9.1	动物油脂类产品★		
9.1.1★	＿＿＿＿油★	分割可食用动物组织过程中获得的含脂肪部分，经熬油提炼获得的油脂。原料应来自单一动物种类，新鲜无变质或经冷藏、冷冻保鲜处理；不得使用发生疫病和含禁用物质的动物组织。本产品不得加入游离脂肪酸和其他非食用动物脂肪。产品中总脂肪酸不低于90%，不皂化物不高于2.5%，不溶杂质不高于1%。名称应标明具体的动物种类，如：猪油。	粗脂肪 不皂化物 酸价 丙二醛

(续表)

原料编号	原料名称	特征描述	强制性标识要求
9.1.2★	＿＿＿＿油渣（饼）★	屠宰、分割可食用动物组织过程中获得的含脂肪部分，经提炼油脂后获得的固体残渣。原料应来自单一动物种类，新鲜无变质或经冷藏、冷冻保鲜处理；不得使用发生疫病和含禁用物质的动物组织。产品名称应标明具体的动物种类，如：猪油渣。	粗蛋白质 粗脂肪
9.2	昆虫加工产品		
9.2.1	蚕蛹（粉）	蚕蛹经干燥获得的产品。可将其粉碎。	粗蛋白质 粗脂肪 酸价
9.2.2	蚕蛹粕［脱脂蚕蛹（粉）］	蚕蛹（粉）脱脂处理后获得的产品。	粗蛋白质 粗脂肪 酸价
9.2.3	蜂花粉	蜜蜂采集被子植物雄蕊花药或裸子植物小孢子囊内的花粉细胞，形成的团粒状物。产品须由有资质的食品生产企业提供。	总糖
9.2.4	蜂胶	蜜蜂科昆虫意大利蜂（Apis mellifera L.）等的干燥分泌物，可进行适当加工。产品须由有资质的食品生产企业提供。	总糖
9.2.5	蜂蜡	蜜蜂科昆虫中华蜜蜂（Apis cerana Fabricius）或意大利蜂分泌的蜡，可进行适当加工。产品须由有资质的食品生产企业提供。	粗脂肪
9.2.6	蜂蜜	蜜蜂科昆虫中华蜜蜂或意大利蜂所酿的蜜，可进行适当加工。产品须由有资质的食品生产企业提供。	总糖
9.2.7	＿＿＿＿虫（粉）	昆虫经干燥获得的产品，可对其进行粉碎。此类昆虫在不影响公共健康和动物健康的前提下方可进行上述加工。产品名称应标明具体动物种类，如：黄粉虫（粉）。	粗蛋白质 粗脂肪 酸价
9.2.8	脱脂＿＿＿＿虫粉	对昆虫（粉）采用超临界萃取等方法进行脱脂后获得的产品。此类昆虫在不影响人类和动物健康的前提下方可进行上述加工。产品名称应标明具体动物种类，如：脱脂黄粉虫粉。	粗蛋白质 粗脂肪
9.3	内脏、蹄、角、爪、羽毛及其加工产品★		
9.3.1★	肠膜蛋白粉★	食用动物的小肠黏膜提取肝素钠后的剩余部分，经除臭、脱盐、水解、干燥、粉碎获得的产品。不得使用发生疫病和含禁用物质的动物组织。	粗蛋白质 粗灰分 盐分

二、规范使用

(续表)

原料编号	原料名称	特征描述	强制性标识要求
9.3.2	动物内脏	新鲜可食用动物的内脏。可以鲜用或对其进行冷藏、冷冻、蒸煮、干燥和烟熏处理。原料应来源于同一动物种类,不得使用发生疫病和含禁用物质的动物组织。产品名称需标注保鲜(加工)方法、具体动物种类和动物内脏名称,可在产品名称中标注物理形态。如:鲜猪肝、冻猪肺、熟猪心、烟熏猪大肠、脱水猪肝粒。该产品仅限于宠物饲料(食品)使用。	粗蛋白质 水分 本产品仅限于宠物饲料(食品)使用
9.3.3★	动物内脏粉★	新鲜或经冷藏、冷冻保鲜的食用动物内脏经高温蒸煮、干燥、粉碎获得的产品。原料应来源于同一动物种类,除不可避免的混杂外,不得含有蹄、角、牙齿、毛发、羽毛及消化道内容物,不得使用发生疫病和含禁用物质的动物组织。产品名称需标明具体动物种类,若能确定原料来源于何种动物内脏,产品名称可标明动物内脏名称,如:鸡内脏粉、猪内脏粉、猪肝脏粉。	粗蛋白质 粗脂肪 胃蛋白酶消化率
9.3.4	动物器官	新鲜可食用动物的器官,可以鲜用或对其进行冷藏、冷冻、蒸煮、干燥和烟熏处理。原料应来源于同一动物种类,不得使用发生疫病和含禁用物质的动物组织。产品名称需标明具体动物种类,如:羊蹄、猪耳。该产品仅限于宠物饲料(食品)使用。	本产品仅限于宠物饲料(食品)使用
9.3.5★	动物水解物★	洁净的可食用动物的肉、内脏和器官经研磨粉碎、水解获得的产品,可以是液态、半固态或经加工制成的固态粉末。原料应来源于同一动物种类,新鲜无变质或经冷藏、冷冻保鲜处理,除不可避免的混杂外,不得含有蹄、角、牙齿、毛发、羽毛及消化道内容物。不得使用发生疫病和含禁用物质的动物组织。产品名称需标明具体动物种类和物理形态,如:猪水解液、牛水解膏、鸡水解粉。该产品仅限于宠物饲料(食品)使用。	粗蛋白质 pH值 水分 本产品仅限于宠物饲料(食品)使用
9.3.6★	膨化羽毛粉★	家禽羽毛经膨化、粉碎后获得的产品。原料不得使用发生疫病和变质家禽羽毛。	粗蛋白质 粗灰分 胃蛋白酶消化率
9.3.7	_____皮	新鲜可食用动物的皮,可以鲜用或对其进行冷藏、冷冻、蒸煮、干燥和烟熏处理。原料应来源于同一动物种类,不得使用发生疫病和变质的动物皮,不得使用皮革及鞣革副产品。产品名称需标注具体动物种类,如:水牛皮。该产品仅限于宠物饲料(食品)使用。	粗蛋白质 水分 本产品仅限于宠物饲料(食品)使用

（续表）

原料编号	原料名称	特征描述	强制性标识要求
9.3.8	禽爪皮粉	加工禽爪过程中脱下的类角质外皮经干燥、粉碎获得的产品。原料应来源于同一动物种类，产品名称应标明具体动物种类，如：鸡爪皮粉。	粗蛋白质 粗脂肪 粗灰分
9.3.9★	水解蹄角粉★	动物的蹄、角经水解、干燥、粉碎获得的产品。若能确定原料来源为某一特定动物种类和部位，则产品名称应标明该动物种类和部位，如：水解猪蹄粉。	粗蛋白质 胃蛋白酶消化率
9.3.10★	水解畜毛粉★	未经提取氨基酸的清洁未变质的家畜毛发经水解、干燥、粉碎获得的产品。本产品胃蛋白酶消化率不低于75%。	粗蛋白质 粗灰分 胃蛋白酶消化率
9.3.11	水解羽毛粉	家禽羽毛经水解后，干燥、粉碎获得的产品。原料不得使用发生疫病和变质的家禽羽毛。本产品胃蛋白酶消化率不低于75%。产品名称应注明水解的方法（酶解、酸解、碱解、高温高压水解），如：酶解羽毛粉。	粗蛋白质 粗灰分 胃蛋白酶消化率
9.4	禽蛋及其加工产品★		
9.4.1★	蛋粉★	食用鲜蛋的蛋液，经巴氏消毒、干燥、脱水获得的产品。产品不含蛋壳或其他非蛋原料。	粗蛋白质 粗灰分
9.4.2★	蛋黄粉★	食用鲜蛋的蛋黄，经巴氏消毒、干燥、脱水获得的产品。产品不含蛋壳或其他非蛋原料。	粗蛋白质 粗脂肪
9.4.3★	蛋壳粉★	禽蛋壳经灭菌、干燥、粉碎获得的产品。	粗灰分 钙
9.4.4★	蛋清粉★	食用鲜蛋的蛋清，经巴氏消毒、干燥、脱水获得的产品。产品不含蛋壳或其他非蛋原料。	粗蛋白质
9.4.5[6]	鸡蛋	未经过加工或仅用冷藏、涂膜法等保鲜技术处理过的可食用鲜鸡蛋，有壳或去壳。	粗蛋白质 粗脂肪 粗灰分（适用于有壳鸡蛋）
9.5	蚯蚓及其加工产品		
9.5.1	蚯蚓粉	蚯蚓经干燥、粉碎的产品。	粗蛋白质 粗灰分
9.6	肉、骨及其加工产品★		

二、规范使用

(续表)

原料编号	原料名称	特征描述	强制性标识要求
9.6.1	_____骨	新鲜的食用动物的骨骼。可以鲜用或对其进行冷藏、冷冻、蒸煮、干燥处理。原料应来源于同一动物种类,不得使用发生疫病和变质的动物骨骼。产品名称需标明保鲜(加工)方法和具体动物种类。如:鲜牛骨、冻猪软骨。该产品仅限于宠物饲料(食品)使用。	钙 灰分 水分 本产品仅限于宠物饲料(食品)使用
9.6.2★	_____骨粉(粒)★	未变质的食用动物骨骼经灭菌、干燥、粉碎获得的产品。原料应来源于同一动物种类,不得使用发生疫病和变质的动物骨骼。产品名称需标明具体动物种类,如:猪骨粉、牛骨粒。	粗灰分 钙 总磷
9.6.3	骨胶	可食用动物骨骼经轧碎、脱油、水解获得的蛋白类产品。原料不得使用发生疫病和变质的动物骨骼。	凝胶强度 勃氏黏度 粗灰分
9.6.4	_____骨髓	新鲜可食用动物骨腔内的软组织。可以鲜用或对其进行冷藏、冷冻、蒸煮、干燥处理。原料应来源于同一动物种类,不得使用发生疫病和变质的动物骨骼。产品名称需标明保鲜(加工)方法和动物种类。如:鲜牛骨髓。该产品仅限于宠物饲料(食品)使用。	粗蛋白质 粗脂肪 水分 本产品仅限于宠物饲料(食品)使用
9.6.6	_____肉	食用动物的鲜肉或带骨肉、带皮肉。可以鲜用或对其进行冷藏、冷冻、蒸煮、干燥或烟熏处理。原料应来源于同一动物种类,不得使用发生疫病和含禁用物质的动物组织。产品名称需标明保鲜(加工)方法和动物种类,如:鲜羊肉、冻猪肉、熟鸡肉、干牛肉、烟熏鸡肉。该产品仅限于宠物饲料(食品)使用。	粗蛋白质 粗脂肪 水分 本产品仅限于宠物饲料(食品)使用
9.6.7★	_____肉粉★	以分割可食用鲜肉过程中余下的部分为原料,经高温蒸煮、灭菌、脱脂、干燥、粉碎获得的产品。原料应来源于同一动物种类,除不可避免的混杂,不得添加蹄、角、畜毛、羽毛、皮革及消化道内容物;不得额外添加骨;不得使用发生疫病和含禁用物质的动物组织。产品中总磷含量不高于3.5%,钙含量不超总磷含量的2.2倍,胃蛋白酶消化率不低于85%。产品名称应标明具体动物种类,如:鸡肉粉。	粗蛋白质 粗脂肪 总磷 胃蛋白酶消化率 酸价

（续表）

原料编号	原料名称	特征描述	强制性标识要求
9.6.8★	_____肉骨粉★	以分割可食用鲜肉过程中余下的部分为原料，经高温蒸煮、灭菌、脱脂、干燥、粉碎获得的产品。原料应来源于同一动物种类，除不可避免的混杂，不得添加蹄、角、畜毛、羽毛、皮革及消化道内容物。不得使用发生疫病和含禁用物质的动物组织。产品中总磷含量不低于3.5%，钙含量不超过磷含量的2.2倍，胃蛋白酶消化率不低于85%。产品名称应标明具体动物种类，如：鸡肉骨粉。	粗蛋白质 粗脂肪 总磷 胃蛋白酶消化率 酸价
9.6.9[1]★	骨源磷酸氢钙★	食用动物骨粉碎后，经盐酸浸泡所得溶液，用石灰乳中和，再经干燥、粉碎得到的产品，其中磷含量不低于16.5%，氯含量不高于3%。	粗灰分 总磷 钙 氯
9.6.10★	脱胶骨粉★	食用动物骨骼经脱胶、干燥、粉碎获得的产品。原料不得使用发生疫病和变质的动物骨骼。	粗灰分 总磷 钙
9.7	血液制品★		
9.7.1★	喷雾干燥_____血浆蛋白粉★	以屠宰食用动物得到的新鲜血液分离出的血浆为原料，经灭菌、喷雾干燥获得的产品。原料应来源于同一动物种类，不得使用发生疫病和变质的动物血液。产品名称应标明具体动物来源，如：喷雾干燥猪血浆蛋白粉。	粗蛋白质 免疫球蛋白（IgG或IgY）
9.7.2★	喷雾干燥_____血球蛋白粉★	以屠宰食用动物得到的新鲜血液分离出的血细胞为原料，经灭菌、喷雾干燥获得的产品。原料应来源于同一动物种类，不得使用发生疫病和变质的动物血液。产品名称应标明具体动物来源，如：喷雾干燥猪血球蛋白粉。	粗蛋白质
9.7.3★	水解_____血粉★	以屠宰食用动物得到的新鲜血液为原料，经水解、干燥获得的产品。原料应来源于同一动物种类，不得使用发生疫病和变质的动物血液。产品名称应标明具体动物来源，如：水解猪血粉。	粗蛋白质 胃蛋白酶消化率
9.7.4★	水解_____血球蛋白粉★	以屠宰食用动物得到的新鲜血液分离出的血球为原料，经破膜、灭菌、酶解、浓缩、喷雾干燥等一系列工序获得的产品。原料应来源于同一动物种类，不得使用发生疫病和变质的动物血液。产品名称应标明具体动物来源，如：水解猪血球蛋白粉。	粗蛋白质 胃蛋白酶消化率

(续表)

原料编号	原料名称	特征描述	强制性标识要求
9.7.5★	水解珠蛋白粉★	以屠宰食用动物获得的新鲜血液分离出的血球为原料，经破膜、灭菌、酶解、分离等工序得到的珠蛋白，再经浓缩、喷雾干燥获得的产品。粗蛋白质含量不低于90%。	粗蛋白质 赖氨酸
9.7.6★	＿＿＿血粉★	以屠宰食用动物得到的新鲜血液为原料，经干燥获得的产品。原料应来源于同一动物种类，不得使用发生疫病和变质的动物血液。产品粗蛋白质含量不低于85%。产品名称应标明具体动物来源，如：鸡血粉。	粗蛋白质
9.7.7★	血红素蛋白粉★	以屠宰食用动物得到的新鲜血液分离出的血球为原料，经破膜、灭菌、酶解、分离等工序获得血红素，再浓缩、喷雾干燥获得的产品。卟啉铁含量（以铁计）不低于1.2%。	粗蛋白质 卟啉铁 （血红素铁）

10. 鱼、其他水生生物及其副产品★

原料编号	原料名称	特征描述	强制性标识要求
10.1	贝类及其副产品		
10.1.1	＿＿＿贝	新鲜可食用的贝类，可以鲜用或根据使用要求对其进行冷藏、冷冻、蒸煮、干燥处理。产品名称中应标明贝的种类，如：扇贝、牡蛎。	
10.1.2	贝壳粉	贝类的壳经过干燥、粉碎获得的产品。	粗灰分 钙
10.1.3	干贝粉	食品企业加工食用干贝（扇贝柱）剩余的边角料（不包括壳），经干燥、粉碎获得的产品。	粗蛋白质 粗脂肪 组胺
10.2	甲壳类动物及其副产品★		
10.2.1	虾	新鲜的虾。可以鲜用或根据使用要求对其进行冷藏、冷冻、蒸煮、干燥处理。	
10.2.2★	磷虾粉★	以磷虾（*Euphausia superba*）为原料，经干燥、粉碎获得的产品。	粗蛋白质 粗灰分 盐分 挥发性盐基氮
10.2.3★	虾粉★	虾经蒸煮、干燥、粉碎获得的产品。	粗蛋白质 粗灰分 盐分 挥发性盐基氮

（续表）

原料编号	原料名称	特征描述	强制性标识要求
10.2.4	虾膏	以虾为原料，经油脂分离、酶解、浓缩获得的膏状物。	粗蛋白质 粗灰分 水分 挥发性盐基氮
10.2.5	虾壳粉	以食品企业加工虾仁过程中剥离出的虾头、虾壳为原料，经干燥、粉碎获得的产品。	粗灰分
10.2.6	虾油	以海洋虾类经蒸煮、压榨、分离获得的毛油为原料，再进行精炼获得的产品。	脂肪 酸价 碘价
10.2.7	蟹	新鲜的蟹。可以鲜用或根据使用要求对其进行冷藏、冷冻、蒸煮、干燥处理。	
10.2.8	蟹粉	以蟹或蟹的某一部分为原料，经蒸煮、压榨、干燥、粉碎获得的产品。产品中粗蛋白质含量不低于25%。	粗蛋白质 粗灰分 挥发性盐基氮
10.2.9	蟹壳粉	以蟹壳为原料，经烘干、粉碎获得的产品。	粗灰分
10.3	水生软体动物及其副产品		
10.3.1	乌贼	新鲜的乌贼。可以鲜用或根据使用要求对其进行冷藏、冷冻、蒸煮、干燥处理。	
10.3.2	乌贼粉	乌贼经蒸煮、压榨、干燥、粉碎获得的产品。	粗蛋白质 粗脂肪 粗灰分 挥发性盐基氮
10.3.3	乌贼膏	以乌贼内脏为原料，经油脂分离、酶解、浓缩获得的膏状物。	粗蛋白质 粗脂肪 粗灰分 挥发性盐基氮 水分
10.3.4	乌贼内脏粉	乌贼膏或与载体混合后，经过干燥获得的产品。使用的载体应为饲料法规中许可使用的原料，并在标签中注明载体名称。	粗蛋白质 粗灰分 载体名称 挥发性盐基氮
10.3.5	乌贼油	从乌贼内脏中分离出的油脂。	粗脂肪 酸价 碘价
10.3.6	鱿鱼	新鲜的鱿鱼。可以鲜用根据使用要求可对其进行冷藏、冷冻、蒸煮或干燥处理。	粗脂肪 酸价
10.3.7	鱿鱼粉	鱿鱼经蒸煮、压榨、干燥、粉碎获得的产品。	粗蛋白质 粗脂肪 挥发性盐基氮

二、规范使用

(续表)

原料编号	原料名称	特征描述	强制性标识要求
10.3.8	鱿鱼膏	以鱿鱼内脏为原料,经油脂分离、酶解、浓缩获得的膏状物。	粗蛋白质 粗脂肪 粗灰分 挥发性盐基氮 水分
10.3.9	鱿鱼内脏粉	鱿鱼膏或与载体混合后,经过干燥获得的产品。使用的载体应为饲料法规中许可使用的原料,并在标签中注明载体名称。	粗蛋白质 粗灰分 载体名称 挥发性盐基氮
10.3.10	鱿鱼油	从鱿鱼内脏中分离出的油脂。	粗脂肪 酸价 碘价
10.4	鱼及其副产品★		
10.4.1	鱼	鲜鱼的全部或部分鱼体。可以鲜用或根据使用要求对其进行冷藏、冷冻、蒸煮、干燥处理。不得使用发生疫病和受污染的鱼。	粗蛋白质 水分
10.4.2★	白鱼粉★	鳕鱼、鲽鱼、鸳鱼等白肉鱼种的全鱼或其为原料加工水产品后剩余的鱼体部分(包括鱼骨、鱼内脏、鱼头、鱼尾、鱼皮、鱼眼、鱼鳞和鱼鳍),经蒸煮、压榨、脱脂、干燥、粉碎获得的产品。	粗蛋白质 粗脂肪 粗灰分 赖氨酸 组胺 挥发性盐基氮
10.4.3★	水解鱼蛋白粉★	以全鱼或鱼的某一部分为原料,经浓缩、水解、干燥获得的产品。产品中粗蛋白质含量不低于50%。	粗蛋白质 粗脂肪 粗灰分
10.4.4★	鱼粉★	全鱼或经分割的鱼体经蒸煮、压榨、脱脂、干燥、粉碎获得的产品。在干燥过程中可加入鱼溶浆。不得使用发生疫病和受污染的鱼。该产品原料若来源于淡水鱼,产品名称应标明"淡水鱼粉"。	粗蛋白质 粗脂肪 粗灰分 赖氨酸 挥发性盐基氮
10.4.5	鱼膏	以鲜鱼内脏等下杂物为原料,经油脂分离、酶解、浓缩获得的膏状物。	粗蛋白质 粗灰分 挥发性盐基氮 水分
10.4.6	鱼骨粉	鱼类的骨骼经粉碎、烘干获得的产品。	钙 磷 粗灰分
10.4.7★	鱼排粉★	加工鱼类水产品过程中剩余的鱼体部分(包括鱼骨、鱼内脏、鱼头、鱼尾、鱼皮、鱼眼、鱼鳞和鱼鳍)经蒸煮、烘干、粉碎获得的产品。	粗蛋白质 粗脂肪 粗灰分 挥发性盐基氮

（续表）

原料编号	原料名称	特征描述	强制性标识要求
10.4.8★	鱼溶浆★	以鱼粉加工过程中得到的压榨液为原料，经脱脂、浓缩或水解后再浓缩获得的膏状产品。产品中水分含量不高于50%。	粗蛋白质 粗脂肪 挥发性盐基氮 水分
10.4.9★	鱼溶浆粉★	鱼溶浆或与载体混合后，经过喷雾干燥或低温干燥获得的产品。使用载体应为饲料法规中许可使用的原料，并在产品标签中标明载体名称。	粗蛋白质 盐分 挥发性盐基氮 载体名称
10.4.10★	鱼虾粉★	以鱼、虾、蟹等水产动物及其加工副产物为原料，经蒸煮、压榨、干燥、粉碎等工序获得的产品。不得使用发生疫病和受污染的鱼。	粗蛋白质 粗脂肪 挥发性盐基氮 粗灰分
10.4.11★	鱼油★	对全鱼或鱼的某一部分经蒸煮、压榨获得的毛油，再进行精炼获得的产品。	粗脂肪 酸价 碘价 丙二醛
10.4.12[2]	鱼浆	鲜鱼或冰鲜鱼绞碎后，经饲料级或食品级甲酸（添加量不超过鱼鲜重的5%）防腐处理，在一定温度下经液化、过滤得到的液态物，可真空浓缩。挥发性盐基氮含量不高于50mg/100g，组胺含量不高于300mg/kg。	粗蛋白质 粗脂肪 水分 挥发性盐基氮 组胺
10.4.13[2]	低脂肪鱼粉[低脂鱼粉]	以鱼粉为原料，经正己烷浸提脱脂后得到的产品。粗蛋白质含量不低于68%，粗脂肪含量不高于6%，挥发性盐基氮含量不高于80mg/100g，组胺含量不高于500mg/kg，正己烷残留不高于500mg/kg。原料鱼粉应为有资质的饲用鱼粉生产企业提供的合格产品。	粗蛋白质、粗脂肪、粗灰分、赖氨酸、水分、挥发性盐基氮、组胺
10.4.14[5]	鱼皮	加工鱼类产品过程中获得的鱼皮经干燥后的产品。	粗蛋白质 水分
10.5	其他		
10.5.1	卤虫卵	卤虫及其卵。	空壳率 孵化率

11. 矿物质

原料编号	原料名称	特征描述	强制性标识要求
11.1	天然矿物质		

二、规范使用

(续表)

原料编号	原料名称	特征描述	强制性标识要求
11.1.1	凹凸棒石（粉）	天然水合镁铝硅酸盐矿物，可以是粒状或经粉碎后的粉。	镁 水分
	贝壳粉	见 10.1.2	
11.1.2	沸石粉	天然斜发沸石或丝光沸石经粉碎获得的产品。	钙 吸蓝量 吸氨值 水分
11.1.3	高岭土	以高岭石簇矿为主的含有矿物元素的天然矿物，水合硅铝酸盐含量不低于 65%。在配合饲料中用量不得超过 2.5%。不得含有石棉。	铅 水分
11.1.4	海泡石	一种水合富镁硅酸盐黏土矿物。	水分
11.1.5	滑石粉	天然硅酸镁盐类矿物滑石经精选、净化、粉碎、干燥获得的产品。	水分
11.1.6	麦饭石	天然的无机硅铝酸盐。	水分
11.1.7	蒙脱石	由颗粒极细的水合铝硅酸盐构成的矿物，一般为块状或土状。蒙脱石是膨润土的功能成分，需要从膨润土中提纯获得。	吸蓝量 吸氨值 水分
11.1.8	膨润土［斑脱岩、膨土岩］	以蒙脱石为主要成分的黏土岩——蒙脱石黏土岩。	水分
11.1.9	石粉	用机械方法直接粉碎天然含碳酸钙的石灰石、方解石、白垩沉淀、白垩岩等而制得。钙含量不低于 35%。	钙
11.1.10	蛭石	含有硅酸镁、铝、铁的天然矿物质经加热膨胀形成的产品。不得含有石棉。	水分 氟
11.1.11[1]	腐植酸钠★	泥炭、褐煤或风化煤粉碎后，与氢氧化钠溶液充分反应得到的上清液经浓缩、干燥得到的产品，或通过制粒等工艺对上述产品进一步精制得到的产品，其中可溶性腐植酸不低于 55%，水分不高于 12%。	可溶性腐植酸 水分
11.1.12[2]	硅藻土	以天然硅藻土（硅藻的硅质遗骸）为原料，经过干燥、焙烧、酸洗、分级等工艺制成的硅藻土干燥品、酸洗品、焙烧品及助熔焙烧品。在配合饲料中用量不得超过 2%。产品质量标准暂按《食品安全国家标准 食品添加剂 硅藻土》（GB 14936）执行。	水分 非硅物质

12. 微生物发酵产品及副产品★

原料编号	原料名称	特征描述	强制性标识要求
12.1	饼粕、糟渣发酵产品★		
12.1.1★	发酵豆粕★	以豆粕为主要原料（≥95%），以麸皮、玉米皮等为辅助原料，使用农业部《饲料添加剂品种目录》中批准使用的饲用微生物菌种进行固态发酵，并经干燥制成的蛋白质饲料原料产品。	粗蛋白质 酸溶蛋白 水苏糖 水分
12.1.2★	发酵_____果渣★	以果渣为原料，使用农业部《饲料添加剂品种目录》中批准使用的饲用微生物进行固体发酵获得的产品。产品名称应标明具体原料来源，如：发酵苹果渣。	粗纤维 粗灰分 水分
12.1.3★	发酵棉籽蛋白★	以脱壳程度高的棉籽粕或棉籽蛋白为主要原料（≥95%），以麸皮、玉米等为辅助原料，使用农业部《饲料添加剂品种目录》中批准使用的酵母菌和芽孢杆菌进行固态发酵，并经干燥制成的粗蛋白质含量在50%以上的产品。	粗蛋白质 酸溶蛋白 游离棉酚 水分
12.1.4★	酿酒酵母发酵白酒糟★	以鲜白酒糟为基质，经酿酒酵母固体发酵、自溶、干燥、粉碎后得到的产品。	粗蛋白 粗纤维 酸溶蛋白 木质素
12.2	单细胞蛋白★		
12.2.1★	产朊假丝酵母蛋白	以玉米浸泡液、葡萄糖、葡萄糖母液等为培养基，利用产朊假丝酵母液体发酵，经喷雾干燥制成的粉末状产品。	粗蛋白质 粗灰分
12.2.2★	啤酒酵母粉★	啤酒发酵过程中产生的废弃酵母，以啤酒酵母细胞为主要组分，经干燥获得的产品。	粗蛋白质 粗灰分
12.2.3	啤酒酵母泥	啤酒发酵中产生的泥浆状废弃酵母，以啤酒酵母细胞为主且含有少量啤酒。	粗蛋白质 粗灰分
12.2.4[1]	食品酵母粉★	食品酵母生产过程中产生的废酵母经干燥获得的产品，以酿酒酵母细胞为主要组分。	粗蛋白质 粗灰分
12.2.5[1]	酵母水解物★	以酿酒酵母（Saccharomyces cerevisiae）为菌种，经液体发酵得到的菌体，再经自溶或外源酶催化水解后，浓缩或干燥获得的产品。酵母可溶物未经提取，粗蛋白含量不低于35%。	粗蛋白质（以干基计） 粗灰分 水分 甘露聚糖 氨基酸态氮
12.2.6[1]	酿酒酵母培养物★	以酿酒酵母为菌种，经固体发酵后，浓缩、干燥获得的产品。	粗蛋白质 粗灰分 水分 甘露聚糖

二、规范使用

(续表)

原料编号	原料名称	特征描述	强制性标识要求
12.2.7[1]	酿酒酵母提取物★	酿酒酵母经液体发酵后得到的菌体,再经自溶或外源酶催化水解,或机械破碎后,分离获得的可溶性组分浓缩或干燥得到的产品。	粗蛋白质 粗灰分
12.2.8[1]	酿酒酵母细胞壁★	酿酒酵母经液体发酵后得到的菌体,再经自溶或外源酶催化水解,或机械破碎后,分离获得的细胞壁浓缩、干燥得到的产品。	甘露聚糖 水分
12.3	利用特定微生物和特定培养基培养获得的菌体蛋白类产品(微生物细胞经休眠或灭活)★		
12.3.1★	谷氨酸渣 [味精渣]★	利用谷氨酸棒杆菌和由蔗糖、糖蜜、淀粉或其水解液等植物源成分及铵盐(或其他矿物质)组成的培养基发酵生产 L-谷氨酸后剩余的固体残渣。菌体应灭活。可进行干燥处理。	粗蛋白质 粗灰分 铵盐 水分
12.3.2★	核苷酸渣★	利用谷氨酸棒杆菌和由蔗糖、糖蜜、淀粉或其水解液等植物源成分及铵盐(或其他矿物质)组成的培养基发酵生产 5′-肌苷酸二钠、5′-鸟苷酸二钠后剩余的固体残渣。菌体应灭活。可进行干燥处理。	粗蛋白质 粗灰分 铵盐 水分
12.3.3★	赖氨酸渣★	利用谷氨酸棒杆菌和由蔗糖、糖蜜、淀粉或其水解液等植物源成分及铵盐(或其他矿物质)组成的培养基发酵生产 L-赖氨酸后剩余的固体副产物。菌体应灭活。可进行干燥处理。	粗蛋白质 粗灰分 铵盐 水分
12.3.4[4]★	辅酶 Q_{10} 渣★	利用类球红细菌和由葡萄糖、玉米浆、无机盐等组成的主要原料发酵生产辅酶 Q_{10} 后的固体副产物。菌体应灭活并经干燥处理。该产品仅限于畜禽饲料使用。	粗蛋白质 粗灰分 铵盐 水分
12.4	糟渣类发酵副产物★		
12.4.1	＿＿＿＿醋糟 1. 糯米 2. 高粱 3. 麦麸 4. 米糠 5. 甘薯 6. 水果 7. 谷物	以所列物质为原料,经米曲霉、黑曲霉、啤酒酵母和醋杆菌发酵酿造提取食醋后所得的固体副产物。产品若来源于单一原料,产品名称应标明其来源,如:糯米醋糟。	粗蛋白质 粗纤维 粗灰分 水分
	谷物酒糟类产品	见第 1.5	

(续表)

原料编号	原料名称	特征描述	强制性标识要求
12.4.2	酱油糟	以大豆、豌豆、蚕豆、豆饼、麦麸及食盐等为原料，经米曲霉、酵母菌及乳酸菌发酵酿制酱油后剩余的残渣经灭菌、干燥后获得的固体副产物。	粗蛋白质 粗脂肪 食盐
12.4.3	柠檬酸糟	以含有淀粉的植物性原料发酵生产柠檬酸的过程中，发酵液经过滤剩余的滤渣经脱水干燥获得的固体产品。产品可经粉碎。	粗蛋白质 粗灰分
12.4.4	葡萄酒糟（泥）	工业法生产葡萄汁的副产物，由分离发酵葡萄汁后的液体/糊状物组成。	粗蛋白质 粗灰分
12.4.5^1	甜菜糖蜜酵母发酵浓缩液★	以甜菜糖蜜为原料，经液体发酵生产酵母后的残液再经浓缩得到的产品。	钾 盐分 甜菜碱 非蛋白氮
12.5^5	其他		
12.5.1^5	食用乙醇［食用酒精］	以谷物、薯类、糖蜜或其他可食用农作物为原料，经发酵、蒸馏精制而成的，供食用的含水酒精。产品须由有资质的食品生产企业提供。	乙醇 甲醇 醛

13. 其他饲料原料

原料编号	原料名称	特征描述	强制性标识要求
13.1	淀粉及其加工产品		
13.1.1	_____淀粉	谷物、豆类、块根、块茎等食用植物性原料经淀粉制取工艺（提取、脱水和干燥）获得的产品。产品名称应标明植物性原料的来源，如：玉米淀粉。产品须由有资质的食品生产企业提供。	淀粉 水分
13.1.2	糊精	淀粉在酸或酶的作用下进行低度水解反应所获得的小分子中间产物。产品须由有资质的食品生产企业提供。	还原糖 葡萄糖当量 水分
13.2	食品类产品及副产品		
13.2.1	果蔬加工产品及副产品	新鲜水果和蔬菜在食品工业加工过程中获得的干燥或冷冻的产品。该类产品在不影响公共健康和动物健康的前提下方可生产和使用。产品名称应标明相应的水果、蔬菜和调味料种类的具体名称，如：番茄皮渣。	粗纤维 酸不溶灰分 淀粉 粗脂肪

二、规范使用

(续表)

原料编号	原料名称	特征描述	强制性标识要求
13.2.2	食品工业产品及副产品	食品工业（方便面和挂面、饼干和糕点、面包、肉制品、巧克力和糖果）生产过程中获得的前食品*和副产品（仅指上述食品在生产过程中因边角、不完整、散落、规格混杂原因而不能成为商品的部分）。可进行干燥处理。该类产品在不影响公共健康和动物健康的前提下方可生产和使用。产品名称应标明具体种类和来源，如：火腿肠粉。	粗蛋白质 粗脂肪 盐分 货架期 水分
13.3	食用菌及其加工产品		
13.3.1	白灵侧耳（白灵菇）	侧耳科侧耳属食用菌白灵侧耳（*Pleurotus eryngii* var. *tuoliensia*）及其干燥产品。	
13.3.2	刺芹侧耳（杏鲍菇）	侧耳科侧耳属食用菌刺芹侧耳（*Pleurotus eryngii*）及其干燥产品。	
13.3.3[5]	平菇	侧耳科侧耳属食用菌平菇（*Pleurotus ostreatus*）及其干燥产品。	
13.3.4[5]	香菇	光茸菌科香菇属食用菌香菇[*Lentinus edodes*（Berk.）Sing]及其干燥产品。	
13.3.5[5]	毛柄金钱菌[金针菇]	小皮伞科小火焰菌属食用菌毛柄金钱菌（*F. velutipes*）及其干燥产品。	
13.3.6[5]	木耳[黑木耳]	木耳科木耳属食用菌木耳[*Auriculariaauricula*（L. ex Hook.）Underwood]及其干燥产品。	
13.3.7[5]	银耳	银耳科银耳属食用菌银耳（*Tremella*）及其干燥产品。	
13.3.8[5]	双孢蘑菇[白蘑菇]	蘑菇属食用菌双孢蘑菇（*Agaricus bisporus*）及其干燥产品。	
13.3.9[6]	灵芝	多孔菌科真菌赤芝[*Ganoderma lucidum*（Leyss. ex Fr.）Karst.]或紫芝（*Ganoderma sinense* Zhao, Xu et Zhang）的子实体及其干燥产品	水分
13.3.10[6]	姬松茸	蘑菇科蘑菇属姬松茸（*Agaricus subrufescens*）及其干燥产品	水分
13.4	糖类		
13.4.1	白糖[蔗糖]	以甘蔗或甜菜为原料经制糖工艺制取的精糖，主要成分为蔗糖。产品须由有资质的食品生产企业提供。	总糖

* 前食品是指以人类食品为目的生产的，因制造、包装以及其他缺陷不再用于人类消费，但对人类或动物不构成风险的产品。

（续表）

原料编号	原料名称	特征描述	强制性标识要求
13.4.2	果糖	己酮糖，单糖的一种，是葡萄糖的同分异构体。产品须由有资质的食品生产企业提供。	果糖 比旋光度
13.4.3	红糖［蔗糖］	以甘蔗为原料，经榨汁、浓缩获得的带糖蜜的赤色晶体，主要成分为蔗糖。产品须由有资质的食品生产企业提供。	总糖
13.4.4	麦芽糖	两个葡萄糖分子以 α-1,4-糖苷键连接构成的二糖。为淀粉经 β-淀粉酶作用下不完全水解获得的产物。产品须由有资质的食品生产企业提供。	
13.4.5	木糖	戊糖，单糖的一种，以玉米芯为原料，在硫酸催化剂存在的条件下经水解、脱色、净化、蒸发、结晶、干燥等工艺加工生产。产品须由有资质的食品生产企业提供。	木糖 比旋光度
13.4.6	葡萄糖	己醛糖，单糖的一种，是果糖的同分异构体，可含有一个结晶水。产品须由有资质的食品生产企业提供。	葡萄糖 比旋光度
13.4.7[1]★	葡萄糖胺盐酸盐★	壳聚糖和壳质结构的一部分，由甲壳类动物和其他节肢动物的外骨骼经水解制备或由粮食（如玉米或小麦）发酵生产。	葡萄糖胺盐酸盐
13.4.8	葡萄糖浆	淀粉经水解获得的高纯度、浓缩的营养性糖类的水溶液。产品须由有资质的食品生产企业提供。	总糖 水分
13.5	纤维素及其加工产品		
13.5.1	纤维素	天然木材通过机械加工而获得的产品，其主要成分为纤维素。	粗纤维 粗灰分 水分
13.6[5]	食用动物加工产品		
13.6.1[5]	明胶［胶原蛋白］	以来源于食用动物的皮、骨、韧带、肌腱中的胶原为原料，经水解获得的可溶性蛋白类产品。原料不得使用发生疫病和变质的动物组织，不得使用皮革及鞣革副产品。产品须由有资质的食品或药品生产企业提供。	粗蛋白质 粗灰分

第四部分　单一饲料品种

1.1.3　大麦蛋白粉

1.2.6　大米蛋白粉

1.2.8　大米酶解蛋白

1.5.1　干白酒糟

1.5.2　干黄酒糟

1.5.3　_____干酒精糟［DDG］

1.5.4　_____干酒精糟可溶物［DDS］

1.5.5　干啤酒糟

1.5.6　含可溶物的干酒精糟［_____干全酒精糟］［DDGS］

1.11.3　谷朊粉［活性小麦面筋粉］［小麦蛋白粉］

1.11.15　小麦水解蛋白

1.13.2　喷浆玉米皮

1.13.7　玉米蛋白粉

1.13.10　玉米浆干粉

1.13.11　玉米酶解蛋白

2.2.3　菜籽蛋白

2.2.5　菜籽粕［菜粕］

2.2.9　双低菜籽粕［双低菜粕］

2.3.2　大豆分离蛋白

2.3.4　大豆酶解蛋白

2.3.5　大豆浓缩蛋白

2.3.10　大豆糖蜜

2.3.14[1]　豆粕［大豆粕］

2.3.18　膨化大豆蛋白［大豆组织蛋白］

2.3.19　膨化豆粕

2.9.3　花生蛋白

2.9.6　花生粕［花生仁粕］

2.12.4　棉籽蛋白

2.12.6　棉籽酶解蛋白

2.12.7　棉籽粕［棉粕］

2.12.9　脱酚棉籽蛋白［脱毒棉籽蛋白］

3.3.2　蚕豆粉浆蛋白粉

3.7.2　绿豆粉浆蛋白粉

3.8.5　豌豆粉浆蛋白粉

4.7.2　马铃薯蛋白粉

7.5.2　_____藻渣

7.5.3　裂壶藻粉

7.5.4　螺旋藻粉

7.5.5　拟微绿球藻粉

7.5.6　微藻粕

7.5.7　小球藻粉

9.1.1　_____油

9.1.2　_____油渣（饼）

9.3.1　肠膜蛋白粉

9.3.3　动物内脏粉

9.3.5　动物水解物

9.3.6　膨化羽毛粉

9.3.9　水解蹄角粉

9.3.10　水解畜毛粉

9.3.11　水解羽毛粉

9.4.1　蛋粉

9.4.2　蛋黄粉

9.4.3　蛋壳粉

9.4.4　蛋清粉

9.6.2　_____骨粉（粒）

9.6.7　_____肉粉

9.6.8　_____肉骨粉

9.6.9[1]　骨源磷酸氢钙

9.6.10　脱胶骨粉

9.7.1　喷雾干燥_____血浆蛋白粉

9.7.2　喷雾干燥_____血球蛋白粉

9.7.3　水解_____血粉

9.7.4　水解_____血球蛋白粉

9.7.5　水解珠蛋白粉

9.7.6　_____血粉

9.7.7　血红素蛋白粉

10.2.2　磷虾粉

10.2.3　虾粉

10.4.2　白鱼粉

10.4.3　水解鱼蛋白粉

10.4.4　鱼粉

10.4.7　鱼排粉

10.4.8　鱼溶浆

10.4.9　鱼溶浆粉

10.4.10　鱼虾粉

10.4.10　鱼油

10.4.13[2]　低脂肪鱼粉［低脂鱼粉］

11.1.11[1]　腐植酸钠

12.1.1　发酵豆粕

12.1.2　发酵_____果渣
12.1.3　发酵棉籽蛋白
12.1.4　酿酒酵母发酵白酒糟
12.2.1　产朊假丝酵母蛋白
12.2.2　啤酒酵母粉
12.2.4[1]　食品酵母粉
12.2.5[1]　酵母水解物
12.2.6[1]　酿酒酵母培养物
12.2.7[1]　酿酒酵母提取物
12.2.8[1]　酿酒酵母细胞壁
12.3.1　谷氨酸渣［味精渣］
12.3.2　核苷酸渣
12.3.3　赖氨酸渣
12.3.4[4,7]　辅酶Q_{10}渣
12.4.3　柠檬酸糟
12.4.5[1]　甜菜糖蜜酵母发酵浓缩液
13.4.7[1]　葡萄糖胺盐酸盐

注：
1. 农业部公告 2013 年第 2038 号（2013 年 12 月 19 日）修订
2. 农业部公告 2014 年第 2133 号（2014 年 7 月 24 日）修订
3. 农业部公告 2015 年第 2249 号（2015 年 4 月 22 日）修订
4. 农业部公告 2017 年第 2634 号（2017 年 12 月 28 日）修订
5. 农业农村部公告 2018 年第 22 号（2018 年 4 月 27 日）修订
6. 农业农村部公告 2020 年第 356 号（2020 年 11 月 16 日）修订
7. 农业农村部公告 2021 年第 459 号（2021 年 8 月 17 日）修订

饲料添加剂品种目录

（农业部公告 2013 年第 2045 号发布，2014 年第 2134 号、2017 年第 2634 号修订；农业农村部公告 2018 年第 21 号、2018 年第 53 号、2019 年第 231 号、2020 年第 356 号、2021 年第 459 号修订）

中华人民共和国农业部公告
2013 年第 2045 号

为加强对饲料添加剂的管理，保障饲料和养殖产品质量安全，促进饲料工业持续健康发展，根据《饲料和饲料添加剂管理条例》，现公布《饲料添加剂品种目录（2013）》（以下简称《目录（2013）》），并就有关事宜公告如下。

一、《目录（2013）》是在《饲料添加剂品种目录（2008）》（以下简称《目录（2008）》）的基础上修订的，增加了部分实际生产中需要且公认安全的饲料添加剂品种（或来源）；删除了缩二脲和叶黄素；将麦芽糊精、酿酒酵母培养物、酿酒酵母提取物、酿酒酵母细胞壁 4 个品种移至《饲料原料目录》；对部分品种的适用范围以及部分饲料添加剂类别名称进行了修订；将 20 个保护期满的新产品品种正式纳入《附录一》，将《目录（2008）》发布之后获得饲料和饲料添加剂新产品证书的 7 个产品纳入《附录二》。

二、《目录（2013）》由《附录一》和《附录二》两部分组成。凡生产、经营和使用的营养性饲料添加剂和一般饲料添加剂，均应属于《目录（2013）》中规定的品种。凡《目录（2013）》外的物质拟作为饲料添加剂使用，应按照《新饲料和新饲料添加剂管理办法》的有关规定，申请并获得新产品证书。

三、饲料添加剂的生产企业需办理生产许可证和产品批准文号。其中《附录二》中的饲料添加剂品种仅允许所列申请单位或其授权的单位生产。

四、生产源于转基因动植物、微生物的饲料添加剂，以及含有转基因产品成分的饲料添加剂，应按照《农业转基因生物安全管理条例》的有关规定进行安全评价，获得农业转基因生物安全证书后，再按照《新饲料和新饲料添加剂管理办法》的有关规定进行评审。

五、本公告自 2014 年 2 月 1 日起施行。2008 年 12 月 11 日公布的《饲料添加剂品种目录（2008）》（农业部公告第 1126 号）同时废止。

农业部
2013 年 12 月 30 日

附件：

饲料添加剂品种目录

附录一

类别	通用名称	适用范围	修订公告
氨基酸、氨基酸盐及其类似物	L-赖氨酸、液体 L-赖氨酸（L-赖氨酸含量不低于 50%）、L-赖氨酸盐酸盐、L-赖氨酸硫酸盐及其发酵副产物（产自谷氨酸棒杆菌、乳糖发酵短杆菌，L-赖氨酸含量不低于 51%）、DL-蛋氨酸、L-苏氨酸、L-色氨酸、L-精氨酸、L-精氨酸盐酸盐、甘氨酸、L-酪氨酸、L-丙氨酸、天（门）冬氨酸、L-亮氨酸、异亮氨酸、L-脯氨酸、苯丙氨酸、丝氨酸、L-半胱氨酸、L-组氨酸、谷氨酸、谷氨酰胺、缬氨酸、胱氨酸、牛磺酸	养殖动物	
	半胱胺盐酸盐	畜禽	
	L-半胱氨酸盐酸盐	犬、猫	21 号公告*修订
	蛋氨酸羟基类似物、蛋氨酸羟基类似物钙盐	猪、鸡、牛、鸭和水产养殖动物、犬、猫	21 号、356 号公告**修订
	N-羟甲基蛋氨酸钙	反刍动物	
	α-环丙氨酸	鸡	
	蛋氨酸羟基类似物异丙酯（英文名称：Isopropyl Ester of Hydroxy Analogue of Methionine）（含量规格≥95.0%）	反刍动物	356 号公告修订
维生素及类维生素	维生素 A、维生素 A 乙酸酯、维生素 A 棕榈酸酯、β-胡萝卜素、盐酸硫胺（维生素 B_1）、硝酸硫胺（维生素 B_1）、核黄素（维生素 B_2）、盐酸吡哆醇（维生素 B_6）、氰钴胺（维生素 B_{12}）、L-抗坏血酸（维生素 C）、L-抗坏血酸钙、L-抗坏血酸钠、L-抗坏血酸-2-磷酸酯、L-抗坏血酸-6-棕榈酸酯、维生素 D_2、维生素 D_3、天然维生素 E、dl-α-生育酚、dl-α-生育酚乙酸酯、亚硫酸氢钠甲萘醌（维生素 K_3）、二甲基嘧啶醇亚硫酸甲萘醌、亚硫酸氢烟酰胺甲萘醌、烟酸、烟酰胺、D-泛醇、D-泛酸钙、DL-泛酸钙、叶酸、D-生物素、氯化胆碱、肌醇、L-肉碱、L-肉碱盐酸盐、甜菜碱、甜菜碱盐酸盐	养殖动物	

* 农业部公告 2018 年第 21 号；** 农业农村部 2020 年第 356 号公告。本节同。

(续表)

类别	通用名称	适用范围	修订公告
维生素及类维生素	25-羟基胆钙化醇（25-羟基维生素 D_3）	猪、家禽	
	维生素 K_1、酒石酸氢胆碱	犬、猫	21号公告修订
	L-肉碱酒石酸盐	宠物	
矿物元素及其络（螯）合物[1]	氯化钠、硫酸钠、磷酸二氢钠、磷酸氢二钠、磷酸二氢钾、磷酸氢二钾、轻质碳酸钙、氯化钙、磷酸氢钙、磷酸二氢钙、磷酸三钙、乳酸钙、葡萄糖酸钙、硫酸镁、氧化镁、氯化镁、柠檬酸亚铁、富马酸亚铁、乳酸亚铁、硫酸亚铁、氯化亚铁、氯化铁、碳酸亚铁、氯化铜、硫酸铜、碱式氯化铜、氧化锌、氯化锌、碳酸锌、硫酸锌、乙酸锌、碱式氯化锌、氯化锰、氧化锰、硫酸锰、碳酸锰、磷酸氢锰、碘化钾、碘化钠、碘酸钾、碘酸钙、氯化钴、乙酸钴、硫酸钴、亚硒酸钠、钼酸钠、蛋氨酸铜络（螯）合物、蛋氨酸铁络（螯）合物、蛋氨酸锰络（螯）合物、蛋氨酸锌络（螯）合物、赖氨酸铜络（螯）合物、赖氨酸锌络（螯）合物、甘氨酸铜络（螯）合物、甘氨酸铁络（螯）合物、酵母铜、酵母铁、酵母锰、酵母硒、氨基酸铜络合物（氨基酸来源于水解植物蛋白）、氨基酸铁络合物（氨基酸来源于水解植物蛋白）、氨基酸锰络合物（氨基酸来源于水解植物蛋白）、氨基酸锌络合物（氨基酸来源于水解植物蛋白）	养殖动物	
	蛋白铜、蛋白铁、蛋白锌、蛋白锰	养殖动物（反刍动物除外）	
	羟基蛋氨酸类似物络（螯）合锌、羟基蛋氨酸类似物络（螯）合锰、羟基蛋氨酸类似物络（螯）合铜	奶牛、肉牛、家禽和猪	
	烟酸铬、酵母铬、蛋氨酸铬、吡啶甲酸铬、丙酸铬、甘氨酸锌	猪、犬、猫	21号公告修订
	丙酸锌	猪、牛和家禽	
	硫酸钾	反刍动物、畜禽	53号公告*修订
	三氧化二铁、氧化铜	反刍动物	
	碳酸钴	反刍动物、猫、犬	
	稀土（铈和镧）壳糖胺螯合盐	畜禽、鱼和虾	
	乳酸锌（α-羟基丙酸锌）	生长育肥猪、家禽、犬、猫	21号公告修订
	葡萄糖酸铜、葡萄糖酸锰、葡萄糖酸锌、葡萄糖酸亚铁、焦磷酸铁、碳酸镁、甘氨酸钙、二氢碘酸乙二胺（EDDI）	犬、猫	21号公告修订

* 农业农村部公告2018年第53号，本节同。

二、规范使用

(续表)

类别	通用名称	适用范围	修订公告
酶制剂[2]	淀粉酶（产自黑曲霉、解淀粉芽孢杆菌、地衣芽孢杆菌、枯草芽孢杆菌、长柄木霉[3]、米曲霉、大麦芽、酸解支链淀粉芽孢杆菌）	青贮玉米、玉米、玉米蛋白粉、豆粕、小麦、次粉、大麦、高粱、燕麦、豌豆、木薯、小米、大米	
	α-半乳糖苷酶（产自黑曲霉）	豆粕	
	纤维素酶（产自长柄木霉[3]、黑曲霉、孤独腐质霉、绳状青霉）	玉米、大麦、小麦、麦麸、黑麦、高粱	
	β-葡聚糖酶（产自黑曲霉、枯草芽孢杆菌、长柄木霉[3]、绳状青霉、解淀粉芽孢杆菌、棘孢曲霉）	小麦、大麦、菜籽粕、小麦副产物、去壳燕麦、黑麦、黑小麦、高粱	
	葡萄糖氧化酶（产自特异青霉、黑曲霉）	葡萄糖	
	脂肪酶（产自黑曲霉、米曲霉）	动物或植物源性油脂或脂肪	
	麦芽糖酶（产自枯草芽孢杆菌）	麦芽糖	
	β-甘露聚糖酶（产自迟缓芽孢杆菌、黑曲霉、长柄木霉[3]）	玉米、豆粕、椰子粕	
	β-半乳糖苷酶（产自黑曲霉）、菠萝蛋白酶（源自菠萝）、木瓜蛋白酶（源自木瓜）、胃蛋白酶（源自猪、小牛、小羊、禽类的胃组织）、胰蛋白酶（源自猪或牛的胰腺）	犬、猫	21号公告修订
	果胶酶（产自黑曲霉、棘孢曲霉）	玉米、小麦	
	植酸酶（产自黑曲霉、米曲霉、长柄木霉[3]、毕赤酵母）	玉米、豆粕等含有植酸的植物籽实及其加工副产品类饲料原料	
	蛋白酶（产自黑曲霉、米曲霉、枯草芽孢杆菌、长柄木霉[3]）、角蛋白酶（产自地衣芽孢杆菌）	植物和动物蛋白	
	木聚糖酶（产自米曲霉、孤独腐质霉、长柄木霉[3]、枯草芽孢杆菌、绳状青霉、黑曲霉、毕赤酵母）	玉米、大麦、黑麦、小麦、高粱、黑小麦、燕麦	

(续表)

类别	通用名称	适用范围	修订公告
微生物	地衣芽孢杆菌、枯草芽孢杆菌、两歧双歧杆菌、粪肠球菌、屎肠球菌、乳酸肠球菌、嗜酸乳杆菌、干酪乳杆菌、德式乳杆菌乳酸亚种（原名：乳酸乳杆菌）、植物乳杆菌、乳酸片球菌、戊糖片球菌、产朊假丝酵母、酿酒酵母、沼泽红假单胞菌、婴儿双歧杆菌、长双歧杆菌、短双歧杆菌、青春双歧杆菌、嗜热链球菌、罗伊氏乳杆菌、动物双歧杆菌、黑曲霉、米曲霉、迟缓芽孢杆菌、短小芽孢杆菌、纤维二糖乳杆菌、发酵乳杆菌、德氏乳杆菌保加利亚亚种（原名：保加利亚乳杆菌）	养殖动物	
	产丙酸丙酸杆菌、布氏乳杆菌	青贮饲料、牛饲料	
	副干酪乳杆菌	青贮饲料	
	凝结芽孢杆菌	肉鸡、生长育肥猪和水产养殖动物、犬、猫	21号公告修订
	侧孢短芽孢杆菌（原名：侧孢芽孢杆菌）	肉鸡、肉鸭、猪、虾	
非蛋白氮	尿素、碳酸氢铵、硫酸铵、液氨、磷酸二氢铵、磷酸氢二铵、异丁叉二脲、磷酸脲、氯化铵、氨水	反刍动物	
抗氧化剂	乙氧基喹啉、丁基羟基茴香醚（BHA）、二丁基羟基甲苯（BHT）、没食子酸丙酯、特丁基对苯二酚（TBHQ）、茶多酚、维生素E、L-抗坏血酸-6-棕榈酸酯	养殖动物	
	迷迭香提取物	宠物	
	硫代二丙酸二月桂酯、甘草抗氧化物、D-异抗坏血酸、D-异抗坏血酸钠、植酸（肌醇六磷酸）	犬、猫	21号公告修订
	L-抗坏血酸钠	养殖动物	356号公告修订

(续表)

类别	通用名称	适用范围	修订公告
防腐剂、防霉剂和酸度调节剂	甲酸、甲酸铵、甲酸钙、乙酸、双乙酸钠、丙酸、丙酸铵、丙酸钠、丙酸钙、丁酸、丁酸钠、乳酸、苯甲酸、苯甲酸钠、山梨酸、山梨酸钠、山梨酸钾、富马酸、柠檬酸、柠檬酸钾、柠檬酸钠、柠檬酸钙、酒石酸、苹果酸、磷酸、氢氧化钠、碳酸氢钠、氯化钾、碳酸钠	养殖动物	
	乙酸钙	畜禽	
	焦磷酸钠、三聚磷酸钠、六偏磷酸钠、焦磷酸一氢三钠	宠物	
	焦亚硫酸钠	宠物、猪	2634号公告*修订
	二甲酸钾	猪	
	氯化铵	反刍动物	
	亚硫酸钠	青贮饲料	
	亚硝酸钠⁴、氢氧化钙、乙二胺四乙酸二钠、乳酸钠、乳酸钙、乳酸链球菌素、ε-聚赖氨酸盐酸盐、脱氢乙酸、脱氢乙酸钠、琥珀酸、碳酸钾、焦磷酸二氢二钠、谷氨酰胺转氨酶、磷酸三钠、葡萄糖酸钠	犬、猫	21号公告修订
着色剂	辣椒红、β-阿朴-8'-胡萝卜素醛、β-阿朴-8'-胡萝卜素酸乙酯、β,β-胡萝卜素-4,4-二酮（斑蝥黄）	家禽	
	β-胡萝卜素	家禽、犬、猫	21号公告修订
	天然叶黄素（源自万寿菊）	家禽、水产养殖动物、犬、猫	21号公告修订
	红法夫酵母	水产养殖动物、观赏鱼	
	虾青素	水产养殖动物、观赏鱼、犬、猫	21号公告修订
	柠檬黄、日落黄、诱惑红、胭脂红、靛蓝、二氧化钛、焦糖色（普通法、氨法、亚硫酸铵法）、赤藓红	宠物	459号公告**修订
	胭脂虫红、氧化铁红、高粱红、红曲红、红曲米、叶绿素铜钠（钾）盐、栀子蓝、栀子黄、新红、酸性红、萝卜红、番茄红素	犬、猫	21号公告修订
	苋菜红、亮蓝	宠物和观赏鱼	

* 农业部公告2017年第2634号；** 农业农村部公告2021年第459号。本节同。

(续表)

类别	通用名称		适用范围	修订公告
调味和诱食物质[5]	甜味物质	糖精、糖精钙、新甲基橙皮苷二氢查耳酮	猪	
		索马甜	养殖动物	2134号公告*修订
		海藻糖、琥珀酸二钠、甜菊糖苷、5′-呈味核苷酸二钠	犬、猫	21号公告修订
	香味物质	糖精钠、山梨糖醇	养殖动物	
	其他	食品用香料[6]、牛至香酚		
		谷氨酸钠、5′-肌苷酸二钠、5′-鸟苷酸二钠、大蒜素		
黏结剂、抗结块剂、稳定剂和乳化剂	α-淀粉、三氧化二铝、可食脂肪酸钙盐、可食用脂肪酸单/双甘油酯、硅酸钙、硅铝酸钠、硫酸钙、硬脂酸钙、甘油脂肪酸酯、聚丙烯酸树脂Ⅱ、山梨醇酐单硬脂酸酯、聚氧乙烯20山梨醇酐单油酸酯、丙二醇、二氧化硅（沉淀并经干燥的硅酸）、卵磷脂、海藻酸钠、海藻酸钾、海藻酸铵、琼脂、瓜尔胶、阿拉伯树胶、黄原胶、甘露糖醇、木质素磺酸盐、羧甲基纤维素钠、聚丙烯酸钠、山梨醇酐脂肪酸酯、蔗糖脂肪酸酯、焦磷酸二钠、单硬脂酸甘油酯、聚乙二醇400、磷脂、聚乙二醇甘油蓖麻酸酯		养殖动物	2134号公告修订
	丙三醇		猪、鸡和鱼、犬、猫	21号公告修订
	硬脂酸		猪、牛和家禽、犬、猫	21号公告修订
	卡拉胶、决明胶、刺槐豆胶、果胶、微晶纤维素		宠物	
	羟丙基纤维素、硬脂酸镁、不溶性聚乙烯聚吡咯烷酮（PVPP）、羧甲基淀粉钠、结冷胶、醋酸酯淀粉、葡萄糖酸-δ-内酯、羟丙基二淀粉磷酸酯、羟丙基淀粉、酪蛋白酸钠、丙二醇脂肪酸酯、中链甘油三酯、亚麻籽胶、乙酰化二淀粉磷酸酯、麦芽糖醇、可得然胶、聚葡萄糖		犬、猫	21号公告修订
	羟丙基甲基纤维素		犬、猫、养殖动物	21号、356号公告修订

* 农业部公告2014年第2134号，本节同。

二、规范使用

(续表)

类别	通用名称	适用范围	修订公告
黏结剂、抗结块剂、稳定剂和乳化剂	辛烯基琥珀酸淀粉钠	养殖动物	2134号公告修订
	乙基纤维素、聚乙烯醇	养殖动物	231号公告修订
	紫胶（质量标准暂按紫胶食品安全国家标准（GB 1886.114）执行）	养殖动物	356号公告修订
多糖和寡糖	低聚木糖（木寡糖）、低聚壳聚糖	鸡、猪、水产养殖动物、犬、猫	21号公告修订
	半乳甘露寡糖	猪、肉鸡、兔和水产养殖动物	
	果寡糖、甘露寡糖、低聚半乳糖	养殖动物	
	壳寡糖（寡聚β-（1-4）-2-氨基-2-脱氧-D-葡萄糖）（n=2~10）	猪、鸡、肉鸭、虹鳟鱼、犬、猫	21号公告修订
	β-1,3-D-葡聚糖（源自酿酒酵母）	水产养殖动物、犬、猫	21号公告修订
	低聚异麦芽糖	断奶仔猪、犬、猫	2134号、21号公告修订
	N,O-羧甲基壳聚糖	猪、鸡	
其他	天然类固醇萨洒皂角苷（源自丝兰）、天然三萜烯皂角苷（源自可来雅皂角树）、二十二碳六烯酸（DHA）	养殖动物	
	糖萜素（源自山茶籽饼）	猪和家禽	
	乙酰氧肟酸	反刍动物	
	苜蓿提取物（有效成分为苜蓿多糖、苜蓿黄酮、苜蓿皂苷）	仔猪、生长育肥猪、肉鸡、犬、猫	21号公告修订
	杜仲叶提取物（有效成分为绿原酸、杜仲多糖、杜仲黄酮）	生长育肥猪、鱼、虾	
	淫羊藿提取物（有效成分为淫羊藿苷）	鸡、猪、绵羊、奶牛	
	共轭亚油酸	仔猪、蛋鸡、犬、猫	21号公告修订
	4,7-二羟基异黄酮（大豆黄酮）	猪、产蛋家禽	
	地顶孢霉培养物	猪、鸡	
	紫苏籽提取物（有效成分为α-亚油酸、亚麻酸、黄酮）	猪、肉鸡和鱼、犬、猫	21号公告修订
	藤茶黄酮	鸡	
	硫酸软骨素	猫、犬	

（续表）

类别	通用名称	适用范围	修订公告
其他	植物甾醇（源于大豆油/菜籽油，有效成分为β-谷甾醇、菜油甾醇、豆甾醇）	家禽、生长育肥猪、犬、猫	21号公告修订
	透明质酸、透明质酸钠	犬、猫	21号公告修订
	乳铁蛋白、酪蛋白磷酸肽（CPP）、酪蛋白钙肽（CCP）、二十碳五烯酸（EPA）、二甲基砜（MSM）、硫酸软骨素钠	犬、猫	21号公告修订

注：
1. 所列物质包括无水和结晶水形态。
2. 酶制剂的适用范围为典型底物，仅作为推荐，并不包括所有可用底物。
3. 目录中所列长柄木霉亦可称为长枝木霉或李氏木霉。
4. 亚硝酸钠仅限用于水分含量≥20%的宠物饲料，最高限量为100mg/kg。
5. 以一种或多种调味物质或诱食物质添加载体等复配而成的产品可称为调味剂或诱食剂，其中：以一种或多种甜味物质添加载体等复配而成的产品可称为甜味剂；以一种或多种香味物质添加载体等复配而成的产品可称为香味剂。
6. 食品用香料见《食品安全国家标准 食品添加剂使用卫生标准》（GB 2760）中食品用香料名单。

附录二

已过监测期内的新饲料和新饲料添加剂品种目录

序号	产品名称	申请单位	适用范围	批准时间
1	藤茶黄酮	北京伟嘉人生物技术有限公司	鸡	2008年12月
2	溶菌酶	上海艾魁英生物科技有限公司	仔猪、肉鸡	2008年12月
3	丁酸梭菌	杭州惠嘉丰牧科技有限公司	断奶仔猪、肉仔鸡	2009年7月
4	苏氨酸锌螯合物	江西民和科技有限公司	猪	2009年12月
5	饲用黄曲霉毒素B_1分解酶（产自发光假蜜环菌）	广州科仁生物工程有限公司	肉鸡、仔猪	2010年12月
6	褐藻酸寡糖	大连中科格莱克生物科技有限公司	肉鸡、蛋鸡	2011年12月
7	低聚异麦芽糖	保龄宝生物股份有限公司	蛋鸡、断奶仔猪	2012年7月

(续表)

序号	产品名称	申请单位	适用范围	批准时间
8	N-氨甲酰谷氨酸	亚太兴牧（北京）科技有限公司	妊娠母猪、花鲈、泌乳奶牛[1]	2014年4月
9	姜黄素	广州市科虎生物技术研究开发中心	淡水鱼类、肉仔鸡[2]	2014年7月
10	胆汁酸	山东龙昌动物保健品有限公司	肉仔鸡、肉食性淡水鱼类[3]、断奶仔猪、淡水鱼[4]	2014年7月

注：

1. 花鲈、泌乳奶牛为2019年4月16日农业农村部第163号公告批准增加的适用动物种类。
2. 为2019年1月15日农业农村部第123号公告批准增加的适用动物种类。
3. 为2016年1月27日农业部第2358号公告批准增加的适用动物种类。
4. 为2020年1月13日农业农村部第257号公告批准增加的适用动物种类。

附录三

监测期内的新饲料和新饲料添加剂品种目录

序号	新产品证书编号	产品名称	申请单位	适用动物	新产品公告号	批准时间
1	新饲证字[2014]04号	胍基乙酸	北京君德同创农牧科技股份有限公司	肉仔鸡、生长育肥猪[1]	农业部公告第2167号	2014年10月23日
2	新饲证字[2015]01号	纽甜	青岛诚汇双达生物科技有限公司、山东诚创医药技术开发有限公司	断奶仔猪	农业部公告第2309号	2015年10月19日
3	新饲证字[2015]02号	L-硒代蛋氨酸	绵阳市新一美化工有限公司	肉仔鸡	农业部公告第2309号	2015年10月19日
4	新饲证字[2015]03号	约氏乳杆菌	北京大北农科技集团股份有限公司	断奶仔猪、蛋雏鸡	农业部公告第2309号	2015年10月19日
5	新饲证字[2017]01号	(2-羧乙基)二甲基溴化锍	广州市科虎生物技术研究开发中心	淡水鱼	农业部公告第2519号	2017年4月14日
6	新饲证字[2019]01号	柠檬酸铜	四川省畜科饲料有限公司	断奶仔猪	农业农村部公告第162号	2019年4月16日
7	新饲证字[2019]02号	绿原酸（源自山银花，原植物为灰毡毛忍冬）	北京生泰尔科技股份有限公司、爱迪森（北京）生物科技有限公司	肉仔鸡	农业农村部公告第217号	2019年9月23日

(续表)

序号	新产品证书编号	产品名称	申请单位	适用动物	新产品公告号	批准时间
8	新饲证字［2020］01号	植物炭黑	福建省顺昌碳娃娃生物科技有限公司、福建省百草霜生物科技有限公司	仔猪	农业农村部公告第258号	2020年1月14日

备注：

［1］为2017年8月31日农业部第2572号公告批准增加的适用动物种类。

饲料添加剂安全使用规范

（农业部公告2017年第2625号发布，
农业农村部公告2019年第231号修订）

中华人民共和国农业部公告
2017年第2625号

为切实加强饲料添加剂管理，保障饲料和饲料添加剂产品质量安全，促进饲料工业和养殖业持续健康发展，根据《饲料和饲料添加剂管理条例》有关规定，我部对《饲料添加剂安全使用规范》（以下简称《规范》）进行了修订。现将有关事项公告如下。

一、各省、自治区、直辖市人民政府饲料管理部门实施饲料添加剂（混合型饲料添加剂除外）生产许可应遵守本《规范》规定，不得核发含量规格低于本《规范》或者生产工艺与本《规范》不一致的饲料添加剂生产许可证明文件。

二、饲料企业和养殖者使用饲料添加剂产品时，应严格遵守"在配合饲料或全混合日粮中的最高限量"规定，不得超量使用饲料添加剂；在实现满足动物营养需要、改善饲料品质等预期目标的前提下，应采取积极措施减少饲料添加剂的用量。

三、饲料企业和养殖者使用《饲料添加剂品种目录》中铁、铜、锌、锰、碘、钴、硒、铬等微量元素饲料添加剂时，含同种元素的饲料添加剂使用总量应遵守本《规范》中相应元素"在配合饲料或全混合日粮中的最高限量"规定。

四、仔猪（≤25kg）配合饲料中锌元素的最高限量为110mg/kg，但在仔猪断奶后前两周特定阶段，允许在此基础上使用氧化锌或碱式氯化锌至1 600mg/kg（以锌元素计）。饲料企业生产仔猪断奶后前两周特定阶段配合饲料产品时，如在含锌110mg/kg基础上使用氧化锌或碱式氯化锌，应在标签显著位置标明"本品仅限仔猪断奶后前两周使用"，未标明但实际含量超过110mg/kg或者已标明但实际含量超过1 600mg/kg的，按照超量使用饲料添加剂处理。

五、饲料企业和养殖者使用非蛋白氮类饲料添加剂，除应遵守本《规范》对单一品种的最高限量规定外，全混合日粮中所有非蛋白氮总量折算成粗蛋白当量不得超过日粮粗蛋白总量的30%。

六、如无特殊说明，本《规范》"在配合饲料或全混合日粮中的推荐添加量""在配合饲料或全混合日粮中的最高限量"均以干物质含量88%为基础计算，最高限量均包含饲料原料本底值。

七、如无特殊说明，添加剂预混合饲料、浓缩饲料、精料补充料产品中的"推荐添加量""最高限量"按其在配合饲料或全混合日粮中的使用比例折算。

八、本公告自2018年7月1日起施行。2009年6月18日发布的《饲料添加剂安全使用规范》（农业部公告第1224号）同时废止。

特此公告。

农业部

2017年12月15日

附件：饲料添加剂安全使用规范

附件：

饲料添加剂安全使用规范

1. 氨基酸、氨基酸盐及其类似物 Amino Acids, their salts and analogues

通用名称	英文名称	化学式或描述	来源	含量规格（%）		适用动物	在配合饲料或全混合日粮中的推荐用量（以氨基酸计，%）	在配合饲料或全混合日粮中的最高限量（以氨基酸计，%）	其他要求
				以氨基酸盐计	以氨基酸计				
L-赖氨酸盐酸盐	L-Lysine monohydrochloride	$NH_2(CH_2)_4$ $CH(NH_2)$ $COOH \cdot HCl$	发酵生产	≥98.5（以干基计）	≥78.8（以氨基酸计）	养殖动物	0~0.5	—	—
L-赖氨酸硫酸盐及其发酵副产物（产自谷氨酸棒杆菌）	L-Lysine sulfate and its by-products from fermentation (Source: Corynebacterium glutamicum)	$[NH_2(CH_2)_4$ $CH(NH_2)$ $COOH]_2 \cdot H_2SO_4$	发酵生产	≥65.0（以干基计）	≥51.0（以氨基酸计）	养殖动物	0~0.5	—	—
DL-蛋氨酸	DL-Methionine	$CH_3S(CH_2)_2$ $CH(NH_2)COOH$	化学制备	—	≥98.5	养殖动物	0~0.2	鸡 0.9	—
L-苏氨酸	L-Threonine	$CH_3CH(OH)$ $CH(NH_2)COOH$	发酵生产	—	≥97.5（以干基计）	养殖动物	畜禽 0~0.3 鱼类 0~0.3 虾类 0~0.8	—	—

饲料法规文件汇编（2021）

（续表）

通用名称	英文名称	化学式或描述	来源	含量规格（%） 以氨基酸盐计	含量规格（%） 以氨基酸计	适用动物	在配合饲料或全混合日粮中的推荐用量（以氨基酸计,%）	在配合饲料或全混合日粮中的最高限量（以氨基酸计,%）	其他要求
L-色氨酸	L-Tryptophan	$(C_8H_5NH)CH_2CH(NH_2)COOH$	发酵生产	—	≥98.0	养殖动物	畜禽 0~0.1 鱼类 0~0.1 虾类 0~0.3	—	—
蛋氨酸羟基类似物	Methionine hydroxy analogue	$C_5H_{10}O_3S$	化学制备	—	≥88.0（以蛋氨酸羟基类似物计）	猪、鸡、牛和水产养殖动物	猪 0~0.11 鸡 0~0.21 牛 0~0.27 （以蛋氨酸羟基类似物计）	鸡 0.9 （单独或同时使用，以蛋氨酸羟基类似物计）	—
蛋氨酸羟基类似物钙盐	Methioninehydroxy analogue calcium	$C_{10}H_{18}O_6S_2Ca$	化学制备	≥95.0（以干基计）	≥84.0（以蛋氨酸羟基类似物计，干基）	养殖动物	同上	同上	—
N-羟甲基蛋氨酸钙	N-Hydroxymethyl methionine calcium	$(C_6H_{12}NO_3S)_2Ca$	化学制备	≥98.0	≥67.6（以蛋氨酸计）	反刍动物	牛 0~0.14（以蛋氨酸羟基类似物计）	—	—

2. 维生素及类维生素 Vitamins, provitamins, chemically well defined substances having a similar biological effect to vitamins

通用名称	英文名称	化学式或描述	来源	含量规格		适用动物	在配合饲料或混合日粮中的推荐添加量（以维生素计）	在配合饲料或混合日粮中的最高限量（以维生素计）	其他要求
				以化合物计	以维生素计				
维生素A乙酸酯	Vitamin A acetate	$C_{22}H_{32}O_2$	化学制备	—	粉剂≥5.0×10⁵ IU/g 油剂≥2.5×10⁶ IU/g	养殖动物	猪 1 300~4 000IU/kg 肉鸡 2 700~8 000IU/kg 蛋鸡 1 500~4 000IU/kg 牛 2 000~4 000IU/kg 羊 1 500~2 400IU/kg 鱼类 1 000~4 000IU/kg	仔猪 16 000 IU/kg 育肥猪 6 500 IU/kg 怀孕母猪 12 000 IU/kg 泌乳母猪 7 000 IU/kg 犊牛 25 000 IU/kg 育肥和泌乳牛 10 000IU/kg 干奶牛 20 000 IU/kg	—
维生素A棕榈酸酯	Vitamin A palmitate	$C_{36}H_{60}O_2$	化学制备	—	粉剂≥2.5×10⁵ IU/g 油剂≥1.7×10⁶ IU/g		同上	14日龄以前的蛋鸡和肉鸡 20 000IU/kg 14日龄以后的蛋鸡和肉鸡 10 000IU/kg 28日龄以前的肉用火鸡 20 000 IU/kg 28日龄以后的火鸡 10 000IU/kg（单独使用或同时使用）	—

(续表)

通用名称	英文名称	化学式或描述	来源	含量规格 以化合物计	含量规格 以维生素计	适用动物	在配合饲料或混合日粮中的推荐添加量（以维生素计）	在配合饲料或全混合日粮中的最高限量（以维生素计）	其他要求
β-胡萝卜素	beta-Carotene	$C_{40}H_{56}$	提取、发酵生产或化学制备	≥96.0%	—	养殖动物	奶牛 5~30mg/kg（以β-胡萝卜素计）	—	—
盐酸硫胺（维生素 B_1）	Thiamine hydrochloride (Vitamin B_1)	$C_{12}H_{17}ClN_4OS \cdot HCl$	化学制备	98.5%~101.0%（以干基计）	87.8%~90.0%（以干基计）	养殖动物	猪 1~5mg/kg 家禽 1~5mg/kg 鱼类 5~20mg/kg	—	—
硝酸硫胺（维生素 B_1）	Thiamine mononitrate (Vitamin B_1)	$C_{12}H_{17}N_5O_4S$	化学制备	98.0%~101.0%（以干基计）	90.1%~92.8%（以干基计）	养殖动物	同上	—	—
核黄素（维生素 B_2）	Riboflavin (Vitamin B_2)	$C_{17}H_{20}N_4O_6$	化学制备或发酵生产	—	98.0%~102.0% 96.0%~102.0% ≥80.0%（以干基计）	养殖动物	猪 2~8mg/kg 家禽 2~8mg/kg 鱼类 10~25mg/kg	—	—
盐酸吡哆醇（维生素 B_6）	Pyridoxine hydrochloride (Vitamin B_6)	$C_8H_{11}NO_3 \cdot HCl$	化学制备	98.0%~101.0%（以干基计）	80.7%~83.1%（以干基计）	养殖动物	猪 1~3mg/kg 家禽 3~5mg/kg 鱼类 5~50mg/kg	—	—
氰钴胺（维生素 B_{12}）	Cyanocobalamin (Vitamin B_{12})	$C_{63}H_{88}CoN_{14}O_{14}P$	发酵生产	—	≥96.0%（以干基计）	养殖动物	猪 5~33μg/kg 家禽 3~12μg/kg 鱼类 10~20μg/kg	—	—

二、规范使用

（续表）

通用名称	英文名称	化学式或描述	来源	含量规格 以化合物计	含量规格 以维生素计	适用动物	在配合饲料或全混合日粮中的推荐添加量（以维生素计）	在配合饲料或全混合日粮中的最高限量（以维生素计）	其他要求
L-抗坏血酸（维生素C）	L-Ascorbic acid (Vitamin C)	$C_6H_8O_6$	化学制备或发酵生产	—	99.0%~101.0%	养殖动物	猪 150~300 mg/kg 家禽 50~200 mg/kg 犊牛 125~500 mg/kg 罗非鱼 鲫鱼—鱼苗 300 mg/kg —鱼种 200 mg/kg 青鱼、虹鳟鱼、蛙类 100~150 mg/kg 草鱼、鲤鱼 300~500 mg/kg	—	—
L-抗坏血酸钙	Calcium L-ascorbate	$C_{12}H_{14}CaO_{12} \cdot 2H_2O$	化学制备	≥98.0%	≥80.5%		同上	—	—
L-抗坏血酸钠	Sodium L-ascorbate	$C_6H_7NaO_6$	化学制备或发酵生产	≥99.0%（以干基计）	≥88.0%（以干基计）		同上	—	—
L-抗坏血酸-2-磷酸酯	L-Ascorbyl-2-polyphosphate	—	化学制备	—	≥35.0%		同上	—	—
L-抗坏血酸-6-棕榈酸酯	6-Palmityl-L-ascorbic acid	$C_{22}H_{38}O-$	化学制备	≥95.0%	≥40.3%		同上	—	—

109

（续表）

通用名称	英文名称	化学式或描述	来源	含量规格（以化合物计）	含量规格（以维生素计）	适用动物	在配合饲料或全混合日粮中的推荐添加量（以维生素计）	在配合饲料或全混合日粮中的最高限量（以维生素计）	其他要求
维生素 D_2	Vitamin D_2	$C_{28}H_{44}O$	化学制备	≥97.0%	≥4.0×10⁷IU/g	养殖动物	猪 150~500IU/kg 牛 275~400IU/kg 羊 150~500IU/kg	猪 —仔猪代乳料 10 000IU/kg —其他猪 5 000 IU/kg 家禽 5 000IU/kg 牛 —犊牛代乳料 10 000IU/kg —其他牛 4 000 IU/kg 羊、马 4 000 IU/kg 鱼类 3 000IU/kg 其他动物 2 000 IU/kg	维生素 D_2 与维生素 D_3 不得同时使用
维生素 D_3	Vitamin D_3	$C_{27}H_{44}O$	化学制备或提取	—	油剂 ≥1.0×10⁶IU/g 粉剂 ≥5.0×10⁵IU/g	养殖动物	猪 150~800IU/kg 鸡 500~800IU/kg 鸭 400~2 000 IU/kg 鹅 500~800IU/kg 牛 275~450IU/kg 羊 150~500IU/kg 鱼类 500~2 000 IU/kg		

（续表）

通用名称	英文名称	化学式或描述	来源	含量规格		适用动物	在配合饲料或全混合日粮中的推荐添加量（以维生素计）	在配合饲料或全日粮中的最高限量（以维生素计）	其他要求
				以化合物计	以维生素计				
25-羟基胆钙化醇（25-羟基维生素 D_3）	25-Hydroxy cholecalciferol (25-Hydroxy Vitamin D_3)	$C_{27}H_{44}O_2 \cdot H_2O$	化学制备	≥94.0%	—	猪、家禽	猪 3.75~12.5 μg/kg 鸡 10~50μg/kg 鸭鹅 12.5~20 μg/kg	猪 50μg/kg 肉鸡、火鸡 100 μg/kg 其他家禽 80μg/kg	1. 不得与维生素 D_2 同时使用； 2. 可与维生素 D_3 同时使用，但两种物质在配合饲料中的总含量不得超过：仔猪代乳料 250 μg/kg，家禽 125μg/kg；同时使用时，按维生素 D_3 = 1μg 维生素 D_3 的比例换算维生素 D_3 的使用量

（续表）

通用名称	英文名称	化学式或描述	来源	含量规格（以化合物计）	含量规格（以维生素计）	适用动物	在配合饲料或全混合日粮中的推荐添加量（以维生素计）	在配合饲料或全混合日粮中的最高限量（以维生素计）	其他要求
天然维生素 E	Nature Vitamin E	从天然食用植物油的副产物中提取的天然生育酚	提取	1. D-α-生育酚：E70 型，总生育酚≥70.0%，其中 D-α-生育酚≥95.0%；E50 型，总生育酚≥50.0%，其中 D-α-生育酚≥95.0%。2. D-α-醋酸生育酚浓缩物：总生育酚≥70.0%。3. D-α-醋酸生育酚：总生育酚：96.0%~102.0%。4. D-α-琥珀酸生育酚：96.0%~102.0%	—	养殖动物	猪 10~100IU/kg 鸡 10~30IU/kg 鸭 20~50IU/kg 鹅 20~50IU/kg 牛 15~60IU/kg 羊 10~40IU/kg 鱼类 30~120 IU/kg	—	—
DL-α-生育酚（维生素 E）	DL-α-Tocopherol（Vitamin E）	$C_{29}H_{50}O_2$	化学制备	—	96.0%~102.0%		同上	—	—
DL-α-生育酚乙酸酯（维生素 E）	DL-α-Tocopherol acetate（Vitamin E）	$C_{31}H_{52}O_3$	化学制备	油剂≥93.0% 粉剂≥50.0%	油剂≥930IU/g 粉剂≥500IU/g		同上	—	—

（续表）

通用名称	英文名称	化学式或描述	来源	含量规格 以化合物计	含量规格 以维生素计	适用动物	在配合饲料或全混合日粮中的推荐添加量（以维生素计）	在配合饲料或全混合日粮中的最高限量（以维生素计）	其他要求
亚硫酸氢钠甲萘醌	Menadione sodium bisulfite（MSB）	$C_{11}H_8O_2 \cdot NaHSO_3 \cdot nH_2O$, n=1~3	化学制备	—	≥50.0%（以甲萘醌计）	养殖动物	猪 0.5mg/kg 鸡 0.4~0.6 mg/kg 鸭 0.5mg/kg 水产动物 2~16mg/kg（以甲萘醌计）	—	—
二甲基嘧啶醇亚硫酸甲萘醌	Menadione Dimethyl pyrimidinol bisulfite（MPB）	$C_{17}H_{18}N_2O_6S$	化学制备	≥96.7%	≥44.0%（以甲萘醌计）		同上	猪 10mg/kg 鸡 5mg/kg（以甲萘醌计）	—
亚硫酸氢烟酰胺甲萘醌	Menadione nicotinamide bisulfite（MNB）	$C_{17}H_{16}N_2O_6S$	化学制备	≥96.0%	≥43.7%（以甲萘醌计）		同上	—	—
烟酸	Nicotinic acid	$C_6H_5NO_2$	化学制备	—	99.0%~100.5%（以干基计）	养殖动物	仔猪 20~40mg/kg 生长肥育猪 20~30mg/kg 蛋雏鸡 30~40mg/kg 育成蛋鸡 10~15 mg/kg 产蛋鸡 20~30mg/kg 肉仔鸡 30~40mg/kg 奶牛 50~60mg/kg（精料补充料） 鱼虾类 20~200 mg/kg	—	—
烟酰胺	Niacinamide	$C_6H_6N_2O$	化学制备	—	≥99.0%		同上	—	—

（续表）

通用名称	英文名称	化学式或描述	来源	含量规格 以化合物计	含量规格 以维生素计	适用动物	在配合饲料或全混合日粮中的推荐添加量（以维生素计）	在配合饲料或全混合日粮中的最高限量（以维生素计）	其他要求
D-泛酸钙	D-Calcium pantothenate	$C_{18}H_{32}CaN_2O_{10}$	化学制备	98.0%~101.0%（以干基计）	90.2%~92.9%（以干基计）	养殖动物	仔猪 10~15mg/kg 生长肥育猪 10~15mg/kg 蛋雏鸡 10~15 mg/kg 育成蛋鸡 10~15 mg/kg 产蛋鸡 20~25 mg/kg 肉仔鸡 20~25 mg/kg 鱼类 20~50mg/kg	—	—
DL-泛酸钙	DL-Calcium pantothenate	$C_{18}H_{32}CaN_2O_{10}$	化学制备	≥99.0%	≥45.5%	养殖动物	仔猪 20~30 mg/kg 生长肥育猪 20~30mg/kg 蛋雏鸡 20~30 mg/kg 育成蛋鸡 20~30 mg/kg 产蛋鸡 40~50 mg/kg 肉仔鸡 40~50 mg/kg 鱼类 40~100 mg/kg	—	—

二、规范使用

（续表）

通用名称	英文名称	化学式或描述	来源	含量规格		适用动物	在配合饲料或全混合日粮中的推荐添加量（以维生素计）	在配合饲料或全混合日粮中的最高限量（以维生素计）	其他要求
				以化合物计	以维生素计				
叶酸	Folic acid	$C_{19}H_{19}N_7O_6$	化学制备	—	95.0%~102.0%（以干基计）	养殖动物	仔猪 0.6~0.7 mg/kg；生长肥育猪 0.3~0.6mg/kg；雏鸡 0.6~0.7 mg/kg；育成蛋鸡 0.3~0.6mg/kg；产蛋鸡 0.3~0.6 mg/kg；肉仔鸡 0.6~0.7 mg/kg；鱼类 1.0~2.0 mg/kg	—	—
D-生物素	D-Biotin	$C_{10}H_{16}N_2O_3S$	化学制备	—	≥97.5%	养殖动物	猪 0.2~0.5mg/kg；蛋鸡 0.15~0.25 mg/kg；肉鸡 0.2~0.3 mg/kg；鱼类 0.05~0.15 mg/kg	—	—

（续表）

通用名称	英文名称	化学式或描述	来源	含量规格		适用动物	在配合饲料或混合日粮中的推荐添加量（以维生素计）	在配合饲料或全混合日粮中的最高限量（以维生素计）	其他要求
				以化合物计	以维生素计				
氯化胆碱	Choline chloride	$C_5H_{14}NOCl$	化学制备	水剂≥70.0%或≥75.0%粉剂 植物源性载体或植物源性混合载体为主的混合载体：≥50.0%或≥60.0% 二氧化硅为载体：≥50.0%（粉剂以干基计）	水剂≥52.0%或≥55.0%粉剂 植物源性载体或植物源性混合载体为主的混合载体：≥37.0%或≥44.0% ≥52.0% 二氧化硅为载体：≥37.0%（粉剂以干基计）	养殖动物	猪 200~1 300 mg/kg 鸡 450~1 500 mg/kg 鱼类 400~1 200 mg/kg	—	用于奶牛时，产品应作保护处理
肌醇	Inositol	$C_6H_{12}O_6$	化学制备	—	≥97.0%（以干基计）	养殖动物	鲤科鱼 250~500 mg/kg 鲑鱼、虹鳟 300~400mg/kg 鳗鱼 500mg/kg 虾类 200~300 mg/kg	—	—

二、规范使用

(续表)

通用名称	英文名称	化学式或描述	来源	含量规格		适用动物	在配合饲料或全混合日粮中的推荐添加量（以维生素计）	在配合饲料或全混合日粮中的最高限量（以维生素计）	其他要求
				以化合物计	以维生素计				
L-肉碱	L-Carnitine	$C_7H_{15}NO_3$	化学制备或发酵生产	—	97.0%~103.0%（以干基计）	养殖动物	猪 30~50mg/kg（乳猪 300~500 mg/kg）家禽 50~60 mg/kg（1周龄肉雏鸡 150mg/kg）鲤鱼 5~10 mg/kg 虹鳟 15~120 mg/kg 鲑鱼 45~95 mg/kg 其他鱼 5~100 mg/kg（以L-肉碱计）	猪 1 000mg/kg 家禽 200mg/kg 鱼类 2 500mg/kg（单独或同时使用，以L-肉碱计）	—
L-肉碱盐酸盐	L-Carnitine hydrochloride	$C_7H_{15}NO_3 \cdot HCl$	化学制备或发酵生产	97.0%~103.0%（以干基计）	79.0%~83.8%（以干基计）		同上		—
L-肉碱酒石酸盐	L-Carnitine-L-Tartrate	$C_{18}H_{36}N_2O_{12}$	化学制备	L-肉碱≥67.2% 酒石酸≥30.8%（以干基计）		宠物	按生产需要适量使用	犬 660mg/kg 成年猫（繁殖期除外）880mg/kg（以L-肉碱计）	—

1. 使用维生素A也应遵守维生素A乙酸酯和维生素A棕榈酸酯的限量要求；
2. 由于测定方法存在精密度和准确度的问题，部分维生素饲料添加剂的含量规格范围值，若测量误差为正，则检测值可能超过100%，故部分维生素类饲料添加剂出现含量规格超过100%的情况。

117

3. 矿物元素及其络（螯）合物 Minerals and their complexes (or chelates)

3.1 微量元素 Trace Minerals

微量元素	化合物通用名称	化合物英文名称	化学式或描述	来源	含量规格（%）以化合物计	含量规格（%）以元素计	适用动物	在配合饲料或混合日粮中的推荐添加量（以元素计，mg/kg）	在配合饲料或全混合日粮中的最高限量（以元素计，mg/kg）	其他要求
铁：来自以下化合物	硫酸亚铁	Ferrous sulfate	$FeSO_4 \cdot H_2O$	化学制备	≥91.3	≥30.0	养殖动物	猪 40~100 鸡 35~120 牛 10~50 羊 30~50 鱼类 30~200	仔猪（断奶前）250mg/（头·日） 家禽 750 牛 750 羊 500 宠物 1 250 其他动物 750 （单独或同时使用）	—
			$FeSO_4 \cdot 7H_2O$		≥98.0	≥19.7				
	富马酸亚铁	Ferrous fumarate	$FeH_2C_4O_4$	化学制备	≥93.0	≥29.3		同上		
	柠檬酸亚铁	Ferrous citrate	$Fe_3(C_6H_5O_7)_2$	化学制备	—	≥16.5		同上		
	乳酸亚铁	Ferrous lactate	$C_6H_{10}FeO_6 \cdot 3H_2O$	化学制备或发酵生产	≥97.0	≥18.9		同上		
铜：来自以下化合物	硫酸铜	Copper sulfate	$CuSO_4 \cdot H_2O$	化学制备	≥98.5	≥35.7	养殖动物	猪禽 3~6 牛 0.4~10 羊 7~10 鱼类 3~6	仔猪（≤25 kg）125 牛： 一开始反刍之前的犊牛 15 一其他牛 30 绵羊 15 山羊 35 甲壳类动物 50 其他动物 25 （单独或同时使用）	—
			$CuSO_4 \cdot 5H_2O$	化学制备	≥98.5	≥25.1				
	碱式氯化铜	Basic copper chloride	$Cu_2(OH)_3Cl$	化学制备	≥98.0	≥58.1	养殖动物	猪 2.6~5 鸡 0.3~8		

二、规范使用

（续表）

微量元素	化合物通用名称	化合物英文名称	化学式或描述	来源	含量规格（%） 以化合物计	含量规格（%） 以元素计	适用动物	在配合饲料或混合日粮中的推荐添加量（以元素计，mg/kg）	在配合饲料或全混合日粮中的最高限量（以元素计，mg/kg）	其他要求
锌：来自以下化合物	硫酸锌	Zinc sulfate	$ZnSO_4 \cdot H_2O$	化学制备	≥94.7	≥34.5	养殖动物	猪 40~80 肉鸡 55~120 蛋鸡 40~80 肉鸭 20~60 蛋鸭 30~60 鹅 60 肉牛 30 奶牛 40 鱼类 20~30 虾类 15	猪： —仔猪（≤25 kg）110 —母猪 100 —其他猪 80 犊牛代乳料 180 水产动物 150 宠物 200 其他动物 120 （单独或同时使用）	在仔猪断奶后两周阶段，允许在110mg/kg基础上使用碱式氯化锌或氧化锌至1 600mg/kg（以配合饲料Zn元素计）
			$ZnSO_4 \cdot 7H_2O$	化学制备	≥97.3	≥22.0				
	氧化锌	Zinc oxide	ZnO	化学制备	≥95.0	≥76.3	养殖动物	猪 43~80 肉鸡 80~120 肉牛 30 奶牛 40		
	蛋氨酸锌络（螯）合物	Zinc methionine complex (chelate)	$Zn(C_5H_{10}NO_2S)_2$（摩尔比2:1）	化学制备（硫酸锌与硫氨酸合成的摩尔比2:1或1:1的产物）	—	锌≥17.2 蛋氨酸≥78.0 螯合率≥95	养殖动物	猪 42~80 肉鸡 54~120 肉牛 30 奶牛 40		
			$(C_5H_{10}NO_2SZn)HSO_4$（摩尔比1:1）		—	锌≥19.0 蛋氨酸≥42.0 螯合率≥35				

（续表）

微量元素	化合物通用名称	化合物英文名称	化学式或描述	来源	含量规格（%） 以化合物计	含量规格（%） 以元素计	适用动物	在配合饲料或全混合日粮中的推荐添加量（以元素计，mg/kg）	在配合饲料或全混合日粮中的最高限量（以元素计，mg/kg）	其他要求
锰：来自以下化合物	硫酸锰	Manganese sulfate	$MnSO_4 \cdot H_2O$	化学制备	≥98.0	≥31.8	养殖动物	猪 2～20 肉鸡 72～110 蛋鸡 40～85 肉鸭 40～90 蛋鸭 47～60 鹅 66 肉牛 20～40 奶牛 12 鱼类 2.4～13.0	鱼类 100 其他动物 150 （单独或同时使用）	—
	氧化锰	Manganese oxide	MnO	化学制备	≥99.0	≥76.6		猪 2～20 肉鸡 86～132		
	氯化锰	Manganese chloride	$MnCl_2 \cdot 4H_2O$	化学制备	≥98.0	≥27.2		猪 2～20 肉鸡 74～113		
碘：来自以下化合物	碘化钾	Potassium iodide	KI	化学制备	≥98.0（以干基计）	≥74.9（以干基计）	养殖动物	猪 0.14 家禽 0.1～1.0 牛 0.25～0.8 羊 0.1～2.0 水产动物 0.6～1.2	蛋鸡 5 奶牛 5 水产动物 20 其他动物 10 （单独或同时使用）	—
	碘酸钾	Potassium iodate	KIO_3	化学制备	≥99.0	≥58.7		同上		
	碘酸钙	Calcium iodate	$Ca(IO_3)_2 \cdot H_2O$	化学制备	≥95.0（以$Ca(IO_3)_2$计）	≥61.8		同上		

二、规范使用

(续表)

微量元素	化合物通用名称	化合物英文名称	化学式或描述	来源	含量规格（%）以化合物计	含量规格（%）以元素计	适用动物	在配合饲料或混合日粮中的推荐添加量（以元素计，mg/kg）	在配合饲料或混合日粮中的最高限量（以元素计，mg/kg）	其他要求
钴：来自以下化合物	硫酸钴	Cobalt sulfate	$CoSO_4$	化学制备	≥98.0	≥37.2	养殖动物	牛、羊 0.1~0.3 鱼类 0~1		—
			$CoSO_4·H_2O$		≥96.5	≥33.0				
			$CoSO_4·7H_2O$		≥97.5	≥20.5				
	氯化钴	Cobalt chloride	$CoCl_2·H_2O$	化学制备	≥98.0	≥39.1		同上		
			$CoCl_2·6H_2O$		≥96.8	≥24.0				
	乙酸钴	Cobalt acetate	$Co(CH_3COO)_2$ $Co(CH_3COO)_2·4H_2O$	化学制备	≥98.0	≥32.6 ≥23.1		牛、羊 0.1~0.4 鱼类 0~1.2		
	碳酸钴	Cobalt carbonate	$CoCO_3$	化学制备	≥98.0	≥48.5	反刍动物	牛、羊 0.1~0.3	2（单独或同时使用）	
硒：来自以下化合物	亚硒酸钠	Sodium selenite	Na_2SeO_3	化学制备	≥98.0（以干基计）	≥44.7（以干基计）	养殖动物	畜禽 0.1~0.3 鱼类 0.1~0.3	0.5（单独或同时使用）	使用时应先制成预混剂，且标签上应标示最大硒含量
	酵母硒	Selenium yeast complex	酵母在含无机硒的培养基中发酵培养，将无机态硒转化生成有机硒	发酵生产	—	有机形态硒含量≥0.1		同上		产品需标示最大硒和有机硒含量，无机硒含量不得超过总硒的2.0%

121

（续表）

化合物通用名称	化合物英文名称	化学式或描述	来源	含量规格（%）以化合物计	含量规格（%）以元素计	适用动物	在配合饲料或全混合日粮中的推荐添加量（以元素计，mg/kg）	在配合饲料或全混合日粮中的最高限量（以元素计，mg/kg）	其他要求
铬：来自以下化合物									
烟酸铬	Chromium nicotinate	$Cr(C_5H_4NCOO)_3$	化学制备	≥98.0	≥12.0	猪	0~0.2	0.2（单独或同时使用）	饲料中铬的最高限量指有机形态铬的添加量
吡啶甲酸铬	Chromium tripicolinate	$Cr(C_5H_4NCOO)_3$	化学制备	≥98.0	12.2~12.4		同上		

3.2 常量元素 Macro Minerals

化合物通用名称	化合物英文名称	化学式或描述	来源	含量规格（%）以化合物计	含量规格（%）以元素计	适用动物	在配合饲料或全混合日粮中的推荐添加量（%）	在配合饲料或全混合日粮中的最高限量（%）	其他要求
钠：来自以下化合物									
氯化钠	Sodium chloride	$NaCl$	天然盐加工制取	≥91.0	Na≥35.7 Cl≥55.2	养殖动物	猪 0.3~0.8 鸡 0.25~0.4 羊 0.3~0.6 牛 0.5~1.0 鸭 0.5~1.0 （以NaCl计）	猪 1.5 家禽 1.0 牛、羊 2.0 （以NaCl计）	—
硫酸钠	Sodium sulfate	Na_2SO_4	天然盐加工制取或化学制备	≥99.0	Na≥32.0 S≥22.3		猪 0.1~0.3 肉鸡 0.1~0.3 鸭 0.1~0.4 牛、羊 0.1~0.4 （以Na_2SO_4计）	0.5 （以Na_2SO_4计）	本品有轻度致泻作用，反刍动物注意维持适当硫氮比
磷酸二氢钠	Monosodi-umphosphate	NaH_2PO_4 $NaH_2PO_4 \cdot H_2O$ $NaH_2PO_4 \cdot 2H_2O$	化学制备	98.0~103.0 （以NaH_2PO_4计，干基）	Na≥18.7 P≥25.3 （以干基）		猪 0~1.0 家禽 0~1.5 牛 0~1.6 淡水鱼 1.0~2.0 （以NaH_2PO_4计）	—	在畜禽饲料中较少使用，在鱼类饲料中适量添加还可补充磷元素，使用磷酸盐时应考虑磷与钙维持适当比例及饲料中钠元素的总量
磷酸氢二钠	Disodium phosphate	Na_2HPO_4 $Na_2HPO_4 \cdot 2H_2O$ $Na_2HPO_4 \cdot 12H_2O$	化学制备	≥98.0 （以Na_2HPO_4计，干基）	Na≥31.7 P≥21.3 （以干基）		猪 0.5~1.0 家禽 0.6~1.5 牛 0.8~1.6 淡水鱼 1.0~2.0 （以Na_2HPO_4计）	—	

二、规范使用

（续表）

常量元素	化合物通用名称	化合物英文名称	化学式或描述	来源	含量规格（%）以化合物计	含量规格（%）以元素计	适用动物	在配合饲料或全混合日粮中的推荐添加量（%）	在配合饲料或全混合日粮中的最高限量（%）	其他要求
钙：来自以下化合物	轻质碳酸钙	Calcium carbonate	$CaCO_3$	化学制备	≥98.0（以干基计）	Ca≥39.2（以干基计）	养殖动物	猪 0.4~1.1 肉禽 0.6~1.0 蛋禽 0.8~4.0 牛 0.2~0.8 羊 0.2~0.7 （以Ca元素计）	—	摄取过多钙会导致钙磷比例失调并阻得其他微量元素的吸收
	氯化钙	Calcium chloride	$CaCl_2$	化学制备	≥93.0	Ca≥33.5 Cl≥59.5	同上	同上	—	
	乳酸钙	Calcium lactate	$CaCl_2 \cdot 2H_2O$ $C_6H_{10}O_6Ca$ $C_6H_{10}O_6Ca \cdot H_2O$ $C_6H_{10}O_6Ca \cdot 3H_2O$ $C_6H_{10}O_6Ca \cdot 5H_2O$	化学制备或发酵生产	99.0~107.0 ≥97.0（以$C_6H_{10}O_6Ca$计，干基）	Ca≥26.9 Cl≥47.8 Ca≥17.7（以$C_6H_{10}O_6Ca$计，干基）		同上	—	
磷：来自以下化合物	磷酸氢钙	Dicalcium phosphate	$CaHPO_4 \cdot 2H_2O$	化学制备	—	总P≥16.5 Ca≥20.0 总P≥19.0 Ca≥15.0 总P≥21.0 Ca≥14.0	养殖动物	猪 0~0.55 肉禽 0~0.45 蛋禽 0~0.4 牛 0~0.38 羊 0~0.38 淡水鱼 0~0.6 （以P元素计）	—	水产饲料中使用磷时应注意用量，避免水体污染
	磷酸二氢钙	Monocalcium phosphate	$Ca(H_2PO_4)_2 \cdot H_2O$	化学制备	—	总P≥22.0 Ca≥13.0		同上	—	
	磷酸三钙	Tricalcium phosphate	$Ca_3(PO_4)_2$	化学制备	—	P≥18.0 Ca≥30.0		同上	—	

123

（续表）

常量元素	化合物通用名称	化合物英文名称	化学式或描述	来源	含量规格（%）		适用动物	在配合饲料或全混合日粮中的推荐添加量（以化合物计，%）	在配合饲料或全混合日粮中的最高限量（以化合物计，%）	其他要求
					以化合物计	以元素计				
镁：来自以下化合物	氧化镁	Magnesium oxide	MgO	化学制备	≥96.5	$Mg≥57.9$	养殖动物	泌乳牛羊 0~0.5（以MgO计）	泌乳牛羊 1.0（以MgO计）	—
	氯化镁	Magnesium chloride	$MgCl_2 \cdot 6H_2O$	化学制备	≥98.0	$Mg≥11.6$ $Cl≥34.3$		猪 0~0.04 家禽 0~0.06 牛 0~0.4 羊 0~0.2 淡水鱼 0~0.06（以Mg元素计）	猪 0.3 家禽 0.3 牛 0.5 羊 0.5（以Mg元素计）	大剂量使用会导致腹泻，注意镁和钾的比例
	硫酸镁	Magnesium sulfate	$MgSO_4 \cdot H_2O$	化学制备或从苦卤中提取	≥94.0	$Mg≥16.5$		同上		
			$MgSO_4 \cdot 7H_2O$		≥99.0	$Mg≥9.7$				

4. 非蛋白氮 Non-protein nitrogen

通用名称	英文名称	化学式或描述	来源	含量规格（%）		适用动物	在配合饲料或全混合日粮中的推荐添加量（以化合物计，%）	在配合饲料或全混合日粮中的最高限量（以化合物计，%）	其他要求
				以化合物计	以元素计				
尿素	Urea	$CO(NH_2)_2$	化学制备	≥98.6（以干基计）	$N≥46.0$（以干基计）	反刍动物	肉牛、羊 0~1.0 奶牛 0~0.6	1.0	—

二、规范使用

(续表)

通用名称	英文名称	化学式或描述	来源	含量规格（%）		适用动物	在配合饲料或全混合日粮中的推荐添加量（以化合物计,%）	在配合饲料或全混合日粮中的最高限量（以化合物计,%）	其他要求
				以化合物计	以元素计				
硫酸铵	Ammonium Sulfate	$(NH_4)_2SO_4$	化学制备	≥99.0	N≥21.0 S≥24.0	反刍动物	肉牛 0~0.3 奶牛、羊 0~1.2	1.5	—
磷酸二氢铵	Mono Ammonium Phosphate	$NH_4H_2PO_4$	化学制备	≥96.0	N≥11.6	反刍动物	肉牛、奶牛 0~1.5 绵羊、山羊 0~1.2	2.6	—
磷酸氢二铵	Diammonium Phosphate	$(NH_4)_2HPO_4$	化学制备	—	N≥19.0 P: 22.3~23.1	反刍动物	肉牛 0~1.5 奶牛、羊 0~1.2	1.5	—
磷酸脲	Urea Phosphate	$CO(NH_2)_2·H_3PO_4$	化学制备	—	N≥16.5 P≥18.5	反刍动物	肉牛 0~1.4 奶牛、山羊 绵羊 0~1.6	1.8	—
氯化铵	Ammonium Chloride	NH_4Cl	化学制备	—	N≥25.6	反刍动物	按生产需要适量使用	1.0	—

（续表）

通用名称	英文名称	化学式或描述	来源	含量规格（%）		适用动物	在配合饲料或全混合日粮中的推荐添加量（以化合物计,%）	在配合饲料或全混合日粮中的最高限量（以化合物计,%）	其他要求
				以化合物计	以元素计				
碳酸氢铵	Ammonium Bicarbonate	NH_4HCO_3	化学制备	≥99.0	N≥17.5	反刍动物	秸秆氨化：0~12.0	—	1. 仅限于反刍动物粗饲料秸秆的氨化处理； 2. 液氨根据粗饲料特性可直接使用，也可配制成氨水使用； 3. 氨化秸秆用量在反刍动物日粮中不得超过20%
液氨	Liquid Ammonia	NH_3	化学制备	≥99.6	—	反刍动物	秸秆氨化：0~3.0	—	

1. 非蛋白氮类产品适用于瘤胃功能发育基本完成的反刍动物，通常牛6月龄以上，羊3月龄以上。
2. 非蛋白氮类产品添加到混合日粮或混合饲料中混合饲喂，不宜与生豆饼混合饲喂，饲喂后动物不能立即饮水。
3. 尿素可与其他含氮化合物在一定温度、压力、湿度条件下制成糊化淀粉尿素使用。
4. 使用非蛋白氮类产品时，日粮应含有较高水平的可消化碳水化合物和较低水平的可溶性氮，并注意日粮中氮与硫、氮与磷、氮与硫的平衡。
5. 全混合日粮中所有非蛋白氮总量折算成粗蛋白当量不得超过日粮粗蛋白总量的30%。
6. 在配合饲料或全混合日粮中的推荐添加量和最高限量以干物质为基础计算。

二、规范使用

5. 抗氧化剂 Antioxidants

通用名称	英文名称	化学式或描述	来源	含量规格（%）	适用动物	在配合饲料或全混合日粮中的推荐添加量（以化合物计，mg/kg）	在配合饲料或全混合日粮中的最高限量（以化合物计，mg/kg）	其他要求
乙氧基喹啉	Ethoxyquin	$C_{14}H_{19}NO$	化学制备	≥95.0	养殖动物（犬除外）	按生产需要适量使用	150	1. 同时使用时，在配合饲料或全混合日粮中的总量不得超过150mg/kg；2. 单独或同时在饲用油脂中使用时，总量不得超过200mg/kg（以油脂中的含量计）
丁基羟基茴香醚	Butylated Hydroxyanisole (BHA)	$C_{11}H_{16}O_2$	化学制备	≥98.5	犬	按生产需要适量使用	100	
二丁基羟基甲苯	Butylated Hydroxytoluene (BHT)	$C_{15}H_{24}O$	化学制备	≥99.0	养殖动物	按生产需要适量使用	150	
没食子酸丙酯	Propyl Gallate	$C_{10}H_{12}O_5$	化学制备	≥98.0	养殖动物	按生产需要适量使用	150	
特丁基对苯二酚	Tertiary Butyl Hydroquinone (TBHQ)	$C_{10}H_{14}O_2$	化学制备	≥99.0	养殖动物	按生产需要适量使用	100	
茶多酚	Tea olyphenol	从茶叶（Camellia sinersis L.）中提取的以儿茶素为主要成分的多酚类化合物	提取	茶多酚≥30.0	养殖动物	按生产需要适量使用	150	标签中应同时标示儿茶素类的分析保证值

（续表）

通用名称	英文名称	化学式或描述	来源	含量规格（%）	适用动物	在配合饲料或混合日粮中的推荐添加量（以化合物计，mg/kg）	在配合饲料或全混合日粮中的最高限量（以化合物计，mg/kg）	其他要求
维生素 E（天然维生素 E）	Nature Vitamin E	从天然植物油的副产物中提取的天然产物生育酚，包括 D-α-生育酚、D-β-生育酚、D-γ-生育酚、D-δ-生育酚等	天然提取	(1) D-α-生育酚：E70 型，总生育酚≥70.0，其中 D-α-生育酚≥95.0；E50 型，总生育酚≥50.0，其中 D-α-生育酚≥95.0。(2) 混合生育酚浓缩物：总生育酚≥50.0，其中 D-β-生育酚、D-γ-生育酚和 D-δ-生育酚≥80.0	养殖动物	按生产需要适量使用	—	—
维生素 E（DL-α-生育酚）	DL-α-Tocopherol	$C_{29}H_{50}O_2$	化学制备	96.0~102.0	养殖动物	按生产需要适量使用	—	—
L-抗坏血酸-6-棕榈酸酯	6-Palmityl-L-Ascorbic Acid	$C_{22}H_{38}O_7$	化学制备	≥95.0	养殖动物	按生产需要适量使用	—	—
迷迭香提取物	Rosemary Extract	以迷迭香（Rosmarinus officinalis L.）的茎叶为原料，经溶剂提取或超临界二氧化碳萃取精制而得。	天然提取	脂溶性产品：总抗氧化成分（以鼠尾草酸和鼠尾草酚计）≥10.0 水溶性产品：迷迭香酸≥5.0	宠物	按生产需要适量使用	—	若提取溶剂为正己烷或甲醇时，正己烷残留≤25mg/kg，甲醇残留≤50 mg/kg

二、规范使用

6. 着色剂 Coloring Agents

通用名称	英文名称	化学式或描述	来源	含量规格（%）	适用动物	在配合饲料中的推荐添加量（以化合物计，mg/kg）	在配合饲料中的最高限量（以化合物计，mg/kg）	其他要求
β-胡萝卜素	beta-Carotene	$C_{40}H_{56}$	提取、发酵生产或化学制备	≥96.0	家禽	按生产需要适量使用	—	—
辣椒红	Paprikared red	有效成分为辣椒红素（Capsanthin，$C_{40}H_{56}O_3$）和辣椒玉红素（Capsorubin，$C_{40}H_{56}O_4$）	提取	类胡萝卜素总量≥7.0，其中辣椒红素和辣椒玉红素总量占类胡萝卜素总量≥30	家禽	按生产需要适量使用	80（以辣椒红素计）	同时使用时，在配合饲料中的总含量不得超过80mg/kg
β-阿朴-8'-胡萝卜素醛	beta-Apo-8'-Carotenal	$C_{30}H_{40}O$	化学制备	≥96	家禽	按生产需要适量使用	80	
β-阿朴-8'-胡萝卜素酸乙酯	Beta-Apo-8'-Carotenoic Acid Ethyl Ester	$C_{32}H_{44}O_2$	化学制备	≥96	家禽	按生产需要适量使用	80	
β,β-胡萝卜素-4,4-二酮（斑蝥黄）	beta, beta-Carotene-4, 4-Diketone（Canthaxanthin）	$C_{40}H_{52}O_2$	化学制备	≥96	家禽	按生产需要适量使用	肉禽：25 蛋禽：8	
天然叶黄素（源自万寿菊）	Natural xanthophyll (Marigold extract)	以万寿菊（Tagetes erecta L.）中脂溶性提取物为原料经皂化制得，主要着色物质包括叶黄素（lutein）和玉米黄质（zeaxanthin）	提取	叶黄素和玉米黄质总量≥18.0	家禽，水产养殖动物	按生产需要适量使用	80（以叶黄素和玉米黄质总量计）	

（续表）

通用名称	英文名称	化学式或描述	来源	含量规格（%）	适用动物	在配合饲料中的推荐添加量（以化合物计，mg/kg）	在配合饲料中的最高限量（以化合物计，mg/kg）	其他要求
虾青素	Astaxanthin	$C_{40}H_{52}O_4$	化学制备	≥96	水产养殖动物、观赏鱼	按生产需要适量使用	鱼（除观赏鱼外）：100虾、蟹等甲壳类动物：200（单独或同时使用，以虾青素计）	
红法夫酵母	Xanthophyllomyces dendrorhous (Anamorph Phaffia rhodozyma)	干燥、灭活的红法夫酵母，富含虾青素（$C_{40}H_{52}O_4$）	发酵生产	≥0.4（以虾青素计）				鱼龄6个月以后使用
柠檬黄	Tartrazine	$C_{16}H_9N_4Na_3O_9S_2$	化学制备	≥87.0	宠物	按生产需要适量使用	—	—
日落黄	Sunset Yellow	$C_{16}H_{10}N_2Na_2O_7S_2$	化学制备	≥87.0	宠物	按生产需要适量使用	—	—
诱惑红	Allura red	$C_{18}H_{14}N_2Na_2O_8S_2$	化学制备	≥85.0	宠物	按生产需要适量使用	—	—
胭脂红	Ponceau 4R	$C_{20}H_{11}N_2Na_3O_{10}S_3·1.5H_2O$	化学制备	≥85.0	宠物	按生产需要适量使用	—	—
靛蓝	Indigotine	$C_{16}H_8N_2Na_2O_8S_2$	化学制备	≥85.0	宠物	按生产需要适量使用	—	—
赤藓红	Erythrosine	$C_{20}H_6I_4Na_2O_5·H_2O$	化学制备	≥85.0	宠物	按生产需要适量使用	—	—
二氧化钛	Titanium dioxide	TiO_2	化学制备	≥98.5	宠物	按生产需要适量使用	—	—

二、规范使用

(续表)

通用名称	英文名称	化学式或描述	来源	含量规格（%）	适用动物	在配合饲料中的推荐添加量（以化合物计，mg/kg）	在配合饲料中的最高限量（以化合物计，mg/kg）	其他要求
焦糖色（亚硫酸铵法）	Caramel Colour class Ⅳ	以蔗糖、淀粉糖浆、木糖母液等为原料，采用亚硫酸铵法制成的液状、粉状焦糖色	化学制备	$E_{1cm}^{0.1\%}$ (610 nm) 0.01~1.00	宠物	按生产需要适量使用	—	—
苋菜红	Amaranth	$C_{20}H_{11}N_2Na_3O_{10}S_3$	化学制备	≥85.0	宠物、观赏鱼	按生产需要适量使用	—	—
亮蓝	Brilliant Blue	$C_{37}H_{34}N_2Na_2O_9S_3$	化学制备	≥85.0	宠物、观赏鱼	按生产需要适量使用	—	—

7. 调味和诱食物质（甜味物质）Flavouring and appetising substances, sweetening substances

通用名称	英文名称	化学式或描述	来源	含量规格（%）	适用动物	在配合饲料或混合日粮中的推荐添加量（以化合物计，mg/kg）	在配合饲料或混合日粮中的最高限量（以化合物计，mg/kg）	其他要求
糖精	Saccharin	$C_7H_5NO_3S$	化学制备	≥99.0（以干基计）	猪	按生产需要适量使用	150	同时使用时，在配合饲料中的总量不得超过150mg/kg
糖精钙	Calcium Saccharin	$C_{14}H_8CaN_2O_6S_2$	化学制备	≥99.0（以干基计）	猪	按生产需要适量使用	150	
新甲基橙皮苷二氢查耳酮	Neohesperidin Dihydrochalcone	$C_{28}H_{36}O_{15}$	化学制备	≥96.0（以干基计）	猪	按生产需要适量使用	35	—

（续表）

通用名称	英文名称	化学式或描述	来源	含量规格（%）	适用动物	在配合饲料或全混合日粮中的推荐添加量（以化合物计，mg/kg）	在配合饲料或全混合日粮中的最高限量（以化合物计，mg/kg）	其他要求
索马甜	Thaumatin	以非洲竹芋（Thaumatococcus daniellii）成熟果实假种皮为原料，经水提获得，以索马甜蛋白I（T_I）和索马甜蛋白Ⅱ（T_{II}）为主要成分	提取	≥93.0	养殖动物	0~5	—	—

1. 糖精钠（$C_7H_4NNaO_3S$）的使用要求与糖精、糖精钙一致，与糖精、糖精钙同时使用时，在配合饲料中的总量不得超过150mg/kg。

8. 黏结剂、抗结块剂、稳定剂和乳化剂 Binders, anticaking, stabilizing and emulsifying agents

通用名称	英文名称	化学式或描述	来源	含量规格（%）	适用动物	在配合饲料或全混合日粮中的推荐添加量（以化合物计，mg/kg）	在配合饲料或全混合日粮中的最高限量（以化合物计，mg/kg）	其他要求
卡拉胶	Carrageenan	以红藻（Rhodophyceae）类植物为原料，加工碱液提取，而成的K（Kappa）、I（Iota）、λ（Lambda）三种基本型卡拉胶的混合物	化学制备	硫酸酯（以SO_4计）15~40，黏度≥0.005 Pa·s	宠物	按生产需要适量使用	—	—

二、规范使用

(续表)

通用名称	英文名称	化学式或描述	来源	含量规格(%)	适用动物	在配合饲料或全混合日粮中的推荐添加量(以化合物计，mg/kg)	在配合饲料或全混合日粮中的最高限量(以化合物计，mg/kg)	其他要求
决明胶	Cassia Gum	以豆科植物决明(Cassia tora 或 Cassia obtusifolia)种子的胚为原料，经苯取加工制得，主要含半乳甘露聚糖，即包含甘露糖线性主链和半乳糖侧链的聚合物，其中甘露糖和半乳糖的比例约为 5:1	提取	半乳甘露聚糖≥75	宠物	按生产需要适量使用	17600	仅用于水分含量超过20%的宠物饲料
刺槐豆胶	Carob Bean Gum	以刺槐豆种子 Ceratonia siliqua (L.) Taub.(Fam. Leguminosae)的胚乳或胚乳粉为原料经加工制得，主要由半乳甘露聚糖组成，其中甘露糖和半乳糖的比例约为 4:1	提取	—	宠物	按生产需要适量使用	—	—

133

(续表)

通用名称	英文名称	化学式或描述	来源	含量规格（%）	适用动物	在配合饲料或全混合日粮中的推荐添加量（以化合物计，mg/kg）	在配合饲料或全混合日粮中的最高限量（以化合物计，mg/kg）	其他要求
果胶	Pectin	以柚子、柠檬、柑橘、苹果等水果的果皮或果渣以及其他适当的可食用的植物为原料，经提取、精制而得	提取	总半乳糖醛酸≥65	宠物	按生产需要适量使用	—	—
微晶纤维素	Microcrystalline Cellulose	以纤维植物为原料，与无机酸捣成浆状，制成α-纤维素，再经处理使纤维素作部分分解，然后再纯化除去非结晶部分并提纯而得，聚合度不超过400，分子式：$(C_6H_{10}O_5)_n$	化学制备	碳水化合物含量（以纤维素计）≥97（以干基计）	宠物	按生产需要适量使用	—	—
辛烯基琥珀酸淀粉钠	Starch Sodium Octenylsuccinate	以淀粉与辛烯基琥珀酸酐经酯化，同时可能经过酶处理、酸处理、漂白处理、糊精化、蒸煮或预糊化的辛烯基琥珀酸淀粉钠	化学制备	辛烯基琥珀酸基团≤3.0，二氧化硫残留量≤50mg/kg（谷物）≤10mg/kg（其他）	养殖动物	按生产需要适量使用	—	—

二、规范使用

（续表）

通用名称	英文名称	化学式或描述	来源	含量规格（%）	适用动物	在配合饲料或全混合日粮中的推荐添加量（以化合物计，mg/kg）	在配合饲料或全混合日粮中的最高限量（以化合物计，mg/kg）	其他要求
二氧化硅（沉淀并经干燥的硅酸）	Silicon Dioxide (Silicic Acid, precipitated and dried)	SiO_2	化学制备	≥96.0（灼烧后）	养殖动物	按生产需要适量使用	20 000	—
乙基纤维素	Ethyl Cellulose	质量标准暂按国际食品添加剂专家委员会（JECFA）标准执行	化学制备	—	养殖动物	按生产需要适量使用	—	—
聚乙烯醇	Polyvinyl Alcohol	质量标准暂按食品安全国家标准（GB 31630）执行	化学制备	—	养殖动物	—	200	—

135

禁止在饲料和动物饮用水中使用的药物品种目录

(农业部、卫生部、国家药品监督
管理局公告 2002 年第 176 号)

为加强饲料、兽药和人用药品管理，防止在饲料生产、经营、使用和动物饮用水中超范围、超剂量使用兽药和饲料添加剂，杜绝滥用违禁药品的行为，根据《饲料和饲料添加剂管理条例》《兽药管理条例》《药品管理法》的有关规定，现公布《禁止在饲料和动物饮用水中使用的药物品种目录》，并就有关事项公告如下：

一、凡生产、经营和使用的营养性饲料添加剂和一般饲料添加剂，均应属于《允许使用的饲料添加剂品种目录》（农业部公告第 105 号）中规定的品种及经审批公布的新饲料添加剂，生产饲料添加剂的企业需办理生产许可证和产品批准文号，新饲料添加剂需办理新饲料添加剂证书，经营企业必须按照《饲料和饲料添加剂管理条例》第十六条的规定从事经营活动，不得经营和使用未经批准生产的饲料添加剂。

二、凡生产含有药物饲料添加剂的饲料产品，必须严格执行《饲料药物添加剂使用规范》（农业部公告第 168 号，简称《规范》）的规定，不得添加《规范》附录二中的饲料药物添加剂。凡生产含有《规范》附录一中的饲料药物添加剂的饲料产品，必须执行《饲料标签》标准的规定。

三、凡在饲养过程中使用药物饲料添加剂，需按照《规范》规定执行，不得超范围、超剂量使用药物饲料添加剂。使用药物饲料添加剂必须遵守休药期、配伍禁忌等有关规定。

四、人用药品的生产、销售必须遵守《药品管理法》及相关法规的规定。未办理兽药、饲料添加剂审批手续的人用药品，不得直接用于饲料生产和饲养过程。

五、生产、销售《禁止在饲料和动物饮用水中使用的药物品种目录》所列品种的医药企业或个人，违反《药品管理法》第四十八条规定，向饲料企业和养殖企业（或个人）销售的，由药品监督管理部门按照《药品管理法》第七十四条的规定给予处罚；生产、销售《禁止在饲料和动物饮用水中使用的药物品种目录》所列品种的兽药企业或个人，向饲料企业销售的，由兽药行政管理部门按照《兽药管理条例》第四十二条的规定给予处罚；违反《饲料和饲料添加剂管理条例》第十七条、第十八条、第十九条规定，生产、经营、使用《禁止在饲料和动物饮用水中使用的药物品种目录》所列品种的饲料和饲料添加剂生产企业或个人，由饲料管理部门按照《饲料和饲料添加剂管理条例》第二十五条、第二十八条、第二十九条的规定给予处罚。其他单位和个人生产、经营、使用《禁止在饲料和动物饮用水中使用的药物品种目录》所列品种，用于饲料生产和饲养过程中的，上述有关部门按照谁发现谁查处的原则，依据各自法律法规予以处罚；构成犯罪的，要移送司法机关，依法追究刑事责任。

六、各级饲料、兽药、食品和药品监督管理部门要密切配合，协同行动，加大对饲料生产、经营、使用和动物饮用水中非法使用违禁药物违法行为的打击力度。要加快制定并完善饲料安全标准及检测方法、动物产品有毒有害物质残留标准及检测方法，为行政执法提供技术依据。

七、各级饲料、兽药和药品监督管理部门要进一步加强新闻宣传和科普教育。要将查处饲料和饲养过程中非法使用违禁药物列为宣传工作重点，充分利用各种新闻媒体宣传饲料、兽药和人用药品的管理法规，追踪大案要案，普及饲料、饲养和安全使用兽药知识，努力提高社会各方面对兽药使用管理重要性的认识，为降低药物残留危害，保证动物性食品安全创造良好的外部环境。

中华人民共和国农业部
中华人民共和国卫生部
国家药品监督管理局
二〇〇二年二月九日

附件：

禁止在饲料和动物饮用水中使用的药物品种目录

一、肾上腺素受体激动剂

1. 盐酸克仑特罗（Clenbuterol Hydrochloride）：中华人民共和国药典（以下简称药典）2000年二部 P605。β_2 肾上腺素受体激动药。

2. 沙丁胺醇（Salbutamol）：药典 2000 年二部 P316。β_2 肾上腺素受体激动药。

3. 硫酸沙丁胺醇（Salbutamol Sulfate）：药典 2000 年二部 P870。β_2 肾上腺素受体激动药。

4. 莱克多巴胺（Ractopamine）：一种 β 兴奋剂，美国食品和药物管理局（FDA）已批准，中国未批准。

5. 盐酸多巴胺（Dopamine Hydrochloride）：药典 2000 年二部 P591。多巴胺受体激动药。

6. 西马特罗（Cimaterol）：美国氰胺公司开发的产品，一种 β 兴奋剂，FDA 未批准。

7. 硫酸特布他林（Terbutaline Sulfate）：药典 2000 年二部 P890。β_2 肾上腺受体激动药。

二、性激素

8. 己烯雌酚（Diethylstibestrol）：药典 2000 年二部 P42。雌激素类药。

9. 雌二醇（Estradiol）：药典 2000 年二部 P1005。雌激素类。

10. 戊酸雌二醇（Estradiol Valerate）：药典 2000 年二部 P124。雌激素类药。

11. 苯甲酸雌二醇（Estradiol Benzoate）：药典 2000 年二部 P369。雌激素类药。中华人民共和国兽药典（以下简称兽药典）2000 年版一部 P109。雌激素类药。用于发情不明显动物的催情及胎衣滞留、死胎的排除。

12. 氯烯雌醚（Chlorotrianisene）：药典 2000 年二部 P919。

13. 炔诺醇（Ethinylestradiol）：药典 2000 年二部 P422。

14. 炔诺醚（Quinestrol）：药典 2000 年二部 P424。

15. 醋酸氯地孕酮（Chlormadinone acetate）：药典 2000 年二部 P1037。

16. 左炔诺孕酮（Levonorgestrel）：药典 2000 年二部 P107

17. 炔诺酮（Norethisterone）：药典 2000 年二部 P420。

18. 绒毛膜促性腺激素（绒促性素）（Chorionic Gonadotrophin）：药典 2000 年二部 P534。促性腺激素药。兽药典 2000 年版一部 P146。激素类药。用于性功能障碍、习惯性流产及卵巢囊肿等。

19. 促卵泡生长激素（尿促性素主要含卵泡刺激 FSHT 和黄体生成素 LH）（Menotropins）：药典 2000 年二部 P321。促性腺激素类药。

三、蛋白同化激素

20. 碘化酪蛋白（Iodinated Casein）：蛋白同化激素类，为甲状腺素的前驱物质，具有类似甲状腺素的生理作用。

21. 苯丙酸诺龙及苯丙酸诺龙注射液（Nandrolone phenylpropionate）：药典 2000 年二部 P365。

四、精神药品

22. （盐酸）氯丙嗪（Chlorpromazine Hydrochloride）：药典 2000 年二部 P676。抗精神病药。兽药典 2000 年版一部 P177。镇静药。用于强化麻醉以及使动物安静等。

23. 盐酸异丙嗪（Promethazine Hydrochloride）：药典 2000 年二部 P602。抗组胺药。兽药典 2000 年版一部 P164。抗组胺药。用于变态反应性疾病，如荨麻疹、血清病等。

24. 安定（地西泮）（Diazepam）：药典 2000 年二部 P214。抗焦虑药、抗惊厥药。兽药典 2000 年版一部 P61。镇静药、抗惊厥药。

25. 苯巴比妥（Phenobarbital）：药典 2000 年二部 P362。镇静催眠药、抗惊厥药。兽药典 2000 年版一部 P103。巴比妥类药。缓解脑炎、破伤风、士的宁中毒所致的惊厥。

26. 苯巴比妥钠（Phenobarbital Sodium）：兽药典 2000 年版一部 P105。巴比妥类药。缓解脑炎、破伤风、士的宁中毒所致的惊厥。

27. 巴比妥（Barbital）：兽药典 2000 年版一部 P27。中枢抑制和增强解热镇痛。

28. 异戊巴比妥（Amobarbital）：药典 2000 年二部 P252。催眠药、抗惊厥药。

29. 异戊巴比妥钠（Amobarbital Sodium）：兽药典 2000 年版一部 P82。巴比妥类药。用于小动物的镇静、抗惊厥和麻醉。

30. 利血平（Reserpine）：药典 2000 年二部 P304。抗高血压药。

31. 艾司唑仑（Estazolam）。

32. 甲丙氨脂（Meprobamate）。

33. 咪达唑仑（Midazolam）。

34. 硝西泮（Nitrazepam）。

35. 奥沙西泮（Oxazepam）。

36. 匹莫林（Pemoline）。

37. 三唑仑（Triazolam）。

38. 唑吡旦（Zolpidem）。

39. 其他国家管制的精神药品。

五、各种抗生素滤渣

40. 抗生素滤渣：该类物质是抗生素类产品生产过程中产生的工业三废，因含有微量抗生素成分，在饲料和饲养过程中使用后对动物有一定的促生长作用。但对养殖业的危害很大，一是容易引起耐药性，二是由于未做安全性试验，存在各种安全隐患。

关于禁止在饲料中人为添加三聚氰胺和饲料中三聚氰胺限量规定的公告

(农业部公告 2009 年第 1218 号)

三聚氰胺是一种化工原料,广泛应用于塑料、涂料、黏合剂、食品包装材料生产。我部已明令禁止在饲料中人为添加三聚氰胺,对非法在饲料中添加三聚氰胺的,依法追究法律责任。三聚氰胺污染源调查显示,三聚氰胺可能通过环境、饲料包装材料等途径进入到饲料中,但含量极低。大量动物验证试验及风险评估表明,饲料中三聚氰胺含量低于 2.5mg/kg 时,不会通过动物产品残留对食用者健康产生危害。为确保饲料产品质量安全,保证养殖动物及其产品安全,现将饲料原料和饲料产品中三聚氰胺限量值定为 2.5mg/kg,高于 2.5mg/kg 的饲料原料和饲料产品一律不得销售。

上述规定自发布之日起实施。

特此公告

二〇〇九年六月八日

关于停止缩二脲作为饲料添加剂生产和使用的公告
（农业部公告 2009 年第 1282 号）

为加强饲料添加剂管理，消除饲料安全隐患，保证饲料及畜产品质量安全。根据《饲料和饲料添加剂管理条例》第二十条规定，决定停止缩二脲作为饲料添加剂生产和使用。

一、将缩二脲从《饲料添加剂品种目录》（2008）中删除。

二、废止《饲料级缩二脲》（NY/T 935—2005）产品标准。

三、对已经获得生产许可的企业，于 2010 年 5 月 1 日前注销其生产许可证和产品批准文号。

特此公告

二〇〇九年十月二十九日

禁止在饲料和动物饮水中使用的物质

（农业部公告 2010 年第 1519 号）

中华人民共和国农业部公告

第 1519 号

为加强饲料及养殖环节质量安全监管，保障饲料及畜产品质量安全，根据《饲料和饲料添加剂管理条例》有关规定，禁止在饲料和动物饮水中使用苯乙醇胺 A 等物质（见附件）。各级畜牧饲料管理部门要加强日常监管和监督检测，严肃查处在饲料生产、经营、使用和动物饮水中违禁添加苯乙醇胺 A 等物质的违法行为。

特此公告

附件：禁止在饲料和动物饮水中使用的物质

二〇一〇年十二月二十七日

附件：

禁止在饲料和动物饮水中使用的物质

1. 苯乙醇胺 A（Phenylethanolamine A）：β-肾上腺素受体激动剂。
2. 班布特罗（Bambuterol）：β-肾上腺素受体激动剂。
3. 盐酸齐帕特罗（Zilpaterol Hydrochloride）：β-肾上腺素受体激动剂。
4. 盐酸氯丙那林（Clorprenaline Hydrochloride）：药典 2010 版二部 P783。β-肾上腺素受体激动剂。
5. 马布特罗（Mabuterol）：β-肾上腺素受体激动剂。
6. 西布特罗（Cimbuterol）：β-肾上腺素受体激动剂。
7. 溴布特罗（Brombuterol）：β-肾上腺素受体激动剂。
8. 酒石酸阿福特罗（Arformoterol Tartrate）：长效型 β-肾上腺素受体激动剂。
9. 富马酸福莫特罗（Formoterol Fumatrate）：长效型 β-肾上腺素受体激动剂。
10. 盐酸可乐定（Clonidine Hydrochloride）：药典 2010 版二部 P645。抗高血压药。
11. 盐酸赛庚啶（Cyproheptadine Hydrochloride）：药典 2010 版二部 P803。抗组胺药。

关于停止生产、进口、经营、使用部分药物饲料添加剂的公告

（农业农村部公告 2019 年第 194 号）

根据《兽药管理条例》《饲料和饲料添加剂管理条例》有关规定，按照《遏制细菌耐药国家行动计划（2016—2020 年）》和《全国遏制动物源细菌耐药行动计划（2017—2020 年）》部署，为维护我国动物源性食品安全和公共卫生安全，我部决定停止生产、进口、经营、使用部分药物饲料添加剂，并对相关管理政策作出调整。现就有关事项公告如下。

一、自 2020 年 1 月 1 日起，退出除中药外的所有促生长类药物饲料添加剂品种，兽药生产企业停止生产、进口兽药代理商停止进口相应兽药产品，同时注销相应的兽药产品批准文号和进口兽药注册证书。此前已生产、进口的相应兽药产品可流通至 2020 年 6 月 30 日。

二、自 2020 年 7 月 1 日起，饲料生产企业停止生产含有促生长类药物饲料添加剂（中药类除外）的商品饲料。此前已生产的商品饲料可流通使用至 2020 年 12 月 31 日。

三、2020 年 1 月 1 日前，我部组织完成既有促生长又有防治用途品种的质量标准修订工作，删除促生长用途，仅保留防治用途。

四、改变抗球虫和中药类药物饲料添加剂管理方式，不再核发"兽药添字"批准文号，改为"兽药字"批准文号，可在商品饲料和养殖过程中使用。2020 年 1 月 1 日前，我部组织完成抗球虫和中药类药物饲料添加剂品种质量标准和标签说明书修订工作。

五、2020 年 7 月 1 日前，完成相应兽药产品"兽药添字"转为"兽药字"批准文号变更工作。

六、自 2020 年 7 月 1 日起，原农业部公告第 168 号和第 220 号废止。

农业农村部
2019 年 7 月 9 日

食品动物中禁止使用的药品及其他化合物清单

(农业农村部公告 2020 年第 250 号)

中华人民共和国农业农村部公告

第 250 号

为进一步规范养殖用药行为,保障动物源性食品安全,根据《兽药管理条例》有关规定,我部修订了食品动物中禁止使用的药品及其他化合物清单,现予以发布,自发布之日起施行。食品动物中禁止使用的药品及其他化合物以本清单为准,原农业部公告第 193 号、235 号、560 号等文件中的相关内容同时废止。

附件:食品动物中禁止使用的药品及其他化合物清单

农业农村部
2019 年 12 月 27 日

附件:

食品动物中禁止使用的药品及其他化合物清单

序号	药品及其他化合物名称
1	酒石酸锑钾（Antimony potassium tartrate）
2	β-兴奋剂（β-agonists）类及其盐、酯
3	汞制剂：氯化亚汞（甘汞）（Calomel）、醋酸汞（Mercurous acetate）、硝酸亚汞（Mercurous nitrate）、吡啶基醋酸汞（Pyridyl mercurous acetate）
4	毒杀芬（氯化烯）（Camahechlor）
5	卡巴氧（Carbadox）及其盐、酯
6	呋喃丹（克百威）（Carbofuran）
7	氯霉素（Chloramphenicol）及其盐、酯
8	杀虫脒（克死螨）（Chlordimeform）
9	氨苯砜（Dapsone）
10	硝基呋喃类：呋喃西林（Furacilinum）、呋喃妥因（Furadantin）、呋喃他酮（Furaltadone）、呋喃唑酮（Furazolidone）、呋喃苯烯酸钠（Nifurstyrenate sodium）
11	林丹（Lindane）
12	孔雀石绿（Malachite green）
13	类固醇激素：醋酸美仑孕酮（Melengestrol Acetate）、甲基睾丸酮（Methyltestosterone）、群勃龙（去甲雄三烯醇酮）（Trenbolone）、玉米赤霉醇（Zeranal）
14	安眠酮（Methaqualone）
15	硝呋烯腙（Nitrovin）
16	五氯酚酸钠（Pentachlorophenol sodium）
17	硝基咪唑类：洛硝达唑（Ronidazole）、替硝唑（Tinidazole）
18	硝基酚钠（Sodium nitrophenolate）
19	己二烯雌酚（Dienoestrol），己烯雌酚（Diethylstilbestrol），己烷雌酚（Hexoestrol）及其盐、酯
20	锥虫砷胺（Tryparsamile）
21	万古霉素（Vancomycin）及其盐、酯

三、行政许可

《饲料生产企业许可条件》和《混合型饲料添加剂生产企业许可条件》

（农业部公告 2012 年第 1849 号发布，
农业部令 2017 年第 8 号修订）

中华人民共和国农业部公告

第 1849 号

《饲料生产企业许可条件》和《混合型饲料添加剂生产企业许可条件》已经 2012 年 10 月 9 日农业部第 10 次常务会议审议通过，现予公布，自 2012 年 12 月 1 日起施行。

附件：1.《饲料生产企业许可条件》
　　　2.《混合型饲料添加剂生产企业许可条件》

农业部
2012 年 10 月 22 日

附件 1：

饲料生产企业许可条件

第一章　总则

第一条　为加强饲料生产许可管理，保障饲料质量安全，根据《饲料和饲料添加剂管理条例》《饲料和饲料添加剂生产许可管理办法》，制定本条件。

第二条　设立添加剂预混合饲料、浓缩饲料、配合饲料和精料补充料生产企业，应当符合本条件。

第二章　机构与人员

第三条　企业应当设立技术、生产、质量、销售、采购等管理机构。技术、生产、质量机构应当配备专职负责人，并不得互相兼任。

第四条 技术机构负责人应当具备畜牧、兽医、水产等相关专业大专以上学历或中级以上技术职称，熟悉饲料法规、动物营养、产品配方设计等专业知识，并通过现场考核。

第五条 生产机构负责人应当具备畜牧、兽医、水产、食品、机械、化工与制药等相关专业大专以上学历或中级以上技术职称，熟悉饲料法规、饲料加工技术与设备、生产过程控制、生产管理等专业知识，并通过现场考核。

第六条 质量机构负责人应当具备畜牧、兽医、水产、食品、化工与制药、生物科学等相关专业大专以上学历或中级以上技术职称，熟悉饲料法规、原料与产品质量控制、原料与产品检验、产品质量管理等专业知识，并通过现场考核。

第七条 销售和采购机构负责人应当熟悉饲料法规，并通过现场考核。

第八条 （农业部令第8号修订）企业应当配备2名以上专职检验化验员，并通过现场操作技能考核。

第三章 厂区、布局与设施

第九条 企业应当独立设置厂区，厂区周围没有影响饲料产品质量安全的污染源。

厂区应当布局合理，生产区与生活、办公等区域分开。厂区整洁卫生，道路和作业场所应当采用混凝土或沥青硬化，生活、办公等区域有密闭式生活垃圾收集设施。

第十条 生产区应当按照生产工序合理布局，固态添加剂预混合饲料、浓缩饲料、配合饲料、精料补充料有相对独立的、与生产规模相匹配的生产车间、原料库、配料间和成品库。

液态添加剂预混合饲料有与生产规模相匹配的前处理间、配料间、生产车间、罐装间、外包装间、原料库、成品库。

固态添加剂预混合饲料生产区总使用面积不低于500平方米；液态添加剂预混合饲料生产区总使用面积不低于350平方米；浓缩饲料、配合饲料、精料补充料生产区总使用面积不低于1 000平方米。

第十一条 添加剂预混合饲料生产线应当单独设立，生产设备不得与配合饲料、浓缩饲料、精料补充料生产线共用。

同时生产固态和液态添加剂预混合饲料的，生产车间应当分别设立。

同时生产添加剂预混合饲料和混合型饲料添加剂的，生产车间应当分别设立，且生产设备不得共用。

第十二条 （农业部令第8号修订）生产区建筑物通风和采光良好，自然采光设施应当有防雨功能。

第十三条 厂区内应当配备必要的消防设施或设备。

第十四条 厂区内应当有完善的排水系统，排水系统入口处有防堵塞装置，出口处有防止动物侵入装置。

第十五条 存在安全风险的设备和设施，应当设置警示标识和防护设施：

（一）（农业部令第8号修订）配电柜、配电箱有警示标识，易产生或积存粉尘区域的人工采光灯具、电源开关及插座应具有防爆功能。

（二）高温设备和设施有隔热层和警示标识。

（三）压力容器有安全防护装置。

（四）设备传动装置有防护罩。

（五）投料地坑入口处有完整的栅栏，车间内吊物孔有坚固的盖板或四周有防护栏，所有设备维修平台、操作平台和爬梯有防护栏。

企业应当为生产区作业人员配备劳动保护用品。

第十六条 企业仓储设施应当符合以下条件：

（一）满足原料、成品、包装材料、备品备件贮存要求，并具有防霉、防潮、防鸟、防鼠等功能。

（二）（农业部令第8号修订）存放维生素、微生物添加剂和酶制剂等热敏物质的贮存间面积与生产规模相匹配，密闭性能良好，并配备空调。

（三）亚硒酸钠等按危险化学品管理的饲料添加剂应当有独立的贮存间或贮存柜。

（四）（农业部令第8号修订）药物饲料添加剂应当有独立的贮存间，面积与生产规模相匹配。

（五）具有立筒仓的生产企业，立筒仓应当配备通风系统和温度监测装置。

第四章 工艺与设备

第十七条 固态添加剂预混合饲料生产企业应当符合以下条件：

（一）复合预混合饲料和微量元素预混合饲料生产企业的设计生产能力不小于2.5吨/小时，混合机容积不小于0.5立方米；维生素预混合饲料生产企业的设计生产能力不小于1吨/小时，混合机容积不小于0.25立方米。

（二）配备成套加工机组（包括原料提升、混合和自动包装等设备），并具有完整的除尘系统和电控系统。

（三）有两台以上混合机，混合机（含混合机缓冲仓）与物料接触部分使用不锈钢制造，混合机的混合均匀度变异系数不大于5%。

（四）生产线除尘系统使用脉冲式除尘器或性能更好的除尘设备，采用集中除尘和单点除尘相结合的方式，投料口和打包口采用单点除尘方式。

（五）小料配制和复核分别配置电子秤。

（六）粉碎机、空气压缩机采用隔音或消音装置。

（七）反刍动物添加剂预混合饲料生产线与其他含有动物源性成分的添加剂预混合饲料生产线应当分别设立。

第十八条 液态添加剂预混合饲料生产企业应当符合以下条件：

（一）生产线由包括原料前处理、称量、配液、过滤、灌装等工序的成套设备组成。

（二）生产设备、输送管道及管件使用不锈钢或性能更好的材料制造。

（三）有均质工序的，高压均质机的工作压力不小于 50 兆帕，并具有高压报警装置。

（四）配液罐具有加热保温功能和温度显示装置。

（五）有独立的灌装间。

第十九条 浓缩饲料、配合饲料、精料补充料生产企业应当符合以下条件：

（一）设计生产能力不小于 10 吨/小时，专业加工幼畜禽饲料、种畜禽饲料、水产育苗料、特种饲料、宠物饲料的企业设计生产能力不小于 2.5 吨/小时。

（二）配备成套加工机组（包括原料清理、粉碎、提升、配料、混合、自动包装等设备），并具有完整的除尘系统和电控系统；生产颗粒饲料产品的，还应当配备制粒或膨化、冷却、破碎、分级、干燥等后处理设备。

（三）配料、混合工段采用计算机自动化控制系统，配料动态精度不大于 3‰，静态精度不大于 1‰。

（四）反刍动物饲料的生产线应当单独设立，生产设备不得与其他非反刍动物饲料生产线共用。

（五）混合机的混合均匀度变异系数不大于 7%。

（六）粉碎机、空气压缩机、高压风机采用隔音或消音装置，生产车间和作业场所噪音控制符合国家有关规定。

（七）生产线除尘系统使用脉冲式除尘器或性能更好的除尘设备，采用集中除尘和单点除尘相结合的方式，投料口采用单点除尘方式；作业区的粉尘浓度和排放浓度符合国家有关规定。

（八）小料配制和复核分别配置电子秤。

（九）（农业部令第 8 号修订）有添加剂预混合工艺的，应当单独配备至少一台混合机并配备相应的除尘设备，混合机（含混合机缓冲仓）与物料接触部分使用不锈钢制造，混合机的混合均匀度变异系数不大于 5%。

第五章 质量检验和质量管理制度

第二十条 企业应当在厂区内独立设置检验化验室，并与生产车间和仓储区域分离。

第二十一条 添加剂预混合饲料生产企业检验化验室应当符合以下条件：

（一）除配备常规检验仪器外，还应当配备下列专用检验仪器。

1. 固态维生素预混合饲料生产企业配备万分之一分析天平、高效液相色谱仪（配备紫外检测器）、恒温干燥箱、样品粉碎机、标准筛。

2. 液态维生素预混合饲料生产企业配备万分之一分析天平、高效液相色谱仪（配备紫外检测器）、酸度计。

3. 微量元素预混合饲料生产企业配备万分之一分析天平、原子吸收分光光度计（配备火焰原子化器和被测项目的元素灯）、恒温干燥箱、样品粉碎机、标准筛。

4. 复合预混合饲料生产企业配备万分之一分析天平、高效液相色谱仪（配备紫外检测器)、原子吸收分光光度计(配备火焰原子化器和被测项目的元素灯)、恒温干燥箱、高温炉、样品粉碎机、标准筛。

(二)检验化验室应当包括天平室、前处理室、仪器室和留样观察室等功能室,使用面积应当满足仪器、设备、设施布局和检验化验工作需要。

1. 天平室有满足分析天平放置要求的天平台。

2. 前处理室有能够满足样品前处理和检验要求的通风柜、实验台、器皿柜、试剂柜、气瓶柜或气瓶固定装置以及避光、空调等设备设施;同时开展高温或明火操作和易燃试剂操作的,应当分别设立独立的操作区和通风柜。

3. 仪器室满足高效液相色谱仪、原子吸收分光光度计等仪器的使用要求,高效液相色谱仪和原子吸收分光光度计应当分室存放。

4. 留样观察室有满足原料和产品贮存要求的样品柜。

第二十二条 浓缩饲料、配合饲料、精料补充料生产企业检验化验室应当符合以下条件:

(一)除配备常规检验仪器外,还应当配备万分之一分析天平、可见光分光光度计、恒温干燥箱、高温炉、定氮装置或定氮仪、粗脂肪提取装置或粗脂肪测定仪、真空泵及抽滤装置或粗纤维测定仪、样品粉碎机、标准筛。

(二)检验化验室应当包括天平室、理化分析室、仪器室和留样观察室等功能室,使用面积应当满足仪器、设备、设施布局和检验化验工作需要。

1. 天平室有满足分析天平放置要求的天平台。

2. 理化分析室有能够满足样品理化分析和检验要求的通风柜、实验台、器皿柜、试剂柜。

3. 仪器室满足分光光度计等仪器的使用要求。

4. 留样观察室有满足原料和产品贮存要求的样品柜。

第二十三条 企业应当按照《饲料质量安全管理规范》的要求制定质量管理制度。

第六章 附则

第二十四条 本条件自 2012 年 12 月 1 日起施行。

附件2:

混合型饲料添加剂生产企业许可条件

第一章 总则

第一条 为加强混合型饲料添加剂生产许可管理,保障饲料质量安全,根据《饲料和饲料添加剂管理条例》《饲料和饲料添加剂生产许可管理办法》,制定本条件。

第二条 本条件所称混合型饲料添加剂，是指由一种或一种以上饲料添加剂与载体或稀释剂按一定比例混合，但不属于添加剂预混合饲料的饲料添加剂产品。

第三条 设立混合型饲料添加剂生产企业，应当符合本条件。

第二章 机构与人员

第四条 企业应当设立技术、生产、质量、销售、采购等管理机构。技术、生产、质量机构应当配备专职负责人，并不得互相兼任。

第五条 技术机构负责人应当具备畜牧、兽医、水产等相关专业大专以上学历或中级以上技术职称，熟悉饲料法规、动物营养、产品配方设计等专业知识，并通过现场考核。

第六条 生产机构负责人应当具备畜牧、兽医、水产、食品、机械、化工与制药等相关专业大专以上学历或中级以上技术职称，熟悉饲料法规、饲料加工技术与设备、生产过程控制、生产管理等专业知识，并通过现场考核。

第七条 质量机构负责人应当具备畜牧、兽医、水产、食品、化工与制药、生物科学等相关专业大专以上学历或中级以上技术职称，熟悉饲料法规、原料与产品质量控制、原料与产品检验、产品质量管理等专业知识，并通过现场考核。

第八条 销售和采购机构负责人应当熟悉饲料法规，并通过现场考核。

第九条 （农业部令第8号修订）企业应当配备2名以上专职检验化验员，并通过现场操作技能考核。

第三章 厂区、布局与设施

第十条 企业应当独立设置厂区，厂区周围没有影响产品质量安全的污染源。

厂区应当布局合理，生产区与生活、办公等区域分开。厂区整洁卫生，道路和作业场所应当采用混凝土或沥青硬化，生活、办公等区域有密闭式生活垃圾收集设施。

第十一条 生产区应当按照生产工序合理布局，有相对独立的、与生产规模相匹配的生产车间、原料库、配料间和成品库。

同时生产混合型饲料添加剂和添加剂预混合饲料的，生产车间应当分别设立，且生产设备不得共用。

生产区总使用面积不少于400平方米。

第十二条 （农业部令第8号修订）生产区建筑物通风和采光良好，自然采光设施应当有防雨功能。

第十三条 厂区内应当配备必要的消防设施或设备。

第十四条 厂区内应当有完善的排水系统，排水系统入口处有防堵塞装置，出口处有防止动物侵入装置。

第十五条 存在安全风险的设备和设施，应当设置警示标识和防护设施：

（一）（农业部令第8号修订）配电柜、配电箱有警示标识，易产生或积存粉尘区域的人工采光灯具、电源开关及插座应具有防爆功能。

（二）设备传动装置有防护罩。

（三）投料地坑入口处有完整的栅栏，车间内吊物孔有坚固的盖板或四周有防护栏，所有设备维修平台、操作平台和爬梯有防护栏。

企业应当为生产区作业人员配备劳动保护用品。

第十六条 企业仓储设施应当符合以下条件：

（一）满足原料、成品、包装材料、备品备件贮存要求，并具有防霉、防潮、防鸟、防鼠等功能。

（二）（农业部令第 8 号修订）存放维生素、微生物添加剂和酶制剂等热敏物质的贮存间面积与生产规模相匹配，密闭性能良好，并配备空调。

（三）亚硒酸钠等按危险化学品管理的饲料添加剂应当有独立的贮存间或贮存柜。

第四章　工艺与设备

第十七条 企业的设计生产能力不小于 1 吨/小时，混合机容积不小于 0.25 立方米。

第十八条 企业应当配备一台以上混合机，混合机（含混合机缓冲仓）与物料接触部分使用不锈钢制造，混合机的混合均匀度变异系数不大于 5%。

产品配方中有添加比例小于 0.2% 的原料的，应当单独配备一台符合前款规定的混合机，用于原料的预混合。

第十九条 生产线除尘系统使用脉冲式除尘器或性能更好的除尘设备，采用集中除尘和单点除尘相结合的方式，投料口和打包口采用单点除尘方式。

第二十条 原料配制、复核、产品包装分别配备电子秤。

第二十一条 使用粉碎机、空气压缩机的，采用隔音或消音装置。

第二十二条 液态混合型饲料添加剂生产企业应当符合以下条件：

（一）生产线由包括原料前处理、称量、配液、过滤、灌装等工序的成套设备组成。

（二）生产设备、输送管道及管件使用不锈钢或性能更好的材料制造。

（三）有均质工序的，高压均质机的工作压力不小于 50 兆帕，并具有高压报警装置。

（四）配液罐具有加热保温功能和温度显示装置。

（五）有独立的灌装间。

第五章　质量检验和质量管理制度

第二十三条 企业应当在厂区内独立设置检验化验室，并与生产车间和仓储区域分离。

第二十四条 检验化验室应当符合以下条件：

（一）除配备常规检验仪器外，还应当配备能够满足产品主成分检验需要的专用检验仪器。

（二）检验化验室应当包括天平室、理化分析室或前处理室、仪器室和留样观察室等功能室，使用面积应当满足仪器、设备、设施布局和检验化验工作需要。

1. 天平室有满足分析天平放置要求的天平台。

2. 理化分析室有能够满足样品理化分析和检验要求的通风柜、实验台、器皿柜、试剂柜；前处理室有能够满足样品前处理和检验要求的通风柜、实验台、器皿柜、试剂柜、气瓶柜或气瓶固定装置以及避光、空调等设备设施；同时开展高温或明火操作和易燃试剂操作的，应当分别设立独立的操作区和通风柜。

3. 配备高效液相色谱仪、原子吸收分光光度计、可见紫外分光光度计等仪器的，仪器室的面积和布局应当满足其使用要求。同时配备高效液相色谱仪和原子吸收分光光度计的，应当分室存放。

4. 留样观察室有满足原料和产品贮存要求的样品柜。

第二十五条 企业应当建立原料采购与管理、生产过程控制、产品质量控制、产品贮存与运输、产品召回、人员与卫生、文件与记录等管理制度。

第二十六条 企业应当为其生产的混合型饲料添加剂产品制定企业标准，混合型饲料添加剂产品的主成分指标检测方法应当经省级饲料管理部门指定的饲料检验机构验证。

第六章 附则

第二十七条 本条件自 2012 年 12 月 1 日起施行。

饲料和饲料添加剂生产许可证申报材料要求

(农业部公告 2012 年第 1867 号发布，
农业部令 2017 年第 8 号修订)

2012 年 5 月 1 日，《饲料和饲料添加剂管理条例》（国务院令第 609 号，以下简称《条例》）经修订后正式施行。为深入贯彻落实《条例》制度和要求，规范饲料行业行政许可工作，指导饲料行政许可申请人正确理解审批要求，我部制定了《饲料添加剂生产许可申报材料要求》《混合型饲料添加剂生产许可申报材料要求》《添加剂预混合饲料生产许可申报材料要求》《浓缩饲料、配合饲料、精料补充料生产许可申报材料要求》和《单一饲料生产许可申报材料要求》，现予公布。农业部 2006 年 2 月 28 日发布的《饲料添加剂和添加剂预混合饲料生产许可证申报材料要求》同时废止。

特此公告。

农业部
2012 年 11 月 29 日

附件 1：饲料添加剂生产许可申报材料要求
附件 2：混合型饲料添加剂生产许可申报材料要求
附件 3：添加剂预混合饲料生产许可申报材料要求
附件 4：浓缩饲料、配合饲料、精料补充料生产许可申报材料要求
附件 5：单一饲料生产许可申报材料要求

附件1：

饲料添加剂生产许可申报材料要求

一、许可范围

（一）在中华人民共和国境内生产饲料添加剂的企业（以下简称企业）。

（二）饲料添加剂是指在饲料加工、制作、使用过程中添加的少量或者微量物质，包括营养性饲料添加剂和一般饲料添加剂。饲料添加剂品种见《饲料添加剂品种目录》。分为以下几种：

1. 利用有机制备、无机制备、生物发酵、提取等生产工艺直接生产获得的饲料添加剂产品；

2. 在上述生产工艺中同时得到的两种或两种以上饲料添加剂产品混合物；

3. 对上述饲料添加剂产品进行精制、脱水、包被等工艺处理而获得的饲料添加剂产品。

（三）本要求适用于以下情形：

1. 设立：指企业首次申请生产许可。

2. 续展：指企业生产许可有效期满继续生产。

3. 增加或更换生产线：增加生产线指企业在同一厂区增建已获得许可产品的生产线；更换生产线指企业对已有生产线的关键设备或生产工艺进行重大调整。

4. 增加产品品种：指企业申请增加生产许可范围以外的产品。

5. 迁址：指企业迁移出原生产地址，搬迁至新的生产地址。

6. 变更：指企业名称变更、法定代表人变更、注册地址或注册地址名称变更、生产地址名称变更。

二、申报材料格式要求

（一）企业应当按照《饲料添加剂生产许可申报材料一览表》的要求提供相关材料。

（二）申报材料应当使用A4规格纸、小四号宋体打印，按照《饲料添加剂生产许可申报材料一览表》顺序编制目录、装订成册并标注页码。表格不足时可加续表。申报材料应当清晰、干净、整洁。

（三）（农业部令2017年第8号修订）申报材料中企业提供的工商营业执照、产品标准、环保证明、微生物菌种来源证明、产品主成分指标检测方法验证结论等证明材料的复印件应当加盖企业公章。

（四）（农业部令2017年第8号修订）申报材料一式两份（应包括纸质文件和电子文档光盘），其中一份报送省级饲料管理部门，承担具体受理工作的机构留存一份。

（五）申报材料电子文档采用PDF格式，相关证明文件应为原件扫描件，文件名为企业全称。

（六）增加或更换生产线、增加产品品种的，仅提供与申请事项相关的资料。

三、申报材料内容要求

（一）企业承诺书

（二）饲料添加剂生产许可申请书

1. 封面

1.1 生产许可证编号：已获得生产许可证的企业填写原生产许可证编号，新设立的企业不填写。

1.2 企业名称：填写企业工商营业执照上的注册名称，并加盖企业公章。尚未取得工商注册的，按照企业名称预先核准通知书核准的名称填写。

1.3 联系人：填写企业负责办理生产许可的工作人员姓名。

1.4 联系方式：填写企业负责办理生产许可的联系人的手机、固定电话（注明区号）、传真等。

1.5 申请事项：根据企业具体情况分别在选项后面的"□"中打"√"。

1.6 申报日期：填写企业报出材料的日期。

2. 企业基本情况

各栏仅填写与申请事项相关的内容。

2.1 企业名称：填写企业工商营业执照上的注册名称。尚未取得工商注册的，按照企业名称预先核准通知书核准的名称填写。

2.2 生产地址：填写企业生产所在地详细地址，注明省（自治区、直辖市）、市（地）、县（市、区）、乡（镇、街道）、村（社区）、路（街）、号。

2.3 （农业部令 2017 年第 8 号修订）法定代表人、统一社会信用代码、住所（注册地址）、企业类型、注册资本：按照企业工商营业执照填写。尚未取得工商注册的，按照企业名称预先核准通知书填写。

2.4 固定资产：指厂房、设备和设施等资产总值。

2.5 所属法人机构信息：如企业为非法人单位，应当填写所属法人机构信息。

2.6 主要机构设置及人员组成

机构名称按照企业实际情况填写技术、生产、质量、销售、采购等机构。

人员总数填写与企业签订全日制用工劳动合同的人员数量。

专业技术人员填写企业的技术、生产、质量、销售、采购等机构中取得中专以上学历或初级以上技术职称的人员数量。

2.7 企业简介包括建立时间或变迁来源、隶属关系、所有权性质、生产产品、生产能力、技术水平、工艺装备、质量管理等内容（1 000字以内）。

3. 产品基本情况

3.1 产品名称：按照《饲料添加剂品种目录》中的名称填写；

在同一生产工艺中同时得到两种或两种以上饲料添加剂产品混合物的，应当逐一列出所得饲料添加剂的名称；

生产液态饲料添加剂的还应当在产品名称前注明"液态"字样。

3.2 生产能力：按照每个产品年生产能力填写并注明单位。

3.3 原料名称：填写使用的原料、辅料和加工助剂等的名称。

采用生物发酵生产工艺的，还应当填写采用的微生物菌种的中文学名和拉丁文学名以及主要培养基、包被材料、载体等原材料名称。

4. 生产设备明细表

4.1 企业应当以生产线为单位，填写与生产工艺流程图一致的原料贮存、预处理、反应、过滤、除杂、净化、浓缩、结晶、干燥、粉碎、过筛、计量、包装、除尘等主要生产设备。

采用生物发酵生产工艺的，还应当填写无菌控制系统、菌种保藏等生产辅助设备设施。

4.2 生产产品：填写本生产线生产的产品。

4.3 设备名称、型号规格、生产厂家、出厂日期：按照设备说明书或设备铭牌填写。

4.4 位号：指按照生产工艺确定的不同工段对设备及其具体安装位置确定的编号。该位号应当与生产工艺流程图、生产装置平立面布置图中的位号以及生产设备上所标明的位号一致。

4.5 材质：填写生产设备的制造材料名称。

4.6 技术性能指标：填写反映生产设备主要特征的技术性能参数。

5. 检验仪器明细表

5.1 填写能够满足产品主成分指标和执行标准中出厂检验规定的项目所需的检验仪器。

采用生物发酵工艺生产饲料添加剂的，还应当填写微生物检验所需的检验仪器。

5.2 仪器名称、型号规格、生产厂家、出厂日期、出厂编号：按照仪器说明书或仪器铭牌填写。

5.3 技术性能指标：填写检验仪器主要技术性能参数。

6. 主要管理技术人员及特有工种人员登记表

填写与企业签订全日制用工劳动合同的人员，包括企业负责人、技术负责人、生产负责人、质量负责人、销售负责人、采购负责人、检验化验员、关键岗位生产工人等，其中检验化验员至少2名。尚未取得工商注册的，填写拟与本企业签订劳动合同的上述人员信息。

（三）工商营业执照

提供本企业的工商营业执照复印件，尚未取得工商注册的企业除外。非法人单位还应当提供所属法人单位的工商营业执照复印件。

（四）（农业部令2017年第8号修订）（取消）

（五）企业名称预先核准通知书

尚未取得工商注册的，提供有效期内的企业名称预先核准通知书复印件。

（六）企业组织机构图

提供包括技术、生产、质量、销售、采购等机构的企业组织机构框图。

（七）（农业部令2017年第8号修订）（取消）

（八）（农业部令2017年第8号修订）（取消）

（九）厂区平面布局图

按比例绘制厂区平面布局图，并注明生产、检化验、生活、办公等功能区，其中生产区应当标明生产车间、原料库、成品库的基本尺寸。

（十）生产装置工艺流程图、生产装置平立面布置图和工艺说明

按照企业实际生产线数量逐一提供生产装置工艺流程图、生产装置平立面布置图和工艺说明。

生产装置工艺流程图和生产装置平立面布置图应当按照国家或行业相关的规范性要求绘制，并标明控制点。

工艺说明应当反映主要生产步骤、目的、原理、实施方式、实施效果等内容。使用同一套生产设备生产不同产品的，还应当提供防止交叉污染措施。

（十一）检验化验室平面布置图

按比例绘制检验化验室平面布置图，图中标明天平室、理化分析室或前处理室、仪器室和留样观察室等功能室以及功能室的基本尺寸和检验仪器的位置。

采用生物发酵工艺生产饲料添加剂的，还应当标明微生物检验室以及检验室的基本尺寸和检验仪器的位置。

（十二）检验仪器购置发票

有检验仪器购置发票的提供发票复印件。无法提供购置发票的，提供检验仪器已列入企业固定资产的证明材料。

（十三）产品标准

执行国家标准或者行业标准的，提供现行国家标准或者行业标准文本复印件。

执行企业标准的，提供有效的企业备案标准文本复印件；尚未取得工商注册的，提供企业标准草案文本。

（十四）（农业部令2017年第8号修订）产品主成分指标检测方法验证结论

企业应当提供省级及以上饲料检验机构出具的产品主成分指标检测方法验证结论复印件，但产品有国家或行业标准的除外。

（十五）企业管理制度

提供企业制定的主要管理制度的名称、主要内容等。(1 500字以内)

（十六）环保证明

提供由企业生产所在地县级以上人民政府环境保护部门出具的、与所申报产品相关的环保证明复印件。

（十七）微生物菌种来源证明

采用生物发酵工艺生产微生物、酶制剂饲料添加剂产品的，应当提供申请许可前12个月内由国家或省部级微生物菌种保藏机构出具的微生物菌种种属证明，种属证明应当包括菌种鉴定的主要实验原理、方法和结论等信息。

采用生物发酵工艺生产其他饲料添加剂产品的，且《饲料添加剂品种目录》对生产该产品使用的微生物菌种有明确规定的，也应当提供前款规定的证明。

采用基因工程菌生产饲料添加剂产品的，应当符合国家相关规定，并提供有关证明材料。

（十八）与生产新饲料添加剂有关的材料

申请生产新饲料添加剂的，提供新饲料添加剂证书复印件；新饲料添加剂证书持有

者转让给其他企业生产的,还应当提供转让证明复印件。

(十九)有下列情形之一的,应当提供农业部允许该产品作为饲料添加剂生产和使用的公告:

1. 饲料添加剂含量规格低于饲料添加剂安全使用规范要求的;
2. 饲料添加剂生产工艺发生重大变化的;
3. 新饲料添加剂自获证之日起超过 3 年未投入生产,其他企业申请生产的。

(二十)企业生产许可证

已经取得生产许可证的企业,提供生产许可证复印件。

(二十一)相关证明材料

申报的产品受国家产业政策限制的,应当提供企业所在地相关管理部门出具的证明材料。

提出变更申请的,提供企业所在地相关管理部门出具的证明材料。

饲料添加剂生产许可申报材料一览表

序号	申报材料项目	设立(已取得工商注册)	设立(未取得工商注册)	续展	增加或更换生产线	增加产品品种	迁址	变更企业名称	变更企业法定代表人	变更企业注册地址或注册地名称	变更企业生产地址名称
1	企业承诺书	√	√	√	√	√	√				
2	饲料添加剂生产许可申请书	√	√	√	√	√	√				
3	工商营业执照	√		√			√	√	√	√	√
4	统一社会信用代码(取消组织机构代码证)	√		√			√				
5	企业名称预先核准通知书		√					√			
6	企业组织机构图	√	√	√			√				
7	主要机构负责人和特有工种人员劳动合同(取消)	√	√	√			√				
8	职业资格证书或鉴定合格证明(取消)	√	√	√			√				
9	厂区平面布局图	√	√	√	√	√	√				
10	生产装置工艺流程图、生产装置平立面布置图和工艺说明	√	√	√	√	√	√				
11	检验化验室平面布置图	√	√	√		√	√				
12	检验仪器购置发票	√	√	√		√	√				
13	产品标准	√	√	√		√					

三、行政许可

（续表）

序号	申报材料项目	设立（已取得工商注册）	设立（未取得工商注册）	续展	增加或更换生产线	增加产品品种	迁址	变更企业名称	变更企业法定代表人	变更企业注册地址或注册地名称	变更企业生产地址名称
14	产品主成分指标检测方法验证结论	√	√	√		√	√				
15	企业管理制度	√	√	√			√				
16	环保证明	√	√	√		√	√				
17	微生物菌种来源证明	√	√	√		√	√				
18	与生产新饲料添加剂有关的材料	√	√	√		√	√				
19	农业部允许该产品作为饲料添加剂生产和使用的公告	√	√	√		√	√				
20	企业生产许可证			√	√	√	√	√	√	√	√
21	相关证明材料	√	√	√	√	√	√	√	√	√	√

注1：增加或更换生产线、增加产品品种的，仅提供与申请事项相关的材料。

注2：表中序号17、18、19、21，仅适用于与申报事项相关的产品。

企业承诺书

一、申报材料真实性承诺

（一）本企业对《饲料和饲料添加剂管理条例》《饲料和饲料添加剂生产许可管理办法》及其相关要求已经充分理解。

（二）本企业提供的纸质和电子申报材料均真实、完整、一致。申报材料中如有虚假不实信息，自愿承担一切后果及法律责任。

二、遵纪守法承诺

本企业严格遵守《饲料和饲料添加剂管理条例》及其配套规章和规范性文件的规定，严格遵守国家关于计量、环保、安全生产、劳动保护、消防安全、危险化学品生产使用、实验室管理等相关管理规定。如有违纪违法行为，自愿承担一切后果及法律责任。

法定代表人（负责人）签名

（企业公章）

年　　月　　日

生产许可证编号：

饲料添加剂生产许可申请书

企业名称：	（公章）
联 系 人：	
联系方式：	
申请事项：	设立□　　续展□　　增加或更换生产线□
	增加产品品种□　　　　迁址□
申报日期：	年　月　日

中华人民共和国农业部　制

二〇一二年

表1　企业基本情况

企业名称			
生产地址			
通讯地址及邮编			
法定代表人			
统一社会信用代码			
住所（注册地址）			
企业类型			
注册资本（万元）		固定资产（万元）	
所属法人机构信息	名　称		
	住　所		
	统一社会信用代码		法定代表人	
	企业类型		联系人	
	联系电话		传　真	
主要机构设置及人员组成	机构名称						
	人　数						
	人员总数		其中专业技术人员	

企业简介：

表 2　产品基本情况

序号	产品名称	含量规格	生产能力（吨/年）	原料名称

表 3　生产设备明细表（生产线_____）

生产产品：							
序号	设备名称	位号	型号规格	材质	生产厂家	出厂日期（年月）	技术性能指标

表 4　检验仪器明细表

序号	仪器名称	型号规格	生产厂家	出厂日期（年月）	出厂编号	技术性能指标

表 5 主要管理技术人员及特有工种人员登记表

序号	姓名	职称	职务	学历	所学专业	所从事业务工作及从业年限	获证书时间、种类及编号	发证机关

注:"证书"指与企业签订了全日制用工劳动合同的管理人员、技术人员的职称证书、最高学历证书。

附件2：

混合型饲料添加剂生产许可申报材料要求

一、许可范围

（一）在中华人民共和国境内生产混合型饲料添加剂的企业（以下简称企业）。

（二）混合型饲料添加剂是指由一种或一种以上饲料添加剂与载体或稀释剂按一定比例混合，但不属于添加剂预混合饲料的饲料添加剂产品。

（三）本要求适用于以下情形：

1. 设立：指企业首次申请生产许可。
2. 续展：指企业生产许可有效期满继续生产。
3. 增加或更换生产线：增加生产线指企业在同一厂区增建已获得许可产品的生产线；更换生产线指企业对已有生产线的关键设备或生产工艺进行重大调整。
4. 增加产品品种：指企业申请增加生产许可范围以外的产品。
5. 迁址：指企业迁移出原生产地址，搬迁至新的生产地址。
6. 变更：指企业名称变更、法定代表人变更、注册地址或注册地址名称变更、生产地址名称变更。

二、申报材料格式要求

（一）企业应当按照《混合型饲料添加剂生产许可申报材料一览表》的要求提供相关材料。

（二）申报材料应当使用A4规格纸、小四号宋体打印，按照《混合型饲料添加剂生产许可申报材料一览表》顺序编制目录、装订成册并标注页码。表格不足时可加续表。申报材料应当清晰、干净、整洁。

（三）（农业部令2017年第8号修订）申报材料中企业提供的工商营业执照、产品标准、产品主成分指标检测方法验证结论等证明材料的复印件应当加盖企业公章。

（四）（农业部令2017年第8号修订）申报材料一式两份（应包括纸质文件和电子文档光盘），其中一份报送省级饲料管理部门，承担具体受理工作的机构留存一份。

（五）申报材料电子文档采用PDF格式，相关证明文件应为原件扫描件，文件名为企业全称。

（六）增加或更换生产线、增加产品品种的，仅提供与申请事项相关的资料。

三、申报材料内容要求

（一）企业承诺书
（二）混合型饲料添加剂生产许可申请书
1. 封面
1.1 生产许可证编号：已获得生产许可证的企业填写原生产许可证编号，新设立的企业不填写。

1.2 企业名称：填写企业工商营业执照上的注册名称，并加盖企业公章。尚未取得工商注册的，按照企业名称预先核准通知书核准的名称填写。

1.3 联系人：填写企业负责办理生产许可的工作人员姓名。

1.4 联系方式：填写企业负责办理生产许可的联系人的手机、固定电话（注明区号）、传真等。

1.5 申请事项：根据企业具体情况分别在选项后面的"□"中打"√"。

1.6 申报日期：填写企业报出材料的日期。

2. 企业基本情况

各栏仅填写与申请事项相关的内容。

2.1 企业名称：填写企业工商营业执照上的注册名称。尚未取得工商注册的，按照企业名称预先核准通知书核准的名称填写。

2.2 生产地址：填写企业生产所在地详细地址，注明省（自治区、直辖市）、市（地）、县（市、区）、乡（镇、街道）、村（社区）、路（街）、号。

2.3 （农业部令2017年第8号修订）法定代表人、统一社会信用代码、住所（注册地址）、企业类型、注册资本：按照企业工商营业执照填写。尚未取得工商注册的，按照企业名称预先核准通知书填写。

2.4 固定资产：指厂房、设备和设施等资产总值。

2.5 所属法人机构信息：如企业为非法人单位，应当填写所属法人机构信息。

2.6 主要机构设置及人员组成

机构名称按照企业实际情况填写技术、生产、质量、销售、采购等机构。

人员总数填写与企业签订全日制用工劳动合同的人员数量。

专业技术人员填写企业的技术、生产、质量、销售、采购等机构中取得中专以上学历或初级以上技术职称的人员数量。

2.7 企业简介包括建立时间或变迁来源、隶属关系、所有权性质、生产产品、生产能力、技术水平、工艺装备、质量管理等内容（1 000字以内）。

3. 产品基本情况

3.1 产品名称：按照产品的主要组分或功能填写。

生产液态混合型饲料添加剂的还应当在产品名称前注明"液态"字样。

3.2 产品组分：逐一填写产品中所含饲料添加剂的名称，饲料添加剂名称按照《饲料添加剂品种目录》中的名称填写。

产品配方中有添加比例小于0.2%的原料的，应当注明该原料的具体添加比例。

产品中含有食品香料的，应当使用规范名称逐一填写。

3.3 载体或稀释剂：逐一填写使用的载体或稀释剂名称，名称按照《饲料原料目录》和《饲料添加剂品种目录》中的名称填写。

3.4 生产能力（吨/小时）：按照混合机有效容积×0.5（平均容重）×10（批/小时）计算。

4. 生产设备明细表

4.1 企业应当以生产线为单位，填写与生产工艺流程图一致的配料、混合、成品包装等设备及除尘系统、液体添加等辅助设备。

液态混合型饲料添加剂生产设备填写与生产工艺流程图一致的原料前处理、称量、配液、过滤、灌装等设备，有均质工序的还应当填写高压均质设备。

4.2 设备名称、型号规格、生产厂家、出厂日期：按照设备说明书或设备铭牌填写。

4.3 材质：填写生产设备的制造材料名称。

4.4 技术性能指标：填写反映生产设备主要特征的技术性能参数。

5. 检验仪器明细表

5.1 除填写常规检验仪器外，还应当填写能够满足产品主成分检验需要的专用检验仪器。

5.2 仪器名称、型号规格、生产厂家、出厂日期、出厂编号：按照仪器说明书或仪器铭牌填写。

5.3 技术性能指标：填写检验仪器主要技术性能参数。

6. 主要管理技术人员及特有工种人员登记表

填写与企业签订全日制用工劳动合同的人员，包括企业负责人、技术负责人、生产负责人、质量负责人、销售负责人、采购负责人、检验化验员等，其中检验化验员至少 2 名。尚未取得工商注册的，填写拟与本企业签订劳动合同的上述人员信息。

（三）工商营业执照

提供本企业的工商营业执照复印件，尚未取得工商注册的企业除外。非法人单位还应当提供所属法人单位的工商营业执照复印件。

（四）（农业部令 2017 年第 8 号修订）（取消）

（五）企业名称预先核准通知书

尚未取得工商注册的，提供有效期内的企业名称预先核准通知书复印件。

（六）企业组织机构图

提供包括技术、生产、质量、销售、采购等机构的企业组织机构框图。

（七）（农业部令 2017 年第 8 号修订）（取消）

（八）主要机构负责人毕业证书或职称证书

提供技术、生产和质量机构负责人的毕业证书或职称证书复印件。

（九）（农业部令 2017 年第 8 号修订）（取消）

（十）厂区平面布局图

按比例绘制厂区平面布局图，并注明生产、检化验、生活、办公等功能区，其中生产区应当标明生产车间、原料库、成品库的基本尺寸。

（十一）生产工艺流程图和工艺说明

按照企业实际生产线数量逐一提供生产工艺流程图和工艺说明，生产工艺流程图应当使用规范的饲料加工设备图形符号绘制。

工艺说明应当反映主要生产步骤、目的、原理、实施方式、实施效果等内容。使用同一套生产设备生产不同产品的，还应当提供防止交叉污染措施。

(十二）混合机混合均匀度检测报告

提供本企业所有混合机的混合均匀度自检报告或专业检验机构出具的检验报告或供应商提供的技术参数证明复印件。液态混合型饲料添加剂企业除外。

(十三）检验化验室平面布置图

按比例绘制检验化验室平面布置图，图中标明天平室、理化分析室或前处理室、仪器室和留样观察室等功能室以及功能室的基本尺寸和检验仪器的位置。

产品中含有微生物添加剂的，还应当标明微生物检验室以及检验室的基本尺寸和检验仪器的位置。

(十四）检验仪器购置发票

有检验仪器购置发票的提供发票复印件。无法提供购置发票的，提供检验仪器已列入企业固定资产的证明材料。

(十五）产品标准

执行国家标准或者行业标准的，提供现行国家标准或者行业标准文本复印件。

执行企业标准的，提供有效的企业备案标准文本复印件；尚未取得工商注册的，提供企业标准草案文本。

(十六）（农业部令2017年第8号修订）产品主成分指标检测方法验证结论

企业应当提供省级及以上饲料检验机构出具的产品主成分指标检测方法验证结论复印件，但产品有国家或行业标准的除外。

(十七）企业管理制度

提供企业制定的主要管理制度的名称、主要内容等。（1 500字以内）

(十八）企业生产许可证

已经取得生产许可证的企业，提供生产许可证复印件。

(十九）相关证明材料

提出变更申请的，提供企业所在地相关管理部门出具的证明材料。

混合型饲料添加剂生产许可申报材料一览表

序号	申报材料项目	设立（已取得工商注册）	设立（未取得工商注册）	续展	增加或更换生产线	增加产品品种	迁址	变更企业名称	变更企业法定代表人	变更企业注册地址或注册地址名称	变更企业生产地址名称
1	企业承诺书	√	√	√	√	√	√				
2	混合型饲料添加剂生产许可申请书	√	√	√	√	√					
3	工商营业执照	√		√			√	√		√	√
4	统一社会信用代码（取消组织机构代码证）	√		√			√				

（续表）

序号	申报材料项目	设立（已取得工商注册）	设立（未取得工商注册）	续展	增加或更换生产线	增加产品品种	迁址	变更企业名称	变更企业法定代表人	变更企业注册地址或注册地址名称	变更企业生产地址名称
5	企业名称预先核准通知书		√					√			
6	企业组织机构图	√	√	√			√				
7	主要机构负责人和特有工种人员劳动合同（取消）	√	√	√			√				
8	主要机构负责人毕业证书或职称证书	√	√	√			√				
9	职业资格证书或鉴定合格证明（取消）	√	√	√			√				
10	厂区平面布局图	√	√	√	√		√				
11	生产工艺流程图和工艺说明	√	√	√	√	√	√				
12	混合机混合均匀度检测报告	√	√	√	√		√				
13	检验化验室平面布置图	√	√	√		√	√				
14	检验仪器购置发票	√	√	√		√	√				
15	产品标准	√	√	√		√	√				
16	产品主成分指标检测方法验证结论	√	√	√		√	√				
17	企业管理制度	√	√	√			√				
18	企业生产许可证			√	√	√	√	√	√	√	√
19	相关证明材料							√	√	√	√

注：增加或更换生产线、增加产品品种的，仅提供与申请事项相关的材料。

企业承诺书

一、申报材料真实性承诺

（一）本企业对《饲料和饲料添加剂管理条例》《饲料和饲料添加剂生产许可管理办法》和《混合型饲料添加剂生产企业许可条件》及其相关要求已经充分理解。

（二）本企业提供的纸质和电子申报材料均真实、完整、一致。申报材料中如有虚假不实信息，自愿承担一切后果及法律责任。

二、遵纪守法承诺

本企业严格遵守《饲料和饲料添加剂管理条例》及其配套规章和规范性文件的规定，严格遵守国家关于计量、环保、安全生产、劳动保护、消防安全、危险化学品使用、实验室管理等相关管理规定。如有违纪违法行为，自愿承担一切后果及法律责任。

法定代表人（负责人）签名

（企业公章）

年　　月　　日

生产许可证编号：

混合型饲料添加剂
生产许可申请书

企业名称：_____（公章）

联 系 人：_____

联系方式：_____

申请事项：　设立□　　　续展□　　　增加或更换生产线□

　　　　　　增加产品品种□　　　　　迁址□

申报日期：_____年　　月　　日

中华人民共和国农业部　制

二〇一二年

三、行政许可

表 1　企业基本情况

企业名称				
生产地址				
通讯地址及邮编				
法定代表人				
统一社会信用代码				
住所（注册地址）				
企业类型				
注册资本（万元）		固定资产（万元）		
所属法人机构信息	名　称			
	住　所			
	统一社会信用代码		法定代表人	
	企业类型		联系人	
	联系电话		传　真	
主要机构设置及人员组成	机构名称			
	人　数			
	人员总数		其中专业技术人员	

企业简介：

表 2　产品基本情况

序号	产品名称	产品组分	载体或稀释剂	生产能力（吨/小时）

三、行政许可

表 3　生产设备明细表（生产线_____）

生产产品：						
序号	设备名称	型号规格	材质	生产厂家	出厂日期（年月）	技术性能指标

表 4　检验仪器明细表

序号	仪器名称	型号规格	生产厂家	出厂日期（年月）	出厂编号	技术性能指标

表5　主要管理技术人员及特有工种人员登记表

序号	姓名	职务	职称	学历	所学专业	获证书时间、种类及编号	发证机关

注："证书"指与企业签订了全日制用工劳动合同的管理人员、技术人员的职称证书、最高学历证书以及特有工种人员的职业资格证书。

附件 3：

添加剂预混合饲料生产许可申报材料要求

一、许可范围

（一）在中华人民共和国境内生产添加剂预混合饲料的企业（以下简称企业）。

（二）添加剂预混合饲料包括复合预混合饲料、微量元素预混合饲料、维生素预混合饲料。

复合预混合饲料是指以矿物质微量元素、维生素、氨基酸中任何两类或两类以上的营养性饲料添加剂为主，与其他饲料添加剂、载体和（或）稀释剂按一定比例配制的均匀混合物，其中营养性饲料添加剂的含量能够满足其适用动物特定生理阶段的基本营养需求，在配合饲料、精料补充料或动物饮用水中的添加量不低于 0.1% 且不高于 10%。

微量元素预混合饲料是指两种或两种以上矿物质微量元素与载体和（或）稀释剂按一定比例配制的均匀混合物，其中矿物质微量元素含量能够满足其适用动物特定生理阶段的微量元素需求，在配合饲料、精料补充料或动物饮用水中的添加量不低于 0.1% 且不高于 10%。

维生素预混合饲料是指两种或两种以上维生素与载体和（或）稀释剂按一定比例配制的均匀混合物，其中维生素含量应当满足其适用动物特定生理阶段的维生素需求，在配合饲料、精料补充料或动物饮用水中的添加量不低于 0.01% 且不高于 10%。

（三）本要求适用于以下情形：

1. 设立：指企业首次申请生产许可。
2. 续展：指企业生产许可有效期满继续生产。
3. 增加或更换生产线：增加生产线指企业在同一厂区增建已获得许可产品的生产线；更换生产线指企业对已有生产线的关键设备或生产工艺进行重大调整。
4. 增加产品品种或产品系列：指企业申请增加生产许可范围以外的产品。
5. 迁址：指企业迁移出原生产地址，搬迁至新的生产地址。
6. 变更：指企业名称变更、法定代表人变更、注册地址或注册地址名称变更、生产地址名称变更。

二、申报材料格式要求

（一）企业应当按照《添加剂预混合饲料生产许可申报材料一览表》的要求提供相关材料。

（二）申报材料应当使用 A4 规格纸、小四号宋体打印，按照《添加剂预混合饲料生产许可申报材料一览表》顺序编制目录、装订成册并标注页码。表格不足时可加续表。申报材料应当清晰、干净、整洁。

（三）（农业部令 2017 年第 8 号修订）申报材料中企业提供的工商营业执照等证明

材料的复印件应当加盖企业公章。

（四）（农业部令 2017 年第 8 号修订）申报材料一式两份（应包括纸质文件和电子文档光盘），其中一份报送省级饲料管理部门，承担具体受理工作的机构留存一份。

（五）申报材料电子文档采用 PDF 格式，相关证明文件应为原件扫描件，文件名称为企业全称。

（六）增加或更换生产线、增加产品品种或产品系列的，仅提供与申请事项相关的资料。

三、申报材料内容要求

（一）企业承诺书
（二）添加剂预混合饲料生产许可申请书
1. 封面
1.1 生产许可证编号：已获得生产许可证的企业填写原生产许可证编号，新设立的企业不填写。
1.2 产品品种：根据企业申请生产的产品，在维生素预混合饲料、微量元素预混合饲料、复合预混合饲料后面的"□"中打"√"。
1.3 企业名称：填写企业工商营业执照上的注册名称，并加盖企业公章。尚未取得工商注册的，按照企业名称预先核准通知书核准的名称填写。
1.4 联系人：填写企业负责办理生产许可的工作人员姓名。
1.5 联系方式：填写企业负责办理生产许可的联系人的手机、固定电话（注明区号）、传真等。
1.6 申请事项：根据企业具体情况分别在选项后面的"□"中打"√"。
1.7 申报日期：填写企业报出材料的日期。
2. 企业基本情况
各栏仅填写与申请事项相关的内容。
2.1 企业名称：填写企业工商营业执照上的注册名称。尚未取得工商注册的，按照企业名称预先核准通知书核准的名称填写。
2.2 生产地址：填写企业生产所在地详细地址，注明省（自治区、直辖市）、市（地）、县（市、区）、乡（镇、街道）、村（社区）、路（街）、号。
2.3 （农业部令 2017 年第 8 号修订）法定代表人、统一社会信用代码、住所（注册地址）、企业类型、注册资本：按照企业工商营业执照填写。尚未取得工商注册的，按照企业名称预先核准通知书填写。
2.4 固定资产：指厂房、设备和设施等资产总值。
2.5 所属法人机构信息：如企业为非法人单位，应当填写所属法人机构信息。
2.6 主要机构设置及人员组成
机构名称按照企业实际情况填写技术、生产、质量、销售、采购等机构。
人员总数填写与企业签订全日制用工劳动合同的人员数量。
专业技术人员填写企业的技术、生产、质量、销售、采购等机构中取得中专以上学历或初级以上技术职称的人员数量。

2.7 企业简介包括建立时间或变迁来源、隶属关系、所有权性质、生产产品、生产能力、技术水平、工艺装备、质量管理等内容（1 000字以内）。

3. 产品基本情况

3.1 生产线名称：按照产品品种进行命名，如维生素预混合饲料生产线、微量元素预混合饲料生产线、复合预混合饲料生产线、维生素和复合预混合饲料生产线等。

3.2 生产能力（吨/小时）：按照混合机有效容积×0.5（平均容重）×10（批/小时）计算。

3.3 产品品种：按照维生素预混合饲料、微量元素预混合饲料、复合预混合饲料填写。

生产液态添加剂预混合饲料的还应当在产品品种前注明"液态"字样。

3.4 产品系列：根据企业生产情况，按照饲喂动物划分并填写畜禽水产动物、反刍动物、宠物及特种动物。

4. 生产设备明细表

4.1 企业应当以生产线为单位，填写与生产工艺流程图一致的原料提升、混合、自动包装等设备及完整的除尘系统、电控系统等辅助设备。

液态添加剂预混合饲料生产设备填写与生产工艺流程图一致的原料前处理、称量、配液、过滤、灌装等设备，有均质工序的还应当填写高压均质设备。

4.2 生产线名称及序号：与3.1对应，并逐一填写。

4.3 设备名称、型号规格、生产厂家、出厂日期：按照设备说明书或设备铭牌填写。

4.4 材质：填写生产设备的制造材料名称。

4.5 技术性能指标：填写反映生产设备主要特征的技术性能参数。

5. 检验仪器明细表

5.1 按照饲料生产企业许可条件规定逐一列出。

5.2 仪器名称、型号规格、生产厂家、出厂日期、出厂编号：按照仪器说明书或仪器铭牌填写。

5.3 技术性能指标：填写检验仪器主要技术性能参数。

6. 主要管理技术人员及特有工种人员登记表

填写与企业签订全日制用工劳动合同的人员，包括企业负责人、技术负责人、生产负责人、质量负责人、销售负责人、采购负责人、检验化验员等，其中检验化验员至少2名。尚未取得工商注册的，填写拟与本企业签订劳动合同的上述人员信息。

（三）工商营业执照

提供本企业的工商营业执照复印件，尚未取得工商注册的企业除外。非法人单位还应当提供所属法人单位的工商营业执照复印件。

（四）（农业部令2017年第8号修订）（取消）

（五）企业名称预先核准通知书

尚未取得工商注册的，提供有效期内的企业名称预先核准通知书复印件。

（六）企业组织机构图

提供包括技术、生产、质量、销售、采购等机构的企业组织机构框图。

（七）（农业部令2017年第8号修订）（取消）

（八）主要机构负责人毕业证书或职称证书

提供技术、生产和质量机构负责人的毕业证书或职称证书复印件。

（九）（农业部令2017年第8号修订）（取消）

（十）厂区平面布局图

按比例绘制厂区平面布局图，并注明生产、检化验、生活、办公等功能区，其中生产区应当标明生产车间、原料库、成品库的基本尺寸。

（十一）生产工艺流程图和工艺说明

按照企业实际生产线数量逐一提供生产工艺流程图和工艺说明，生产工艺流程图应当使用规范的饲料加工设备图形符号绘制。

工艺说明应当反映主要生产步骤、目的、原理、实施方式、实施效果等内容。使用同一套生产设备生产不同产品的，还应当提供防止交叉污染措施。

（十二）计算机自动化控制系统配料精度证明（配料、混合工段采用计算机自动化控制系统的企业）

提供计算机自动化控制系统配料精度的自检报告或专业检验机构出具的检验报告或系统供应商提供的技术参数证明复印件。

（十三）混合机混合均匀度检测报告

提供本企业所有混合机的混合均匀度自检报告或专业检验机构出具的检验报告或供应商提供的技术参数证明复印件。液态添加剂预混合饲料生产企业除外。

（十四）检验化验室平面布置图

按比例绘制检验化验室平面布置图，图中标明天平室、前处理室、仪器室和留样观察室等功能室以及功能室的基本尺寸和检验仪器的位置。

（十五）检验仪器购置发票

有检验仪器购置发票的提供发票复印件。无法提供购置发票的，提供检验仪器已列入企业固定资产的证明材料。

（十六）企业管理制度

提供企业按照《饲料质量安全管理规范》制定的主要管理制度的名称、主要内容等。（1 500字以内）

（十七）企业生产许可证

已经取得生产许可证的企业，提供生产许可证复印件。

（十八）相关证明材料

提出变更申请的，提供企业所在地相关管理部门出具的证明材料。

三、行政许可

添加剂预混合饲料生产许可申报材料一览表

序号	申报材料项目	设立（已取得工商注册）	设立（未取得工商注册）	续展	增加或更换生产线	增加产品品种	迁址	变更企业名称	变更企业法定代表人	变更企业注册地址或注册地址名称	变更企业生产地址名称
1	企业承诺书	√	√	√	√	√	√				
2	添加剂预混合饲料生产许可申请书	√	√	√	√	√	√				
3	工商营业执照	√		√				√	√	√	√
4	统一社会信用代码（取消组织机构代码证）	√		√			√				
5	企业名称预先核准通知书		√					√			
6	企业组织机构图	√	√	√			√				
7	主要机构负责人和特有工种人员劳动合同（取消）	√	√	√			√				
8	主要机构负责人毕业证书或职称证书	√	√	√			√				
9	职业资格证书或鉴定合格证明（取消）	√	√	√			√				
10	厂区平面布局图	√	√	√	√		√				
11	生产工艺流程图和工艺说明	√	√	√	√	√	√				
12	计算机自动化控制系统配料精度证明	√	√	√	√	√	√				
13	混合机混合均匀度检测报告	√	√	√	√	√	√				
14	检验化验室平面布置图	√	√	√		√	√				
15	检验仪器购置发票	√	√	√		√	√				

（续表）

序号	申报材料项目	设立（已取得工商注册）	设立（未取得工商注册）	续展	增加或更换生产线	增加产品品种	迁址	变更企业名称	变更企业法定代表人	变更企业注册地址或注册地址名称	变更企业生产地址名称
16	企业管理制度	√	√	√			√				
17	企业生产许可证			√	√	√	√	√	√	√	√
18	相关证明材料							√	√	√	√

注1：增加或更换生产线、增加产品品种或产品系列的，仅提供与申请事项相关的材料。

注2：表中序号12，仅适用于配料、混合工段采用计算机自动化控制系统的企业。

注3：表中序号13，不适用于液态添加剂预混合饲料生产企业。

企业承诺书

一、申报材料真实性承诺

（一）本企业对《饲料和饲料添加剂管理条例》《饲料和饲料添加剂生产许可管理办法》和《饲料生产企业许可条件》及其相关要求已经充分理解。

（二）本企业提供的纸质和电子申报材料均真实、完整、一致。申报材料中如有虚假不实信息，自愿承担一切后果及法律责任。

二、遵纪守法承诺

本企业严格遵守《饲料和饲料添加剂管理条例》及其配套规章和规范性文件的规定，严格遵守国家关于计量、环保、安全生产、劳动保护、消防安全、危险化学品使用、实验室管理等相关管理规定。如有违纪违法行为，自愿承担一切后果及法律责任。

法定代表人（负责人）签名

（企业公章）

年　　月　　日

生产许可证编号：

添加剂预混合饲料
生产许可申请书

产品品种：	维生素预混合饲料☐　　微量元素预混合饲料☐
	复合预混合饲料☐
企业名称：	（公章）
联 系 人：	
联系方式：	
申请事项：	设立☐　　续展☐　　增加或更换生产线☐
	增加产品品种☐　　　　迁址☐
申报日期：	年　　月　　日

中华人民共和国农业部　制

二〇一二年

三、行政许可

表1 企业基本情况

企业名称				
生产地址				
通讯地址及邮编				
法定代表人				
统一社会信用代码				
住所（注册地址）				
企业类型				
注册资本（万元）		固定资产（万元）		
所属法人机构信息	名　称			
	住　所			
	统一社会信用代码		法定代表人	
	企业类型		联系人	
	联系电话		传　真	
主要机构设置及人员组成	机构名称					
	人　数					
	人员总数		其中专业技术人员			

企业简介：

表 2　产品基本情况

生产线序号	生产线一	生产线二	生产线三
生产线名称			
生产能力（吨/小时）			
产能合计（吨/小时）			
产品品种	产品系列		

表3 生产设备明细表

生产线名称及序号						
序号	设备名称	型号规格	材质	生产厂家	出厂日期（年月）	技术性能指标

表4 检验仪器明细表

序号	仪器名称	型号规格	生产厂家	出厂日期（年月）	出厂编号	技术性能指标

表 5 主要管理技术人员及特有工种人员登记表

序号	姓名	职务	职称	学历	所学专业	获证书时间、种类及编号	发证机关

注："证书"指与企业签订了全日制用工劳动合同的管理人员、技术人员的职称证书、最高学历证书以及特有工种人员的职业资格证书。

附件 4：

浓缩饲料、配合饲料、精料补充料生产许可申报材料要求

一、许可范围

（一）在中华人民共和国境内生产浓缩饲料、配合饲料、精料补充料的企业（以下简称企业）。

（二）浓缩饲料是指主要由蛋白质、矿物质和饲料添加剂按照一定比例配制的饲料；配合饲料是指根据养殖动物营养需要，将多种饲料原料和饲料添加剂按照一定比例配制的饲料；精料补充料是指为补充草食动物的营养，将多种饲料原料和饲料添加剂按照一定比例配制的饲料。

（三）本要求适用于以下情形：

1. 设立：指企业首次申请生产许可。
2. 续展：指企业生产许可有效期满继续生产。
3. 增加或更换生产线：增加生产线指企业在同一厂区增建已获得许可产品的生产线；更换生产线指企业对已有生产线的关键设备或生产工艺进行重大调整。
4. 增加产品类别或产品系列：指企业申请增加生产许可范围以外的产品。
5. 迁址：指企业迁移出原生产地址，搬迁至新的生产地址。
6. 变更：指企业名称变更、法定代表人变更、注册地址或注册地址名称变更、生产地址名称变更。

二、申报材料格式要求

（一）企业应当按照《浓缩饲料、配合饲料、精料补充料生产许可申报材料一览表》的要求提供相关材料。

（二）申报材料应当使用 A4 规格纸、小四号宋体打印，按照《浓缩饲料、配合饲料、精料补充料生产许可申报材料一览表》顺序编制目录、装订成册并标注页码。表格不足时可加续表。申报材料应当清晰、干净、整洁。

（三）（农业部令 2017 年第 8 号修订）申报材料中企业提供的工商营业执照复印件应当加盖企业公章。

（四）（农业部令 2017 年第 8 号修订）申报材料一式两份（应包括纸质文件和电子文档光盘），其中一份报送省级饲料管理部门，承担具体受理工作的机构留存一份。

（五）申报材料电子文档采用 PDF 格式，相关证明文件应为原件扫描件，文件名为企业全称。

（六）增加或更换生产线、增加产品类别或产品系列的，仅提供与申请事项相关的资料。

三、申报材料内容要求

（一）企业承诺书

（二）浓缩饲料、配合饲料、精料补充料生产许可申请书

1. 封面

1.1 生产许可证编号：已获得生产许可证的企业填写原生产许可证编号，新设立的企业不填写。

1.2 产品类别：根据企业申请生产的产品，在浓缩饲料、配合饲料、精料补充料后面的"□"中打"√"。

1.3 企业名称：填写企业工商营业执照上的注册名称，并加盖企业公章。尚未取得工商注册的，按照企业名称预先核准通知书核准的名称填写。

1.4 联系人：填写企业负责办理生产许可的工作人员姓名。

1.5 联系方式：填写企业负责办理生产许可的联系人的手机、固定电话（注明区号）、传真等。

1.6 申请事项：根据企业具体情况分别在选项后面的"□"中打"√"。

1.7 申报日期：填写企业报出材料的日期。

2. 企业基本情况

各栏仅填写与申请事项相关的内容。

2.1 企业名称：填写企业工商营业执照上的注册名称。尚未取得工商注册的，按照企业名称预先核准通知书核准的名称填写。

2.2 生产地址：填写企业生产所在地详细地址，注明省（自治区、直辖市）、市（地）、县（市、区）、乡（镇、街道）、村（社区）、路（街）、号。

2.3 （农业部令2017年第8号修订）法定代表人、统一社会信用代码、住所（注册地址）、企业类型、注册资本：按照企业工商营业执照填写。尚未取得工商注册的，按照企业名称预先核准通知书填写。

2.4 固定资产：指厂房、设备和设施等资产总值。

2.5 所属法人机构信息：如企业为非法人单位，应当填写所属法人机构信息。

2.6 主要机构设置及人员组成

机构名称按照企业实际情况填写技术、生产、质量、销售、采购等机构。

人员总数填写与企业签订全日制用工劳动合同的人员数量。

专业技术人员填写企业的技术、生产、质量、销售、采购等机构中取得中专以上学历或初级以上技术职称的人员数量。

2.7 企业简介包括建立时间或变迁来源、隶属关系、所有权性质、生产产品、生产能力、技术水平、工艺装备、质量管理等内容（1 000字以内）。

3. 产品基本情况

3.1 生产线名称：按照产品类别进行命名，如配合饲料生产线、浓缩饲料生产线、配合饲料和浓缩饲料生产线、精料补充料生产线等。

3.2 生产能力（吨/小时）：按照混合机有效容积×0.5（平均容重）×10（批/小

时）计算。

3.3 产品类别：按照浓缩饲料、配合饲料、精料补充料填写。

3.4 产品系列：根据企业生产情况，按照饲喂动物划分并填写。浓缩饲料填写畜禽、水产、反刍、幼畜禽、种畜禽、水产育苗、宠物、特种动物等；配合饲料填写畜禽、水产、反刍、幼畜禽、种畜禽、水产育苗、宠物、特种动物等；精料补充料填写反刍动物、其他等。

4. 生产设备明细表

4.1 企业应当以生产线为单位，填写与生产工艺流程图一致的原料清理、粉碎、提升、配料、混合、自动包装等设备及完整的除尘系统、电控系统、液体添加等辅助设备。生产颗粒饲料产品的，还应当填写制粒或膨化、冷却、破碎、分级、干燥等后处理设备。

4.2 生产线名称及序号：与3.1对应，并逐一填写。

4.3 设备名称、型号规格、生产厂家、出厂日期：按照设备说明书或设备铭牌填写。

4.4 技术性能指标：填写反映生产设备主要特征的技术性能参数。

5. 检验仪器明细表

5.1 按照饲料生产企业许可条件规定逐一列出。

5.2 仪器名称、型号规格、生产厂家、出厂日期、出厂编号：按照仪器说明书或仪器铭牌填写。

5.3 技术性能指标：填写检验仪器主要技术性能参数。

6. （农业部令2017年第8号修订）主要管理技术人员及特有工种人员登记表

填写与企业签订全日制用工劳动合同的人员，包括企业负责人、技术负责人、生产负责人、质量负责人、销售负责人、采购负责人、检验化验员等，其中检验化验员至少2名。尚未取得工商注册的，填写拟与本企业签订劳动合同的上述人员信息。

（三）工商营业执照

提供本企业的工商营业执照复印件，尚未取得工商注册的企业除外。非法人单位还应当提供所属法人单位的工商营业执照复印件。

（四）（农业部令2017年第8号修订）（取消）

（五）企业名称预先核准通知书

尚未取得工商注册的，提供有效期内的企业名称预先核准通知书复印件。

（六）企业组织机构图

提供包括技术、生产、质量、销售、采购等机构的企业组织机构框图。

（七）（农业部令2017年第8号修订）（取消）

（八）主要机构负责人毕业证书或职称证书

提供技术、生产和质量机构负责人的毕业证书或职称证书复印件。

（九）（农业部令2017年第8号修订）（取消）

（十）厂区平面布局图

按比例绘制厂区平面布局图，并注明生产、检化验、生活、办公等功能区，其中生产区应当标明生产车间、原料库、成品库的基本尺寸。

（十一）生产工艺流程图和工艺说明

按照企业实际生产线数量逐一提供生产工艺流程图和工艺说明，生产工艺流程图应当使用规范的饲料加工设备图形符号绘制。

工艺说明应当反映主要生产步骤、目的、原理、实施方式、实施效果等内容。使用同一套生产设备生产不同产品的，还应当提供防止交叉污染措施。

（十二）计算机自动化控制系统配料精度证明

提供计算机自动化控制系统配料精度的自检报告或专业检验机构出具的检验报告或系统供应商提供的技术参数证明复印件。

（十三）混合机混合均匀度检测报告

提供本企业所有混合机的混合均匀度自检报告或专业检验机构出具的检验报告或供应商提供的技术参数证明复印件。

（十四）检验化验室平面布置图

按比例绘制检验化验室平面布置图，图中标明天平室、理化分析室、仪器室和留样观察室等功能室以及功能室的基本尺寸和检验仪器的位置。

（十五）检验仪器购置发票

有检验仪器购置发票的提供发票复印件。无法提供购置发票的，提供检验仪器已列入企业固定资产的证明材料。

（十六）企业管理制度

提供企业按照《饲料质量安全管理规范》制定的主要管理制度的名称、主要内容等。（1 500字以内）

（十七）企业生产许可证

已经取得生产许可证的企业，提供生产许可证复印件。

（十八）相关证明材料

提出变更申请的，提供企业所在地相关管理部门出具的证明材料。

浓缩饲料、配合饲料、精料补充料生产许可申报材料一览表

序号	申报材料项目	设立（已取得工商注册）	设立（未取得工商注册）	续展	增加或更换生产线	增加产品品种	迁址	变更企业名称	变更企业法定代表人	变更企业注册地址或注册地址名称	变更企业生产地址名称
1	企业承诺书	√	√	√	√	√	√				
2	浓缩饲料、配合饲料、精料补充料生产许可申请书	√	√	√	√	√	√				
3	工商营业执照	√		√			√	√	√	√	√
4	统一社会信用代码（取消组织机构代码证）	√		√			√				

三、行政许可

(续表)

序号	申报材料项目	设立(已取得工商注册)	设立(未取得工商注册)	续展	增加或更换生产线	增加产品品种	迁址	变更企业名称	变更企业法定代表人	变更企业注册地址或注册地址名称	变更企业生产地址名称
5	企业名称预先核准通知书		√					√			
6	企业组织机构图	√	√	√			√				
7	主要机构负责人和特有工种人员劳动合同(取消)	√	√	√			√				
8	主要机构负责人毕业证书或职称证书	√	√	√			√				
9	职业资格证书或鉴定合格证明(取消)	√	√	√			√				
10	厂区平面布局图	√	√	√	√	√	√				
11	生产工艺流程图和工艺说明	√	√	√	√	√	√				
12	计算机自动化控制系统配料精度证明	√	√	√	√		√				
13	混合机混合均匀度检测报告	√	√	√	√		√				
14	检验化验室平面布置图	√	√	√			√				
15	检验仪器购置发票	√	√								
16	企业管理制度	√	√								
17	企业生产许可证			√	√	√	√	√	√	√	√
18	相关证明材料							√	√	√	√

注：增加或更换生产线、增加产品类别或产品系列的，仅提供与申请事项相关的材料。

企业承诺书

一、申报材料真实性承诺

（一）本企业对《饲料和饲料添加剂管理条例》《饲料和饲料添加剂生产许可管理办法》和《饲料生产企业许可条件》及其相关要求已经充分理解。

（二）本企业提供的纸质和电子申报材料均真实、完整、一致。申报材料中如有虚假不实信息，自愿承担一切后果及法律责任。

二、遵纪守法承诺

本企业严格遵守《饲料和饲料添加剂管理条例》及其配套规章和规范性文件的规定，严格遵守国家关于计量、环保、安全生产、劳动保护、消防安全、危险化学品使用、实验室管理等相关管理规定。如有违纪违法行为，自愿承担一切后果及法律责任。

法定代表人（负责人）签名

（企业公章）

年　　月　　日

生产许可证编号：

浓缩饲料、配合饲料、精料补充料生产许可申请书

产品类别：浓缩饲料☐　配合饲料☐　　精料补充料☐

企业名称：_____（公章）

联 系 人：_____

联系方式：_____

申请事项：　设立☐　　　　续展☐　　　增加或更换生产线☐

　　　　　　增加产品品种☐　　　　　迁址☐

申报日期：　　　　　年　　月　　日

中华人民共和国农业部　制

二〇一二年

表 1 企业基本情况

企业名称				
生产地址				
通讯地址及邮编				
法定代表人				
统一社会信用代码				
住所（注册地址）				
企业类型				
注册资本（万元）		固定资产（万元）		
所属法人机构信息	名　称			
	住　所			
	统一社会信用代码		法定代表人	
	企业类型		联系人	
	联系电话		传　真	
主要机构设置及人员组成	机构名称			
	人　数			
	人员总数		其中专业技术人员	

企业简介：

表 2　产品基本情况

生产线序号	生产线一	生产线二	生产线三	生产线四
生产线名称				
生产能力（吨/小时）				
产能合计（吨/小时）				
产品类别	产品系列			

表3 生产设备明细表

生产线名称及序号					
序号	设备名称	型号规格	生产厂家	出厂日期（年月）	技术性能指标

表4 检验仪器明细表

序号	仪器名称	型号规格	生产厂家	出厂日期（年月）	出厂编号	技术性能指标

表 5　主要管理技术人员及特有工种人员登记表

序号	姓名	职务	职称	学历	所学专业	获证书时间、种类及编号	发证机关

注："证书"指与企业签订了全日制用工劳动合同的管理人员、技术人员的职称证书、最高学历证书以及特有工种人员的职业资格证书。

附件 5：
单一饲料生产许可申报材料要求

一、许可范围

（一）在中华人民共和国境内生产单一饲料的企业（以下简称企业）。

（二）单一饲料是指来源于一种动物、植物、微生物或者矿物质，用于饲料产品生产的饲料。单一饲料品种见《饲料原料目录》。

（三）本要求适用于以下情形：

1. 设立：指企业首次申请生产许可。

2. 续展：指企业生产许可有效期满继续生产。

3. 增加或更换生产线：增加生产线指企业在同一厂区增建已获得许可产品的生产线；更换生产线指企业对已有生产线的关键设备或生产工艺进行重大调整。

4. 增加产品品种：指企业申请增加生产许可范围以外的产品。

5. 迁址：指企业迁移出原生产地址，搬迁至新的生产地址。

6. 变更：指企业名称变更、法定代表人变更、注册地址或注册地址名称变更、生产地址名称变更。

二、申报材料格式要求

（一）企业应当按照《单一饲料生产许可申报材料一览表》的要求提供相关材料。

（二）申报材料应当使用 A4 规格纸、小四号宋体打印，按照《单一饲料生产许可申报材料一览表》顺序编制目录、装订成册并标注页码。表格不足时可加续表。申报材料应当清晰、干净、整洁。

（三）申报材料中企业提供的工商营业执照、产品标准、环保证明、微生物菌种来源证明等证明材料的复印件应当加盖企业公章。

（四）（农业部令 2017 年第 8 号修订）申报材料一式两份（应包括纸质文件和电子文档光盘），其中一份报送省级饲料管理部门，承担具体受理工作的机构留存一份。

（五）申报材料电子文档采用 PDF 格式，相关证明文件应为原件扫描件，文件名为企业全称。

（六）增加或更换生产线、增加产品品种的，仅提供与申请事项相关的资料。

三、申报材料内容要求

（一）企业承诺书
（二）单一饲料生产许可申请书
1. 封面
1.1 生产许可证编号：已获得生产许可证的企业填写原生产许可证编号，新设立的企业不填写。

1.2 企业名称：填写企业工商营业执照上的注册名称，并加盖企业公章。尚未取得工商注册的，按照企业名称预先核准通知书核准的名称填写。

1.3 联系人：填写企业负责办理生产许可的工作人员姓名。

1.4 联系方式：填写企业负责办理生产许可的联系人的手机、固定电话（注明区号）、传真等。

1.5 申请事项：根据企业具体情况分别在选项后面的"□"中打"√"。

1.6 申报日期：填写企业报出材料的日期。

2. 企业基本情况

各栏仅填写与申请事项相关的内容。

2.1 企业名称：填写企业工商营业执照上的注册名称。尚未取得工商注册的，按照企业名称预先核准通知书核准的名称填写。

2.2 生产地址：填写企业生产所在地详细地址，注明省（自治区、直辖市）、市（地）、县（市、区）、乡（镇、街道）、村（社区）、路（街）、号。

2.3 （农业部令2017年第8号修订）法定代表人、统一社会信用代码、住所（注册地址）、企业类型、注册资本：按照企业工商营业执照填写。尚未取得工商注册的，按照企业名称预先核准通知书填写。

2.4 固定资产：指厂房、设备和设施等资产总值。

2.5 所属法人机构信息：如企业为非法人单位，应当填写所属法人机构信息。

2.6 主要机构设置及人员组成

机构名称按照企业实际情况填写技术、生产、质量、销售、采购等机构。

人员总数填写与企业签订全日制用工劳动合同的人员数量。

专业技术人员填写企业的技术、生产、质量、销售、采购等机构中取得中专以上学历或初级以上技术职称的人员数量。

2.7 企业简介包括建立时间或变迁来源、隶属关系、所有权性质、生产产品、生产能力、技术水平、工艺装备、质量管理等内容（1 000字以内）。

3. 产品基本情况

3.1 产品名称：按照《饲料原料目录》中的名称填写。

3.2 生产能力：按照每个产品年生产能力填写并注明单位。

4. 生产设备明细表

4.1 企业应当以生产线为单位，填写与生产工艺流程图一致的原料贮存、预处理、生产、计量、包装、除尘等主要生产设备。

4.2 生产产品：填写本生产线生产的产品。

4.3 设备名称、型号规格、生产厂家、出厂日期：按照设备说明书或设备铭牌填写。

4.4 技术性能指标：填写反映生产设备主要特征的技术性能参数。

5. 检验仪器明细表

5.1 填写能够满足产品主成分、《饲料原料目录》中强制性标识要求所列项目和执行标准中出厂检验规定的项目所需的检验仪器。

生产动物源性单一饲料和采用生物发酵工艺生产单一饲料的，还应当填写微生物检验所需的检验仪器。

5.2 仪器名称、型号规格、生产厂家、出厂日期、出厂编号：按照仪器说明书或仪器铭牌填写。

5.3 技术性能指标：填写检验仪器主要技术性能参数。

6. 主要管理技术人员及特有工种人员登记表

填写与企业签订全日制用工劳动合同的人员，包括企业负责人、技术负责人、生产负责人、质量负责人、销售负责人、采购负责人、检验化验员等，其中检验化验员至少2名。尚未取得工商注册的，填写拟与本企业签订劳动合同的上述人员信息。

（三）工商营业执照

提供本企业的工商营业执照复印件，尚未取得工商注册的企业除外。非法人单位还应当提供所属法人单位的工商营业执照复印件。

（四）（农业部2017年令第8号修订）（取消）

（五）企业名称预先核准通知书

尚未取得工商注册的，提供有效期内的企业名称预先核准通知书复印件。

（六）企业组织机构图

提供包括技术、生产、质量、销售、采购等机构的企业组织机构框图。

（七）（农业部令2017年第8号修订）（取消）

（八）（农业部令2017年第8号修订）（取消）

（九）厂区平面布局图

按比例绘制厂区平面布局图，并注明生产、检化验、生活、办公等功能区，其中生产区应当标明生产车间、原料库、成品库的基本尺寸。

（十）生产工艺流程图和工艺说明

按照企业实际生产线数量逐一提供生产工艺流程图和工艺说明，生产工艺流程图应当按照国家或行业相关的规范性要求绘制。生产工艺流程应当符合《饲料原料目录》产品特征描述中的工艺要求。

工艺说明应当反映主要生产步骤、目的、原理、实施方式、实施效果等内容。使用同一套生产设备生产不同产品的，还应当提供防止交叉污染措施；生产动物源性单一饲料产品的，还应当提供生产设备清洗消毒措施；采用生物发酵生产工艺生产单一饲料产品的，还应当说明采用的微生物菌种的中文学名和拉丁文学名以及主要培养基、包被材料、载体等原材料名称。

（十一）检验化验室平面布置图

按比例绘制检验化验室平面布置图，图中标明天平室、理化分析室或前处理室、仪器室和留样观察室等功能室以及功能室的基本尺寸和检验仪器的位置。

动物源性单一饲料和采用生物发酵工艺生产单一饲料的,还应当标明微生物检验室以及检验室的基本尺寸和检验仪器的位置。

(十二) 检验仪器购置发票

有检验仪器购置发票的提供发票复印件。无法提供购置发票的,提供检验仪器已列入企业固定资产的证明材料。

(十三) 产品标准

执行国家标准或者行业标准的,提供现行国家标准或者行业标准文本复印件。

执行企业标准的,提供有效的企业备案标准文本复印件;尚未取得工商注册的,提供企业标准草案文本。

(十四) 企业管理制度

提供企业制定的主要管理制度的名称、主要内容等。(1 500字以内)

(十五) 环保证明

提供由企业生产所在地县级以上人民政府环境保护部门出具的、与所申报产品相关的环保证明复印件。

(十六) 微生物菌种来源证明

采用生物发酵工艺生产单一饲料产品的,应当提供申请许可前12个月内由国家或省部级微生物菌种保藏机构出具的微生物菌种种属证明,种属证明应当包括菌种鉴定的主要实验原理、方法和结论等信息。企业使用的微生物菌种应当符合《饲料原料目录》的规定。

(十七) 动物源性原料来源证明

生产动物源性单一饲料产品的,提供与原料供应商签订的长期供货协议或合同等证明材料复印件。

(十八) 与生产新饲料有关的材料

申请生产新饲料的,提供新饲料证书复印件;新饲料证书持有者转让给其他企业生产的,还应当提供转让证明复印件。

(十九) 新饲料自获证之日起超过3年未投入生产,其他企业申请生产的,应当提供农业部允许该产品作为单一饲料生产和使用的公告。

(二十) 企业生产许可证

已经取得生产许可证的企业,提供生产许可证复印件。

(二十一) 相关证明材料

提出变更申请的,提供企业所在地相关管理部门出具的证明材料。

单一饲料生产许可申报材料一览表

序号	申报材料项目	设立（已取得工商注册）	设立（未取得工商注册）	续展	增加或更换生产线	增加产品品种	迁址	变更企业名称	变更企业法定代表人	变更企业注册地址或注册地址名称	变更企业生产地址名称
1	企业承诺书	√	√	√	√	√	√				
2	单一饲料生产许可申请书	√	√	√	√	√					
3	工商营业执照	√		√			√	√	√	√	√
4	统一社会信用代码（取消组织机构代码证）	√									
5	企业名称预先核准通知书		√					√			
6	企业组织机构图	√	√	√			√				
7	主要机构负责人和特有工种人员劳动合同（取消）	√	√	√			√				
8	职业资格证书或鉴定合格证明（取消）	√	√	√			√				
9	厂区平面布局图	√	√	√	√	√	√				
10	生产工艺流程图和工艺说明	√	√	√	√	√	√				
11	检验化验室平面布置图	√	√	√	√		√				
12	检验仪器购置发票	√	√	√	√		√				
13	产品标准	√	√	√	√	√					
14	企业管理制度	√	√	√			√				
15	环保证明	√	√				√				
16	微生物菌种来源证明	√	√	√	√	√	√				
17	动物源性原料来源证明	√	√	√	√	√	√				
18	与生产新饲料有关的材料	√	√	√	√	√	√				
19	农业部允许该产品作为单一饲料生产和使用的公告	√	√			√					
20	企业生产许可证			√	√	√	√	√	√	√	√
21	相关证明材料							√	√	√	√

注1：增加或更换生产线、增加产品品种的，仅提供与申请事项相关的材料。

注2：表中序号16、17、18、19，仅适用于与申请事项相关的产品。

企业承诺书

一、申报材料真实性承诺

（一）本企业对《饲料和饲料添加剂管理条例》及其配套规章和规范性文件的要求已经充分理解。

（二）本企业提供的纸质和电子申报材料均真实、完整、一致。申报材料中如有虚假不实信息，自愿承担一切后果及法律责任。

二、遵纪守法承诺

本企业严格遵守《饲料和饲料添加剂管理条例》及其配套规章和规范性文件的规定，严格遵守国家关于计量、环保、安全生产、劳动保护、消防安全、危险化学品使用、实验室管理等相关管理规定。如有违纪违法行为，自愿承担一切后果及法律责任。

法定代表人（负责人）签名

（企业公章）

年　月　日

生产许可证编号：

单一饲料生产许可申请书

企业名称：_____（公章）

联 系 人：_____

联系方式：_____

申请事项： 设立☐　　续展☐　　增加或更换生产线☐

增加产品品种☐　　迁址☐

申报日期：　　　　　年　　月　　日

中华人民共和国农业部　制

二〇一二年

三、行政许可

表 1　企业基本情况

企业名称				
生产地址				
通讯地址及邮编				
法定代表人				
统一社会信用代码				
住所（注册地址）				
企业类型				
注册资本（万元）		固定资产（万元）		
所属法人机构信息	名　称			
	住　所			
	统一社会信用代码		法定代表人	
	企业类型		联系人	
	联系电话		传　真	
主要机构设置及人员组成	机构名称			
	人　数			
	人员总数		其中专业技术人员	

企业简介：

表 2　产品基本情况

序号	产品名称	生产能力（吨/年）	生产工艺简述

表3 生产设备明细表（生产线_____）

生产产品：					
序号	设备名称	型号规格	生产厂家	出厂日期（年月）	技术性能指标

表4 检验仪器明细表

序号	仪器名称	型号规格	生产厂家	出厂日期（年月）	出厂编号	技术性能指标

表 5 主要管理技术人员及特有工种人员登记表

序号	姓名	职称	职务	学历	所学专业	所从事业务工作及从业年限	获证书时间、种类及编号	发证机关

注："证书"指与企业签订了全日制用工劳动合同的管理人员、技术人员的职称证书、最高学历证书以及特有工种人员的职业资格证书。

农业部办公厅关于印发饲料和饲料添加剂生产许可现场审核表的通知

（农办牧〔2012〕45号）

各省、自治区、直辖市饲料工作（工业）办公室，全国畜牧总站、中国饲料工业协会：

2012年5月1日，《饲料和饲料添加剂管理条例》（国务院令第609号，以下简称《条例》）经修订后正式施行。为贯彻落实《条例》及其配套规章要求，加强饲料和饲料添加剂生产许可管理，统一饲料和饲料添加剂生产许可审核标准，我部制定了《饲料添加剂生产许可现场审核表》《混合型饲料添加剂生产许可现场审核表》《添加剂预混合饲料生产许可现场审核表》《浓缩饲料、配合饲料、精料补充料生产许可现场审核表》和《单一饲料生产许可现场审核表》，用于饲料和饲料添加剂生产许可现场审核工作。现在将审核表印发给你们，请遵照执行。

附件：1.《饲料添加剂生产许可现场审核表》
      2.《混合型饲料添加剂生产许可现场审核表》
      3.《添加剂预混合饲料生产许可现场审核表》
      4.《浓缩饲料、配合饲料、精料补充料生产许可现场审核表》
      5.《单一饲料生产许可现场审核表》

农业部办公厅
2012年11月22日

附件1：

饲料添加剂生产许可
现 场 审 核 表

企业名称：　_____

生产地址：　_____

联 系 人：　_____

联系电话：　_____

审核日期：　_____　年　　月　　日

中华人民共和国农业部　制

二〇一二年

填写说明

一、本表用于饲料添加剂生产许可现场审核。

二、审核组由省级饲料管理部门指定的三名以上专家组成,审核组成员应当熟悉饲料管理法规、饲料添加剂加工工艺、质量检验等专业知识。

三、审核表由审核组成员使用蓝色或黑色签字笔填写,不得随意涂改。现场审核工作结束后,审核表由省级饲料管理部门存档。

四、在进行现场审核的同时,还应当就企业申报材料与企业现场的一致性进行符合性检查。

五、现场审核及符合性检查同时满足要求的,在表2的审核结论一栏中打"√",不符合要求的打"×"并在备注栏逐一注明原因;不涉及的审核内容,在审核结论一栏注明"不涉及"。符合性检查中存在问题的,必要时留存影像、文字等相关证据。

六、审核组应当根据现场审核情况提出审核意见,审核意见应当包括对申请企业的总体评价以及相关建议等内容。

表 1　审核组成员及审核意见

审核组成员	姓名	职务/职称	工作单位	签字

企业参加人员	姓名	职务	签字

现场审核意见	
	审核组长签字： 　　　年　　月　　日

三、行政许可

表 2 现场审核内容

审核项目	序号	审核内容	审核方式	审核要求	审核结论	备注
机构与人员	1	管理机构	核查企业组织机构框图	设立技术、生产、质量、销售、采购等管理机构。		
	2	管理机构负责人	1.核查机构负责人任命书 2.核查劳动合同（取消）	技术、生产、质量机构配备专职负责人，并不得互相兼任。		
	3	技术负责人	1.核查毕业证书或职称证书 2.现场考核	具备生产产品所需相关专业的学历或职称。熟悉饲料法规和相关饲料添加剂专业知识。		
	4	生产负责人	1.核查毕业证书或职称证书 2.现场考核	具备生产产品所需相关专业的学历或职称。熟悉饲料法规和相关饲料添加剂专业知识。		
	5	质量负责人	1.核查毕业证书或职称证书 2.现场考核	具备生产产品所需相关专业的学历或职称。熟悉饲料法规和相关饲料添加剂专业知识。		
	6	销售负责人	现场考核	熟悉饲料法规。		
	7	采购负责人	现场考核	熟悉饲料法规。		
	8	检验化验员	1.核查劳动合同（取消） 2.核查职业资格证书或鉴定合格证明（取消） 3.现场技能考核	有2名以上的专职检验员。持有农业部职业技能鉴定机构颁发的饲料检验化验员职业资格证书或与生产饲料相关的省级以上医药、化工、食品行业管理部门核发的检验类职业资格证书或省级饲料职业技能鉴定机构出具的鉴定合格证明。（取消）正确操作检验仪器，熟悉检验步骤。		

219

(续表)

审核项目	序号	审核内容	审核方式	审核要求	审核结论	备注
厂区布局与设施	9	生产厂区	现场查看	有独立的生产厂区。厂区周围没有影响产品质量安全的污染源。		
	10	厂区布局与卫生	1.现场查看 2.核查厂区平面布局图	厂区布局合理，生产区与生活、办公等区域分开。厂区整洁卫生。厂区道路和作业场所采用混凝土或沥青硬化。生活、办公等区域有密闭式生活垃圾收集设施。		
	11	生产区与布局	1.现场查看 2.核查厂区平面布局图	生产区按照生产工序合理布局，有相对独立的、与生产规模相匹配的生产车间、原料库和成品库。		
	12	通风与采光	现场查看	生产区建筑物通风和采光良好，自然采光设施有防雨功能，人工采光灯具有防爆功能。		
	13	消防设施	现场查看	厂区内配备必要的消防设施或设备。		
	14	排水系统	现场查看	厂区内有完善的排水系统。排水系统入口处有防堵塞装置，出口处有防止动物侵入装置。		
	15	安全防护设施与警示标识	现场查看	用电、高温、传动、提升、下料坑、吊物孔、维修操作平台、爬梯等有警示标识和安全防护设施。危险化学品、易燃易爆物品存放区有警示标识。生产区作业人员配备劳动保护用品。		
	16	仓储设施	现场查看	有原料、成品、包装材料、备品备件贮存设施。仓储设施具有防霉、防潮、防鸟、防鼠功能。危险化学品、易燃易爆物品有符合相关行业管理要求的仓储设施。		

三、行政许可

(续表)

审核项目	序号	审核内容	审核方式	审核要求	审核结论	备注
工艺与设备	17	生产工艺	核查生产装置工艺流程图现场查看	生产工艺与产品品种、生产规模相匹配，科学合理。		
	18	生产设备	现场查看核查防止交叉污染控制文件及相关记录	生产设备与产品品种、生产规模相匹配，设备齐全、完好。使用同一套生产设备生产不同饲料添加剂品种的，有防止交叉污染的措施。		
	19	设备布局	现场查看核查生产装置平立面布置图	设备平面布局合理，人流、物流通道顺畅。		
质量检验和质量管理制度	20	检验化验室	现场查看	检验化验室在厂区内独立设置。检验化验室与生产车间和仓储区域分离。		
	21	检验化验仪器	1.现场查看 2.核查购置发票或已入固定资产的证明材料 3.核查企业标准	配备常规检验仪器。配备满足产品主成分指标以及执行标准中出厂检验规定的项目所需的检验仪器。		
	22	检验化验室布局	1.现场查看 2.核查检验化验室平面布置图	检验化验室包括天平室、处理室、仪器室和留样观察室，理化分析室或设置微生物检验室等功能室。采用生物发酵工艺生产饲料添加剂的应设置微生物检验室。检验化验室使用面积满足仪器、设备、设施布局和检验化验工作需要。		

（续表）

审核项目	序号	审核内容	审核方式	审核要求	审核结论	备注
质量检验和质量管理制度	23	检验化验功能室要求	现场查看	天平室有满足分析天平放置要求的天平台。理化分析室有能够满足样品理化分析和检验要求的通风柜、实验台、器皿柜，试剂柜；前处理室有能够满足样品前处理和检验要求的通风柜、实验台、器皿柜，试剂柜、气瓶柜或固定气瓶装置以及避光、空调等设备设施；同时开展高温或明火操作和易燃试剂操作的，还应分别设立独立的操作区和通风柜。		
				仪器室满足检验所需精密仪器的使用要求。		
				留样观察室满足产品贮存要求的样品柜。		
				微生物检验室有满足微生物检验要求的设施。		
	24	管理制度与质量管理体系	1.核查管理制度与质量管理体系文本 2.核查管理制度执行情况	有原料采购与管理、生产过程控制、产品质量控制、产品贮存与运输、产品召回、人员与卫生、文件与记录管理等管理制度文件的文本。		
				有与生产过程相关的各岗位操作规程文本，和原料检验、产品检验岗位操作规程文本以及其他重要岗位操作规程文本。		
	25	产品标准	1.核查产品标准 2.核查检验方法验证结论	有所生产产品的国家标准、行业标准或企业标准。		
				执行企业标准的，有省级及以上饲料检验机构出具的产品主成分指标检测方法验证结论。产品有国家或行业标准的除外。		

三、行政许可

(续表)

审核项目	序号	审核内容	审核方式	审核要求	审核结论	备注
其他	26	环保证明	核查环保证明	有由企业生产所在地县级以上人民政府环境保护部门出具的、与所申报产品相关的环保证明。		
	27	微生物菌种来源	核查微生物菌种来源证明	使用生物发酵工艺生产微生物、酶制剂饲料添加剂的,有申请许可前12个月内由国家或省部级微生物菌种保藏机构出具的微生物菌种鉴定证明,菌种证明应当包括菌种的主要实验原理、方法和结论等信息。使用生物发酵工艺生产其他饲料添加剂产品的,且农业部对微生物菌种有明确规定的,使用前款规定的菌种相关证明。使用基因工程菌生产饲料添加剂产品的,有符合国家规定的证明材料。		
	28	新饲料添加剂证书和转让证明	核查证书或转让证明	申请生产新饲料添加剂的,有新饲料添加剂证书。新饲料添加剂证书持有者转让给其他企业生产的,有转让证明。		
	29	农业部允许作为饲料添加剂生产和使用的公告	核查公告	有下列情形之一的,有农业部允许该产品作为饲料添加剂含量规格低于饲料添加剂安全使用规范要求的:1.饲料添加剂含量规格低于饲料添加剂安全使用规范要求的;2.饲料添加剂生产工艺发生重大变化的;3.新饲料添加剂自获证之日起超过3年未投入生产,其他企业申请生产的。		

表3 现场审核不合格项目汇总表

企业名称：		
序号	不合格项对应条款	不合格项目描述
1		
2		
3		
4		
5		

审核组长（签字）：　　　　　　　　企业法人（负责人）（签字）：

　　　　　　　　　　　　　　　　　　　　　年　　月　　日

附件2：

混合型饲料添加剂生产许可
现 场 审 核 表

企业名称：＿＿＿＿＿＿＿＿＿＿＿＿＿＿＿＿＿＿＿＿＿＿

生产地址：＿＿＿＿＿＿＿＿＿＿＿＿＿＿＿＿＿＿＿＿＿＿

联 系 人：＿＿＿＿＿＿＿＿＿＿＿＿＿＿＿＿＿＿＿＿＿＿

联系电话：＿＿＿＿＿＿＿＿＿＿＿＿＿＿＿＿＿＿＿＿＿＿

审核日期：＿＿＿＿＿＿　　年　　月　　日＿＿＿＿＿＿

中华人民共和国农业部　制
二〇一二年

填写说明

一、本表用于混合型饲料添加剂生产许可现场审核。

二、审核组由省级饲料管理部门指定的三名以上专家组成，审核组成员应当熟悉饲料管理法规、混合型饲料添加剂加工工艺、质量检验等专业知识。

三、审核表由审核组成员使用蓝色或黑色签字笔填写，不得随意涂改。现场审核工作结束后，审核表由省级饲料管理部门存档。

四、在进行现场审核的同时，还应当就企业申报材料与企业现场的一致性进行符合性检查。

五、现场审核及符合性检查同时满足要求的，在表2的审核结论一栏中打"√"，不符合要求的打"×"并在备注栏逐一注明原因；不涉及的审核内容，在审核结论一栏注明"不涉及"。符合性检查中存在问题的，必要时留存影像、文字等相关证据。

六、审核组应当根据现场审核情况提出审核意见，审核意见应当包括对申请企业的总体评价以及相关建议等内容。

三、行政许可

表 1 审核组成员及审核意见

	姓名	职务/职称	工作单位	签字
审核组成员				

	姓名	职务	签字
企业参加人员			

现场审核意见	 审核组长签字： 　　年　月　日

表 2 现场审核内容

审核项目	序号	审核内容	审核方式	审核要求	审核结论	备注
机构与人员	1	管理机构	核查企业组织机构框图	设立技术、生产、质量、销售、采购等管理机构。		
	2	管理机构负责人	核查机构负责人任命书核查劳动合同（取消）	技术、生产、质量机构配备专职负责人，并不得互相兼任。		
	3	技术负责人	1.核查毕业证书或职称证书 2.现场考核	具备畜牧、兽医、水产等相关专业大专以上学历或中级以上技术职称。熟悉饲料法规、动物营养、产品配方设计等专业知识。		
	4	生产负责人	1.核查毕业证书或职称证书 2.现场考核	具备畜牧、兽医、水产、食品、机械、化工与制药等相关专业大专以上学历或中级以上技术职称。熟悉饲料法规、饲料加工技术与设备、生产过程控制、生产管理等专业知识。		
	5	质量负责人	1.核查毕业证书或职称证书 2.现场考核	具备畜牧、兽医、水产、食品、化工与制药、生物科学等相关专业大专以上学历或中级以上技术职称。熟悉饲料法规、原料与产品质量控制、原料与产品检验、产品质量管理等专业知识。		
	6	销售负责人	现场考核	熟悉饲料法规。		
	7	采购负责人	现场考核	熟悉饲料法规。		
	8	检验化验员	1.核查劳动合同（取消） 2.核查职业资格证书或鉴定合格证明 3.现场考核	有2名以上的专职检验化验员。持有农业部职业技能鉴定机构颁发的饲料检验化验员职业资格证书或生产相关的省级以上医药、化工、食品行业管理部门或省级饲料检验类职业技能鉴定机构出具的鉴定合格证明。（取消）正确操作检验仪器，熟悉检验步骤。		
	9	饲料加工设备维修工	1.核查劳动合同（取消） 2.核查职业资格证书或鉴定合格证明	持有农业部职业技能鉴定机构颁发的职业资格证书或省级职业技能鉴定机构出具鉴定合格证明。		

三、行政许可

(续表)

审核项目	序号	审核内容	审核方式	审核要求	审核结论	备注
厂区布局与设施	10	生产厂区	现场查看	有独立的生产厂区。厂区周围没有影响产品质量安全的污染源。		
	11	厂区布局与卫生	1.现场查看 2.核查厂区平面布局图	厂区布局合理,生产区与生活、办公等区域分开。厂区整洁卫生。厂区道路和作业所采用混凝土或沥青硬化。生活、办公等区域有密闭式生活垃圾收集设施。		
	12	生产区与布局	1.现场查看 2.核查厂区平面布局图	生产区按照生产工序合理布局,有相对独立的、与生产规模相匹配的生产车间、原料库、配料间和成品库。生产区总使用面积不少于400平方米。		
	13	生产车间	现场查看	混合型饲料添加剂生产车间独立设立;固态和液态混合型饲料添加剂生产车间分别设立。同时生产混合型饲料添加剂预混合饲料,易产生粉尘混合车间分别设立,且生产设备不得共用。		
	14	通风与采光	现场查看	生产区建筑物通风和采光设施良好,自然采光设施良好,积尘粉尘区域的人工采光灯具、电源开关及插座应具有防爆功能。		
	15	消防设施	现场查看	厂区内配备必要的消防设施或设备。		
	16	排水系统	现场查看	厂区内有完善的排水系统。排水系统入口处有防堵塞装置,出口处有防止动物侵入装置。		
	17	安全防护设施与警示标识	现场查看	配电箱、配电柜、配电箱有警示标志。设备传动装置有防护罩。投料地坑入口处有完整的栅栏、防护栏,所有设备维修平台、操作平台、爬梯和爬梯有防护栏。车间内投料吊物孔有坚固的盖板或四周有防护栏。生产区作业人员配备劳动保护用品。		
	18	仓储设施	现场查看	有原料、成品、包装材料、备品备件贮存设施。仓储设施具备防潮、防鼠、防虫等功能。存放维生素、微生物添加剂和酶制剂等热敏性物质的贮存间配有空调。生产规模相匹配,面积有防霉、防潮、防鼠、防虫等功能。亚硒酸钠等按危险化学品管理的饲料添加剂并配有独立的贮存间或贮存柜。		

229

（续表）

审核项目	序号	审核内容	审核方式	审核要求	审核结论	备注
工艺与设备	（一）固态混合型饲料添加剂					
	19	设计生产能力	1.核查工艺设计文件 2.核查混合机生产能力	设计生产能力不小于1吨/小时（混合机容积不小于0.25立方米）。		
	20	混合机	1.现场查看 2.核查配料单或配方 3.核查混合机的混合均匀度自检报告或专业检验机构的检验报告或供应商提供的技术参数证明	至少配备一台混合机并配备相应的除尘设备，对于产品配方中有添加比例小于0.2%的原料的，还应单独配备一台混合机。		
				混合机（含混合机缓冲仓）与物料接触部分使用不锈钢制造。		
				混合机的均匀度变异系数不大于5%。		
	21	粉尘控制	现场查看	生产线除尘系统使用脉冲式除尘器或性能更好的除尘设备。		
				除尘方式采用集中除尘和单点除尘相结合的方式。		
				投料口和打包口采用单点除尘方式。		
	22	原料配制和复核	现场查看	原料配制和复核分别配置电子秤。		
	23	产品包装	现场查看	产品包装称重采用电子秤。		
	24	噪声控制	现场查看	使用粉碎机的，空气压缩机，采用隔音或消音装置。		
	（二）液态混合型饲料添加剂					
	25	生产工艺	1.核查工艺设计文件 2.现场查看	生产线由包括原料前处理、称量、配液、过滤、灌装等工序的成套设备组成。		
	26	生产设备材质	现场查看	生产设备、输送管道及管件使用不锈钢或性能更好的材料制造。		
	27	均质设备	现场查看	有均质工序的，高压均质机的工作压力不小于50兆帕，并具有高压报警装置。		
	28	配液罐	现场查看	配液罐具有加热保温功能和温度显示装置。		
	29	产品灌装	现场查看	有独立的灌装间。		

三、行政许可

(续表)

审核项目	序号	审核内容	审核方式	审核要求	审核结论	备注
质量检验和质量管理制度	30	检验化验室	现场查看	检验化验室在厂区内独立设置。		
	31	检验化验仪器	1.现场查看 2.核查购置发票或已列入固定资产的证明材料 3.核查企业标准	检验化验室与生产车间和仓储区域分离。 配备常规检验仪器。 配备能够满足产品主成分检验需要的专用检验仪器。		
	32	检验化验室布局	1.现场查看 2.核查检验化验室平面布置图	检验化验室包括天平室、理化分析室或酶制处理室前处理室、仪器室和检验化验工作间。 检验化验室使用面积和局部满足天平、分光光度仪器、设备、设施布局和检验化验工作需要。		
	33	检验化验室功能要求	现场查看	天平室有满足分析天平放置要求的天平台。 理化分析室有能够满足样品理化分析和检验要求的通风柜、实验台、器皿柜、试剂柜等相关要求；需要进行微生物检验或酶制处理室的，还应满足相关要求。实验室的面积和局部满足样品前处理和检验装置以及通风柜、实验台、空调等设备设施；同时开展高温或明火操作和易燃试剂操作的，气瓶柜或高温或明火操作区独立分室设立独立的操作区和通风柜。 配备高效液相色谱仪、原子吸收分光光度计、可见紫外分光光度计等仪器的，仪器室的面积和局部满足其使用要求。同时配备高效液相色谱仪和原子吸收分光光度仪的，还应分室独立放置。 留样观察室有满足原料和产品贮存要求的样品。		
	34	管理制度与质量管理体系	1.核查管理制度与质量管理体系文本 2.核查管理制度执行情况	有原料采购与管理、生产过程控制、产品质量控制、产品召回、人员与卫生、文件与记录管理等制度文本。 有与生产过程相关的各岗位操作规程、文件与操作规程文本以及其他重要岗位操作规程文本。		
	35	产品标准	1.核查产品标准 2.核查检验方法验证结论	有所生产产品的国家标准、行业标准或企业标准。 执行企业标准、行业或以上饲料机构出具的产品主成分指标检测方法验证结论。产品有省级或行业标准的除外。		

231

表3 现场审核不合格项目汇总表

企业名称：		
序号	不合格项对应条款	不合格项目描述
1		
2		
3		
4		
5		

审核组长（签字）： 　　　　　　　　　企业法人（负责人）（签字）：

年　　月　　日

附件 3：

添加剂预混合饲料生产许可
现 场 审 核 表

企业名称：_____

生产地址：_____

联 系 人：_____

联系电话：_____

审核日期：_____年　　月　　日____

中华人民共和国农业部　制
二〇一二年

填写说明

一、本表用于添加剂预混合饲料生产许可现场审核。

二、审核组由省级饲料管理部门指定的三名以上专家组成，审核组成员应当熟悉饲料管理法规、饲料加工工艺、饲料质量检验等专业知识。

三、审核表由审核组成员使用蓝色或黑色签字笔填写，不得随意涂改。现场审核工作结束后，审核表由省级饲料管理部门存档。

四、在进行现场审核的同时，还应当就企业申报材料与企业现场的一致性进行符合性检查。

五、现场审核及符合性检查同时满足要求的，在表2的审核结论一栏中打"√"，不符合要求的打"×"并在备注栏逐一注明原因；不涉及的审核内容，在审核结论一栏注明"不涉及"。符合性检查中存在问题的，必要时留存影像、文字等相关证据。

六、审核组应当根据现场审核情况提出审核意见，审核意见应当包括对申请企业的总体评价以及相关建议等内容。

三、行政许可

表1 审核组成员及审核意见

	姓名	职务/职称	工作单位	签字
审核组成员				

	姓名	职务	签字
企业参加人员			

现场审核意见	
	审核组长签字： 年　月　日

表2 现场审核内容

审核项目	序号	审核内容	审核方式	审核要求	审核结论	备注
机构与人员	1	管理机构	核查企业组织机构框图	设立技术、生产、质量、销售、采购等管理机构。		
	2	管理机构负责人	1.核查机构负责人任命书 2.核查劳动合同（取消）	技术、生产、质量机构配备专职负责人，并不得互相兼任。		
	3	技术负责人	1.核查毕业证书或职称证书 2.现场考核	具备畜牧、兽医、水产等相关专业大专以上学历或中级以上技术职称。 熟悉饲料法规，动物营养、产品配方设计等专业知识。		
	4	生产负责人	1.核查毕业证书或职称证书 2.现场考核	具备畜牧、兽医、水产、食品、机械、化工与制药等相关专业大专以上学历或中级以上技术职称。 熟悉饲料法规，饲料加工技术与设备、生产过程控制、生产管理等专业知识。		
	5	质量负责人	1.核查毕业证书或职称证书 2.现场考核	具备畜牧、兽医、水产、食品、化工与制药、生物科学等相关专业大专以上学历或中级以上技术职称。 熟悉饲料法规，原料与产品质量控制、原料与产品检验、产品质量管理等专业知识。		
	6	销售负责人	现场考核	熟悉饲料法规。		
	7	采购负责人	现场考核	熟悉饲料法规。		
	8	饲料检验化验员	1.核查劳动合同（取消） 2.核查职业资格证书或鉴定合格证明（取消） 3.现场技能考核	有2名以上的专职饲料检验化验员。 持有由农业部职业技能鉴定机构颁发的职业资格证书或省级饲料职业技能鉴定机构出具的鉴定合格证明。（取消） 正确操作检验仪器，熟悉检验步骤。		
	9	饲料厂中央控制室操作工（配料、混合工段采用计算机自动化控制系统的企业）	1.核查劳动合同（取消） 2.核查职业资格证书或鉴定合格证明（取消）	持有农业部职业技能鉴定机构颁发的职业资格证书或省级饲料职业技能鉴定机构出具的鉴定合格证明。（取消）		
	10	饲料加工设备维修工	1.核查劳动合同（取消） 2.核查职业资格证书或鉴定合格证明（取消）	持有农业部职业技能鉴定机构颁发的职业资格证书或省级饲料职业技能鉴定机构出具的鉴定合格证明。（取消）		

三、行政许可

(续表)

审核项目	序号	审核内容	审核方式	审核要求	审核结论	备注
厂区布局与设施	11	生产厂区	现场查看	有独立的生产厂区。		
				厂区周围没有影响产品质量安全的污染源。		
	12	厂区布局与卫生	1.现场查看 2.核查厂区平面布局图	厂区布局合理，生产区与生活、办公等区域分开。		
				厂区整洁卫生。		
				厂区道路和作业场所采用混凝土或沥青硬化。		
				生活、办公等区域有密闭式生活垃圾收集设施。		
	13	生产区与布局	1.现场查看 2.核查厂区平面布置图	生产按照生产工序合理布局，固态添加剂预混合饲料有相对独立的、与生产规模相匹配的生产车间、配料间、原料库、成品库。		
				固态添加剂预混合饲料生产区总使用面积不低于500平方米。		
				液态添加剂预混合饲料生产与生产规模相匹配的前处理间、配料间、生产车间、灌装间、外包装间、原料库、成品库。		
				液态添加剂预混合饲料生产区总使用面积不低于350平方米。		
	14	生产车间	现场查看	固态和液态添加剂预混合饲料生产车间分别设立。添加剂预混合饲料和混合型饲料添加剂生产车间分别设立。		
				添加剂预混合饲料生产线与生产混合型饲料添加剂、浓缩饲料、精料补充料、混合型饲料添加剂生产线设备不与配合饲料、生产线设备共用。		
	15	通风与采光	现场查看	生产区建筑物通风和采光良好，自然采光不良的应有人工采光灯具，电源开关及插座应具有防爆功能。		
	16	消防设施	现场查看	厂区内配备必要的消防设施或设备。		
	17	排水系统	现场查看	厂区内有完善的排水系统。		
				排水系统入口处有防堵塞装置，出口处有防止动物侵入装置。		

237

（续表）

审核项目	序号	审核内容	审核方式	审核要求	审核结论	备注
厂区布局与设施	18	安全防护设施与警示标识	现场查看	配电柜、配电箱有警示标识，生产区电源开关有防爆功能。		
				高温设备和设施有隔热层和警示标识。		
				压力容器有安全防护装置。		
				设备传动装置有防护罩。		
				投料地坑入口处有完整的栅栏、车间内吊物孔有坚固的盖板或四周有防护栏，所有设备维修平台、操作平台和爬梯有防护栏。		
				生产区作业人员配备劳动保护用品。		
	19	仓储设施	现场查看	有原料、成品、包装材料、备品备件贮存设施。		
				仓储设施具有防霉、防潮、防鸟、防鼠等功能。		
				存放维生素、微生物添加剂和酶制剂等热敏物质的贮存间密闭性能良好，面积与生产规模相匹配，并配备空调。		
				存放饲料添加剂按危险化学品管理的饲料添加剂有独立的贮存间，面积与生产规模相匹配。		
				亚硒酸钠有独立的贮存柜。		
				药物饲料添加剂有独立的贮存间，立筒仓配备通风系统和温湿度监测装置。		
				具有立筒仓的生产企业，立筒仓配备除尘系统和电控系统。		

（一）固态添加剂混合饲料

审核项目	序号	审核内容	审核方式	审核要求	审核结论	备注
工艺与设备	20	设计生产能力	1.核查工艺设计文件 2.核查混合机生产能力	复合预混合饲料和微量元素预混合饲料生产企业的设计生产能力不小于2.5吨/小时（混合机容积不小于0.5立方米）。		
				维生素预混合饲料生产企业的设计生产能力不小于1吨/小时（混合机容积不小于0.25立方米）。		
	21	生产设备与工艺	1.核查工艺设计文件 2.现场查看	配备成套加工机组（包括原料提升、混合和自动包装等设备），并有完整的除尘系统和电控系统。		

三、行政许可

（续表）

审核项目	序号	审核内容	审核方式	审核要求	审核结论	备注
工艺与设备	22	反刍动物添加剂预混合饲料生产线	1.核查工艺设计文件 2.现场查看	反刍动物添加剂预混合饲料生产线与其他含有动物源性成分的添加剂预混合饲料生产线分别设立。		
	23	配料系统（配料、混合工段采用计算机自动化控制系统的企业）	1.现场查看 2.核查计算机自动化控制系统配料精度的自检报告或检验机构出具的检验报告或供应商提供的技术参数系统供应商提供的技术参数证明	配料动态精度不大于3‰，静态精度不大于1‰。		
	24	混合机	1.现场查看 2.核查所有混合机的混合均匀度自检报告或专业检验机构出具的检验报告或供应商提供的技术参数证明	有两台以上混合机。 混合机（含混合机缓冲仓）与物料接触部分使用不锈钢制造。 混合机的混合均匀度变异系数不大于5%。		
	25	粉尘控制	现场查看	除尘系统使用脉冲式除尘器或能更好除尘效果的除尘设备。 除尘方式采用集中除尘和单点除尘相结合。 投料口和打包口采用单点除尘方式。		
	26	小料配制和复核	现场查看	小料配制和复核分别配置电子秤。		
	27	噪声控制	现场查看	粉碎机、空气压缩机采用隔音或消音装置。		
	28	反刍动物添加剂预混合饲料生产线	1.核查工艺设计文件 2.现场查看	反刍动物添加剂预混合饲料生产线与其他含有动物源性成分的添加剂预混合饲料生产线分别设立。		

(续表)

审核项目	序号	审核内容		审核方式	审核要求	审核结论	备注
工艺与设备	(二)液态添加剂预混合饲料						
	29	生产工艺		1.核查工艺设计文件 2.现场查看	生产线由包括原料前处理、称量、配液、过滤、灌装等工序的成套设备组成。		
	30	生产设备材质		现场查看	生产设备、输送管道及管件使用不锈钢或性能更好的材料制造。		
	31	均质设备		现场查看	有均质工序的,高压均质机的工作压力不小于50兆帕,并具有高压报警装置。		
	32	配液罐		现场查看	配液罐具有加热保温功能和温度显示装置。		
	33	产品灌装		现场查看	有独立的灌装间。		
	34	检验化验室		现场查看	检验化验室与生产车间和仓储区域分离。		
质量检验和质量管理制度	35	检验化验仪器	固态维生素预混合饲料	1.现场查看 2.核查购置发票或已列入固定资产的证明材料	配备常规检验仪器。		
			液态维生素预混合饲料	1.现场查看 2.核查购置发票或已列入固定资产的证明材料	配备万分之一分析天平、高效液相色谱仪(配备紫外检测器)、恒温干燥箱、样品粉碎机、标准筛。		
			微量元素预混合饲料	1.现场查看 2.核查购置发票或已列入固定资产的证明材料	配备万分之一分析天平、高效液相色谱仪(配备紫外检测器)、恒温干燥箱、样品粉碎机、标准筛。		
			复合预混合饲料	1.现场查看 2.核查购置发票或已列入企业固定资产的证明材料	配备万分之一分析天平、原子吸收分光光度计(配备火焰原子化器和被测项目的元素灯)、恒温干燥箱、高温炉、样品粉碎机、标准筛。		
					配备万分之一分析天平、高效液相色谱仪(配备紫外检测器)、原子吸收分光光度计(配备火焰原子化器和被测项目的元素灯)、恒温干燥箱、高温炉、样品粉碎机、标准筛。		

三、行政许可

(续表)

审核项目	序号	审核内容	审核方式	审核要求	审核结论	备注
质量检验和质量管理制度	36	检验化验室布局	1.现场查看 2.核查检验化验室平面图	检验化验室包括天平室、前处理室、仪器室和留样观察室等功能室。 检验化验室使用面积满足仪器、设备、设施布局和检验化验工作需要。 天平室有满足分析天平放置要求的天平台。		
	37	检验化验功能室要求	现场查看	前处理室有能够满足样品前处理和检验装置要求的通风柜、实验台、器皿柜、试剂柜、气瓶柜或气瓶固定装置以及避光、空调等设备设施；同时开展高温和易燃操作和通风柜；需要进行微生物或酶制剂检验的，还应分别设立独立的操作区，应满足相关要求。 仪器室满足高效液相色谱仪、原子吸收分光光度计等仪器的使用要求，高效液相色谱仪和原子吸收分光光度计分室存放。 留样观察室有满足原料和产品贮存要求的样品柜。		
	38	企业管理制度	现场查看	有按照《饲料质量安全管理规范》的要求制定质量管理制度。		

表 3 现场审核不合格项目汇总表

企业名称：		
序号	不合格项对应条款	不合格项目描述
1		
2		
3		
4		
5		

审核组长（签字）： 　　　　　　　　　　企业法人（负责人）（签字）：

　　　　　　　　　　　　　　　　　　　　　　　年　　月　　日

附件4：

浓缩饲料、配合饲料、精料补充料生产许可现场审核表

企业名称：_____

生产地址：_____

联 系 人：_____

联系电话：_____

审核日期：_____ 年   月   日

中华人民共和国农业部　制

二〇一二年

填写说明

一、本表用于浓缩饲料、配合饲料、精料补充料生产许可现场审核。

二、审核组由省级饲料管理部门指定的三名以上专家组成，审核组成员应当熟悉饲料管理法规、饲料加工工艺、饲料质量检验等专业知识。

三、审核表由审核组成员使用蓝色或黑色签字笔填写，不得随意涂改。现场审核工作结束后，审核表由省级饲料管理部门存档。

四、在进行现场审核的同时，还应当就企业申报材料与企业现场的一致性进行符合性检查。

五、现场审核及符合性检查同时满足要求的，在表 2 的审核结论一栏中打"√"，不符合要求的打"×"并在备注栏逐一注明原因；不涉及的审核内容，在审核结论一栏注明"不涉及"。符合性检查中存在问题的，必要时留存影像、文字等相关证据。

六、审核组应当根据现场审核情况提出审核意见，审核意见应当包括对申请企业的总体评价以及相关建议等内容。

三、行政许可

表1 审核组成员及审核意见

审核组成员	姓名	职务/职称	工作单位	签字

企业参加人员	姓名	职务	签字

现场审核意见	
	审核组长签字： 　　年　月　日

245

表 2 现场审核内容

审核项目	序号	审核内容	审核方式	审核要求	审核结论	备注
机构与人员	1	管理机构	核查企业组织机构框图	设立技术、生产、质量、销售、采购等管理机构。		
	2	管理机构负责人	核查机构负责人任命书 核查劳动合同（取消）	技术、生产、质量机构配备专职负责人，并不得互相兼任。		
	3	技术负责人	1.核查毕业证书或职称证书 2.现场考核	具备畜牧、兽医、水产等相关专业大专以上学历或中级以上技术职称。 熟悉饲料法规，动物营养、产品配方设计等专业知识。		
	4	生产负责人	1.核查毕业证书或职称证书 2.现场考核	具备畜牧、兽医、水产、食品、机械、化工与制药等相关专业大专以上学历或中级以上技术职称。 熟悉饲料法规，饲料加工技术与设备，生产过程控制、生产管理等专业知识。		
	5	质量负责人	1.核查毕业证书或职称证书 2.现场考核	具备畜牧、兽医、水产、食品、化工与制药、生物科学等相关专业大专以上学历或中级以上技术职称。 熟悉饲料法规，原料与产品质量管理，原料与产品检验、产品质量检验等专业知识。		
	6	销售负责人	现场考核	熟悉饲料法规。		
	7	采购负责人	现场考核	熟悉饲料法规。		
	8	饲料检验化验员	1.核查劳动合同（取消） 2.核查职业资格证书或鉴定合格证明（取消） 3.现场技能考核	有 2 名以上的专职饲料检验化验员。 持有农业部职业技能鉴定机构颁发的职业资格证书或省级饲料职业技能鉴定机构出具的鉴定合格证明。（取消） 正确熟练操作检验仪器，熟悉检验步骤。		
	9	饲料厂中央控制室操作工	1.核查劳动合同（取消） 2.核查职业资格证书或鉴定合格证明（取消）	持有农业部职业技能鉴定机构颁发的职业资格证书或省级饲料职业技能鉴定机构出具的鉴定合格证明。（取消）		
	10	饲料加工设备维修工	1.核查劳动合同（取消） 2.核查职业资格证书或鉴定合格证明（取消）	持有农业部职业技能鉴定机构颁发的职业资格证书或省级饲料职业技能鉴定机构出具的鉴定合格证明。（取消）		

三、行政许可

(续表)

审核项目	序号	审核内容	审核方式	审核要求	审核结论	备注
厂区布局与设施	11	生产厂区	现场查看	有独立的生产厂区。厂区周围没有影响产品质量安全的污染源。		
	12	厂区布局与卫生	1.现场查看 2.核查厂区平面布局图	厂区布局合理,生产区与生活、办公等区域分开。厂区整洁卫生。厂区道路和作业场所采用混凝土或沥青硬化。厂区作业场有密闭式生活垃圾收集设施。		
	13	生产区与布局	1.现场查看 2.核查厂区平面布局图	生产区按照生产工序合理布局,有相对独立的、与生产规模相匹配的生产车间、原料库、配料间和成品库。生产区总使用面积不低于1 000平方米。		
	14	生产车间	现场查看	配合饲料、浓缩饲料、精料补充料生产线设备不与添加剂预混合饲料、混合型饲料添加剂共用。		
	15	通风与采光	现场查看	生产区建筑物通风和采光良好,自然采光设施有防雨功能,易产生或积存粉尘区域的人工采光灯具、电源开关及插座应具有防爆功能。		
	16	消防设施	现场查看	厂区内配备必要的消防设施或设备。		
	17	排水系统	现场查看	厂区内有完善的排水系统。排水系统入口处有防堵塞装置,出口处有防止动物侵入装置。		

饲料法规文件汇编（2021）

（续表）

审核项目	序号	审核内容	审核方式	审核要求	审核结论	备注
厂区布局与设施	18	安全防护设施与警示标识	现场查看	配电柜、配电箱有警示标识，生产区电源开关有防爆功能。		
				高温设备和设施有隔热层和警示标识。		
				压力容器有安全防护装置。		
				设备传动装置有防护罩。		
				投料地坑入口处有完整的栅栏，车间内吊物孔有坚固的盖板或四周有防护栏，所有设备维修平台、操作平台和爬梯有防护栏。		
				生产区作业人员配备劳动保护用品。		
	19	仓储设施	现场查看	有原料、成品、包装材料、备品备件贮存设施。		
				仓储设施具有防霉、防潮、防鸟、防鼠等功能。		
				存放维生素、微生物添加剂和酶制剂等热敏物质的贮存间密闭性能良好，面积与生产规模相匹配，并配备空调。		
				亚硒酸钠等按危险化学品管理的饲料添加剂有独立的贮存间或贮存柜。		
				药物饲料添加剂有独立的贮存间，面积与生产规模相匹配。		
				有立筒仓的生产企业，立筒仓配备通风系统和温度监测装置。		

248

三、行政许可

(续表)

审核项目	序号	审核内容	审核方式	审核要求	审核结论	备注
工艺与设备	20	设计生产能力	1.核查工艺设计文件 2.核查混合机生产能力	设计生产能力不小于10吨/小时。专业加工幼畜禽饲料、种畜禽饲料、水产育苗料、特种饲料、宠物饲料的企业设计生产能力不小于2.5吨/小时。		
	21	生产设备与工艺	1.核查工艺设计文件 2.现场查看	配备成套加工机组（包括原料清理、粉碎、提升、配料、混合、自动包装等设备），并具有完整的除尘系统和电控系统。生产颗粒饲料产品的，有制粒或膨化、冷却、分级、破碎、干燥等后处理设备。		
	22	反刍动物饲料生产线	1.核查工艺设计文件 2.现场查看	反刍动物饲料生产线单独设立，生产设备不得与其他非反刍动物饲料生产线共用。		
	23	配料系统	1.现场查看 2.核查计算机自动化控制系统配料精度的自检报告或专业检验机构出具的检验报告或系统供应商提供的技术参数证明	配料、混合工段采用计算机自动化控制系统。配料动态精度不大于3‰，静态精度不大于1‰。		
	24	混合机	1.现场查看 2.核查所有生产线的主混合机的混合均匀度自检报告或专业检验机构出具的检验报告或系统供应商提供的技术参数证明	混合机混合均匀度变异系数不大于7%。		
	25	噪声控制	现场查看	粉碎机、空气压缩机、高压风机采用隔音或消音装置。		
	26	粉尘控制	现场查看	生产线除尘系统使用脉冲式除尘器或性能更好的除尘设备。除尘方式采用集中除尘和单点除尘相结合的方式。投料口采用单点除尘方式。		
	27	小料配制和复核	现场查看	小料配制和复核分别配置电子秤。		

(续表)

审核项目	序号	审核内容	审核方式	审核要求	审核结论	备注
工艺与设备	28	预混合	1.现场查验 2.核查混合机的混合均匀度自检报告或专业检验机构出具的检验报告或供应商提供的技术参数证明	应当单独配备至少一台混合机并配备相应的除尘设备。 混合机（含混合缓冲仓）与物料接触部分使用不锈钢制造。 混合机的混合均匀度变异系数不大于5%。		
	29	检验化验室	现场查看	检验化验室在厂区内独立设置。 检验化验室与生产车间和仓储区域分离。		
	30	检验化验仪器	1.现场查看 2.核查购置发票或已列入固定资产的证明材料	配备常规检验仪器。 配备万分之一分析天平、可见光分光光度计、恒温干燥箱、高温炉、定氮装置或定氮仪、粗脂肪提取装置或粗脂肪测定仪、真空泵及抽滤装置或粗纤维测定仪、样品粉碎机、标准筛。		
	31	检验化验室布局	1.现场查看 2.核查检验化验室平面布置图	检验化验室包括天平室、理化分析室、仪器室和留样观察室等功能。 检验化验使用面积满足设备、设施布局和检验工作需要。		
	32	检验化验功能室要求	现场查看	天平室有满足分析天平放置要求的天平台。 理化分析室有能够满足理化分析和检验要求的通风柜、实验台、仪器设备、器皿柜、试剂柜。 仪器室满足分光光度计等仪器的使用要求。 留样观察室有满足原料和产品贮存要求的样品柜。		
	33	企业管理制度	现场查看	有按照《饲料质量安全管理规范》的要求制定的质量管理制度。		

三、行政许可

表 3　现场审核不合格项目汇总表

企业名称：

序号	不合格项对应条款	不合格项目描述
1		
2		
3		
4		
5		

审核组长（签字）：　　　　　　企业法人（负责人）（签字）：

　　　　　　　　　　　　　　　　　　年　　月　　日

附件 5：

单一饲料生产许可
现 场 审 核 表

企业名称：_____

生产地址：_____

联 系 人：_____

联系电话：_____

审核日期：_____ 年   月   日

中华人民共和国农业部 制
二〇一二年

填写说明

一、本表用于单一饲料生产许可现场审核。

二、审核组由省级饲料管理部门指定的三名以上专家组成,审核组成员应当熟悉饲料管理法规、单一饲料加工工艺、质量检验等专业知识。

三、审核表由审核组成员使用蓝色或黑色签字笔填写,不得随意涂改。现场审核工作结束后,审核表由省级饲料管理部门存档。

四、在进行现场审核的同时,还应当就企业申报材料与企业现场的一致性进行符合性检查。

五、现场审核及符合性检查同时满足要求的,在表2的审核结论一栏中打"√",不符合要求的打"×"并在备注栏逐一注明原因;不涉及的审核内容,在审核结论一栏注明"不涉及"。符合性检查中存在问题的,必要时留存影像、文字等相关证据。

六、审核组应当根据现场审核情况提出审核意见,审核意见应当包括对申请企业的总体评价以及相关建议等内容。

表 1 审核组成员及审核意见

审核组成员	姓名	职务/职称	工作单位	签字

企业参加人员	姓名	职务	签字

现场审核意见	
	审核组长签字: 　　年　月　日

三、行政许可

表 2 现场审核内容

审核项目	序号	审核内容	审核方式	审核要求	审核结论	备注
机构与人员	1	管理机构	核查企业组织机构框图	设立技术、生产、质量、销售、采购等管理机构。		
	2	管理机构负责人	核查机构负责人任命书 核查劳动合同（取消）	技术、生产、质量机构配备专职负责人，并不得互相兼任。		
	3	技术负责人	1.核查毕业证书或职称证书 2.现场考核	具备生产产品所需相关专业的学历或职称。 熟悉饲料法规和相关饲料专业知识。		
	4	生产负责人	1.核查毕业证书或职称证书 2.现场考核	具备生产产品所需相关专业的学历或职称。 熟悉饲料法规和相关饲料专业知识。		
	5	质量负责人	1.核查毕业证书或职称证书 2.现场考核	具备生产产品所需相关专业的学历或职称。 熟悉饲料法规和相关饲料专业知识。		
	6	销售负责人	现场考核	熟悉饲料法规。		
	7	采购负责人	现场考核	熟悉饲料法规。		
	8	检验化验员	1.核查劳动合同（取消） 2.核查职业资格证书或鉴定合格证明（取消） 3.现场技能考核	有2名以上的专职检验化验员。 持有农业部职业技能鉴定机构颁发的饲料检验化验员职业资格证书或与饲料生产品种相关的省级以上医药、化工、食品行业管理部门核发的检验类职业资格证书或省级饲料职业技能鉴定机构出具的鉴定合格证明。（取消） 正确操作检验仪器，熟悉检验步骤。		

255

（续表）

审核项目	序号	审核内容	审核方式	审核要求	审核结论	备注
厂区布局与设施	9	生产厂区	现场查看	有独立的生产厂区。厂区周围没有影响产品质量安全的污染源。		
	10	厂区布局与卫生	1.现场查看 2.核查厂区平面布局图	厂区布局合理，生产区与生活、办公等区域分开。厂区整洁卫生。厂区道路和作业场所采用混凝土或沥青硬化。生活、办公等区域有密闭式生活垃圾收集设施。生产动物源性单一饲料的，原料整理、成品储存独立分开并设置必要的物理隔离措施。		
	11	生产区与布局	1.现场查看 2.核查厂区平面布局图	生产区按照生产工序合理布局，有相对独立的、与生产规模相匹配的生产车间，原料库和成品库。		
	12	通风与采光	现场查看	生产区建筑物通风和采光良好，自然采光设施有防雨功能，人工采光灯具有防爆功能。		
	13	消防设施	现场查看	厂区内配备必要的消防设施或设备。		
	14	排水系统	现场查看	厂区内有完善的排水系统。		
	15	安全防护设施与警示标识	现场查看	排水系统入口处有防堵塞装置，出口处有防止动物侵入装置。用电、高温、高压、传动、提升、下料坑、吊物孔、维修操作平台、爬梯等标识有警示标识和安全防护设施。生产区作业人员配备劳动保护用品。		
	16	仓储设施	现场查看	有原料、成品、包装材料、备备件贮存设施。仓储设施具有防毒、防潮、防鸟、防鼠等功能。生产动物源性单一饲料的，来源于不同动物的原料分开存放，不得露天存放。		

三、行政许可

(续表)

审核项目	序号	审核内容	审核方式	审核要求	审核结论	备注
工艺与设备	17	生产工艺	1.现场查看 2.核查工艺设计文件	生产工艺与产品品种、生产规模相匹配，科学合理。		
	18	生产设备	现场查看	生产设备与产品品种、生产规模相匹配，设备齐全，完好。		
				设备布置安装符合生产工艺要求，便于维护和保养。		
				生产动物源性单一饲料的，有清洗消毒设施。		
				使用同一套生产设备生产不同单一饲料品种的，有防止交叉污染的措施。		
	19	粉尘控制	现场查看	有完善的粉尘控制措施或设施。		
	20	噪声控制	现场查看	有完善的噪声控制措施或设施。		
	21	检验化验室	现场查看	检验化验室在厂区内独立设置。		
				检验化验室与生产车间和仓储区域分离。		
质量检验和质量管理制度	22	检验化验仪器	1.现场查看 2.核查购置发票或已列入固定资产的证明材料 3.核查产品标准	配备常规检验仪器。		
				配备能够满足产品主成分、《饲料原料目录》中强制性标识要求所列指标和执行标准中出厂检验项目的检验仪器。		
	23	检验化验室布局	1.现场查看 2.核查检验化验室平面布置图	检验化验应包括天平室、理化分析室或前处理室、仪器室和留样观察室等功能室。		
				动物源性单一饲料和采用生物发酵工艺生产单一饲料的还应设置微生物检验室。		
				检验化验室使用面积满足仪器、设备、设施布局和检验化验工作需要。		

257

（续表）

审核项目	序号	审核内容	审核方式	审核要求	审核结论	备注
质量检验和质量管理制度	24	检验化验功能室要求	现场查看	天平室有满足天平放置要求的天平台。理化分析室有能够满足样品理化分析和检验要求的通风柜、实验台、器皿柜、试剂柜、实验台、空调等设备设施；前处理室有能够满足样品前处理和检验装置以及避光、空调等设备设施，同时开展高温或明火操作和易燃试剂操作的，还应分别设立独立的操作区和通风柜。仪器室满足所需精密仪器的使用要求。留样观察室有满足产品贮存要求的样品柜。微生物检验室有满足检验微生物的仪器设施。		
	25	管理制度与质量管理体系	1.核查质量管理体系文本 2.核查原料供货协议或合同 3.核查质量管理制度执行情况	有原料采购与管理、生产过程控制、产品质量控制、产品召回、人员与卫生、文件与记录管理等制度文件文本。有生产过程相关的各岗位操作规程、原料和产品检验检验操作规程文本以及其他重要岗位操作规程文本。动物源性单一饲料生产企业有与原料供应商签订的长期供货协议或合同等证明材料。		
	26	产品标准	核查产品标准	有所生产产品的国家标准、行业标准或企业标准文本。		
其他	27	环保证明	核查环保证明	有由企业生产所在地县级以上人民政府环境保护部门出具的、与所申报产品相关的环保证明。		
	28	微生物菌种来源	核查微生物菌种来源证明	采用生物发酵工艺生产单一饲料的，有申请许可前12个月内由国家或省部级微生物菌种保藏机构出具的实验菌种和属证明，种属证明应当包括活菌种鉴定的主要实验原理、方法和结论等信息。企业使用的微生物菌种应当符合《饲料原料目录》的规定。		
	29	新饲料证书和转让证明	核查证书或转让证明	申请生产新饲料的，有新饲料证书。新饲料证书持有者有转让给其他企业生产的，有转让证明。		
	30	农业部允许作为单一饲料生产和使用的公告	核查公告	新饲料自获证之日起超过3年未投入生产其他企业申请生产的，有农业部允许作为单一饲料生产和使用的公告。		

三、行政许可

表3 现场审核不合格项目汇总表

企业名称：		
序号	不合格项对应条款	不合格项目描述
1		
2		
3		
4		
5		

审核组长（签字）： 　　　　　企业法人（负责人）（签字）：

年　月　日

农业部办公厅关于饲料和饲料添加剂生产许可证核发范围和标示方法的通知

(农办牧〔2012〕42号)

各省、自治区、直辖市饲料工作(工业)办公室,全国畜牧兽医总站、中国饲料工业协会:

根据《饲料和饲料添加剂管理条例》《饲料和饲料添加剂生产许可管理办法》规定,我部制定了饲料和饲料添加剂生产许可证式样和标示方法,请遵照执行。

一、生产许可证核发范围

饲料添加剂和混合型添加剂产品生产企业核发饲料添加剂生产许可证。企业兼产上述两类产品的,各核发1张生产许可证。

添加剂预混合饲料、单一饲料、浓缩饲料、配合饲料和精料补充料生产企业核发饲料生产许可证。企业兼产多个产品的,添加剂预混合饲料、单一饲料各核发1张生产许可证,浓缩饲料、配合饲料和精料补充料核发1张许可证。

二、证书内容及标示方法

证书包括企业名称、编号、法定代表人、产品类别、产品品种(产品组分)、注册地址、生产地址、发证机关、有效期、发证时间等内容。企业信息按照企业工商营业执照或企业名称预先核准通知书上的内容标示,其他信息按照以下原则标示。

(一) 编号

编号采用汉字、英文字母和阿拉伯数字编码组成。

(1) 由农业部核发的生产许可证:

饲料添加剂编号:饲添(XXXX)TXXXXX

混合型饲料添加剂编号:饲添(XXXX)HXXXXX

添加剂预混合饲料编号:饲预(XXXX)XXXXX

(XXXX) 生产许可证发证年份

XXXXX 生产许可证序号

(2) 由省级饲料管理部门核发的生产许可证:

编号:X饲证(XXXX)XXXXX

X:企业所在省(自治区、直辖市)简称

(XXXX):生产许可证发证年份

XXXXX:生产许可证序号(前两位代表地市序号,后三位代表企业序号)

（二）产品类别

根据饲料行业管理法规和企业申报情况，分别标示饲料添加剂、混合型饲料添加剂、添加剂预混合饲料、单一饲料、浓缩饲料、配合饲料、精料补充料等 7 个产品类别。

（三）产品品种

涉及饲料添加剂和单一饲料产品标示的，按照《饲料添加剂品种目录》《饲料原料目录》或农业部批准饲料添加剂品种、单一饲料品种的公告中确定的名称填写。产品品种标示完成后以符号"***"结束。

（1）饲料添加剂

产品之间用分号间隔；在同一工艺中同时得到两种或两种以上饲料添加剂产品的，产品之间用"+"相连；生产液态饲料添加剂产品的，在产品名称前还需标示"液态"字样。

如：L-赖氨酸；液态维生素 A；脂肪酶（产自黑曲霉）+果胶酶（产自黑曲霉）+植酸酶（产自黑曲霉）***

（2）混合型饲料添加剂

混合型饲料添加剂产品品种使用"产品组分"表示，产品之间用分号分隔；由两种或两种以上饲料添加剂混合而成的产品，使用括号标明范围并在每种饲料添加剂之间用"+"分隔；生产液态混合型饲料添加剂的，在产品前还需标示"液态"字样。

如：L-赖氨酸；（维生素 E+亚硒酸钠）；液态（枯草芽孢杆菌+低聚木糖）***

（3）添加剂预混合饲料

产品之间用分号间隔；除标示复合预混合饲料、微量元素预混合饲料、维生素预混合饲料外，还应在产品后括号中标示畜禽水产、反刍动物、宠物及特种动物等适用范围；生产液态添加剂预混合饲料产品的，在产品名称前还需要标示"液态"字样。

如：复合预混合饲料（畜禽水产、反刍动物）；微量元素预混合饲料（畜禽水产、反刍动物、宠物及特种动物）；维生素预混合饲料（畜禽水产）；液态维生素预混合饲料（畜禽水产）***

（4）单一饲料

产品之间用分号间隔。

如玉米蛋白粉；猪肉骨粉；发酵豆粕***

（5）浓缩饲料、配合饲料、精料补充料

产品之间用分号间隔；除标示浓缩饲料、配合饲料、精料补充料外，还应根据企业申报情况在浓缩饲料、配合饲料产品后括号中标示畜禽、水产、反刍、幼畜禽、种畜禽、水产育苗、宠物、特种动物等适用范围，在精料补充料产品后括号中标示反刍、其他等适用范围。

如：浓缩饲料（畜禽、水产、反刍、幼畜禽、水产育苗、宠物、特种动物）；配合饲料（畜禽、水产、反刍、幼畜禽、种畜禽、水产育苗、宠物、特种动物）；精料补充料（反刍动物、其他）***

（四）发证时间

标示证书核发的日期，如企业在证书有效期内申请增加或更换生产线、增加生产产品的类别/品种/系列，变更企业名称、注册地址、注册地址名称、生产地址名称或法定代表人，许可证有效期不变，发证时间更新为新获证书的核发日期。

附件：饲料添加剂生产许可证和饲料生产许可证证书式样

农业部办公厅
2012 年 11 月 19 日

附件 1：

饲料添加剂、混合型饲料添加剂生产许可证式样

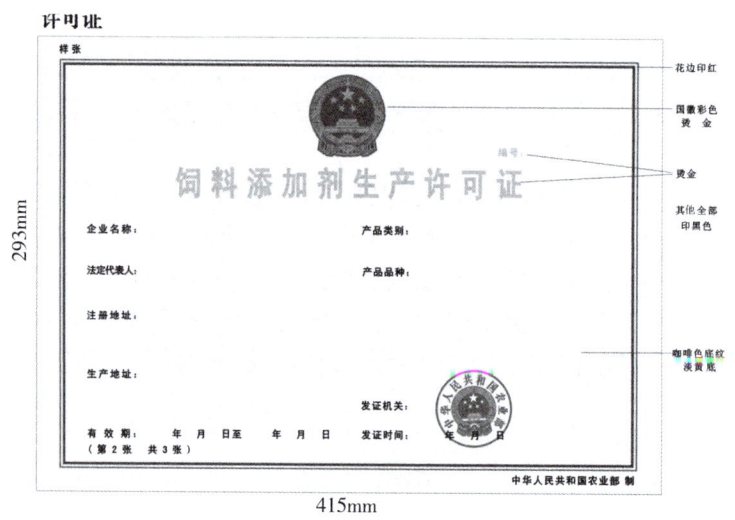

附件2：

添加剂预混合饲料、浓缩饲料、配合饲料、精料补充料、单一饲料生产许可证式样

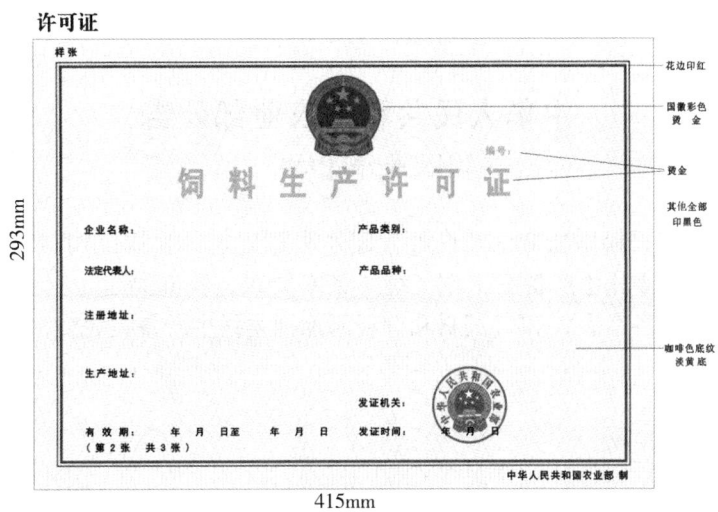

关于饲料和饲料添加剂委托生产备案表的公告

(农业部公告2013年第1954号发布，
农业部令2017年第8号修订)

中华人民共和国农业部公告

2013年第1954号

根据《饲料和饲料添加剂生产许可管理办法》规定，为规范饲料和饲料添加剂生产企业年度备案及委托生产备案工作，统一备案要求，我部制定了《饲料和饲料添加剂生产许可证年度备案表》和《饲料和饲料添加剂委托生产备案表》，请遵照执行。

特此公告

农业部
2013年6月5日

附件：1. 饲料和饲料添加剂生产许可证年度备案表（取消）（农业部令2017年第8号修订）

2. 饲料和饲料添加剂委托生产备案表。

附件 2：

饲料和饲料添加剂委托生产备案表

委托产品类别	□单一饲料　□配合饲料　□浓缩饲料　□精料补充料 □添加剂预混合饲料　□饲料添加剂　□混合型饲料添加剂		
一、委托企业基本情况			
委托企业名称			
生产许可证编号			
统一社会信用代码			
注册地址			
生产地址			
通讯地址及邮编			
联系人		联系电话	
二、受托企业基本情况			
受托企业名称			
生产许可证编号			
统一社会信用代码			
注册地址			
生产地址			
通讯地址及邮编			
联系人		联系电话	

(续表)

委托产品类别	□单一饲料　□配合饲料　□浓缩饲料　□精料补充料 □添加剂预混合饲料　□饲料添加剂　□混合型饲料添加剂

三、委托产品情况					
委托产品名称	委托方 产品标准编号	委托方 产品批准文号	受托方 产品标准编号	受托方 产品批准文号

四、企业签字	
委托企业	法定代表人（签字）：　　　年　月　日（公章）
受托企业	法定代表人（签字）：　　　年　月　日（公章）

五、饲料管理部门意见	
企业所在地饲料管理部门意见	负责人（签字）：　　　年　月　日（公章）
省级饲料管理部门意见	负责人（签字）：　　　年　月　日（公章）

填报日期：　　年　月　日

中华人民共和国农业部　制

备案说明：

一、委托生产备案由委托、受托企业分别向所在地省级饲料管理部门提出。按照委托企业先备案，受托企业后备案的原则进行。

二、当委托生产的产品为配合饲料、浓缩饲料、精料补充料、单一饲料时，不填写备案表中产品批准文号一栏。

三、企业应提供以下备案材料：

（一）委托企业、受托企业营业执照复印件，如企业为非法人机构，还需提供所属法人机构营业执照复印件。

（二）委托企业、受托企业生产许可证复印件。

（三）委托企业、受托企业产品批准文号复印件（仅饲料添加剂、混合型饲料添加剂、添加剂预混合饲料生产企业提供）。

（四）委托加工合同原件。

（五）委托企业、受托企业产品执行标准复印件。

（六）委托产品标签式样。

（七）受托企业备案时，需提供委托企业在所在地省级饲料管理部门的备案表复印件。

农业部办公厅关于办理饲用香味剂
行政许可有关事项的通知

(农办牧〔2014〕16号)

各省、自治区、直辖市饲料工作(工业)办公室:

为加强饲用香味剂产品管理,规范含饲用香味物质产品行政许可审核工作,现就有关要求通知如下。

一、本通知所指饲用香味剂,是指以改善饲料适口性、增进动物食欲和采食量为目的,由多种饲用香味物质与载体或稀释剂配制而成的混合型饲料添加剂产品。部分饲用香味剂产品中也可添加其他饲用调味和诱食物质、酸度调节剂或抗氧化剂用以辅助增强产品功效、保持产品品质。

二、企业申请办理饲用香味剂生产许可证和产品批准文号,应当按照《饲料和饲料添加剂管理条例》及其配套规章的要求向省级饲料管理部门提供科学、完整、真实的申请资料。省级饲料管理部门核发产品批准文号应遵循"一品一号"的原则。

三、省级饲料管理部门核发饲用香味剂生产许可证和产品批准文号,应当充分考虑香味剂产品功能特性;可以按照产品香型系列分类,要求企业选择具有代表性的产品进行主成分指标检测方法验证,不需对每个产品逐一进行验证;可以选择多种香味物质混合后的主要功能指标进行主成分指标检测方法验证和复核检测,不需对每种香味物质逐一进行验证和检测。

四、省级饲料管理部门核发饲用香味剂生产许可证,产品品种一栏中可不具体标示其使用的多种饲用香味物质名称,统一标示"饲用香味物质"。产品配方中含有的其他饲料添加剂,仍须逐一标明通用名称。

农业部办公厅
2014年6月9日

国务院关于取消和下放一批行政许可事项的决定
（国发〔2019〕6号）
（饲料添加剂预混合饲料、混合型饲料
添加剂产品批准文号核发）

各省、自治区、直辖市人民政府，国务院各部委、各直属机构：

经研究论证，国务院决定取消25项行政许可事项，下放6项行政许可事项的管理层级，现予公布。另有5项依据有关法律设定的行政许可事项，国务院将依照法定程序提请全国人民代表大会常务委员会修订相关法律规定。

各地区、各有关部门要抓紧做好取消和下放行政许可事项的落实和衔接工作，制定完善事中事后监管措施，采取"双随机、一公开"监管、重点监管、信用监管、"互联网+监管"等方式，确保放得开、接得住、管得好。自本决定发布之日起20个工作日内，各有关部门要按规定向社会公布事中事后监管细则，并加强宣传解读和督促落实。

附件：1.国务院决定取消的行政许可事项目录（共25项）
    2.国务院决定下放管理层级的行政许可事项目录（共6项）（略）

国务院
2019年2月27日
（此件公开发布）

附件1：

国务院决定取消的行政许可事项目录（共 25 项，与饲料行业有关的 3 项）

序号	事项名称	审批部门	设定依据	加强事中事后监管措施
	其他项略			
17	已经取得进口兽药注册证书的兽用生物制品进口审批	农业农村部	《兽药管理条例》	取消审批后，农业农村部要通过以下措施加强事中事后监管：1.加强业务指导和人员培训，统筹做好进口生物制品类兽药的监管和服务工作。2.加强与省级农业农村部门、海关之间的信息共享，跟踪掌握产品进口情况。3.严格实施进口生物制品类兽药批签发制度，未经批签发或批签发不合格，严禁上市销售。
18	饲料添加剂预混合饲料、混合型饲料添加剂产品批准文号核发	省级农业农村部门	《饲料和饲料添加剂管理条例》	取消审核后，改为备案。农业农村部要加大饲料管理法规宣传贯彻力度，加强强制性标准和规范性技术文件制定修订，支持行业组织制定团体标准，指导、督促地方各级农业农村部门通过以下措施加强事中事后监管：1.严格实施饲料和饲料添加剂生产许可管理，加大日常监管力度，强化对企业标准制定工作的服务和指导，督促企业建立全程质量安全管理和追溯体系。2.建立饲料添加剂预混合饲料、混合型饲料添加剂产品配方备案制度，要求企业主动履行备案义务，对违反规定不进行备案的要设定相应法律责任，开发网上备案系统，方便企业办事。3.监督饲料企业严格按照产品标准进行生产，对产品是否符合国家强制性标准和规范性技术要求实施严格监管，严厉打击违规或超量添加抗生素、激素等化学物质的行为。4.加大饲料产品经营和使用环节监督检查力度，严肃查处假冒伪劣饲料产品。5.加强饲料企业信用监管，健全饲料行业诚信体系，及时记录饲料企业诚信状况并向社会公开。
19	新兽药临床试验审批	省级农业农村部门	《兽药管理条例》	取消审批后，改为备案。农业农村部、省级农业农村部门（兽医行政管理部门）要通过以下措施加强事中事后监管：1.建立新兽药临床试验资料备案制度，及时掌握兽药临床试验情况。2.加强对兽药企业从业人员的培训，帮助试验人员深入掌握兽药临床试验规范要求，指导临床试验规范开展。3.加大执法力度，监督有关单位按照要求开展临床试验，严肃查处违法行为。

农业农村部办公厅关于实施添加剂预混合饲料和混合型饲料添加剂产品备案管理的通知

(农办牧〔2019〕32号)

各省、自治区、直辖市农业农村（农牧、畜牧兽医）厅（局、委），新疆生产建设兵团农业农村局：

为贯彻落实《国务院关于取消和下放一批行政许可事项的决定》（国发〔2019〕6号）要求，加强添加剂预混合饲料和混合型饲料添加剂产品生产监管，促进饲料行业健康有序发展，我部将实施添加剂预混合饲料和混合型饲料添加剂产品备案管理，现将有关事项通知如下：

一、添加剂预混合饲料和混合型饲料添加剂生产企业（以下简称"生产企业"）生产相关产品不再申请产品批准文号，省级饲料管理部门不再审批核发相关产品批准文号。

二、生产企业应当在产品投入生产前，将产品信息通过添加剂预混合饲料和混合型饲料添加剂备案系统（以下简称"备案系统"）进行网络在线备案。定制产品依照本通知要求进行网络在线备案。

三、省级饲料管理部门负责本行政区域混合型饲料添加剂和添加剂预混合饲料产品备案管理工作，定期抽查企业备案情况，组织市、县级饲料管理部门督促生产企业按照本通知要求实施备案，按照"双随机、一公开"要求对生产企业备案工作进行监督检查。

四、生产企业进行备案时，应当在线提交产品配方、产品质量标准、产品标签样式和使用说明等材料。饲料管理部门工作人员应当对生产企业提交的需要保密的技术资料保密。

五、生产企业存在应备案而未备案情形的，依据相关法律法规进行处罚。

六、生产企业的生产许可证被吊销、撤销、撤回、注销的，备案系统将废止该企业所有产品备案信息，并对相关信息进行公示。

七、备案系统正式上线运行前，生产企业可先行组织生产。备案系统上线运行后，再进行网络在线补录备案。

农业农村部办公厅
2019年3月29日

农业农村部畜牧兽医局关于"饲料和饲料添加剂产品备案系统"试运行的通知

（农牧便函〔2019〕562号）

各省、自治区、直辖市农业农村（农牧、畜牧兽医）厅（局、委），新疆生产建设兵团农业农村局：

为切实做好添加剂预混合饲料和混合型饲料添加剂产品备案工作，按照《农业农村部办公厅关于实施添加剂预混合饲料和混合型饲料添加剂产品备案管理的通知》（农办牧〔2019〕32号）要求，我局开发了"饲料和饲料添加剂产品备案系统"，现上线试运行。请各省级饲料管理部门尽快分配账号，并通知相关企业上线备案。试运行期间，遇到任何问题，请及时反馈。

企业进行产品备案时，需填写《备案产品组分合规承诺书》（附件1），签字盖章后上传备案系统。

联系方式：
农业农村部畜牧兽医局饲料饲草处　李大鹏　黄庆生
电话：010-59193306，59192831
全国畜牧总站饲料行业指导处　杨正楠　粟胜兰
电话：010-59194591，59194594

附件：1. 备案产品组分合规承诺书
　　　2. "饲料和饲料添加剂产品备案系统"使用说明

农业农村部畜牧兽医局
2019年6月6日

附件1：

备案产品组分合规承诺书

我公司已充分理解《饲料和饲料添加剂管理条例》相关规定，郑重承诺：

一、所有备案信息真实、有效，无伪造、编造、篡改等欺骗性资料。

二、生产本产品未使用农业农村部公布的饲料原料目录、饲料添加剂品种目录和药物饲料添加剂品种目录以外的任何物质。

三、本产品使用饲料添加剂和药物饲料添加剂，符合农业农村部制定的《饲料添加剂安全使用规范》和《饲料药物添加剂使用规范》有关要求。

以上承诺若有违反，我公司自愿承担一切后果及法律责任。

法定代表人（签名）：_____

（单位公章）

___年___月___日

附件2：
"饲料和饲料添加剂产品备案系统"使用说明

一、省级用户给本辖区内有效的生产企业分配登录名和登录密码

省级用户登录"饲料和饲料添加剂生产许可信息管理和查询系统"，在【省级发证信息】➡【企业信息查询与统计】➡【企业信息维护】➡【分配账号】中给本辖区内的有效企业批量分配登录"饲料和饲料添加剂产品备案系统"（以下简称"备案系统"）的登录名和登录密码。

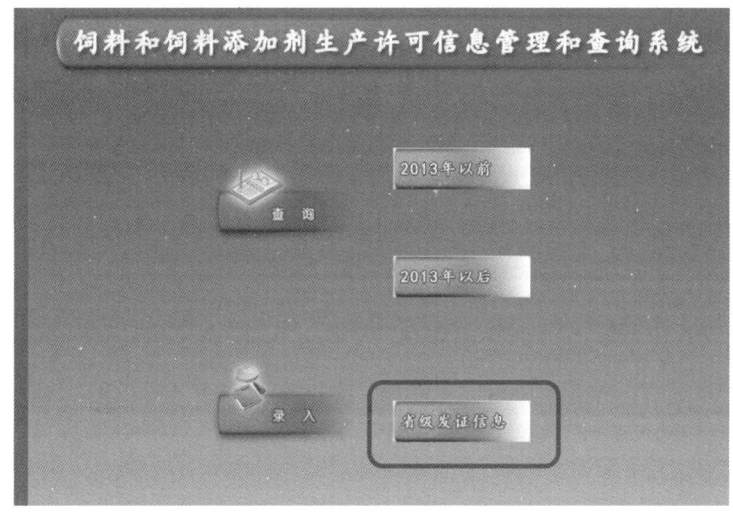

在【企业信息维护】中，可以通过企业类型条件查询到需要进行产品备案的有效企业名称，勾选后，点击【批量分配账号】按钮，系统自动生成对应企业的"登录名""登录密码"。生成的登录名及登录密码可以批量导出，分发给所属企业。

三、行政许可

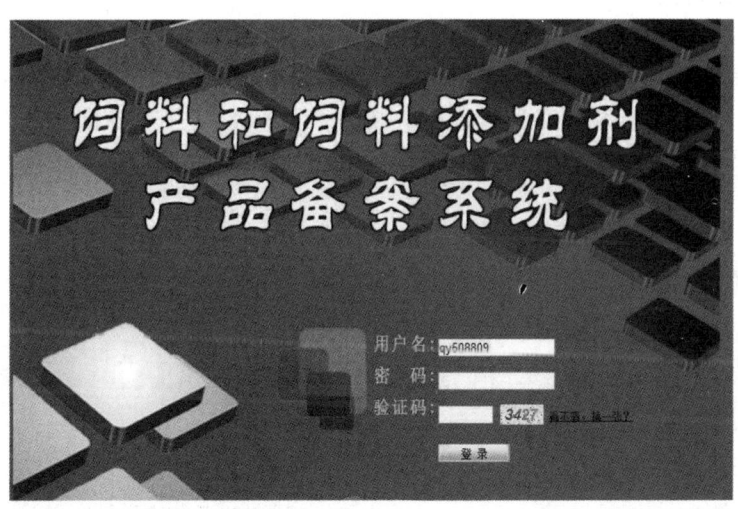

二、企业产品备案

(一) 企业用户登录"饲料和饲料添加剂产品备案系统"

登录地址:"http://slxkcx.nahs.org.cn/qylogin.aspx"。企业用户使用登录名和密码登录"备案系统"。

企业用户第一次登录备案系统,需核对、修改完善企业相关信息(其中"联系人手机号""统一社会信用代码"为必填项)。

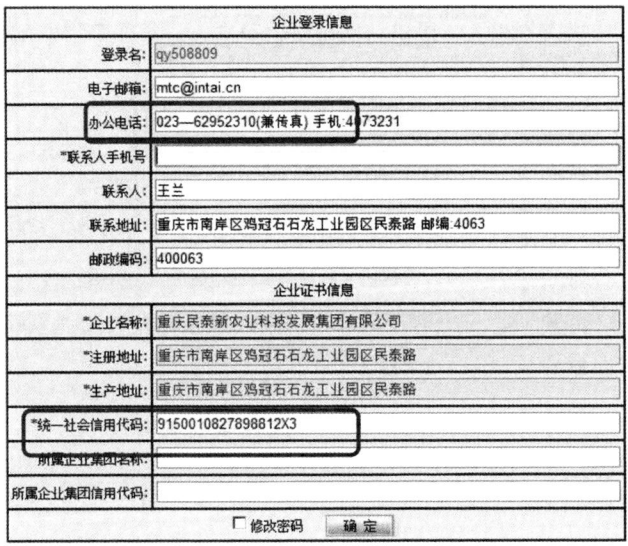

（二）产品备案

1. 录入产品信息。企业用户在【产品管理】菜单中，根据产品类型选择"混合型饲料产品备案"或"添加剂预混合饲料产品备案"进行备案。点击【新增备案】按钮，在出现的界面，准确录入"产品名称""执行产品标准编号"等信息，点击【保存】按钮，保存录入信息，系统提示"保存成功"。

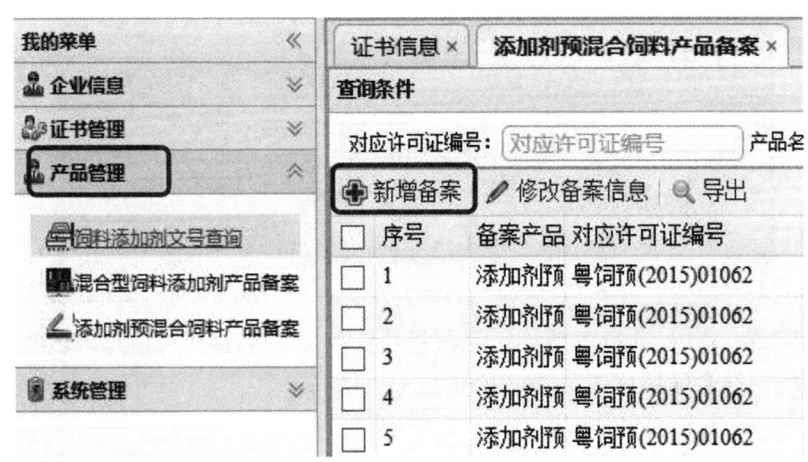

三、行政许可

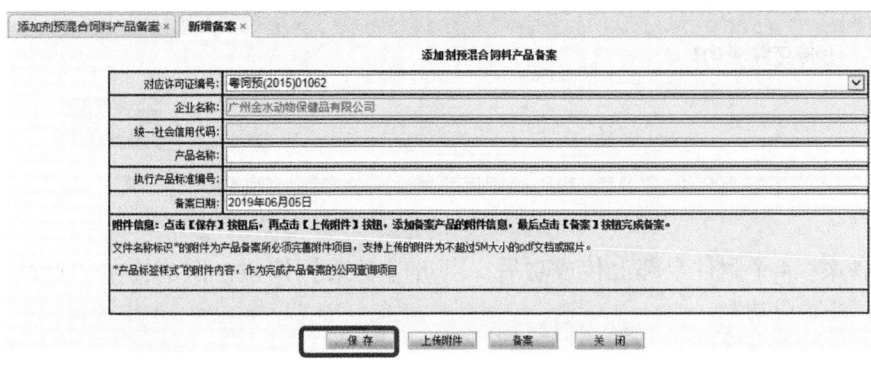

系统提示"保存成功,请继续添加备案所需附件后,完成备案",才能够点击【上传附件】按钮。

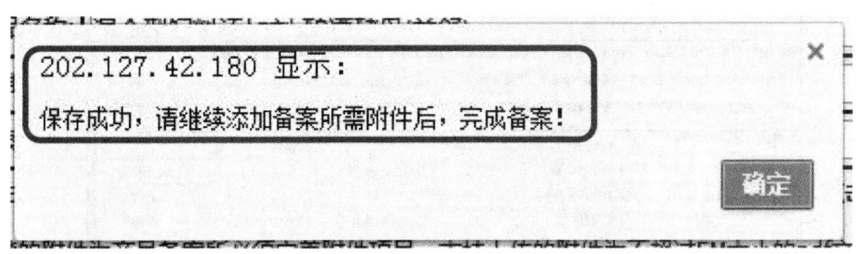

2. 上传附件。点击【选择文件】按钮,依次选择本地电脑中对应的附件文件(照片或 pdf 文档),点击【确定】,上传附件,系统将提示"上传文件成功"。

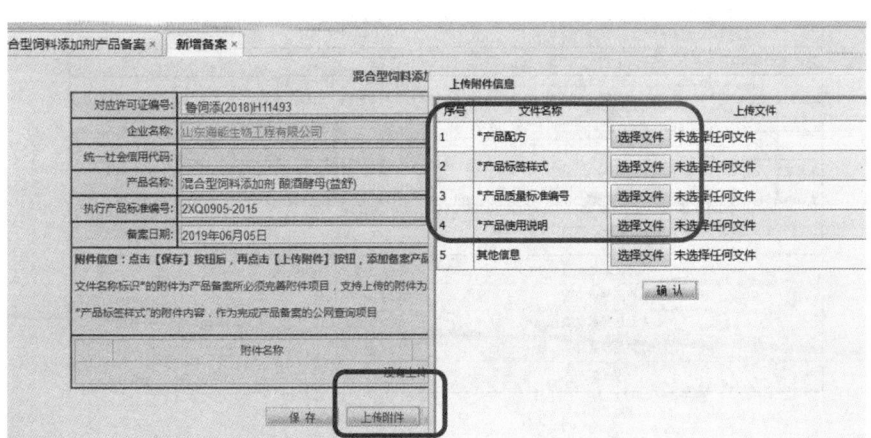

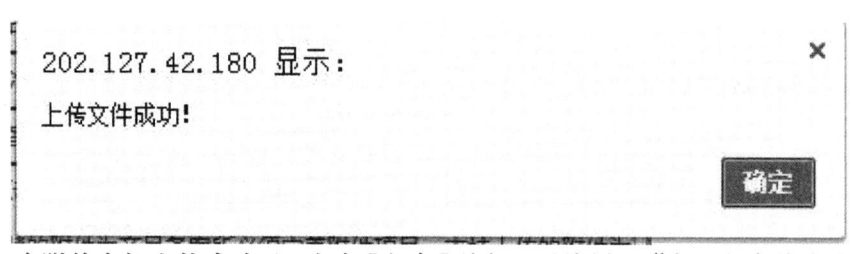

3. 备案。4个附件全部上传成功后,点击【备案】按钮,系统提示"产品备案信息完整,备案成功"。

点击【查询】，新的"备案信息"将进入列表中。

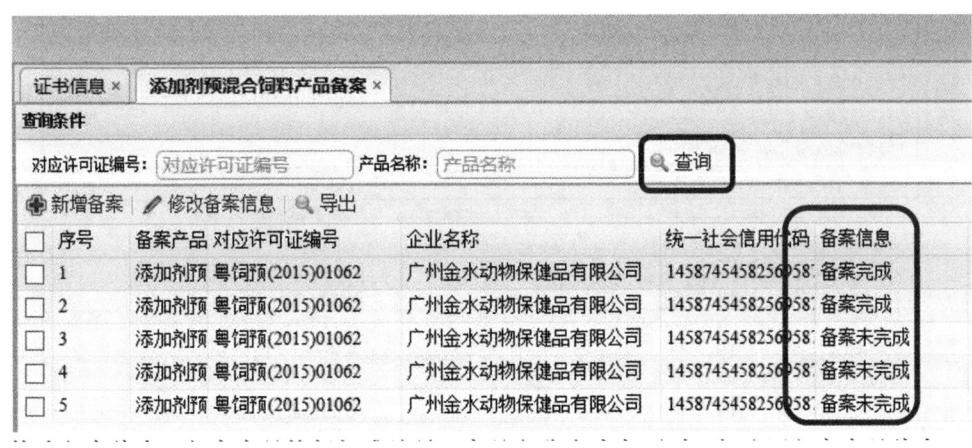

4. 修改备案信息。备案产品执行标准编号、产品名称发生变更时，勾选原备案产品信息，点击【修改备案信息】，打开界面，修改备案产品信息及相关附件。修改完成后，依次点击【保存变更信息】和【备案】按钮，变更信息方可进入系统。

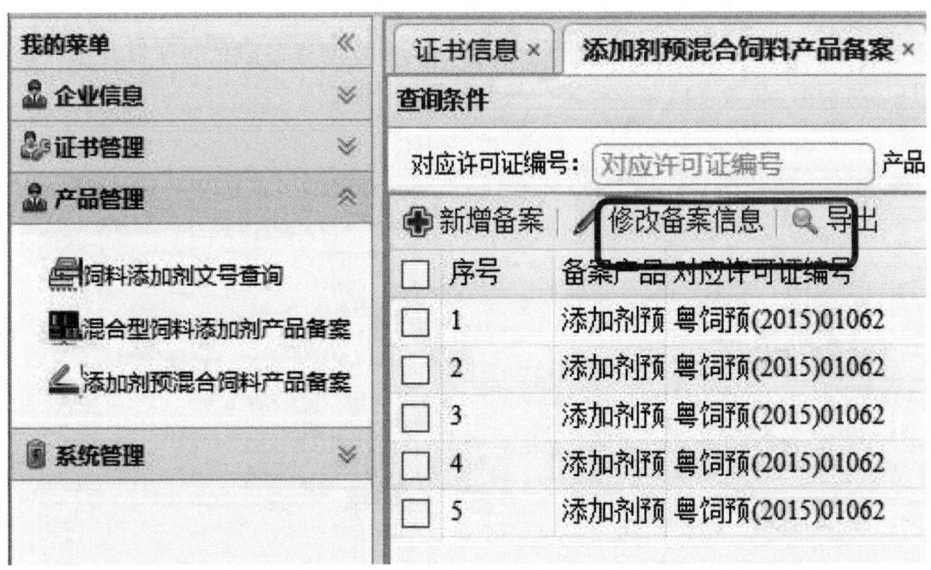

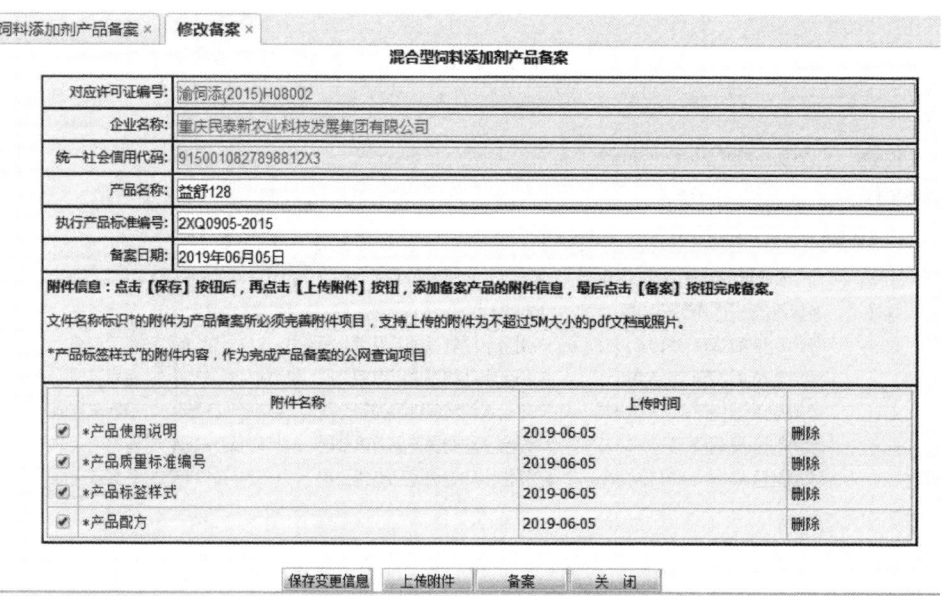

三、查询产品备案信息

公众用户需查询产品备案信息，可登录中国畜牧兽医信息网 http：//www.nahs.org.cn/和中国饲料工业信息网 http：//www.chinafeed.com.cn/，点击"饲料和饲料添加剂生产许可及产品备案信息查询"。选择查询备案信息的项目，输入查询条件，可以查询到产品备案信息及备案产品的标签图例附件。

关于农业农村部行政许可事项服务指南的公告

(农业农村部公告 2019 年第 222 号)

按照中共中央办公厅、国务院办公厅《关于深入推进审批服务便民化的指导意见》和国务院关于深化"放管服"改革、优化营商环境的工作部署,农业农村部开展"三减一优"行政审批服务便民活动,修订了"出口农业主管部门管理的国家重点保护或者国际公约限制进出口的野生植物审批"等 30 项(含 48 个小项)行政许可事项服务指南,现予公布。自发布之日起实施。

特此公告。

附件:农业农村部行政许可事项服务指南

农业农村部
2019 年 10 月 14 日

附件：

农业农村部行政许可事项服务指南中与饲料相关的部分内容

项目编码：17012

新饲料、新饲料添加剂证书核发服务指南

发布日期：2019年10月14日
实施日期：2019年10月14日
发布机关：农业农村部

新饲料、新饲料添加剂证书核发服务指南

1 项目信息
项目名称：新饲料、新饲料添加剂证书核发。
项目编码：17012

2 适用范围
本指南规定了农业农村部负责的新饲料、新饲料添加剂证书核发的审批依据、申请条件、办理流程、办理时限等内容。本指南适用于新饲料、新饲料添加剂证书核发项目。
本事项审批对象为企业、社会组织及公民个人。

3 审查类型
前审后批。

4 审批依据
4.1 《中华人民共和国行政许可法》（中华人民共和国主席令 2003 年第 7 号公布）。
4.2 《饲料和饲料添加剂管理条例》（国务院令第 609 号，国务院令第 645 号、第 666 号、第 676 号修订）。
4.3 《新饲料和新饲料添加剂管理办法》（农业部令 2012 年第 4 号，农业部令 2016 年第 3 号修订）。
4.4 新饲料、新饲料添加剂申报材料要求。（农业部公告第 2109 号、农业部令 2016 年第 3 号修订、农业农村部公告 2019 年第 226 号）。

5 受理机构
农业农村部政务服务大厅。

6 决定机构
农业农村部。

7 数量限制
无数量限制。

8 申请条件
8.1 申请人为新饲料、新饲料添加剂的研制者或生产企业。
8.2 申请范围为我国境内新研制开发的尚未批准使用的饲料和饲料添加剂。
8.3 有下列情形之一的，应当参照新饲料、新饲料添加剂向农业农村部提出申请。
8.3.1 饲料添加剂扩大适用范围的。
8.3.2 饲料添加剂含量规格低于饲料添加剂安全使用规范要求的，但由饲料添加剂与载体或者稀释剂按照一定比例配制的除外。
8.3.3 饲料添加剂生产工艺发生重大变化的。
8.3.4 新饲料添加剂自获证之日起超过 3 年未投入生产，其他企业申请生产的。
8.3.5 农业农村部规定的其他情形。

9 禁止性要求

无。

10 申请材料目录

10.1 申请材料表格。

10.1.1 《新饲料和新饲料添加剂审定申请表》。

10.2 申请材料正文。

10.2.1 申报材料摘要。

10.2.2 产品名称及命名依据、类别、产品研制目的。

10.2.3 有效组分、化学结构的鉴定报告及理化性质，或者动物、植物、微生物的分类鉴定（菌种）报告。

10.2.4 产品功能、适用范围、使用方法、在配合饲料或全混合日粮中的推荐用量，必要时提供最高限量值。

10.2.5 生产工艺、制造方法及产品稳定性试验报告（试验报告加盖报告出具单位公章，由负责人和检测试验人员签名）。

10.2.6 质量标准草案及其编制说明和产品检测报告；有最高限量要求的，还应提供有效组分在配合饲料、浓缩饲料、精料补充料、添加剂预混合饲料中的检测方法（检测报告加盖报告出具单位公章，由负责人和检测试验人员签名）。

10.2.7 产品有效性评价试验报告、安全性评价试验报告（包括靶动物耐受性评价报告、毒理学安全评价报告、代谢和残留评价报告等）（试验报告加盖报告出具单位公章，由负责人和检测试验人员签名）；申请新饲料添加剂审定的，还应当提供该新饲料添加剂在养殖产品中的残留可能对人体健康造成影响的分析评价报告。

10.2.8 标签式样、包装要求、贮存条件、保质期和注意事项。

10.2.9 中试生产总结和"三废"处理报告。

上述材料装订成册，一式三份（原件一份，复印件两份），申报材料侧面均加盖申报单位骑缝章；同时提交与书面材料一致的CD光盘三份。

10.2.10 对于联合申报的产品，需要提供联合申报协议书。对于转基因产品应提供农业农村部核发的转基因产品批准文件（复印件）。

11 申请接收

接收单位：农业农村部政务服务大厅畜牧兽医窗口

联系电话：010-59191816/59191812

办公地址：北京市朝阳区农展馆南里11号

传真：010-59191808

网址：http://xzsp.moa.gov.cn

12 办理基本流程

12.1 农业农村部政务服务大厅畜牧兽医窗口接收材料，农业农村部畜牧兽医局对申请材料进行形式审查，形式审查合格的，政务服务大厅予以受理。

12.2 全国饲料评审委员会对受理的申请材料进行技术评审，必要时进行现场核查。

12.3 农业农村部指定的饲料质量检验机构对申请人提供的产品样品进行质量复核,全国饲料评审委员会结合质量复核结果做出评审结论。

12.4 农业农村部畜牧兽医局根据国家有关法律法规及评审结论提出审批方案,按程序报签后办理批件。

12.5 流程图。

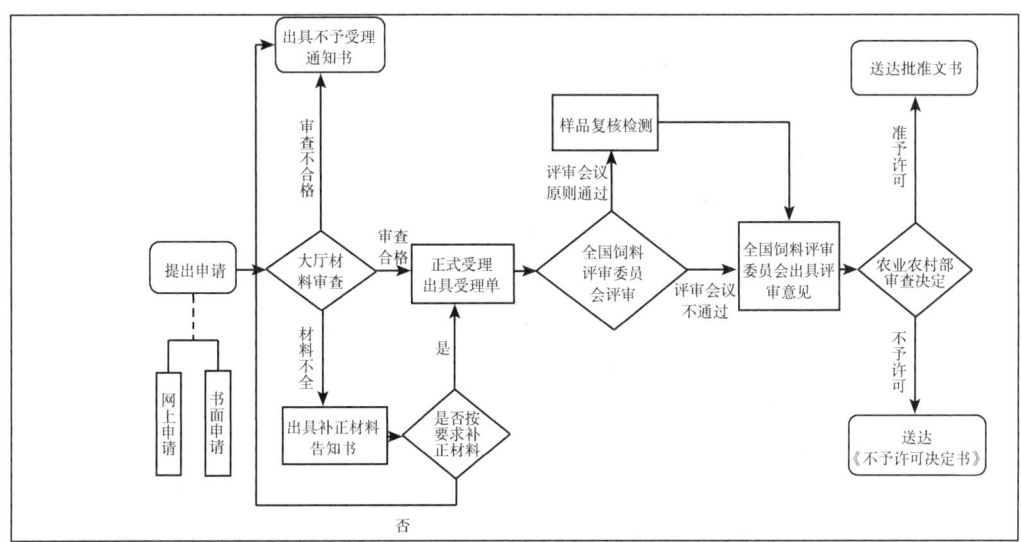

13 办理方式

网上提交申请材料,需提供纸质材料的同步报送。

14 办理时限

15个工作日[自受理申请之日15个工作日(专家评审和质量复核时间不超过8个月,需补充相关试验的,评审时间可以延长3个月;其中质量复核时间不超过2个月,需用特殊方法检测的,可以延长1个月)]。

15 收费依据及标准

不收费。

16 审批结果

予以许可的,颁发批准文件;不予许可的,作出不予许可书面决定。

17 结果送达

自作出决定之日起10日内向行政相对人颁发加盖本行政许可实施机关专用(中华人民共和国农业农村部)印章的证件(批准文件)。根据申请人要求,选择在农业农村部政务服务大厅领取或以邮寄方式送达。

18 行政相对人权利和义务

18.1 申请人申请行政许可,应当如实向行政机关提交有关材料和反映真实情况,并对其申请材料实质内容的真实性负责。

18.2 行政许可申请人隐瞒有关情况或者提供虚假材料申请行政许可的,行政机关不予受理或者不予行政许可,并给予警告;行政许可申请属于直接关系公共安全、人身健康、生命财产安全事项的,申请人在年内不得再次申请该行政许可。

18.3 收到不予受理通知书、办结通知书(不予批准)之日起,申请人可以在60日内向农业农村部申请行政复议,或者在六个月内向北京市第三中级人民法院提起行政诉讼。

19 咨询途径

现场咨询:农业农村部政务服务大厅畜牧兽医窗口

电话咨询:010-59191816/59191812

20 监督投诉渠道

监督电话:010-59193385

网上投诉:农业农村部官方网站—政务服务—行政许可投诉

21 办公地址和时间

办公地址:农业农村部政务服务大厅(北京市朝阳区农展馆南里11号)

办公时间:每周一到周五(节假日除外)

上午8:30—11:00

下午13:30—16:00

附录:申请材料示范文本、常见错误示例、常见问题解答

附录：

新饲料添加剂审定申请表
（示范文本）

申请类型	☑新饲料添加剂 需评审的其他饲料添加剂： □饲料添加剂扩大适用范围 □饲料添加剂含量规格低于饲料添加剂安全使用规范要求 □饲料添加剂生产工艺发生重大变化 □新饲料添加剂自获证之日起3年内未投入生产，其他企业申请生产 □其他类型＿＿＿＿＿＿＿＿＿＿＿＿＿＿＿＿＿＿＿			
通用名称	氯化镁	外观与性状 白色或无色晶体	商品名称	—
产品类别	矿物元素及其络（螯）合物	是否转基因产品 □是 ☑否	保质期	24个月
成分	化学式或描述	含量	检测方法	在配合饲料中的检测方法（适用时）
有效组分	1. 氯化镁 $MgCl_2 \cdot 6H_2O$	98.0%	滴定法	滴定法
其他成分	—	—	—	—
适用范围	在配合饲料或全混合日粮中的推荐添加量	在配合饲料或全混合日粮中的最高限量	使用注意事项	
猪	0~0.04（以Mg元素计）	0.3（以Mg元素计）	镁有致泻作用，大剂量使用会导致腹泻	
牛	0~0.04（以Mg元素计）	0.5（以Mg元素计）	—	
生产工艺简述（100字以内）				
申请日期	年　月　日			

（续表）

申请人信息	（第一申请人）	（第二申请人）
单位名称	A公司	B公司
通讯地址	××省××市××区××号	××省××市××区××号
注册地址	××省××市××区××号	××省××市××区××号
联系人		
传真		
固定电话		
手机		
电子邮件		
性质	☑研制者　　□生产企业	□研制者　　☑生产企业
申请人承诺	申请人已充分理解《饲料和饲料添加剂管理条例》《新饲料和新饲料添加剂管理办法》等相关规定，郑重承诺： 一、所有申报材料真实、有效，无伪造、编造、篡改等欺骗性资料。 二、申报材料中的分析、检测、试验报告所使用的样品均为申请人的中试产品或工业化生产线的产品。 三、本产品实际的知识产权不对他人构成侵权。 以上承诺若有违反，申请人自愿承担一切后果及法律责任。	
法定代表人签字及盖章	_____年_____月_____日	_____年_____月_____日

新饲料添加剂申报材料完整性自评及补充说明表					
内容	已提供	未提供	不要求提供	形式审查人员填写
申报材料目录	□	□	□	
新饲料添加剂审定申请表	□	□	□	
申请材料				
1. 申报材料摘要	□	□	□	
2. 产品名称及命名依据、类别、产品研制目的				
2.1　产品通用名称及命名依据	□	□	□	
2.2　产品的商品名称	□	□	□	
2.3　产品类别	□	□	□	
2.4　产品研制目的	□	□	□	

(续表)

项目				
3. 产品组分及其鉴定报告、理化性质及安全防护信息				
3.1 产品组分				
3.1.1 有效组分（活性物质）及其含量	□	□	□	
3.1.2 其他组分及其含量	□	□	□	
3.2 鉴定报告	□	□	□	
3.3 外观与性状	□	□	□	
3.4 有效组分理化性质	□	□	□	
3.5 产品安全防护信息	□	□	□	
4. 产品功能、适用范围和使用方法	□	□	□	
5. 生产工艺、制造方法及产品稳定性试验报告				
5.1 生产工艺和制造方法				
5.1.1 工艺流程图	□	□	□	
5.1.2 工艺描述	□	□	□	
5.2 产品稳定性试验报告				
5.2.1 影响因素试验	□	□	□	
5.2.2 加速试验	□	□	□	
5.2.3 长期稳定性试验	□	□	□	
6 产品质量标准草案、编制说明及检验报告				
6.1 产品质量标准草案	□	□	□	
6.2 编制说明	□	□	□	
6.3 新建检测方法的验证报告	□	□	□	
6.4 检验报告	□	□	□	
6.5 饲料产品中的检测方法	□	□	□	
7. 有效性评价试验报告				
7.1 试验概述表	□	□	□	
7.2 试验报告正文	□	□	□	
8. 安全性评价试验报告				
8.1 靶动物耐受性评价报告				
8.1.1 试验概述表	□	□	□	
8.1.2 试验报告正文	□	□	□	

(续表)

8.2　毒理学安全评价报告				
8.2.1　急性毒性试验报告	□	□	□	
8.2.2　遗传毒性试验、传统致畸试验、30天喂养试验报告	□	□	□	
8.2.3　亚慢性毒性试验报告	□	□	□	
8.2.4　慢性毒性试验（包括致癌实验）报告	□	□	□	
8.3　代谢和残留评价报告	□	□	□	
8.4　菌株安全性评价报告	□	□	□	
9. 对人体健康造成影响的分析报告	□	□	□	
10. 标签样式、包装要求、贮存条件、保质期和注意事项				
10.1　标签式样	□	□	□	
10.2　包装要求	□	□	□	
10.3　贮存条件	□	□	□	
10.4　保质期	□	□	□	
10.5　注意事项	□	□	□	
11. 中试生产总结和"三废"处理报告				
11.1　中试生产总结	□	□	□	
11.2　"三废"处理报告	□	□	□	
12. 联合申报协议书	□	□	□	
13. 转基因批准证书（复印件）				
14. 参考资料	□	□	□	
CD光盘（3份）	□	□	□	
备注（可加页） 1. 要求的相关信息未予提供的理由（逐条说明）： 2. 其他事项：				

常见错误示例

1. 申报产品不符合新饲料、新饲料添加剂定义，不属于新饲料、新饲料添加剂证书核发的申请范围。
2. 申报材料不完整，未按照农业农村部2019年第226号公告组织材料。
3. 审定申请所用的分析、检测、试验报告中所使用的样品与申报产品不一致，非来自申请人的中试产品或工业化生产线的产品。
4. 化学结构鉴定报告、新建检测方法验证报告、有效性评价试验、安全性评价试验等报告的出具单位与申报产品的研制单位、生产企业存在利害关系。
5. 分析、检测、试验报告出具不规范，试验报告内容不完整，缺操作人、负责人签字、单位骑缝章等。
6. 申报产品类别不明确，功能定位不清楚。

常见问题解答

1. 如何办理饲料添加剂新产品审定？

答：首先按照《中华人民共和国农业部公告第2109号》要求准备新饲料添加剂申报材料，再根据《中华人民共和国农业部公告第2204号》要求进行网上申请，在线打印新饲料添加剂审定申请表。准备好书面申请材料后，将材料邮寄至或者直接送交农业农村部政务服务大厅畜牧兽医窗口。

2. 含有转基因成分的产品，该如何办理新饲料、新饲料添加剂产品证书？

答：应在申请材料中提供农业农村部核发的转基因产品批准文件（复印件）。

3. 申报材料中要求的有效性评价试验、安全性评价试验等报告什么时候开展？

答：在提交申请前，申请人应按照《中华人民共和国农业部公告第2109号》中相关申报材料要求，开展相应的评价试验，所有申报材料准备齐全后方能进行审定申请的提交。

4. 提交申报材料时是否需同时提供产品样品？

答：在提交饲料和饲料添加剂新产品审定申请时，不用同时提交产品样品，待申报材料通过全国饲料评审委员会评审，进入质量复核环节时再行提交。

5. 什么情况需要进行现场核查？

答：全国饲料评审委员会评审过程中，若对申报材料或试验数据存在疑议，可以对申请人的试验或生产条件进行现场核查，或者对试验数据进行核查或验证。

项目编码：17013

进口饲料和饲料添加剂登记服务指南

发布日期：2019 年 10 月 14 日
实施日期：2019 年 10 月 14 日
发布机关：农业农村部

进口饲料和饲料添加剂登记服务指南

1 项目信息

项目名称：进口饲料和饲料添加剂登记

项目编码：17013

2 适用范围

本指南规定了农业农村部负责的进口饲料和饲料添加剂登记审批事项的审批依据、审批程序、审查内容、办理时限等内容。

本指南适用于进口饲料和饲料添加剂登记项目。

本事项审批对象为企业。

3 审查类型

前审后批。

4 审批依据

4.1 《中华人民共和国行政许可法》（中华人民共和国主席令2003年第7号公布）。

4.2 《饲料和饲料添加剂管理条例》（国务院令第609号，国务院令第645号、第666号、第676号修订）。

4.3 《进口饲料和饲料添加剂登记管理办法》（农业部令2014年第2号，农业部令2016年第3号修订，农业部令2017年第8号修订）。

4.4 《进口饲料和饲料添加剂登记申请材料要求》《进口饲料和饲料添加剂续展登记申请材料要求》《进口饲料和饲料添加剂变更登记申请材料要求》（以下简称《申请材料要求》）（农业部第2109号公告、农业部令2016年第3号修订）。

4.5 《宠物饲料管理办法》《宠物饲料标签规定》《宠物饲料卫生规定》（农业农村部第20号公告）。

5 受理机构

农业农村部政务服务大厅。

6 决定机构

农业农村部。

7 数量限制

无数量限制。

8 申请条件

境外企业首次向中国出口饲料、饲料添加剂，应当由境外企业驻中国境内的办事机构或者委托的中国境内代理机构办理向农业农村部申请进口登记。

9 禁止性要求

无。

10 申请材料目录

申请材料格式要求：①申请材料中、英文对照，中文在前，英文在后；我国香港、澳门特别行政区和台湾的登记申请，仅需提供简体中文申请材料。申请材料一式两份，原件和复印件各一份。②申请材料中的官方证明文件使用生产地官方语言出具，由非英语国家（地区）出具的官方证明文件还应提供英文或中文翻译件。官方证明文件应由中国驻生产地使馆认证，由非英语国家（地区）出具的官方证明文件应将官方证明文件和中文或英文翻译件一并公证。③申请材料原件使用生产企业文头纸出具，由生产企业负责人签字并加盖公章；中文翻译件由中国境内代理机构出具并加盖公章。④中文翻译件使用A4规格纸，小三号宋体打印，内容清晰、整洁、无涂改。⑤申请材料按《申请材料一览表》（见附件）的顺序装订成册，标注页码并形成目录，各项材料之间使用明显的区分标志。装订过程中，不得拆分官方证明文件。⑥前次申请未予批准的，再次提交材料时应当提供《农业农村部行政审批办结通知书》复印件，并附修改说明。⑦材料中不得夹带与申请无关的信息。

10.1 首次向中国出口中国境内已经使用且出口国已经批准生产和使用的饲料、饲料添加剂的，须提供以下材料：

10.1.1 《进口饲料和饲料添加剂登记申请表》（使用中、英文对照填写，由申请企业负责人和境内代理机构负责人签字并加盖公章）。

10.1.2 委托书。由境外企业出具、负责人签署并经生产地第三方公证机构公证。委托书内容应包括委托和受托单位名称及地址、委托事项、委托办理登记产品的商品名称等信息。

10.1.3 生产地批准生产、使用的证明，生产地以外其他国家、地区的登记资料，产品推广应用情况。

10.1.4 进口饲料的产品名称、组成成分、理化性质、适用范围、使用方法；进口饲料添加剂的产品名称、主要成分、理化性质、产品来源、使用目的、适用范围、使用方法。

10.1.5 生产工艺、质量标准、检测方法和检测报告。

10.1.6 生产地使用的标签（实样或清晰照片）、商标和中文标签式样。

10.1.7 微生物产品或发酵制品，还应当提供生产所用菌株的保藏情况说明。

10.1.8 对于使用转基因原料或材料用转基因技术生产的，应按照中国转基因管理的有关规定获得批准；对于申报产品存在二噁英风险的，应提供生产地认证的检测机构出具的二噁英检测报告。

10.2 首次向中国出口中国境内尚未使用但生产地已经批准生产和使用的饲料、饲料添加剂的，除提供上述规定的材料外，还须提供以下材料：

10.2.1 有效组分的化学结构鉴定报告或动物、植物、微生物的分类鉴定报告。

10.2.2 试验机构出具的产品有效性评价试验报告、安全性评价试验报告（包括靶动物耐受性评价报告、毒理学安全评价报告、代谢和残留评价报告等）；申请饲料添加剂进口登记的，还应当提供该饲料添加剂在养殖产品中的残留可能对人体健康造成影响的分析评价报告。

10.3 进口登记证有效期届满6个月前需要办理续展登记的，需提供以下材料：

10.3.1 《进口饲料和饲料添加剂续展登记申请表》（使用中、英文对照填写，由申请企业负责人和境内代理机构负责人签字并加盖公章）。

10.3.2 委托书。由境外企业出具、负责人签署并经生产地第三方公证机构公证。委托书内容应包括委托和受托单位名称及地址、委托事项、委托办理登记产品的商品名称等信息。

10.3.3 生产地批准生产、使用的证明。

10.3.4 质量标准、检测方法和检测报告。

10.3.5 生产地使用的标签、商标和中文标签。

10.4 进口登记证有效期内需要办理变更登记的，需提供以下材料：

10.4.1 《进口饲料和饲料添加剂变更登记申请表》（使用中、英文对照填写，由申请企业负责人和境内代理机构负责人签字并加盖公章）。

10.4.2 委托书。由境外企业出具、负责人签署并经生产地第三方公证机构公证。委托书内容应包括委托和受托单位名称及地址、委托事项、委托办理登记产品的商品名称等信息。

10.4.3 进口登记证原件。

10.4.4 官方证明文件。生产地官方机构允许变更相关内容的文件。证明文件应由中国驻生产地使馆认证。

11 申请接收

接收单位：农业农村部政务服务大厅畜牧兽医窗口

联系电话：010-59191816/59191812

办公地址：北京市朝阳区农展馆南里11号

传真：010-59191808

网址：http://zwfw.moa.gov.cn

12 办理基本流程

12.1 农业农村部政务服务大厅畜牧兽医窗口审查中国境内代理机构递交的申请表及相关材料，申请材料齐全的予以受理。

12.2 农业农村部畜牧兽医局对申请材料进行技术审查。符合10.2规定情形的，转交全国饲料评审委员会进行专家评审。

12.3 农业农村部指定的饲料质量检验机构对申请人提供的产品样品进行质量复核。

12.4 农业农村部畜牧兽医局根据审查意见和复核检测结果提出审批方案，按程序报签后办理批件。

12.5 流程图。

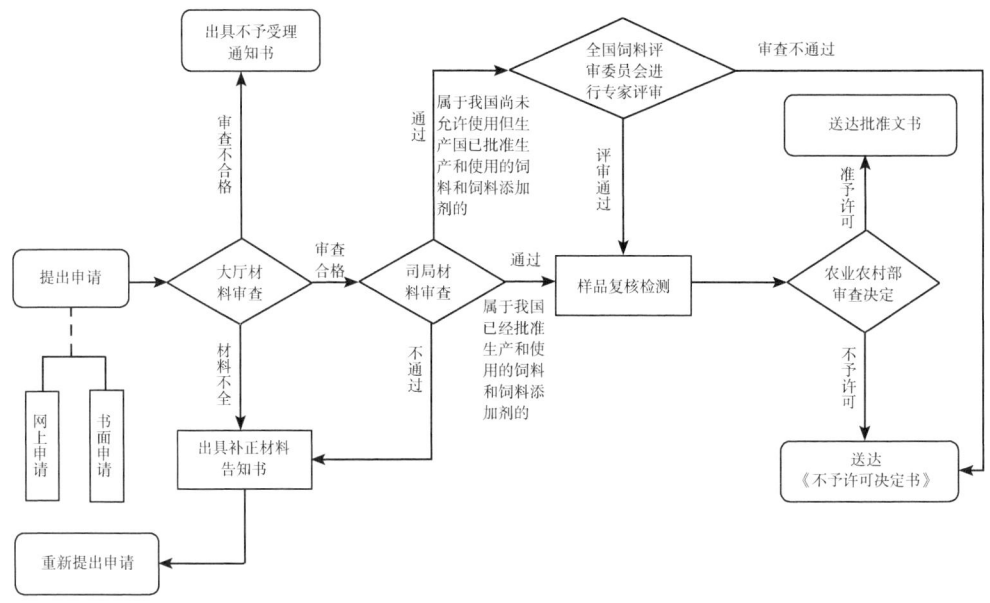

13 办理方式

网上提交申请材料，需提供纸质材料的同步报送。

14 办理时限

进口饲料和饲料添加剂登记：20个工作日（需要专家评审的，专家评审时间不超过6个月；质量复核检测时间不超过2个月）。

进口饲料和饲料添加剂续展登记：15个工作日（需要专家评审的，专家评审时间不超过6个月；质量复核检测时间不超过2个月）。

进口饲料和饲料添加剂变更登记：15个工作日。

15 收费依据及标准

不收费。

16 审批结果

予以许可的，颁发批准文件；不予许可的，作出不予许可书面决定。

17 结果送达

自作出决定之日起10日内向行政相对人颁发加盖本行政许可实施机关专用（中华人民共和国农业农村部）印章的证件（批准文件）。根据申请人要求，选择在农业农村部政务服务大厅领取或以邮寄方式送达。

18 行政相对人权利和义务

18.1 申请人申请行政许可，应当如实向行政机关提交有关材料和反映真实情况，并对其申请材料实质内容的真实性负责。

18.2 行政许可申请人隐瞒有关情况或者提供虚假材料申请行政许可的，行政机关不予受理或者不予行政许可,并给予警告;行政许可申请属于直接关系公共安全、人身健康、生命财产安全事项的,申请人在一年内不得再次申请该行政许可。

18.3 收到不予受理通知书、办结通知书(不予批准)之日起,申请人可以在 60 日内向农业农村部申请行政复议,或者在六个月内向北京市第三中级人民法院提起行政诉讼。

19 咨询途径

现场咨询:农业农村部政务服务大厅畜牧兽医窗口

电话咨询:010-59191816/59191812

20 监督投诉渠道

监督电话:010-59193385

网上投诉:农业农村部官方网站—政务服务—行政许可投诉

21 办公地址和时间

办公地址:农业农村部政务服务大厅

北京市朝阳区农展馆南里 11 号

办公时间:每周一到周五(节假日除外)

上午:08:30—11:00

下午:13:30—16:00

附录:申请材料示范文本、常见错误示例、常见问题解答

附录：

申请材料示范文本

进口饲料和饲料添加剂登记申请材料一览表

序号	申请材料	不需评审产品	需评审产品
1	目录	√	√
2	进口饲料和饲料添加剂登记申请表	√	√
3	委托书	√	√
4	生产地批准生产、使用的证明	√	√
5	产品理化性质	√	√
6	产品来源、组成成分	√	√
7	制造方法	√	√
8	质量标准和检测方法	√	√
9	生产地使用的标签、中文标签式样和商标	√	√
10	使用目的、适用范围和使用方法	√	√
11	包装材料、包装规格、保质期和贮存条件	√	√
12	生产地以外其他国家、地区的登记材料和产品推广应用情况	√	√
13	有效组分的化学结构鉴定报告或动物、植物、微生物的分类鉴定报告		√
14	有效性评价试验报告		√
15	安全性评价试验报告		√
16	对人体健康造成影响的分析报告		√
17	产品稳定性试验报告		√
18	环境影响报告		√
19	最高限量值和有效组分在饲料产品中的检测方法		√
20	主要参考文献		√

注："√"表示必需的申请材料。

进口饲料和饲料添加剂续展登记申请材料一览表

序号	申请材料	无变更要求	有变更要求
1	目录	√	√
2	进口饲料和饲料添加剂续展登记申请表	√	√

（续表）

序号	申请材料	无变更要求	有变更要求
3	委托书	√	√
4	生产地批准生产、使用的证明	√	√
5	质量标准、检测方法和质量检测报告	√	√
6	生产地使用的标签、中文标签和商标	√	√
7	官方证明文件		√

注："√"表示必需的申请材料。

进口饲料和饲料添加剂变更登记申请材料一览表

序号	申请材料
1	目录
2	进口饲料和饲料添加剂变更登记申请表
3	进口登记证原件
4	官方证明文件
5	委托书

进口饲料和饲料添加剂登记申请表
（示范文本）

Applicant Form for Registration of Import Feed or Feed Additives-Sample

流水号

商品名称：（中国销售使用的中文商品名称，不得全部用外文字母、符号、汉语拼音和数字表示） Trade Name FISHMEAL（生产地销售使用的商品名称，应与原产地标签一致）	通用名称：（应符合《饲料标签标准》《宠物饲料标签规定》规定） Common Name
产品类别：（按单一饲料、添加剂预混合饲料、浓缩饲料、配合饲料、精料补充料、饲料添加剂、混合型饲料添加剂、宠物配合饲料、宠物添加剂预混合饲料分类填写） Product Classification Single Feed	感官：（颜色、气味、形状和状态） Sensory Index Brown Powder with Fishy Smell
技术指标：（应包含产品的理化指标和卫生指标，并填写控制值及单位） Guaranteed Analysis and Hygienic Index 理化指标： …… 卫生指标： ……	
使用方法：（适用范围、用法、添加量和注意事项） Usage and Dosage	
生产厂家：（英文名称与地址应与生产地官方证明文件一致） 中文名称：（生产厂家名称中文译名） Name：（生产厂家英文名称） 地址：（生产厂家地址中文译名；工船加工的鱼粉，填写工船名称及编号） Address Produced on Board at Vessel：（生产厂家英文地址）	
申请企业： 中文名称：（一般与生产厂家一致，也可填写总公司名称；工船加工的鱼粉，填写总公司名称） Name：（生产厂家英文名称） 地址：（申请企业地址中文译名） Address：（申请企业英文地址）	
境内代理机构： Domestic Agent 公司名称：（应与《企业法人营业执照》或《外国企业常驻中国代表机构登记证》上名称一致） 通讯地址：×××，邮编××× 联系人：××× 联系电话：010-×××（固话）138×××（手机） 邮箱地址：×××@163.com	

（续表）

申请企业负责人签字： Signature of Applicant Company 公章（Seal）	境内代理机构负责人签字： Signature of Domestic Agent 公章（Seal）

1. 境内代理机构应当如实向农业农村部提交有关材料，对翻译材料的准确性负责。

2. 境外企业、境内代理机构隐瞒有关情况或者提供虚假材料的，按照《进口饲料和饲料添加剂登记管理办法》第二十九条规定承担相应的法律责任。

1. The domestic agent should submit the genuine documents to the MOA and take full responsibility for the accuracy of the translations.

2. According to Article 29 of *the Measures for the Administration of Registration of Import Feed and Feed Additives*, foreign company and domestic agent have to bear corresponding legal liabilities if they hide relevant information on purpose or provide forged documents.

流水号

进口饲料和饲料添加剂续展登记申请表
（示范文本）

Applicant Form for Re-registration of Import Feed and Feed Additives-Sample

商品名称：（与原进口登记证上的内容一致） Trade Name FISHMEAL（与原进口登记证上的内容一致）	通用名称：（应符合《饲料标签标准》《宠物饲料标签规定》规定） Common Name Fishmeal
登记证号： Number of Former License （20××）外饲准字×××号（与原进口登记证上的内容一致）	发证日期： Date Issued 20××年××月（与原进口登记证上的内容一致）
境内销售代理商：（指境外企业在中国境内设立的销售机构和直接从境外企业购买产品自用或者销售的国内一级代理商。有多家境内销售代理商的，应全部列出） Domestic Sale Agent 公司名称：×××公司 通讯地址：×××，邮编××× 负责人：××× 联系电话：×××（固话）138×××（手机） 邮箱地址：×××@163.com	
境内代理机构： Domestic Agent 公司名称：（应与《企业法人营业执照》或《外国企业常驻中国代表机构登记证》上名称一致） 通讯地址：×××，邮编××× 联系人：××× 联系电话：×××（固话）138×××（手机） 邮箱地址：×××@163.com	
变更事项：（有变更要求的，应在相应的事项栏前画"√"） Alteration	变更后名称： Present Name
□ 产品的中文或外文商品名称： (Name of the Product)	
□ 申请企业名称： (Name of the Applicant Company)	
□ 生产厂家名称： (Name of the Manufactory)	
□ 生产地址名称： (Name of the Manufactory Address)	

(续表)

变更原因：（说明变更原因）
Reasons for Alteration

申请企业负责人签字：	境内代理机构负责人签字：
Signature of Applicant Company	Signature of Domestic Agent
盖章：(Seal)	盖章：(Seal)

1. 境内代理机构应当如实向农业农村部提交有关材料，对翻译材料的准确性负责。

2. 境外企业、境内代理机构隐瞒有关情况或者提供虚假材料的，按照《进口饲料和饲料添加剂登记管理办法》第二十九条规定承担相应的法律责任。

1. The domestic agent should submit the genuine documents to the MOA and take full responsibility for the accuracy of the translations.

2. According to Article 29 of *the Measures for the Administration of Registration of Import Feed and Feed Additives*, foreign company and domestic agent have to bear corresponding legal liabilities if they hide relevant information on purpose or provide forged documents.

流水号

进口饲料和饲料添加剂变更登记申请表
（示范文本）

Applicant Form for Alter Registration of Import Feed and Feed Additives–Sample

登记证号： Number of Former License （20××）外饲准字×××号（与原进口登记证上的内容一致）	发证日期： Date Issued 20××年××月（与原进口登记证上的内容一致）
变更事项：（有变更要求的，应在相应的事项栏前画"√"） Alteration	变更后名称： Present Name
□ 产品的中文或外文商品名称： （Name of the Product）	
□ 申请企业名称： （Name of the Applicant Company）	
□ 生产厂家名称： （Name of the Manufactory）	
□ 生产地址名称： （Name of the Manufactory Address）	
变更原因：（说明变更原因） Reasons for Alteration	
境内代理机构： Domestic Agent 公司名称：×××公司（应与《企业法人营业执照》或《外国企业常驻中国代表机构登记证》上名称一致） 通讯地址：×××，邮编××× 联系人：××× 联系电话：×××（固话）138×××（手机） 邮箱地址：×××@163.com	
申请单位负责人签字： Signature of Applicant Company 盖章：（Seal）	境内代理机构负责人签字： Signature of Domestic Agent 盖章（Seal）：

1. 境内代理机构应当如实向农业农村部提交有关材料，对翻译材料的准确性负责。
2. 境外企业、境内代理机构隐瞒有关情况或者提供虚假材料的，按照《进口饲料和饲料添加剂登记管理办法》第二十九条规定承担相应的法律责任。

1. The domestic agent should submit the genuine documents to the MOA and take full responsibility for the accuracy of the translations.
2. According to Article 29 of *the Measures for the Administration of Registration of Import Feed and Feed Additives*, foreign company and domestic agent have to bear corresponding legal liabilities if they hide relevant information on purpose or provide forged documents.

常见错误示例

1. 申请表中所填内容与申报材料中体现的信息不一致。

2. 申请材料不完整，缺少产品及其主要成分在生产地允许作为饲料、饲料添加剂生产、使用的证明文件；缺少生产地官方机构出具的允许生产企业生产该饲料、饲料添加剂的证明文件；缺少生产地官方机构出具的自由销售证明等相关文件。

3. 官方证明文件未由中国驻生产地使馆认证；由非英语国家（地区）出具的官方证明文件未将官方证明文件和中文或英文翻译件公证。

4. 产品来源、组成成分描述不准确。产品来源未说明产品的动物性、植物性来源或化工合成使用的初始原料。组成成分未说明产品的原料组成或有效组分。

5. 中文标签式样不符合《饲料标签》（GB 10648）标准或《宠物饲料标签规定》的规定。

6. 前次申请未予批准的，再次提交材料时未提供《农业农村部行政审批办结通知书》复印件，未附修改说明。

常见问题解答

1. 如何办理进口登记申请？

答：根据《中华人民共和国农业部公告第 2153 号》要求，进行网上注册，并在线打印《登记申请表》；根据《中华人民共和国农业部公告第 2109 号》准备书面申请材料。准备好书面申请材料后，将材料邮寄或者直接送交农业农村部政务服务大厅畜牧兽医窗口。

2. 饲料原料进口是否需要办理进口登记证？

答：进口《饲料原料目录》第四部分所列单一饲料品种的，应当办理进口登记证，其他饲料原料不需办理进口登记证。《饲料原料目录》见农业部公告第 1773 号、第 2038 号、第 2133 号、第 2249 号、第 2634 号，农业农村部第 22 号及后续修订公告。

3. 宠物饲料是否需要办理进口登记证？

答：境外宠物饲料生产企业向中国进口宠物配合饲料、宠物添加剂预混合饲料的，需要依法取得进口登记证。其他宠物饲料（宠物零食）不需要办理进口登记证。

农业农村部办公厅印发落实《国务院关于在自由贸易试验区开展"证照分离"改革全覆盖试点的通知》实施方案的通知

(农办质〔2019〕41号)

各省、自治区、直辖市农业农村(农牧)、畜牧兽医、渔业厅(局、委),部机关有关司局:

近日,国务院印发《国务院关于在自由贸易试验区开展"证照分离"改革全覆盖试点的通知》,决定12月1日起在全国各自由贸易试验区对所有涉企经营许可事项实行清单管理,率先开展"证照分离"改革全覆盖试点。为落实国务院有关精神,我部就中央层面设定的涉及农业农村系统的49项涉企经营许可事项制定了实施方案,现印发给你们。请认真贯彻落实。

农业农村部办公厅
2019年11月29日

从事饲料、饲料添加剂生产的企业审批实施方案

一、改革事项名称：从事饲料、饲料添加剂生产的企业审批。

二、许可证件名称：饲料生产许可证、饲料添加剂生产许可证。

三、设定依据：《饲料和饲料添加剂管理条例》（1999年5月29日国务院令第266号，2016年2月6日予以修改）第十五条；《国务院关于取消和下放一批行政审批项目的决定》（国发〔2013〕44号）。

四、实施部门：省级农业农村部门。

五、改革方式：优化审批服务。

六、具体改革措施：对办理审批企业基本信息实施联网核查并联办理，取消人员资质证明、工商营业执照等证明事项；减少审批前置要求，取消环保证明事项。

七、材料要求：详见附件。

八、审批时限：20个工作日。

九、审批流程：

1. 申请人向省级人民政府饲料管理部门提出申请。
2. 省级人民政府饲料管理部门对申请材料进行形式审查，提出是否受理的意见。
3. 省级人民政府饲料管理部门对申请材料进行书面审查，书面审查合格的根据需要组织进行现场审核。
4. 省级人民政府饲料管理部门根据审查和审核结果作出许可决定。

十、事中事后监管措施：

1. 开展"双随机、一公开"监管，根据不同风险程度、信用水平，科学确定监督抽查比例，确保不发生系统性风险。
2. 针对行业突出问题和重大风险点，开展饲料质量安全风险预警监测，及时发现隐患并处置。
3. 强化社会监督，依法及时处理投诉举报。

附件：材料一览表

附件：

饲料添加剂生产许可申报材料一览表

序号	申报材料项目	设立（已取得工商注册）	设立（未取得工商注册）	续展	增加或更换生产线	增加产品品种	迁址	变更企业名称	变更企业法定代表人	变更企业注册地址或注册地名称	变更企业生产地址名称
1	企业承诺书	√	√				√				
2	饲料添加剂生产许可申请书	√	√	√	√	√	√				
3	组织机构代码证	√					√				
4	企业名称预先核准通知书		√					√			
5	企业组织机构图	√	√	√			√				
6	主要机构负责人和特有工种人员劳动合同	√	√	√			√				
7	厂区平面布局图	√	√	√	√		√				
8	生产装置工艺流程图、生产装置平立面布置图和工艺说明	√	√	√	√	√	√				
9	检验化验室平面布置图	√	√	√		√	√				
10	检验仪器购置发票	√	√	√		√	√				
11	产品标准	√	√	√		√	√				
12	产品主成分指标检测方法验证结论	√	√	√		√	√				
13	企业管理制度	√	√	√			√				
14	微生物菌种来源证明	√	√	√		√	√				

三、行政许可

（续表）

序号	申报材料项目	设立（已取得工商注册）	设立（未取得工商注册）	续展	增加或更换生产线	增加产品品种	迁址	变更企业名称	变更企业法定代表人	变更企业注册地址或注册地名称	变更企业生产地址名称
15	与生产新饲料添加剂有关的材料	√	√			√	√				
16	农业部允许该产品作为饲料添加剂生产和使用的公告	√	√	√	√	√	√				
17	企业生产许可证			√	√	√	√	√	√	√	√
18	相关证明材料	√	√	√	√	√	√	√	√	√	√

注1：增加或更换生产线、增加产品品种的，仅提供与申请事项相关的材料。

注2：表中序号14、15、16、18，仅适用于与申报事项相关的产品。

混合型饲料添加剂生产许可申报材料一览表

序号	申报材料项目	设立（已取得工商注册）	设立（未取得工商注册）	续展	增加或更换生产线	增加产品品种	迁址	变更企业名称	变更企业法定代表人	变更企业注册地址或注册地名称	变更企业生产地址名称
1	企业承诺书	√	√	√	√	√	√				
2	混合型饲料添加剂生产许可申请书	√	√	√	√	√					
3	组织机构代码证	√	√	√			√				
4	企业名称预先核准通知书		√					√			
5	企业组织机构图	√	√	√			√				
6	主要机构负责人和特有工种人员劳动合同	√	√	√			√				

（续表）

序号	申报材料项目	设立（已取得工商注册）	设立（未取得工商注册）	续展	增加或更换生产线	增加产品品种	迁址	变更企业名称	变更企业法定代表人	变更企业注册地址或注册地名称	变更企业生产地址名称
7	厂区平面布局图	√	√	√	√	√	√				
8	生产工艺流程图和工艺说明	√	√	√	√	√	√				
9	混合机混合均匀度检测报告		√	√	√	√	√				
10	检验化验室平面布置图	√	√	√	√	√	√				
11	检验仪器购置发票	√	√	√	√	√	√				
12	产品标准	√	√	√	√	√	√				
13	产品主成分指标检测方法验证结论	√	√	√		√	√				
14	企业管理制度	√	√	√			√				
15	企业生产许可证			√	√	√	√	√	√	√	√
16	相关证明材料			√	√	√	√	√	√	√	√

注：增加或更换生产线、增加产品品种的，仅提供与申请事项相关的材料。

浓缩饲料、配合饲料、精料补充料生产许可申报材料一览表

序号	申报材料项目	设立（已取得工商注册）	设立（未取得工商注册）	续展	增加或更换生产线	增加产品品种	迁址	变更企业名称	变更企业法定代表人	变更企业注册地址或注册地名称	变更企业生产地址名称
1	企业承诺书	√	√	√	√	√	√				
2	浓缩饲料、配合饲料、精料补充料生产许可申请书	√	√	√	√	√	√				

三、行政许可

(续表)

序号	申报材料项目	设立（已取得工商注册）	设立（未取得工商注册）	续展	增加或更换生产线	增加产品品种	迁址	变更企业名称	变更企业法定代表人	变更企业注册地地址或注册地名称	变更企业生产地址名称
3	组织机构代码证	✓					✓				
4	企业名称预先核准通知书		✓					✓			
5	企业组织机构图	✓	✓	✓			✓				
6	主要机构负责人和特有工种人员劳动合同	✓	✓	✓			✓				
7	厂区平面布局图	✓	✓	✓	✓	✓	✓				
8	生产工艺流程图和工艺说明	✓	✓	✓	✓	✓	✓				
9	计算机自动化控制系统配料精度证明	✓	✓	✓	✓	✓	✓				
10	混合机混合均匀度检测报告	✓	✓	✓	✓	✓	✓				
11	检验化验室平面布置图	✓	✓	✓	✓		✓				
12	检验仪器购置发票	✓	✓	✓	✓		✓				
13	企业管理制度	✓	✓	✓			✓				
14	企业生产许可证			✓	✓	✓	✓	✓	✓	✓	✓
15	相关证明材料							✓	✓	✓	✓

注：增加或更换生产线，增加产品类别或产品系列的，仅提供与申请事项相关的材料。

添加剂预混合饲料生产许可申报材料一览表

序号	申报材料项目	设立（已取得工商注册）	设立（未取得工商注册）	续展	增加或更换生产线	增加产品品种	迁址	变更企业名称	变更企业法定代表人	变更企业注册地址或注册地名称	变更企业生产地址名称
1	企业承诺书	√	√	√	√	√	√				
2	添加剂预混合饲料生产许可申请书	√	√	√	√	√	√				
3	组织机构代码证	√		√			√				
4	企业名称预先核准通知书		√					√			
5	企业组织机构图	√	√	√			√				
6	主要机构负责人和特有工种人员劳动合同	√	√	√			√				
7	厂区平面布局图	√	√	√	√		√				
8	生产工艺流程图和工艺说明	√	√	√	√	√	√				
9	计算机自动化控制系统配料精度证明	√	√	√	√	√	√				
10	混合机混合均匀度检测报告	√	√	√	√	√	√				
11	检验化验室平面布置图	√	√	√		√	√				
12	检验仪器购置发票	√	√	√		√	√				

三、行政许可

（续表）

序号	申报材料项目	设立（已取得工商注册）	设立（未取得工商注册）	续展	增加或更换生产线	增加产品品种	迁址	变更企业名称	变更企业法定代表人	变更企业注册地地址或注册地名称	变更企业生产地地址名称
13	企业管理制度	√									
14	企业生产许可证			√	√	√	√	√	√	√	√
15	相关证明材料						√	√	√	√	√

注1：增加或更换生产线，增加产品品种或产品系列的，仅提供与申请事项相关的材料。
注2：表中序号9，仅适用于配料、混合工段采用计算机自动化控制系统的企业。
注3：表中序号10，不适用于液态添加剂预混合饲料生产企业。

单一饲料生产许可申报材料一览表

序号	申报材料项目	设立（已取得工商注册）	设立（未取得工商注册）	续展	增加或更换生产线	增加产品品种	迁址	变更企业名称	变更企业法定代表人	变更企业注册地地址或注册地名称	变更企业生产地地址名称
1	企业承诺书	√	√	√	√	√	√				
2	单一饲料生产许可申请书	√	√	√	√	√	√				
3	组织机构代码证	√	√	√			√				
4	企业名称预先核准通知书		√					√			
5	企业组织机构图	√	√	√			√				
6	主要机构负责人和特有工种人员劳动合同	√	√	√			√				
7	厂区平面布局图	√	√	√		√	√				

饲料法规文件汇编（2021）

（续表）

序号	申报材料项目	设立（已取得工商注册）	设立（未取得工商注册）	续展	增加或更换生产线	增加产品品种	迁址	变更企业名称	变更企业法定代表人	变更企业注册地址或注册地名称	变更企业生产地址名称
8	生产工艺流程图和工艺说明	√	√	√	√						
9	检验化验室平面布置图	√	√	√		√	√				
10	检验仪器购置发票	√	√	√		√	√				
11	产品标准	√	√	√		√					
12	企业管理制度	√	√	√			√				
13	微生物菌种来源证明	√	√	√		√	√				
14	动物源性原料来源证明	√	√	√		√	√				
15	与生产新饲料有关的材料	√	√	√		√	√				
16	农业部允许该产品作为单一饲料生产和使用的公告			√		√					
17	企业生产许可证				√	√		√	√	√	√
18	相关证明材料							√	√	√	√

注1：增加或更换生产线、增加产品品种的，仅提供与申请事项相关的材料。

注2：表中序号13、14、15、16，仅适用于与申请事项相关的产品。

ND# 四、新产品审定、评价指南及试验机构

关于印发《饲料添加剂稳定性试验指南（试行）》的通知

（农办牧〔2008〕82号）

各省、自治区、直辖市畜牧（农牧、农业）厅（局、委、办）、饲料工作（工业）办公室，各相关单位：

为规范饲料添加剂稳定性评价试验，确保试验结果的科学性和有效性，根据《饲料和饲料添加剂管理条例》《新饲料和新饲料添加剂管理办法》和《进口饲料和饲料添加剂登记管理办法》的有关规定，我部组织全国饲料评审委员会编制了《饲料添加剂稳定性试验指南（试行）》，现予发布。申报新饲料添加剂时应按照指南进行产品的稳定性试验，并提供相关报告。

二〇〇八年十二月三十日

附件：饲料添加剂稳定性试验指南（试行）

饲料添加剂稳定性试验指南（试行）

饲料添加剂的稳定性是指饲料添加剂保持其物理、化学、生物学和微生物学性质的能力。稳定性试验的目的是考察饲料添加剂的性质在温度、湿度、光照等条件的影响下随时间变化的规律，为饲料添加剂的生产、包装、贮存、运输条件和有效期的确定提供科学依据，以确保上市饲料添加剂安全有效。

稳定性试验是饲料添加剂质量控制研究的主要内容之一，与饲料添加剂质量研究和质量标准的建立紧密相关。稳定性试验具有阶段性特点，贯穿饲料添加剂研究与开发的全过程，上市后还应继续进行稳定性研究。

本指南为一般性原则，具体的试验设计和评价应具体问题具体分析。

一、产品分类

为了便于理解和叙述饲料添加剂的稳定性试验，将饲料添加剂分为饲料添加剂Ⅰ类产品和饲料添加剂Ⅱ类产品。

饲料添加剂（Ⅰ类）产品包括：

1. 利用微生物发酵、化学和物理方法直接生产的饲料添加剂产品。
2. 在原料生产工艺中同时得到两种或两种以上混合成分的产品，如维生素 A/D_3。
3. 在单一微生物发酵工艺中同时产生两种或两种以上的酶，经加工生产的稳定的复合酶制剂。
4. 在单一培养工艺中可共同生长的两种或两种以上微生物菌种，经加工生产的稳定的复合微生物制剂。

饲料添加剂（Ⅱ类）产品包括：

1. 通过改变饲料添加剂（Ⅰ类）产品浓度而生成的饲料添加剂产品。
2. 将饲料级氨基酸、酶制剂、微生物添加剂、抗氧化剂、防腐剂、电解质平衡剂、着色剂、调味剂或香料等同一类多品种饲料添加剂混合配制的饲料添加剂产品。
3. 通过对饲料添加剂（Ⅰ类）产品进行精制、脱水、包被等工艺处理而生成的饲料添加剂产品。

二、稳定性试验设计的要点

稳定性试验的设计应根据不同的试验目的，结合饲料添加剂的理化性质、产品类别和具体的工艺条件等进行。

（一）样品的准备

1. 样品的批次和规模

一般地，影响因素试验（配合饲料制粒试验除外）采用一批样品进行，配合饲料制粒试验、加速试验和长期试验采用三批样品进行。

供稳定性试验的样品应从以一定规模生产的批量产品中抽取，以能够代表规模生产条件下的产品质量。饲料添加剂Ⅰ类产品的生产工艺路线、方法、步骤应与生产规模一致；饲料添加剂Ⅱ类产品的配方、制备工艺也应与生产规模一致。

稳定性试验中，饲料添加剂的批量应达到中试规模的要求。特殊品种、特殊类型所需数量，视具体情况而定。

2. 包装及处置条件

稳定性试验要求在一定的温度、湿度、光照条件下进行，处置条件的设置应充分考虑到饲料添加剂在贮存、运输及使用过程中可能遇到的环境因素。

饲料添加剂Ⅰ类产品应在影响因素试验结果基础上选择合适的包装。加速试验和长期试验中的包装应与拟上市包装一致。如果拟上市产品包装过大，不方便试验，也可采用模拟小包装，所用材料和封装条件应与大包装一致。

稳定性试验中应对各项试验条件要求的环境参数进行控制和监测。

3. 样品的采集

样品的采集可参照 GB/T 14699.1《饲料 采样》的规定进行。对于影响因素试验，采集的样品量应满足完成一次所有考察项目的检验需要。对于加速试验和长期试验，每个批次采集的份数应满足完成各个考察时间点检验的需要，每份样品量同影响因素试验。

（二）考察时间点

由于稳定性试验目的是考察饲料添加剂质量随时间变化的规律，因此试验中一般需要设置多个时间点考察样品的质量变化。

考察时间点应基于对饲料添加剂性质的认识、稳定性趋势评价的要求而设置。如长期试验中，总体考察时间应涵盖所预期的有效期，中间取样点的设置要考虑饲料添加剂的稳定性特点和类型特点。对某些环境因素敏感的饲料添加剂，应适当增加考察时间点。

（三）考察项目

稳定性试验的考察项目应选择在饲料添加剂保存期间易于变化，并可能影响饲料添加剂质量、安全性和有效性的项目，以便客观、全面地反映饲料添加剂的稳定性。根据饲料添加剂特点和质量控制的要求，尽量选取能灵敏反映饲料添加剂稳定性的指标。

饲料添加剂根据物理性状大体可分为固体和液体两类。乳状饲料添加剂可参照液体饲料添加剂的考察项目进行考察。一般地，考察项目可分为物理、化学、生物学和微生物学等几个方面。具体考察项目设置可以参考表1。

表 1 建议饲料添加剂稳定性试验考察的项目

类别	建议考察项目
固体产品	性状、色泽、外观、主成分含量、水分以及根据所含组分或成分特性和要求设置的考察项目
液体产品	性状、色泽、外观、含量、pH 值、澄清度、混悬度以及根据所含组分或成分特性和要求设置的考察项目

稳定性研究中如样品发生了显著变化，则应改变条件再进行试验。一般来说，饲料

添加剂Ⅰ类产品的"显著变化"应包括：

1. 性状，如颜色、熔点、溶解度、比旋度超出标准规定，晶型、水分等超出标准规定。
2. 主成分含量测定值超出标准规定，或者不能达到生物学或者微生物学的效价指标。
3. 结晶水发生变化。
4. 有害微生物或生物毒素等指标超出标准规定。
5. pH 值超出标准规定。

一般来说，饲料添加剂Ⅱ类产品的"显著变化"应包括：

1. 含量测定发生 5% 的变化（特殊情况应加以说明）；或者不能达到生物学或微生物学的效价指标。
2. 性状、物理性质以及特殊类别的功能性试验（如颜色、相分离、再混悬能力、结块、硬度等）超出标准规定。
3. 有害微生物或生物毒素等指标超出标准规定。
4. pH 值超出标准规定。

（四）分析方法

评价指标所采用的分析方法应经过充分的验证，能满足试验的要求，具有一定的专属性、准确性、重现性、灵敏度和精密度。

三、稳定性试验方法和要求

根据研究目的不同，稳定性试验方法分为影响因素试验、加速试验、长期试验和上市后的稳定性考察。

饲料添加剂Ⅰ类产品需要进行影响因素试验、加速试验和长期试验；饲料添加剂Ⅱ类产品需要进行加速试验和长期试验，必要时，应进行部分影响因素试验。在进行饲料添加剂Ⅱ类产品稳定性试验之前，应先查阅饲料添加剂Ⅱ类产品所涉及的各组成成分稳定性的有关资料，尤其是温度、湿度、光照等对饲料添加剂Ⅱ类产品各组成成分稳定性的影响，在此基础上再进行试验。如果饲料添加剂Ⅱ类产品所涉及的各组成成分没有稳定性资料，应进行影响因素试验。一般情况下，加速试验应达到 6 个月以上，长期试验应达到 18 个月以上。

在饲料添加剂通过审批获准上市后，还应进行上市后的稳定性考察。

（一）影响因素试验

影响因素试验是在剧烈条件下进行的，目的是了解影响稳定性的因素及其影响程度，为饲料添加剂产品的工艺筛选、包装材料和容器的选择、贮存条件的确定以及是否适合于配合饲料湿热调质、制粒等热加工提供依据；同时为加速试验和长期试验应采用的温度和湿度等条件提供依据，还可为分析方法的选择提供依据。

影响因素试验一般包括高温、高湿、光照试验和配合饲料制粒试验。一般将供试品置于适宜的容器中（如称量瓶或培养皿），摊成≤5mm 厚的薄层，结构疏松的供试品摊成≤10mm 厚的薄层进行试验。如试验结果不明确，应加试两个批次的样品。

1. 高温试验

供试品置于密封洁净容器中,在60℃条件下放置10天,于第0天、第5天和第10天取样,检测有关指标。如供试品发生显著变化,则在40℃下同法进行试验。如60℃无显著变化,则不必进行40℃试验。

2. 高湿试验

供试品置恒湿密闭容器中,于25℃、RH 90%±5%条件下放置10天,于第0天、第5天和第10天取样检测。检测项目应包括吸湿增重项。若吸湿增重5%以上,则应在25℃、RH 75%±5%下同法进行试验;若吸湿增重5%以下,且其他考察项目符合要求,则不再进行此项试验。

液体饲料添加剂可不进行此项试验。

恒湿条件可采用恒温恒湿箱或通过在密闭容器下部放置饱和盐溶液来实现。根据不同的湿度要求,选择 NaCl 饱和溶液(15.5~60℃,RH 75%±1%)或 KNO_3 饱和溶液(25℃,RH 90%)。

3. 光照试验

供试品置于光照箱或其他适宜的光照容器内,于照度4 500lx±500lx 条件下放置10天,于第0天、第5天和第10天取样检测。对于光敏感而要求避光保存的饲料添加剂,可不进行此项试验。

以上为影响因素稳定性研究的一般要求。根据饲料添加剂的性质必要时可以设计其他试验,如考察pH值、氧、低温等因素对饲料添加剂稳定性的影响。

4. 配合饲料制粒试验

将供试品于混合机上按比例加入粉状配合饲料中混合均匀,在饲料制粒机中调质、制粒,调质器内试验饲料的出机温度应达到85℃±5℃,调质后水分含量在16%~17%,经制粒机挤压、切割制成颗粒,于冷却器下取样,测定供试样品中试验添加剂的检测指标。同时应记录所用压模孔径和模孔的长径比、出压模颗粒饲料的温度等。

(二)加速试验

加速试验是在超常条件下进行的,目的是通过加快市售包装中饲料添加剂的化学或物理性质变化速度来考察其稳定性,对饲料添加剂在运输、保存过程中可能会遇到的短暂超常条件下的稳定性进行模拟考察,并初步预测样品在规定的贮存条件下的长期稳定性。

加速试验一般取拟上市包装的三批样品进行,建议在比长期试验放置温度至少高15℃的条件下进行。一般可选择40℃±2℃、RH 75%±5%条件下进行6个月试验。在试验期间第0、1、2、3、6个月末取样检测考察指标。如在6个月内供试品经检测不符合质量标准要求或发生显著变化,则应在中间条件30℃±2℃、RH 65%±5%同法进行6个月试验。

在对采用不可透过性包装的含有水性介质的饲料添加剂,如液体或乳状饲料添加剂等的稳定性试验中可不要求相对湿度。对采用半通透性的容器包装的饲料添加剂,如塑料软袋装、塑料瓶装的液体饲料添加剂,加速试验应在40℃±2℃、RH 20%±5%的条件下进行。

对温度敏感的饲料添加剂（需在冰箱中 4~8℃ 冷藏保存）的加速试验可在 25℃±2℃、RH 60%±5% 条件下同法进行。需要冷冻保存的饲料添加剂可不进行加速试验。

（三）长期试验

长期试验是在上市饲料添加剂规定的贮存条件下进行，目的是考察其在运输、贮存、使用过程中的稳定性，能直接地反映饲料添加剂稳定性特征，是确定有效期和贮存条件的最终依据。

取三批样品在 25℃±2℃、RH 60%±10% 条件进行试验，取样时间点在第一年一般为每 3 个月末一次，第二年每 6 个月末一次，以后每年末一次。

对温度敏感的饲料添加剂，其长期试验可在 6℃±2℃ 条件下进行试验；对采用半通透性的容器包装的饲料添加剂，长期试验应在 25℃±2℃、RH 40%±10% 的条件下进行，取样时间同上。

（四）饲料添加剂上市后的稳定性考察

饲料添加剂在审批阶段进行的稳定性试验，一般并不是实际生产产品的稳定性，具有一定的局限性。在饲料添加剂获准生产上市后，应采用实际规模生产的饲料添加剂继续进行长期试验。根据继续进行的稳定性试验的结果，对包装、贮存条件和有效期进行进一步的确认。

饲料添加剂在获得上市批准后，可能会因各种原因而申请对制备工艺、配方组成、规格、包装材料等进行变更，一般应进行相应的稳定性试验，以考察变更后饲料添加剂的稳定性趋势，并与变更前的稳定性试验资料进行对比，以评价变更的合理性。

四、稳定性试验的结果

通过对影响因素试验、加速试验、长期试验获得的饲料添加剂稳定性信息进行系统的分析，确定饲料添加剂的贮存条件、包装材料/容器和有效期。

（一）贮存条件的确定

应综合影响因素试验、加速试验和长期试验的结果，同时结合饲料添加剂在流通过程中可能遇到的情况进行综合分析。选定的贮存条件应采用规范术语描述。

（二）包装材料/容器的确定

一般先根据影响因素试验结果，初步确定包装材料和容器，结合加速试验和长期试验的稳定性研究的结果，进一步验证采用的包装材料和容器的合理性。

（三）有效期的确定

饲料添加剂的有效期应综合加速试验和长期试验的结果，进行适当的统计分析得到，最终有效期的确定一般以长期试验的结果来确定。

由于试验数据的分散性，一般应按 95% 可信限进行统计分析，得出合理的有效期。如三批统计分析结果差别较小，则取其平均值为有效期；如差别较大，则取其最短的为有效期。若数据表明测定结果变化很小，提示饲料添加剂是很稳定的，则可以不做统计分析。

五、名词解释

有效期：在规定的贮存条件下放置，能保证饲料添加剂质量符合注册质量标准要求的期限。

批次：指按相同的生产工艺在一次生产过程中生产的一定数量的饲料添加剂，其产品质量具有均一性。

上市包装：上市销售饲料添加剂的内包装和其他层次包装的总称。

六、参考文献

［1］ ICH.Guidance for Industry Q1A（R2）Stability Testing of New Drug Substances and Products［Z］.2003.

［2］ Food and Drug Administration，USA.Guidance for Industry Stability Testing of New Veterinary Drug Substances and Medicinal Products（Revision）VICH GL3（R）［Z］.2007.

［3］ Food and Drug Administration，USA.Guidance for Industry Stablity Testing for medicted Premixe VICH GL8［Z］.2000.

［4］ ICH.Q1C Stability Testing for New Dosage Forms.1996.

［5］ ICH.Q1B Photostability Testing of New Drug Substances and Products.1997.

［6］ 中华人民共和国农业部.兽药稳定性试验指导原则［Z］.中国兽药药典.2005.

［7］ 中华人民共和国卫生部.原料药与药物制剂稳定性试验指导原则［Z］.中国药典.2005.

［8］ 国家食品药品监督管理局.中药、天然药物稳定性研究技术指导原则［Z］.GPH5-1.2006.

［9］ 国家食品药品监督管理局.化学药物稳定性研究技术指导原则［H］.GPH6-1.2005.

［10］ Daniel LIU.药物稳定性实验方案设计研究的国际化规范［J］.中国药科大学学报，2005，36（3）：284-288.

［11］ 陈振生，王庆喜.ICH 最新动向.中国医药导刊［J］. 2007，9（1）：78.

［12］ 中华人民共和国国务院.国务院令第 327 号 饲料添加剂管理条例［Z］.2001.

［13］ 中华人民共和国农业部.饲料行政许可申报材料要求［Z］.中华人民共和国农业部公告第 611 号.2006.

七、附录

（一）国际气候带

稳定性长期试验所采用的一般条件是根据国际气候带制定的。将全球分为Ⅰ、Ⅱ、Ⅲ、Ⅳ四个国际气候带，温带主要有英国、北欧、加拿大、俄罗斯；亚热带有美国、日本、西欧（葡萄牙—希腊）；干热带有伊朗、伊拉克、苏丹；湿热带有巴西、加纳、印度尼西亚、尼加拉瓜、菲律宾。

具体条件见表1：

表1 不同气候带的温湿度

气候带	计算数据			推算数据	
	温度①	MKT②	湿度	温度	湿度
Ⅰ温带	20.0	20.0	42	21	45
Ⅱ地中海气候，亚热带	21.6	22.0	52	25	60
Ⅲ干热带	26.4	27.9	35	30	25
Ⅳ湿热带	26.7	27.4	76	30	70

①记录温度；②平均热力学温度

在这四种气候带中，对于饲料添加剂的质量保证而言，条件最苛刻的是第四种气候带，即高温又高湿的环境。中国总体来说属于亚热带，推荐长期试验采用温度湿度条件为：25℃±2℃，RH 60%±10%。

（二）稳定性试验报告的一般内容

一般地，稳定性试验部分的申报资料应包括以下内容：

1.供试饲料添加剂的品名、规格、剂型、批号、生产者、原料来源、生产日期和试验开始时间。并应明确给出稳定性考察中各个批次饲料添加剂的批产量。

2.各稳定性试验的条件，如温度、光照强度、相对湿度、容器等。应明确包装/密封系统的性状，如包材类型、形状和颜色等。

3.稳定性试验中各质量检测方法和指标的限度要求。

4.在稳定性试验起始和试验中间的各个取样点获得的实际分析数据，一般应以表格的方式提交，并附相应的图示；利用仪器给出的图谱进行含量测定的还应附测试图谱。

5.检测的结果应如实申报数据，不宜采用"符合要求"等表述。检测结果应用含有效成分标示量的百分数表述，并给出其与开始时间的检测结果的百分比。如果在某个时间点进行了多次检测，应提供所有的检测结果及其相对标准偏差（RSD）。

6.应对试验结果进行分析并得出初步的结论。

关于确定 20 家有能力承担饲料和饲料添加剂有效性试验机构和 7 家安全性评价机构的公告

(农业部公告 2009 年第 1142 号)

为规范新饲料和新饲料添加剂的评审,保证饲料评审工作的科学、公正、公平,提高饲料评审工作的效率,确保饲料和饲料添加剂的安全、有效、环保,根据《饲料和饲料添加剂管理条例》《新饲料和新饲料添加剂管理办法》和《进口饲料和饲料添加剂登记管理办法》的有关规定,我部在各地饲料管理部门推荐的基础上,委托全国饲料评审委员会对推荐的机构进了考察和评估,确定了 20 家有能力承担饲料和饲料添加剂有效性试验机构和 7 家安全性评价机构,现予公告。各相关单位应选择指定的试验机构开展新饲料和新饲料添加剂的评价试验,各试验机构应为新饲料和新饲料添加剂的评价提供科学、客观、真实的试验数据及试验报告。

中华人民共和国农业部
二〇〇九年一月六日

附件1:饲料和饲料添加剂有效性试验机构名单
附件2:饲料和饲料添加剂安全性评价机构名单

附件1：

饲料和饲料添加剂有效性试验机构名单

序号	省市	试验机构*	试验报告签发机构*	试验报告签发人*	试验场地及试验范围*	备注
1	北京	农业部饲料效价与安全监督检验测试中心（北京）	农业部饲料效价与安全监督检验测试中心（北京）	张丽英 教授	中国农业大学动物科技学院谢家代谢室（猪、肉鸡）、天津宁河试验基地（猪）、河北滦平试验研究基地	
2		动物营养学国家重点实验室（中国农业大学）	中国农业大学动物科技学院	呙于明 教授（肉鸡、蛋鸡）孟庆翔 教授（肉牛）李胜利 教授（奶牛）	中国农业大学校内家禽基地（肉鸡、蛋鸡）、涿州试验基地（肉鸡、奶牛）、中美奶牛中心（奶牛）、肉牛研究中心大兴基地（肉牛）	
3		中国农业科学院北京畜牧兽医研究所动物营养与饲料研究所	中国农业科学院北京畜牧兽医研究所	佟建明 研究员（肉鸡、蛋鸡）侯水生 研究员（肉鸭）	中国农业科学院北京畜牧兽医研究所昌平马池口试验场（肉鸡、蛋鸡、肉鸭）	已不再承担
		农业部反刍动物饲料安全评价实验室		王加启 研究员	农业部反刍动物饲料安全评价实验室天津奶牛实验站（奶牛）	
4		中国农业科学院饲料研究所（农业部饲料安全评价基准实验室）	中国农业科学院饲料研究所	齐广海 研究员	中国农业科学院饲料研究所南口试验基地（肉鸡）、留民营试验基地（蛋鸡）	已不再承担
		国家水产饲料安全评价基地			昌平南口国家水产饲料安全评价基地（水产动物）	
5	辽宁	沈阳农业大学畜牧兽医学院	沈阳农业大学畜牧兽医学院	胡建民 教授	沈阳农业大学科研种鸡场（肉鸡、蛋鸡）	

四、新产品审定、评价指南及试验机构

(续表)

序号	省市	试验机构*	试验报告签发机构*	试验报告签发人*	试验场地及试验范围*	备注
6	黑龙江	东北农业大学动物营养研究所	东北农业大学动物营养研究所	单安山 教授	东北农业大学香坊动物实验实习基地（猪）	
7	上海	上海市农业科学院农产品质量标准与检测技术研究所	上海市农业科学院农产品质量标准与检测技术研究所	赵志辉 研究员	上海市农业科学院畜牧兽医研究所试验场（肉鸡、蛋鸡）	
8	江苏	南京农业大学动物科技学院	南京农业大学动物科技学院	王 恬 教授	南京农业大学珠江校区畜牧试验站（猪、蛋鸡、肉鸡）	
9		南京农业大学无锡渔业学院	南京农业大学无锡渔业学院	谢 骏 研究员	南京农业大学无锡渔业学院淡水渔业研究中心南泉基地（淡水鱼）、淡水渔业研究中心宜兴基地（淡水虾蟹类）	
10		扬州大学动物营养与饲料工程技术研究中心	扬州大学动物营养与饲料工程技术研究中心	赵国琦 教授	扬州大学试验农牧场（鹅、山羊、奶牛）	
11		中国农业科学院家禽科学研究所	中国农业科学院家禽科学研究所	厉宝林 副研究员	江苏省家禽科学研究所部伯基地（肉鸡、蛋鸡）	已不再承担
12	浙江	浙江大学奶业科学研究所	浙江大学奶业科学研究所	刘建新 教授	浙江大学奶业科学研究所试验牧场（奶牛）	
13		浙江大学饲料科学研究所	浙江大学饲料科学研究所	汪以真 教授（淡水水产） 余东游 副研究员（肉鸡、蛋鸡）	浙江大学饲料科学研究所实验基地（肉鸡、蛋鸡、淡水水产动物）	
14		浙江省农业科学院畜牧兽医研究所	浙江省农业科学院畜牧兽医研究所	徐子伟 研究员	浙江省农业科学院海宁科技牧场（猪）	
15		中挪海水养殖鱼类营养与饲料联合实验室	浙江省海洋水产研究所	邵庆均 教授	浙江省海洋水产研究所西轩岛试验场（海水鱼）	

（续表）

序号	省市	试验机构*	试验报告签发机构*	试验报告签发人*	试验场地及试验范围*	备注
16	河南	河南农业大学牧医工程学院	河南农业大学	王志祥 教授	河南农业大学牧医工程学院 试验站（肉鸡、蛋鸡）	
17	湖南	湖南农业大学动物科技学院	湖南农业大学	方热军 教授	湖南农业大学动物科技学院 佳和猪场（猪）	
18	广东	广东省农业科学院畜牧研究所（饲料效价与安全评价中心）	广东省农业科学院畜牧研究所	林映才 研究员	广东省农业科学院畜牧研究所试验场（猪、肉鸡）	
19	四川	四川农业大学动物营养研究所	四川农业大学动物营养研究所	陈代文 教授	四川农业大学动物营养研究所教学科研基地（猪、肉鸡）	
20	四川	四川省畜牧科学研究院	四川省畜牧科学研究院	邹成义 研究员	四川省畜牧科学研究院试验兔场（兔、肉鸭、淡水鱼）	

* 编者注：目前机构名称、人员、职务已有变动。

附件2：

饲料和饲料添加剂安全性评价机构名单

序号	省市	报告签发机构*	报告签发人*	可承担的评价项目*	备注
1	北京	中国兽医药品监察所	高光 研究员	急性经口毒性试验、短期经口毒性试验、亚慢性毒性试验、哺乳动物骨髓细胞微核试验、哺乳动物骨髓细胞染色体畸变试验、哺乳细胞染色体畸变试验、代谢动力学试验	已不再承担
2	北京	农业部饲料效价与安全监督检验测试中心（北京）	张丽英 教授	急性经口毒性试验、短期经口毒性试验、亚慢性经口毒性试验	

四、新产品审定、评价指南及试验机构

（续表）

序号	省市	报告签发机构*	报告签发人*	可承担的评价项目*	备注
3	北京	农业部兽药安全监督检验测试中心（北京）	沈建忠 教授	急性经口毒性试验、短期经口毒性试验、亚慢性毒性试验、A-mes试验、哺乳动物骨髓细胞微核试验、哺乳动物骨髓细胞染色体畸变试验、哺乳细胞染色体畸变试验、哺乳动物生殖细胞染色体畸变试验、哺乳细胞基因突变试验、哺乳动物生殖试验、致畸试验、皮肤剌激试验、眼剌激试验、慢性毒性试验、代谢动力学试验、局部剌激试验、残留试验、药（毒）代试验、临床试验	
4	北京	中国疾病预防控制中心营养与食品安全所	李宁 研究员	急性经口毒性试验、短期经口毒性试验、亚慢性毒性试验、A-mes试验、哺乳动物骨髓细胞微核试验、哺乳动物骨髓细胞染色体畸变试验、哺乳细胞染色体畸变试验、哺乳动物生殖细胞染色体畸变试验、哺乳细胞基因突变试验、哺乳动物生殖试验、致畸试验、皮肤剌激试验、眼剌激试验、慢性毒性试验、代谢动力学试验、经皮毒性试验	
5	黑龙江	黑龙江省公共卫生监测检验中心	王玉燕 主任医师	急性经口毒性试验、短期经口毒性试验、亚慢性毒性试验、A-mes试验、哺乳动物骨髓细胞微核试验、哺乳动物致畸试验、哺乳细胞染色体畸变试验、眼剌激试验、皮肤剌激试验、哺乳动物生殖试验、皮肤致敏试验	
6	江苏	扬州大学兽医学院	秦爱建 教授	急性经口毒性试验、亚慢性毒性试验、A-mes试验、哺乳动物细胞微核试验、慢性毒性试验、代谢动力学试验、致畸试验、繁殖试验、靶动物安全试验	
7	陕西	西安交通大学医学院实验动物中心	刘恩岐 教授	急性经口毒性试验、眼剌激试验、皮肤剌激试验、皮肤致敏试验	

*编者注：机构、人员会发生变动。

农业部办公厅关于印发《饲料和饲料添加剂畜禽靶动物有效性评价试验指南（试行）》和《饲料和饲料添加剂畜禽靶动物耐受性评价试验指南（试行）》的通知

（农办牧〔2011〕21号）

为规范饲料和饲料添加剂安全性评价和有效性试验工作，保证试验结果的科学性、客观性，根据《饲料和饲料添加剂管理条例》《新饲料和新饲料添加剂管理办法》和《进口饲料和饲料添加剂登记管理办法》有关规定，我部委托全国饲料评审委员会制定了《饲料和饲料添加剂畜禽靶动物有效性评价试验指南（试行）》和《饲料和饲料添加剂畜禽靶动物耐受性评价试验指南（试行）》。现印发你们，请参照执行。

附件：
1.《饲料和饲料添加剂畜禽靶动物有效性评价试验指南（试行）》
2.《饲料和饲料添加剂畜禽靶动物耐受性评价试验指南（试行）》

二〇一一年六月十七日

附件1：

饲料和饲料添加剂畜禽靶动物有效性评价试验指南（试行）

1 适用范围

1.1 本指南规定了饲料原料和饲料添加剂畜禽靶动物有效性评价试验的基本原则、试验方案、试验方法和试验报告等要求。

1.2 本指南适用于为新饲料和饲料添加剂、进口饲料和饲料添加剂申报以及已经批准使用的饲料和饲料添加剂再评价而进行的畜禽靶动物体内有效性评价试验。

1.3 畜禽饲料产品的靶动物体内有效性评价试验可参照本指南的要求进行。

2 基本原则

2.1 应根据我国的养殖业生产实际开展靶动物有效性评价试验，以保证评价结果的科学性、客观性。

2.2 靶动物有效性评价试验应对受试物所适用的每一种靶动物分别进行评价，本指南4.2.2以及其他另有规定的特殊情况除外。

2.3 靶动物有效性评价试验应由具备一定专业知识和试验技能的专业人员在适宜的试验场所、使用适宜的设备设施、按照规范的操作程序进行，并且由试验机构指定的负责人负责。用于产品申报的，评价机构和人员的要求另行规定。

2.4 试验动物应健康并且具有相似的遗传背景；饲养环境不应对试验结果造成影响；受试物和试验日粮不得受到污染。

2.5 在符合靶动物有效性评价试验相关要求的前提下，靶动物有效性评价试验可与靶动物耐受性试验合并进行。

2.6 试验应证明受试物最低推荐用量的有效性，一般通过设定负对照和选择敏感靶指标进行。必要时设正对照。

2.7 当有效性评价试验的目的是证明受试物能为靶动物提供营养素时，应设置一个该营养素水平低于动物需求，但又不至严重缺乏的对照日粮。

2.8 应采用梯度剂量设计，为推荐用量或用量范围的确定提供依据。

有效性评价试验的梯度水平不得少于3个；但作为产品申报的，奶牛试验的梯度水平不得少于4个，其他动物不得少于5个。

2.9 由于试验条件和受试物特性的限制，可以进行多个有效性评价试验以证明受试物的有效性。当试验次数超过3次时，建议采用整合分析法（meta-analysis）进行数据统计，但每次试验应采用相似的设计，以保证试验数据的可比性。

3 试验方案

试验开始前，应根据受试物和靶动物的特点，对试验进行系统设计，形成试验方案。试验方案应包括试验目的、试验方法、仪器设备、详细的动物品种和类别、动物数量、饲养和饲喂条件等，并由试验负责人签字确认。具体要求如下：

3.1 试验动物：品种、年龄、性别、生理阶段和一般健康状况。

3.2 试验条件：动物来源和种群规模、饲养条件、饲喂方式；预饲期的条件要求。

3.3 试验分组：试验组和对照组数量、每组重复数和每个重复的动物数（必须满足统计学要求）、统计方法。

3.4 试验日粮：描述日粮的加工方法、日粮组成及相关的营养成分含量（实测值）和能量水平；注意根据受试物特点和使用方法配制日粮，使用的原料应符合我国法规和相关标准要求，各试验处理组试验因子以外的其他因素（如料型、粒度、加工工艺等）应一致。

3.5 受试物的测定：受试物及其有效成分的通用名称、生产厂家、规格、生产批号、有效成分含量的测试方法及测试结果、测试机构，受试物有效成分在试验日粮中的含量。

3.6 观测项目和时间：检测和观察项目名称、实施和持续的确切时间。

3.7 疾病治疗和预防措施：不应干扰受试物的作用模式并逐一记录。

3.8 突发状况处理：动物个体和各试验组发生的所有非预期的突发状况，都应记录其发生的时间和范围。

4 试验方法

4.1 受试物

4.1.1 对于申请产品审定或登记的受试物，应与拟上市（或拟进口）的产品完全一致。产品应由申报单位自行研制并在中试车间或生产线生产，同时提供产品质量标准和使用说明。

4.1.2 试验机构应将受试物样品送国家或农业部认可的质检机构对其有效成分的含量进行实际测定。

4.2 有效性评价试验的基本类型

受试物的靶动物有效性评价试验一般分为长期有效性评价试验和短期有效性评价试验。消化率或氮、磷减排等指征明确的指标可通过短期有效性评价试验进行测定，生长性能、饲料转化效率、产奶量、产蛋性能、胴体组成和繁殖性能等一般性指标必须通过长期有效性评价试验进行测定。

4.2.1 短期有效性评价试验

4.2.1.1 生物有效性、生物等效性、消化和平衡试验均属于短期有效性评价试验。必要时，也可进行其他短期有效性评价试验。短期有效性评价试验应遵循公认的方法进行。

4.2.1.2 生物有效性是指活性物质或代谢产物被吸收、转运到靶细胞或靶组织并表现出的典型功能或效应。生物有效性应通过可观察或可测量的生物、化学或功能性特异指标进行评价。

4.2.1.3 生物等效性试验用于评价可能在靶动物体内具有相同生物学作用的两种受试物。如果两种受试物所有相关效果均相同，则可认为具有生物等效性。

4.2.1.4 消化试验可用于评价受试物对靶动物体内某种营养素消化率（如表观消化率、真消化率、回肠消化率）的影响。

4.2.1.5 平衡试验还可获得营养素在靶动物体内沉积和排出数量等额外数据。

4.2.2 长期有效性评价试验

4.2.2.1 应针对受试物适用的靶动物,按照规定的试验期、试验重复数和动物数量的要求开展长期有效性评价试验。具体要求见附录A。试验分组应遵循随机和局部控制的原则。

4.2.2.2 附录A中没有列出的其他动物品种,长期有效性评价试验应参照生理和生产阶段相似物种的要求进行。

4.2.2.3 如果受试物仅适用于动物的特定生长阶段并且短于附录A中规定的试验期,试验时间应根据具体情况进行调整,但不得少于28天,而且应考察相关的特异性指标。

4.2.2.4 长期有效性评价试验的必测指标包括:试验开始和结束体重、饲料采食量、死亡率和发病率。

其他指标根据动物品种和受试物的特殊功效确定。如果需要测定产奶或产蛋性能,则应分别提供有关奶成分和蛋品质的数据。

4.2.2.5 在评价受试物对养殖产品质量的影响时,长期有效性评价试验也可用来采集相关样品。

4.3 观察与检测

4.3.1 应根据受试物的作用特点和用途,增加相应的特异性观测指标和敏感性功能指标。

4.3.2 应按照国家标准、国际认可方法或经确证的文献报道方法确定检测方法。如果采用文献报道方法或新建方法,应提供方法确证的数据资料,说明其合理性。

4.4 数据记录

4.4.1 在试验实施过程中,试验方案所涉及的内容均应逐一记录。数据记录应真实、准确、完整、规范、清晰,并妥善保管。

4.4.2 数据的有效位数以所用仪器的精度为准,采用国家法定计量单位和国家推荐使用的单位。

4.5 统计分析

4.5.1 以重复为单位,根据不同的试验设计采用相应的统计分析方法进行数据分析。

4.5.2 统计显著性差异水平至少应达到$P<0.05$。

5 试验报告

5.1 试验报告应提供试验获取的所有数据,包括所有试验动物和试验重复。统计分析中未采用的数据或由于数据缺乏、数据丢失而无法评价的情况也应报告,并说明在各组别中的分布情况。

5.2 每个靶动物有效性评价试验必须单独形成最终报告。每个试验最终报告中应包含试验概述(见附录B)和报告正文。

5.3 试验报告正文至少应包括:

A. 试验名称。

B. 摘要。

C. 试验目的。

D. 受试物。

E. 试验时间和地点。

F. 试验材料和方法。

G. 结果与讨论。

H. 结论。

I. 原始数据及相关的图表和照片；统计分析中未采用的数据或由于数据缺乏、数据丢失而无法评价的情况应具体说明。

J. 参考文献。

K. 试验机构和操作人员，包括试验机构的名称，试验操作人员、试验负责人和报告签发人的签名，报告签发时间，加盖签发机构的单位公章或专门的分析测试章；委托检测的数据应提供检测机构出具的检测报告。

5.4 应对试验报告每页进行编码，格式为"第　　页，共　　页"，并加盖试验机构骑缝章，确保报告的完整性。

6 资料存档

最终报告、原始记录、图表和照片、试验方案、受试物样品及其检测报告等原始资料应存档备查，保存时间一般不得少于 5 年，作为产品申报的，保存时间至少为 10 年。

附录 A：

试验期和动物数量

表 1 猪

类别	试验阶段*（体重或日龄）			最短试验期	最少试验重复和动物数量
	起始	结束日龄	结束体重（kg）		
哺乳仔猪	出生	21~42 天	6~11	14 天	每个处理 6 个有效重复，每个重复 6 头，性别比例相同
断奶仔猪	21~42 日龄	120 天	35	28 天	
哺乳和断奶仔猪	出生	120 天	35	42 天	
生长育肥猪	≤35kg	120~250 天（或根据当地习惯）	80~150（或根据当地习惯直到屠宰体重）	70 天	
繁殖母猪	初次受精			受精至断奶，至少两个繁殖周期	每个处理 20 个有效重复，每个重复 1 头
泌乳母猪				分娩前两周至断奶	

* 试验阶段指试验用动物所处的生长阶段，最短试验期应处于所对应的试验阶段。

表 2 家禽

类别	试验阶段（体重或日龄）			最短试验期	最少试验重复和动物数量
	起始	结束日龄	结束体重（kg）		
肉仔鸡	出壳	35 天	1.6~2.4	35 天	每个处理 6 个有效重复，每个重复 15 只，性别比例相同
蛋用雏鸡	出壳	16（20）周龄		112 天*	
产蛋鸡	16~21 周龄	13（18）月龄		168 天	
肉鸭	出壳	35 天		35 天	
产蛋鸭	25 周龄	50 周龄		168 天	
育肥用火鸡	出壳	母：4（20）周龄 公：16（24）周龄	母：7~10 公：12~20	84 天	
种用火鸡	开始产蛋（30 周龄）	60 周龄		6 个月	
后备种用火鸡	出壳	30 周龄	母：15 公：30	全程**	

注：* 仅当肉仔鸡的有效性评价试验数据无法提供时进行；** 仅当育肥用火鸡的有效性评价试验数据无法提供时进行

表 3 牛（包括水牛）

类别	试验阶段（体重或日龄）			最短试验期	最少试验重复和动物数量
	起始	结束日龄	结束体重（kg）		
犊牛	出生或者 60~80kg	4 月龄	145	56 天	每个处理 15 个有效重复，每个重复 1 头，性别比例相同
生产小牛肉的肉用犊牛	出生	6 月龄	180（250）或直到屠宰体重	84 天	
育肥牛	瘤胃发育完全（至少完全断奶）	10~36 月龄	350~700	126 天	
泌乳奶牛				84 天*	
繁殖母牛	初次受精			受精至断奶，至少两个繁殖周期**	

注：* 需报告整个泌乳期情况；** 仅当需要测定繁殖指标时进行

表 4 绵羊

类别	试验阶段（体重或日龄）			最短试验期	最少试验重复和动物数量
	起始	结束日龄	结束体重（kg）		
育成羔羊	出生	3月龄	15~20	56天	每个处理15个有效重复，每个重复1只，性别比例相同
育肥羔羊	出生	6月龄或以上	40或直到屠宰体重	56天	
泌乳奶绵羊				49天*	
繁殖绵羊	初次受精			受精至断奶，至少两个繁殖周期**	
育肥绵羊	6月龄			42天	

注：* 需报告整个泌乳期情况；** 仅当需要测定繁殖指标时进行

表 5 山羊

类别	试验阶段（体重或日龄）			最短试验期	最少试验重复和动物数量
	起始	结束日龄	结束体重（kg）		
育成羔羊	出生	3月龄	15~20	56天	每个处理15个有效重复，每个重复1只，性别比例相同
育肥羔羊	出生	6月龄或以上	40或直到屠宰体重	56天	
泌乳奶山羊				84天*	
繁殖山羊	初次受精			受精至断奶，至少两个繁殖周期**	
育肥山羊	6月龄			42天	

注：* 需报告整个泌乳期情况；** 仅当需要测定繁殖指标时进行

表 6 家兔

类别	试验阶段（体重或日龄）		最短试验期	最少试验重复和动物数量
	起始	结束日龄		
哺乳和断奶兔	出生后一周		56天	每个处理6个有效重复，每个重复4只，性别比例相同
育肥兔	断奶后	8~11周	42天	
繁殖母兔	从受精开始		受精至断奶，至少为两个繁殖周期*	
泌乳母兔	第一次受精		分娩前2周至断奶	

注：* 仅当需要测定繁殖指标时进行

附录B：

试验概述表

试验编号：			第1页，共____页	
受试物	受试物通用名称：		有效成分：	
	有效成分标示值：		有效成分实测值：	
	产品类别：		外观性状：	
	生产单位：		生产日期及批号：	
	样品数量及包装规格：		保质期：	
	收（抽）样日期：		送（抽）样人：	
	抽样地点：（适用时）		抽样基数：（适用时）	
试验动物	试验动物品种：			
	性别：		生理阶段	
	起始日龄：		起始体重：	
	健康状况：			
	动物来源和种群规模：		饲喂方式：	
	饲养条件：			
时间与场所	试验起始时间：		试验持续时间：	
	试验场所：			
设计与分组	分组设计方法：			
	试验组数量（含对照组）：		每组重复数：	
	每个重复动物数：		试验动物总数：	
		日粮中有效成分添加量	日粮中有效成分含量	
	试验组1			
	试验组2			
	试验组3			
	……			
	对照物质名称：（适用时）	对照物质在日粮中添加量	对照物质在日粮中含量	

(续表)

试验编号：			第_____页，共_____页	
试验日粮	日粮组成（营养素和能值）			
		计算值		实测值
	成分1			
	成分2			
	成分3			
	……			
	日粮形态	粉料□　颗粒□　膨化□　其他_____		

检测项目和实施时间	
治疗和预防措施（原因、时间、种类、持续时间等）	
数据统计分析方法	
突发状况的处理、不良后果发生的时间及发生范围	
结论	
原始记录保管	
备注	

试验人员：	项目负责人：	报告签发人及签发时间：

附件 2:

饲料和饲料添加剂畜禽靶动物耐受性评价试验指南（试行）

1 适用范围

1.1 本指南规定了饲料原料和饲料添加剂畜禽靶动物耐受性评价试验的基本原则、试验方案、试验方法和试验报告等要求。

1.2 本指南适用于为新饲料和饲料添加剂、进口饲料和饲料添加剂申报以及已经批准使用的饲料和饲料添加剂再评价而进行的畜禽靶动物耐受性评价试验。

1.3 畜禽饲料产品的靶动物体内耐受性评价试验可参照本指南的要求进行。

2 基本原则

2.1 靶动物耐受性评价试验的目的是为饲料和饲料添加剂（以下简称为"受试物"）对靶动物的短期毒性提供有限评价；当受试物使用剂量超出推荐用量时，也可用来确立受试物的安全范围。

2.2 应根据中国的养殖业生产实际开展靶动物耐受性评价试验，以保证评价结果的科学性、客观性。

2.3 靶动物耐受性评价试验应对受试物所适用的每一种靶动物分别进行评价，本指南 4.3 以及其他另有规定的特殊情况除外。

2.4 靶动物耐受性评价试验应由具备一定专业知识和试验技能的专业人员在适宜的试验场所、使用适宜的设备设施、按照规范的操作程序进行，并且由试验机构指定的负责人负责。用于产品申报的，评价机构和人员的要求另行规定。

2.5 试验动物应健康并且具有相似的遗传背景；饲养环境不应对试验结果造成影响；受试物和试验日粮不得受到污染。

2.6 在符合靶动物耐受性评价试验相关要求的前提下，靶动物耐受性评价试验可与靶动物有效性评价试验合并进行。

2.7 靶动物耐受性评价试验应充分考虑实验动物毒理学研究的结果。

3 试验方案

试验开始前，应根据受试物和靶动物的特点，对试验进行系统设计，形成试验方案。试验方案应包括试验目的、试验方法、仪器设备、详细的动物品种和类别、动物数量、饲养和饲喂条件等，并由试验负责人签字确认。具体要求如下：

3.1 试验动物：品种、年龄、性别、生理阶段和一般健康状况。

3.2 试验条件：动物来源和种群规模、饲养条件、饲喂方式；预饲期的条件要求。

3.3 试验分组：试验组和对照组数量、每组重复数和每个重复的动物数（必须满足统计学要求）、统计方法。

3.4 试验日粮：描述日粮的加工方法、日粮组成及相关的营养成分含量（实测值）和能量水平；注意根据受试物特点和使用方法配制日粮，使用的原料应符合我国法规和相关标准要求，各试验处理组试验因子以外的其他因素（如料型、粒度、加工工艺等）应一致。

3.5 受试物的测定：受试物及其有效成分的通用名称、生产厂家、规格、生产批号、有效成分含量的测试方法及测试结果、测试机构，受试物有效成分在试验日粮中的含量。

3.6 观测项目和时间：检测和观察项目名称、实施和持续的确切时间。

3.7 疾病治疗和预防措施：不应干扰受试物的作用模式并逐一记录。

3.8 突发状况处理：动物个体和各试验组发生的所有非预期的突发状况，都应记录其发生的时间和范围。

4 试验方法

4.1 受试物

4.1.1 对于申请产品审定或登记的受试物，应与拟生产（或拟进口）的产品完全一致。产品应由申报单位自行研制并在中试车间或生产线生产，同时提供产品质量标准和使用说明。

4.1.2 试验机构应将受试物样品送国家或农业部认可的质检机构对其有效成分的含量进行实际测定。

4.2 剂量与分组

4.2.1 试验分组：靶动物耐受性评价试验至少要包括三个组，即对照组、有效剂量组、多倍剂量组。

4.2.2 试验剂量

对照组通常不应含有受试物，但是，对于某些动物机体的必需营养素（如氨基酸、维生素、微量元素等），可以添加，但添加量应维持在最低必需水平。

一般情况下，有效剂量组应该选用最高限量。如果没有最高限量，应选用最高推荐剂量。如果没有最高推荐量，应根据受试物的自身特性，选择最低推荐剂量的 2~5 倍作为有效剂量。

多倍剂量组一般选用上述有效剂量的 10 倍。

如果受试物的耐受剂量低于有效剂量的 10 倍，耐受性评价试验应能通过尸检、组织病理学以及其他适宜的试验方法提出反映受试物毒性的特异性指标，并计算出受试物的安全系数。

4.2.3 试验重复数：各试验组和对照组的试验重复数（或动物数）必须满足数据统计分析的要求。一般情况下，每组重复数不能少于 6 个，其中猪、羊、牛等家畜 1 个动物即可为 1 个重复，而小动物（如家禽、兔等）则要求每个重复的动物数不能少于 10 只。性别比例应相同。

4.3 试验期

4.3.1 猪：哺乳仔猪的试验应在出生 14 天之后至断奶前进行，生长育肥猪试验开始体重应不大于 35kg。如果哺乳仔猪和断奶仔猪均需要进行耐受性评价试验，采用一个组合试验即可，试验期为断奶前 14 天到断奶后 28 天。如果已进行了断奶仔猪的耐受性评价试验，则不必再进行生长育肥猪的耐受性评价试验。

4.3.2 家禽：肉仔鸡、蛋用雏鸡和育肥用火鸡的试验一般选用1日龄雏禽。肉仔鸡获得的靶动物耐受性评价试验数据可以外推至蛋用和种用雏鸡，肉用火鸡的数据也可外推至蛋用和种用火鸡。产蛋家禽的试验一般选择在前1/3产蛋期进行。

4.3.3 牛：生产小牛肉的肉用犊牛的试验应选用体重不超过70kg的犊牛。如果犊牛和育肥牛均需要进行靶动物耐受性评价试验，开展一个组合试验即可，每个阶段各28天。

4.3.4 家兔：如果哺乳期和断奶期的家兔都需进行耐受性评价试验，试验应自仔兔出生后1周开始，试验时间不少于49天，并且母兔应与仔兔一同饲养直至断奶。

4.3.5 其他

4.3.5.1 靶动物耐受性评价试验需要的最短试验期取决于适用动物的种类和生长阶段，具体要求见附录A。对于附录A中未列出的动物，生长期动物的试验期至少为28天，成年动物至少为42天。

4.3.5.2 如果受试物仅适用于动物的特定生长阶段并且短于附录A中规定的试验期，试验时间应根据具体情况进行调整，但不得少于28天，而且应考察相关的特异性指标（如：若在妊娠母猪上使用，应考察产活仔数；若在泌乳母猪上使用，则应考察断奶仔猪的体重和断奶成活率等）。

4.4 观察与检测

4.4.1 临床观察

试验期内应每天观察试验动物临床表现、采食和饮水情况、生长情况以及相关动物产品的产量和特性。也应详细观察和记录不良反应。对试验中出现的不明原因的死亡应进行尸检，如果可能，最好进行组织学分析。

4.4.2 血液学检测

试验开始和试验结束（必要时增加试验中期）时每组随机抽检一定数量的动物，性别比例适当，分别采集血样进行血液常规、生化指标及其他与受试物相关的各种生理参数的检测。

血液常规指标主要包括白细胞计数（WBC）、红细胞计数（RBC）、血红蛋白（HGB）、红细胞压积（HCT）、血小板计数（PLT）等指标；生化指标主要指谷氨酸氨基转移酶（ALT）、天门冬氨酸基转移酶（AST）、碱性磷酸酶（ALP）、总蛋白（TPRO）、白蛋白（ALB）、尿素氮（UN）、肌酐（CRE）、血糖（GLU）、总胆红素（TBILI）等指标。

4.4.3 组织病理学检查

4.4.3.1 尸体解剖学检查：试验结束时，各组屠宰一定数量的试验动物（性别比例适当），进行系统尸体解剖学检查，为进一步的组织学检查提供依据。

4.4.3.2 脏器系数测定：试验结束时，各组随机屠宰一定数量动物（性别比例适当），剖检取心、肝、脾、肺、肾等脏器称重，并计算各器官与体重的比值。

4.4.3.3 组织病理学检查：试验结束时，对多倍剂量组及尸检异常动物的主要器官进行系统的组织病理学检查，详细检查的器官和组织包括：心、肝、脾、肺、肾、胸腺、胰腺、胃、十二指肠、回肠、直肠、淋巴结、骨髓等组织。

4.4.4 其他特异性观测指标

根据受试物的作用特点和用途，增加相应的特异性观测指标和敏感性功能指标。

4.5 数据记录

4.5.1 在试验实施过程中，试验方案所涉及的内容均应逐一记录。数据记录应真实、准确、完整、规范、清晰，并妥善保管。

4.5.2 数据的有效位数以所用仪器的精度为准，采用国家法定计量单位和国家推荐使用的单位。

4.6 统计分析

4.6.1 以重复为单位，根据不同的试验设计采用相应的统计分析方法进行数据分析。

4.6.2 统计显著性差异水平至少应达到 $P<0.05$。

5 试验报告

5.1 试验报告应提供试验获取的所有数据，包括所有试验动物和试验重复。未纳入统计分析的数据或由于数据缺乏、数据丢失而无法评价的情况也应报告，并说明在各组别中的分布情况。

5.2 每个靶动物耐受性评价试验必须单独形成最终报告。每个试验最终报告中应包含试验概述（见附录B）和报告正文。

5.3 试验报告正文至少应包括：

A. 试验名称。

B. 摘要。

C. 试验目的。

D. 受试物。

E. 试验时间和地点。

F. 试验材料和方法。

G. 结果与讨论。

H. 结论。

I. 原始数据及相关的图表和照片；未纳入统计分析的数据或由于数据缺乏、数据丢失而无法评价的情况应具体说明。

J. 参考文献。

K. 试验机构和操作人员，包括试验机构的名称，试验操作人员、试验负责人和报告签发人的签名，报告签发时间，加盖签发机构的单位公章或专门的分析测试章；委托检测的数据应提供检测机构出具的检测报告。

5.4 应对试验报告每页进行编码，格式为"第　　页，共　　页"，并加盖骑缝章，确保报告的完整性。

6 资料存档

最终报告、原始记录、图表和照片、试验方案、受试物样品及其检测报告等原始资料应存档备查，保存时间一般不得少于5年，作为产品申报的，保存时间至少为10年。

附录 A：

试验期

表 1　猪

类别	试验阶段*（体重或日龄）			最短试验期
	起始	结束日龄	结束体重（kg）	
哺乳仔猪	14 日龄	21~42 天	6~11	14 天
断奶仔猪	21~42 日龄	120 天	35	28 天
哺乳和断奶仔猪	14 日龄	120 天	35	42 天
生长育肥猪	≤35kg	120~250 天（或根据当地习惯）	80~150（或根据当地习惯）	42 天**
繁殖母猪	初次受精			受精至断奶，至少一个繁殖周期
泌乳母猪				分娩前两周至断奶

注：* 试验阶段：指试验用动物所处的生长阶段，最短试验期应处于所对应的试验阶段；** 如果已有断奶仔猪的耐受性评价试验数据，则不必再进行生长育肥猪的耐受性评价试验

表 2　家禽

类别	试验阶段（体重或日龄）			最短试验期
	起始	结束日龄	结束体重（kg）	
肉仔鸡	出壳	35 天	1.6~2.4	35 天
蛋用雏鸡	出壳	16（20）周龄		35 天*
产蛋鸡	16~21 周龄	13（18）月龄		56 天**
育肥用火鸡	出壳	母：14（20）周龄 公：16（24）周龄	母：7~10 公：12~20	42 天
种用火鸡	开始产蛋（30 周龄）	60 周龄		56 天
后备种用火鸡	出壳	30 周龄	母：15 公：30	42 天***

注：* 仅当肉仔鸡的耐受性评价试验数据无法提供时进行；** 最好在开产后的前 1/3 产蛋期进行；*** 仅当育肥用火鸡的耐受性评价试验数据无法提供时进行

表 3　牛（包括水牛）

类别	试验阶段（体重或日龄）			最短试验期
	起始	结束日龄	结束体重（kg）	
犊牛	出生或 60~80kg	4 月龄	145	42 天

(续表)

类别	试验阶段（体重或日龄）			最短试验期
	起始	结束日龄	结束体重（kg）	
生产小牛肉的肉用犊牛	<70kg	6月龄	180（250）	28天
育肥牛	瘤胃发育完全（至少完全断奶）	10~36月龄	350~700	42天
泌乳奶牛				56天
繁殖母牛	初次受精			受精至断奶，至少一个繁殖周期

表4 绵羊

类别	试验阶段（体重或日龄）			最短试验期
	起始	结束日龄	结束体重（kg）	
育成羔羊	出生	3月龄	15~20	28天
育肥羔羊	出生	6月龄或以上	40	28天
泌乳奶绵羊				42天
繁殖绵羊	初次受精			受精至断奶，至少一个繁殖周期

表5 山羊

类别	试验阶段（体重或日龄）			最短试验期
	起始	结束日龄	结束体重（kg）	
育成羔羊	出生	3月龄	15~20	28天
育肥羔羊	出生	6月龄或以上	40	28天
泌乳奶山羊				42天
繁殖山羊	初次受精			受精至断奶，至少一个繁殖周期

表6 家兔

类别	试验阶段（体重或日龄）		最短试验期
	开始	结束日龄	
哺乳和断奶兔	出生后一周		49天
育肥兔	断奶后	8~11周	28天
繁殖母兔	从受精开始		受精至断奶，至少一个繁殖周期
泌乳母兔	第一次受精		分娩前两周至断奶

附录 B：

试验概述表

试验编号：			第 1 页，共＿＿＿页	
受试物	受试物通用名称：		有效成分：	
	有效成分标示值：		有效成分实测值：	
	产品类别：		外观性状：	
	生产单位：		生产日期及批号：	
	样品数量及包装规格：		保质期：	
	收（抽）样日期：		送（抽）样人：	
	抽样地点：（适用时）		抽样基数：（适用时）	
试验动物	试验动物品种：			
	性别：		生理阶段：	
	起始日龄：		起始体重：	
	健康状况：			
	动物来源和种群规模：		饲喂方式：	
	饲养条件：			
时间与场所	试验起始时间：		试验持续时间：	
	试验场所：			
设计与分组	分组设计方法：			
	试验组数量（含对照组）：		每组重复数：	
	每个重复动物数：		试验动物总数：	
		日粮中有效成分添加量	日粮中有效成分含量	
	试验组 1			
	试验组 2			
	试验组 3			
	……			
	对照物质名称：（适用时）	对照物质在日粮中添加量	对照物质在日粮中含量	

(续表)

试验编号：			第_____页，共_____页	
试验日粮	日粮组成（营养素和能值）			
			计算值	实测值
	成分1			
	成分2			
	成分3			
	……			
	日粮形态		粉料□　颗粒□　膨化□　其他_____	

检测项目和实施时间	
治疗和预防措施（原因、时间、种类、持续时间等）	
数据统计分析方法	
突发状况的处理、不良后果发生的时间及发生范围	
结论	
原始记录保管	
备注	

试验人员：	项目负责人：	报告签发人及签发时间：

农业部办公厅关于印发《饲料和饲料添加剂评价数据由主要畜禽物种向次要畜禽物种外推的技术指南（试行）》《饲料和饲料添加剂水产靶动物有效性评价试验指南（试行）》和《饲料和饲料添加剂水产靶动物耐受性评价试验指南（试行）》的通知

（农办牧〔2012〕1号）

各省、自治区、直辖市畜牧（农牧、农业）厅（局、委、办）、饲料工作（工业）办公室，有关饲料和饲料添加剂有效性试验机构、安全性评价机构：

为规范饲料和饲料添加剂安全性评价和有效性试验工作，保证试验结果的科学性、客观性，根据《饲料和饲料添加剂管理条例》《新饲料和新饲料添加剂管理办法》和《进口饲料和饲料添加剂登记管理办法》有关规定，我部制定了《饲料和饲料添加剂评价数据由主要畜禽物种向次要畜禽物种外推的技术指南（试行）》《饲料和饲料添加剂水产靶动物有效性评价试验指南（试行）》和《饲料和饲料添加剂水产靶动物耐受性评价试验指南（试行）》。现印发你们，请参照执行。

附件：1. 饲料和饲料添加剂评价数据由主要畜禽物种向次要畜禽物种外推的技术指南（试行）
2. 饲料和饲料添加剂水产靶动物有效性评价试验指南（试行）
3. 饲料和饲料添加剂水产靶动物耐受性评价试验指南（试行）

二〇一二年一月十二日

附件 1：

饲料和饲料添加剂评价数据由主要畜禽物种向次要畜禽物种外推的技术指南（试行）

1 总则

1.1 本指南规定了在主要畜禽物种上获取的饲料和饲料添加剂安全性和有效性评价数据向次要畜禽物种外推的基本原则和方法。

1.2 本指南适用于为新饲料和新饲料添加剂、进口饲料和进口饲料添加剂申报以及已经批准使用的饲料和饲料添加剂再评价而进行的安全性和靶动物有效性评价。

1.3 本指南所称主要物种指猪、肉鸡、蛋鸡、火鸡、肉牛、奶牛、肉用绵羊等食源性动物。

本指南所称次要物种指除上述主要物种所列动物之外的食源性动物品种。

2 基本原则

2.1 只有当申请的饲料、饲料添加剂已被许可用于主要物种上时，方可允许将评价数据由主要物种向次要物种外推。如果在主要物种上获得的评价结果显示为正效应，也适用于主要物种和次要物种许可的同时申报。否则，次要物种的许可申报应按照对主要物种的相同要求开展具体的评价试验。

2.2 如果主要物种和次要物种在生理学上具有相似性，原则上可将相关数据由主要物种外推至次要物种。判断物种间的生理学相关度主要依据胃肠道功能，其次考虑代谢相似性。表 1 列出了可认为具有生理学相似性的主要物种和与之对应的次要物种。

表 1 生理学相似的主要物种和与之对应的次要物种

主要物种	次要物种
育肥牛或育肥绵羊	所有其他生长期反刍动物（如：山羊、水牛）
犊牛	其他幼龄反刍动物（如：山羊羔、绵羊羔）
奶牛	其他奶用反刍动物（如：奶山羊、奶水牛）
肉鸡或肉用火鸡	其他用于肥育的家禽（如：鸭、鹅、鸽子）
产蛋鸡	其他产蛋家禽（如：鸭、鹅、鹌鹑、火鸡）
猪	各种类型猪

3 安全性评价数据的外推

3.1 靶动物安全性

如果饲料、饲料添加剂在生理学相似的主要物种上表现出的安全阈值大于或等于

10^{注}，则不需要进行次要物种的耐受性试验。

如果饲料、饲料添加剂在包括单胃哺乳动物、反刍动物以及家禽在内的三类靶动物上表现出的安全阈值均大于或等于10，则不需要对非生理学相似的次要物种（如：马、兔）再进行耐受性试验。

如果不能满足以上要求，则需要对次要物种进行耐受性试验。农业部指导性文件规定可以免除耐受性试验的特殊情况除外。

3.2 消费者安全性

对饲料、饲料添加剂的所有适用次要物种均应进行消费者安全性评价。但是，由主要物种获得的残留和代谢试验数据可以外推至次要物种。

3.2.1 代谢和残留试验

3.2.1.1 代谢试验

如果饲料、饲料添加剂已经被许可用于主要物种，则生理学相似的次要物种可不再进行代谢试验。

如果缺少生理学相似的主要物种的数据，应获取饲料、饲料添加剂在次要物种体内的代谢转归数据。通过在拟申请许可的次要物种上获得的体外代谢试验（利用肝脏匀浆/切片、分离肝细胞或培养肝细胞并通过活性物质标记的方法）数据与已被许可的主要物种的已有数据进行比较，其结果可以推断二者之间的代谢相似性。如果可以推断主要物种和次要物种间具有代谢相似性，则可以将代谢试验结果由主要物种外推至次要物种。

3.2.1.2 残留试验

如果饲料、饲料添加剂在次要物种和主要物种饲料中的添加水平相似，则在以下情况下对次要物种可不进行残留试验：

（1）当表1所列的次要物种与主要物种具有代谢相似性时。

（2）当饲料、饲料添加剂在一种主要反刍动物和猪体内的残留模式和分布具有相似性时，可不进行其在马体内的残留试验。

（3）当牛（或绵羊）、猪和鸡（或家禽）等代表不同代谢能力和组织结构的主要物种残留模式和分布具有可比性时，其他所有食源性动物（包括兔）可不进行残留试验。

如果饲料、饲料添加剂在次要物种饲料中的添加量明显高于主要物种，应提供可食组织和产品中残留标示物的定量分析数据。

除上述以外的其他任何情况均应进行完整的残留评价试验。

3.2.2 最高残留限量（MRLs）的建议值

如果饲料、饲料添加剂在次要物种和主要物种饲料中的添加水平基本相同，则不同可食组织和产品中的 MRLs 值可在以下情况下外推：

（1）表1所列的生理学相似的次要物种。不限制根据实际开展的残留试验结果制定比主要物种更低的最高残留限量。

注：主要物种可以至少耐受受试物最高推荐水平10倍剂量而不出现任何不良反应。

（2）当一种作为主要物种的反刍动物和猪的最高残留限量已存在时，可外推至马。

（3）当牛（或绵羊）、猪和鸡（或家禽）的最高残留限量一致时，也可将该结果外推至其他食源性次要物种（包括兔）。

3.3 环境安全性

如果饲料、饲料添加剂在次要物种饲料中添加水平比主要物种小，则以下情况的环境风险评价结论可由主要物种外推至次要物种：

（1）次要物种与主要物种生理学相似。

（2）对于马，当一种主要反刍动物的数据存在时。

对于兔，则应对每一类别或功能团的饲料、饲料添加剂进行全面的环境风险评估。评估时可参照主要物种尤其是猪的评价数据。

4 有效性评价数据的外推

4.1 当饲料、饲料添加剂在主要物种上的作用模式已经研究清楚，并且有证据证明与其对应的次要物种（如表1所示）具有相同的作用模式，则以下情况的有效性结论可以外推：

（1）当对主要物种的作用模式被普遍认可、并且能够合理推断在次要物种上具有与之相同的作用模式时，可直接推断在次要物种上的有效性，不再需要开展更多的具体试验。如多数酶制剂和微生物添加剂的有效性数据外推。

（2）在主要物种上的作用模式被普遍认可、但没有或只有很少证据可证明在次要物种上具有相同的作用模式，若能提供一个在次要物种上具有相同作用模式的研究证据，则可以将有效性的结论外推至次要物种。

4.2 如果不存在上述关系，即：作用模式不明确或主要物种与次要物种的作用模式存在差异，应对饲料、饲料添加剂在次要物种上开展独立的有效性试验，以证明其有效性。

4.3 当有效性是由生理学相似的主要物种外推取得，并且对于次要物种的有效性是根据相同的作用模式推断的，如果最低有效剂量对生理学相似的主要物种的作用已经得到证明，则该最低有效剂量同样适用于次要物种。

4.4 通过试验获得的低于主要物种的最低有效剂量，单胃动物梯度试验结果的显著性水平应满足$P \leq 0.05$，反刍动物梯度试验结果的显著性水平应满足$P \leq 0.1$。

4.5 由外推获得的在次要物种上的最高推荐添加量不得超过与其生理相似的主要物种，除非提供新的研究资料证明其安全性。

附件2：

饲料和饲料添加剂水产靶动物有效性评价试验指南（试行）

1 适用范围

1.1 本指南规定了饲料原料和饲料添加剂水产靶动物有效性评价试验的基本原则、试验方案、试验方法和试验报告等要求。

1.2 本指南适用于为新饲料和饲料添加剂、进口饲料和饲料添加剂申报以及已经批准使用的饲料和饲料添加剂再评价而进行的水产靶动物体内有效性评价试验。

1.3 水产饲料产品的靶动物体内有效性评价试验可参照本指南的要求进行。

2 基本原则

2.1 应根据我国的水产养殖业生产实际开展靶动物有效性评价试验，以保证评价结果的客观性。

2.2 靶动物有效性评价试验应对受试物所适用的每一种靶动物分别进行评价，本指南4.2.2以及其他另有规定的特殊情况除外。

2.3 靶动物有效性评价试验应由具备一定专业知识和试验技能的专业人员在适宜的试验场所、使用适宜的设备设施、按照规范的操作程序进行，并且由试验机构指定的负责人负责。用于产品报批的，评价机构和人员的要求另行规定。

2.4 试验动物应健康并且具有相似的遗传背景；饲养环境不应对试验结果造成影响；受试物和试验饲料不得受到污染。

2.5 在符合靶动物有效性评价试验相关要求的前提下，靶动物有效性评价试验可与靶动物耐受性试验合并进行。

2.6 试验应证明受试物最低推荐用量的有效性，一般通过设定负对照和选择敏感靶指标进行。必要时设正对照。

2.7 当有效性评价试验的目的是证明受试物能为靶动物提供营养素时，应额外设置一个该营养素水平低于动物需求量，但又不至严重缺乏的对照饲料。

2.8 应采用梯度剂量设计，并以此为依据确定推荐用量或用量范围。
有效性评价试验的梯度水平不得少于5个。

2.9 由于试验条件的限制，可以根据受试物的特性进行多个有效性评价试验以证明受试物的有效性。当试验次数超过3次时，建议采用整合分析法（meta-analysis）进行数据统计，但每次试验应采用相似的设计，以保证试验数据的可比性。

3 试验方案

试验开始前，应根据受试物和靶动物的特点，对试验进行系统设计，形成试验方案。试验方案应包括试验目的、试验方法、仪器设备、详细的动物类别和品种、动物数量、饲养和投喂条件等，并由试验负责人签字确认。具体要求如下：

3.1 试验动物：类别、品种或品系（通用名称后以斜体注明拉丁文名称）、年龄、体重、生理阶段和健康状况。必要时注明体长和性别。

3.2 试验条件：明确动物来源、饲养条件、投喂方式；养殖设施的形状、规格、水体体积、光照条件、水质和水温；预饲期的条件要求。

3.3 试验分组：试验组和对照组数量、每组重复数和每个重复的动物数、统计方法。

3.4 试验饲料：描述饲料的加工方法、饲料配方及相关的营养成分含量（实测值）和能量水平；应根据受试物特点和使用方法配制饲料，使用的原料应符合我国饲料法规和相关标准要求，同一试验保证所有原料来源和批次一致，各试验处理组试验因子以外的其他因素（如料型、粒度、加工工艺等）也应一致。

3.5 受试物的测定：受试物及其有效成分的通用名称、生产厂家、规格、生产批号、有效成分含量的测试方法及测试结果、测试机构，受试物有效成分在试验饲料中的添加量和实测值（可能的情况下）。

3.6 观测项目和时间：检测和观察项目名称、实施和持续的确切时间。

3.7 疾病治疗和预防措施：不应干扰受试物的作用并逐一记录，例如疾病类型、解剖观察结果（如照片等）及其发生时间。

3.8 突发事件处理：动物个体和各试验组发生的所有非预期的突发事件，都应记录其发生的时间和范围。

4 试验方法

4.1 受试物

4.1.1 对于申请产品审定或登记的受试物，应与拟上市（或拟进口）的产品完全一致。产品应由申报单位自行研制并在中试车间或生产线生产，同时提供产品质量标准和使用说明。

4.1.2 试验机构应将受试物样品送国家或农业部认可的质检机构对其有效成分的含量进行实际测定。

4.2 有效性评价试验的基本类型

受试物的靶动物有效性评价试验一般分为长期有效性评价试验和短期有效性评价试验。消化率、氮或磷的减排等指征明确的指标可通过短期有效性评价试验进行测定，生长性能、饲料转化效率、体组成和繁殖性能等一般性指标必须通过长期有效性评价试验进行测定。

4.2.1 短期有效性评价试验

4.2.1.1 生物利用率、生物等效性、消化和平衡试验均属于短期有效性评价试验。必要时，也可进行其他短期有效性评价试验。短期有效性评价试验应遵循公认的方法进行。

4.2.1.2 生物利用率是指活性物质或代谢产物被吸收、转运到靶细胞或靶组织并表现出的典型功能或效应。生物利用率应通过可观察或可测量的生物、化学或功能性特异指标进行评价。

4.2.1.3 生物等效性试验用于评价可能在靶动物体内具有相同生物学作用的两种受试物。如果两种受试物所有相关效果均相同，则可认为具有生物等效性。

4.2.1.4 消化试验可用于评价受试物在靶动物体内的消化率或其对某种营养素消化率（如表观消化率、真消化率）的影响。

4.2.1.5 平衡试验还可获得营养素在靶动物体内沉积和排出数量等额外数据。

4.2.2 长期有效性评价试验

4.2.2.1 应针对受试物适用的靶动物，按照规定的试验周期、试验重复数和动物数量的要求开展长期有效性评价试验。具体要求见附录A。试验动物分组、试验组分布应符合统计学试验设计原则。

4.2.2.2 附录A中没有列出的其他动物品种，长期有效性评价试验应参照生理和生产阶段相似物种的要求进行。

4.2.2.3 长期有效性评价试验的必测指标包括：试验开始和结束体重、饲料采食量、死亡率和发病率。其他必测指标根据动物品种和受试物的特殊功效确定。

4.2.2.4 长期有效性评价试验也可用来采集相关样品以评价受试物对养殖产品质量的影响。

4.3 观察与检测

4.3.1 应根据受试物的作用特点和用途,增加相应的特异性观测指标和敏感性功能指标。

4.3.2 应按照国家标准、国际认可方法或经确证的文献报道方法确定检测方法。如果采用文献报道方法或新建方法,应提供方法确证的数据资料,说明其合理性。

4.4 数据记录

4.4.1 在试验实施过程中,试验方案所涉及的内容均应逐一记录。数据记录应真实、准确、完整、规范、清晰,并妥善保管。

4.4.2 数据的有效位数以所用仪器的精度为准,采用国家法定计量单位和国家推荐使用的单位。

4.5 统计分析

4.5.1 以重复为单位,根据不同的试验设计采用相应的统计分析方法进行数据分析。

4.5.2 统计显著性差异水平至少应达到 $P<0.05$。

5 试验报告

5.1 试验报告应提供试验获取的所有数据,包括所有试验动物和试验重复。统计分析中未采用的数据或由于数据缺乏、数据丢失而无法评价的情况也应报告,并说明在各组别中的分布情况。

5.2 每个靶动物有效性评价试验必须单独形成最终报告。每个试验最终报告中应包含试验概述(见附录B)和报告正文。

5.3 试验报告正文至少应包括:

A. 试验名称。

B. 摘要。

C. 试验目的。

D. 受试物。

E. 试验时间和地点。

F. 试验材料和方法。

G. 结果与讨论。

H. 结论。

I. 原始数据及相关的图表和照片(含电子版);统计分析中未采用的数据或由于数据缺乏、数据丢失而无法评价的情况应具体说明。

J. 参考文献。

K. 试验机构和操作人员,包括试验机构的名称,试验操作人员、试验负责人和报告签发人的签名,报告签发时间,加盖签发机构的单位公章或专门的分析测试章;委托检测的数据应提供检测机构出具的检测报告。

5.4 应对试验报告每页进行编码,格式为"第　　页,共　　页",并加盖试验机构骑缝章，确保报告的完整性。

6 资料存档

最终报告、原始记录、图表和照片、试验方案、受试物样品及其检测报告等电子和纸质原始资料应存档备查，保存时间一般不得少于5年；作为产品申报的，保存时间至少为10年。

附录A：

水产靶动物种类、试验期和动物数量*

大类	亚类	试验阶段		最短试验期*	最少试验重复和动物数量
		起始体重	结束体重		
鱼类	淡水鱼类（代表物种：鲤、鲫、草鱼、青鱼、团头鲂、罗非鱼、斑点叉尾鮰、虹鳟、鲟、鳗鲡、大口黑鲈）	1~50g		起始体重5~10倍，且不得少于10周	每个处理6个有效重复，每个重复30尾
	海水鱼类（代表物种：鲈、鲷、大黄鱼、大菱鲆）	1~50g		起始体重5~10倍，且不得少于10周	每个处理6个有效重复，每个重复30尾
甲壳类	虾、蟹	虾：0.1~1.0g		起始体重5~10倍，且不得少于8周	每个处理6个有效重复，每个重复50尾
		蟹：1~5g		起始体重5~10倍，且不得少于10周	每个处理6个有效重复，每个重复10只
爬行类	中华鳖	5~10g		起始体重5~10倍，且不得少于10周	每个处理6个有效重复，每个重复10只
两栖类	牛蛙	5~10g		起始体重5~10倍，且不得少于10周	每个处理6个有效重复，每个重复10只
	水产养殖动物亲本	繁殖前期	繁殖期	12周	每个处理15个有效重复，每个重复1尾（只）

注：*以"亚类"中的任意代表物种进行的试验，其结果可以推广至该亚类，但是不能推广至"大类"。

附录 B：

试验概述表

试验编号：			第 1 页，共 _____ 页	
受试物	受试物通用名称：		有效成分：	
	有效成分标示值：		有效成分实测值：	
	产品类别：		外观性状：	
	生产单位：		生产日期及批号：	
	样品数量及包装规格：		保质期：	
	收（抽）样日期：		送（抽）样人：	
	抽样地点：（适用时）		抽样基数：（适用时）	
试验动物	试验动物品种：		拉丁名：	
	性别：		生理阶段：	
	起始日龄：		起始体重（体长）：	
	健康状况：		光照条件：	
	水质（包括温度、盐度、溶氧、氨氮、亚硝酸盐、pH 值）：			
	养殖设施：		投喂方式：	
时间与场所	试验起始时间：		试验持续时间：	
	试验场所：			
设计与分组	分组设计方法：			
	试验组数量（含对照组）：		每组重复数：	
	每个重复动物数：		试验动物总数：	
	受试物添加途径：			
		饲料中有效成分添加量	饲料中有效成分含量	
	试验组 1			
	试验组 2			
	试验组 3			
	……			
	对照物质名称：（适用时）	对照物质在饲料中添加量	对照物质在饲料中含量	

(续表)

试验编号：			第_____页，共_____页	
试验饲料	饲料组成（营养素和能值）			
		计算值	实测值	
	成分1			
	成分2			
	成分3			
	……			
	饲料形态	粉料☐　　颗粒☐　　膨化☐　　活饵料☐　　其他_____		

检测项目和实施时间	
治疗和预防措施（原因、时间、种类、持续时间等）	
数据统计分析方法	
突发事件的处理、不良后果发生的时间及发生范围	
结论	
原始记录保管	
备注	

试验人员：	项目负责人：	报告签发人及签发时间：

附件3：

饲料和饲料添加剂水产靶动物耐受性
评价试验指南（试行）

1 适用范围

1.1 本指南规定了饲料原料和饲料添加剂水产靶动物耐受性评价试验的基本原则、试验方案、试验方法和试验报告等要求。

1.2 本指南适用于为新饲料原料和饲料添加剂、进口饲料原料和饲料添加剂申报以及已经批准使用的饲料原料和饲料添加剂再评价而进行的水产靶动物耐受性评价试验。

1.3 水产饲料产品的靶动物耐受性评价试验可参照本指南的要求进行。

2 基本原则

2.1 靶动物耐受性评价试验的目的是为饲料原料和饲料添加剂（以下简称为"受试物"）对靶动物的短期毒性提供有限评价；当受试物使用剂量超出推荐用量时，也可用来确立受试物的安全范围。

2.2 应根据中国的水产养殖业生产实际开展靶动物耐受性评价试验，以保证评价结果的客观性。

2.3 靶动物耐受性评价试验应对受试物所适用的靶动物分别进行评价，本指南4.3以及其他另有规定的特殊情况除外。

2.4 靶动物耐受性评价试验应由具备一定专业知识和试验技能的专业人员在适宜的试验场所、使用适宜的设备设施、按照规范的操作程序进行，并且由试验机构指定的负责人负责。用于产品报批的，评价机构和人员的要求另行规定。

2.5 试验动物应健康并且具有相似的遗传背景；饲养环境不应对试验结果造成影响；受试物和试验饲料不得受到污染。

2.6 在符合靶动物耐受性评价试验相关要求的前提下，靶动物耐受性评价试验可与靶动物有效性评价试验合并进行。

2.7 靶动物耐受性评价试验应充分考虑实验动物毒理学研究的结果。

3 试验方案

试验开始前，应根据受试物和靶动物的特点，对试验进行系统设计，形成试验方案。试验方案应包括试验目的、试验方法、仪器设备、详细的动物品种和类别、动物数量、饲养和饲喂条件、环境和水质条件等，并由试验负责人签字确认。具体要求如下：

3.1 试验动物：品种或品系（通用名称后以斜体注明拉丁文双名）、年龄、体重、生理阶段和健康状况。必要时注明体长和性别。

3.2 试验条件：明确动物来源、饲养条件、投喂方式；养殖设施的形状、规格、水体体积、光照条件、水质和水温；预饲期的条件要求。

3.3 试验分组：试验组和对照组数量、每组重复数和每个重复的动物数、统计方法。

3.4 试验饲料：描述饲料组成及主要原料来源、饲料的加工方法、相关的营养成分含量（实测值）和能量水平；注意根据受试物特点和使用方法配制饲料，使用的原料应符合我国法规和相关标准要求，同一试验应保证所有原料来源和批次一致，各试验处理组试验因子以外的其他因素（如：料型、粒度、加工工艺等）应一致。

3.5 受试物的测定：受试物的通用名称及有效成分、生产厂家、规格、生产批号、有效成分含量的测试方法及测试结果、测试机构，受试物有效成分在试验饲料中的添加量和实测值（可能的情况下）。

3.6 观测项目和时间：检测和观察项目名称、实施和持续的确切时间。

3.7 疾病治疗和预防措施：不应干扰受试物的作用并逐一记录。

3.8 突发事件处理：动物个体和各试验组发生的所有非预期的突发事件，都应记录其发生的时间和范围。

4 试验方法

4.1 受试物

4.1.1 对于申请产品审定或登记的受试物，应与拟上市（或拟进口）的产品完全一致。产品应由申报单位自行研制并在中试车间生产或生产线生产，同时提供产品质量标准和使用说明。

4.1.2 试验机构应将受试物样品送国家或农业部认可的质检机构对其有效成分的含量进行实际测定。

4.2 剂量与分组

4.2.1 试验分组：靶动物耐受性评价试验至少要包括三个组，即对照组、有效剂量组、多倍剂量组。

4.2.2 试验剂量

对照组通常不应含有受试物，但是，对于某些动物机体的必需营养素（如氨基酸、维生素、微量元素等），可以添加，但添加量应维持在最低必需水平。

一般情况下，有效剂量组应该选用最高限量。如果没有最高限量，应选用最高推荐剂量。如果没有最高推荐量，应根据受试物的自身特性，选择最低推荐剂量的 2~5 倍作为有效剂量。

多倍剂量组一般选用上述有效剂量的 10 倍。

如果受试物的耐受剂量低于有效剂量的 10 倍，耐受性评价试验应能通过尸检、组织病理学以及其他适宜的试验方法提出反映受试物毒性的特异性指标，并计算出受试物的安全系数。

4.2.3 试验重复数：各试验组和对照组的试验重复数（或动物数）必须满足附录 A 的要求。

4.3 试验期

靶动物耐受性评价试验需要的最短试验期取决于适用动物的种类和生长阶段，具体要求见附录 A。

4.4 观察与检测

4.4.1 临床观察

试验期内应每天观察并记录试验动物临床表现、摄食情况、生长情况以及相关动物产品的产量和特性,也应详细观察和记录正常和不良反应。对试验中出现的不明原因的死亡应进行尸检,如果可能,最好进行组织病理学检查。

4.4.2 血液学检测

试验开始和试验结束(必要时增加试验中期),各组试验动物空腹24小时后进行取样。每组随机抽检一定数量的动物,性别比例适当(适用时),分别采集血样进行血液常规生化指标及其他与受试物相关的各种生理参数的检测。每个处理的采血时间在2个小时内完成,并准确记录采血时间。

血液常规生化指标主要指谷氨酸氨基转移酶(ALT)、天门冬氨酸氨基转移酶(AST)、碱性磷酸酶(ALP)、总蛋白(TPRO)、白蛋白(ALB)、尿素氮(UN)、肌酐(CRE)、血糖(GLU)、总胆红素(TBILI)等指标,以及相应的免疫和抗氧化指标。

4.4.3 组织病理学检查

4.4.3.1 尸体解剖学检查:试验结束时,各组屠宰一定数量的试验动物(如有必要,则性别比例适当),进行系统尸体解剖学检查,为进一步的组织学检查提供依据。

4.4.3.2 脏器系数测定:试验结束时,各组随机屠宰一定数量动物(如有必要,性别比例适当),剖检取内脏团、肝(胰)脏、脾等脏器称重,并计算各器官与体重的比值。

4.4.3.3 组织病理学检查:试验结束时,对多倍剂量组及尸检异常动物的主要器官进行系统的组织病理学检查,必须详细检查的器官和组织包括:肝(胰)脏和肠道组织,同时根据受试物的特点,对其主要代谢靶器官进行组织病理学检查。对于以肾脏为代谢靶器官的试验,要谨慎选择可取到完整肾脏的品种。

4.4.4 其他特异性观测指标

根据受试物的作用特点和用途,增加相应的特异性观测指标和敏感性功能指标。

4.5 数据记录

4.5.1 在试验实施过程中,试验方案所涉及的内容均应逐一记录。数据记录应真实、准确、完整、规范、清晰,并妥善保管。

4.5.2 数据的有效位数以所用仪器的精度为准,采用国家法定计量单位和国家推荐使用的单位。

4.6 统计分析

4.6.1 以重复为单位,根据不同的试验设计采用相应的统计分析方法进行数据分析。

4.6.2 统计显著性差异水平至少应达到 $P<0.05$。

5 试验报告

5.1 试验报告应提供试验获取的所有数据,包括所有试验动物和试验重复。未纳入统计分析的数据或由于数据缺乏、数据丢失而无法评价的情况也应报告,并说明在各组别中的分布情况。

5.2 每个靶动物耐受性评价试验必须单独形成最终报告。每个试验最终报告中应包含试验概述（见附录 B）和报告正文。

5.3 试验报告正文至少应包括：

A. 试验名称。

B. 摘要。

C. 试验目的。

D. 受试物。

E. 试验时间和地点。

F. 试验材料和方法。

G. 结果与讨论。

H. 结论。

I. 原始数据及相关的图表和照片（电子版）；未纳入统计分析的数据或由于数据缺乏、数据丢失而无法评价的情况应具体说明。

J. 参考文献。

K. 试验机构和操作人员，包括试验机构的名称，试验操作人员、试验负责人和报告签发人的签名，报告签发时间，加盖签发机构的单位公章或专门的分析测试章；外检数据应提供检测机构出具的检测报告。

5.4 应对试验报告每页进行编码，格式为"第　页，共　页"，并加盖骑缝章，确保报告的完整性。

6 资料存档

最终报告、原始记录、图表和照片、试验方案、受试物样品及其检测报告等原始资料应存档备查，保存时间一般不得少于 5 年，作为产品申报的，保存时间至少为 10 年。

附录 A：

水产靶动物种类、试验期和动物数量[*]

大类	亚类	试验阶段		最短试验期[*]	最少试验重复和动物数量
		起始体重	结束体重		
鱼类	淡水鱼类（代表物种：鲤、鲫、草鱼、青鱼、团头鲂、罗非鱼、斑点叉尾鮰、虹鳟、鲟、鳗鲡、大口黑鲈）	1~50g		10 周	每个处理 6 个有效重复，每个重复 30 尾
	海水鱼类（代表物种：鲈、鲷、大黄鱼、大菱鲆）	1~50g		10 周	每个处理 6 个有效重复，每个重复 30 尾

(续表)

大类	亚类	试验阶段		最短试验期*	最少试验重复和动物数量
		起始体重	结束体重		
甲壳类	虾、蟹	虾：0.1~1.0g		8周	每个处理6个有效重复，每个重复50尾
		蟹：1~5g		10周	每个处理6个有效重复，每个重复10只
爬行类	中华鳖	5~10g		10周	每个处理6个有效重复，每个重复10只
两栖类	牛蛙	5~10g		10周	每个处理6个有效重复，每个重复10只
水产养殖动物亲本		繁殖前期	繁殖期	12周	每个处理15个有效重复，每个重复1尾（只）

＊以"亚类"中的任意代表物种进行的试验，其结果可以推广至该亚类，但是不能推广至"大类"。

附录B：

试验概述表

试验编号：		第1页，共_____页	
受试物	受试物通用名称：		有效成分：
	有效成分标示值：		有效成分实测值：
	产品类别：		外观性状：
	生产单位：		生产日期及批号：
	样品数量及包装规格：		保质期：
	收（抽）样日期：		送（抽）样人：
	抽样地点：（适用时）		抽样基数：（适用时）

(续表)

试验编号：			第_____页，共_____页	
试验动物	试验动物品种：		拉丁名：	
	性别：		生理阶段：	
	起始日龄：		起始体重（体长）：	
	健康状况：		光照条件：	
	水质（包括温度、盐度、溶氧、氨氮、亚硝酸盐、pH值）：			
	养殖设施：		投喂方式：	
时间与场所	试验起始时间：		试验持续时间：	
	试验场所：			
设计与分组	分组设计方法：			
	试验组数量（含对照组）：		每组重复数：	
	每个重复动物数：		试验动物总数：	
	受试物添加途径：			
			饲料中有效成分添加量	饲料中有效成分含量
	试验组1			
	试验组2			
	试验组3			
	……			
	对照物质名称：（适用时）		对照物质在饲料中添加量	对照物质在饲料中含量
试验饲料	饲料组成（营养素和能值）			
			计算值	实测值
	成分1			
	成分2			
	成分3			
	……			
	饲料形态	粉料□　颗粒□　膨化□　活饵料□　其他_____		
检测项目和实施时间				
治疗和预防措施（原因、时间、种类、持续时间等）				

(续表)

试验编号:		第_____页,共_____页	
数据统计分析方法			
突发事件的处理、不良后果发生的时间及发生范围			
结论			
原始记录保管			
备注			
试验人员:	项目负责人:		报告签发人及签发时间:

农业部办公厅关于组织申报饲料和饲料添加剂评价相关试验机构的通知

(农办牧〔2014〕34号)

各省、自治区、直辖市畜牧（农牧、农业）厅（局、委、办）、饲料工作（工业）办公室，各有关单位：

根据《饲料和饲料添加剂管理条例》《新饲料和新饲料添加剂管理办法》和《进口饲料和饲料添加剂登记管理办法》，为进一步加强新饲料和新饲料添加剂审定工作，我部拟在2009年确定的20家饲料和饲料添加剂有效性评价试验机构和7家安全性评价试验机构基础上，再遴选一批试验机构，具备条件的单位可以申报。现将有关事项通知如下。

一、申报类别

饲料和饲料添加剂有效性评价试验机构；饲料和饲料添加剂耐受性评价试验机构；饲料和饲料添加剂毒理学评价试验机构；饲用微生物菌种鉴定和保藏机构。

二、申报条件

（一）饲料和饲料添加剂有效性评价试验机构和耐受性评价试验机构

1. 省部级以上大专院校或科研单位，申报的动物试验在学科专业设置范畴内。

2. 具备与申报的动物试验相适应的场地、设施设备，动物饲养规模能够满足《饲料和饲料添加剂有效性评价试验指南》规定的动物数量要求。

3. 具备与申报的动物试验相适应的人员，在相应专业领域至少有1名正高级、2名副高级、2名中级（或以上）职称的固定科研人员。

4. 具有完善的内部管理体系，能够保证试验活动科学公正、试验报告的客观规范；具有完善的保密制度和试验档案管理制度。

5. 近3年内无不良运作记录。

（二）饲料和饲料添加剂毒理学评价试验机构

1. 具备相关部门认可的食品、药品、兽药或保健食品毒理学评价资质。

2. 有条件和能力保证饲料和饲料添加剂毒理学评价工作的正常开展。

3. 近3年内无不良运作记录。

（三）饲用微生物菌种鉴定和保藏机构

1. 属于国家级微生物菌种保藏中心。

2. 具备开展饲用微生物菌种鉴定和保藏的人员、设施设备等条件和工作基础。

3. 近3年内无不良运作记录。

三、申报程序

1. 根据申报的试验机构类别，填写对应的申报表（附件1~3）和试验机构人员组成情况表（附件4），并按照申请表列出的清单准备相关材料。同时申报有效性评价和耐受性评价试验机构的单位，无须重复准备材料。

省级农科院（所）和农业类高校的申报材料经所在地省级饲料管理部门签署推荐意见后向农业部提交，其他单位的申报材料由单位上级主管部门签署意见后提交。

2. 申报材料一式3份，2014年12月5日前报全国饲料评审委员会办公室，同时发送电子文档。

3. 农业部将组织专家对申报材料进行评审，并对机构进行实地考察，择优确定机构名单。

四、联系方式

联系人：全国饲料评审委员会办公室　丁健　王黎文
电话：010-59194584（兼传真）、59194650
邮箱：feedmaterial@163.com
地址：北京市朝阳区麦子店街20号楼531室全国饲料评审委员会办公室
邮编：100125

附件：1. 饲料和饲料添加剂有效性（耐受性）评价试验机构申报表
　　　2. 饲料和饲料添加剂毒理学评价试验机构申报表
　　　3. 饲用微生物菌种鉴定和保藏机构申报表
　　　4. 试验机构人员组成情况表

农业部办公厅
2014年11月6日

附件1：

饲料和饲料添加剂有效性（耐受性）评价试验机构申报表

试验机构名称							
通讯地址					邮编		
隶属机构							
机构负责人	姓名		职务			职称	
	电话		传真			Email	
联系人	姓名		职务			Email	
	电话					传真	
主要研究方向							
固定工作人员人数	其中：	正高级人数		副高级人数		中级职称人数	
申报类型	（可多选） □饲料和饲料添加剂有效性评价试验机构 □饲料和饲料添加剂耐受性评价试验机构						
拟承担的动物试验类别	动物种类		最大规模		试验场名称、地址		
	□猪	□哺乳仔猪和断奶仔猪					
		□生长育肥猪					
		□繁殖母猪和泌乳母猪					
	□肉鸡	—					
	□蛋鸡	□产蛋鸡					
		□蛋用、种用母雏鸡					
	□奶牛	—					
	□肉牛	—					
	□绵羊	—					
	□山羊	—					
	□水产动物	□淡水鱼类					
		□海水鱼类					
		□甲壳类					
		□爬行类					
		□两栖类					
		□水产养殖动物亲本					
	□其他动物	（注明具体动物品种）					

(续表)

申请材料 清单	( ) 1. 单位概况和实验室基本情况； ( ) 2. 实验场所和设施情况； ( ) 3. 技术负责人、质量负责人及主要试验人员简历； ( ) 4. 相关仪器设备清单及使用情况； ( ) 5. 近3年相关工作总结和典型试验报告； ( ) 6. 管理制度及其他参考资料； ( ) 7. 自身诚信情况申明
申报单位自我评价意见	负责人签名： （单位）盖章：　　年　月　日
申报单位上级主管部门或省级饲料管理部门意见	 单位（盖章）：　　年　月　日
备注	

注：表格可扩页

附件2：

饲料和饲料添加剂毒理学评价试验机构申报表

试验机构名称					
通讯地址				邮编	
经何种资质认证或认可	附证书复印件				
隶属机构					
机构负责人	姓名		职务		职称	
	电话		传真		Email	
联系人	姓名		职务		Email	
	电话				传真	
固定工作人员人数		其中：	正高级人数		副高级人数		中级职称人数	
实验室面积	m^2		动物房面积		m^2
申报类型	□初次申报　　□重新评估				
试验项目	目前有条件进行（可多选） □ 急性经口毒性试验 □ 短期经口毒性试验 □ 亚慢性毒性试验 □ Ames试验 □ 哺乳动物骨髓细胞微核试验 □ 哺乳动物骨髓细胞染色体畸变试验 □ 哺乳细胞染色体畸变试验 □ 哺乳细胞基因突变试验 □ 哺乳动物生殖细胞染色体畸变试验 □ 致畸试验 □ 繁殖试验 □ 慢性毒性试验 □ 代谢动力学试验 □ 其他毒性试验：_____				

(续表)

申请材料 清单	（　）1. 单位概况和实验室基本情况； （　）2. 实验设施； （　）3. 技术负责人、质量负责人及主要试验人员简历； （　）4. 动物使用和动物实验室合格证书； （　）5. 相关仪器设备清单及使用情况； （　）6. 近五年相关工作总结和典型试验报告； （　）7. 管理制度及其他参考资料； （　）8. 自身诚信情况申明。
申报单位自我评价 意见	负责人签名： （单位）盖章：　　　年　月　日
申报单位上级主管 部门或省级饲料 管理部门意见	 单位（盖章）：　　　年　月　日
备注	

注：表格可扩页

附件 3：

饲用微生物菌种鉴定和保藏机构申报表

机构名称					
通讯地址				邮编	
经国家何种资质认证（请附复印件）					
隶属机构					
机构负责人	姓名		职务		职称	
	电话		传真		Email	
联系人	姓名		职务		Email	
	电话				传真	
固定工作人员人数	其中：	正高级人数		副高级人数		中级职称人数	
菌种保藏库面积					
申请材料清单	（　）1. 单位概况和实验室基本情况； （　）2. 实验设施； （　）3. 技术负责人、质量负责人及主要试验人员简历； （　）4. 相关仪器设备清单及使用情况； （　）5. 近五年相关工作总结和典型试验报告； （　）6. 管理制度及其他参考资料； （　）7. 自身诚信情况申明。				

(续表)

申报单位自我评价意见	负责人签名：　　　　　　　　　　（单位）盖章：　　年　月　日
申报单位上级主管部门或省级饲料管理部门意见	单位（盖章）：　　年　月　日
备注	

注：表格可扩页

附件 4：

试验机构人员组成情况表

试验机构名称：

序号	姓名	性别	出生年月	专业特长	职务/职称	学历/学位	拟任承担工作任务
1							
2							
3							
4							
5							
6							
7							
8							

关于新饲料和新饲料证书核发网上申报的公告

(农业部公告 2014 年第 2204 号)

中华人民共和国农业部公告

第 2204 号

为规范新饲料和新饲料添加剂行政审批工作,根据《饲料和饲料添加剂管理条例》《新饲料和新饲料添加剂管理办法》,现将新饲料和新饲料证书核发管理有关事项公告如下。

一、自本公告发布之日起,新饲料和新饲料添加剂证书核发实行网上申请,纸质申请材料中需提供在线打印的申请表。

二、网上申请程序为:申请人登录"农业部行政审批综合办公系统"(网址 http://xzsp.moa.gov.cn)进行注册(注册流程见附件1),注册时需要上传《企业法人营业执照》扫描件。注册成功后凭注册用户名和密码进入"新饲料和新饲料添加剂证书核发"审批事项操作系统。按照有关要求填写申请信息并在线打印申请表(申请流程见附件2)。

附件:1. 新用户注册流程说明
      2. 新饲料和新饲料添加剂证书核发申请流程说明

农业部
2014 年 12 月 31 日

附件1：
新用户注册流程说明

1 系统登录

打开 IE 浏览器，在地址栏输入服务器地址 http：//xzsp.moa.gov.cn，打开"登录"页面，或者直接登录"农业部官方网站"进入"在线办事"后点击进入相关事项。如图 1-1 所示。

图 1-1 登录界面

2 新用户注册

首次登录的申请人，应先进行申请人注册，待农业部审核后，方可获取用户名及密码。操作步骤：点击图 1-1 中【申请人注册】按钮，打开司局选择页面，如图 1-2 所示。

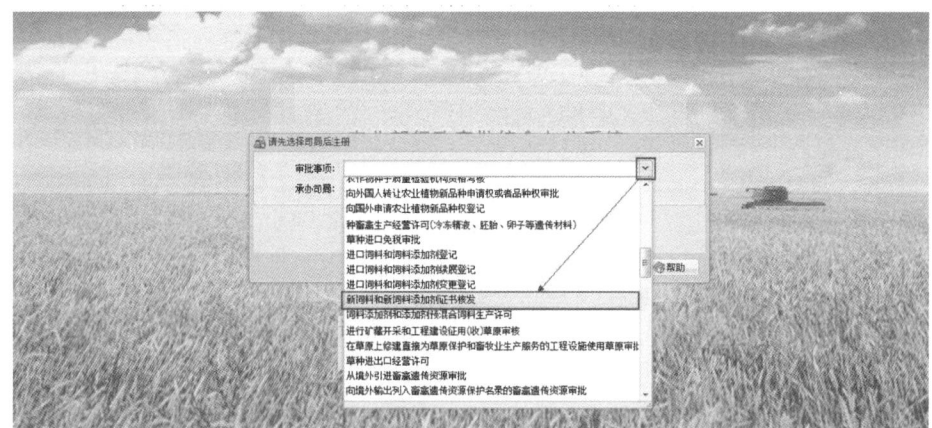

图 1-2 选择审批事项及司局界面

四、新产品审定、评价指南及试验机构

选择对应审批事项,以"新饲料和新饲料添加剂证书核发"业务为例,选中此项后,系统自动引用所属司局,点击【确认】按钮,弹出申请人注册窗口,如图1-3所示。

图1-3 申请人注册窗口显示界面

填写图1-3中注册信息,此项业务需要上传"企业法人营业执照"。点击【上传附件】按钮,进入"附件上传"界面,点击【上传文件】按钮,浏览上传目标文件,点击【上传】按钮,完成文件上传工作,如图1-4所示。

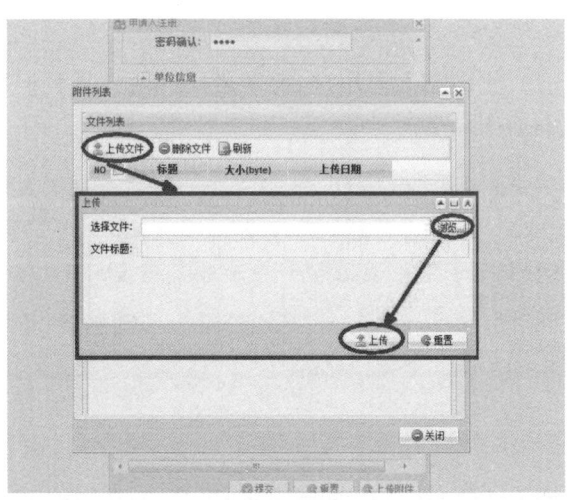

图1-4 文件上传操作界面

待文件上传后,点击图1-3中【提交】按钮,弹出"审核后会短信通知"提示框,完成申请人注册。待账号审核通过后(短信通知申请人账号已审核通过),申请人便可登录系统,申报审批事项;审核未通过的,短信通知申请人未通过的原因,申请人可重新注册。

附件2:
新饲料和新饲料添加剂证书核发申请流程说明

1 系统登录

打开 IE 浏览器,在地址栏输入服务器地址 http://xzsp.moa.gov.cn,打开"登录"页面,如图2-1所示。

图 2-1 登录界面

2 申请流程

2.1 用户登录

申请人在(图2-1)页面输入"用户名""密码"及"验证码",点击【登录】按钮,登录主页面,页面如图2-2所示。

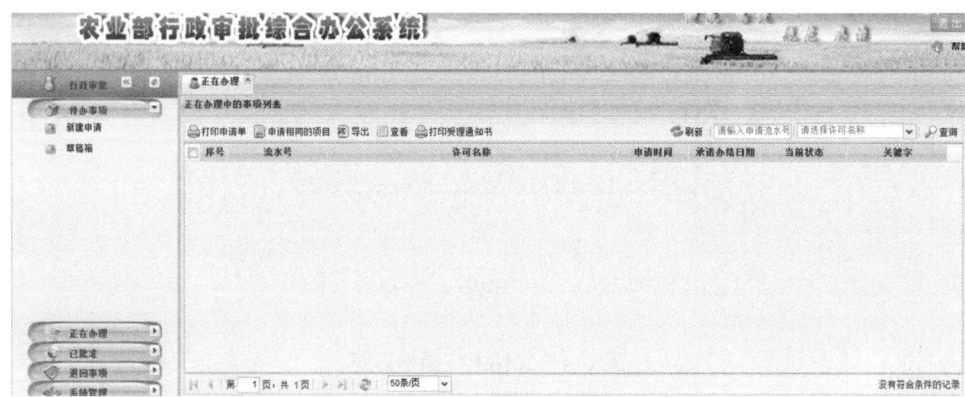

图 2-2 登录主页面

如图 2-2，页面的左侧为功能菜单，分为："待办事项""正在办理""已批准""退回事项"以及"系统管理"。页面的右侧为列表显示项，在右侧的列表中，系统默认显示"正在办理"的审批事项，用户可以在此列表中看到已填报的所有正在办理中的事项及其当前状态。

2.2 新建申请

用户登录系统后，点击"待办事项"下的"新建申请"，如图 2-3 所示。

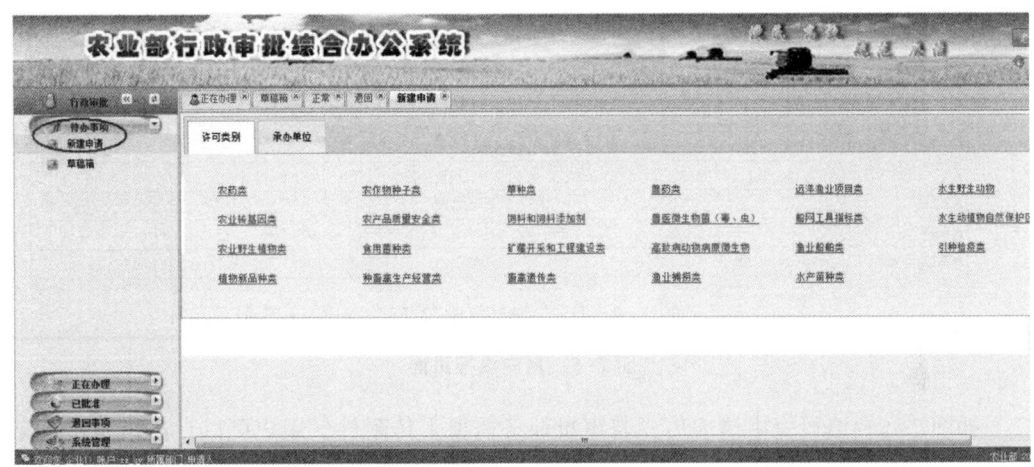

图 2-3 审批事项选择页面

2.3 选择办理事项

用户需选择对应的办理事项。进入"饲料和饲料添加剂"类别中，按照对应办理事项分别选择进入即可，以"新饲料和新饲料添加剂证书核发"事项为例，如图 2-4 所示。

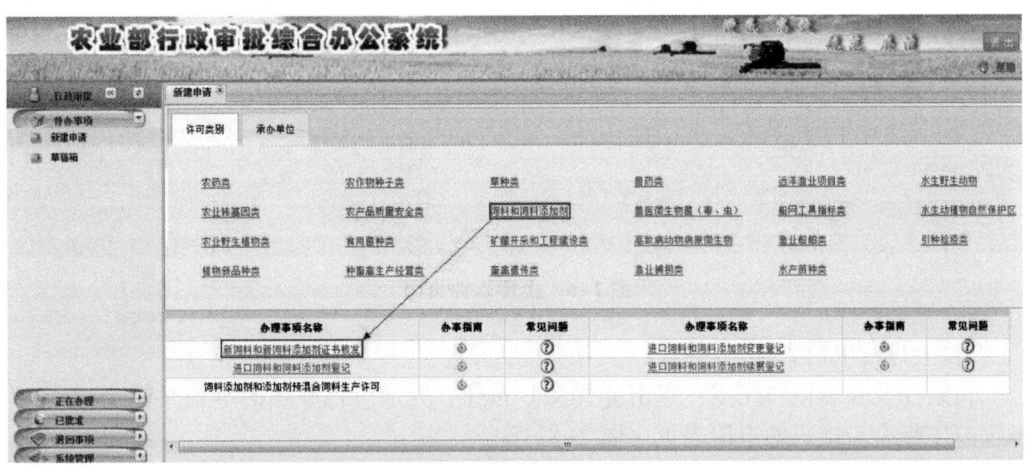

图 2-4 审批事项选择页面

2.4 填写信息采集表

点击进入后,页面显示"新饲料添加剂审定申请表"填报页面,用户可以在此页面中进行申请表填写,如图2-5所示。

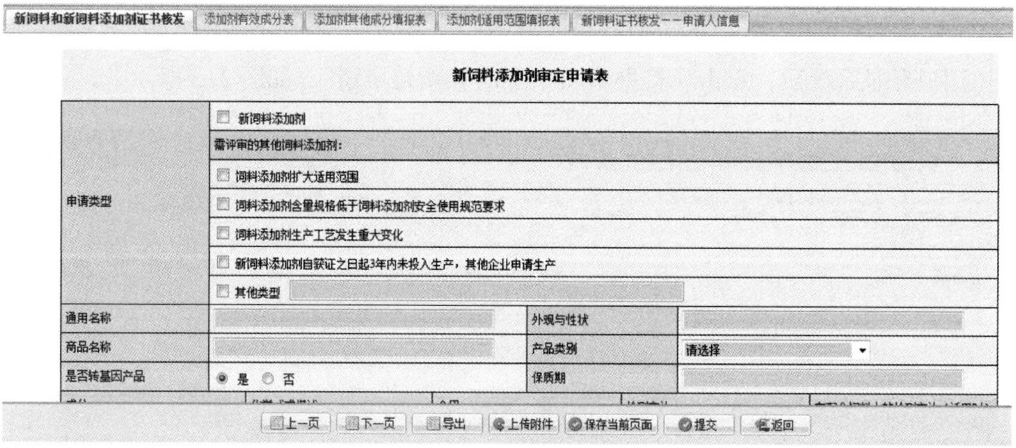

图2-5 用户填报页面

如图2-5,填写完申请表后,若审批业务需要上传附件,用户可以点击填报页面下方的"上传附件"按钮(图2-6),上传电子材料。

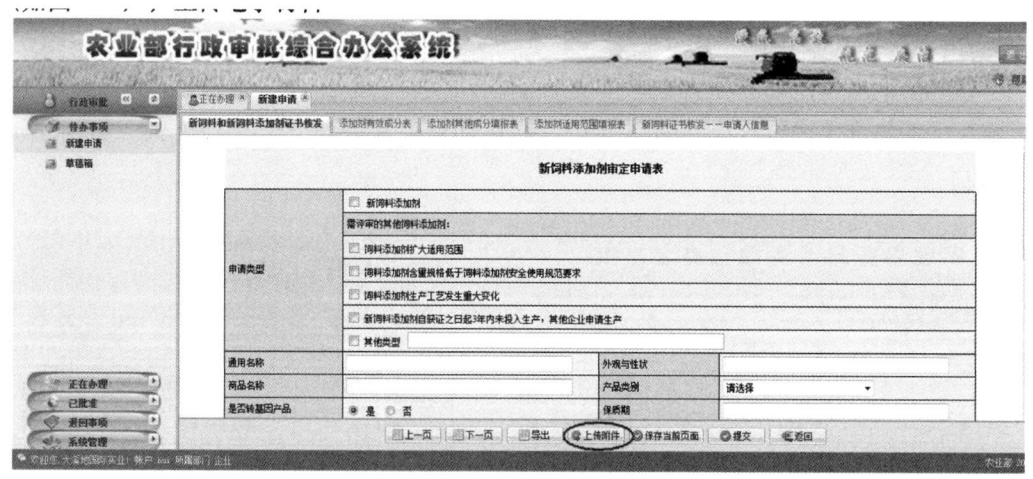

图2-6 上传附件页面

2.5 打印申请表

待附件及表单填写完成,点击【提交】按钮,完成审批事项的申报(图2-7)。并双面打印带有二维码的申请表页(图2-8)。

四、新产品审定、评价指南及试验机构

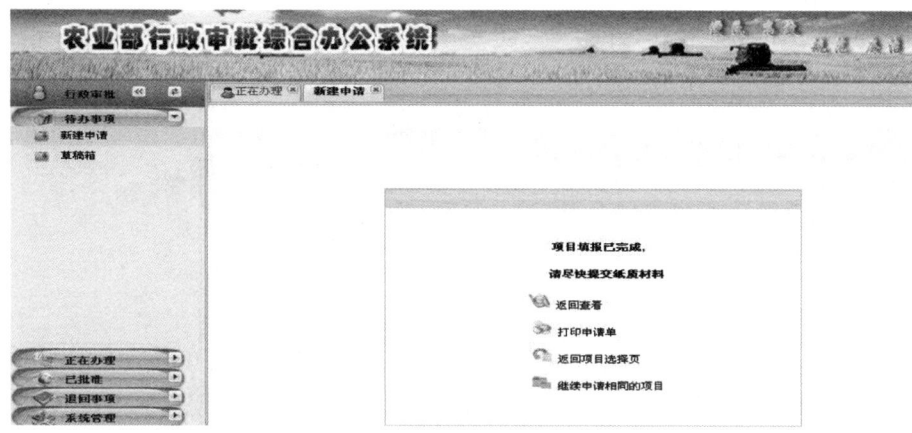

图 2-7 项目填报完成页面

流水号：04080020141224-3

新饲料添加剂审定申请表

申请类型	☑新饲料添加剂 需评审的其他饲料添加剂： □饲料添加剂扩大适用范围 □饲料添加剂含量规格低于饲料添加剂安全使用规范要求 □饲料添加剂生产工艺发生重大变化 □新饲料添加剂自获证之日起 3 年内未投入生产，其他企业申请生产 □其他类型＿＿＿＿				
通用名称	氯化镁	外观与性状	白色或无色晶体	商品名称	—
产品类别	矿物元素及其络（螯）合物	是否转基因产品	□是 ☑否	保质期	24 个月
成分	化学式或描述	含量	检测方法	在配合饲料中的检测方法（适用时）	
有效组分	1 氯化镁	$MgSO_4 \cdot 6H_2O$	98%	滴定法	滴定法
其他成分	—				
适用范围		在配合饲料或全混合日粮中的推荐添加量	在配合饲料或全混合日粮中的最高限量	使用注意事项	
1	猪	0~0.04（以 Mg 元素计）	0.3（以 Mg 元素计）	镁有致泻作用，大剂量使用会导致腹泻，注意镁和钾的比例	
2	牛	0~0.04（以 Mg 元素计）	0.5（以 Mg 元素计）		
生产工艺简述（100 字以内）	略				
申请人信息	（第一申请人）	（第二申请人）	（第三申请人）	（第四申请人）	
单位名称	A 公司	B 公司			
通讯地址	××省××市××区××号	××省××市××区××号			
性质	☑研制者 □生产企业	□研制者 ☑生产企业	□研制者 ☑生产企业	□研制者 ☑生产企业	

图 2-8 申请表打印页面

3 草稿箱操作

用户可以点击页面左侧菜单栏"待办事项"中的"草稿箱",找到未填写完成的审批事项,点击右侧的"申请人填报"(图2-9),进入填报页面继续上次的填报工作。

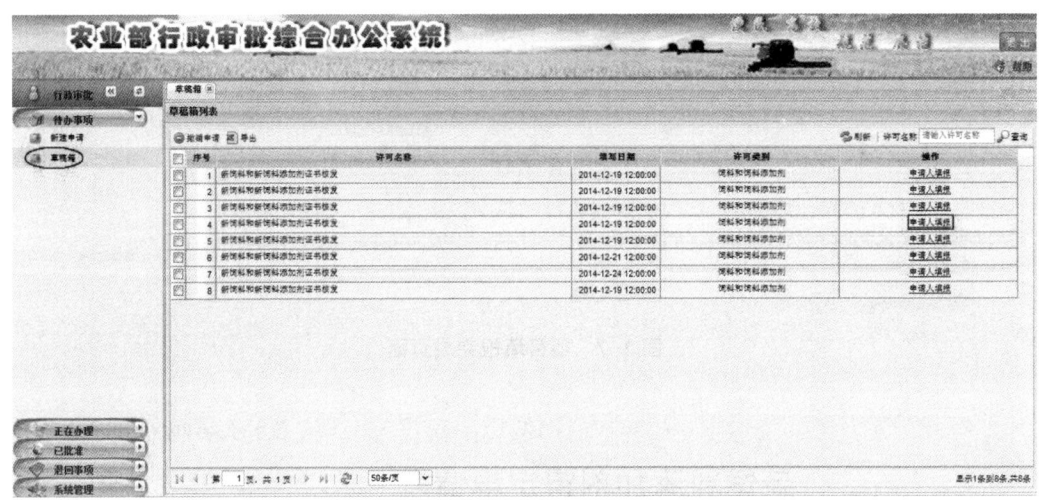

图2-9 草稿箱页面

4 正在办理事项查询

用户登录系统后,系统默认进入"正在办理"页面;也可以点击页面左侧功能栏中的"正在办理",用户可以查询办理状态,如图2-10所示。

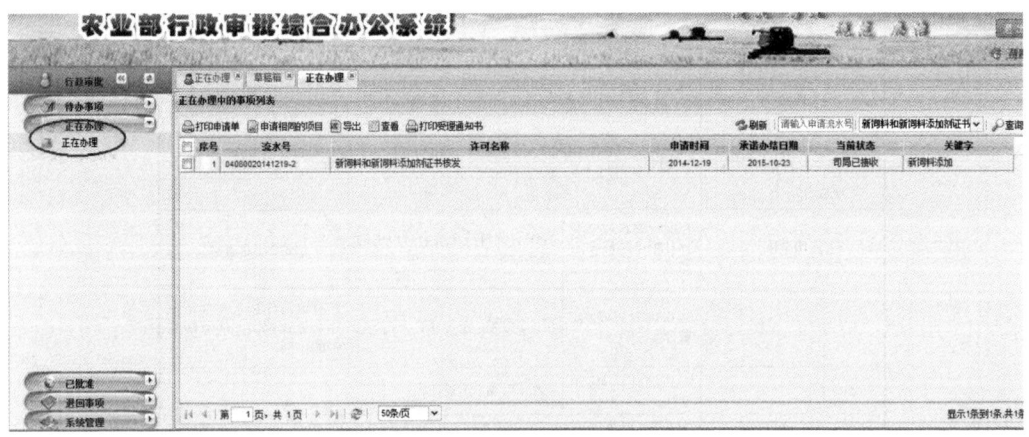

图2-10 正在办理页面

5 退回事项查询

用户登录系统,点击页面左侧功能栏的"退回事项"中的"退回",可以查看申请人所有被退回的审批事项信息,在退回页面中用户还可以进行"重新申请此项目""导出""查看""打印办结通知书"等操作。如图2-11所示。

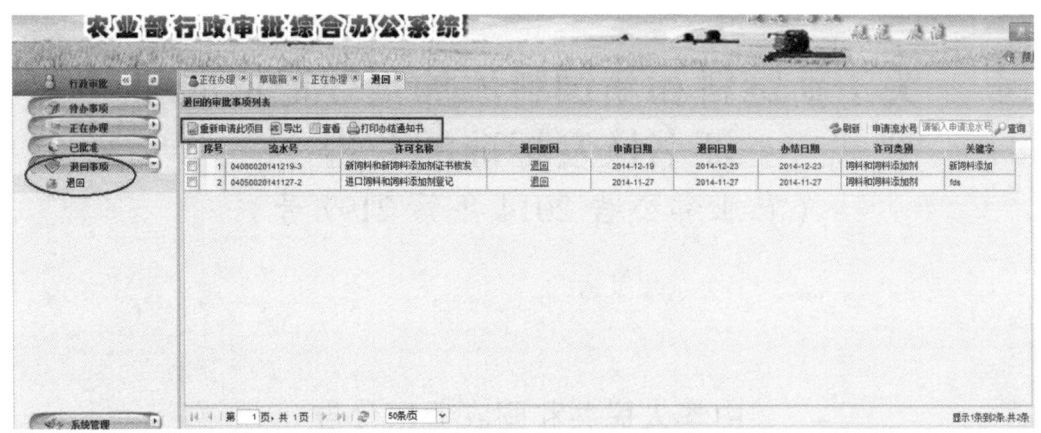

图 2-11 退回页面

6 账户管理

账户管理功能主要实现用户信息修改。点击页面左侧功能栏"系统管理"的"账户管理",系统会显示信息修改页面,修改完信息后点击【保存】按钮,完成信息修改操作。如图 2-12 所示。

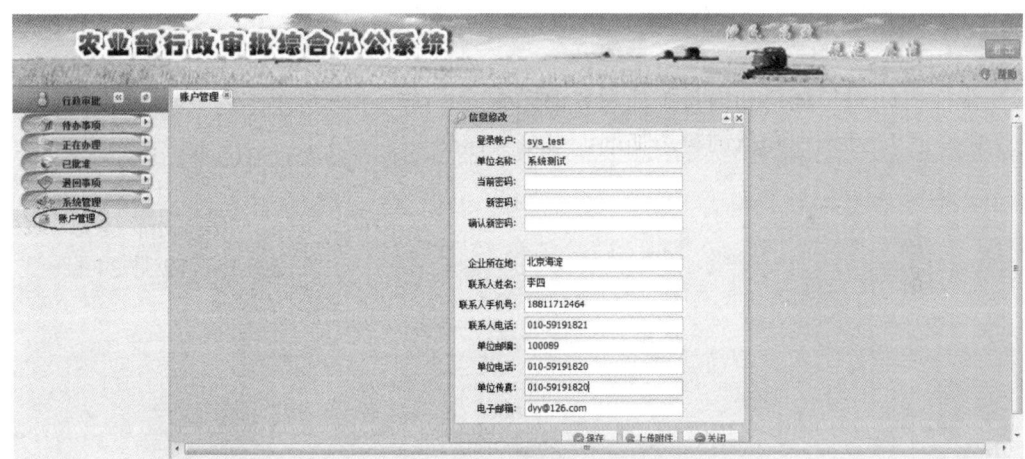

图 2-12 账户管理页面

关于新饲料和新饲料添加剂登记标准和证书核发标准的公告

（农业部公告2014年第2197号）

中华人民共和国农业部公告

第2197号

根据《中华人民共和国行政许可法》和有关法律法规规章的规定，以及《农业部行政审批服务标准化建设行动方案》《农业部行政审批服务标准化建设试点项目实施方案》的安排要求，我部编制了《进口饲料和饲料添加剂登记标准》《新饲料和新饲料添加剂证书核发标准》（农业部第十六批行政审批服务标准），现予公告。自本公告发布之日起，农业部第517号公告中相应事项的办事指南废止。

附件：1. 进口饲料和饲料添加剂登记标准
   2. 新饲料和新饲料添加剂证书核发标准

农业部
2014年12月24日

附件1：

进口饲料和饲料添加剂登记标准

（NY/XZSP TG 302.55—2014）

1 项目类型

前审后批。

2 审批内容

2.1 是否属于进口饲料和饲料添加剂登记审批范围。

2.2 产品是否安全、有效、质量可控和不污染环境。

2.3 试验数据和相关证明材料是否真实可信。

2.4 产品质量标准是否符合生产地和中国的相关法律法规、技术规范的要求。

2.5 复核检测结果是否符合产品质量标准。

3 审批依据

3.1 《饲料和饲料添加剂管理条例》。

3.2 《进口饲料和饲料添加剂登记管理办法》。

3.3 《进口饲料和饲料添加剂登记申请材料要求》《进口饲料和饲料添加剂续展登记申请材料要求》《进口饲料和饲料添加剂变更登记申请材料要求》（以下简称《申请材料要求》）。

4 办事条件

4.1 首次向中国出口中国境内已经使用且出口国已经批准生产和使用的饲料、饲料添加剂的，需提供以下材料：

a）进口饲料和饲料添加剂登记申请表。

b）委托书和境内代理机构资质证明。

c）生产地批准生产、使用的证明，生产地以外其他国家、地区的登记资料，产品推广应用情况。

d）进口饲料的产品名称、组成成分、理化性质、适用范围、使用方法；进口饲料添加剂的产品名称、主要成分、理化性质、产品来源、使用目的、适用范围、使用方法。

e）生产工艺、质量标准、检测方法和检测报告。

f）生产地使用的标签、商标和中文标签式样。

g）微生物产品或发酵制品，还应当提供权威机构出具的菌株保藏证明。

h）按照《申请材料要求》提交其他相关材料。

4.2 首次向中国出口中国境内尚未使用但生产地已经批准生产和使用的饲料、饲料添加剂的，除提供4.1规定的材料外，还需提供以下材料：

a）有效组分的化学结构鉴定报告或动物、植物、微生物的分类鉴定报告。

b）农业部指定的试验机构出具的产品有效性评价试验报告、安全性评价试验报告

（包括靶动物耐受性评价报告、毒理学安全评价报告、代谢和残留评价报告等）；申请饲料添加剂进口登记的，还应当提供该饲料添加剂在养殖产品中的残留可能对人体健康造成影响的分析评价报告。

c) 稳定性试验报告、环境影响报告。

d) 在饲料产品中有最高限量要求的，还应当提供最高限量值和有效组分在饲料产品中的检测方法。

4.3 进口登记证有效期届满 6 个月前需要办理续展登记的，需提供以下材料：

a) 进口饲料和饲料添加剂续展登记申请表。

b) 进口登记证复印件。

c) 委托书和境内代理机构资质证明。

d) 生产地批准生产、使用的证明。

e) 质量标准、检测方法和检测报告。

f) 生产地使用的标签、商标和中文标签式样。

g) 按照《申请材料要求》提交其他相关材料。

4.4 进口登记证有效期内需要办理变更登记的，需提供以下材料：

a) 进口饲料和饲料添加剂变更登记申请表。

b) 委托书和境内代理机构资质证明。

c) 进口登记证原件。

d) 变更说明及相关证明文件。

5 办理程序

5.1 农业部行政审批办公大厅畜牧窗口审查中国境内代理机构递交的申请表及相关材料，申请材料齐全的予以受理。

5.2 农业部畜牧业司（全国饲料工作办公室）对申请材料进行技术审查。符合 4.2 规定情形的，转交全国饲料评审委员会进行专家评审。

5.3 农业部指定的饲料质检机构进行产品复核检测。

5.4 农业部畜牧业司（全国饲料工作办公室）根据审查意见和复核检测结果提出审批方案，报经部长审批后办理批件。

6 承诺时限

20 个工作日（需要专家评审的，专家评审时间不超过 6 个月；需要质量复核检测的，质量复核检测时间不超过 3 个月）。

7 收费标准

不收费。

附件2：

新饲料和新饲料添加剂证书核发标准
（NY/XZSP TG 302.56—2014）

1 项目类型

前审后批。

2 审批内容

2.1 产品是否属于新饲料或新饲料添加剂审批范围。

2.2 产品是否符合相关法律法规、产业政策的要求。

2.3 产品的安全性、有效性、质量可控性和对环境的影响。

3 审批依据

3.1 《饲料和饲料添加剂管理条例》。

3.2 《新饲料和新饲料添加剂管理办法》。

3.3 新饲料、新饲料添加剂申报材料要求。

4 办事条件

4.1 需提供以下申请材料：

a) 新饲料、新饲料添加剂审定申请表。

b) 产品名称及命名依据、产品研制目的。

c) 有效组分、化学结构的鉴定报告及理化性质，或者动物、植物、微生物的分类鉴定报告；微生物产品或发酵制品，还应当提供农业部指定的国家级菌种保藏机构出具的菌株保藏编号。

d) 适用范围、使用方法、在配合饲料或全混合日粮中的推荐用量，必要时提供最高限量值。

e) 生产工艺、制造方法及产品稳定性试验报告。

f) 质量标准草案及其编制说明和产品检测报告；有最高限量要求的，还应提供有效组分在配合饲料、浓缩饲料、精料补充料、添加剂预混合饲料中的检测方法。

g) 农业部指定的试验机构出具的产品有效性评价试验报告、安全性评价试验报告（包括靶动物耐受性评价报告、毒理学安全评价报告、代谢和残留评价报告等）；申请新饲料添加剂审定的，还应当提供该新饲料添加剂在养殖产品中的残留可能对人体健康造成影响的分析评价报告。

h) 标签式样、包装要求、贮存条件、保质期和注意事项。

i) 中试生产总结和"三废"处理报告。

j) 对他人的专利不构成侵权的声明。

申请材料具体要求见新饲料、新饲料添加剂申报材料要求。

4.2 提供连续3个批次（每个批次4份）的产品样品。

5 办理程序

5.1 农业部行政审批办公大厅畜牧窗口负责接收材料。

5.2 农业部畜牧业司（全国饲料工作办公室）对申请材料进行形式审查和初审。

5.3 全国饲料评审委员会对受理的申请材料进行技术评审，必要时进行现场核查。

5.4 申请人按照要求提供产品样品并由农业部指定的饲料质量检验机构进行质量复核。

5.5 全国饲料评审委员会结合质量复核结果出具评审结论。

5.6 农业部畜牧业司（全国饲料工作办公室）根据评审结论提出审批方案，报经部长审批后办理批件。

6 承诺时限

15 个工作日（专家评审和质量复核检验时间不超过 9 个月，需由申请人补充相关试验资料的，评审时间可以延长 3 个月；其中质量复核检验时间不超过 3 个月，需用特殊方法检测的，可以延长 1 个月）。

7 收费标准

不收费。

关于新饲料添加剂申报材料要求的公告

(农业农村部公告 2019 年第 226 号)

中华人民共和国农业农村部公告

第 226 号

为进一步规范新饲料添加剂审定工作，根据《饲料和饲料添加剂管理条例》及其配套规章规定，我部修订了《新饲料添加剂申报材料要求》《新饲料添加剂申报材料格式》《新饲料添加剂申请表》，现予公布，自 2019 年 12 月 4 日起施行。原农业部 2014 年 6 月 5 日发布的第 2109 号公告中有关《新饲料添加剂申报材料要求》的内容同时废止。

附件：1. 新饲料添加剂申报材料要求
   2. 新饲料添加剂申报材料格式
   3. 新饲料添加剂申请表

农业农村部
2019 年 11 月 4 日

附件1：
新饲料添加剂申报材料要求

申请新饲料添加剂证书、申请扩大饲料添加剂适用范围、申请生产含量规格低于《饲料添加剂安全使用规范》等规范性文件要求的饲料添加剂品种（由饲料添加剂与载体或者稀释剂按照一定比例配制的产品除外）、申请生产工艺发生重大变化的饲料添加剂、申请进口含有我国尚未批准使用的饲料添加剂的产品，应当按照本要求规定准备相关材料。

一、申报材料摘要

围绕安全性、有效性、质量可控性以及对环境的影响等方面对申报品种进行简要概述。摘要内容应可公开。

二、产品名称及命名依据、类别

（一）产品通用名称及命名依据

通用名称应反映饲料添加剂产品真实属性，并在申报材料中统一使用该名称。

通用名称应符合国内相关标准（例如：药典、国家标准和行业标准）或国际组织［例如：国际纯粹化学和应用化学联合会（IU-PAC）］相关标准的命名原则。有美国化学文摘（CAS）登录号的应予提供。

微生物饲料添加剂（包括直接饲喂微生物、生产发酵饲料所使用的微生物），应提供包括微生物来源、种名（包括中文名、拉丁名、俗名或别名等）、菌株编号及其他必要信息。细菌和真菌的命名应分别符合原核生物国际命名法规和国际藻类、真菌和植物命名法规要求。

饲用酶制剂，应参照国际生物化学和分子生物学联合会（IUB-MB）酶学委员会（EC）的命名原则命名，并用括号注明生产菌种名称及菌株编号。

其他采用发酵工艺生产的饲料添加剂，应用括号注明生产菌种名称及菌株编号。

饲料添加剂为提取物的，依据其来源（包括动植物的中文名、拉丁名、俗名或别名、部位）命名，并注明主要成分；也可以依据提取物的主要成分命名，并注明来源。

（二）产品的商品名称

商品名称为产品在市场销售时拟采用的名称，没有的可不提供。

（三）产品类别

根据产品的功能，参照《饲料添加剂品种目录》设立的类别名称填写。超出目录现有类别范围的，根据产品实际功能提出分类建议。

三、产品研制目的

重点阐述产品研制背景、研究进展、研制目标、产品功能、国内外在饲料及相关行业批准使用情况、产品的先进性和应用前景等。

四、产品组分及其鉴定报告、理化性质及安全防护信息

(一) 产品组分

提供产品全部或主要组成成分,包括有效组分及其他组分。

1. 有效组分及其含量

有效组分为化学上可定义的物质,应给出通用名称、化学名称、CAS 登录号、分子式、化学结构式和分子量;含量以%、g/kg、mg/kg、IU/g 等国际通用单位表示。

有效组分不能以单一化学式描述或组分不能被完全鉴定的混合物,应给出特征主成分或类组分,含量以%、g/kg、mg/kg、IU/g 等国际通用单位表示。

微生物饲料添加剂应以每克或每毫升产品中活菌数表示,即 CFU/g、CFU/mL。

饲用酶制剂应以每克或每毫升中的酶活力表示。

2. 其他组分及其含量

应说明除有效组分外的其他组分及其含量。添加载体的,应提供名称及其配方量。

提取物等其他组分不能以单一化学式描述或组分不能被完全鉴定的混合物,应说明除有效组分外的其他组分类别,可不提供具体组分含量。

(二) 鉴定报告

化学上可定义物质:应准确鉴定申报产品的有效组分,并说明确认实验所用主要仪器和测试方法,例如,红外光谱、紫外光谱、质谱、核磁共振、化学官能团的特征反应等。

饲用酶制剂:应提供能够证明酶制剂的来源与结构的鉴定报告。

微生物饲料添加剂:应通过菌株的形态学、生理生化特性、分子生物学特性等方法,提供鉴定至少到种或亚种的报告。基因工程菌株需要提供农业转基因生物安全证书。生产饲料添加剂所用微生物菌种也应提供上述报告。

植物提取物:应提供包含前述有效组分和其他组分的特征图谱。

(三) 外观与物理性状

固体产品应提供颜色、气味、粒径分布、密度或容重等数据;液体产品应提供颜色、气味、黏度、密度、表面张力等数据。

(四) 有效组分理化性质

根据产品的性质,提供有效组分的沸点、熔点、密度、蒸汽压、折光率、比旋光度、常见溶媒中的溶解性、对光或热的稳定性、电离常数、电解性能、pK_a 等数据。相关信息可来自国际机构(如 CAS、IUPAC 等)公开发布的数据或由申请人实测数据。

(五) 产品安全防护信息

根据产品的性质,提供危害描述、泄漏应急处理、操作处置与储存、接触控制与个体防护、急救措施、废弃处置等信息。

五、产品功能、适用范围和使用方法

产品功能应说明其作用,阐述作用机制,并以试验数据或公开发表的文献资料为支撑。

适用范围和使用方法应说明产品适用的动物种类、生产阶段、推荐用量及注意事项，必要时应提供产品在配合饲料或全混合日粮中添加的最高限量建议值，相关内容应有安全性和有效性评价试验数据支撑。

六、生产工艺、制造方法及产品稳定性试验报告

（一）生产工艺和制造方法

提供产品生产工艺流程图和工艺描述。流程图应以设备简图的方式表示，详细体现产品生产全过程；工艺描述应与流程图一一对应，重点描述原料、设备、生产过程各步骤所使用的方法和技术参数（化学合成应有温度、压力、反应时间、pH 值等，提取物应有提取溶剂、提取时间、提取次数、分离材料或设备等），有中间产品控制指标的也应一并提供。

微生物及其发酵制品还应当提供生产用菌株的传代培养情况及遗传稳定性、培养基成分、保存和必要的复壮方法等材料。

对于采取诱变方式实施改良的菌株，应提供诱变条件和步骤。

（二）产品稳定性试验报告

稳定性试验包括影响因素试验、加速试验和长期稳定性试验。应提供按照农业农村部相关技术指南开展的稳定性试验的报告。

七、产品质量标准草案、编制说明及检验报告

（一）产品质量标准草案：应按照《标准化工作导则第 1 部分：标准的结构和编写》（GB/T 1.1）和《标准编写规则第 10 部分：产品标准》（GB/T 20001.10）的要求进行编写。

（二）编制说明：应说明质量标准中的指标设置依据。指标的设置应符合相关法规标准要求，并与实际检测情况一致。对引用的国际标准应提供其原文和中文译文，国内其他行业标准提供原文。

（三）对新建检测方法，应提供至少三家具备检验资质的第三方机构出具的验证报告。

（四）检验报告：由申请人自行检测或委托具备检验资质的机构出具的三个批次产品检验报告。检测项目应与质量标准一致，并采用其规定的检测方法。

（五）有最高限量要求的产品，应根据其适用对象，提供有效组分在配合饲料、浓缩饲料、精料补充料或添加剂预混合饲料中的检测方法。

八、安全性评价材料要求

包括靶动物耐受性评价报告、毒理学安全评价报告、代谢和残留评价报告、菌株安全性评价报告。评价试验应按照农业农村部发布的技术指南或国家、行业标准进行。农业农村部暂未发布指南或暂无国家、行业标准的，可以参照世界卫生组织（WHO）、经济合作与发展组织（OECD）等国际组织发布的技术规范或指南进行。靶动物耐受性评价报告、毒理学安全评价报告、代谢和残留评价报告应由农业农村部指定的评价试验机

构出具。评价报告出具单位不得是申报产品的研制单位、生产企业，或与研制单位、生产企业存在利害关系。

（一）靶动物耐受性评价报告。

（二）毒理学安全评价报告。包括急性毒性试验、遗传毒性试验（致突变试验）、28天经口毒性试验、亚慢性毒性试验、致畸试验、繁殖毒性试验、慢性毒性试验（包括致癌试验）等毒性评价。评价方法参照农业农村部技术指南或国家、行业标准的规定。

（三）代谢和残留评价报告。化合物应进行代谢和残留评价，但以下情形除外：

——在饲用物质中天然存在并具有较高含量；

——化合物或代谢残留物是动物体液或组织的正常成分；

——可被证明是原形排泄或不被吸收；

——是以体内化合物的生理模式和生理水平被吸收；

——农业农村部技术指南、国家或行业标准规定的数据外推情形。

（四）菌株安全性评价报告。对于饲用微生物添加剂和生产饲料添加剂所用微生物菌种，应进行菌株安全性评价。通过微生物表型试验、分子生物学试验和全基因组序列（WGS）分析，结合相关文献资料，对拟评价菌株的致病性、有毒代谢产物产生能力（用微生物发酵生产的饲料添加剂应对终产品中由生产菌株产生的有毒代谢产物进行测定）及抗菌药物耐药性等进行综合评价。

（五）提供国内外权威机构就该产品的安全性评价报告，国内外权威刊物公开发布的就该产品安全性的文献资料，其他可证明该产品安全性的报告或文献资料。

九、有效性评价材料要求

（一）提供由农业农村部指定的有效性评价试验机构出具的试验报告；靶动物有效性试验应按照农业农村部发布的技术指南或国家、行业标准进行。农业农村部技术指南、国家或行业标准规定的可以进行数据外推的情形除外。

（二）根据产品用途，提供依据技术规范或公认的方法测定的特性效力的试验报告，如抗氧化剂效力和防霉剂效力测试等。试验应选取申报产品适用饲料类别中的代表性产品进行。试验报告应由省部级以上高等院校、科研单位或检测机构等出具。

（三）提供国内外权威机构就该产品靶动物有效性或特性效力的试验报告或评价报告，国内外权威刊物公开发布的就该产品靶动物有效性或特性效力的文献资料，其他可证明该产品靶动物有效性或特性效力试验的报告或文献资料。

评价报告的出具单位不得是申报产品的研制单位和发表文献的署名单位、生产企业，或与研制单位、生产企业存在利害关系。

十、对人体健康可能造成影响的分析报告

应根据安全性、有效性和代谢、残留等数据和文献资料以及相关产品信息，参照风险评估的方法就饲料添加剂对人体健康可能造成的影响进行评估分析，形成报告。

十一、标签式样、包装要求、贮存条件、保质期和注意事项

标签式样应符合《饲料和饲料添加剂管理条例》和《饲料标签》标准（GB 10648）的规定。

包装要求、贮存条件、保质期的确定应以稳定性试验的数据为依据。

十二、中试生产总结和"三废"处理报告

（一）中试生产总结

包括中试的时间和地点，生产产品的批数（至少连续 5 批）、批号、批量，每批中试产品的详细生产和检验报告，中试中发现的问题和处置措施等。

（二）"三废"处理报告

应说明生产过程中产生的"三废"及处理措施。

十三、联合申报协议书

由两个或两个以上单位联合申报的（申报单位应是共同参与产品研发的研制单位或生产企业），应提供由所有联合申报单位共同签署的联合申报协议书，明确知识产权归属、申请人排序、责任划分等，并承诺不就同一产品进行重复申报。协议由各单位法定代表人签字并加盖单位公章。

十四、其他材料

其他应提供的证明性文件和必要材料。例如，需进一步证明申报产品安全性的试验报告。

十五、参考资料

提供产品研究、开发和生产中参考的主要参考文献，并在引用处进行标注，重要文献应附全文。注明参考材料中提到的有效组分与所申请的饲料添加剂品种是否一致，并说明相关信息的详细来源，如数据库、标准、研究报告、期刊和书籍等。

附件2：

新饲料添加剂申报材料格式

一、申报材料的格式

（一）申报材料包括《新饲料添加剂申请表》及《新饲料添加剂申报材料要求》中的相关内容。

（二）《新饲料添加剂申请表》应当从农业农村部网站下载，不得随意改变字体大小和表格结构。

（三）申报材料正文应当使用小四号宋体（英文和数字为 Times New Roman 字体），A4 规格纸张打印。除签名外，所有材料不得手写。

（四）检测、试验、鉴定报告应加盖报告出具单位公章，由负责人和检测试验人员签名，并提供原件。外文材料应同时提交中文翻译件。

（五）申报材料一式两份（原件一份，复印件一份，复印件采用双面复印）。材料按照预审意见规定的内容顺序编排目录，例如"1-1，1-2，…2-1…"，每章独立编排页码，按目录顺序活页装订，各章应用口取纸（注：索引纸或标贴纸）或其他明显标记予以划分。材料装订完成后，应在整本材料侧面加盖申报单位骑缝章。

（六）在提交书面申报材料的同时，还应提交内容与书面材料一致的 CD 光盘两份。每章节应制成独立的 PDF 格式文件，文档名称以章号和章标题命名。

二、相关表格填写

（一）通用名称：填写与正文内容一致的通用名称。

（二）产品类别：填写与正文内容一致的产品类别，若为"其他类型"，还应在后附横线上予以说明。

（三）申请类型：将相应类型的方框涂黑（■）。

（四）申请人名称：填写具有法人地位的单位名称，可以是研制者或者生产企业，并加盖公章。由多个申请人联合申报的，填写第一申请人相关信息。

（五）法定代表人：填写申请人的法定代表人姓名。由多个申请人联合申报的，填写第一申请人相关信息。

（六）申请人注册地址及邮政编码：填写法人注册地址及邮政编码。由多个申请人联合申报的，填写第一申请人相关信息。

（七）申请人通讯地址及邮政编码：填写申请人的通讯地址及邮政编码。由多个申请人联合申报的，填写第一申请人相关信息。

（八）联系人、传真、固定电话、手机、电子邮箱：填写申请单位负责办理审定申请的人员姓名及相应联系方式。联合申报的，由申请人确定一名联系人及其联系方式。

（九）申报日期：填写申请人报出材料的时间。

（十）通用名称：填写与正文一致的通用名称。

（十一）外观与物理性状：说明产品的颜色、气味、性状（粉末、颗粒、结晶、块状、半固态、液态等）。

（十二）商品名称：填写与正文一致的商品名称，没有的应填写"无"。

（十三）产品类别：填写与正文一致的产品类别。

（十四）是否转基因产品：将相应的方框涂黑（■）。

（十五）保质期：填写与正文一致的保质期。

（十六）成分、化学式或描述、含量、检测方法："成分"栏，逐一填写各有效组分及其他组分的名称；"化学式或描述"栏，化学上可定义物质应填写化学式，其他应填写描述；"含量"栏，有效组分填写典型分析值；其他组分应填写除有效组分外的其他组分含量；添加载体的，应提供载体名称及其配方量；对于提取物等其他组分不能以单一化学式描述或不能被完全鉴定的混合物，应填写有效组分外的组分类别，可不提供具体组分含量；"检测方法"栏，采用现行国家标准或行业标准进行检测的，可填写标准名称和编号，否则应填写检测方法简称（如"高效液相色谱法"），在配合饲料或全混合日粮中有最高限量要求的，还应提供在饲料产品中相应成分的检测方法。

（十七）适用范围、在配合饲料或全混合日粮中的推荐添加量和最高限量、使用注意事项：填写产品适用的动物种类、生产阶段及其在配合饲料或全混合日粮中的推荐添加量；有最高限量要求的，应填写在配合饲料或全混合日粮中的最高限量；使用过程中有特殊要求的，应填写使用注意事项。

（十八）生产工艺简述：填写主要生产工艺，不超过150个字。

（十九）申请人名称及地址：按申请人排序逐一填写单位名称、通信地址和邮编，在性质栏内将相应的方框涂黑（■），并由各单位法定代表人签字并加盖公章。

附件3：

新饲料添加剂申请表

通用名称：_____

产品类别：_____

申请类型：☐申请新饲料添加剂证书

☐申请扩大饲料添加剂适用范围

☐申请生产含量规格低于《饲料添加剂安全使用规范》等规范性文件要求的饲料添加剂品种

☐申请生产工艺发生重大变化的饲料添加剂

☐申请进口含有我国尚未批准使用的饲料添加剂的产品

☐农业农村部规定的其他情形_____

申请人名称：_____（公章）

法定代表人：_____

申请人注册地址：_____

邮政编码：_____

申请人通讯地址：_____

邮政编码：_____

联系人：_____ 传真：_____

固定电话：_____ 手机：_____

电子邮件：_____

申报日期：_____年_____月_____日

中华人民共和国农业农村部　制

二〇_____年

通用名称			外观与物理性状		商品名称	
产品类别			是否转基因产品	□是 □否	保质期	
成分		化学式或描述	含量	检测方法	在配合饲料中的检测方法（适用时）	
有效组分	1					
	……					
其他组分	1					
	……					
适用范围		在配合饲料或全混合日粮中的推荐添加量		在配合饲料或全混合日粮中的最高限量		使用注意事项
适用范围1						
适用范围2						
……						
生产工艺简述（150字以内）						
申请人信息		（第一申请人）		（第二申请人）		……
单位名称						
地址						
性质		□研制者 □生产企业		□研制者 □生产企业		……
法定代表人签字及盖章						

关于申请饲料原料和饲料添加剂审批咨询服务的公告

(农业农村部公告 2019 年 227 号)

为深入贯彻行政审批制度改革精神，进一步落实"放管服"要求，鼓励饲料、饲料添加剂新品种开发和研制，帮助饲料企业和有关技术机构（以下简称申请人）提高研发能力，根据各方面的建议，我部建立饲料原料和饲料添加剂审批咨询服务工作机制。现就有关事项公告如下。

一、咨询服务范围

申请人拟申请新饲料和新饲料添加剂证书，拟申请扩大饲料添加剂适用范围，拟申请生产含量规格低于《饲料添加剂安全使用规范》等规范性文件要求的饲料添加剂品种（由饲料添加剂与载体或者稀释剂按照一定比例配制的产品除外），拟申请生产工艺发生重大变化的饲料添加剂，拟申请进口含有我国尚未批准使用的饲料原料和饲料添加剂的产品，以及拟申请将原料或者添加剂品种纳入《饲料原料目录》或者《饲料添加剂品种目录》，可以按照本公告规定申请咨询服务。

二、咨询材料要求

申请人应当向农业农村部畜牧兽医局提出书面申请并提交以下材料：产品通用名称、产品类别、产品研制目的、产品组分、外观与物理性状、产品功能、适用范围、使用方法、生产工艺和制造方法，产品在国内外相关行业应用的基本情况，以及已收集到的能够证明其安全性、有效性的相关科学文献、报告或者试验结果等资料。申请人可参考《新饲料添加剂申报材料要求》（农业农村部公告第 226 号）准备相关材料。

三、咨询服务程序

农业农村部畜牧兽医局收到书面申请和相关材料后，在 5 个工作日内对咨询材料进行核对，不需要补充材料的，组织全国饲料评审委员会召开咨询会，由咨询会专家对申请事项进行专家评议并提出咨询意见和建议。农业农村部畜牧兽医局在收到咨询意见和建议后，5 个工作日内书面告知申请人。

咨询服务由申请人自愿提出，不收取任何费用。咨询服务不作为行政审批的前置程序，咨询意见不作为做出行政审批决定的依据。申请过程中如有问题，请联系农业农村部畜牧兽医局（电话：010-59192853）或全国畜牧总站（电话：010-59194438）。

农业农村部
2019 年 11 月 4 日

关于确定 25 家饲料和饲料添加剂有效性和耐受性评价试验机构和 9 家毒理学评价试验机构的公告

(农业农村部公告 2020 年第 279 号)

为进一步规范新饲料和新饲料添加剂审定工作，落实"放管服"要求，增加行政审批相对人的选择余地，我部委托全国饲料评审委员会对有关评价机构进行了评估，确定了 25 家有能力承担饲料和饲料添加剂有效性和耐受性评价试验机构和 9 家毒理学评价试验机构，现予公布，即日起施行。

附件：1. 饲料和饲料添加剂有效性和耐受性评价试验机构名单
   2. 饲料和饲料添加剂毒理学评价试验机构名单

农业农村部
2020 年 3 月 18 日

附件1：

饲料和饲料添加剂有效性和耐受性评价试验机构名单

序号	省市	试验机构	试验报告签发机构名称	试验报告签发人	机构类型	动物种类	试验场地名称	试验场地地址	机构联系电话
1	北京市	农业农村部饲料效价与安全监督检验测试中心（北京）	农业农村部饲料效价与安全监督检验测试中心（北京）	张丽英	☑有效性 ☑耐受性	猪、肉鸡	中国农业大学动物科技学院代谢室	北京市海淀区圆明园西路2号	010-62731272
				吴子明		肉鸡、蛋鸡	中国农业大学丰宁试验基地	河北省承德市丰宁满族自治县汤河乡	010-62733900
2	北京市	动物营养学国家重点实验室（中国农业大学）	动物营养学国家重点实验室（中国农业大学）	周振明		肉牛	中国农业大学涿州试验基地	河北省涿州市东城坊镇	010-62731268
							中国农业大学肉牛试验示范基地（北京）	北京市房山区窦店镇	
				李胜利		奶牛	中国农业大学奶牛营养创新团队试验基地（金银岛基地）	北京市大兴区庞各庄镇	010-62734080
							中国农业大学奶牛营养创新团队试验基地（延庆基地）	北京市延庆区延庆镇	
3	天津市	天津市畜牧兽医研究所	天津市畜牧兽医研究所	王文杰	☑有效性 ☑耐受性	奶牛、肉牛、生长肥育猪	天津市现代畜牧业科技创新基地	天津市武清区下伍旗镇	022-83726967
4	辽宁省	沈阳农业大学畜牧兽医学院	沈阳农业大学畜牧兽医学院	杨建成	☑有效性 ☑耐受性	肉鸡、蛋鸡	沈阳农业大学科研种鸡场	辽宁省沈阳市沈河区东陵路120号	024-88487156
5	黑龙江省	东北农业大学动物营养研究所	东北农业大学动物营养研究所	单安山	☑有效性 ☑耐受性	猪	东北农业大学动物营养研究所动物试验基地	黑龙江省哈尔滨市阿城区	0451-55191585

（续表)

序号	省市	试验机构	试验报告签发机构名称	试验报告签发人	机构类型	动物种类	试验场地名称	试验场地地址	机构联系电话
6	上海市	上海市农业科学院农产品质量标准与检测技术研究所	上海市农业科学院农产品质量标准与检测技术研究所	赵志辉	□有效性 □耐受性	肉鸡、蛋鸡	上海市农业科学院庄行试验站	上海市奉贤区叶庄路888号	021-62207544
7	江苏省	南京农业大学动物科技学院	南京农业大学动物科技学院	王恬	□有效性 □耐受性	猪、肉鸡、蛋鸡	南京农业大学白马教学科研基地	江苏省南京市溧水区白马镇	025-84396483
				毛胜勇	□有效性 □耐受性	绵羊	南京农业大学羊业科学研究所示范基地（与泰州市海伦羊业有限公司共建）	江苏省泰州市姜堰区大伦镇	025-84395106
8		南京农业大学无锡渔业学院	南京农业大学无锡渔业学院	谢骏	□有效性 □耐受性	淡水鱼类	南京农业大学无锡渔业学院淡水渔业研究中心南泉科研实验基地	江苏省无锡市滨湖区雪浪街道王港社区薛家里69号	0510-85556566
						淡水虾蟹类	南京农业大学无锡渔业学院淡水渔业研究中心宜兴大浦科研实验基地	江苏省无锡市宜兴市丁蜀镇	
9		扬州大学动物营养与饲料工程技术研究中心	扬州大学动物营养与饲料工程技术研究中心	赵国琪（奶牛、绵羊、山羊）杨海明（鹅）	□有效性 □耐受性	奶牛、绵羊、山羊、鹅	扬州大学实验农牧场	江苏省高邮市卸甲镇八桥片区	0514-87997195
10		扬州大学兽医学院	扬州大学兽医学院	刘宗平	□耐受性	奶牛、绵羊、山羊、鹅	扬州大学实验农牧场	江苏省高邮市卸甲镇八桥片区	0514-87979275
11		江苏省家禽科学研究所	江苏省家禽科学研究所	施寿荣	□有效性 □耐受性	肉鸡、蛋鸡	江苏省家禽科学研究所仪征试验基地	江苏省仪征市谢集乡	0514-85599075

四、新产品审定、评价指南及试验机构

（续表）

序号	省市	试验机构	试验报告签发机构名称	试验报告签发人	机构类型	动物种类	试验场名称	试验场地地址	机构联系电话
12	浙江省	浙江大学奶业科学研究所	浙江大学奶业科学研究所	刘建新	☑有效性 ☑耐受性	奶牛	浙江大学饲料科学研究所试验基地	浙江省绍兴市上虞区海涂九六三丘	0571-88982128
13		浙江大学饲料科学研究所	浙江大学饲料科学研究所	汪以真	☑有效性 ☑耐受性	淡水水产动物	浙江大学饲料科学研究所实验基地（与绍兴上虞科强水产养殖有限公司共建）	浙江省绍兴市上虞区海涂九六三丘	0571-88982128
14		浙江省农业科学院畜牧兽医研究所	浙江省农业科学院畜牧兽医研究所	余东游	☑有效性 ☑耐受性	蛋鸡、肉鸡	浙江大学饲料科学研究所试验基地	浙江省杭州市余杭区瓶窑镇	0571-88982107
15		中挪海水养殖鱼类营养与饲料联合实验室	浙江省海洋水产研究所	徐子伟	☑有效性 ☑耐受性	猪	浙江省农业科学院海宁科技牧场	浙江省海宁市许村	0571-86404398
16	江西省	江西农业大学江西省动物营养重点实验室	江西农业大学江西省动物营养重点实验室	邵庆均	☑有效性 ☑耐受性	海水鱼类、海水虾	浙江省海洋水产研究所西轩岛试验场	浙江省舟山市西轩岛	0571-88982200
17	河南省	河南农业大学牧医工程学院	河南农业大学牧医工程学院	瞿明仁	☑有效性 ☑耐受性	肉牛	江西农业大学高安肉牛试验基地（与高安裕丰农牧有限公司共建）	江西省高安市前镇	0791-83813503
				王志祥	☑有效性 ☑耐受性	肉鸡、蛋鸡	河南农业大学牧医工程学院试验站	河南省原阳县福宁集镇	0371-56990161

401

（续表）

序号	省市	试验机构	试验报告签发机构名称	试验报告签发人	机构类型	动物种类	试验场地名称	试验场地地址	机构联系电话
18	湖北省	中国科学院水生生物研究所	中国科学院水生生物研究所	谢绥昌	☑有效性 ☑耐受性	淡水鱼类、甲壳类、爬行类、两栖类、水产养殖动物亲本	中国科学院水生生物研究所室内养殖系统	湖北省武汉市武昌东湖南路7号	027-68780667
19	湖南省	湖南农业大学动物科技学院	湖南农业大学动物科技学院	方热军	☑有效性 ☑耐受性	猪	湖南农业大学动科院科研教学基地（佳和）猪场	湖南省长沙市长沙县干杉镇	0731-84618176
20	湖南省	中国科学院亚热带农业生态研究所	中国科学院亚热带农业生态研究所	应遇龙	☑有效性 ☑耐受性	哺乳仔猪、断奶仔猪	中国科学院动物实验楼	湖南省长沙市芙蓉区远大二路644号	0731-84619767
						生长肥育猪、繁殖母猪、泌乳母猪	新五丰永安实验基地	湖南省浏阳市永安镇	
21	广东省	农业农村部华南动物营养与饲料重点实验室	广东省农业科学院动物科学研究所	蒋宗勇（猪） 蒋守群（肉鸡） 郑春田（蛋鸭）	☑有效性 ☑耐受性	哺乳仔猪、断奶仔猪、生长肥育猪、母猪、泌乳母猪、肉鸡	广东省农业科学院动物科研所所内饲养试验场	广东省广州市天河区五山大丰一街1号	020-61368811
						哺乳仔猪、断奶仔猪、生长肥育猪、母猪、泌乳母猪、猪、鸡、蛋鸡	广东省农业科学院动物科研所白云试验基地	广东省广州市白云区钟落潭镇广从九路1号	

四、新产品审定、评价指南及试验机构

(续表)

序号	省市	试验机构	试验报告签发机构名称	试验报告签发人	机构类型	动物种类	试验场地名称	试验场地地址	机构联系电话
22	四川省	四川农业大学动物营养研究所	四川农业大学动物营养研究所	余冰（猪）张克英（肉鸡、蛋鸡）王之盛（肉牛）田刚（兔）周小秋（淡水鱼类）	☑有效性☑耐受性	猪、肉鸡、蛋鸡、肉牛、兔、淡水鱼	四川农业大学动物营养研究所试验基地	四川省雅安市雨城区新康路46号	028-86290922
23		四川省畜牧科学研究院	四川省畜牧科学研究院	邹成义（兔）	☑有效性	兔	四川省畜牧科学研究院试验兔场	四川省大邑县韩场镇	028-84519528
24	陕西省	西北农林科技大学动物科技学院	西北农林科技大学动物科技学院	姚军虎（奶牛、肉牛、山羊）杨小军（肉鸡、蛋鸡）	☑有效性	奶牛、肉牛、山羊、肉鸡、蛋鸡	西北农林科技大学畜禽生态养殖场	陕西省杨凌示范区杨凌大道35号	029-87092102
						奶牛	现代牧业（宝鸡）有限公司	陕西省宝鸡市眉县横渠镇	
25	甘肃省	兰州大学草地农业科技学院	兰州大学草地农业科技学院	李发弟（肉鸡、绵羊）	☑有效性☑耐受性	肉鸡	兰州大学草地农业学院民勤科技试验站		0931-8914266
						绵羊	兰州大学草地农业学院民勤科技试验站（与民勤县德福农科技有限公司共建）	甘肃省武威市民勤县勤锋滩	

403

附件 2：

饲料和饲料添加剂毒理学评价试验机构名单

序号	省市	报告签发机构	报告签发人	可承担的评价项目	机构联系电话
1	北京市	中国农业大学国家兽药安全评价中心	沈建忠	急性毒性试验（包括：经口染毒和注射途径染毒的急性毒性试验）	010-62734255
				遗传毒性试验（致突变试验）（包括：Ames 试验，哺乳动物骨髓细胞微核试验，哺乳动物骨髓细胞染色体畸变试验，哺乳动物精子畸形试验，哺乳动物生殖细胞染色体畸变试验）	
				28 天经口毒性试验	
				亚慢性毒性试验	
				繁殖毒性试验	
				慢性毒性试验（包括致癌试验）	
				其他（包括：代谢动力学试验，局部刺激试验，残留试验，药（毒）代试验）	
2	北京市	国家食品安全风险中心	李宁	急性毒性试验（包括：急性经口毒性试验）	010-67776153
				遗传毒性试验（致突变试验）（包括：Ames 试验，哺乳动物红细胞微核试验，小鼠精原细胞或精母细胞染色体畸变试验，体外哺乳类细胞染色体畸变试验，体外哺乳类细胞骨髓染色体畸变试验，体外哺乳类细胞 DNA 损伤修复（非程序性 DNA 合成）试验，体外哺乳类细胞 HGPRT 基因突变试验，啮齿类动物显性致死试验）	
				28 天经口毒性试验	
				亚慢性毒性试验	
				致畸试验	
				繁殖毒性试验	
				慢性毒性试验（包括致癌试验）	
				其他（包括：急性经皮毒性试验，急性吸入毒性试验，眼刺激试验，皮肤刺激试验，皮肤致敏试验）	

四、新产品审定、评价指南及试验机构

（续表）

序号	省市	报告签发机构	报告签发人	可承担的评价项目	机构联系电话
3	黑龙江省	黑龙江省疾病预防控制中心	高雨之	急性毒性试验（包括：急性经口毒性试验） 遗传毒性试验（致突变试验）（包括：Ames 试验、哺乳动物骨髓细胞微核试验、小鼠精原细胞或精母细胞染色体畸变试验） 28 天经口毒性试验 亚慢性毒性试验 致畸试验 其他（包括：眼刺激试验、皮肤刺激试验、皮肤致敏试验）	0451-55153652
4	江苏省	扬州大学兽医学院	刘宗平	急性毒性试验（包括：急性经口毒性试验） 遗传毒性试验（致突变试验）（包括：Ames 试验、哺乳动物骨髓细胞微核试验、哺乳动物骨髓细胞染色体畸变试验） 28 天经口毒性试验 亚慢性毒性试验 致畸试验 繁殖毒性试验 慢性毒性试验（包括致癌试验） 其他（包括：代谢动力学试验）	0514-87979275
5	上海市	上海市兽药饲料检测所	黄士新	急性毒性试验（包括：急性经口毒性试验） 28 天经口毒性试验	021-62695763

405

(续表)

序号	省市	报告签发机构	报告签发人	可承担的评价项目	机构联系电话
6	江苏省	苏州大学卫生与环境技术研究所	李建祥	急性毒性试验（包括：急性经口毒性试验）	0512-65882617
				遗传毒性试验（致突变试验）（包括：Ames 试验，哺乳动物骨髓细胞微核试验，哺乳动物骨髓细胞染色体畸变试验，哺乳细胞染色体畸变试验，哺乳动物生殖细胞染色体畸变试验，哺乳细胞基因突变试验）	
				28 天经口毒性试验	
				亚慢性毒性试验	
				致畸试验	
				慢性毒性试验	
				其他（包括：眼刺激试验、皮肤刺激试验、皮肤致敏试验）	
7	广东省	国家兽药安全评价（环境评估）实验室	曾振灵	急性毒性试验（包括：急性经口毒性试验）	020-85281204
				28 天经口毒性试验	
				亚慢性毒性试验	
				慢性毒性试验（包括致癌试验）	
				其他（包括：代谢试验、代谢动力学试验）	
8	陕西省	西安交通大学医学部实验动物中心	刘恩岐	急性毒性试验（包括：急性经口毒性试验）	029-82655362
				28 天经口毒性试验	
				亚慢性毒性试验	
				其他（包括：眼刺激试验、皮肤刺激试验、皮肤致敏试验）	

四、新产品审定、评价指南及试验机构

（续表）

序号	省市	报告签发机构	报告签发人	可承担的评价项目	机构联系电话
9	甘肃省	中国农业科学院兰州畜牧与兽药研究所	严作廷	急性毒性试验（包括：急性经口毒性试验）	0931-21155195
				遗传毒性试验（致突变试验）（包括：Ames试验，哺乳动物骨髓细胞微核试验，哺乳动物骨髓细胞染色体畸变试验，哺乳细胞基因突变试验，哺乳动物生殖细胞染色体畸变试验）	
				28天经口毒性试验	
				亚慢性毒性试验	
				致畸试验	
				其他（包括：代谢动力学试验、眼刺激试验、皮肤刺激试验）	

407

农业农村部办公厅关于成立全国动物营养指导委员会的通知

(农办牧〔2020〕49号)

各位委员及有关单位：

为加强对我国动物营养与饲料工作的统筹和指导，引导行业大联合、大协作、大共享，系统开展饲料营养价值数据库构建和动物营养需要量评定等基础性工作，加快推广饲料精准配方技术体系，促进饲料和养殖行业节本提质增效，农业农村部决定成立全国动物营养指导委员会（以下简称"委员会"）。经各方面提名推荐，委员会首批入选委员38人，李德发院士任主席，麦康森院士、印遇龙院士、姚斌院士任副主席，谯仕彦教授任秘书长，秘书处设在中国农业大学。委员会拟按养殖动物品种设立分会，由熟悉相关领域的委员负责筹建。

委员会将建立动态增补和退出机制，及时吸收有能力、有意愿参与动物营养与饲料公益事业的专家学者加入。请委员会秘书处负责拟定《全国动物营养指导委员会章程》，分会筹建负责人提出分会组建方案，经全体委员大会讨论通过后，报我部畜牧兽医局备案。

附件：全国动物营养指导委员会首批入选委员名单

农业农村部办公厅
2020年11月2日

附件：

全国动物营养指导委员会首批入选委员名单

序号	职务	姓名	职称	工作单位	备注
1	主席	李德发	教授	中国农业大学	
2	副主席	麦康森	教授	中国海洋大学	
3	副主席	印遇龙	研究员	中国科学院亚热带农业生态研究所	
4	副主席	姚斌	研究员	中国农业科学院北京畜牧兽医研究所	
5	秘书长	谯仕彦	教授	中国农业大学	猪分会筹建负责人
6	委员	吴德	教授	四川农业大学	
7	委员	蒋宗勇	研究员	广东省农业科学院	
8	委员	王加启	研究员	农业农村部食物与营养发展研究所	
9	委员	陈代文	教授	四川农业大学	
10	委员	呙于明	教授	中国农业大学	肉鸡分会筹建负责人
11	委员	刘作华	研究员	重庆市畜牧科学院	
12	委员	蔡辉益	研究员	中国农业科学院饲料研究所	
13	委员	单安山	教授	东北农业大学	
14	委员	林海	教授	山东农业大学	
15	委员	李胜利	教授	中国农业大学	奶牛分会筹建负责人
16	委员	侯水生	研究员	中国农业科学院北京畜牧兽医研究所	水禽分会筹建负责人
17	委员	秦玉昌	研究员	中国农业科学院北京畜牧兽医研究所	
18	委员	戴小枫	研究员	中国农业科学院饲料研究所	
19	委员	刘建新	教授	浙江大学	
20	委员	孟庆翔	教授	中国农业大学	
21	委员	罗绪刚	教授	扬州大学	
22	委员	李爱科	研究员	国家粮食和物资储备局科学研究院	
23	委员	齐广海	研究员	中国农业科学院饲料研究所	蛋鸡分会筹建负责人

(续表)

序号	职务	姓名	职称	工作单位	备注
24	委员	刁其玉	研究员	中国农业科学院饲料研究所	羊分会筹建负责人
25	委员	熊本海	研究员	中国农业科学院北京畜牧兽医研究所	
26	委员	王中华	教授	山东农业大学	
27	委员	汪以真	教授	浙江大学	
28	委员	张宏福	研究员	中国农业科学院北京畜牧兽医研究所	
29	委员	计成	教授	中国农业大学	
30	委员	李发弟	教授	兰州大学	
31	委员	姚军虎	教授	西北农林科技大学	
32	委员	邹剑敏	研究员	江苏省家禽科学研究所	
33	委员	晏向华	教授	华中农业大学	
34	委员	张军民	研究员	中国农业科学院北京畜牧兽医研究所	
35	委员	艾庆辉	教授	中国海洋大学	水产动物分会筹建负责人
36	委员	卜登攀	研究员	中国农业科学院北京畜牧兽医研究所	肉牛分会筹建负责人
37	委员	李光玉	研究员	中国农业科学院特产研究所	特产动物分会筹建负责人
38	委员	薛敏	研究员	中国农业科学院饲料研究所	

五、批准上市、扩大适用范围的饲料和饲料添加剂

关于增补大豆磷脂油粉等 8 种饲料原料，修订豆饼等 8 种饲料原料名称和特征描述，酿酒酵母培养物等 3 种饲料添加剂转入《饲料原料目录》的公告

(农业部公告 2013 年第 2038 号)

依据《饲料和饲料添加剂管理条例》，我部组织全国饲料评审委员会对部分饲料企业和行业协会提出的《饲料原料目录》（以下简称"《目录》"）修订建议进行了评审，决定将大豆磷脂油粉等 8 种饲料原料增补进《目录》，对豆饼等 8 种原料的名称或特征描述进行修订，将酿酒酵母培养物等 3 种产品从《饲料添加剂品种目录》转入《目录》。有关事项公告如下。

一、修订内容

1. 增补"大豆磷脂油粉"进入《目录》。在"大豆磷脂油"（编号 2.3.3）原料名称中增加"大豆磷脂油粉"。在特征描述中增加"或大豆磷脂油与载体（玉米粉、玉米芯粉、稻壳粉、麸皮）混合、干燥后的产品，粗脂肪≥50%"。强制性标识要求不变。

2. 增补"棕榈脂肪粉"进入《目录》。在"棕榈油"（编号：2.20.6）原料名称中增加"棕榈脂肪粉"。在特征描述中增加"或棕榈油经加热、喷雾、冷却获得的颗粒状粉末。产品不得添加任何载体，粗脂肪≥99.5%"。强制性标识要求不变。

3. 增补"瓜尔豆"进入《目录》。编号：3.4.1。特征描述：豆科瓜尔豆属（*Cyamopsis tetragonoloba* L.）的籽实。无强制性标识要求。

4. 增补"辣椒籽油"进入《目录》。编号：5.1.4。特征描述：辣椒籽经压榨或浸提制取的油。产品须由有资质的食品生产企业提供。强制性标识：酸价、过氧化值。

5. 增补"腐植酸钠"进入《目录》。编号：11.1.11。特征描述：泥炭、褐煤或风化煤粉碎后，与氢氧化钠溶液充分反应得到的上清液经浓缩、干燥得到的产品，或通过制粒等工艺对上述产品进一步精制得到的产品，其中可溶性腐植酸不低于 55%，水分不高于 12%。强制性标识要求：可溶性腐植酸、水分。

6. 增补"甜菜糖蜜酵母发酵浓缩液"进入《目录》。编号：12.4.5。特征描述：以甜菜糖蜜为原料，经液体发酵生产酵母后的残液再经浓缩得到的产品。强制性标识要求：钾、盐分、甜菜碱、非蛋白氮。

7. 增补"食品酵母粉"进入《目录》。编号：12.2.4。特征描述：食品酵母生产过程中产生的废弃酵母经干燥获得的产品，以酿酒酵母细胞为主要组分。强制性标识要求：粗蛋白质、粗灰分。

8. 增补"酵母水解物"进入《目录》。编号：12.2.5。特征描述：以酿酒酵母

(Saccharomyces cerevisiae）为菌种，经液体发酵得到的菌体，再经自溶或外源酶催化水解后，浓缩或干燥获得的产品。酵母可溶物未经提取，粗蛋白含量不低于35%。强制性标识要求：粗蛋白质、粗灰分、水分、甘露聚糖、氨基酸态氮。

9. 修订"豆饼"（编号：2.3.13）原料名称，增加"大豆饼"；特征描述和强制性标识不变。

10. 修订"豆粕"（编号：2.3.14）原料名称，增加"大豆粕"；在特征描述中增加"或大豆胚片经膨胀浸提制油工艺提取油后获得的产品"；强制性标识要求不变。

11. 修订"豆渣"（编号：2.3.15）原料名称，增加"大豆渣"；特征描述和强制性标识不变。

12. 修订"膨化豆粕"（编号：2.3.19）特征描述，去掉"或大豆胚片经膨胀豆粕制油工艺取油"。

13. 修订"棉籽蛋白"（编号：2.12.4）特征描述，去掉"以干基计"。

14. 修订"酸化骨粉〔骨质磷酸氢钙〕"原料名称、特征描述和强制性标识要求。编号：9.6.9。原料名称：骨源磷酸氢钙。特征描述：食用动物骨粉碎后，经盐酸浸泡所得溶液，用石灰乳中和，再经干燥、粉碎得到的产品，其中磷含量不低于16.5%，氯含量不高于3%。强制性标识要求：粗灰分、总磷、钙、氯。

15. 修订"其他可饲用天然植物"定义。编号：7.6。定义：其他可饲用天然植物（仅指所称植物或植物的特定部位经干燥或粗提或干燥、粉碎获得的产品）。

16. 修订"葡萄糖胺（氨基葡萄糖）"（编号：13.4.7）原料名称和强制性标识要求。将原料名称修订为：葡萄糖胺盐酸盐。特征描述不变。强制性标识要求：葡萄糖胺盐酸盐。

17. 将"酿酒酵母培养物"从《饲料添加剂品种目录》转入《目录》。编号：12.2.6。特征描述：以酿酒酵母为菌种，经固体发酵后，浓缩、干燥获得的产品。强制性标识要求：粗蛋白质、粗灰分、水分、甘露聚糖。

18. 将"酿酒酵母提取物"从《饲料添加剂品种目录》转入《目录》。编号：12.2.7。特征描述：酿酒酵母经液体发酵后得到的菌体，再经自溶或外源酶催化水解，或机械破碎后，分离获得的可溶性组分浓缩或干燥得到的产品。强制性标识要求：粗蛋白质、粗灰分。

19. 将"酿酒酵母细胞壁"从《饲料添加剂品种目录》转入《目录》。编号：12.2.8。特征描述：酿酒酵母经液体发酵后得到的菌体，再经自溶或外源酶催化水解，或机械破碎后，分离获得的细胞壁浓缩、干燥得到的产品。强制性标识要求：甘露聚糖、水分。

二、腐植酸钠、甜菜糖蜜酵母发酵浓缩液、食品酵母粉、酵母水解物、酿酒酵母培养物、酿酒酵母提取物、酿酒酵母细胞壁和葡萄糖胺盐酸盐同时增补到《目录》第四部分"单一饲料品种"中。

三、上述修订意见自本公告发布之日起执行。各级饲料管理部门在办理有关行政审批、监督执法事项时，凡涉及上述饲料原料品种，均以本公告为准。鉴于有关内容已纳入本公告，《农业部办公厅关于发布〈饲料原料目录〉修订意见的通知》（农办牧〔2013〕11号）自本公告发布之日起废止。

农业部
2013年12月19日

五、批准上市、扩大适用范围的饲料和饲料添加剂

附件：

《饲料原料目录》修订列表

原料编号	原料名称	特征描述	强制性标识要求
2.3	大豆及其加工产品		
2.3.3	大豆磷脂油（大豆磷脂油粉）	在大豆原油脱胶过程中分离出的、经真空脱水获得的含油磷脂；或大豆磷脂油与载体（玉米粉、玉米芯粉、稻壳粉、麸皮）混合、干燥后的产品，粗脂肪≥50%。	丙酮不溶物 粗脂肪 酸价 水分
2.3.13	豆饼［大豆饼］	大豆籽粒经压榨取油后的副产品。可经瘤胃保护。	粗蛋白质 粗脂肪
2.3.14	豆粕［大豆粕］	大豆经预压浸提或直接溶剂浸提取油后获得的副产品；或由大豆饼浸提取油后获得的副产品；或大豆坯片经膨胀浸提制油工艺提取油后获得的产品。可经瘤胃保护。	粗蛋白质 粗纤维
2.3.15	豆渣［大豆渣］	大豆经浸泡、碾磨、加工成豆制品或提取蛋白后的副产品。	粗蛋白质 粗纤维
2.3.19	膨化豆粕	豆粕经膨化处理后获得的产品。	粗蛋白质 粗纤维
2.12	棉籽及其加工产品		
2.12.4	棉籽蛋白	由棉籽或棉籽粕生产的粗蛋白质含量在50%以上的产品。	粗蛋白质 游离棉酚
2.20	棕榈及其加工产品		
2.20.6	棕榈油（棕榈脂肪粉）	棕榈果肉经压榨或浸提制取的油；或棕榈油经加热、喷雾、冷却获得的颗粒状粉末。产品不得添加任何载体，粗脂肪≥99.5%。产品须由有资质的食品生产企业提供。	酸价 过氧化值
3.4	瓜尔豆及其加工产品		
3.4.1	瓜尔豆	豆科瓜尔豆属（Cyamopsis tetragonoloba L.）的籽实。	
5.1	辣椒及其加工产品		
5.1.4	辣椒籽油	辣椒籽经压榨或浸提制取的油。产品须由有资质的食品生产企业提供。	酸价 过氧化值
7.6	其他可饲用天然植物（仅指所称植物或植物的特定部位经干燥或粗提或干燥、粉碎获得的产品）		
9.6	肉、骨及其加工产品		

(续表)

原料编号	原料名称	特征描述	强制性标识要求
9.6.9	骨源磷酸氢钙	食用动物骨粉碎后，经盐酸浸泡所得溶液，用石灰乳中和，再经干燥、粉碎得到的产品，其中磷含量不低于16.5%，氯含量不高于3%。	粗灰分 总磷 钙 氯
11.1	天然矿物质		
11.1.11	腐植酸钠	泥炭、褐煤或风化煤粉碎后，与氢氧化钠溶液充分反应得到的上清液经浓缩、干燥得到的产品，其中可溶性腐植酸不低于55%，水分不高于12%。	可溶性腐植酸 水分
12.2	单细胞蛋白		
12.2.4	食品酵母粉	食品酵母生产过程中产生的废弃酵母经干燥获得的产品，以酿酒酵母细胞为主要组分。	粗蛋白质 粗灰分
12.2.5	酵母水解物	以酿酒酵母（Saccharomyces cerevisiae）为菌种，经液体发酵得到的菌体，再经自溶或外源酶催化水解后，浓缩或干燥获得的产品。酵母可溶物未经提取，粗蛋白含量不低于35%。	粗蛋白质（以干基计） 粗灰分 水分 甘露聚糖 氨基酸态氮
12.2.6	酿酒酵母培养物	以酿酒酵母为菌种，经固体发酵后，浓缩、干燥获得的产品。	粗蛋白质 粗灰分 水分 甘露聚糖
12.2.7	酿酒酵母提取物	酿酒酵母经液体发酵后得到的菌体，再经自溶或外源酶催化水解，或机械破碎后，分离获得的可溶性组分浓缩或干燥得到的产品。	粗蛋白质 粗灰分
12.2.8	酿酒酵母细胞壁	酿酒酵母经液体发酵后得到的菌体，再经自溶或外源酶催化水解，或机械破碎后，分离获得的细胞壁浓缩、干燥得到的产品。	水分 甘露聚糖
12.4	糟渣类发酵副产物		
12.4.5	甜菜糖蜜酵母发酵浓缩液	以甜菜糖蜜为原料，经液体发酵生产酵母后的残液再经浓缩得到的产品。	钾 盐分 甜菜碱 非蛋白氮
13.4	糖类		
13.4.7	葡萄糖胺盐酸盐	壳聚糖和壳质结构的一部分，由甲壳类动物和其他节肢动物的外骨骼经水解制备或由粮食（如玉米或小麦）发酵生产。	葡萄糖胺盐酸盐

关于批准 N-氨甲酰谷氨酸为新饲料添加剂的公告

(农业部公告 2014 年第 2091 号)

根据《饲料和饲料添加剂管理条例》和《新饲料和新饲料添加剂管理办法》的规定,批准亚太兴牧(北京)科技有限公司申请的 N-氨甲酰谷氨酸为新饲料添加剂,并准许在中华人民共和国境内生产、经营和使用(新产品目录见附件1),核发饲料和饲料添加剂新产品证书,同时发布产品标准(备案)、说明书和标签(见附件2)。产品标准(备案)、说明书和标签自发布之日起执行。

特此公告。

附件:1. 饲料和饲料添加剂新产品目录(2014-01)
2. N-氨甲酰谷氨酸产品标准(备案)、说明书和标签(略)

农业部
2014 年 04 月 10 日

附件1：

饲料和饲料添加剂新产品目录（2014-01）

证书编号	新饲证字（2014）01号	
申请单位	亚太兴牧（北京）科技有限公司	
通用名称	N-氨甲酰谷氨酸	
英文名称	N-Carbamylglutamate	
主要成分	N-氨甲酰谷氨酸	
产品类别	饲料添加剂	
产品来源	以谷氨酸、尿素等为原料通过化学合成制备	
适用动物	妊娠母猪	
在配合饲料中的推荐添加量	300~500克/吨配合饲料	
在配合饲料中的最高限量	500克/吨配合饲料	
质量要求	外观和性状	白色粉末或白色结晶性粉末，有微酸味
	N-氨甲酰谷氨酸（$C_6H_{10}N_2O_5$）（%）	≥97.0
	粒度（0.3 mm试验筛筛上物）（%）	≤5.0
	水分（%）	≤1.0
	灼烧残渣（%）	≤1.0
	水溶性氯化物（以Cl^-计）（%）	≤1.0
	总砷（以As计）（mg/kg）	≤0.5
	铅（Pb）（mg/kg）	≤0.5

关于批准姜黄素、胆汁酸为新饲料添加剂的公告

(农业部公告 2014 年第 2131 号)

根据《饲料和饲料添加剂管理条例》和《新饲料和新饲料添加剂管理办法》的规定,批准广州市科虎生物技术研究开发中心申请的姜黄素、山东龙昌动物保健品有限公司申请的胆汁酸为新饲料添加剂,并准许在中华人民共和国境内生产、经营和使用(新产品目录见附件 1),核发饲料和饲料添加剂新产品证书,同时发布产品标准(备案)、说明书和标签(见附件 2)。产品标准(备案)、说明书和标签自发布之日起执行。

特此公告。

附件:1. 饲料和饲料添加剂新产品目录(2014-02)
      2-1. 姜黄素产品标准(备案)、说明书和标签(略)
      2-2. 胆汁酸产品标准(备案)、说明书和标签(略)

农业部
2014 年 7 月 23 日

附件1：

饲料和饲料添加剂新产品目录（2014-02）

一、姜黄素

证书编号	新饲证字（2014）02 号	
申请单位	广州市科虎生物技术研究开发中心	
通用名称	姜黄素	
英文名称	Curcumin	
主要成分	姜黄素、去甲氧基姜黄素和双去甲氧基姜黄素	
产品类别	抗氧化剂	
产品来源	以姜科姜黄属植物姜黄（*Curcuma longa* L.）的根茎为原料，经粉碎、醇提、纯化、干燥等工艺制备	
适用动物	淡水鱼类	
在配合饲料中的推荐添加量	200~400g/t	
在配合饲料中的最高限量（以干物质含量为88%的配合饲料为基础，以姜黄素总量计）	600g/t	
质量要求	外观和性状	橙黄色或棕黄色粉末，具有姜黄特有的香辛气味
	姜黄素总量（包括姜黄素、去甲氧基姜黄素和双去甲氧基姜黄素）（以干基计）（%）	≥95.0
	灼烧残渣（%）	≤1.0
	水分（%）	≤3.0
	乙醇残留（g/kg）	≤5
	正己烷残留（g/kg）	≤0.29
	总砷（以 As 计）（mg/kg）	≤2.0
	铅（Pb）（mg/kg）	≤5.0

二、胆汁酸

证书编号	新饲证字（2014）03 号	
申请单位	山东龙昌动物保健品有限公司	
通用名称	胆汁酸	
英文名称	Bile acids	
主要成分	猪胆酸、猪去氧胆酸和鹅去氧胆酸	
产品类别	其他	
产品来源	以提取完胆红素后的猪胆膏为原料，经皂化、脱色、酸化、纯化、干燥等工艺制备	
适用动物	肉仔鸡	
在配合饲料中的推荐添加量	在肉仔鸡（22~42 日龄）配合饲料中的添加量 60~80g/t	
在配合饲料中的最高限量	—	
质量要求	外观和性状	白色或类白色粉末，微腥
	胆汁酸总量（包括猪胆酸、猪去氧胆酸和鹅去氧胆酸）（%）	≥95.0
	猪胆酸和猪去氧胆酸总量（%）	≥77.0
	鹅去氧胆酸（%）	≥17.0
	水溶性氯化物（以 Cl^- 计）（%）	≤0.5
	粗灰分（%）	≤0.1
	水分（%）	≤1.0
	粒度（180μm 试验筛通过率）（%）	≥95
	总砷（以 As 计）（mg/kg）	≤0.1
	铅（Pb）（mg/kg）	≤1.0
	沙门氏菌（25g 样品中）	不得检出

关于增补饲料原料鱼浆、低脂肪鱼粉〔低脂鱼粉〕、硅藻土的公告

（农业部公告 2014 年第 2133 号）

依据《饲料和饲料添加剂管理条例》，我部组织全国饲料评审委员会对部分饲料企业提出的《饲料原料目录》（以下简称"《目录》"）修订建议及材料进行了评审，决定将鱼浆等 3 种饲料原料增补进《目录》。有关事项公告如下。

一、修订内容

1. 增补"鱼浆"进入《目录》。编号：10.4.12。特征描述：鲜鱼或冰鲜鱼绞碎后，经饲料级或食品级甲酸（添加量不超过鱼鲜重的 5%）防腐处理，在一定温度下经液化、过滤得到的液态物，可真空浓缩。挥发性盐基氮含量不高于 50mg/100g，组胺含量不高于 300mg/kg。强制性标识要求：粗蛋白质、粗脂肪、水分、挥发性盐基氮、组胺。

2. 增补"低脂肪鱼粉〔低脂鱼粉〕"进入《目录》。编号：10.4.13。特征描述：以鱼粉为原料，经正己烷浸提脱脂后得到的产品。粗蛋白质含量不低于 68%，粗脂肪含量不高于 6%，挥发性盐基氮含量不高于 80mg/100g，组胺含量不高于 500mg/kg，正己烷残留不高于 500mg/kg。原料鱼粉应为有资质的饲用鱼粉生产企业提供的合格产品。强制性标识要求：粗蛋白质、粗脂肪、粗灰分、赖氨酸、水分、挥发性盐基氮、组胺。

3. 增补"硅藻土"进入《目录》。编号：11.1.12。特征描述：以天然硅藻土（硅藻的硅质遗骸）为原料，经过干燥、焙烧、酸洗、分级等工艺制成的硅藻土干燥品、酸洗品、焙烧品及助熔焙烧品。强制性标识要求：水分、非硅物质。质量标准暂按《食品安全国家标准 食品添加剂 硅藻土》（GB 14936）执行。

二、低脂肪鱼粉〔低脂鱼粉〕同时增补到《目录》第四部分"单一饲料品种"中。

三、上述修订意见自本公告发布之日起执行。

各级饲料管理部门在办理有关行政审批、监督执法事项时，凡涉及上述饲料原料品种，均以本公告为准。

附件：《饲料原料目录》修订列表

农业部
2014 年 7 月 24 日

附件：

《饲料原料目录》修订列表

原料编号	原料名称	特征描述	强制性标识要求
10.4	鱼及其副产品		
10.4.12	鱼浆	鲜鱼或冰鲜鱼绞碎后，经饲料级或食品级甲酸（添加量不超过鱼鲜重的5%）防腐处理，在一定温度下经液化、过滤得到的液态物，可真空浓缩。挥发性盐基氮含量不高于50mg/100g，组胺含量不高于300mg/kg。	粗蛋白质 粗脂肪 水分 挥发性盐基氮 组胺
10.4.13	低脂肪鱼粉〔低脂鱼粉〕	以鱼粉为原料，经正己烷浸提脱脂后得到的产品。粗蛋白质含量不低于68%，粗脂肪含量不高于6%，挥发性盐基氮含量不高于80mg/100g，组胺含量不高于500mg/kg，正己烷残留不高于500mg/kg。原料鱼粉应为有资质的饲用鱼粉生产企业提供的合格产品。	粗蛋白质 粗脂肪 粗灰分 赖氨酸 水分 挥发性盐基氮 组胺
11.1	天然矿物质		
11.1.12	硅藻土	以天然硅藻土（硅藻的硅质遗骸）为原料，经过干燥、焙烧、酸洗、分级等工艺制成的硅藻土干燥品、酸洗品、焙烧品及助熔焙烧品。在配合饲料中用量不得超过2%。产品质量标准暂按《食品安全国家标准 食品添加剂 硅藻土》（GB 14936）执行。	水分 非硅物质

关于增补饲料添加剂辛烯基琥珀酸淀粉钠和索马甜、修订二氧化硅名称及扩大饲料添加剂低聚异麦芽糖适用范围的公告

(农业部公告 2014 年第 2134 号)

依据《饲料和饲料添加剂管理条例》，我部组织全国饲料评审委员会对部分饲料企业提出的《饲料添加剂品种目录（2013）》（以下简称"《目录》"）修订建议及材料进行了评审，决定将辛烯基琥珀酸淀粉钠等 2 种饲料添加剂增补进《目录》，对《目录》中二氧化硅的名称进行修订，批准低聚异麦芽糖扩大适用范围。有关事项公告如下：

一、增补辛烯基琥珀酸淀粉钠（英文名称：Starch Sodium Octenylsuccinate）进入《目录》，类别为"黏结剂、抗结块剂、稳定剂和乳化剂"，适用范围为"养殖动物"，按生产需要适量使用，质量标准暂按《食品安全国家标准食品添加剂辛烯基琥珀酸淀粉钠》（GB 28303）执行。

二、增补索马甜（英文名称：Thaumatin）进入《目录》，类别为"调味和诱食物质"之"甜味物质"，适用范围为"养殖动物"，在配合饲料中的推荐添加量不高于 5mg/kg，质量标准暂按卫生部公告 2012 年第 6 号的相关规定执行。

三、修订二氧化硅（类别"黏结剂、抗结块剂、稳定剂和乳化剂"）名称，增加别名"沉淀并经干燥的硅酸"，名称为"二氧化硅（沉淀并经干燥的硅酸）（英文名称：Silicon Dioxide（Silicic Acid, precipitated and dried））"，质量标准暂按《食品添加剂二氧化硅》（HG 2791）执行。

四、将低聚异麦芽糖的适用范围扩大至断奶仔猪。

上述修订意见自本公告发布之日起执行。各级饲料管理部门在办理有关行政审批、监督执法事项时，凡涉及上述饲料添加剂，均以本公告为准。

农业部
2014 年 7 月 24 日

关于扩大饲料原料初乳（粉）适用范围的公告

（农业部公告 2015 年第 2249 号）

依据《饲料和饲料添加剂管理条例》，我部组织对部分企业提出的《饲料原料目录》修订建议进行了评审，决定将初乳（粉）的适用范围扩大到养殖动物，有关事项公布如下。

一、修订"初乳（粉）"强制性标示要求。编号 8.4.2。强制性标示要求中删除"本产品仅限于宠物饲料（食品）使用"。

二、上述修订意见自本公告发布之日起执行。各级饲料管理部门在办理有关行政审批、监督执法事项时，凡涉及上述饲料原料品种，均以本公告为准。

附件：《饲料原料目录》修订列表

农业部
2015 年 4 月 22 日

附件：

《饲料原料目录》修订列表

编号	原料名称	特征描述	强制性标识要求
8.4.2	＿＿＿＿初乳（粉）	产奶动物（牛或羊）在分娩后前 5 天内分泌的乳汁或将其加工制成的粉状产品，产品名称应标明具体的动物种类，如：牛初乳，羊初乳粉。产品须由有资质的乳制品生产企业提供。	蛋白质 脂肪 IgG

关于扩大饲料添加剂胆汁酸适用范围的公告

(农业部公告 2016 年第 2358 号)

依据《饲料和饲料添加剂管理条例》，我部组织全国饲料评审委员会对山东龙昌动物保健品有限公司申报的扩大胆汁酸适用范围事项进行评审，决定将胆汁酸的适用范围扩大至肉食性淡水鱼类，在肉食性淡水鱼类配合饲料中的添加量 250~280 克/吨。

上述修订意见自本公告发布之日起执行。各级饲料管理部门在办理有关胆汁酸的行政审批、监督执法事项时，以本公告为准。

农业部

2016 年 1 月 27 日

关于准许生产经营和使用低含量规格一水硫酸锌的公告

（农业部公告 2016 年第 2426 号）

根据《饲料和饲料添加剂管理条例》和《新饲料和新饲料添加剂管理办法》，批准杭州富阳新兴实业有限公司申请的降低含量规格的一水硫酸锌为饲料添加剂，准许在中华人民共和国境内生产、经营和使用（产品信息表见附件1），同时发布产品标准（备案）、说明书和标签（见附件2）。产品标准（备案）、说明书和标签自发布之日起执行。

特此公告。

附件：1. 产品信息表
      2. 一水硫酸锌产品标准（备案）、说明书和标签（略）

农业部
2016 年 7 月 21 日

附件 1：

产品信息表

申请单位	杭州富阳新兴实业有限公司	
通用名称	一水硫酸锌	
英文名称	Zinc sulfate monohydrate	
主要成分	一水硫酸锌	
产品类别	矿物元素及其络（螯）合物	
产品来源	以含锌原料与硫酸经化学反应制得，未经氧化除铁工艺	
适用动物	养殖动物	
在配合饲料中的最高限量（以干物质含量为88%的配合饲料为基础）	执行1224公告中锌元素的限量	
质量要求	外观和性状	类白色或微黄色粉末
	硫酸锌含量（以 Zn 计）（%）	≥33.0
	硫酸亚铁含量（以 Fe 计）（%）	1.30～1.85
	粒度（250μm试验筛通过率）（%）	≥95
	总砷（以 As 计）（mg/kg）	≤1
	铅（Pb）（mg/kg）	≤5
	镉（Cd）（mg/kg）	≤10

关于增补饲料原料辅酶 Q_{10} 渣和扩大饲料添加剂焦亚硫酸钠适用范围的公告

(农业部公告 2017 年第 2634 号)

根据《饲料和饲料添加剂管理条例》有关规定,我部对申请人提出的增补《饲料原料目录》和扩大饲料添加剂焦亚硫酸钠适用范围等申请进行了评审,现将有关事项公告如下。

一、增补辅酶 Q_{10} 渣进入《饲料原料目录》,编号:12.3.4。特征描述:利用类球红细菌和由葡萄糖、玉米浆、无机盐等组成的主要原料发酵生产辅酶 Q_{10} 后的固体副产物。菌体应灭活并经干燥处理。该产品仅限于畜禽饲料使用。强制性标识要求:粗蛋白质、粗灰分、铵盐、水分。

二、将辅酶 Q_{10} 渣同时增补到《饲料原料目录》第四部分"单一饲料品种"中。

三、将饲料添加剂焦亚硫酸钠适用范围扩大至猪,在猪配合饲料中的最高限量为 0.25%,质量标准暂按《食品安全国家标准食品添加剂焦亚硫酸钠》(GB 1886.7—2015)执行。

上述修订意见自本公告发布之日起执行。各级饲料管理部门在办理有关行政审批、监督执法事项时,凡涉及上述饲料原料和饲料添加剂的,均以本公告为准。

附件:《饲料原料目录》修订列表

农业部
2017 年 12 月 28 日

附件:

《饲料原料目录》修订列表

原料编号	原料名称	特征描述	强制性标识要求
12.3	利用特定微生物和特定培养基培养获得的菌体蛋白类产品(微生物细胞经休眠或灭活)★		
12.3.4	辅酶 Q_{10} 渣	利用类球红细菌和由葡萄糖、玉米浆、无机盐等组成的主要原料发酵生产辅酶 Q_{10} 后的固体副产物。菌体应灭活并经干燥处理。该产品仅限于畜禽饲料使用。	粗蛋白质 粗灰分 铵盐 水分

关于增补维生素 K_1 等 78 个饲料添加剂和扩大蛋氨酸羟基类似物等 25 个饲料添加剂适用范围的公告

(农业农村部公告 2018 年第 21 号)

为满足宠物饲料生产需要,促进宠物饲料行业发展,根据《饲料和饲料添加剂管理条例》,我部决定增补维生素 K_1 等 78 个饲料添加剂品种进入《饲料添加剂品种目录(2013)》,适用范围为犬、猫;将蛋氨酸羟基类似物等 25 个饲料添加剂品种的适用范围扩大至犬、猫(见附件)。现就有关事项公告如下。

一、自本公告发布之日起,宠物饲料生产企业可根据生产需要,按照相关法律法规的要求采购、使用本公告中的饲料添加剂。

二、宠物饲料生产企业采购、使用本公告增补的 78 种饲料添加剂时,市场上暂无饲料级产品的,可采购、使用食品级或者医药级产品暂时替代。自 2019 年 5 月 1 日起,宠物饲料生产企业使用的饲料添加剂均应当具有相应的饲料许可证明文件。

三、饲料添加剂亚硝酸钠仅限用于水分含量大于等于 20% 的宠物饲料,最高限量为 100mg/kg。相关产品中亚硝酸钠含量超过 100mg/kg,属于违反《饲料添加剂安全使用规范》的情形,依据《饲料和饲料添加剂管理条例》第四十条对其生产企业进行处罚。

四、自本公告发布之日起,各级饲料管理部门在办理相关行政审批、开展监督执法工作时,均以本公告为准。

附件:《饲料添加剂品种目录(2013)》修订列表

农业农村部
2018 年 4 月 27 日

附件：

《饲料添加剂品种目录（2013）》修订列表

类别	通用名称	英文通用名称（Common name）	适用范围
氨基酸、氨基酸盐及其类似物	蛋氨酸羟基类似物	Methionine Hydroxy Analogue	适用范围扩大至犬、猫
	蛋氨酸羟基类似物钙盐	Methionine Hydroxy Analogue Calcium	适用范围扩大至犬、猫
	L-半胱氨酸盐酸盐	L-Cysteine Monohydrochloride	犬、猫
维生素及维生素类	维生素 K_1	Vitamin K_1	犬、猫
	酒石酸氢胆碱	Choline Bitartrate	犬、猫
矿物元素及其络（螯）合物	烟酸铬	Chromium Nicotinate	适用范围扩大至犬、猫
	酵母铬	Chromium Yeast Complex	适用范围扩大至犬、猫
	蛋氨酸铬	Chromium Methionine Chelate	适用范围扩大至犬、猫
	吡啶甲酸铬	Chromium Tripicolinate	适用范围扩大至犬、猫
	丙酸铬	Chromium Propionate	适用范围扩大至犬、猫
	甘氨酸锌	Zinc Glycinate	适用范围扩大至犬、猫
	乳酸锌（α-羟基丙酸锌）	Zinc Lactate（α-Hydroxy Propionic Acid Zinc）	适用范围扩大至犬、猫
	葡萄糖酸铜	Copper Gluconate	犬、猫
	葡萄糖酸锰	Manganese Gluconate	犬、猫
	葡萄糖酸锌	Zinc Gluconate	犬、猫
	葡萄糖酸亚铁	Ferrous Gluconate	犬、猫
	焦磷酸铁	Ferric Pyrophosphate	犬、猫
	碳酸镁	Magnesium Carbonate	犬、猫
	甘氨酸钙	Calcium Glycinate	犬、猫
	二氢碳酸乙二胺（EDDI）	Ethylenediamine Dihydriodide（EDDI）	犬、猫

五、批准上市、扩大适用范围的饲料和饲料添加剂

(续表)

类别	通用名称	英文通用名称（Common name）	适用范围
酶制剂	溶菌酶（源自鸡蛋清）	Lysozyme（Source：Egg-whites）	适用范围扩大至犬、猫
	β-半乳糖苷酶（产自黑曲霉）	β-Galactosidase（Source：*Aspergillus niger*）	犬、猫
	菠萝蛋白酶（源自菠萝）	Bromelain（Source：*Ananas* spp.）	犬、猫
	木瓜蛋白酶（源自木瓜）	Papain（Source：*Carica papaya* L.）	犬、猫
	胃蛋白酶（源自猪、小牛、小羊、禽类的胃组织）	Pepsin（Source：Hog, Calf, Goat (kid) or Poultry Stomach）	犬、猫
	胰蛋白酶（源自猪或牛的胰腺）	Typsin（Source：Porcine or Bovine Pancreas）	犬、猫
微生物	凝结芽孢杆菌	Bacillus coagulans	适用范围扩大至犬、猫
抗氧化剂	硫代二丙酸二月桂酯	Dilauryl Thiodipropionate	犬、猫
	甘草抗氧化物	Antioxidant of Glycyrrhiza	犬、猫
	D-异抗坏血酸	D-Lsoascorbic Acid	犬、猫
	D-异抗坏血酸钠	Sodium D-Lsoascorbate	犬、猫
	植酸（肌醇六磷酸）	Phytic Acid（Inositol Hexaphosphoric Acid）	犬、猫
防腐剂、防霉剂和酸度调节剂	亚硝酸钠[注]	Sodium Nitrite	犬、猫
	氢氧化钙	Calcium Hydroxide	犬、猫
	乙二胺四乙酸二钠	Disodium Ethylene-diaminetetra-acetate	犬、猫
	乳酸钠	Sodium Lactate	犬、猫
	乳酸钙	Calcium Lactate	犬、猫
	乳酸链球菌素	Nisin	犬、猫
	ε-聚赖氨酸盐酸盐	ε-Polylysine Hydrochloride	犬、猫
	脱氢乙酸	Dehydroacetic Acid	犬、猫
	脱氢乙酸钠	Sodium Dehydroacetate	犬、猫
	琥珀酸	Succinic Acid	犬、猫
	碳酸钾	Potassium Carbonate	犬、猫
	焦磷酸二氢二钠	Disodium Dihydrogen Pyrophosphate	犬、猫
	谷氨酰胺转氨酶	Glutamine Transaminase	犬、猫
	磷酸三钠	Trisodium Orthophosphate	犬、猫
	葡萄糖酸钠	Sodium Gluconate	犬、猫

（续表）

类别	通用名称	英文通用名称（Common name）	适用范围
着色剂	β-胡萝卜素	beta-Carotene	适用范围扩大至犬、猫
	天然叶黄素（源自万寿菊）	Natural Xanthophyll（Marigold Extract）	适用范围扩大至犬、猫
	虾青素	Astaxanthin	适用范围扩大至犬、猫
	胭脂虫红	Carmine Cochineal	犬、猫
	氧化铁红	Iron Oxide Red	犬、猫
	高粱红	Sorghum Red	犬、猫
	红曲红	Monascus Red	犬、猫
	红曲米	Red Kojic Rice	犬、猫
	叶绿素铜钠（钾）盐	Chlorophyllin Copper Complex（Sodium and Potassium Salts）	犬、猫
	栀子蓝	Gardenia Blue	
	栀子黄	Gardenia Yellow	犬、猫
	新红	New Red	犬、猫
	酸性红	Carmoisine	犬、猫
	萝卜红	Radish Red	犬、猫
	番茄红素	Lycopene	犬、猫
调味和诱食物质	海藻糖	Trehalose	犬、猫
	琥珀酸二钠	Disodium Succinate	犬、猫
	甜菊糖苷	Succinate Steviol Glycosides	犬、猫
	5′-呈味核苷酸二钠	Disodium 5′-Ribonucleotide	犬、猫
黏结剂、抗结块剂、稳定剂和乳化剂	硬脂酸	Stearic Acid	适用范围扩大至犬、猫
	丙三醇	Glycerine	适用范围扩大至犬、猫
	羟丙基纤维素	Hydroxypropy lcellulose	犬、猫
	羟丙基甲基纤维素	Hydroxypropylmethy lcellulose	犬、猫
	硬脂酸镁	Magnesium Stearate	犬、猫
	不溶性聚乙烯聚吡咯烷酮（PVPP）	Insoluble Polyvinylpolypyrrolidone（PVPP）	犬、猫
	羧甲基淀粉钠	Sodium Carboxy Methyl Starch	犬、猫

五、批准上市、扩大适用范围的饲料和饲料添加剂

(续表)

类别	通用名称	英文通用名称（Common name）	适用范围
黏结剂、抗结块剂、稳定剂和乳化剂	结冷胶	Gellan Gum	犬、猫
	醋酸酯淀粉	Starch Acetate	犬、猫
	葡萄糖酸-δ-内酯	Glucono delta-Lactone	犬、猫
	羟丙基二淀粉磷酯	Hydroxypropyl Distarch Phosphate	犬、猫
	羟丙基淀粉	Hydroxypropyl Starch	犬、猫
	酪蛋白酸钠	Sodium Caseinate	犬、猫
	丙二醇脂肪酸酯	Propylene Glycol Esters of Fatty Acids	犬、猫
	中链甘油三酯	Medium Chain Triglycerides	犬、猫
	亚麻籽胶	Linseed Gum	犬、猫
	乙酰化二淀粉磷酸酯	Acetylated Distarch Phosphate	犬、猫
	麦芽糖醇	Maltitol	犬、猫
	可得然胶	Curdlan	犬、猫
	低聚木糖（木寡糖）	Xylo-oligosaccharides	犬、猫
	低聚壳聚糖	Low-molecular-weight Chitosan	犬、猫
	壳寡糖（寡聚β-（1-4）-2-氨基-2-脱氧-D-葡萄糖）（n=2~10）	Chitosan-oligosaccharide (oligo-beta- (1, 4) -2-amino-2-deoxy-D-glucose)) (n=2~10)	适用范围扩大至犬、猫
	β-1,3-D-葡聚糖（源自酿酒酵母）	β-1, 3-D-glucan (Source: *Saccharomyces cerevi siae*)	适用范围扩大至犬、猫
	低聚异麦芽糖	Isomaltooligosaccharide (IMO)	适用范围扩大至犬、猫
	聚葡萄糖	Polydextrose	犬、猫
其他	苜蓿提取物（有效成分为苜蓿多糖、苜蓿黄酮、苜蓿皂苷）	Medicago sativa Extract (Active substance: alfalfa polysaccharide, alfalfa flavonoid, alfalfa saponin)	适用范围扩大至犬、猫
	共轭亚油酸	Conjugated Linoleic Acid	适用范围扩大至犬、猫
	紫苏籽提取物（有效成分为α-亚油酸、亚麻酸、黄酮）	Extrat of Perilla frutescens seed (Active substance: α-Linoleic Acid, Linolenic acid, Flavonoids)	适用范围扩大至犬、猫
	植物甾醇（源于大豆油或菜籽油，有效成分为β-谷甾醇、菜油甾醇、豆甾醇）	Phytosterol (Originated from soybean oil or rapeseed oil, Active substance: β-Sitosterol, Campesterol, Stigmasterol)	适用范围扩大至犬、猫

（续表）

类别	通用名称	英文通用名称（Common name）	适用范围
其他	透明质酸	Hyaluronic Acid	犬、猫
	透明质酸钠	Sodium Hyaluronate	犬、猫
	乳铁蛋白	Lactoferrin	犬、猫
	酪蛋白磷酸肽（CPP）	Casein Phosphopeptides（CPP）	犬、猫
	酪蛋白钙肽（CCP）	Casein Calcium Peptide（CCP）	犬、猫
	二十碳五烯酸（EPA）	Eicosapentaenoic Acid（EPA）	犬、猫
	二甲基砜（MSM）	Methylsulfonylmethane（MSM）	犬、猫
	硫酸软骨素钠	Sodium Chondroitin Sulfate	犬、猫

注：亚硝酸钠仅限用于水分含量≥20%的宠物饲料，最高限量为100mg/kg。

关于增补大麦苗粉等 32 种（类）饲料原料和修订事项的公告

（农业农村部公告 2018 年第 22 号）

为丰富饲料原料来源，促进饲料行业发展，根据《饲料和饲料添加剂管理条例》，我部决定增补大麦苗粉等 32 种（类）饲料原料进入《饲料原料目录》，修订"1.2.4 大米"的原料名称和特征描述，修订"5. 其他籽实、果实类产品及其加工产品"的类别名称，修订"9.6.5 明胶"的原料名称和强制性标识要求并将其转至"13. 其他饲料原料"类别（见附件）。自本公告发布之日起，饲料生产企业可以根据生产需要，按照相关法律法规的要求采购、使用本公告中的饲料原料。

附件：《饲料原料目录》修订列表

农业农村部
2018 年 4 月 27 日

《饲料原料目录》修订列表

1. 谷物及其加工产品

原料编号	原料名称	特征描述	强制性标识
1.1	大麦及其加工产品		
1.1.19	大麦苗粉	大麦的幼苗经干燥、粉碎后获得的产品。	粗蛋白质 粗纤维 水分
1.2	稻谷及其加工产品		
1.2.4	——米	稻谷经脱壳并碾去皮层所获得的产品。产品名称可标称大米，可根据类别标明籼米、粳米、糯米，可根据特殊品种标明黑米、红米等。	淀粉 粗蛋白质
1.2.23	大米胚芽	大米加工过程中提取的主要含胚芽的产品。	粗蛋白质 粗脂肪
1.2.24	大米胚芽粕	大米胚芽经压榨取油后的副产品。	粗蛋白质 粗脂肪 粗纤维
1.5	酒糟类		
1.5.9	谷物酒糟糖浆	酿酒生产中谷物发酵蒸馏后的酒糟醪液经蒸发浓缩获得的产品。	粗蛋白质 水分

(续表)

原料编号	原料名称	特征描述	强制性标识
1.11	小麦及其加工产品		
1.11.21	小麦苗粉	小麦的幼苗经干燥、粉碎后获得的产品。	粗蛋白质 粗纤维 水分
1.12	燕麦及其加工产品		
1.12.10	燕麦苗粉	燕麦的幼苗经干燥、粉碎后获得的产品。	粗蛋白质 粗纤维 水分
1.13	玉米及其加工产品★		
1.13.20	玉米糠	玉米加工时脱下的皮层、少量胚和胚乳的混合物。	粗蛋白 粗纤维
1.14	其他		
1.14.1	藜麦	藜麦（*Chenopodium quinoa* Willd.）的籽实。种子外皮含有的皂素已去除。	
1.14.2	薏米［薏苡仁、苡仁］	禾本科植物薏苡（*Coix chinensis* Tod.）种仁。	淀粉 粗蛋白质

2. 油料籽实及其加工产品

原料编号	原料名称	特征描述	强制性标识
2.18	亚麻籽及其加工产品		
2.18.5	亚麻籽粉	亚麻籽粉经制粉工艺获得的粉状产品。	粗蛋白质 粗脂肪 粗纤维
2.24	其他		
2.24.2	琉璃苣籽油	琉璃苣（*Borago officinalis* L.）籽经压榨或浸提制取的油。	酸价 过氧化值

3. 豆科作物籽实及其加工产品

原料编号	原料名称	特征描述	强制性标识
3.12	兵豆及其加工产品		
3.12.1	兵豆〔小扁豆〕	豆科兵豆属兵豆（*Lens culinaris*）的籽实。	

5. 其他籽实、果实、蔬菜类产品及其加工产品

原料编号	原料名称	特征描述	强制性标识要求
5.2	水果或坚果及其加工产品		
5.2.5	_____果（汁、泥、片、干、粉）	可食水果鲜果，或对其进行加工后获得的果汁、果泥、果片、果干、果粉等。不得使用变质原料。产品名称应标明原料来源，如苹果。	总糖 水分
5.4	蔬菜及其加工产品		
5.4.1	_____菜（汁、泥、片、干、粉）	可食蔬菜鲜菜，或对其进行加工后获得的蔬菜汁、蔬菜泥、蔬菜片、蔬菜干、蔬菜粉等。不得使用变质原料。产品名称应标明原料来源，如菠菜。	粗纤维 水分

6. 饲草、粗饲料及其加工产品

原料编号	原料名称	特征描述	强制性标识要求
6.5	其他粗饲料		
6.5.4	构树茎叶	构树（*Broussonetia papyrifera* 新鲜或干燥茎叶。	粗蛋白质 中性洗涤纤维 水分
6.5.5	辣木茎叶	辣木（*Moringa*）可饲用品种的新鲜或干燥茎叶。	粗蛋白质 中性洗涤纤维 水分

7. 其他植物、藻类及其加工产品

原料编号	原料名称	特征描述	强制性标识
7.2	丝兰及其加工产品		
7.2.2	丝兰	百合科丝兰属丝兰（*Yucca schidigera* Roezl.）。	粗纤维
7.2.3	丝兰汁	丝兰压榨后的汁液，或汁液经浓缩后获得的产品。	
7.4	万寿菊及其加工产品		
7.4.2	万寿菊粉	万寿菊干燥、粉碎后获得的粉状产品。	粗纤维 粗灰分 叶黄素
7.5	藻类及其加工产品		
7.5.8	裸藻〔绿虫藻〕	裸藻（*Euglena*）及其干燥产品。	

(续表)

原料编号	原料名称	特征描述	强制性标识
7.5.9	雨生红球藻粉	以雨生红球藻（Haematococcus pluvialis）为原料，通过培养、浓缩、干燥等工艺生产的含虾青素的藻粉。	粗脂肪 虾青素
7.5.10	＿＿＿＿藻油	本目录所列的藻类经压榨或浸提制取的油。产品名称应标明原料来源，如裂壶藻油。	粗脂肪 酸价 过氧化质
7.6	其他可饲用天然植物（仅指所称植物或植物的特定部位经干燥或粗提或干燥、粉碎获得的产品）		
7.6.116	绿茶	以茶树的心叶或芽为原料，未经发酵，经杀青、整形、烘干等工序制成的产品。	
7.6.117	迷迭香	唇科迷迭香属植物迷迭香（Rosmarinus officinalis）的干燥茎叶或花。	

10. 鱼、其他水生物及其副产品

原料编号	原料名称	特征描述	强制性标识要求
10.4	鱼及其副产品		
10.4.14	鱼皮	加工鱼类产品过程中获得的鱼皮经干燥的产品。	粗蛋白质 水分

12. 微生物发酵产品及副产品

原料编号	原料名称	特征描述	强制性标识要求
12.5	其他		
12.5.1	食用乙醇〔食用酒精〕	以谷物、薯类、糖蜜或其他可食用农作物为原料，经发酵、蒸馏、蒸馏精制而成的，供食用的含水酒精。产品须由有资质的食品生产企业提供。	乙醇 甲醇 醛

13. 其他饲料原料

原料编号	原料名称	特征描述	强制性标识要求
13.3	食用菌及其加工产品		
13.3.3	平菇	侧耳科侧耳属食用菌平菇（Pleurotus ostreatus）及其干燥产品。	
13.3.4	香菇	光茸菌科香菇属食用菌香菇（Lentinus edodes (Berk.) Sing）及其干燥产品。	

（续表）

原料编号	原料名称	特征描述	强制性标识要求
13.3.5	毛柄金钱菌〔金针菇〕	小皮伞科小火焰菌属食用菌毛柄金钱菌（*F. velutipes*）及其干燥产品。	
13.3.6	木耳〔黑木耳〕	木耳科木耳属食用菌木耳（*Auricularia auriculaf*（L. ex Hook）及其干燥产品。	
13.3.7	银耳	银耳科银耳属食用菌银耳（*Tremella fuciformis*）及其干燥产品。	
13.3.8	双孢蘑菇〔白蘑菇〕	蘑菇属食用菌双孢蘑菇（*Agaricus bisporus*）及其干燥产品。	
13.6	食用动物加工产品		
13.6.1	明胶〔胶原蛋白〕	以来源于动物的皮、骨、韧带、肌腱中的胶原为原料，经水解获得的可溶性蛋白类产品。原料不得使用发生疫病和变质的动物组织，不得使用皮革及鞣革副产品。产品须由有资质的食品或药品生产企业提供。	粗蛋白质 粗灰分

关于扩大饲料添加剂硫酸钾适用范围的公告

（农业农村部公告 2018 年第 53 号）

依据《饲料和饲料添加剂管理条例》，我部组织全国饲料评审委员会对北京得乃美营养科技有限公司申报的扩大硫酸钾适用范围事项进行评审，决定将硫酸钾的适用范围由反刍动物扩大至畜禽。

上述修订意见至本公告发布之日起执行。各级饲料管理部门在办理有关硫酸钾的行政审批、监督执法事项时，以本公告为准。

农业农村部

2018 年 8 月 17 日

关于扩大饲料添加剂姜黄素适用范围的公告

(农业农村部公告 2019 年第 123 号)

依据《饲料和饲料添加剂管理条例》,我部组织全国饲料评审委员会对广州市科虎生物技术研究开发中心申报的扩大姜黄素适用范围事项进行评审,决定将姜黄素的适用范围扩大至肉仔鸡,在肉仔鸡配合饲料中的推荐添加量为 50~150mg/kg,最高限量为 150mg/kg(以干物质含量为 88% 的配合饲料为基础)。

上述修订意见自本公告发布之日起执行。各级饲料管理部门在办理有关姜黄素的行政审批、监督执法事项时,以本公告为准。

农业农村部
2019 年 1 月 15 日

关于批准柠檬酸铜为新饲料添加剂的公告

（农业农村部公告 2019 年第 162 号）

根据《饲料和饲料添加剂管理条例》和《新饲料和新饲料添加剂管理办法》的规定，批准四川省畜科饲料有限公司申请的柠檬酸铜为新饲料添加剂，并准许在中华人民共和国境内生产、经营和使用（新产品目录见附件1），核发饲料和饲料添加剂新产品证书，同时发布产品标准、说明书和标签（见附件2）。产品标准、说明书和标签自发布之日起执行。

特此公告

附件：1. 饲料和饲料添加剂新产品目录（2019-01）
   2. 柠檬酸铜产品标准、说明书和标签（略）

农业农村部
2019 年 4 月 16 日

五、批准上市、扩大适用范围的饲料和饲料添加剂

附件1：

饲料和饲料添加剂新产品目录（2019-01）

证书编号	新饲证字（2019）01号	
申请单位	四川省畜科饲料有限公司	
通用名称	柠檬酸铜	
英文名称	Cupric Citrate	
主要成分	柠檬酸铜	
产品类别	矿物元素及其络（螯）合物	
产品来源	柠檬酸与碱式碳酸铜反应制得	
适用动物	断奶仔猪	
在配合饲料中的推荐添加量	30~60mg/kg（以铜元素计）	
在配合饲料中的最高限量（以干物质含量为88%的配合饲料为基础）	60mg/kg（以铜元素计）	
质量要求	外观和性状	绿色或蓝绿色粉末，无味
	柠檬酸铜（$C_6H_4O_7Cu_2 \cdot 2.5H_2O$）（%）	98.0~104.0
	铜（Cu）（%）	34.5~36.7
	柠檬酸盐（以$C_6H_5O_7^{3-}$计）（%）	≥51.0
	总砷（As）（mg/kg）	≤4
	铅（Pb）（mg/kg）	≤5
	汞（Hg）（mg/kg）	≤0.2
	镉（Cd）（mg/kg）	≤0.1
	硫酸盐（以SO_4^{2-}计）（%）	≤0.5
	粒度（250μm试验筛通过率）（%）	≥98.0

关于决定扩大饲料添加剂 N-氨甲酰谷氨酸的适用范围的公告

(农业农村部公告 2019 年第 163 号)

依据《饲料和饲料添加剂管理条例》，我部组织全国饲料评审委员会对亚太兴牧（北京）科技有限公司申报的扩大 N-氨甲酰谷氨酸适用范围事项进行评审，决定将 N-氨甲酰谷氨酸的适用范围扩大至花鲈、泌乳奶牛。在花鲈配合饲料中的推荐添加量为 240~360mg/kg，最高限量为 360mg/kg（以干物质含量为 88% 的配合饲料为基础）。在泌乳奶牛全混合日粮中的推荐添加量为 880mg/kg，最高限量为 880mg/kg（以干物质含量为 88% 的饲料为基础）。

上述修订意见自本公告发布之日起执行。各级饲料管理部门在办理 N-氨甲酰谷氨酸的行政审批、监督执法事项时，以本公告为准。

农业农村部
2019 年 4 月 16 日

关于批准绿原酸为新饲料添加剂的公告

(农业农村部公告 2019 年第 217 号)

根据《饲料和饲料添加剂管理条例》《新饲料和新饲料添加剂管理办法》，批准北京生泰尔科技股份有限公司、爱迪森（北京）生物科技有限公司联合申请的绿原酸（源自山银花，原植物为灰毡毛忍冬）为新饲料添加剂，并准许在中华人民共和国境内生产、经营和使用（新产品目录见附件 1），核发饲料和饲料添加剂新产品证书，同时发布产品标准、说明书和标签（见附件 2）。产品标准、说明书和标签自发布之日起执行。

特此公告。

附件：1. 饲料和饲料添加剂新产品目录（2019-02）
      2. 绿原酸（源自山银花，原植物为灰毡毛忍冬）产品标准、说明书和标签（略）

农业农村部
2019 年 9 月 23 日

附件1：

饲料和饲料添加剂新产品目录（2019-02）

证书编号	新饲证字（2019）02号	
申请单位	北京生泰尔科技股份有限公司、爱迪森（北京）生物科技有限公司	
通用名称	绿原酸（源自山银花，原植物为灰毡毛忍冬）	
英文名称	Chlorogenic acid（from Lonicerae flos, the original plantis *Lonicera macranthoides* Hand.-Mazz.）	
主要成分	绿原酸	
产品类别	其他	
产品来源	以山银花（原植物为灰毡毛忍冬 *Lonicera macranthoides* Hand.-Mazz.）为原料，经醇提、浓缩、脱色、柱层析、萃取、结晶等工艺制得。	
适用动物	肉仔鸡	
在配合饲料中的推荐添加量	15~30mg/kg（以绿原酸计）	
质量要求	外观和性状	类白色粉末
	绿原酸（$C_{16}H_{18}O_9$）（%）	≥95.0
	水分（%）	≤3.0
	氯化物（以Cl^-计）（%）	≤0.2
	烧灼残渣（%）	≤1.0
	总砷（As）（mg/kg）	≤0.5
	铅（Pb）（mg/kg）	≤1.0

关于增补饲料添加剂乙基纤维素和聚乙烯醇的公告

（农业农村部公告 2019 年第 231 号）

依据《饲料和饲料添加剂管理条例》，我部组织全国饲料评审委员会对部分饲料企业提出的《饲料添加剂品种目录（2013）》（以下简称《目录》）增补建议及材料进行了评审，决定增补乙基纤维素等 2 个饲料添加剂品种进入《目录》。有关事项公告如下。

一、增补乙基纤维素（英文名称：Ethyl Cellulose）进入《目录》，类别为"黏结剂、抗结块剂、稳定剂和乳化剂"，适用范围为"养殖动物"，按生产需要适量使用，质量标准暂按国际食品添加剂专家委员会（JECFA）标准执行。

二、增补聚乙烯醇（英文名称：Polyvinyl Alcohol）进入《目录》，类别为"黏结剂、抗结块剂、稳定剂和乳化剂"，适用范围为"养殖动物"，在配合饲料或全混合日粮中的最高限量为 200mg/kg，质量标准暂按食品安全国家标准（GB 31630）执行。

上述修订意见自本公告发布之日起执行。各级饲料管理部门在办理有关行政审批、监督执法事项时，凡涉及上述饲料添加剂，均以本公告为准。

农业农村部
2019 年 11 月 18 日

关于扩大饲料添加剂胆汁酸适用范围的公告

(农业农村部公告 2020 年第 257 号)

根据《饲料和饲料添加剂管理条例》,经我部组织全国饲料评审委员会对山东龙昌动物保健品有限公司申报的扩大胆汁酸适用范围事项进行评审,决定将胆汁酸的适用范围扩大至断奶仔猪和淡水鱼。在断奶仔猪配合饲料中的推荐添加量为 80~100mg/kg,最高限量为 100mg/kg(以干物质含量为 88% 的配合饲料为基础);在淡水鱼配合饲料中的推荐添加量为 20~60mg/kg,最高限量为 60mg/kg(以干物质含量为 88% 的配合饲料为基础)。

上述修订意见自本公告发布之日起执行。各级饲料管理部门在办理有关胆汁酸的行政审批、监督执法事项时,以本公告为准。

农业农村部
2020 年 1 月 13 日

关于批准植物炭黑为新饲料添加剂的公告

(农业农村部 2020 年第 258 号)

根据《饲料和饲料添加剂管理条例》《新饲料和新饲料添加剂管理办法》，批准福建省顺昌碳娃娃生物科技有限公司、福建省百草霜生物科技有限公司联合申请的植物炭黑为新饲料添加剂，并准许在中华人民共和国境内生产、经营和使用（新产品目录见附件1），核发饲料和饲料添加剂新产品证书，同时发布产品标准（含说明书和标签）（见附件2）。产品标准、说明书和标签自发布之日起执行。

特此公告。

附件：1. 饲料和饲料添加剂新产品目录（2020-01）
  2. 植物炭黑产品标准（略）

农业农村部
2020 年 1 月 14 日

附件1：

饲料和饲料添加剂新产品目录（2020-01）

证书编号	新饲证字（2020）01号		
申请单位	福建省顺昌碳娃娃生物科技有限公司、福建省百草霜生物科技有限公司		
通用名称	植物炭黑		
英文名称	Plant carbon		
主要成分	植物炭黑		
产品类别	其他		
产品来源	以原木材加工中产生的杉木屑、松木屑或竹屑为原料，经炭化、活化等工艺制得。		
适用动物	仔猪		
在配合饲料中的推荐添加量	500~1 000mg/kg		
质量要求	外观与性状		黑色粉末，无臭、无味
	粒度（%）	125μm试验筛通过率	≥98
		90μm试验筛通过率	≥85
	干燥减量（%）		≤12.0
	碳含量（以干基计）（%）		≥90.0
	灰分（%）		≤8.0
	高级芳香烃		通过试验
	玉米赤霉烯酮吸附率（缓冲溶液pH值=6.0，玉米赤霉烯酮浓度500ng/mL，植物炭黑添加量0.1%（w/v））（%）		≥95.0
	总砷（As）（mg/kg）		≤4.0
	铅（Pb）（mg/kg）		≤10
	汞（Hg）（mg/kg）		≤0.1
	镉（Cd）（mg/kg）		≤1.0

关于增补饲料原料鸡蛋、灵芝、姬松茸和饲料添加剂紫胶蛋氨酸羟基类似物异丙酯、L-抗坏血酸钠及扩大饲料添加剂蛋氨酸羟基类似物、羟丙基甲基纤维素适用范围的公告

(农业农村部公告 2020 年第 356 号)

依据《饲料和饲料添加剂管理条例》，我部组织全国饲料评审委员会对部分企业提出的申请进行了评审，决定对《饲料原料目录》和《饲料添加剂品种目录（2013）》进行增补，并对部分饲料添加剂扩大适用范围。现将有关事项公告如下。

一、增补 3 种饲料原料进入《饲料原料目录》

（一）原料名称：鸡蛋，编号：9.4.5。特征描述：未经过加工或仅用冷藏、涂膜法等保鲜技术处理过的可食用鲜鸡蛋，有壳或去壳。强制性标识要求：粗蛋白质、粗脂肪、粗灰分（适用于有壳鸡蛋）。

（二）原料名称：灵芝，编号：13.3.9。特征描述：多孔菌科真菌赤芝 Ganoderma lucidum（Leyss. ex Fr.）Karst. 或紫芝 Ganoderma sinense Zhao, Xu et Zhang 的子实体及其干燥产品。强制性标识要求：水分。

（三）原料名称：姬松茸，编号：13.3.10。特征描述：蘑菇科蘑菇属姬松茸（Agaricus subrufescens）及其干燥产品。强制性标识要求：水分。

二、增补 3 个饲料添加剂品种进入《饲料添加剂品种目录（2013）》

（一）通用名称：紫胶（英文名称：Shellac），类别为"黏结剂、抗结块剂、稳定剂和乳化剂"，适用范围为养殖动物，质量标准暂按紫胶食品安全国家标准（GB 1886.114）执行。

（二）通用名称：蛋氨酸羟基类似物异丙酯（英文名称：Isopropyl Ester of Hydroxy Analogue of Methionine），类别为"氨基酸、氨基酸盐及其类似物"，蛋氨酸羟基类似物异丙酯含量规格≥95.0%，适用范围为反刍动物。

（三）通用名称：L-抗坏血酸钠，同时增补到"抗氧化剂"中，适用范围为养殖动物。

三、扩大 2 个饲料添加剂品种的适用范围

（一）将蛋氨酸羟基类似物适用范围扩大至鸭。
（二）将羟丙基甲基纤维素适用范围扩大至养殖动物。

上述修订意见自本公告发布之日起执行。各级饲料管理部门在办理有关行政审批、监督执法事项时，凡涉及上述饲料原料和饲料添加剂的，均以本公告为准。

附件：1.《饲料原料目录》修订列表
　　　2.《饲料添加剂品种目录（2013）》修订列表

农业农村部
2020 年 11 月 16 日

附件 1：

《饲料原料目录》修订列表

原料编号	原料名称	特征描述	强制性标识要求
9.4	禽蛋及其加工产品		
9.4.5	鸡蛋	未经过加工或仅用冷藏、涂膜法等保鲜技术处理过的可食用鲜鸡蛋，有壳或去壳。	粗蛋白质 粗脂肪 粗灰分（适用于有壳鸡蛋）
13.3	食用菌及其加工产品		
13.3.9	灵芝	多孔菌科真菌赤芝 Ganoderma lucidum（Leyss. ex Fr.）Karst. 或紫芝 Ganoderma sinense Zhao, Xu et Zhang 的子实体及其干燥产品。	水分
13.3.10	姬松茸	蘑菇科蘑菇属姬松茸（Agaricus subrufescens）及其干燥产品。	水分

注：中国传统历史上广泛栽培和食用的"赤芝"拉丁学名应为"Ganoderma lingzhi"。

附件 2：

《饲料添加剂品种目录（2013）》修订列表

类别	通用名称	英文通用名称（Common name）	适用范围
氨基酸、氨基酸盐及其类似物	蛋氨酸羟基类似物	Methionine Hydroxy Analogue	适用范围扩大至鸭
	蛋氨酸羟基类似物异丙酯	Isopropyl Ester of Hydroxy Analogue of Methionine	反刍动物
抗氧化剂	L-抗坏血酸钠	Sodium L-ascorbate	养殖动物
黏结剂、抗结块剂、稳定剂和乳化剂	紫胶	Shellac	养殖动物
	羟丙基甲基纤维素	Hydroxypropyl Methyl Cellulose	适用范围扩大至养殖动物

关于增补饲料原料棕榈脂肪酸粉和饲料添加剂焦糖色及扩大饲料原料辅酶 Q_{10} 渣适用范围的公告

(农业农村部公告 2021 年第 459 号)

依据《饲料和饲料添加剂管理条例》，我部组织全国饲料评审委员会对部分企业提出的申请进行了评审，决定对《饲料原料目录》和《饲料添加剂品种目录（2013）》进行增补，并扩大饲料原料辅酶 Q_{10} 渣的适用范围。现将有关事项公告如下。

一、增补棕榈脂肪酸粉进入《饲料原料目录》，编号：2.20.7。特征描述：棕榈油经精炼、水解、氢化、蒸馏、喷雾、冷却制取的颗粒状棕榈脂肪酸粉。产品中总脂肪酸（包括棕榈酸、油酸和其他脂肪酸）含量不低于 99.5%，其中棕榈酸（C16∶0）含量大于 60.0%，油酸（C18∶1）含量小于 25.0%。棕榈油须由有资质的食品生产企业提供。强制性标识要求：酸价、过氧化值、碘价、总脂肪酸、棕榈酸。

二、增补焦糖色（普通法、氨法）（英文名称：Caramel Colourclass I - plain、Caramel Colour class II- ammonia process）进入《饲料添加剂品种目录（2013）》，类别为"着色剂"，适用范围为宠物，质量标准暂按焦糖色食品安全国家标准（GB 1886.64）执行。

三、将辅酶 Q_{10} 渣的适用范围扩大至水产养殖动物。

附件：1.《饲料原料目录》修订列表
      2.《饲料添加剂品种目录（2013）》修订列表

农业农村部
2021 年 8 月 17 日

附件1：

《饲料原料目录》修订列表

原料编号	原料名称	特征描述	强制性标识要求
2.20	油棕榈及其加工产品		
2.20.7	棕榈脂肪酸粉	棕榈油经精炼、水解、氢化、蒸馏、喷雾、冷却制取的颗粒状棕榈脂肪酸粉。产品中总脂肪酸（包括棕榈酸、油酸和其他脂肪酸）含量不低于99.5%，其中棕榈酸（C16：0）含量大于60.0%，油酸（C18：1）含量小于25.0%。棕榈油须由有资质的食品生产企业提供。	酸价 过氧化值 碘价 总脂肪酸 棕榈酸
12.3	利用特定微生物和特定培养基培养获得的菌体蛋白类产品（微生物细胞经休眠或灭活）		
12.3.4	辅酶Q_{10}渣	利用类球红细菌和由葡萄糖、玉米浆、无机盐等组成的主要原料发酵生产辅酶Q_{10}后的固体副产物。菌体应灭活并经干燥处理。该产品仅限于畜禽和水产饲料使用。	粗蛋白质 粗灰分 铵盐 水分

附件2：

《饲料添加剂品种目录（2013）》修订列表

类别	通用名称	英文通用名称（Common name）	适用范围
着色剂	焦糖色（普通法）、焦糖色（氨法）	Caramel Colour class I-plain、Caramel Colour class Ⅲ-ammonia process	宠物

关于增补新饲料乙醇梭菌蛋白和新饲料添加剂吡咯并喹啉醌二钠的公告

(农业农村部公告 2021 年第 465 号)

根据《饲料和饲料添加剂管理条例》《新饲料和新饲料添加剂管理办法》，批准北京首朗生物科技有限公司申请的乙醇梭菌蛋白为新饲料；常茂生物化学工程股份有限公司、上海医学生命科学研究中心有限公司联合申请的吡咯并喹啉醌二钠为新饲料添加剂，并准许在中华人民共和国境内生产、经营和使用，核发饲料和饲料添加剂新产品证书（新产品目录见附件1），同时发布产品标准（含说明书和标签）（见附件2、3）。产品标准、说明书和标签自发布之日起执行。产品的监测期自发布之日至2026年8月底，生产企业应当收集产品的质量稳定性及其对动物产品质量安全的影响等信息，监测期结束后向我部报告。

特此公告。

附件：1. 饲料和饲料添加剂新产品目录（2021-01、2021-02）
2. 乙醇梭菌蛋白产品标准
3. 吡咯并喹啉醌二钠产品标准

农业农村部
2021 年 8 月 27 日

附件1：

饲料和饲料添加剂新产品目录（2021-01）

证书编号	新饲证字（2021）01号	
申请单位	北京首朗生物科技有限公司	
通用名称	乙醇梭菌蛋白	
英文名称	*Clostridium autoethanogenum* cell protein	
产品类别	利用特定微生物和特定培养基培养获得的菌体蛋白类饲料原料	
特征描述	以乙醇梭菌（*Clostridium autoethanogenum* CICC 11088s）为发酵菌种，以钢铁工业转炉气中的CO为主要原料，采用液体发酵，生产乙醇后的剩余物，经分离、喷雾干燥等工艺制得。终产品不含生产菌株活细胞。	
适用动物	鱼类	
在配合饲料中的推荐添加量	3%	
质量要求	外观和性状	淡黄色或褐色；粉状，无结块
	粗蛋白质（%）	≥80.0
	粗灰分（%）	≤7.0
	水分（%）	≤12.0
	总砷（以As计）（mg/kg）	≤2.0
	铅（以Pb计）（mg/kg）	≤5.0
	镉（以Cd计）（mg/kg）	≤2.0
	铬（以Cr计）（mg/kg）	≤5.0
	氟（以F计）（mg/kg）	≤150
	汞（以Hg计）（mg/kg）	≤0.1
	铵盐（以NH_4^+计）（%）	≤1.0
	沙门氏菌（25g中）	不得检出
	霉菌总数（CFU/g）	≤2×10^3
	细菌总数（CFU/g）	≤2×10^4
	其他卫生指标按照GB 13078执行	
强制性标识要求	粗蛋白质、粗灰分、水分、铵盐	
其他要求	作为单一饲料管理	

饲料和饲料添加剂新产品目录（2021-02）

证书编号	新饲证字（2021）02号	
申请单位	常茂生物化学工程股份有限公司、上海医学生命科学研究中心有限公司	
通用名称	吡咯并喹啉醌二钠	
英文名称	Pyrroloquinoline Quinone Disodium salt	
主要成分	吡咯并喹啉醌二钠（$C_{14}H_4N_2Na_2O_8$）	
产品类别	其他	
产品来源	以2-甲氧基-5-硝基苯胺盐酸盐、酮戊二酸和甲醇为起始原料化学合成生产制得。	
适用动物	肉仔鸡	
在配合饲料中的推荐添加量	0.1~0.2mg/kg	
质量要求	外观和性状	红褐色粉末，无臭
	吡咯并喹啉醌二钠含量（以$C_{14}H_4N_2Na_2O_8$干基计）（%）	≥98.0
	干燥失重（%）	≤12.0
	重金属（以Pb计）（mg/kg）	≤10
	总砷（以As计）（mg/kg）	≤2.0

附件 2

新饲料和新饲料添加剂产品标准

NYSL-1001-2021

饲料原料　乙醇梭菌蛋白

Feed material—*Clostridium autoethanogenum* cell protein

2021-08-27 发布　　　　　　　　　　2021-08-27 实施

中华人民共和国农业农村部　发布

前言

本文件按照 GB/T 1.1—2020《标准化工作导则 第1部分：标准化文件的结构和起草规则》的规定起草。

本文件由农业农村部畜牧兽医局提出，由全国饲料评审委员会归口。

本文件由北京首朗生物科技有限公司起草，由国家饲料质量监督检验中心（北京）复核。

本文件主要起草人：王晓东、晁伟、莫志朋、范义文、夏楠、邹方起、张春悦。

饲料原料　乙醇梭菌蛋白

1　范围

本文件规定了饲料原料乙醇梭菌蛋白的技术要求、试验方法、检验规则及标签、包装、运输、贮存和保质期。

本文件适用于以乙醇梭菌（Clostridium autoethanogenum CICC 11088s）为发酵菌种，以钢铁工业转炉气中的 CO 为主要原料，采用液体发酵，生产乙醇后的剩余物，经分离、喷雾干燥等工艺制得。终产品不含生产菌株活细胞。

2　规范性引用文件

下列文件中的内容通过文中的规范性引用而构成本文件必不可少的条款。其中，注日期的引用文件，仅该日期对应的版本适用于本文件；不注日期的引用文件，其最新版本（包括所有的修改单）适用于本文件。

GB/T 603　化学试剂　试验方法中所用制剂及制品的制备

GB/T 6432　饲料中粗蛋白的测定　凯氏定氮法

GB/T 6435　饲料中水分的测定

GB/T 6438　饲料中粗灰分的测定

GB/T 6682　分析实验室用水规格和试验方法

GB/T 8170　数值修约规则与极限数值的表示和判定

GB 10648　饲料标签

GB/T 13079　饲料中总砷的测定

GB/T 13080　饲料中铅的测定　原子吸收光谱法

GB/T 13081　饲料中汞的测定方法

GB/T 13082　饲料中镉的测定方法

GB/T 13083　饲料中氟的测定　离子选择性电极法

GB/T 13088　饲料中铬的测定

GB/T 13091　饲料中沙门氏菌的测定

GB/T 13092　饲料中霉菌总数的测定

GB/T 13093　饲料中细菌总数的测定

GB/T 14699.1　饲料　采样

GB/T 18823　饲料检测结果判定的允许误差

3　术语和定义

本文件没有需要界定的术语和定义。

4　技术要求

4.1　外观和性状

本品呈淡黄色或褐色；粉状，无结块；具有乙醇梭菌蛋白的特殊气味，无异味，无肉眼可见杂质。

4.2 理化指标

乙醇梭菌蛋白的理化指标应符合表1的要求。

表 1 理化指标

项目	指标
粗蛋白质（%）	≥80.0
粗灰分（%）	≤7.0
水分（%）	≤12.0
铵盐（以 NH_4^+ 计）（%）	≤1.0

4.3 卫生指标

乙醇梭菌蛋白的卫生指标应符合表2的要求。

表 2 卫生指标

项目	指标
总砷（以 As 计）（mg/kg）	≤2.0
铅（以 Pb 计）（mg/kg）	≤5.0
镉（以 Cd 计）（mg/kg）	≤2.0
铬（以 Cr 计）（mg/kg）	≤5.0
氟（以 F 计）（mg/kg）	≤150
汞（以 Hg 计）（mg/kg）	≤0.1
霉菌总数（CFU/g）	$\leq 2\times 10^3$
细菌总数（CFU/g）	$\leq 2\times 10^4$
沙门氏菌（25g 中）	不得检出
其他卫生指标按照 GB 13078 执行	

5 采样

按 GB/T 14699.1 的规定执行。

6 试验方法

除特别说明外，所用试剂均为分析纯的试剂，色谱分析中所用水应符合 GB/T 6682 中规定的一级水，其他分析用水应符合 GB/T 6682 中规定三级水。试剂和溶液的制备按照 GB/T 603 的规定执行。

6.1 感官检验

取适量样品置于清洁、干燥的白瓷盘中，在正常光照、通风良好、无异味的环境下，通过感官对4.1进行评定。

6.2 粗蛋白质

按 GB/T 6432 规定的方法进行。

6.3 粗灰分

按 GB/T 6438 规定的方法进行。

6.4 水分

按 GB/T 6435 规定的方法执行。

6.5 铵盐（以 NH_4^+ 计）

6.5.1 原理

试样在碱性溶液中加热蒸馏，使氨游离出来，被硼酸溶液吸收，然后用盐酸标准溶液滴定。

6.5.2 试剂或材料

除非另有说明，本方法所用试剂均为分析纯，水为 GB/T 6682 规定的一级水。

6.5.2.1 氧化镁。

6.5.2.2 硼酸。

6.5.2.3 甲基红。

6.5.2.4 溴甲酚绿。

6.5.2.5 乙醇。

6.5.2.6 硼酸溶液（20g/L）：称取 20.0g 硼酸，加水溶解，稀释至 1000mL。

6.5.2.7 盐酸标准滴定溶液 $[c(HCl)] = 0.1mol/L$，按 GB/T 601 进行标定。

6.5.2.8 混合指示液：甲基红-乙醇溶液（2g/L）1 份与溴甲酚绿-乙醇溶液（2g/L）5 份，临用新配。

6.5.3 仪器设备

滴定管。

6.5.4 试验步骤

准确称取约 1g 试样（精确至 0.001g），置于 500mL 蒸馏瓶中，加入 150mL 蒸馏水及 1.5g 氧化镁。连接好蒸馏装置，并使冷凝管下端连接弯管伸入接收瓶液面下，吸收瓶内盛有 10mL 硼酸溶液及 2 滴混合指示剂，加热蒸馏，溶液沸腾约 30min 即可，用少量水冲洗弯管，以盐酸标准滴定溶液滴定，溶液由蓝绿色变成灰红色为终点。取同量水、氧化镁、硼酸溶液按同一方法作空白实验。

6.5.5 结果分析

试样中铵盐（以 NH_4^+ 计）的含量以质量分数 ω 计，数值以%表示，按式（1）计算：

$$\omega = \frac{(V_1 - V_2) \times c \times 0.017}{m} \quad (1)$$

式中：

V_1——试样溶液消耗盐酸标准滴定溶液的体积，单位为毫升（mL）；

V_2——空白溶液消耗盐酸标准溶液的体积，单位为毫升（mL）；

c——盐酸标准滴定液的实际浓度，单位为摩尔每升（mol/L）；

0.017——与 1.00mL 盐酸标准滴定溶液 $[c(HCl)] = 0.100mol/L$ 相当的铵盐（以氨计）的质量，单位为克每毫摩尔（g/mmol）；

m——试样质量,单位为克(g)。

测定结果以两次平行测定的算术平均值表示,保留2位有效数字。

6.5.6 精密度

在重复性条件下,两次独立测定结果的绝对差值不得超过算术平均值的10 %。

6.6 总砷(以 As 计)

按 GB/T 13079 的规定执行。

6.7 铅(以 Pb 计)

按 GB/T 13080 的规定执行。

6.8 镉(以 Cd 计)

按 GB/T 13082 的规定执行。

6.9 铬(以 Cr 计)

按 GB/T 13088 的规定执行。

6.10 氟(以 F 计)

按 GB/T 13083 的规定执行。

6.11 汞(以 Hg 计)

按 GB/T 13081 的规定执行。

6.12 霉菌总数

按 GB/T 13092 的规定执行。

6.13 细菌总数

按 GB/T 13093 的规定执行。

6.14 沙门氏菌

按 GB/T 13091 的规定执行。

7 检验规则

7.1 组批

以相同原料、相同的生产配方、相同的生产工艺和生产条件,同一班次生产的同一规格的产品为一批。

7.2 出厂检验

7.2.1 出厂检验项目为:外观和性状、水分、粗蛋白。

7.2.2 每批产品均需经生产单位质量检验部门检验合格,并附合格证后方可出厂。

7.3 型式检验

7.3.1 检验项目为本标准第4章中规定的全部项目。

7.3.2 型式检验在正常生产情况下至少每半年进行一次,有下列情况之一时,亦应进行型式检验:

a) 产品定型投产时;

b) 原辅材料或生产工艺有较大变化,有可能影响产品质量时;

c) 停产三个月以上,重新恢复生产时;

d) 出厂检验结果与上次型式检验结果有较大差异时;

e) 饲料行业行政管理部门提出要求时。

7.4 判定规则

7.4.1 所检项目检验结果均应符合本标准规定要求，检验结果全部符合标准规定则判定为合格。

7.4.2 微生物指标有一项不符合本标准要求则判定为不合格品。

7.4.3 检验结果中有任何指标不符合本标准规定时，应自同批产品中重新加倍取样进行复检，如复检仍不符合标准，则判定为不合格品，微生物指标不得复检。

7.4.4 各项目指标的极限数值判定按 GB/T 8170 中修约值比较法执行。

7.4.5 检验结果判定的允许误差按 GB/T 18823 的规定执行。

8 标签、包装、运输、贮存和保质期

8.1 标签

产品标签应符合 GB 10648 的规定。

8.2 包装

包装材料应无毒、无害、防潮。

8.3 运输

运输中防止包装破损、日晒、雨淋，禁止与有毒有害物质共运。

8.4 贮存

产品应贮存在通风、干燥处，贮存时防止日晒、雨淋，禁止与有毒有害物质混储。

8.5 保质期

未开启包装的产品，在规定的运输、贮存条件下，原包装自生产之日起的保质期为 18 个月。

附录 A
（规范性）
产品使用说明书

【新产品证书号】
【生产许可证号】
【执行标准】

饲料原料　乙醇梭菌蛋白使用说明书

【产品名称】乙醇梭菌蛋白
【英文名称】*Clostridium autoethanogenum* cell protein
【有效成分】蛋白质
【性状】淡黄至褐色粉末，有乙醇梭菌特殊气味、无异味
【产品成分分析保证值】

项目	指标
粗蛋白质（%）	≥80.0
粗灰分（%）	≤7.0
水分（%）	≤12.0
总砷（以 As 计）（mg/kg）	≤2.0
铅（以 Pb 计）（mg/kg）	≤5.0
镉（以 Cd 计）（mg/kg）	≤2.0
铬（以 Cr 计）（mg/kg）	≤5.0
氟（以 F 计）（mg/kg）	≤150
汞（以 Hg 计）（mg/kg）	≤0.1
铵盐（以 NH_4^+ 计）（%）	≤1.0
霉菌总数（CFU/g）	≤2×10^3
细菌总数（CFU/g）	≤2×10^4
沙门氏菌（25g 中）	不得检出
其他卫生指标按照 GB 13078 执行	

【作用功效】提供蛋白营养源
【适用范围】鱼类
【用法与用量】直接在鱼类配合饲料中使用，建议使用量为 3%
【净含量】
【保质期】18 个月
【贮运】产品应贮存在通风、干燥处，贮存时防止日晒、雨淋，禁止与有毒有害物质混储；运输中防止包装破损、日晒、雨淋，禁止与有毒有害物质共运。
【生产企业】
　　　　地址　　　　　　　　邮编
　　　　电话　　　　　　　　传真
　　　　网址　　　　　　　　邮箱

附录 B
（规范性）
产品标签

【新产品证书号】　　　　　　　　　　【生产许可证号】
【执行标准】　　　　　　　　　　　　【生产批号】

饲料原料
乙醇梭菌蛋白

Clostridium autoethanogenum cell protein

本产品符合饲料卫生标准

【产品名称】乙醇梭菌蛋白
【产品成分分析保证值】

项目	指标
粗蛋白质（%）	≥80.0
粗灰分（%）	≤7.0
水分（%）	≤12.0
总砷（以 As 计）（mg/kg）	≤2.0
铅（以 Pb 计）（mg/kg）	≤5.0
镉（以 Cd 计）（mg/kg）	≤2.0
铬（以 Cr 计）（mg/kg）	≤5.0
氟（以 F 计）（mg/kg）	≤150
汞（以 Hg 计）（mg/kg）	≤0.1
铵盐（以 NH_4^+ 计）（%）	≤1.0
霉菌总数（CFU/g）	≤$2×10^3$
细菌总数（CFU/g）	≤$2×10^4$
沙门氏菌（25g 中）	不得检出
其他卫生指标按照 GB 13078 执行	

【作用功效】提供蛋白营养源
【适用范围】鱼类
【用法与用量】在鱼类配合饲料中推荐添加量为3%
【保质期】18 个月
【贮运】产品应贮存在通风、干燥处，贮存时防止日晒、雨淋，禁止与有毒有害物质混储；运输中防止包装破损、日晒、雨淋，禁止与有毒有害物质共运。
【净含量】
【生产企业】
　　　　地址　　　　　　　　　　　　邮编
　　　　电话　　　　　　　　　　　　传真
【生产日期】

附件3

新饲料和新饲料添加剂产品标准

NYSL-1002-2021

饲料添加剂　吡咯并喹啉醌二钠

Feed additive—Pyrroloquinoline quinine disodium salt

2021-08-27 发布　　　　　　　　　　　　2021-08-27 实施

中华人民共和国农业农村部　发布

前 言

本文件按照 GB/T 1.1—2020《标准化工作导则 第 1 部分：标准化文件的结构和起草规则》的规定起草。

本文件由农业农村部畜牧兽医局提出，由全国饲料评审委员会归口。

本文件由常茂生物化学工程股份有限公司提出并起草，由国家饲料质量监督检验中心（北京）复核。

本文件主要起草人：芮丽琴、居春花、高有军。

饲料添加剂 吡咯并喹啉醌二钠

1 范围

本文件规定了饲料添加剂吡咯并喹啉二钠产品的技术要求、试验方法、检验规则及标签、包装、运输、贮存和保质期。

本文件适用于以 2-甲氧基-5-硝基苯胺盐酸盐、酮戊二酸和甲醇为起始原料化学合成生产制得饲料添加剂吡咯并喹啉二钠。

2 规范性引用文件

下列文件中的内容通过文中的规范性引用而构成本文件必不可少的条款。其中,注日期的引用文件,仅该日期对应的版本适用于本文件;不注日期的引用文件,其最新版本(包括所有的修改单)适用于本文件。

GB/T 601 化学试剂 标准滴定溶液的制备

GB/T 602 化学试剂 杂质测定用标准溶液的制备

GB/T 603 化学试剂 试验方法中所用制剂及制品的制备

GB/T 6682 分析实验室用水规格和试验方法

GB/T 8170 数值修约规则与极限数值的表示和判定

GB/T 9735—2008 化学试剂 重金属测定通用方法

GB 10648 饲料标签

GB/T 13079—2006 饲料中总砷的测定

GB/T 14699.1 饲料 采样

3 化学名称、CAS 号、分子式、相对分子质量和结构式

化学名称:吡咯并喹啉醌二钠

CAS 号:122628-50-6

分子式:$C_{14}H_4N_2Na_2O_8$

相对分子量:374.17(按 2011 年国际相对原子质量计)

结构式:

4 术语和定义

本文件没有需要界定的术语和定义。

5 技术要求

5.1 外观和性状
红褐色粉末,无臭。

5.2 技术指标
产品应符合表1的规定。

表1 技术指标

项目	指标
吡咯并喹啉醌二钠含量(以 $C_{14}H_4N_2Na_2O_8$ 干基计)(%)	≥98.0
干燥失重(%)	≤12.0
重金属(以 Pb 计)(mg/kg)	≤10
总砷(以 As 计)(mg/kg)	≤2.0

6 采样
按 GB/T 14699.1 的规定进行采样。

7 试验方法
本标准所用的试剂在没有注明其他要求时,均为分析纯试剂。本标准所用的水为 GB/T 6682 中三级水规格。本标准所用标准溶液、制剂及制品,在没有注明其他要求时,均按 GB/T 601、GB/T 602、GB/T 603 规定的方法制备。

7.1 感官检验
取适量试样置于清洁、干燥的白瓷盘中,在自然光线下观察其色泽和状态,并嗅其味。

7.2 鉴别试验

7.2.1 试剂或材料
溴化钾:光谱纯。

7.2.2 仪器设备
红外光谱仪:扫描范围为 $4000cm^{-1} \sim 400cm^{-1}$,最高分辨率 $\geq 4.0cm^{-1}$。

7.2.3 试验步骤
称取约 2mg 样品及 200mg 溴化钾(7.2.1),研磨均匀,压片。录制试样的红外光谱图。试样的红外光谱图与标准品的红外光谱图应一致(图谱参见附录 A 中图 A.1)。

7.3 吡咯并喹啉醌二钠含量

7.3.1 方法1 高效液相色谱法(仲裁法)

7.3.1.1 原理
样品中的吡咯并喹啉醌二钠经纯水溶解,使用带有紫外检测器的高效液相色谱进行检测,用外标法定量。

7.3.1.2 试剂或材料
7.3.1.2.1 水:GB/T 6682,一级。

7.3.1.2.2 三氟乙酸：色谱纯。

7.3.1.2.3 乙腈：色谱纯。

7.3.1.2.4 吡咯并喹啉醌二钠对照品：纯度≥98.0%。

7.3.1.2.5 0.5%三氟乙酸：移取5mL三氟乙酸用纯水稀释至1L，混匀，即得。

7.3.1.2.6 吡咯并喹啉醌二钠标准溶液：精密称取吡咯并喹啉醌二钠对照品10mg，加水溶解稀释至100mL，制成每1mL含本品100μg的溶液。

7.3.1.3 仪器设备

7.3.1.3.1 电子天平：感量为0.01mg。

7.3.1.3.2 高效液相色谱仪：配有自动进样器，可变波长的紫外检测器。

7.3.1.4 液相色谱参考条件

色谱柱：Inertsil ODS-3，柱长150mm，内径4.6mm，粒径5μm，或其他性能相当者。

柱温：30℃，控制精度±1℃。

流速：1.0mL/min。

波长：254nm。

进样量：10μL。

流动相A：0.5%三氟乙酸溶液。

流动相B：乙腈。

洗脱程序见下表：

时间（min）	A（%）	B（%）
5	95	5
10	25	75
13	25	75
16	95	5
20	95	5

7.3.1.5 试验步骤

精密称取吡咯并喹啉醌二钠样品10mg，加水溶解并稀释至10mL，制成每1mL约含本品100μg的溶液。

取标准溶液10μL，进样，记录所得的吡咯并喹啉醌二钠对照品图谱（参见附录A中图A.2）。

取标准溶液10μL，进样，记录所得的吡咯并喹啉醌二钠试样的图谱。

7.3.1.6 试验数据处理

试样中吡咯并喹啉醌二钠的含量以质量分数ω_1计，数值以百分含量（%）表示，按公式（1）计算：

$$\omega_1 = \frac{A_1 \times c \times V}{A_2 \times m(1-\omega_3) \times 1\,000} \times 100 \tag{1}$$

式中：
A_1——试样溶液中待测物质的峰面积；
A_2——试样溶液中吡咯并喹啉醌二钠的峰面积；
V——定容体积，单位为毫升（mL）；
c——标准溶液中吡咯并喹啉醌二钠的浓度，单位为微克每毫升（μg/mL）；
m——试样质量，单位为克（g）；
ω_3——干燥失重，单位为百分数（%）。

7.3.1.7 结果显示
测定结果以两次平行测定的算术平均值表示，结果保留至小数点后一位。

7.3.1.8 精密度
在重复性条件下，两次独立测定的绝对差值不大于2.0%。

7.3.2 方法2 电位滴定法

7.3.2.1 原理
采用电位滴定法，以氢氧化钠标准滴定溶液滴定本品结构中的羧基。

7.3.2.2 试剂或材料
氢氧化钠标准滴定溶液：$c(\text{NaOH}) = 0.05\text{mol/L}$，按GB/T601制备和标定。

7.3.2.3 仪器设备

7.3.2.3.1 电子天平：感量为0.01mg。

7.3.2.3.2 自动电位滴定仪。

7.3.2.4 试验步骤
称取0.25g样品，精确到0.1mg，加50℃无二氧化碳的水约150mL，在磁力搅拌器上搅拌至完全溶解，水浴50℃保温10~20min，样品溶液现配在30min内趁热用自动电位滴定仪进行0.05mol/L氢氧化钠标准滴定溶液测定（自动电位滴定仪滴定温度设定为45℃，并将测定的结果用空白试验校正）。

7.3.2.5 试验数据处理
试样中吡咯并喹啉醌二钠的含量以质量分数ω_2计，数值以百分含量（%）表示，按公式（2）计算：

$$\omega_2 = \frac{(V - V_0) \times c \times 0.37417}{m \times (1 - \omega_3)} \times 100 \qquad (2)$$

式中：
V——试样消耗氢氧化钠标准滴定溶液体积的数值，单位为毫升（mL）；
V_0——空白试样消耗氢氧化钠标准滴定溶液体积的数值，单位为毫升（mL）；
c——氢氧化钠标准滴定溶液浓度，单位为摩尔每升（mol/L）；
0.37417——与1.00mL氢氧化钠标准溶液[$c(\text{NaOH}) = 0.1\text{mol/L}$]以克表示的吡咯并喹啉醌二钠的质量，单位为克每毫摩尔（g/mmol）；
m——试样质量，单位为克（g）；
ω_3——干燥失重，单位为百分数（%）。

7.3.2.6 结果显示

测定结果以两次平行测定的算术平均值表示,结果保留至小数点后一位。

7.3.2.7 精密度

在重复性条件下,两次独立测定的绝对差值不小于0.3%。

7.4 干燥失重

7.4.1 试验步骤

将洁净的称量瓶放入180℃±2℃干燥箱中,取下称量瓶盖并放在称量瓶边上。干燥30min后盖上称量瓶盖,将称量瓶取出,放在干燥器中冷却至室温(重复操作的冷却时间一定要相同)。称量,精确至0.1mg,反复操作,直至恒重。

称取试样约1.0g,精确至0.1mg。将试料置于180℃干燥恒重的称量瓶中,于180℃干燥箱中干燥4h,盖上称量瓶盖,将称量瓶取出,放在干燥器中冷却至室温,称量,精确至0.1mg,反复操作,直至恒重。重复干燥时间为30min。如果两次称量值的变化小于等于试料质量的0.1%,则以第一次称量的质量,计算干燥失重的含量。

7.4.2 试验数据处理

试样中干燥失重以质量分数 ω_3 计,数值以百分含量(%)表示,按公式(3)计算:

$$\omega_3 = \frac{m_2 - (m_3 - m_1)}{m_2} \times 100 \tag{3}$$

式中:

m_1——称量瓶的质量,单位为克(g);

m_2——试样的质量,单位为克(g);

m_3——称量瓶和干燥后试料的质量,单位为克(g)。

7.4.3 结果显示

测定结果以两次平行测定的算术平均值表示,结果保留至小数点后一位。

7.4.4 精密度

在重复性条件下,两次独立测定的绝对差值不大于0.2%。

7.5 重金属

7.5.1 试剂

7.5.1.1 硫酸。

7.5.1.2 硝酸。

7.5.1.3 盐酸。

7.5.1.4 盐酸溶液(6mol/L):量取250mL盐酸,倒入适量水中,用水稀释到至500mL。

7.5.1.5 硫化钠-丙三醇溶液:称取5g硫化钠,溶于10mL水和30mL丙三醇的混合液中,避光密封保存,有效期一个月。

7.5.1.6 硝酸溶液(100mL/L):吸取硝酸100mL,缓慢加入到80mL水中,冷却后用水稀释至1000mL。

7.5.1.7 铅标准储备溶液(0.1mg/mL):称取0.160g硝酸铅,用10mL硝酸溶液

(7.5.1.6) 溶解，移入1000mL容量瓶中，稀释至刻度。

7.5.1.8 铅标准工作溶液（10μg/mL）：精密量取铅标准储备溶液（7.5.1.7）1mL，置于10mL量瓶中，用水稀释至刻度摇匀。

7.5.2 测定与结果判定

7.5.2.1 试样溶液的制备

称取试样约1.0g，精确至10mg，置于刚玉坩埚中，加入适量硫酸浸润试样，于电炉上小火炭化后，加2mL硝酸和5滴硫酸，小心加热直到白色烟雾挥尽，移入马弗炉中，于500℃灰化完全，冷却后取出，加2mL盐酸溶液（6mol/L）湿润残渣，于水浴上慢慢蒸发至干。用1滴浓盐酸湿润残渣，并加10mL水，于沸水浴上再次加热2min，将溶液移入50mL比色管中，如有必要应过滤，用少量水洗涤坩埚和滤器，洗涤液一并移入比色管中，作为试样溶液。在试样灰化同时，另取一坩埚，同时做试剂空白试验。其余按GB/T 9735—2008中5.2规定的硫化钠-丙三醇比色法进行。

7.5.2.2 标准溶液的制备

取铅标准工作溶液（7.5.1.8）1mL，按试样溶液的制备（7.5.2.1）同法处理。

7.5.2.3 结果判定

试样溶液所呈的暗色浅于标准溶液的颜色，判定为符合规定。

7.6 总砷

7.6.1 试剂

7.6.1.1 盐酸。

7.6.1.2 无砷锌粒。

7.6.1.3 硝酸镁溶液（150g/L）：称取30g硝酸镁溶于水中，并稀释至200mL。

7.6.1.4 盐酸溶液（3mol/L）：量取250mL盐酸，倒入适量水中，用水稀释到至1L。

7.6.1.5 碘化钾溶液（150g/L）：称取75g碘化钾溶于水中，定容至500mL，贮存于棕色瓶中。

7.6.1.6 酸性氯化亚锡溶液（400g/L）：称取20g氯化亚锡溶于50mL盐酸中，加入数颗金属锡粒，可用一周。

7.6.1.7 二乙胺基二硫代甲酸银（Ag-DDTC）-三乙胺-三氯甲烷吸收液（2.5g/L）：称取2.5g（精确至0.0001g）Ag-DDTC于干燥的烧杯中，加适量三氯甲烷待完全溶解后，转入1 000mL容量瓶中，加入20mL三乙胺，用三氯甲烷定容，于棕色瓶中存放在冷暗处。若有沉淀过滤后使用。

7.6.1.8 氢氧化钠溶液：200g/L。

7.6.1.9 硫酸溶液（60mL/L）：吸取硫酸6.0mL，缓慢加入到80mL水中，冷却后用水稀释至100mL。

7.6.1.10 砷标准储备溶液（1.0mg/mL）：精确称取0.660g三氧化砷（110℃，干燥2h），加5mL氢氧化钠溶液（7.6.1.8）使之溶解，然后加入25mL硫酸溶液（7.6.1.9）中和，定容至500mL。此溶液每毫升含1mg砷，于塑料瓶中冷藏贮存。

7.6.1.11 砷标准工作溶液（1.0μg/mL）：精密量取砷标准储备溶液

(7.6.1.10) 5.00mL，置于100mL量瓶中，加水定容，此溶液含砷50μg/mL。准确吸取50μg/mL砷标准溶液2.00mL，于100mL容量瓶中，加1mL盐酸，加水定容，摇匀，此溶液每毫升相当于1.0μg砷。

7.6.2 测定与结果判断

按GB/T 13079—2006中的5规定的银盐法执行，其中试样处理按照5.4.1.3干灰化法处理。

8 检验规则

产品应由公司质量检验部门进行检验，公司应保证所有出厂产品都符合本标准的要求。每批出厂的产品必须附有检验合格证明。

8.1 组批

以相同材质、相同的生产工艺、连续生产或同一班次生产的均匀一致的产品为一批。

8.2 出厂检验

表1项目中，吡咯并喹啉醌二钠含量、干燥失重、重金属、总砷为出厂检验项目。

8.3 型式检验

型式检验项目为第5章的全部要求。产品正常生产时，每半年至少进行一次型式检验，但有下列情况之一时，亦应进行型式检验：

a) 产品定型时；

b) 生产工艺或原料来源有较大改变，可能影响产品质量时；

c) 停产三个月以上，重新恢复生产时；

d) 出厂检验结果与上次型式检验结果有较大差异时；

e) 饲料行政管理部门提出检验要求时。

8.4 判定规则

8.4.1 所验项目全部合格，判定为该批次合格。

8.4.2 检验结果有任何指标不符合本文件规定时，可自同批产品中重新加一倍取样进行复检。复检结果有一项指标不符合本文件规定时，即判定该批产品不合格。

8.4.3 各项指标的极限数值判定按GB/T 8170中修约值比较法执行。

9 标签、包装、运输、贮存和保质期

9.1 标签

按GB/T10648执行。

9.2 包装

采用铝箔袋进行包装，正确称量，封口。

9.3 运输

运输中防止包装破损、日晒、雨淋、禁止与有毒有害物质共存。

9.4 贮存

贮存于干燥、洁净、通风的库房内，防潮、防晒、防雨淋，禁止与有毒有害物质混贮。

9.5 保质期

本产品在上述贮存条件以及包装完好的情况下，保质期为24个月。

附录 A
（规范性）
吡咯并喹啉醌二钠标准品红外光谱图和液相色谱图

A.1 吡咯并喹啉醌二钠标准品红外光谱图见图 A.1。

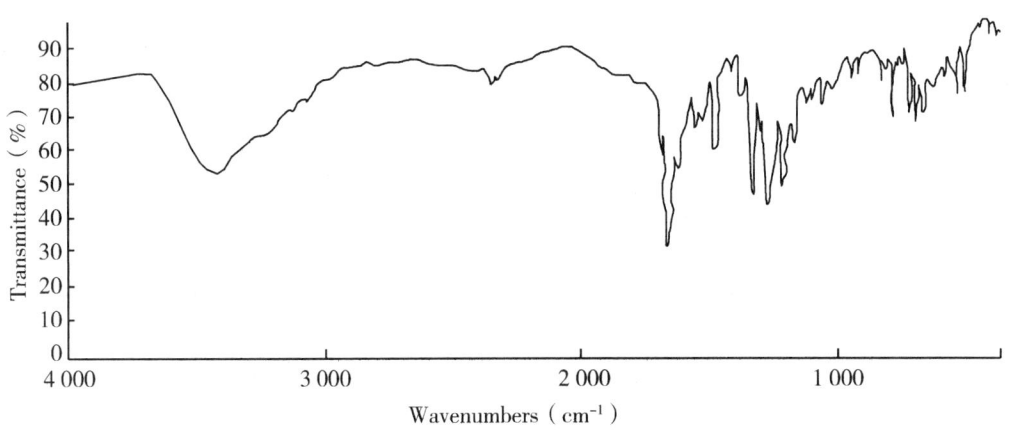

图 A.1 吡咯并喹啉醌二钠标准品红外光谱图

A.2 吡咯并喹啉醌二钠标准品液相色谱图见图 A.2。

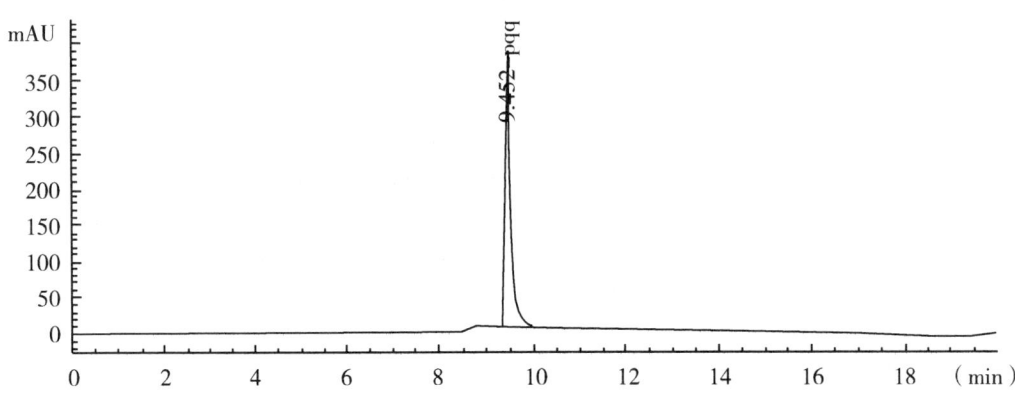

图 A.2 吡咯并喹啉醌二钠标准品液相色谱图

附录 B
（规范性）
产品使用说明书

【新产品证书号】
【生产许可证号】
【产品批准文号】
【执行标准】

饲料添加剂 吡咯并喹啉醌二钠 使用说明书

【产品名称】吡咯并喹啉醌二钠
【英文名称】Pyrroloquinoline quinine disodium salt
【有效成分】吡咯并喹啉醌二钠（$C_{14}H_4N_2Na_2O_8$）
【性状】红褐色粉末，无臭
【产品成分分析保证值】

项目	指标
吡咯并喹啉醌二钠含量（以 $C_{14}H_4N_2Na_2O_8$ 干基计）（%）	≥98.0
干燥失重（%）	≤12.0
重金属（以 Pb 计）（mg/kg）	≤10
总砷（以 As 计）（mg/kg）	≤2.0

【作用功效】提高肉仔鸡抗氧化能力
【作用范围】肉仔鸡
【用法与用量】在肉仔鸡配合饲料中推荐添加 0.1~0.2mg/kg
【净含量】
【保质期】24 个月
【贮运】贮存在干燥、洁净、通风的库房内，防潮、防晒、防雨淋，防止与有毒有害物质混贮。
【生产企业】
    地址   邮编
    电话   传真
    网址   邮箱

附录C
（规范性）
产品标签

【新产品证书号】	【生产许可证号】
【产品批准文号】	【执行标准】

饲料添加剂
吡咯并喹啉醌二钠
Pyrroloquinoline quinine disodium salt

【产品名称】吡咯并喹啉醌二钠

【产品成分分析保证值】

项目	指标
吡咯并喹啉醌二钠含量（以 $C_{14}H_4N_2Na_2O_8$ 干基计）（%）	≥98.0
干燥失重（%）	≤12.0
重金属（以 Pb 计）（mg/kg）	≤10
总砷（以 As 计）（mg/kg）	≤2.0

【有效成分】吡咯并喹啉醌二钠（$C_{14}H_4N_2Na_2O_8$）

【作用功效】提高肉仔鸡抗氧化能力

【作用范围】肉仔鸡

【用法与用量】在肉仔鸡配合饲料中推荐添加 0.1~0.2mg/kg

【净含量】

【保质期】24 个月

【贮运】贮存在干燥、洁净、通风的库房内，防潮、防晒、防雨淋，防止与有毒有害物质混贮。

【生产企业】
   地址   邮编
   电话   传真

【生产日期】

【生产批号】

六、进口登记、进出口管理及服务

关于进口饲料和饲料添加剂
登记申请材料要求的公告

(农业部公告2014年第2109号发布,农业部令2016年第3号、农业农村部公告2019年第226号修订)

为进一步规范进口饲料和饲料添加剂登记、新饲料和新饲料添加剂审定工作,指导行政许可申请人正确理解审批要求,根据《饲料和饲料添加剂管理条例》(国务院令第609号)及其配套规章,我部制定了《进口饲料和饲料添加剂登记申请材料要求》《进口饲料和饲料添加剂续展登记申请材料要求》《进口饲料和饲料添加剂变更登记申请材料要求》《新饲料添加剂申报材料要求》,现予公布,自2014年7月1日起施行。农业部2006年2月28日发布的第611号公告同时废止。

特此公告。

附件:1. 进口饲料和饲料添加剂登记申请材料要求
   2. 进口饲料和饲料添加剂续展登记申请材料要求
   3. 进口饲料和饲料添加剂变更登记申请材料要求
   4. 新饲料添加剂申报材料要求(2019年第226号公告废止)

农业部

2014年6月5日

附件1：
进口饲料和饲料添加剂登记申请材料要求

一、登记范围

由境外企业生产的、首次向中国境内出口的饲料和饲料添加剂。我国香港、澳门特别行政区和台湾生产的饲料和饲料添加剂产品参照本要求申请登记。

本要求所指的饲料，是指经工业化加工、制作的供动物食用的产品，包括单一饲料、添加剂预混合饲料、浓缩饲料、配合饲料和精料补充料。

本要求所指的饲料添加剂，是指在饲料加工、制作、使用过程中添加的少量或者微量物质，包括营养性饲料添加剂和一般饲料添加剂。

二、申请材料格式要求

（一）申请材料见《进口饲料和饲料添加剂登记申请材料一览表》（表1，以下简称《一览表》）。

（二）申请材料中、英文对照，中文在前，英文在后；我国香港、澳门特别行政区和台湾的登记申请，仅需提供简体中文申请材料。申请材料一式两份，原件和复印件各一份。

（三）申请材料中的官方证明文件使用生产地官方语言出具，由非英语国家（地区）出具的官方证明文件还应提供英文或中文翻译件。

（四）申请材料原件使用生产企业文头纸出具，由生产企业负责人签字并加盖公章；中文翻译件由中国境内代理机构出具并加盖公章。

（五）中文翻译件使用A4规格纸、小三号宋体打印，内容清晰、整洁、无涂改。

（六）申请材料按《一览表》的顺序装订成册，标注页码并形成目录，各项材料之间使用明显的区分标志。装订过程中，不得拆分官方证明文件。

（七）前次申请未予批准的，再次提交材料时应当提供《农业部行政审批综合办公办结通知书》复印件，并附修改说明。

（八）材料中不得夹带与申请无关的信息。

三、申请表填写要求

《进口饲料和饲料添加剂登记申请表》（表2）使用中、英文对照填写，由申请企业负责人和境内代理机构负责人签字并加盖公章。

（一）商品名称：生产地销售时使用的商品名称和在中国销售时拟使用的中文商品名称。中文商品名称应简明、易懂，符合中文语言习惯，不得全部使用外文字母、符号、汉语拼音和数字表示。

（二）通用名称：能够反映饲料和饲料添加剂产品的真实属性，符合《饲料标签》（GB 10648）标准规定。

（三）产品类别：按照单一饲料、添加剂预混合饲料、浓缩饲料、配合饲料、精料补充料、饲料添加剂、混合型饲料添加剂分类填写。

混合型饲料添加剂是指由一种或一种以上饲料添加剂与载体或稀释剂按一定比例混合，但不属于添加剂预混合饲料的饲料添加剂产品。

（四）感官：产品的颜色、气味、形状（粉末、颗粒、块状等）和状态（固态、液态等）。

（五）技术指标：按照产品的质量标准，填写产品理化指标和卫生指标及其控制值。

（六）使用方法：产品的适用范围、用法、添加量和注意事项。

（七）生产厂家：产品的生产企业名称和生产地址。工船加工的鱼粉，填写工船名称及编号。

（八）申请企业：一般与生产厂家名称和生产地址相同，也可填写总公司名称和地址。工船加工的鱼粉，填写总公司名称和地址。

（九）境内代理机构：办理登记的代理机构名称、通讯地址、邮政编码、联系人、联系电话及传真。

四、申请材料内容要求

（一）境内代理机构资质证明

1. 境外企业委托其常驻中国代表机构申请进口登记的，提供《外国企业常驻中国代表机构登记证》复印件并加盖公章。

2. 境外企业委托其他境内代理机构申请进口登记的，提供代理机构《企业法人营业执照》复印件并加盖企业公章。

（二）委托书

委托书由境外企业出具、负责人签署并经生产地第三方公证机构公证。委托书内容应包括委托和受托单位名称及地址、委托事项、委托办理登记产品的商品名称等信息。

（三）生产地批准生产、使用的证明

1. 申请登记的产品及其主要成分在生产地允许作为饲料、饲料添加剂生产、使用的证明文件。

2. 生产地官方机构出具的允许生产企业生产该饲料、饲料添加剂的证明文件。

3. 生产地官方机构出具的自由销售证明，证明应包含产品的商品名称、生产企业名称和地址等内容，并声明该产品在生产地生产、销售和使用不受限制。

4. 官方证明文件应由中国驻生产地使馆认证，由非英语国家（地区）出具的官方证明文件应将官方证明文件和中文或英文翻译件一并公证。

（四）产品理化性质

包括感官性状（色、味、存在状态等）和物理化学参数（如沸点、熔点、比重、折光率、在常见溶媒中的溶解度、对光或热的稳定性等）。

（五）产品来源、组成成分

1. 产品来源（农业部令第3号修订）：说明产品的动物性、植物性来源或化工合成使用的初始原料。微生物产品或发酵制品，还应当提供生产所用菌株的保藏情况说明，说明中应包括菌株的属名、种名、保藏机构等信息。

2. 组成成分：产品的原料组成或有效组分。

使用转基因原料或采用转基因技术生产的，应按照中国转基因管理的有关规定获得批准。

（六）制造方法

包括生产工艺流程图和文字说明。生产工艺流程图应体现生产过程的完整步骤；文字说明应体现工艺流程中的技术条件和加工方法、所用的原料和设备、生产过程和步骤。微生物产品或发酵制品，还应说明使用的培养基成分。

（七）质量标准和检测方法

1. 质量标准：包括理化指标和卫生指标及其控制值，并符合生产地和中国相关法律法规和技术规范的要求。

2. 检测方法：采用国际标准化组织/国际电工委员会（ISO/IEC）、美国公职化学分析家协会（AOAC）等国际标准的，应标明标准编码；采用其他检测方法的，应提供详细的检测操作规程。

申报产品存在二噁英风险的，应提供由生产地认证的检测机构出具的二噁英检测报告。

（八）生产地使用的标签、中文标签式样和商标

1. 生产地使用的标签：在生产地使用的标签实样或清晰的标签照片。

2. 中文标签式样：拟使用的中文标签，标签应符合《饲料标签》（GB 10648）标准的规定。

3. 商标：已在中国注册商标的，提供商标式样。

（九）使用目的、适用范围和使用方法

详细说明产品的功能用途、适用范围、添加量及使用时的注意事项。产品在使用过程中有最高限量要求的，还应当提供最高限量值。

（十）包装材料、包装规格、保质期和贮存条件

说明产品所使用的包装材料、单位包装的净含量、保质期、贮存条件和贮存注意事项。

（十一）生产地以外其他国家、地区的登记材料和产品推广应用情况

产品在其他国家、地区获得进口许可的，还应提供相关登记许可证明文件复印件，并简要描述在生产地及其他国家、地区的推广应用情况。

（十二）需技术评审的产品还应提交以下申请材料

1. 有效组分的化学结构鉴定报告或动物、植物、微生物的分类鉴定报告（农业部令第 3 号修订）

化学上可定义物质：应准确鉴定申报产品的有效组分，并说明确认实验所用主要仪器和测试方法。例如，红外光谱、紫外光谱、质谱、核磁共振、化学官能团的特征反应等。

酶制剂：应提供能够证明酶制剂来源与结构的鉴定报告。

微生物：应通过菌株的形态学、生理生化特性、分子生物学特性等方法，鉴定至少

到种。

微生物发酵制品：应提供前款所述微生物的菌种鉴定报告。

2. 有效性评价试验报告

对于需要通过靶动物试验评定有效性的产品，应提供由农业部指定的评价试验机构出具的试验报告；靶动物有效性试验应按照农业部发布的技术指南或国家、行业标准进行。农业部技术指南、国家或行业标准规定的可以进行数据外推的情形除外。

对于不需要通过靶动物试验评定有效性的产品，应根据产品用途，提供依据规范或公认的方法测定的特性效力的试验报告，如抗氧化剂效力和防霉剂效力测试等。试验应选取申报产品适用饲料类别中的代表性产品进行。试验报告应由中国省部级以上大专院校、科研单位或检测机构等出具。

上述报告出具机构不得与申报产品的研制单位、生产企业存在利害关系。

3. 安全性评价试验报告

包括靶动物耐受性评价报告、毒理学安全评价报告、代谢和残留评价报告、菌株安全性评价报告。应提供由农业部指定的评价试验机构出具的报告，评价试验应按照农业部发布的技术指南或国家、行业标准进行。农业部暂未发布指南或暂无国家、行业标准的，可以参照世界卫生组织（WHO）、国际食品法典委员会（CAC）、经济合作与发展组织（OECD）等国际组织发布的规范或指南进行。安全性评价报告的出具机构不得与申报产品的研制单位、生产企业存在利害关系。

（1）靶动物耐受性评价报告

所有饲料添加剂均应提供靶动物耐受性评价报告。农业部技术指南、国家或行业标准规定的可以进行数据外推的情形除外。

（2）毒理学安全评价报告

包括急性毒性试验、遗传毒性试验、传统致畸试验、30天喂养试验、亚慢性毒性试验、慢性毒性试验（包括致癌试验）。企业应根据产品特性，按照农业部技术指南或国家、行业标准的规定选择需要开展的试验种类。

毒理学数据可采用国际组织［如联合国粮农组织和世界卫生组织下设的食品添加剂联合专家委员会（JECFA）等］或由通过良好实验规范（GLP）认证的实验室进行并公开发布的数据，但应保证评价对象的一致性。

（3）代谢和残留评价报告

化合物应进行代谢和残留评价，但以下情形除外：

——在饲用物质中天然存在并具有较高含量；

——化合物或代谢残留物是动物体液或组织的正常成分；

——可被证明是原形排泄或不被吸收；

——是以体内化合物的生理模式和生理水平被吸收；

——农业部技术指南、国家或行业标准规定的数据外推情形。

代谢和残留数据可采用国际组织［如WHO、联合国粮农组织（FAO）等］或由通过良好试验规范（GLP）认证的试验室进行并公开发布的数据，但应保证评价对象的一致性。

（4）菌株安全性评价报告

对于微生物及其发酵制品，应进行生产菌株安全性评价。公认安全的菌株除外。

4. 对人体健康造成影响的分析报告

应根据有效性和安全性评价试验结果以及相关产品信息，参照风险评估的方法就饲料添加剂对人体健康造成的影响进行评估分析，形成报告。

5. 产品稳定性试验报告

稳定性试验包括影响因素试验、加速试验和长期稳定性试验。应提供按照农业部相关技术指南开展的稳定性试验的报告。

6. 环境影响报告

应说明生产过程中产生的"三废"及处理措施。

7. 最高限量值和有效组分在饲料产品中的检测方法

在饲料产品中有最高限量要求的，应提供最高限量值和有效组分在饲料产品中的检测方法。

8. 主要参考文献

产品开发、研制和生产中参考的文献。

五、质量复核检测要求

申请人在收到受理通知单后，应当在 15 个工作日内将受理通知单、产品样品和检测报告送交农业部指定的检测机构进行产品质量复核检测。每个产品提供 3 个不同批次的样品和对应的检测报告，每个批次 2 份样品；每份样品不少于检测需要量的 5 倍。

复核检测费用由申请人承担。必要时，申请人应配合提供检测需要的标准品或化学对照品。

表 1 进口饲料和饲料添加剂登记申请材料一览表

序号	申请材料	不需评审产品	需评审产品
1	目录	√	√
2	进口饲料和饲料添加剂登记申请表	√	√
3	境内代理机构资质证明	√	√
4	委托书	√	√
5	生产地批准生产、使用的证明	√	√
6	产品理化性质	√	√
7	产品来源、组成成分	√	√
8	制造方法	√	√
9	质量标准和检测方法	√	√
10	生产地使用的标签、中文标签式样和商标	√	√
11	使用目的、适用范围和使用方法	√	√

(续表)

序号	申请材料	不需评审产品	需评审产品
12	包装材料、包装规格、保质期和贮存条件	√	√
13	生产地以外其他国家、地区的登记材料和产品推广应用情况	√	√
14	有效组分的化学结构鉴定报告或动物、植物、微生物的分类鉴定报告		√
15	有效性评价试验报告		√
16	安全性评价试验报告		√
17	对人体健康造成影响的分析报告		√
18	产品稳定性试验报告		√
19	环境影响报告		√
20	最高限量值和有效组分在饲料产品中的检测方法		√
21	主要参考文献		√

注："√"表示必需的申请材料。

表2 进口饲料和饲料添加剂登记申请表

Table 2 Applicant Form for Registration of Import Feed or Feed Additives

商品名称： Trade Name	通用名称： Common Name
产品类别： Product Classification	感官： Organoleptic Quality
技术指标： Guaranteed Analysis and Hygienic Index	
使用方法： Usage and Dosage	
生产厂家： Manufactory	
申请企业： Applicant Company	

(续表)

境内代理机构： Domestic Agent	
申请企业负责人签字： Signature of Applicant Company 公章（Seal）	境内代理机构负责人签字： Signature of Domestic Agent 公章（Seal）

1. 境内代理机构应当如实向农业部提交有关材料，对翻译材料的准确性负责。

2. 境外企业、境内代理机构隐瞒有关情况或者提供虚假材料的，按照《进口饲料和饲料添加剂登记管理办法》第二十九条规定承担相应的法律责任。

1. The domestic agent should submit the genuine documents to the MOA and take full responsibility for the accuracy of the translations.

2. According to Article 29 of *the Measures for the Administration of Registration of Import Feed and Feed Additives*, foreign company and domestic agent have to bear corresponding legal liabilities if they hide relevant information on purpose or provide forged documents.

附件2：
进口饲料和饲料添加剂续展登记申请材料要求

一、登记范围

进口登记证期满后，境外企业仍需继续在中国境内销售产品的，应当在进口登记证有效期届满6个月前申请续展登记。

二、申请材料格式要求

（一）申请材料见《进口饲料和饲料添加剂续展登记申请材料一览表》（表1，以下简称《一览表》）。

（二）申请材料中、英文对照，中文在前，英文在后；我国香港、澳门特别行政区和台湾的登记申请，仅需提供简体中文申请材料。申请材料一式两份，原件和复印件各一份。

（三）申请材料中的官方证明文件使用生产地官方语言出具，由非英语国家（地区）出具的官方证明文件还应提供英文或中文翻译件。

（四）申请材料原件使用生产企业文头纸出具，由生产企业负责人签字并加盖公章；中文翻译件由中国境内代理机构出具并加盖公章。

（五）中文翻译件使用A4规格纸、小三号宋体打印，内容清晰、整洁、无涂改。

（六）申请材料按《一览表》的顺序装订成册，标注页码并形成目录，各项材料之间使用明显的区分标志。装订过程中，不得拆分官方证明文件。

（七）前次申请未予批准的，再次提交材料时应当提供《农业部行政审批综合办公办结通知书》复印件，并附修改说明。

（八）材料中不得夹带与申请无关的信息。

三、申请表填写要求

《进口饲料和饲料添加剂续展登记申请表》（表2）使用中、英文对照填写，由申请企业负责人和境内代理机构负责人签字并加盖公章。

（一）登记证号、商品名称、通用名称、发证日期：按照原进口登记证上的内容填写。

（二）境内销售代理商：指境外企业在中国境内设立的销售机构和直接从境外企业购买产品自用或者销售的国内一级代理商。信息内容包括企业或代理商名称、通讯地址、邮政编码、负责人姓名、联系电话、传真。有多家境内销售代理商的，应全部列出。

（三）境内代理机构：办理续展登记的代理机构名称、通讯地址、邮政编码、联系人、联系电话及传真。

（四）变更事项：办理续展登记时，境外企业可以根据需要同时办理变更事项。有变更要求的，应在相应的事项栏前画"√"，并填写变更信息。

四、申请材料内容要求

（一）进口登记证

进口登记证复印件。

（二）境内代理机构资质证明

1. 境外企业委托其常驻中国代表机构申请续展登记的，提供《外国企业常驻中国代表机构登记证》复印件并加盖公章。

2. 境外企业委托其他境内代理机构申请续展登记的，提供代理机构《企业法人营业执照》复印件并加盖企业公章。

（三）委托书

委托书由境外企业出具、负责人签署并经生产地第三方公证机构公证。委托书内容应包括委托和受托单位名称及地址、委托事项、委托办理续展登记产品的商品名称等信息。

（四）生产地批准生产、使用的证明

1. 申请登记的产品及其主要成分在生产地允许作为饲料、饲料添加剂生产、使用的证明文件。

2. 生产地官方机构出具的允许生产企业生产该饲料、饲料添加剂的证明文件。

3. 生产地官方机构出具的自由销售证明，证明应包含产品的商品名称、生产企业名称和地址等内容，并声明该产品在生产地生产、销售和使用不受限制。

4. 官方证明文件应由中国驻生产地使馆认证，由非英语国家出具的官方证明文件应将官方证明文件和中文或英文翻译件一并公证。

（五）质量标准、检测方法和质量检测报告

1. 质量标准：包括理化指标和卫生指标及其控制值，并符合生产地和中国相关法律法规和技术规范的要求。

2. 检测方法：采用国际标准化组织/国际电工委员会（ISO/IEC）、美国公职化学分析家协会（AOAC）等国际标准的，应标明标准编码；采用其他检测方法的，应提供详细的检验操作规程。

3. 每个产品提供3个批次样品的质量检测报告。申报产品存在二噁英风险的，还应提供由生产地认证的检测机构出具的二噁英检测报告。

（六）生产地使用的标签、中文标签和商标

1. 生产地使用的标签：在生产地使用的标签实样或清晰的标签照片。

2. 中文标签：在中国境内使用的中文标签实样或清晰的标签照片。

3. 商标：已在中国注册商标的，提供商标式样。

（七）变更说明

由生产厂家出具，具体说明变更的内容、原因。

（八）官方证明文件

生产地官方机构允许变更相关内容的文件。证明文件应由中国驻生产地使馆认证。

五、质量复核检测要求

申报产品符合《进口饲料和饲料添加剂登记管理办法》第十六条规定的，续展时还应提交样品进行复核检测。

申请人在收到受理通知单后，应当在15个工作日内将受理通知单、产品样品和检测报告送交农业部指定的检测机构进行产品质量复核检测。每个产品提供3个不同批次的样品和对应的检测报告，每个批次2份样品；每份样品不少于检测需要量的5倍。

复核检测费用由申请人承担。必要时，申请人应配合提供检测机构需要的标准品或化学对照品。

表1 进口饲料和饲料添加剂续展登记申请材料一览表

序号	申请材料	无变更要求	有变更要求
1	目录	√	√
2	进口饲料和饲料添加剂续展登记申请表	√	√
3	进口登记证	√	√
4	境内代理机构资质证明	√	√
5	委托书	√	√
6	生产地批准生产、使用的证明	√	√
7	质量标准、检测方法和质量检测报告	√	√
8	生产地使用的标签、中文标签和商标	√	√
9	变更说明		√

六、进口登记、进出口管理及服务

（续表）

序号	申请材料	无变更要求	有变更要求
10	官方证明文件		√

注："√"表示必需的申请材料。

表2 进口饲料和饲料添加剂续展登记申请表
Table 2 Applicant Form for Re-registration of Import Feed and Feed Additives

商品名称： Trade Name	通用名称： Common Name
登记证号： Number of Former License	发证日期： Date Issued
境内销售代理商： Domestic Sale Agent	
境内代理机构： Domestic Agent	
变更事项： Alteration	变更后名称： Present Name
□ 产品的中文或外文商品名称： (Name of the Product)	
□ 申请企业名称： (Name of the Applicant Company)	
□ 生产厂家名称： (Name of the Manufactory)	
□ 生产地址名称： (Name of the Manufactory Address)	
申请企业负责人签字： Signature of Applicant Company 盖章：(Seal)	境内代理机构负责人签字： Signature of Domestic Agent 盖章：(Seal)

1. 境内代理机构应当如实向农业部提交有关材料，对翻译材料的准确性负责。

2. 境外企业、境内代理机构隐瞒有关情况或者提供虚假材料的，按照《进口饲料和饲料添加剂登记管理办法》第二十九条规定承担相应的法律责任。

1. The domestic agent should submit the genuine documents to the MOA and take full responsibility for the accuracy of the translations.

2. According to Article 29 of *the Measures for the Administration of Registration of Import Feed and Feed Additives*, foreign company and domestic agent have to bear corresponding legal liabilities if they hide relevant information on purpose or provide forged documents.

附件 3：
进口饲料和饲料添加剂变更登记申请材料要求

一、登记范围

进口登记证有效期内，获证企业改变产品的中文或外文商品名称、申请企业名称、生产厂家名称、生产地址名称的，应申请变更登记。

二、申请材料格式要求

（一）申请材料见《进口饲料和饲料添加剂变更登记申请材料一览表》（表1，以下简称《一览表》）。

（二）申请材料中、英文对照，中文在前，英文在后；我国香港、澳门特别行政区和台湾的登记申请，仅需提供简体中文申请材料。申请材料一式两份，原件和复印件各一份。

（三）申请材料中的官方证明文件使用生产地官方语言出具，由非英语国家（地区）出具的官方证明文件还应提供英文或中文翻译件。

（四）申请材料原件使用生产企业文头纸出具，由生产企业负责人签字并加盖公章；中文翻译件由中国境内代理机构出具并加盖公章。

（五）中文翻译件使用 A4 规格纸、小三号宋体打印，内容清晰、整洁、无涂改。

（六）申请材料按《一览表》的顺序装订成册，标注页码并形成目录，各项材料之间使用明显的区分标志。装订过程中，不得拆分官方证明文件。

（七）前次申请未予批准的，再次提交材料时应当提供《农业部行政审批综合办公办结通知书》复印件，并附修改说明。

（八）材料中不得夹带与申请无关的信息。

三、申请表填写要求

《进口饲料和饲料添加剂变更登记申请表》（表2）使用中、英文对照填写，由申请企业负责人和境内代理机构负责人签字并加盖公章。

（一）登记证号、发证日期：按原进口登记证上的内容填写。

（二）变更事项：在相应的事项栏前画"√"。

（三）变更后名称：填写变更后的内容。

（四）境内代理机构：办理变更登记的代理机构名称、通讯地址、邮政编码、联系人、联系电话及传真。

四、申请材料内容要求

（一）进口登记证原件

（二）变更说明：由生产厂家出具，应说明变更的内容、原因。

（三）官方证明文件：生产地官方机构允许变更相关内容的文件。证明文件应由中国驻生产地使馆认证。

（四）境内代理机构资质证明

1. 境外企业委托其常驻中国代表机构申请变更登记的，提供《外国企业常驻中国代表机构登记证》复印件并加盖公章。

2. 境外企业委托其他境内代理机构申请变更登记的，提供代理机构《企业法人营业执照》复印件并加盖企业公章。

（五）委托书：委托书由境外企业出具、负责人签署并经生产地第三方公证机构公证。委托书内容应包括委托和受托单位名称及地址、委托事项、委托办理变更登记产品的商品名称等信息。

表1 进口饲料和饲料添加剂变更登记申请材料一览表

序号	申请材料
1	目录
2	进口饲料和饲料添加剂变更登记申请表
3	进口登记证原件
4	变更说明
5	官方证明文件
6	境内代理机构资质证明
7	委托书

表2 进口饲料和饲料添加剂变更登记申请表

Table 2 Applicant Form for Alter Registration of Import Feed and Feed Additives

登记证号： Number of Former License		发证日期： Date Issued	
变更事项： Alteration		变更后名称： Present Name	
☐ 产品的中文或外文商品名称： (Name of the Product)			
☐ 申请企业名称： (Name of the Applicant Company)			

(续表)

□ 生产厂家名称: (Name of the Manufactory)	
□ 生产地址名称: (Name of the Manufactory Address)	
境内代理机构: Domestic Agent	
申请单位负责人签字: Signatureof Applicant Company 盖章:(Seal)	境内代理机构负责人签字: Signatureof Domestic Agent 盖章:(Seal)

1. 境内代理机构应当如实向农业部提交有关材料,对翻译材料的准确性负责。

2. 境外企业、境内代理机构隐瞒有关情况或者提供虚假材料的,按照《进口饲料和饲料添加剂登记管理办法》第二十九条规定承担相应的法律责任。

1. The domestic agent should submit the genuine documents to the MOA and take full responsibility for the accuracy of the translations.

2. According to Article 29 of *the Measures for the Administration of Registration of Import Feed and Feed Additives*, foreign company and domestic agent have to bear corresponding legal liabilities if they hide relevant information on purpose or provide forged documents.

关于进口饲料和饲料添加剂登记网上申报的公告
（农业部公告 2014 年第 2153 号）

为加强进口饲料和饲料添加剂管理，规范进口产品登记审批工作，根据《饲料和饲料添加剂管理条例》《进口饲料和饲料添加剂登记管理办法》规定，现将进口登记管理相关事项公告如下。

一、自本公告发布之日起，进口饲料和饲料添加剂境内登记代理机构应登录服务器地址 http：//xzsp.moa.gov.cn 填写注册信息，并提交《外国企业常驻中国代表机构登记证》或《企业法人营业执照》正本扫描件（注册流程见附件1）。自 2014 年 10 月 1 日起，进口饲料和饲料添加剂登记审批仅接受已注册境内代理机构提交的申请材料。

二、自 2014 年 10 月 1 日起，进口饲料和饲料添加剂境内登记代理机构提交申请材料前，应登录服务器地址 http：//xzsp.moa.gov.cn 填写申请信息并在线打印《进口饲料和饲料添加剂登记申请表》《进口饲料和饲料添加剂续展登记申请表》或《进口饲料和饲料添加剂变更登记申请表》，申请表作为申报材料首页（申请流程见附件2）。

三、自本公告发布之日起，进口饲料和饲料添加剂登记信息查询系统正式启用。各级饲料管理部门、有关单位和个人可登录服务器地址 http：//202.127.42.188：8080/search 查询进口产品信息（查询方法见附件3）。

四、自本公告发布之日起，启用新版进口登记证，登记证式样见附件4。

附件：1. 新用户注册流程说明
   2. 进口登记证申请流程说明
   3. 信息查询系统使用说明
   4. 进口登记证式样

农业部
2014 年 9 月 16 日

附件1：

新用户注册流程说明

1 系统登录

打开 IE 浏览器，在地址栏输入服务器地址 http://xzsp.moa.gov.cn，打开"登录"页面，或者直接登录"农业部官方网站"进入"在线办事"后点击进入相关事项。如图 1-1 所示。

图 1-1 登录界面

2 新用户注册

首次登录的申请人，应先进行申请人注册，待农业部审核后，方可获取用户名及密码。

操作步骤：点击图 1-1 中【申请人注册】按钮，打开司局选择页面，如图 1-2 所示。

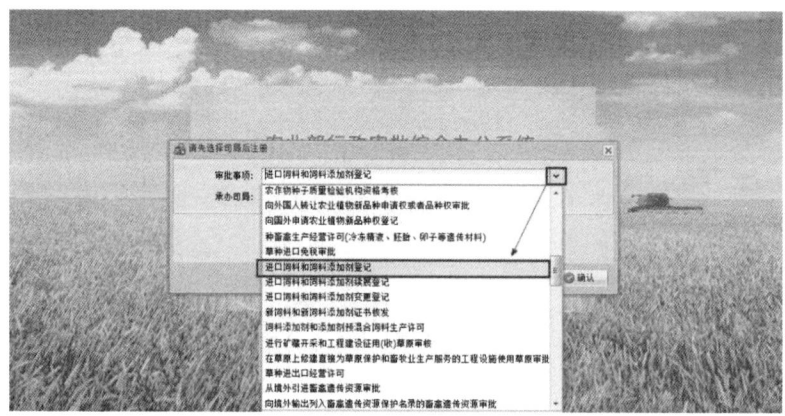

图 1-2 选择审批事项及司局界面

六、进口登记、进出口管理及服务

选择对应审批事项,以"进口饲料和新饲料添加剂证书登记"业务为例,选中此项后,系统自动引用所属司局,点击【确认】按钮,弹出申请人注册窗口,如图 1-3 所示。

图 1-3　申请人注册窗口显示界面

填写图 1-3 中注册信息,此项业务需要上传"企业法人营业执照"或者"外国企业常驻中国代表机构登记证"。点击【上传附件】按钮,进入"附件上传"界面,点击【上传文件】按钮,浏览上传目标文件,点击【上传】按钮,完成文件上传工作,如图 1-4 所示。

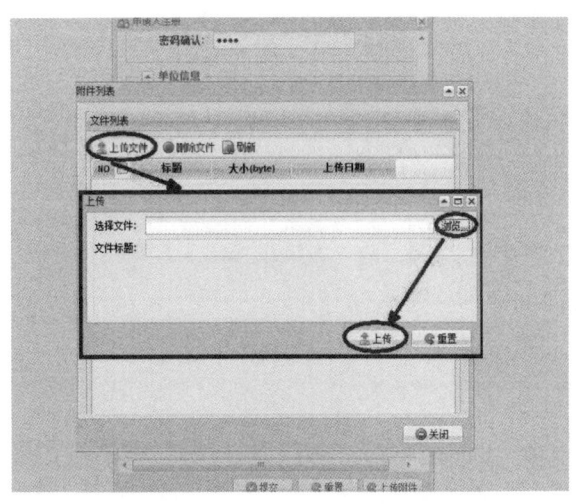

图 1-4　文件上传操作界面

待文件上传后，点击图 1-3 中【提交】按钮，弹出"审核后会短信通知"提示框，完成申请人注册。待账号审核通过后（短信通知申请人账号已审核通过），申请人便可登录系统，申报审批事项；审核未通过的，短信通知申请人未通过的理由，申请人可重新注册。

附件 2：
进口登记证申请流程说明

1 系统登录

打开 IE 浏览器，在地址栏输入服务器地址 http://xzsp.moa.gov.cn，打开"登录"页面，如图 2-1 所示。

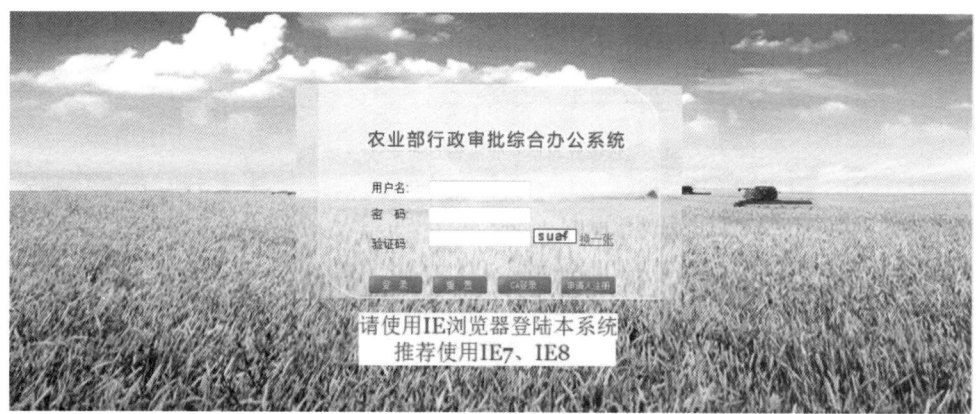

图 2-1 登录界面

2 申请流程

2.1 用户登录：申请人在图 2-1 页面输入"用户名""密码"及"验证码"，点击【登录】按钮，登录主页面，页面如图 2-2 所示。

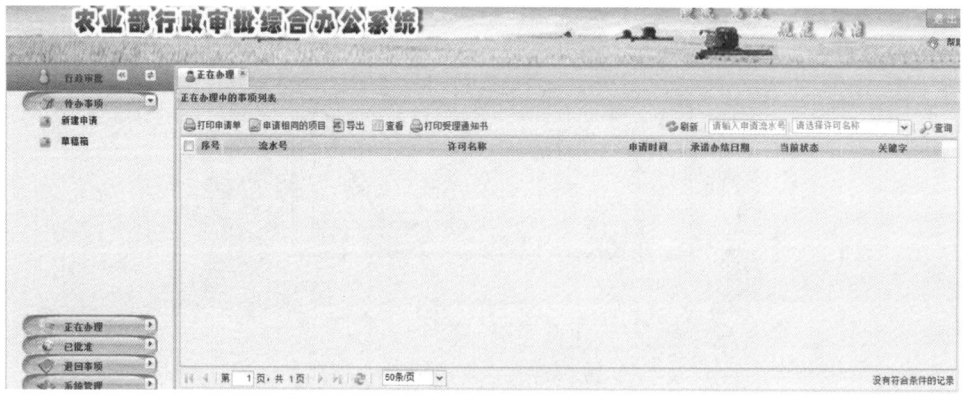

图 2-2 登录主页面

六、进口登记、进出口管理及服务

如图 2-2，页面的左侧为功能菜单，分为："待办事项""正在办理""已批准""退回事项"以及"系统管理"。页面的右侧为列表显示项，在右侧的列表中，系统默认显示"正在办理"的审批事项，用户可以在此列表中看到已填报的所有正在办理中的事项及其当前状态。

2.2　新建申请：用户登录系统后，点击"待办事项"中的"新建申请"，如图 2-3 所示。

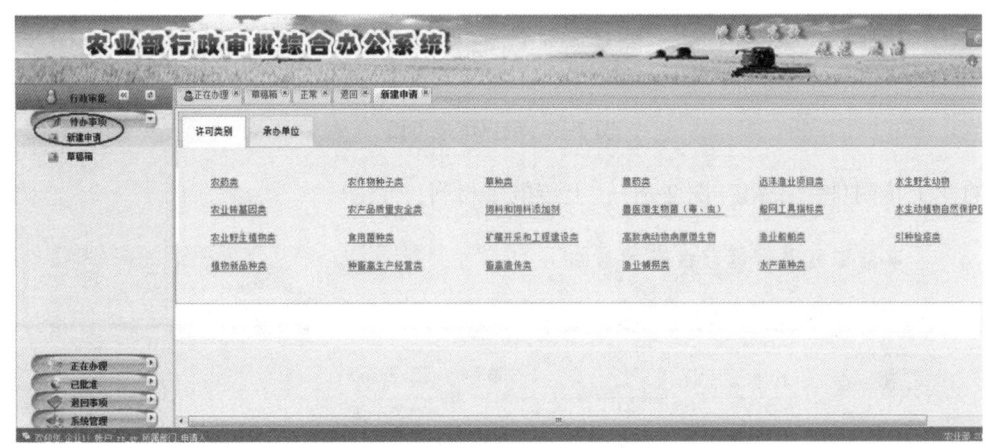

图 2-3　审批事项选择页面

2.3　选择办理事项：用户须选择对应的办理事项。进入"饲料和饲料添加剂"类别中，按照对应办理事项分别选择进入即可，以"进口饲料和饲料添加剂登记"事项为例，如图 2-4 所示。

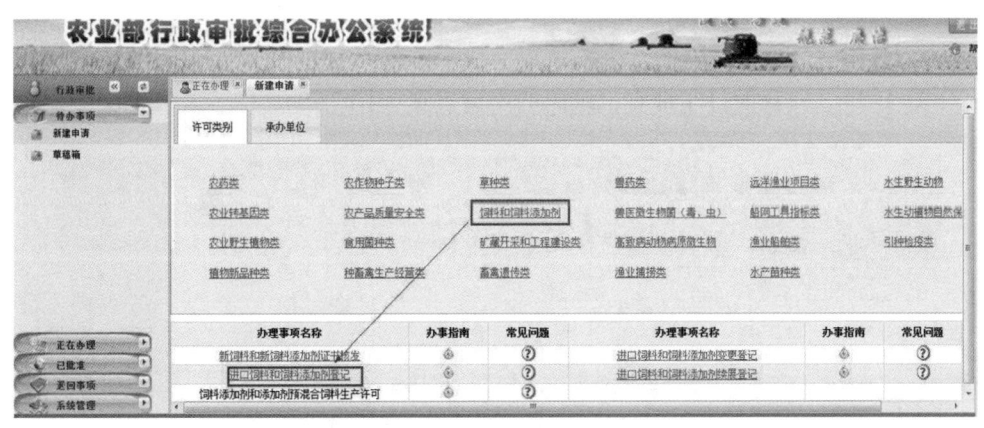

图 2-4　审批事项选择页面

2.4　填写信息采集表：点击进入后，页面显示"进口饲料和饲料添加剂登记信息采集表"填报页面，用户可以在此页面中进行申请表填写，申请时支持®、§、Ü 等常规的特殊字符，进入输入法特殊字符输入功能即可实现，如图 2-5 所示。

如图 2-5，填写完申请表后，若审批业务需要上传附件，用户可以点击填报页面下

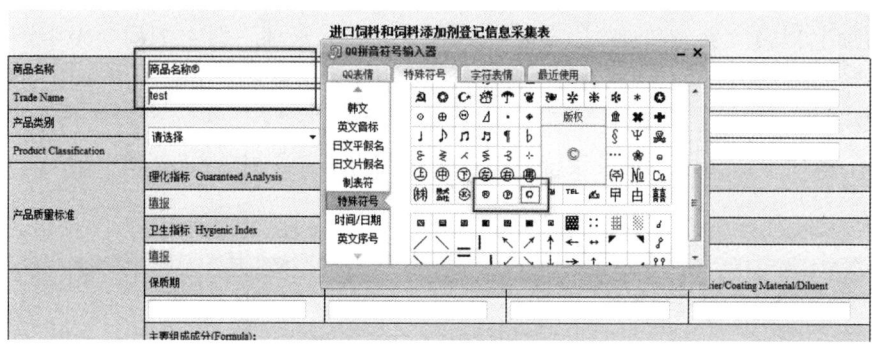

图 2-5 用户填报页面

方的"上传附件"按钮（图 2-6），上传电子材料。

图 2-6 上传附件页面

2.5 打印申请表：待附件及表单填写完成，点击【提交】按钮，完成审批事项的申报（图 2-7）。并双面打印带有二维码的申请表页（图 2-8）。

图 2-7 网上提交完成的页面

六、进口登记、进出口管理及服务

流水号:04050020140828-1

进口饲料和饲料添加剂登记申请表
Applicant Form for Alter Registration of Import Feed or Feed Additives

商品名称: Trade Name	红鱼粉（三级） Red Fishmeal（Ⅲ）		通用名称: Common Name		鱼粉 Fishmeal
产品类别: Product Classification			感官: Organoleptic Quality		棕色粉末 Brown Powder
技术指标: Guaranteed Analysis and Hygienic Index					
序号	理化指标		分析保证值		单位
	中文	英文			
1	粗蛋白质	Crude Protein	≥50		%
2	粗脂肪	Crude Fat	≤14		%
序号	卫生指标		控制值		单位
	中文	英文			
1	铅	Pb	≤10		mg/kg
2	砷	As	≤10		mg/kg
使用方法: Usage and Dosage	猪 3%～15%，鱼 20%～65%，虾 10%～20%。 Swine 3%～15%, Fish 20%～65%, Shrimp 10%～20%。				
生产厂家: Manufactory	名称 Name	A公司			
	地址 Address	A楼，B街道，C区，D国 A，B，C，D			
申请企业: Applicant Company	名称 Name	A公司 A			
	地址 Address	A楼，B街道，C区，D国 A，B，C，D			
境内代理机构: Domestic Agent	公司名称	北京A公司			
	通讯地址	街道8楼203			
	联系人	小王			
	联系电话	010-65033695			
	传真号码	010-65033695			
	邮箱地址	maming_zy@126.com			
申请企业负责人签字: Signature of Applicant Company			境内代理机构负责人签字: Signature of Domestic Agency		

图 2-8　申请表打印页面

3　草稿箱操作

用户可以点击页面左侧菜单栏"待办事项"中的"草稿箱"，找到未填写完成的审批事项，点击右侧的"企业填报"（图 2-9），进入填报页面继续上次的填报工作。

图 2-9　草稿箱页面

4 正在办理事项查询

用户登录系统后,系统默认进入"正在办理"页面;也可以点击页面左侧功能栏中的"正在办理",用户可以查询办理状态,如图 2-10 所示。

图 2-10 正在办理页面

5 退回事项查询

用户登录系统,点击页面左侧功能栏的"退回事项"中的"退回",可以查看申请人所有被退回的审批事项信息,在退回页面中用户还可以进行"重新申请此项目""导出""查看""打印办结通知书"的操作。如图 2-11 所示。

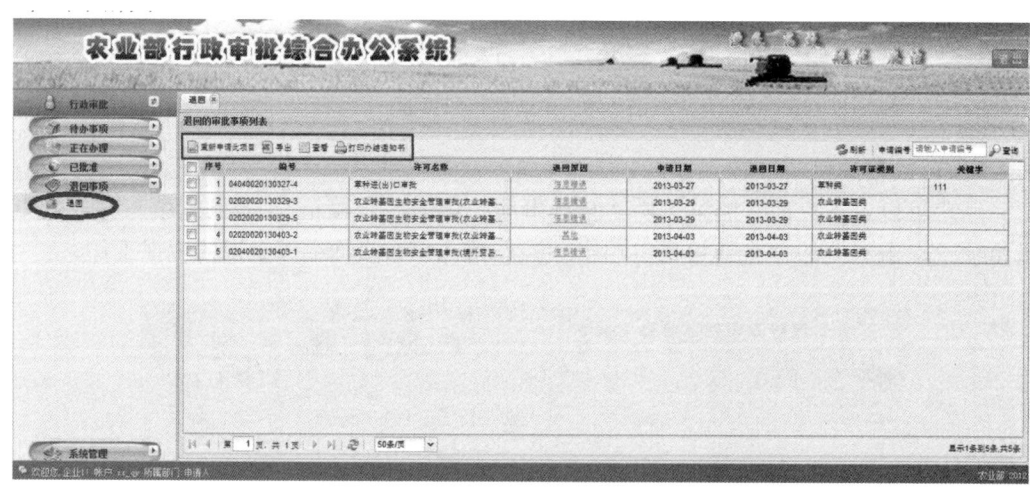

图 2-11 退回页面

6 账户管理

账户管理功能主要实现用户信息修改。点击页面左侧功能栏"系统管理"的"账户管理",系统会显示信息修改页面,修改完信息后点击【保存】按钮,完成信息修改操作。如图 2-12 所示。

图 2-12 账户管理页面

附件 3：

信息查询系统使用说明

1 系统登录

打开 IE 浏览器，在地址栏输入服务器地址 http：//202.127.42.188：8080/search，打开"查询"页面，或者通过"农业部官方网站"进入"在线办事"，点击进入"行政许可综合信息查询"即可。如下图所示：

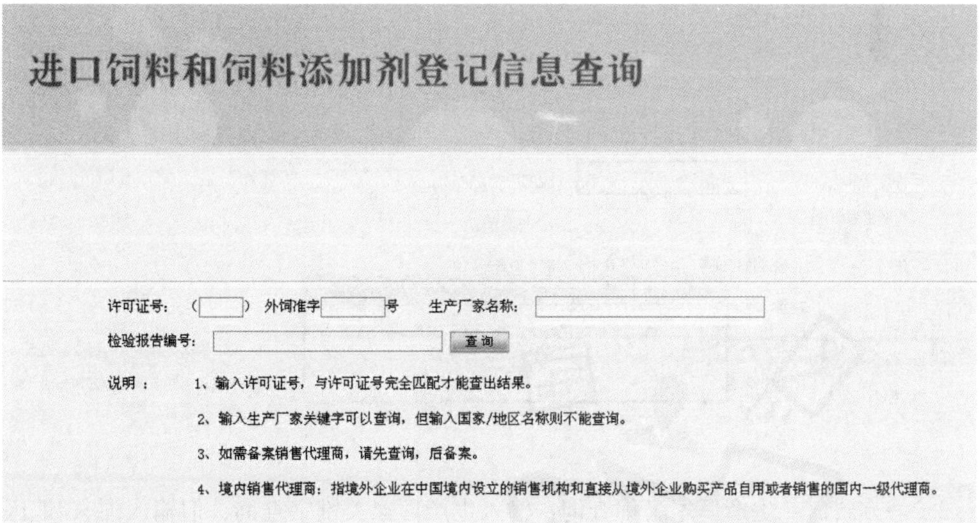

2 信息查询

2.1 方式一：许可证号查询：按照登记许可证上的许可证号，输入【年份】和【外饲准字】两个关键字（××××代表年份，查询时请输入实际年份），点击查询按钮，如下图所示：

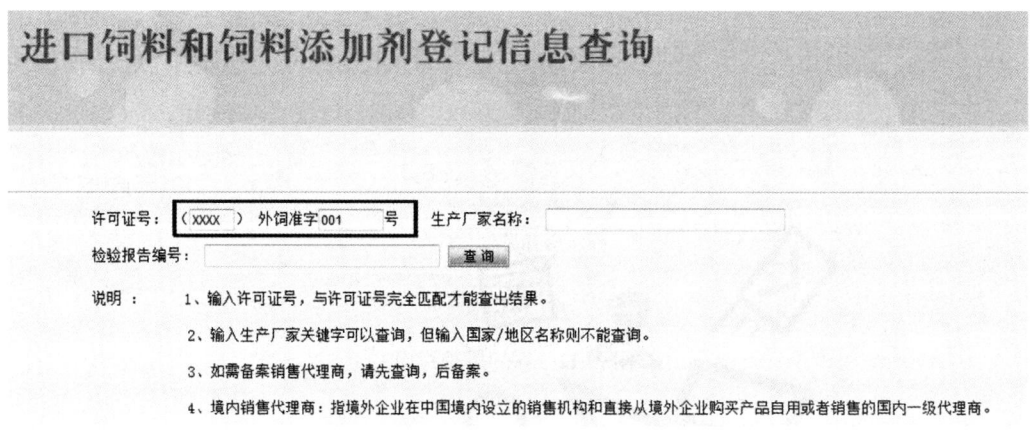

提示：只输入一个关键字，查询不到任何信息。系统提示【请输入"许可证号或生产厂家或检验报告编号"才能查询】，如下图所示：

2.2 方式二：生产厂家名称查询：输入生产厂家关键字查询，但输入国家/地区名称不能查询，系统提示【生产企业名称不能输入国家/地区的关键字（包括国家/地区的中文、英文）】，如下图所示：

2.3 方式三：检验报告编号查询：

附件 4：

进口登记证式样

关于进口饲料和饲料添加剂登记标准的公告

(农业部公告 2014 年第 2197 号)

根据《中华人民共和国行政许可法》和有关法律法规规章的规定，以及《农业部行政审批服务标准化建设行动方案》《农业部行政审批服务标准化建设试点项目实施方案》的安排要求，我部编制了《进口饲料和饲料添加剂登记标准》《新饲料和新饲料添加剂证书核发标准》（农业部第十六批行政审批服务标准），现予公告。自本公告发布之日起，农业部第 517 号公告中相应事项的办事指南废止。

附件：1. 进口饲料和饲料添加剂登记标准
   2. 新饲料和新饲料添加剂证书核发标准（略）

农业部
2014 年 12 月 24 日

附件1：

进口饲料和饲料添加剂登记标准

（NY/XZSP TG 302.55—2014）

1 项目类型

前审后批。

2 审批内容

2.1 是否属于进口饲料和饲料添加剂登记审批范围。

2.2 产品是否安全、有效、质量可控和不污染环境。

2.3 试验数据和相关证明材料是否真实可信。

2.4 产品质量标准是否符合生产地和中国的相关法律法规、技术规范的要求。

2.5 复核检测结果是否符合产品质量标准。

3 审批依据

3.1 《饲料和饲料添加剂管理条例》。

3.2 《进口饲料和饲料添加剂登记管理办法》。

3.3 《进口饲料和饲料添加剂登记申请材料要求》《进口饲料和饲料添加剂续展登记申请材料要求》《进口饲料和饲料添加剂变更登记申请材料要求》（以下简称《申请材料要求》）。

4 办事条件

4.1 首次向中国出口中国境内已经使用且出口国已经批准生产和使用的饲料、饲料添加剂的，需提供以下材料：

a）进口饲料和饲料添加剂登记申请表。

b）委托书和境内代理机构资质证明。

c）生产地批准生产、使用的证明，生产地以外其他国家、地区的登记资料，产品推广应用情况。

d）进口饲料的产品名称、组成成分、理化性质、适用范围、使用方法；进口饲料添加剂的产品名称、主要成分、理化性质、产品来源、使用目的、适用范围、使用方法。

e）生产工艺、质量标准、检测方法和检测报告。

f）生产地使用的标签、商标和中文标签式样。

g）微生物产品或发酵制品，还应当提供权威机构出具的菌株保藏证明。

h）按照《申请材料要求》提交其他相关材料。

4.2 首次向中国出口中国境内尚未使用但生产地已经批准生产和使用的饲料、饲料添加剂的，除提供4.1规定的材料外，还需提供以下材料：

a）有效组分的化学结构鉴定报告或动物、植物、微生物的分类鉴定报告。

b）农业部指定的试验机构出具的产品有效性评价试验报告、安全性评价试验报告

（包括靶动物耐受性评价报告、毒理学安全评价报告、代谢和残留评价报告等）；申请饲料添加剂进口登记的，还应当提供该饲料添加剂在养殖产品中的残留可能对人体健康造成影响的分析评价报告。

c) 稳定性试验报告、环境影响报告。

d) 在饲料产品中有最高限量要求的，还应当提供最高限量值和有效组分在饲料产品中的检测方法。

4.3 进口登记证有效期届满 6 个月前需要办理续展登记的，需提供以下材料：

a) 进口饲料和饲料添加剂续展登记申请表。

b) 进口登记证复印件。

c) 委托书和境内代理机构资质证明。

d) 生产地批准生产、使用的证明。

e) 质量标准、检测方法和检测报告。

f) 生产地使用的标签、商标和中文标签式样。

g) 按照《申请材料要求》提交其他相关材料。

4.4 进口登记证有效期内需要办理变更登记的，需提供以下材料：

a) 进口饲料和饲料添加剂变更登记申请表。

b) 委托书和境内代理机构资质证明。

c) 进口登记证原件。

d) 变更说明及相关证明文件。

5 办理程序

5.1 农业部行政审批办公大厅畜牧窗口审查中国境内代理机构递交的申请表及相关材料，申请材料齐全的予以受理。

5.2 农业部畜牧业司（全国饲料工作办公室）对申请材料进行技术审查。符合 4.2 规定情形的，转交全国饲料评审委员会进行专家评审。

5.3 农业部指定的饲料质检机构进行产品复核检测。

5.4 农业部畜牧业司（全国饲料工作办公室）根据审查意见和复核检测结果提出审批方案，报经部长审批后办理批件。

6 承诺时限

20 个工作日（需要专家评审的，专家评审时间不超过 6 个月；需要质量复核检测的，质量复核检测时间不超过 3 个月）。

7 收费标准

不收费。

关于进口鱼粉级别变更的公告

(农业部公告 2013 年第 1935 号)

为了加强进口鱼粉产品质量安全监管,保障相关贸易顺利开展,根据《饲料和饲料添加剂管理条例》《进口饲料和饲料添加剂管理办法》《饲料原料目录》和鱼粉国家标准(GB/T 19164—2003)的有关规定,现公告如下:

一、已登记的高级别进口鱼粉的生产厂家可将登记范围扩展为由低级至高级鱼粉。即登记为一、二级进口鱼粉的,可变更为"三级至一级"或"三级至二级"鱼粉,但不得低于鱼粉国家标准中的三级鱼粉标准。按照《进口饲料和饲料添加剂变更登记材料要求》(农业部公告第 611 号)的有关规定,申请办理鱼粉级别变更。申请事项为变更产品中文或英文商品名称。

二、按照《饲料原料目录》要求,自 2013 年 1 月 1 日起,所有向中国出口的鱼粉必须在其标签中标示挥发性盐基氮等强制性标识指标。

三、各级饲料管理部门应严格按照生产厂家申报的产品质量标准对进口鱼粉产品进行监管。饲料质检机构将采用鱼粉国家标准中的检测方法对其进行监督抽查检测。

中华人民共和国农业部

2013 年 5 月 6 日

进出口饲料和饲料添加剂检验检疫监督管理办法

(国家质检总局令第118号发布,第184号修订;海关总署令第238号、第240号、第243号修订)

第一章 总则

第一条 为规范进出口饲料和饲料添加剂的检验检疫监督管理工作,提高进出口饲料和饲料添加剂安全水平,保护动物和人体健康,根据《中华人民共和国进出境动植物检疫法》及其实施条例、《中华人民共和国进出口商品检验法》及其实施条例、《国务院关于加强食品等产品安全监督管理的特别规定》等有关法律法规规定,制定本办法。

第二条 本办法适用于进口、出口及过境饲料和饲料添加剂(以下简称饲料)的检验检疫和监督管理。

作饲料用途的动植物及其产品按照本办法的规定管理。

药物饲料添加剂不适用本办法。

第三条 海关总署统一管理全国进出口饲料的检验检疫和监督管理工作。

主管海关负责所辖区域进出口饲料的检验检疫和监督管理工作。

第二章 风险管理

第四条 海关总署对进出口饲料实施风险管理,包括在风险分析的基础上,对进出口饲料实施的产品风险分级、企业分类、监管体系审查、风险监控、风险警示等措施。

第五条 海关按照进出口饲料的产品风险级别,采取不同的检验检疫监管模式并进行动态调整。

第六条 海关根据进出口饲料的产品风险级别、企业诚信程度、安全卫生控制能力、监管体系有效性等,对注册登记的境外生产、加工、存放企业(以下简称境外生产企业)和国内出口饲料生产、加工、存放企业(以下简称出口生产企业)实施企业分类管理,采取不同的检验检疫监管模式并进行动态调整。

第七条 海关总署按照饲料产品种类分别制定进口饲料的检验检疫要求。对首次向中国出口饲料的国家或者地区进行风险分析,对曾经或者正在向中国出口饲料的国家或者地区进行回顾性审查,重点审查其饲料安全监管体系。根据风险分析或者回顾性审查结果,制定调整并公布允许进口饲料的国家或者地区名单和饲料产品种类。

第八条 海关总署对进出口饲料实施风险监控,制定进出口饲料年度风险监控计划，编制年度风险监控报告。直属海关结合本地实际情况制定具体实施方案并组织实施。

第九条 海关总署根据进出口饲料安全形势、检验检疫中发现的问题、国内外相关组织机构通报的问题以及国内外市场发生的饲料安全问题，在风险分析的基础上及时发布风险警示信息。

第三章 进口检验检疫

第一节 注册登记

第十条 海关总署对允许进口饲料的国家或者地区的生产企业实施注册登记制度，进口饲料应当来自注册登记的境外生产企业。

第十一条 境外生产企业应当符合输出国家或者地区法律法规和标准的相关要求，并达到与中国有关法律法规和标准的等效要求，经输出国家或者地区主管部门审查合格后向海关总署推荐。推荐材料应当包括：

（一）企业信息：企业名称、地址、官方批准编号。

（二）注册产品信息：注册产品名称、主要原料、用途等。

（三）官方证明：证明所推荐的企业已经主管部门批准，其产品允许在输出国家或者地区自由销售。

第十二条 海关总署应当对推荐材料进行审查。

审查不合格的，通知输出国家或者地区主管部门补正。

审查合格的，经与输出国家或者地区主管部门协商后，海关总署派出专家到输出国家或者地区对其饲料安全监管体系进行审查，并对申请注册登记的企业进行抽查。对抽查不符合要求的企业，不予注册登记，并将原因向输出国家或者地区主管部门通报；对抽查符合要求的及未被抽查的其他推荐企业，予以注册登记，并在海关总署官方网站上公布。

第十三条 注册登记的有效期为5年。

需要延期的境外生产企业，由输出国家或者地区主管部门在有效期届满前6个月向海关总署提出延期。必要时，海关总署可以派出专家到输出国家或者地区对其饲料安全监管体系进行回顾性审查，并对申请延期的境外生产企业进行抽查，对抽查符合要求的及未被抽查的其他申请延期境外生产企业，注册登记有效期延长5年。

第十四条 经注册登记的境外生产企业停产、转产、倒闭或者被输出国家或者地区主管部门吊销生产许可证、营业执照的，海关总署注销其注册登记。

第二节 检验检疫

第十五条 进口饲料需要办理进境动植物检疫许可证的，应当按照相关规定办理进境动植物检疫许可证。

第十六条 货主或者其代理人应当在饲料入境前或者入境时向海关报检，报检时应当提供原产地证书、贸易合同、提单、发票等，并根据对产品的不同要求提供输出国家或者地区检验检疫证书。

第十七条 海关按照以下要求对进口饲料实施检验检疫：

（一）中国法律法规、国家强制性标准和相关检验检疫要求。

（二）双边协议、议定书、备忘录。

（三）《进境动植物检疫许可证》列明的要求。

第十八条 海关按照下列规定对进口饲料实施现场查验：

（一）核对货证：核对单证与货物的名称、数（重）量、包装、生产日期、集装箱号码、输出国家或者地区、生产企业名称和注册登记号等是否相符。

（二）标签检查：标签是否符合饲料标签国家标准。

（三）感官检查：包装、容器是否完好，是否超过保质期，有无腐败变质，有无携带有害生物，有无土壤、动物尸体、动物排泄物等禁止进境物。

第十九条 现场查验有下列情形之一的，海关签发《检验检疫处理通知单》，由货主或者其代理人在海关的监督下，作退回或者销毁处理：

（一）输出国家或者地区未被列入允许进口的国家或者地区名单的。

（二）来自非注册登记境外生产企业的产品。

（三）来自注册登记境外生产企业的非注册登记产品。

（四）货证不符的。

（五）标签不符合标准且无法更正的。

（六）超过保质期或者腐败变质的。

（七）发现土壤、动物尸体、动物排泄物、检疫性有害生物，无法进行有效的检疫处理的。

第二十条 现场查验发现散包、容器破裂的，由货主或者代理人负责整理完好。包装破损且有传播动植物疫病风险的，应当对所污染的场地、物品、器具进行检疫处理。

第二十一条 海关对来自不同类别境外生产企业的产品按照相应的检验检疫监管模式抽取样品，出具《抽/采样凭证》，送实验室进行安全卫生项目的检测。

被抽取样品送实验室检测的货物，应当调运到海关指定的待检存放场所等待检测结果。

第二十二条 经检验检疫合格的，海关签发《入境货物检验检疫证明》，予以放行。

经检验检疫不合格的，海关签发《检验检疫处理通知书》，由货主或者其代理人在海关的监督下，作除害、退回或者销毁处理，经除害处理合格的准予进境；需要对外索赔的，由海关出具相关证书。海关应当将进口饲料检验检疫不合格信息上报海关总署。

第二十三条 货主或者其代理人未取得海关出具的《入境货物检验检疫证明》前，不得擅自转移、销售、使用进口饲料。

第二十四条 进口饲料分港卸货的，先期卸货港海关应当以书面形式将检验检疫结果及处理情况及时通知其他分卸港所在地海关；需要对外出证的，由卸毕港海关汇总后出具证书。

第三节 监督管理

第二十五条 进口饲料包装上应当有中文标签，标签应当符合中国饲料标签国家标准。

散装的进口饲料，进口企业应当在海关指定的场所包装并加施饲料标签后方可入境，直接调运到海关指定的生产、加工企业用于饲料生产的，免予加施标签。

国家对进口动物源性饲料的饲用范围有限制的，进入市场销售的动物源性饲料包装上应当注明饲用范围。

第二十六条 海关对饲料进口企业（以下简称进口企业）实施备案管理。进口企业应当在首次报检前或者报检时向所在地海关备案。

第二十七条 进口企业应当建立经营档案，记录进口饲料的报检号、品名、数/重量、包装、输出国家或者地区、国外出口商、境外生产企业名称及其注册登记号、《入境货物检验检疫证明》、进口饲料流向等信息，记录保存期限不得少于2年。

第二十八条 海关对备案进口企业的经营档案进行定期审查，审查不合格的，将其列入不良记录企业名单，对其进口的饲料严加检验检疫。

第二十九条 国外发生的饲料安全事故涉及已经进口的饲料、国内有关部门通报或者用户投诉进口饲料出现安全卫生问题的，海关应当开展追溯性调查，并按照国家有关规定进行处理。

进口的饲料存在前款所列情形，可能对动物和人体健康和生命安全造成损害的，饲料进口企业应当主动召回，并向海关报告。进口企业不履行召回义务的，海关可以责令进口企业召回并将其列入不良记录企业名单。

第四章 出口检验检疫

第一节 注册登记

第三十条 海关总署对出口饲料的出口生产企业实施注册登记制度，出口饲料应当来自注册登记的出口生产企业。

第三十一条 申请注册登记的企业应当符合下列条件：

（一）厂房、工艺、设备和设施。

1. 厂址应当避开工业污染源，与养殖场、屠宰场、居民点保持适当距离；
2. 厂房、车间布局合理，生产区与生活区、办公区分开；
3. 工艺设计合理，符合安全卫生要求；
4. 具备与生产能力相适应的厂房、设备及仓储设施；
5. 具备有害生物（啮齿动物、苍蝇、仓储害虫、鸟类等）防控设施。

（二）具有与其所生产产品相适应的质量管理机构和专业技术人员。

（三）具有与安全卫生控制相适应的检测能力。

（四）管理制度。

1. 岗位责任制度；
2. 人员培训制度；
3. 从业人员健康检查制度；
4. 按照危害分析与关键控制点（HACCP）原理建立质量管理体系，在风险分析的基础上开展自检自控；
5. 标准卫生操作规范（SSOP）；
6. 原辅料、包装材料合格供应商评价和验收制度；
7. 饲料标签管理制度和产品追溯制度；
8. 废弃物、废水处理制度；
9. 客户投诉处理制度；
10. 质量安全突发事件应急管理制度。

（五）海关总署按照饲料产品种类分别制定的出口检验检疫要求。

第三十二条　出口生产企业应当向所在地直属海关申请注册登记，并提交下列材料：

（一）《出口饲料生产、加工、存放企业检验检疫注册登记申请表》。

（二）国家饲料主管部门有审查、生产许可、产品批准文号等要求的，须提供获得批准的相关证明文件。

（三）生产工艺流程图，并标明必要的工艺参数（涉及商业秘密的除外）。

（四）厂区平面图，并提供重点区域的照片或者视频资料。

（五）申请注册登记的产品及原料清单。

第三十三条　直属海关应当对申请材料及时进行审查，根据下列情况在 5 日内作出受理或者不予受理决定，并书面通知申请人：

（一）申请材料存在可以当场更正的错误的，允许申请人当场更正。

（二）申请材料不齐全或者不符合法定形式的，应当当场或者在 5 日内一次书面告知申请人需要补正的全部内容，逾期不告知的，自收到申请材料之日起即为受理。

（三）申请材料齐全、符合法定形式或者申请人按照要求提交全部补正申请材料的，应当受理申请。

第三十四条　直属海关应当在受理申请后组成评审组，对申请注册登记的出口生产企业进行现场评审。评审组应当在现场评审结束后向直属海关提交评审报告。

第三十五条　直属海关应当自受理申请之日起 20 日内对申请人的申请事项作出是否准予注册登记的决定；准予注册登记的，颁发《出口饲料生产、加工、存放企业检验检疫注册登记证》（以下简称《注册登记证》）。

直属海关自受理申请之日起 20 日内不能作出决定的，经直属海关负责人批准，可以延长 10 日，并应当将延长期限的理由告知申请人。

第三十六条　《注册登记证》自颁发之日起生效，有效期 5 年。

属于同一企业、位于不同地点、具有独立生产线和质量管理体系的出口生产企业应当分别申请注册登记。

每一注册登记出口生产企业使用一个注册登记编号。经注册登记的出口生产企业的注册登记编号专厂专用。

第三十七条 出口生产企业变更企业名称、法定代表人、产品品种、生产能力等的，应当在变更后 30 日内向所在地直属海关提出书面申请，填写《出口饲料生产、加工、存放企业检验检疫注册登记申请表》，并提交与变更内容相关的资料。

变更企业名称、法定代表人的，由直属海关审核有关资料后，直接办理变更手续。

变更产品品种或者生产能力的，由直属海关审核有关资料并组织现场评审，评审合格后，办理变更手续。

企业迁址的，应当重新向直属海关申请办理注册登记手续。

因停产、转产、倒闭等原因不再从事出口饲料业务的，应当向所在地直属海关办理注销手续。

第三十八条 获得注册登记的出口生产企业需要延续注册登记有效期的，应当在有效期届满前 3 个月按照本办法规定提出申请。

第三十九条 直属海关应当在完成注册登记、变更或者注销工作后 30 日内，将相关信息上报海关总署备案。

第四十条 进口国家或者地区要求提供注册登记的出口生产企业名单的，由直属海关审查合格后，上报海关总署。海关总署组织进行抽查评估后，统一向进口国家或者地区主管部门推荐并办理有关手续。

第二节　检验检疫

第四十一条 海关按照下列要求对出口饲料实施检验检疫：

（一）输入国家或者地区检验检疫要求。

（二）双边协议、议定书、备忘录。

（三）中国法律法规、强制性标准和相关检验检疫要求。

（四）贸易合同或者信用证注明的检疫要求。

第四十二条 饲料出口前，货主或者代理人应当凭贸易合同、出厂合格证明等单证向产地海关报检。海关对所提供的单证进行审核，符合要求的受理报检。

第四十三条 受理报检后，海关按照下列规定实施现场检验检疫：

（一）核对货证：核对单证与货物的名称、数（重）量、生产日期、批号、包装、唛头、出口生产企业名称或者注册登记号等是否相符。

（二）标签检查：标签是否符合要求。

（三）感官检查：包装、容器是否完好，有无腐败变质，有无携带有害生物，有无土壤、动物尸体、动物排泄物等。

第四十四条 海关对来自不同类别出口生产企业的产品按照相应的检验检疫监管模式抽取样品，出具《抽/采样凭证》，送实验室进行安全卫生项目的检测。

第四十五条 经检验检疫合格的，海关出具《出境货物换证凭单》、检验检疫证书等相关证书；检验检疫不合格的，经有效方法处理并重新检验检疫合格的，可以按照规定出具相关单证，予以放行；无有效方法处理或者虽经处理重新检验检疫仍不合格的，不予放行，并出具《出境货物不合格通知单》。

第四十六条 出境口岸海关按照出境货物换证查验的相关规定查验,重点检查货证是否相符。查验不合格的,不予放行。

第四十七条 产地海关与出境口岸海关应当及时交流信息。

在检验检疫过程中发现安全卫生问题,应当采取相应措施,并及时上报海关总署。

第三节 监督管理

第四十八条 取得注册登记的出口饲料生产、加工企业应当遵守下列要求:

(一)有效运行自检自控体系。

(二)按照进口国家或者地区的标准或者合同要求生产出口产品。

(三)遵守我国有关药物和添加剂管理规定,不得存放、使用我国和进口国家或者地区禁止使用的药物和添加物。

(四)出口饲料的包装、装载容器和运输工具应当符合安全卫生要求。标签应当符合进口国家或者地区的有关要求。包装或者标签上应当注明生产企业名称或者注册登记号、产品用途。

(五)建立企业档案,记录生产过程中使用的原辅料名称、数(重)量及其供应商、原料验收、半产品及成品自检自控、入库、出库、出口、有害生物控制、产品召回等情况,记录档案至少保存2年。

(六)如实填写《出口饲料监管手册》,记录海关监管、抽样、检查、年审情况以及国外官方机构考察等内容。

取得注册登记的饲料存放企业应当建立企业档案,记录存放饲料名称、数/重量、货主、入库、出库、有害生物防控情况,记录档案至少保留2年。

第四十九条 海关对辖区内注册登记的出口生产企业实施日常监督管理,内容包括:

(一)环境卫生。

(二)有害生物防控措施。

(三)有毒有害物质自检自控的有效性。

(四)原辅料或者其供应商变更情况。

(五)包装物、铺垫材料和成品库。

(六)生产设备、用具、运输工具的安全卫生。

(七)批次及标签管理情况。

(八)涉及安全卫生的其他内容。

(九)《出口饲料监管手册》记录情况。

第五十条 海关对注册登记的出口生产企业实施年审,年审合格的在《注册登记证》(副本)上加注年审合格记录。

第五十一条 海关对饲料出口企业(以下简称出口企业)实施备案管理。出口企业应当在首次报检前或者报检时向所在地海关备案。

出口与生产为同一企业的,不必办理备案。

第五十二条 出口企业应当建立经营档案并接受海关的核查。档案应当记录出口饲料的报检号、品名、数（重）量、包装、进口国家或者地区、国外进口商、供货企业名称及其注册登记号等信息，档案至少保留2年。

第五十三条 海关应当建立注册登记的出口生产企业以及出口企业诚信档案，建立良好记录企业名单和不良记录企业名单。

第五十四条 出口饲料被国内外海关检出疫病、有毒有害物质超标或者其他安全卫生质量问题的，海关核实有关情况后，实施加严检验检疫监管措施。

第五十五条 注册登记的出口生产企业和备案的出口企业发现其生产、经营的相关产品可能受到污染并影响饲料安全，或者其出口产品在国外涉嫌引发饲料安全事件时，应当在24小时内报告所在地海关，同时采取控制措施，防止不合格产品继续出厂。海关接到报告后，应当于24小时内逐级上报至海关总署。

第五十六条 已注册登记的出口生产企业发生下列情况之一的，由直属海关撤回其注册登记：

（一）准予注册登记所依据的客观情况发生重大变化，达不到注册登记条件要求的。

（二）注册登记内容发生变更，未办理变更手续的。

（三）年审不合格的。

第五十七条 有下列情形之一的，直属海关根据利害关系人的请求或者依据职权，可以撤销注册登记：

（一）直属海关工作人员滥用职权、玩忽职守作出准予注册登记的。

（二）超越法定职权作出准予注册登记的。

（三）违反法定程序作出准予注册登记的。

（四）对不具备申请资格或者不符合法定条件的出口生产企业准予注册登记的。

（五）依法可以撤销注册登记的其他情形。

出口生产企业以欺骗、贿赂等不正当手段取得注册登记的，应当予以撤销。

第五十八条 有下列情形之一的，直属海关应当依法办理注册登记的注销手续：

（一）注册登记有效期届满未延续的。

（二）出口生产企业依法终止的。

（三）企业因停产、转产、倒闭等原因不再从事出口饲料业务的。

（四）注册登记依法被撤销、撤回或者吊销的。

（五）因不可抗力导致注册登记事项无法实施的。

（六）法律、法规规定的应当注销注册登记的其他情形。

第五章 过境检验检疫

第五十九条 运输饲料过境的，承运人或者押运人应当持货运单和输出国家或者地区主管部门出具的证书，向入境口岸海关报检，并书面提交过境运输路线。

第六十条 装载过境饲料的运输工具和包装物、装载容器应当完好，经入境口岸海关检查，发现运输工具或者包装物、装载容器有可能造成途中散漏的，承运人或者押运人应当按照口岸海关的要求，采取密封措施；无法采取密封措施的，不准过境。

第六十一条 输出国家或者地区未被列入第七条规定的允许进口的国家或者地区名单的，应当获得海关总署的批准方可过境。

第六十二条 过境的饲料，由入境口岸海关查验单证，核对货证相符，加施封识后放行，并通知出境口岸海关，由出境口岸海关监督出境。

第六章　法律责任

第六十三条 有下列情形之一的，由海关按照《国务院关于加强食品等产品安全监督管理的特别规定》予以处罚：

（一）存放、使用我国或者进口国家或者地区禁止使用的药物、添加剂以及其他原辅料的。

（二）以非注册登记饲料生产、加工企业生产的产品冒充注册登记出口生产企业产品的。

（三）明知有安全隐患，隐瞒不报，拒不履行事故报告义务继续进出口的。

（四）拒不履行产品召回义务的。

第六十四条 有下列情形之一的，由海关按照《中华人民共和国进出境动植物检疫法实施条例》处3 000元以上3万元以下罚款：

（一）未经海关批准，擅自将进口、过境饲料卸离运输工具或者运递的。

（二）擅自开拆过境饲料的包装，或者擅自开拆、损毁动植物检疫封识或者标志的。

第六十五条 有下列情形之一的，依法追究刑事责任；尚不构成犯罪或者犯罪情节显著轻微依法不需要判处刑罚的，由海关按照《中华人民共和国进出境动植物检疫法实施条例》处2万元以上5万元以下的罚款：

（一）引起重大动植物疫情的。

（二）伪造、变造动植物检疫单证、印章、标志、封识的。

第六十六条 有下列情形之一，有违法所得的，由海关处以违法所得3倍以下罚款，最高不超过3万元；没有违法所得的，处以1万元以下罚款：

（一）使用伪造、变造的动植物检疫单证、印章、标志、封识的。

（二）使用伪造、变造的输出国家或者地区主管部门检疫证明文件的。

（三）使用伪造、变造的其他相关证明文件的。

（四）拒不接受海关监督管理的。

第六十七条 海关工作人员滥用职权，故意刁难，徇私舞弊，伪造检验结果，或者玩忽职守，延误检验出证，依法给予行政处分；构成犯罪的，依法追究刑事责任。

第七章　附则

第六十八条 本办法下列用语的含义是：

饲料：指经种植、养殖、加工、制作的供动物食用的产品及其原料，包括饵料用活动物、饲料用（含饵料用）冰鲜冷冻动物产品及水产品、加工动物蛋白及油脂、宠物食品及咬胶、饲草类、青贮料、饲料粮谷类、糠麸饼粕渣类、加工植物蛋白及植物粉类、配合饲料、添加剂预混合饲料等。

饲料添加剂：指饲料加工、制作、使用过程中添加的少量或者微量物质，包括营养性饲料添加剂、一般饲料添加剂等。

加工动物蛋白及油脂：包括肉粉（畜禽）、肉骨粉（畜禽）、鱼粉、鱼油、鱼膏、虾粉、鱿鱼肝粉、鱿鱼粉、乌贼膏、乌贼粉、鱼精粉、干贝精粉、血粉、血浆粉、血球粉、血细胞粉、血清粉、发酵血粉、动物下脚料粉、羽毛粉、水解羽毛粉、水解毛发蛋白粉、皮革蛋白粉、蹄粉、角粉、鸡杂粉、肠膜蛋白粉、明胶、乳清粉、乳粉、蛋粉、干蚕蛹及其粉、骨粉、骨灰、骨炭、骨制磷酸氢钙、虾壳粉、蛋壳粉、骨胶、动物油渣、动物脂肪、饲料级混合油、干虫及其粉等。

出厂合格证明：指注册登记的出口饲料或者饲料添加剂生产、加工企业出具的，证明其产品经本企业自检自控体系评定为合格的文件。

第六十九条 本办法由海关总署负责解释。

第七十条 本办法自 2009 年 9 月 1 日起施行。自施行之日起，进出口饲料有关检验检疫管理的规定与本办法不一致的，以本办法为准。

农业农村部办公厅关于办理饲料和饲料添加剂产品自由销售证明的通知

（农办牧〔2020〕36号）

各省、自治区、直辖市农业农村（农牧、畜牧兽医）厅（局、委），新疆生产建设兵团农业农村局：

为贯彻落实国务院"放管服"改革要求，进一步优化公共服务，促进饲料和饲料添加剂产品出口贸易，依据《饲料和饲料添加剂管理条例》及其配套规章，我部修订了饲料和饲料添加剂产品自由销售证明办理流程和要求。现将有关事项通知如下。

一、在我国境内（不含港澳台地区）从事饲料和饲料添加剂产品生产的企业（以下简称"饲料生产企业"），可根据需要向生产所在地省级饲料主管部门申请出具饲料和饲料添加剂产品自由销售证明。如出口目的国（地区）要求出具国家层面的自由销售证明，饲料生产企业可经生产所在地省级饲料主管部门确认后，向农业农村部提出申请。

二、饲料生产企业需填写提交饲料和饲料添加剂产品自由销售证明申请表（附件1），并附上依法公开的该产品执行标准文本复印件。

三、省级饲料主管部门收到饲料生产企业提交的申请表及相关材料后，在10个工作日内完成情况核查并办结。核查属实的，出具自由销售证明（附件2），或者签署确认意见。

四、对于允许在我国生产和使用、但依法不需要办理生产许可证的饲料原料等产品，省级饲料主管部门收到申请后，可采取现场核查、补充材料等方式确认其真实性、合法性。

五、农业农村部收到经省级饲料主管部门核查确认的申请材料后，在10个工作日内完成情况核查并办结。

附件：1. 饲料和饲料添加剂产品自由销售证明申请表
   2. 饲料和饲料添加剂产品自由销售证明（参考样式）

农业农村部办公厅
2020年7月22日

附件1：

饲料和饲料添加剂产品自由销售证明申请表

□申请省级饲料主管部门出具 □申请农业农村部出具

产品中、英文名称：	产品类别：
生产许可证号（□有 □无）：	产品批准文号（□有 □无）：
产品原料组成（按饲料标签标准要求提供）：	统一社会信用代码：
出口国家（地区）：	需自由销售证明的份数：
生产厂家中、英文名称： 生产地址中、英文名称：	
联系人信息 姓名：　　　　　　电话：　　　　　传真： 邮寄地址：	
产品执行标准信息 □国家标准　　　□行业标准　　　□团体标准　　　□企业标准 标准编号和名称：	
其他需要说明的情况：	
生产厂家： （盖章） 　　年　月　日	省级饲料主管部门： （盖章） 　　年　月　日

备注：申请农业农村部出具的，请将申请材料寄送至北京市朝阳区农展馆南里11号农业农村部畜牧兽医局饲料饲草处（邮政编码：100125；联系电话：010-59192853）

附件 2:

No. ××××（年份）-×××××（序号）

饲料和饲料添加剂产品自由销售证明
Certificate of Free Sale
（参考样式）

依据中国《饲料和饲料添加剂管理条例》规定，××省（自治区、直辖市）××××厅（局、委、办）负责饲料和饲料添加剂的监督管理工作。兹证明××××××××（生产厂家名称）（生产地址：××××××××）已依法取得饲料和饲料添加剂生产许可（或依法不需要办理饲料和饲料添加剂生产许可）。产品生产所用原料在中国相关法律法规允许范围内，允许在中国自由销售并出口到××（目的国）（如果出口目的地为港澳台地区，可表述为：允许在中国内地自由销售并销往香港/澳门/台湾）。

According to the Regulationson the Administration of Feed and Feed Additives of P. R. China, ××××××（发证单位英文名称）is responsible for the supervision and management of feed and feed additives. This is to certify that ××××××（生产厂家英文名称）located at××××××（英文生产地址）has obtained the production license of feed and feed additives in accordance with the law（or is not required to register the production license of feed and feed additives in accordance with the law）. The ingredients of the product（s）comply with the relevant laws and regulations of China. The product（s）is/are permitted to be freely sold in China and sold to××（目的国）.（如果出口目的地为港澳台地区，可表述为 The product（s）is/are permitted to be freely sold in Chinese mainland and sold to Hong Kong/ Macao/ Taiwan.）

产品信息表

生产许可证号 Production License Number	产品名称 Name of the Product	产品类别 Product Classification	产品批准文号 Product Approval Document Number

本证明仅确认该产品生产的合法合规性,产品质量由生产企业承担主体责任。

This certificate only confirms the legality andcompliance of the production of the product (s). The manufacturer is responsible for the product (s) quality.

Director:_____(签字)

单位名称:_____

单位英文名称:_____

签署日期:_____(英文格式)

七、饲料质量安全管理规范

饲料质量安全管理规范

(农业部令2014年第1号发布，2017年第8号修订)

第一章 总则

第一条 为规范饲料企业生产行为，保障饲料产品质量安全，根据《饲料和饲料添加剂管理条例》，制定本规范。

第二条 本规范适用于添加剂预混合饲料、浓缩饲料、配合饲料和精料补充料生产企业（以下简称企业）。

第三条 企业应当按照本规范的要求组织生产，实现从原料采购到产品销售的全程质量安全控制。

第四条 （农业部令2017年第8号修订）企业应当及时收集、整理、记录本规范执行情况和生产经营状况，认真履行饲料统计义务。

有委托生产行为的，委托方和被委托方应当分别向所在地省级人民政府饲料管理部门备案。

第五条 县级以上人民政府饲料管理部门应当制定年度监督检查计划，对企业实施本规范的情况进行监督检查。

第二章 原料采购与管理

第六条 企业应当加强对饲料原料、单一饲料、饲料添加剂、药物饲料添加剂、添加剂预混合饲料和浓缩饲料（以下简称原料）的采购管理，全面评估原料生产企业和经销商（以下简称供应商）的资质和产品质量保障能力，建立供应商评价和再评价制度，编制合格供应商名录，填写并保存供应商评价记录：

（一）供应商评价和再评价制度应当规定供应商评价及再评价流程、评价内容、评价标准、评价记录等内容。

（二）从原料生产企业采购的，供应商评价记录应当包括生产企业名称及地址、联系方式、许可证明文件编号（评价单一饲料、饲料添加剂、药物饲料添加剂、添加剂预混合饲料、浓缩饲料生产企业时填写）、原料通用名称及商品名称、评价内容、评价结论、评价日期、评价人等信息。

（三）从原料经销商采购的，供应商评价记录应当包括经销商名称及注册地址、联系方式、营业执照注册号、原料通用名称及商品名称、评价内容、评价结论、评价日期、评价人等信息。

（四）合格供应商名录应当包括供应商的名称、原料通用名称及商品名称、许可证明文件编号（供应商为单一饲料、饲料添加剂、药物饲料添加剂、添加剂预混合饲料、浓缩饲料生产企业时填写）、评价日期等信息。

企业统一采购原料供分支机构使用的，分支机构应当复制、保存前款规定的合格供应商名录和供应商评价记录。

第七条　企业应当建立原料采购验收制度和原料验收标准，逐批对采购的原料进行查验或检验：

（一）原料采购验收制度应当规定采购验收流程、查验要求、检验要求、原料验收标准、不合格原料处置、查验记录等内容。

（二）原料验收标准应当规定原料通用名称、主成分指标验收值、卫生指标验收值等内容，卫生指标验收值应当符合有关法律法规和国家、行业标准的规定。

（三）企业采购实施行政许可的国产单一饲料、饲料添加剂、药物饲料添加剂、添加剂预混合饲料、浓缩饲料的，应当逐批查验许可证明文件编号和产品质量检验合格证，填写并保存查验记录；查验记录应当包括原料通用名称、生产企业、生产日期、查验内容、查验结果、查验人等信息；无许可证明文件编号和产品质量检验合格证的，或者经查验许可证明文件编号不实的，不得接收、使用。

（四）企业采购实施登记或者注册管理的进口单一饲料、饲料添加剂、药物饲料添加剂、添加剂预混合饲料、浓缩饲料的，应当逐批查验进口许可证明文件编号，填写并保存查验记录；查验记录应当包括原料通用名称、生产企业、生产日期、查验内容、查验结果、查验人等信息；无进口许可证明文件编号的，或者经查验进口许可证明文件编号不实的，不得接收、使用。

（五）企业采购不需行政许可的原料的，应当依据原料验收标准逐批查验供应商提供的该批原料的质量检验报告；无质量检验报告的，企业应当逐批对原料的主成分指标进行自行检验或委托检验；不符合原料验收标准的，不得接收、使用；原料质量检验报告、自行检验结果、委托检验报告应当归档保存。

（六）企业应当每3个月至少选择5种原料，自行或委托有资质的机构对其主要卫生指标进行检测，根据检测结果进行原料安全性评价，保存检测报告和评价报告；委托检测的，应当索取并保存受委托检测机构的计量认证或实验室认可证书及附表复印件。

第八条　企业应当填写并保存原料进货台账。进货台账应当包括原料通用名称及商品名称、生产企业或供货者名称、联系方式、产地、数量、生产日期、保质期、查验或检验信息、进货日期、经办人等信息。

进货台账保存期限不得少于2年。

第九条　企业应当建立原料仓储管理制度，填写并保存出入库记录：

（一）原料仓储管理制度应当规定库位规划、堆放方式、垛位标识、库房盘点、环境要求、虫鼠防范、库房安全、出入库记录等内容。

（二）出入库记录应当包括原料名称、包装规格、生产日期、供应商简称或代码、入库数量和日期、出库数量和日期、库存数量、保管人等信息。

第十条　企业应当按照"一垛一卡"的原则对原料实施垛位标识卡管理，垛位标识卡应当标明原料名称、供应商简称或者代码、垛位总量、已用数量、检验状态等信息。

第十一条 企业应当对维生素、微生物和酶制剂等热敏物质的贮存温度进行监控，填写并保存温度监控记录；监控记录应当包括设定温度、实际温度、监控时间、记录人等信息。

监控中发现实际温度超出设定温度范围的，应当采取有效措施及时处置。

第十二条 按危险化学品管理的亚硒酸钠等饲料添加剂的贮存间或者贮存柜，应当设立清晰的警示标识，采用双人双锁管理。

第十三条 企业应当根据原料种类、库存时间、保质期、气候变化等因素建立长期库存原料质量监控制度，填写并保存监控记录：

（一）质量监控制度应当规定监控方式、监控内容、监控频次、异常情况界定、处置方式、处置权限、监控记录等内容。

（二）监控记录应当包括原料名称、监控内容、异常情况描述、处置方式、处置结果、监控日期、监控人等信息。

第三章 生产过程控制

第十四条 企业应当制定工艺设计文件，设定生产工艺参数。

工艺设计文件应当包括生产工艺流程图、工艺说明和生产设备清单等内容。

生产工艺应当至少设定以下参数：粉碎工艺设定筛片孔径，混合工艺设定混合时间，制粒工艺设定调质温度、蒸汽压力、环模规格、环模长径比、分级筛筛网孔径，膨化工艺设定调质温度、模板孔径。

第十五条 企业应当根据实际工艺流程，制定以下主要作业岗位操作规程。

（一）小料（指生产过程中，将微量添加的原料预先进行配料或者配料混合后获得的中间产品）配制岗位操作规程，规定小料原料的领取与核实、小料原料的放置与标识、称重电子秤校准与核查、现场清洁卫生、小料原料领取记录、小料配料记录等内容。

（二）小料预混合岗位操作规程，规定载体或者稀释剂领取、投料顺序、预混合时间、预混合产品分装与标识、现场清洁卫生、小料预混合记录等内容。

（三）小料投料与复核岗位操作规程，规定小料投放指令、小料复核、现场清洁卫生、小料投料与复核记录等内容。

（四）大料投料岗位操作规程，规定投料指令、垛位取料、感官检查、现场清洁卫生、大料投料记录等内容。

（五）粉碎岗位操作规程，规定筛片锤片检查与更换、粉碎粒度、粉碎料入仓检查、喂料器和磁选设备清理、粉碎作业记录等内容。

（六）中控岗位操作规程，规定设备开启与关闭原则、微机配料软件启动与配方核对、混合时间设置、配料误差核查、进仓原料核实、中控作业记录等内容。

（七）制粒岗位操作规程，规定设备开启与关闭原则、环模与分级筛网更换、破碎机轧距调节、制粒机润滑、调质参数监视、设备（制粒室、调制器、冷却器）清理、感官检查、现场清洁卫生、制粒作业记录等内容。

（八）膨化岗位操作规程，规定设备开启与关闭原则、调质参数监视、设备（膨化室、调制器、冷却器、干燥器）清理、感官检查、现场清洁卫生、膨化作业记录等内容。

（九）包装岗位操作规程，规定标签与包装袋领取、标签和包装袋核对、感官检查、包重校验、现场清洁卫生、包装作业记录等内容。

（十）生产线清洗操作规程，规定清洗原则、清洗实施与效果评价、清洗料的放置与标识、清洗料使用、生产线清洗记录等内容。

第十六条 企业应当根据实际工艺流程，制定生产记录表单，填写并保存相关记录：

（一）小料原料领取记录，包括小料原料名称、领用数量、领取时间、领取人等信息。

（二）小料配制记录，包括小料名称、理论值、实际称重值、配料数量、作业时间、配料人等信息。

（三）小料预混合记录，包括小料名称、重量、批次、混合时间、作业时间、操作人等信息。

（四）小料投料与复核记录，包括产品名称、接收批数、投料批数、重量复核、剩余批数、作业时间、投料人等信息。

（五）大料投料记录，包括大料名称、投料数量、感官检查、作业时间、投料人等信息。

（六）粉碎作业记录，包括物料名称、粉碎机号、筛片规格、作业时间、操作人等信息。

（七）大料配料记录；包括配方编号、大料名称、配料仓号、理论值、实际值、作业时间、配料人等信息。

（八）中控作业记录，包括产品名称、配方编号、清洗料、理论产量、成品仓号、洗仓情况、作业时间、操作人等信息。

（九）制粒作业记录，包括产品名称、制粒机号、制粒仓号、调质温度、蒸汽压力、环模孔径、环模长径比、分级筛筛网孔径、感官检查、作业时间、操作人等信息。

（十）膨化作业记录，包括产品名称、调质温度、模板孔径、膨化温度、感官检查、作业时间、操作人等信息。

（十一）包装作业记录，包括产品名称、实际产量、包装规格、包数、感官检查、头尾包数量、作业时间、操作人等信息。

（十二）标签领用记录，包括产品名称、领用数量、班次用量、损毁数量、剩余数量、领用时间、领用人等信息。

（十三）生产线清洗记录，包括班次、清洗料名称、清洗料重量、清洗过程描述、清洗时间、清洗人等信息。

（十四）清洗料使用记录，包括清洗料名称、生产班次、清洗料使用情况描述、作业时间、操作人等信息。

第十七条 企业应当采取有效措施防止生产过程中的交叉污染：

（一）按照"无药物的在先、有药物的在后"原则制定生产计划。

（二）生产含有药物饲料添加剂的产品后，生产不含药物饲料添加剂或者改变药物饲料添加剂品种的产品的，应当对生产线进行清洗；清洗料回用的，应当明确标识并回置于同品种产品中。

（三）盛放饲料添加剂、药物饲料添加剂、添加剂预混合饲料、含有药物饲料添加剂的产品及其中间产品的器具或者包装物应当明确标识，不得交叉混用。

（四）设备应当定期清理，及时清除残存料、粉尘积垢等残留物。

第十八条 企业应当采取有效措施防止外来污染：

（一）生产车间应当配备防鼠、防鸟等设施，地面平整，无污垢积存。

（二）生产现场的原料、中间产品、返工料、清洗料、不合格品等应当分类存放，清晰标识。

（三）保持生产现场清洁，及时清理杂物。

（四）按照产品说明书规范使用润滑油、清洗剂。

（五）不得使用易碎、易断裂、易生锈的器具作为称量或者盛放用具。

（六）不得在饲料生产过程中进行维修、焊接、气割等作业。

第十九条 企业应当建立配方管理制度，规定配方设计、审核、批准、更改、传递、使用等内容。

第二十条 企业应当建立产品标签管理制度，规定标签设计、审核、保管、使用、销毁等内容。

产品标签应当专库（柜）存放，专人管理。

第二十一条 企业应当对生产配方中添加比例小于 0.2% 的原料进行预混合。

第二十二条 企业应当根据产品混合均匀度要求，确定产品的最佳混合时间，填写并保存最佳混合时间实验记录。实验记录应当包括混合机编号、混合物料名称、混合次数、混合时间、检验结果、最佳混合时间、检验日期、检验人等信息。

企业应当每 6 个月按产品类别（添加剂预混合饲料、配合饲料、浓缩饲料、精料补充料）进行至少一次混合均匀度验证，填写并保存混合均匀度验证记录。验证记录应当包括产品名称、混合机编号、混合时间、检验方法、检验结果、验证结论、检验日期、检验人等信息。

混合机发生故障经修复投入生产前，应当按照前款规定进行混合均匀度验证。

第二十三条 企业应当建立生产设备管理制度和档案，制定粉碎机、混合机、制粒机、膨化机、空气压缩机等关键设备操作规程，填写并保存维护保养记录和维修记录：

（一）生产设备管理制度应当规定采购与验收、档案管理、使用操作、维护保养、备品备件管理、维护保养记录、维修记录等内容。

（二）设备操作规程应当规定开机前准备、启动与关闭、操作步骤、关机后整理、日常维护保养等内容。

（三）维护保养记录应当包括设备名称、设备编号、保养项目、保养日期、保养人等信息。

（四）维修记录应当包括设备名称、设备编号、维修部位、故障描述、维修方式及效果、维修日期、维修人等信息。

（五）关键设备应当实行"一机一档"管理。档案包括基本信息表（名称、编号、规格型号、制造厂家、联系方式、安装日期、投入使用日期）、使用说明书、操作规程、维护保养记录、维修记录等内容。

第二十四条 企业应当严格执行国家安全生产相关法律法规。

确保生产设备、辅助系统应当处于正常工作状态；锅炉、压力容器等特种设备应当通过安全检查；计量秤、地磅、压力表等测量设备应当定期检定或校验。

第四章 产品质量控制

第二十五条 企业应当建立现场质量巡查制度，填写并保存现场质量巡查记录：

（一）现场质量巡查制度应当规定巡查位点、巡查内容、巡查频次、异常情况界定、处置方式、处置权限、巡查记录等内容。

（二）现场质量巡查记录应当包括巡查位点、巡查内容、异常情况描述、处置方式、处置结果、巡查时间、巡查人等信息。

第二十六条 企业应当建立检验管理制度，规定人员资质与职责、样品抽取与检验、检验结果判定、检验报告编制与审核、产品质量检验合格证签发等内容。

第二十七条 企业应当根据产品质量标准实施出厂检验，填写并保存产品出厂检验记录；检验记录应当包括产品名称或者编号、检验项目、检验方法、计算公式中符号的含义和数值、检验结果、检验日期、检验人等信息。

产品出厂检验记录保存期限不得少于2年。

第二十八条 企业应当每周从其生产的产品中至少抽取5个批次的产品进行自行检验下列主成分指标：

（一）维生素预混合饲料：两种以上维生素。

（二）微量元素预混合饲料：两种以上微量元素。

（三）复合预混合饲料：两种以上维生素和两种以上微量元素。

（四）浓缩饲料、配合饲料、精料补充料：粗蛋白质、粗灰分、钙、总磷。

主成分检验记录保存期限不得少于2年。

第二十九条 企业应当根据仪器设备配置情况，建立分析天平、高温炉、干燥箱、酸度计、分光光度计、高效液相色谱仪、原子吸收分光光度等主要仪器设备操作规程和档案，填写并保存仪器设备使用记录：

（一）仪器设备操作规程应当规定开机前准备、开机顺序、操作步骤、关机顺序、关机后整理、日常维护、使用记录等内容。

（二）仪器设备使用记录应当包括仪器设备名称、型号或者编号、使用日期、样品名称或者编号、检验项目、开始时间、完毕时间、仪器设备运行前后状态、使用人等信息。

（三）仪器设备应当实行"一机一档"管理，档案包括仪器基本信息表（名称、编号、型号、制造厂家、联系方式、安装日期、投入使用日期）、使用说明书、购置合同、操作规程、使用记录等内容。

第三十条 企业应当建立化学试剂和危险化学品管理制度，规定采购、贮存要求、出入库、使用、处理等内容。

化学试剂、危险化学品以及试验溶液的使用，应当遵循 GB/T 601、GB/T 602、GB/T 603 以及检验方法标准的要求。

企业应当填写并保存危险化学品出入库记录，记录应当包括危险化学品名称、入库数量和日期、出库数量和日期、保管人等信息。

第三十一条 企业应当每年选择 5 个检验项目，采取以下一项或多项措施进行检验能力验证，对验证结果进行评价并编制评价报告：

（一）同具有法定资质的检验机构进行检验比对。

（二）利用购买的标准物质或高纯度化学试剂进行检验验证。

（三）在实验室内部进行不同人员、不同仪器的检验比对。

（四）对曾经检验过的留存样品进行再检验。

（五）利用检验质量控制图等数理统计手段识别异常数据。

第三十二条 企业应当建立产品留样观察制度，对每批次产品实施留样观察，填写并保存留样观察记录：

（一）留样观察制度应当规定留样数量、留样标识、贮存环境、观察内容、观察频次、异常情况界定、处置方式、处置权限、到期样品处理、留样观察记录等内容。

（二）留样观察记录应当包括产品名称或者代号、生产日期或者批号、保质截止日期、观察内容、异常情况描述、处置方式、处置结果、观察日期、观察人等信息。

留样保存时间应当超过产品保质期 1 个月。

第三十三条 企业应当建立不合格品管理制度，填写并保存不合格品处置记录：

（一）不合格品管理制度应当规定不合格品的界定、标识、贮存、处置方式、处置权限、处置记录等内容。

（二）不合格品处置记录应当包括不合格品的名称、数量、不合格原因、处置方式、处置结果、处置日期、处置人等信息。

第五章 产品贮存及运输

第三十四条 企业应当建立产品仓储管理制度，填写并保存出入库记录：

（一）仓储管理制度应当规定库位规划、堆放方式、垛位标识、库房盘点、环境要求、虫鼠防范、库房安全、出入库记录等内容。

（二）出入库记录应当包括产品名称、规格或者等级、生产日期、入库数量和日期、出库数量和日期、库存数量、保管人等信息。

（三）不同产品的垛位之间应当保持适当距离。

（四）不合格产品和过期产品应当隔离存放并有清晰标识。

第三十五条　企业应当在产品装车前对运输车辆的安全、卫生状况实施检查。

第三十六条　企业使用罐装车运输产品的，应当专车专用，并随车附具产品标签和产品质量检验合格证。

装运不同产品时，应当对罐体进行清理。

第三十七条　企业应当填写并保存产品销售台账。销售台账应当包括产品的名称、数量、生产日期、生产批次、质量检验信息、购货者名称及其联系方式、销售日期等信息。

销售台账保存期限不得少于2年。

第六章　产品投诉与召回

第三十八条　企业应当建立客户投诉处理制度，填写并保存客户投诉处理记录：

（一）投诉处理制度应当规定投诉受理、处理方法、处理权限、投诉处理记录等内容。

（二）投诉处理记录应当包括投诉日期、投诉人姓名和地址、产品名称、生产日期、投诉内容、处理结果、处理日期、处理人等信息。

第三十九条　企业应当建立产品召回制度，填写并保存召回记录。

（一）召回制度应当规定召回流程、召回产品的标识和贮存、召回记录等内容。

（二）召回记录应当包括产品名称、召回产品使用者、召回数量、召回日期等信息。

企业应当每年至少进行一次产品召回模拟演练，综合评估演练结果并编制模拟演练总结报告。

第四十条　企业应当在饲料管理部门的监督下对召回产品进行无害化处理或者销毁，填写并保存召回产品处置记录。处置记录应当包括处置产品名称、数量、处置方式、处置日期、处置人、监督人等信息。

第七章　培训、卫生和记录管理

第四十一条　企业应当建立人员培训制度，制定年度培训计划，每年对员工进行至少2次饲料质量安全知识培训，填写并保存培训记录：

（一）人员培训制度应当规定培训范围、培训内容、培训方式、考核方式、效果评价、培训记录等内容。

（二）培训记录应当包括培训对象、内容、师资、日期、地点、考核方式、考核结果等内容。

第四十二条　厂区环境卫生应当符合国家有关规定。

第四十三条　企业应当建立记录管理制度，规定记录表单的编制、格式、编号、审批、印发、修订、填写、存档、保存期限等内容。

除本规范中明确规定保存期限的记录外,其他记录保存期限不得少于1年。

第八章 附则

第四十四条 本规范自 2015 年 7 月 1 日起施行。

农业部关于全面实施《饲料质量安全管理规范》的意见

(农牧发〔2015〕8号)

各省、自治区、直辖市畜牧（农牧、农业）厅（局、委、办），饲料工作（工业）办公室：

为深入贯彻《饲料和饲料添加剂管理条例》，进一步加强饲料质量安全工作，指导各级饲料管理部门做好《饲料质量安全管理规范》（农业部令2014年第1号，以下简称《规范》）实施工作，现提出如下意见。

一、充分认识实施《规范》的重要性和紧迫性

（一）实施《规范》是提高饲料企业质量安全意识，落实生产者主体责任的迫切要求。企业是产品质量安全的第一责任人，必须履行质量安全管理义务。当前，饲料市场竞争日趋激烈，部分企业片面追求生产效益和增长速度，忽视产品质量安全的问题仍然突出。必须通过全面实施《规范》，促使企业重视产品质量安全管理问题，建立完善质量安全管理制度，认真组织开展质量安全管理工作，把生产者主体责任落到实处。

（二）实施《规范》是消除风险隐患，保证饲料产品质量安全的必然选择。饲料产品原料来源广、加工环节多、精度要求高，影响产品质量安全的因素十分复杂。必须通过全面实施《规范》，促使企业对其采购、仓储、加工、品控、运输等环节采取严格的管理措施，实现从原料入厂到成品出厂的全过程质量安全控制，及时发现并消除各种风险隐患，切实提高产品质量安全保障能力。

（三）实施《规范》是强化日常监管，提升综合监管能力的重要手段。依法行政是政府管理的基本要求和准则。必须通过全面实施《规范》，进一步明确各级饲料管理部门日常监管工作内容和重点，切实增强监管工作的针对性和权威性。必须把实施《规范》与行政许可、市场监测等工作结合起来，建立事前事中事后紧密衔接、相互补充的饲料行业管理新机制，全面提高监管能力，确保监管工作取得实效。

二、基本思路

以落实企业质量安全管理责任、强化行业监督管理工作为主线，以促进饲料产品质量安全水平显著提升、促进饲料企业生产管理水平显著提升、促进饲料行业从业人员素质显著提升、促进饲料管理部门质量安全监管能力显著提升为目标，坚持发挥企业实施主体和基层饲料管理部门监督主体作用，坚持监督执法与服务指导协同推进，建立完善监督管理机制，切实保障饲料产品质量安全，为建设现代饲料强国提供坚实保障。

三、重点工作

（一）强化监督执法。各级饲料管理部门要把实施《规范》作为当前和今后一个时期的重点工作，采取有力措施加快推进。要以《规范》实施日为起始点，启动专项监督检查工作，逐一对辖区企业进行摸底检查，全面掌握企业执行情况。对于实施进度滞后的企业，要约谈主要负责人，明确提出整改要求和整改期限，并进行跟踪回访。要制定《规范》年度监督检查计划，同步开展监督执法工作，依法对违反《规范》的行为进行严肃查处。

（二）加强服务指导。创新管理、强化服务是建设服务型政府的重要内容和要求。要畅通沟通渠道，搭建交流平台，及时解答企业提出的技术和管理问题。要组织企业和基层管理部门开展多种形式的交流学习活动，借鉴经验、取长补短、共同进步。要创新服务思路，积极探索以政府购买服务的方式引入社会第三方机构为企业提供技术支持服务。

（三）加强宣传培训。要广泛深入地开展多层次、多形式的宣传培训活动，使生产者、管理者充分认识理解实施《规范》的重要意义和基本要求，在监管和企业两个层面都培养一支熟法规、懂《规范》、善管理的队伍。要加强与媒体的沟通配合，大力宣传先进典型，让行业和社会各界了解《规范》实施工作进展，提升对饲料产品质量安全的信心和科学认知水平，努力营造实施《规范》的良好社会环境。

（四）推进示范创建。要把示范企业创建活动作为推进《规范》的重要抓手，尽快启动省级示范企业创建活动。要充分发挥示范企业的带动辐射作用，以示范企业为标准和榜样，组织开展培训和宣传工作。要严格示范创建标准，认真组织验收工作，及时公布示范企业名单。要加强对示范企业的后续监督，开展定期回访和检查，发现示范企业存在违法违规行为不再具备示范作用的，应及时撤销其示范企业称号。

（五）规范生产许可审核。《规范》既是生产管理的基本准则，又是日常监督管理的重要依据，也是生产许可审核的必要条件。要严格按照《饲料和饲料添加剂管理条例》及其配套规章要求，及时将《规范》的相关条件纳入饲料生产许可审核工作，依法对企业的制度、规程和记录文件进行严格审核，对于未提供相关材料或材料不符合要求的，不予核发饲料生产许可证。

（六）科学把握执法尺度。《规范》是各级饲料管理部门开展日常监督管理和行政执法的重要依据。要把监督执法作为推进《规范》的重要手段和措施，依法督促企业履行法定义务。要深刻领会《规范》的精神实质，坚持教育整改与行政处罚相结合，既要有法必依、执法必严，又要避免为罚而管、重罚轻管、以罚代管。要区分企业能力不足与排斥抵触的区别，能力不足的多服务指导，排斥抵触的耐心说服教育。

四、保障措施

（一）加强组织领导。各级饲料管理部门要牢固树立"法无授权不可为，法定职责必须为"的依法行政理念，提高认识，统一思想，明确任务，统筹协调《规范》推进工作。省级饲料管理部门要成立领导小组，主要领导亲自负责，研究制定《规范》实施工作方案和督察考核计划,落实培训、检查和示范创建工作经费,把《规范》实施工作分解落实到基层、到岗位、到人员。

(二)加强协调配合。省级饲料管理部门要切实改进作风,深入基层开展调研,了解情况,总结经验,研究问题,加强指导。要建立绩效考核和工作评估机制,定期组织开展督导检查,研究解决基层饲料管理部门和企业提出的各种问题,确保各级饲料管理部门法定职责得到全面履行。基层饲料管理部门要按照省级饲料管理部门的要求,细化完善工作方案,落实监督管理工作,建立监督管理档案,做好监督管理记录。

(三)加强基层监督执法能力建设。加强基层监督执法能力是实施《规范》的基础保障。各级饲料管理部门要积极争取将监督执法经费纳入地方财政预算,提高监督执法装备和经费保障水平。要建立教育培训制度,加强对监督执法人员的业务水平培训、政治思想教育和法律知识培训,建立一支政治合格、业务精通、纪律严明、作风优良、廉洁高效的监督执法队伍。

各级饲料管理部门要深刻认识《规范》实施的重大意义,切实加强组织领导,着力强化工作落实,努力提高依法行政能力和水平,保持好、维护好来之不易的发展环境,为建设现代饲料强国、促进养殖业持续稳定健康发展提供有力保障。

农业部

2015 年 6 月 29 日

关于进一步强化以猪血为原料的饲用血液制品生产过程管控有关要求的公告

(农业农村部公告 2018 年第 91 号)

根据《中华人民共和国动物防疫法》《重大动物疫情应急条例》等法律法规规定，为做好非洲猪瘟疫情防控工作，现就进一步强化以猪血为原料的饲用血液制品生产过程管控的有关要求公告如下。

一、生猪定点屠宰企业要完善猪血收集储存设施设备，实行封闭输送和储存。厂区内要配备猪血运输车辆消毒设施，对进出厂运输车辆进行消毒。

二、以猪血为原料生产饲用血液制品的生产企业要优化厂区布局，按要求设立车辆消毒设施设备，对进出厂区的原料运输车辆实施消毒。严格划分原料前处理和成品包装储存区域，严格限制人员和物料区域间流动。要执行原料进厂查验制度，猪血原料必须来自未发现非洲猪瘟疫情的屠宰场（点），猪血来源的同批次猪需经屠宰检疫合格，严格落实生产、留样观察和销售记录制度。产品生产应采用喷雾干燥工艺，喷雾干燥设备进风温度不低于 220℃、出风温度不低于 80℃，喷雾干燥后的物料要在 60℃ 以上保持 20 分钟以上。成品要在成品库（室温维持 20℃ 以上）存放 20 天以上，并实施产品检验合格和非洲猪瘟检测阴性后方可出厂销售。要按《以猪血为原料的饲用血液制品生产企业设施设备和环境消毒规范》（以下简称《规范》，见附件）要求开展消毒工作。

三、各地畜牧兽医主管部门要进一步强化饲用血液制品生产过程监督管理，对辖区内所有以猪血为原料生产饲用血液制品的获得生产许可证企业，全面开展现场检查并书面告知结果。符合本公告要求的企业可继续生产和销售，所生产的合格饲用血液制品可在饲料中正常使用。对于厂区布局和生产工艺条件不符合要求，消毒设施设备配备不到位，不认真履行原料进厂查验、生产记录、产品留样观察、合格检验和出厂销售记录等制度，不按《规范》要求开展设施设备和环境消毒的企业，责令立即停产，限期整改；整改完成后向省级畜牧兽医部门申请现场核查，确认整改到位后，方可恢复生产和销售。

四、本公告自发布之日起执行。取消此前有关公告中对以猪血为原料的血液制品及相关饲料产品的限制性规定。本公告执行之日前已生产以猪血为原料的血液制品及相关饲料产品，经检测确证非洲猪瘟核酸阳性的，要在当地畜牧兽医主管部门监督下进行无害化处理；检测结果为阴性的相关产品可继续销售和使用。

特此公告。

附件：以猪血为原料的饲用血液制品生产企业设施设备和环境消毒规范

农业农村部
2018 年 12 月 28 日

附件：

以猪血为原料的饲用血液制品生产企业设施设备和环境消毒规范

1 适用范围

本规范适用于以猪血为原料的饲用血液制品生产企业设施设备和环境的消毒工作。

2 消毒药品和器械

2.1 消毒药品

2.1.1 可选择酚类消毒剂、含氯消毒剂（次氯酸盐、二氧化氯）、过氧乙酸、季铵盐、碱类（氢氧化钠、氢氧化钾等）、酒精和碘化物等消毒药品。

2.1.2 酚类消毒剂、含氯消毒剂、过氧乙酸、季铵盐、碱类适用于建筑物、木质结构、水泥地面、车辆和相关设施设备消毒。

2.1.3 过氧乙酸、含氯消毒剂、季铵盐、酒精和碘化物适用于人员消毒。

2.2 消毒器械

可选择喷雾器、高压水枪、火焰喷射枪、臭氧发生器、消毒风机等。

3 消毒管理

3.1 应建立企业消毒管理制度，明确消毒工作责任人。

3.2 应设有专门存放消毒药品的场所，配备必要的清洗和消毒设备，消毒药品库存充足。

3.3 消毒过程中，应做好个人防护，无关人员不得随意出入消毒区域，不得吸烟、饮食。

3.4 严格区分已消毒和未消毒的设施设备和环境，避免交叉污染。

3.5 消毒后，应及时做好消毒记录，详细记录消毒时间、消毒地点、消毒对象、消毒药品名称、剂量、作用时间、消毒人员、负责人等内容，并妥善保存。

3.6 应及时补充消耗的消毒药品，及时维修或更换损坏的消毒器械。

3.7 应对消毒产生的污水和污物进行无害化处理。

4 消毒方法

4.1 进出厂消毒

4.1.1 厂区车辆出入口应设置与门同宽，池底长4m、深0.3m以上的消毒池。

4.1.2 消毒池内放置1%~2%氢氧化钠溶液或0.5%季铵盐溶液，液面深度不小于0.25m，消毒溶液每日更换。

4.1.3 门口配置消毒喷雾器，对运输车辆使用0.2%~0.5%过氧乙酸溶液、0.025%~0.05%次氯酸钠溶液或3%邻苯基苯酚溶液喷雾消毒。

4.2 生产区消毒

4.2.1 生产车间更衣室应合理设置紫外线灯并定期检查更换灯管。有条件的企业宜选用臭氧发生器或消毒风机。

4.2.2 车间入口处应设置与门同宽的鞋底消毒池（内置0.025%～0.05%次氯酸钠溶液或0.1%季铵盐溶液）或鞋底消毒垫，并设有洗手、消毒和干手设施，干手设施应采用烘手器或一次性消毒纸巾。

4.2.3 生产车间应每日生产前、后各消毒一次，地面、墙壁以及经常接触的物品表面，用水清洗干净，再用0.025%～0.05%次氯酸钠溶液、0.2%～0.5%过氧乙酸溶液或0.1%季铵盐溶液拖擦或喷洒，消毒顺序为先上后下、先左后右，拖擦或喷洒完，保持30min后方可冲洗。

4.2.4 每周进行一次彻底消毒，彻底清扫、冲洗地面后，对地面、墙壁用1%～2%氢氧化钠溶液、0.1%～0.2%季铵盐溶液或2%～3%次氯酸钠溶液拖擦或喷洒，消毒顺序为先上后下、先左后右，拖擦或喷洒完，保持30min后方可冲洗。

4.3 设施设备、工器具消毒

4.3.1 消毒前应清理设施设备、工器具表面附着的有机物质。

4.3.2 不易消毒的设备应放置在阳光下暴晒或使用臭氧发生器消毒。对金属设施设备、工器具的消毒，可采取火焰、熏蒸和冲洗等消毒方式。

4.3.3 生产结束后，对预处理、分离、过滤和干燥工艺中的泵、储存罐、静态过滤器、分离机、过滤膜、高压匀质泵以及管道的内部，至少先用清水冲洗，接着依次用0.3%氢氧化钠溶液、0.3%无机酸溶液和0.3%过氧乙酸溶液消毒，再清水冲洗。

4.3.4 生产结束后，对预处理、分离、过滤和干燥工艺中的泵、储存罐、静态过滤器、分离机、过滤膜、高压匀质泵以及管道的外部，用清水冲洗，再用0.3%过氧乙酸溶液喷洒消毒。

4.3.5 干燥系统每次开机前，干燥塔内部采用热空气消毒，干燥塔进口风温度设定100～120℃，出口温度设定80℃以上，持续至少10min。

4.3.6 生产结束后，清洗干净工器具，采用1%～2%氢氧化钠溶液、0.1%～0.2%季铵盐溶液或2%～3%次氯酸钠溶液浸泡，保持30min后冲洗残余消毒液。

4.4 车辆及运输罐消毒

4.4.1 车辆消毒工作应在硬化的地面进行。

4.4.2 清洗消毒时，应清除干净车辆上的污垢，注意车辆隐蔽部位。

4.4.3 用浸有消毒药品的布擦拭方向盘、变速杆、脚踏板、手闸等。

4.4.4 应对运输车辆上的垃圾进行无害化处理。

4.4.5 运输罐每次使用后，用清水冲洗，接着依次用0.3%氢氧化钠溶液、0.3%无机酸溶液和0.3%过氧乙酸溶液消毒，再清水冲洗。

4.5 人员消毒

4.5.1 工作人员应保持个人清洁，不应将与生产无关的物品带入车间；进入生产车间前，手部应用75%酒精、0.015%～0.02%次氯酸钠溶液或0.05%过氧乙酸溶液擦拭消毒，并更换工作衣帽。有条件的企业可以先淋浴、更衣后进入生产车间。

4.5.2 生产过程离开车间返回时，应重新洗手消毒。

4.5.3 生产结束后应将工器具放入指定地点，更换工作衣帽，双手彻底消毒后方可离开。

5 发现非洲猪瘟疫情时的紧急消毒

在产品出厂检测发现非洲猪瘟病毒核酸阳性后，应连续 7 日实施以下消毒措施。

5.1 消毒前准备

5.1.1 清理厂区内的废弃物、垃圾等，并集中存放；所有物品消毒前不得移出厂区。

5.1.2 选择合适的消毒药品。

5.1.3 配备喷雾器、火焰喷射枪、消毒防护用品（如口罩、手套、防护靴等）、消毒容器等。

5.2 消毒药品选择

5.2.1 碱类（氢氧化钠、氢氧化钾等）、氯化物和酚类化合物适用于建筑物、木质结构、水泥地面、车辆和相关设施设备消毒，酒精和碘化物适用于人员消毒。

5.2.2 可选用 0.8%氢氧化钠、0.3%福尔马林、3%邻苯基苯酚、含 2%~3%有效氯的次氯酸盐。

5.3 车辆消毒

厂区车辆进出口消毒池内放置 2%~3%氢氧化钠溶液，液面深度不小于 0.25m，消毒溶液每日更换。对运输车辆使用 0.2%~0.5%次氯酸钠溶液或 3%邻苯基苯酚溶液喷雾消毒。

5.4 厂区及设施设备、工器具消毒

5.4.1 对生产车间的地面、墙壁使用 5.2.2 中的消毒药品拖擦或喷洒完毕后，保持至少 30min。

5.4.2 对猪血运输罐，预处理、分离、过滤和干燥工艺中的泵、储存罐、静态过滤器、分离机、过滤膜、高压匀质泵、管道，及其他与产品接触的设施设备的内外部，使用 5.2.2 中的消毒药品进行拖擦或喷洒完毕后，保持至少 30min。

5.4.3 对工器具内、外部，使用 5.2.2 中的消毒药品浸泡，保持至少 30min。

5.5 人员及物品消毒

5.5.1 人员宜采取淋浴方式消毒。

5.5.2 对衣、帽、鞋等可能被污染的物品，可采取消毒液浸泡、高压灭菌等方式消毒。

5.6 道路及环境消毒

厂区进出口道路应用生石灰或氢氧化钠消毒，周边环境可用无人机或人工喷雾消毒。

5.7 消毒频率

每天消毒 3~5 次，连续 7 天，随后每天消毒 1 次，直至解除封锁。

6 消毒质量监测和记录

6.1 消毒质量的监测

6.1.1 应设专人负责检查消毒效果，并定期进行岗位技能培训。

6.1.2 应根据消毒药品种类，定期监测消毒药品质量，检查消毒药品的浓度、消毒时间和温度，结果应符合消毒药品的质量要求和使用规定。

6.1.3 应定期检测消毒器械的性能参数，结果应符合生产厂家的使用说明或指导手册的要求。
6.1.4 应定期检查消毒药品质量监测材料的质量。
6.1.5 应及时处理监测不合格的消毒物品。
6.2 消毒记录
6.2.1 应建立消毒操作的过程记录。
6.2.2 应留存消毒器运行参数打印资料或记录。
6.2.3 应记录消毒质量监测情况。
6.2.4 消毒记录应具有可追溯性，保存期限不少于 2 年。

关于养殖者自行配制饲料规定的公告

（农业农村部公告 2020 年第 307 号）

为规范养殖者自行配制饲料的行为，保障动物产品质量安全，按照《饲料和饲料添加剂管理条例》有关要求，我部规定如下。

一、养殖者自行配制饲料的，应当利用自有设施设备，供自有养殖动物使用。

二、养殖者自行配制的饲料（以下简称"自配料"）不得对外提供；不得以代加工、租赁设施设备以及其他任何方式对外提供配制服务。

三、养殖者应当遵守我部公布的有关饲料原料和饲料添加剂的限制性使用规定，除当地有传统使用习惯的天然植物原料（不包括药用植物）及农副产品外，不得使用我部公布的《饲料原料目录》《饲料添加剂品种目录》以外的物质自行配制饲料。

四、养殖者应当遵守我部公布的《饲料添加剂安全使用规范》有关规定，不得在自配料中超出适用动物范围和最高限量使用饲料添加剂。严禁在自配料中添加禁用药物、禁用物质及其他有毒有害物质。

五、自配料使用的单一饲料、饲料添加剂、混合型饲料添加剂、添加剂预混合饲料和浓缩饲料应为合法饲料生产企业的合格产品，并按其产品使用说明和注意事项使用。

六、养殖者在日常生产自配料时，不得添加我部允许在商品饲料中使用的抗球虫和中药类药物以外的兽药。因养殖动物发生疾病，需要通过混饲给药方式使用兽药进行治疗的，要严格按照兽药使用规定及法定兽药质量标准、标签和说明书购买使用，兽用处方药必须凭执业兽医处方购买使用。含有兽药的自配料要单独存放并加标识，要建立用药记录制度，严格执行休药期制度，接受县级以上畜牧兽医主管部门监管。

七、自配料原料、半成品、成品等应当与农药、化肥、化工有毒产品以及有可能危害饲料产品安全与养殖动物健康的其他物质分开存放，并采取有效措施避免交叉污染。

八、反刍动物自配料的生产设施设备不得与其他动物自配料生产设施设备共用。反刍动物自配料不得添加乳和乳制品以外的动物源性成分。

九、养殖者违反本规定的，由县级以上饲料主管部门依照《饲料和饲料添加剂管理条例》《兽药管理条例》《国务院关于加强食品等产品安全监督管理的特别规定》等予以处罚。涉嫌犯罪的，移送司法机关依法追究刑事责任。

本规定自 2020 年 8 月 1 日起施行。

农业农村部
2020 年 6 月 12 日

八、宠物饲料管理

关于宠物饲料管理的公告
(农业农村部公告 2018 年第 20 号)

为进一步加强宠物饲料管理,规范宠物饲料市场,促进宠物饲料行业发展,我部在全面梳理《饲料和饲料添加剂管理条例》(以下简称《条例》)及其配套规章适用规定、充分考虑宠物饲料特殊性和管理需要的基础上,制定了《宠物饲料管理办法》《宠物饲料生产企业许可条件》《宠物饲料标签规定》《宠物饲料卫生规定》《宠物配合饲料生产许可申报材料要求》《宠物添加剂预混合饲料生产许可申报材料要求》等规范性文件,现予公布,并就有关事项公告如下。

一、2018 年 6 月 1 日前,已经按照《条例》及其配套规章规定取得饲料生产许可证的宠物配合饲料、宠物添加剂预混合饲料生产企业,可以在生产许可证有效期内继续从事生产经营活动;有效期届满需要继续生产经营的,按照本公告规范性文件的有关规定申请办理饲料生产许可证。

二、根据《宠物饲料管理办法》产品分类规定被纳入生产许可管理,且本公告发布前已经生产宠物配合饲料、宠物添加剂预混合饲料但尚未取得饲料生产许可证的企业,应当在 2019 年 9 月 1 日前按照本公告规范性文件的有关规定申请办理并取得饲料生产许可证。

三、2018 年 6 月 1 日前,已经按照《条例》及其配套规章规定取得进口登记证的进口宠物配合饲料、进口宠物添加剂预混合饲料产品,可以在进口登记证有效期内继续进口销售;有效期届满需要继续进口销售的,按照本公告规范性文件的有关规定申请办理进口登记证。

四、根据《宠物饲料管理办法》产品分类规定被纳入进口登记管理,且本公告发布前已经在中国境内进口销售但未取得进口登记证的进口宠物配合饲料、进口宠物添加剂预混合饲料产品,应当在 2019 年 9 月 1 日前按照本公告规范性文件的有关规定申请办理并取得进口登记证。

五、自 2018 年 6 月 1 日起,申请从事宠物配合饲料、宠物添加剂预混合饲料生产,或者申请办理宠物配合饲料、宠物添加剂预混合饲料进口登记,按照本公告规范性文件的有关规定执行。

六、宠物配合饲料、宠物添加剂预混合饲料生产企业核发饲料生产许可证。根据企业申报情况,饲料生产许可证上的产品类别应当分别标示宠物配合饲料、宠物添加剂预混合饲料;产品品种应当分别标示固态宠物配合饲料、半固态宠物配合饲料、液态宠物配合饲料、固态宠物添加剂预混合饲料、半固态宠物添加剂预混合饲料、液态宠物添加剂预混合饲料。

七、2018 年 6 月 1 日前,已经按照《条例》及其配套规章规定取得供宠物直接食用的混合型饲料添加剂生产许可证和进口登记证的生产企业和进口产品，应当根据《宠物饲料管理办法》产品分类规定，在2019年9月1日前按照本公告规范性文件的有关规定申请办理并取得饲料生产许可证和进口登记证。

八、供宠物饲料生产企业使用的混合型饲料添加剂、添加剂预混合饲料的管理不适用本公告规范性文件的规定，其生产、经营、使用和进口按照《条例》及其配套规章中有关混合型饲料添加剂、添加剂预混合饲料的管理要求执行。

九、宠物饲料生产企业应当按照《宠物饲料标签规定》的要求制定产品标签，2019年9月1日以后生产的国产和进口宠物饲料产品所附具的标签，应当符合《宠物饲料标签规定》的要求。

十、宠物饲料生产企业应当切实加强对产品卫生指标的控制，2019年1月1日以后生产的国产和进口宠物饲料产品的卫生指标，应当符合《宠物饲料卫生规定》的要求。

十一、根据《宠物饲料管理办法》有关规定，自2018年6月1日起，有关宠物添加剂预混合饲料生产企业已经获得的相关产品的批准文号、其他宠物饲料生产企业已经获得的饲料生产许可证，不再作为宠物饲料检查、执法的依据和内容。

十二、本公告规定的有关管理过渡期结束后，各级饲料管理部门开展宠物饲料监管执法工作，应当按照本公告规范性文件的有关规定执行。

十三、各级饲料管理部门要继续加强宠物饲料监督管理工作，除本公告第二条、第四条规定的情形外，对于其他未取得许可证明文件生产或者进口宠物配合饲料、宠物添加剂预混合饲料的违法行为，应当按照《条例》有关规定从严处罚。

附件：1. 宠物饲料管理办法
2. 宠物饲料生产企业许可条件
3. 宠物饲料标签规定
4. 宠物饲料卫生规定
5. 宠物配合饲料生产许可申报材料要求
6. 宠物添加剂预混合饲料生产许可申报材料要求

中华人民共和国农业农村部
2018年4月27日

附件1：
宠物饲料管理办法

第一条 为加强宠物饲料管理，保障宠物饲料产品质量安全，促进宠物饲料行业发展，根据《饲料和饲料添加剂管理条例》，制定本办法。

第二条 本办法所称宠物饲料，是指经工业化加工、制作的供宠物直接食用的产品，包括宠物配合饲料、宠物添加剂预混合饲料和其他宠物饲料，也称为宠物食品。

宠物配合饲料，是指为满足宠物不同生命阶段或者特定生理、病理状态下的营养需要，将多种饲料原料和饲料添加剂按照一定比例配制的饲料，单独使用即可满足宠物全面营养需要。

宠物添加剂预混合饲料，是指为满足宠物对氨基酸、维生素、矿物质微量元素、酶制剂等营养性饲料添加剂的需要，由营养性饲料添加剂与载体或者稀释剂按照一定比例配制的饲料。

其他宠物饲料，是指为实现奖励宠物、与宠物互动或者刺激宠物咀嚼、撕咬等目的，将几种饲料原料和饲料添加剂按照一定比例配制的饲料。

第三条 申请从事宠物配合饲料、宠物添加剂预混合饲料生产的企业，应当符合《宠物饲料生产企业许可条件》的要求，向生产地省级人民政府饲料管理部门提出申请，并依法取得饲料生产许可证。

第四条 宠物饲料生产企业应当按照有关规定和标准，对采购的饲料原料、添加剂预混合饲料和饲料添加剂进行查验或者检验；使用饲料添加剂的，应当遵守《饲料添加剂品种目录》《饲料添加剂安全使用规范》等限制性规定。禁止使用《饲料原料目录》《饲料添加剂品种目录》以外的任何物质生产宠物饲料。

宠物饲料生产企业应当如实记录采购的饲料原料、添加剂预混合饲料、饲料添加剂的名称、产地、数量、保质期、许可证明文件编号、质量检验信息、生产企业名称或者供货者名称及其联系方式、进货日期等。记录保存期限不得少于2年。

第五条 宠物配合饲料、宠物添加剂预混合饲料生产企业应当按照产品质量标准、《饲料质量安全管理规范》组织生产，对生产过程实施有效控制并实行生产记录和产品留样观察制度。

其他宠物饲料生产企业应当按照产品质量标准组织生产，建立健全采购、生产、检验、销售、仓储等管理制度，对生产过程实施有效控制并实行生产记录和产品留样观察制度。

第六条 宠物饲料生产企业应当对其生产的产品进行质量检验；检验合格的，应当附具产品质量检验合格证。未经产品质量检验、检验不合格或者未附具产品质量检验合格证的，不得出厂销售。

宠物饲料生产企业应当如实记录出厂销售的宠物饲料产品的名称、数量、生产日期、生产批次、质量检验信息、购货者名称及其联系方式、销售日期等。记录保存期限不得少于2年。

第七条 出厂销售的宠物饲料产品应当包装，包装应当符合国家有关安全、卫生的规定。

第八条 宠物饲料产品的包装上应当附具标签，标签应当符合《宠物饲料标签规定》的要求。

第九条 宠物饲料生产企业应当采取有效措施保障产品质量安全，宠物饲料产品的卫生指标应当符合《宠物饲料卫生规定》的要求。

第十条 宠物饲料经营者进货时应当查验宠物饲料产品标签、产品质量检验合格证；对宠物配合饲料、宠物添加剂预混合饲料产品，还应当查验饲料生产许可证、进口登记证等许可证明文件。

宠物饲料经营者不得对宠物饲料产品进行拆包、分装，不得对宠物饲料产品进行再加工或者添加任何物质。

禁止经营无产品标签、无产品质量标准、无产品质量检验合格证的宠物饲料。禁止经营标签不符合《宠物饲料标签规定》要求的宠物饲料。禁止经营用《饲料原料目录》《饲料添加剂品种目录》以外的任何物质生产的宠物饲料。

禁止经营无生产许可证的宠物配合饲料、宠物添加剂预混合饲料。禁止经营未取得进口登记证的进口宠物配合饲料、进口宠物添加剂预混合饲料。

第十一条 宠物饲料经营者应当建立产品购销台账，如实记录购销宠物饲料产品的名称、许可证明文件编号、规格、数量、保质期、生产企业名称或者供货者名称及其联系方式、购销时间等。购销台账保存期限不得少于 2 年。

第十二条 网络宠物饲料产品交易第三方平台提供者，应当对入网的宠物饲料经营者进行实名登记，督促经营者认真履行宠物饲料产品质量安全管理责任和义务，保障平台上销售的宠物饲料产品符合本办法要求。

第十三条 宠物饲料生产企业发现其生产的产品可能对宠物健康有害或者存在其他安全隐患的，应当立即停止生产，通知经营者、使用者，向饲料管理部门报告，主动召回产品，并记录召回和通知情况。召回的产品应当在饲料管理部门的监督下，予以无害化处理或者销毁。

宠物饲料经营者发现其销售的宠物饲料产品有前款规定情形的，应当立即停止销售，通知生产企业、供货者和使用者，向饲料管理部门报告，并记录通知情况。

第十四条 境外宠物饲料生产企业向中国出口宠物配合饲料、宠物添加剂预混合饲料的，应当委托境外企业驻中国境内的办事机构或者中国境内代理机构向国务院农业行政主管部门申请登记，并依法取得进口登记证。

第十五条 向中国境内出口的宠物饲料，应当包装并附具符合《宠物饲料标签规定》要求的中文标签；产品卫生指标应当符合《宠物饲料卫生规定》的要求；宠物配合饲料、宠物添加剂预混合饲料还应当符合进口登记产品的备案标准要求。

生产向中国境内出口的宠物饲料所使用的饲料原料和饲料添加剂应当符合《饲料原料目录》《饲料添加剂品种目录》的要求，并遵守《饲料添加剂品种目录》《饲料添加剂安全使用规范》的规定。

第十六条 国务院农业行政主管部门和县级以上地方人民政府饲料管理部门，应当根据需要定期或者不定期组织实施宠物饲料产品监督抽查。

国务院农业行政主管部门和省级人民政府饲料管理部门应当按照职责权限公布监督抽查结果，并可以公布具有不良记录的宠物饲料生产企业、经营者以及为经营者提供服务的第三方交易平台名单。

第十七条 未取得饲料生产许可证生产宠物配合饲料、宠物添加剂预混合饲料的，依据《饲料和饲料添加剂管理条例》第三十八条进行处罚。

第十八条 宠物饲料生产企业违反本办法规定，使用《饲料原料目录》《饲料添加剂品种目录》以外的物质生产宠物饲料的，或者不遵守国务院农业行政主管部门的限制性规定的，依据《饲料和饲料添加剂管理条例》第三十九条进行处罚。

第十九条 宠物饲料生产企业未对采购的饲料原料、添加剂预混合饲料和饲料添加剂进行查验或者检验的，或者未对生产的宠物饲料进行产品质量检验的，依据《饲料和饲料添加剂管理条例》第四十条进行处罚。

第二十条 宠物配合饲料、宠物添加剂预混合饲料生产企业不遵守《饲料质量安全管理规范》的，依据《饲料和饲料添加剂管理条例》第四十条进行处罚。

第二十一条 宠物饲料生产企业未实行采购、生产、销售记录制度或者产品留样观察制度的，依据《饲料和饲料添加剂管理条例》第四十一条进行处罚。

第二十二条 宠物饲料产品未附具产品质量检验合格证或者包装、标签不符合规定的，依据《饲料和饲料添加剂管理条例》第四十一条进行处罚。

第二十三条 宠物饲料经营者有下列行为之一的，依据《饲料和饲料添加剂管理条例》第四十三条进行处罚：

（一）对经营的宠物饲料产品进行再加工或者添加物质的。

（二）经营无产品标签、无产品质量检验合格证的宠物饲料的；经营无生产许可证的宠物配合饲料、宠物添加剂预混合饲料的。

（三）经营用《饲料原料目录》《饲料添加剂品种目录》以外的物质生产的宠物饲料的。

（四）经营未取得进口登记证的进口宠物配合饲料、进口宠物添加剂预混合饲料的。

第二十四条 宠物饲料经营者有下列行为之一的，依据《饲料和饲料添加剂管理条例》第四十四条进行处罚：

（一）对宠物饲料产品进行拆包、分装的。

（二）未实行产品购销台账制度的。

（三）经营的宠物饲料产品失效、霉变或者超过保质期的。

第二十五条 对本办法第十三条规定的宠物饲料产品，生产企业不主动召回的，依据《饲料和饲料添加剂管理条例》第四十五条进行处罚。

第二十六条 宠物饲料生产企业、经营者有下列行为之一的，依据《饲料和饲料添加剂管理条例》第四十六条进行处罚：

（一）生产、经营无产品质量标准或者不符合产品质量标准的宠物饲料产品的。

（二）生产、经营的宠物饲料产品与标签标示的内容不一致的。

第二十七条 本办法仅适用于宠物犬、宠物猫饲料的管理。其他种类宠物饲料的管理要求另行规定。

第二十八条　本办法自 2018 年 6 月 1 日起施行。

附件 2：
宠物饲料生产企业许可条件

第一章　总　则

第一条　为加强宠物饲料生产许可管理，保障宠物饲料质量安全，根据《饲料和饲料添加剂管理条例》《饲料和饲料添加剂生产许可管理办法》《宠物饲料管理办法》，制定本条件。

第二条　申请从事宠物配合饲料、宠物添加剂预混合饲料生产的企业，应当符合本条件。

第二章　机构与人员

第三条　企业应当设立技术、生产、质量、销售、采购等管理机构。技术、生产、质量机构应当配备专职负责人，并不得互相兼任。

第四条　技术机构负责人应当具备畜牧、兽医、食品等相关专业大专以上学历或者中级以上技术职称，熟悉饲料法规、动物营养、产品配方设计等专业知识，并通过现场考核。

第五条　生产机构负责人应当具备畜牧、兽医、食品、机械、化工等相关专业大专以上学历或者中级以上技术职称，熟悉饲料法规、饲料加工技术与设备、生产过程控制、生产管理等专业知识，并通过现场考核。

第六条　质量机构负责人应当具备畜牧、兽医、食品、化工、生物等相关专业大专以上学历或者中级以上技术职称，熟悉饲料法规、原料与产品质量控制、原料与产品检验、产品质量管理等专业知识，并通过现场考核。

第七条　销售和采购机构负责人应当熟悉饲料法规，并通过现场考核。

第八条　企业应当配备 2 名以上专职检验化验员，并通过现场操作技能考核。

第三章　厂区、布局与设施

第九条　企业应当独立设置厂区，厂区周围没有影响产品质量安全的污染源。

厂区应当布局合理，生产区与生活、办公等区域分开。厂区应当整洁卫生，道路和作业场所采用混凝土或者沥青硬化，生活、办公等区域有密闭式生活垃圾收集设施。

第十条　生产区应当按照生产工序合理布局，生产区总使用面积应当与生产规模相匹配。

固态的宠物配合饲料、宠物添加剂预混合饲料有相对独立、与生产规模相匹配的原料库、配料间、加工间、成品库和附属物品库房。

半固态的宠物配合饲料、宠物添加剂预混合饲料有相对独立、与生产规模相匹配的原料库、前处理间、配料间、加工间、灌装间（区）、外包装间（区）、成品库和附属物品库房。

液态的宠物配合饲料、宠物添加剂预混合饲料有相对独立、与生产规模相匹配的原料库、前处理间、配料间、加工灌装间、外包装间、成品库和附属物品库房。

同时生产宠物、畜禽等其他动物饲料的，可以共同使用原料库、成品库和附属物品库房。宠物饲料生产设备不得用于生产畜禽等其他动物饲料。

第十一条 生产区建筑物通风和采光良好，自然采光设施应当有防雨功能。

第十二条 厂区内应当配备必要的消防设施或者设备。

第十三条 厂区内应当有完善的排水系统，排水系统入口处有防堵塞装置，出口处有防止动物侵入装置。

第十四条 存在安全风险的设备和设施，应当设置警示标识和防护设施：

（一）配电柜、配电箱有警示标识，易产生或者积存粉尘区域的人工采光灯具、电源开关及插座有防爆功能。

（二）高温设备和设施有隔热层和警示标识。

（三）压力容器有安全防护装置。

（四）设备传动装置有防护罩。

（五）有投料地坑的，入口处有完整的栅栏。

（六）吊物孔有坚固的盖板或者四周有防护栏，所有设备维修平台、操作平台和爬梯有防护栏。

企业应当为生产区作业人员配备劳动保护用品。

第十五条 企业仓储设施应当符合以下条件：

（一）满足原料、成品、包材、备品备件的贮存要求，具有防霉、防潮、防鸟、防鼠等功能。

（二）存放维生素、微生物添加剂和酶制剂等热敏物质的贮存间面积与生产规模相匹配，满足储存温度要求，密闭性能良好。

（三）亚硒酸钠等按危险化学品管理的饲料添加剂，有独立的贮存间或者贮存柜。

（四）使用新鲜或者冷冻动物源性原料的，有与生产规模相匹配的冷藏、冷冻设施或者设备。

（五）有立筒仓的，配备立筒仓通风系统和温度监测装置。

第四章 工艺与设备

第十六条 固态宠物配合饲料生产企业应当符合以下条件：

（一）配备成套加工机组，包括粉碎、配料、提升、混合、调质、膨化、干燥、喷涂、冷却、计量、包装、异物检除等设备，并具有完整的除尘系统和电控系统。

（二）配料、混合工段采用计算机自动化控制系统，配料动态精度不大于3‰，静态精度不大于1‰。

（三）混合机的混合均匀度变异系数不大于7%。

（四）粉碎机、空气压缩机、高压风机采用隔音或者消音装置。

（五）生产线除尘系统使用脉冲式除尘设备，投料口采用单点除尘方式，作业区的粉尘浓度和排放浓度符合国家有关规定。

（六）小料配制和投料复核分别配置电子秤。

（七）有添加剂预混合工艺的，单独配备至少一台混合机及相应的除尘设备，混合机（含混合机缓冲仓）与物料接触部分使用不锈钢制造，混合机的混合均匀度变异系数不大于5%。

（八）有新鲜或者冷冻、冷藏动物源性原料预处理工序的，单独配备除杂、粉碎、均质、水解等设备。

（九）生产车间和作业场所噪音控制符合国家有关规定。

第十七条 半固态宠物配合饲料生产企业应当符合以下条件：

（一）配备成套加工机组，包括粉碎、配料、混合、乳化、蒸煮、冷却、计量、灌装、包装、异物检除等设备，并具有完整的电控系统。

（二）小料配制和投料复核分别配置电子秤。

（三）有添加剂预混合工艺的，单独配备至少一台混合机并配备相应的除尘设备，混合机（含混合机缓冲仓）与物料接触部分使用不锈钢制造，混合机的混合均匀度变异系数不大于5%。

（四）生产罐头等具有商业无菌要求的产品的，配备相应的杀菌设备。

（五）有新鲜或者冷冻、冷藏动物源性原料预处理工序的，单独配备除杂、粉碎、均质、水解等设备。

（六）生产车间和作业场所噪音控制符合国家有关规定。

第十八条 固态宠物添加剂预混合饲料生产企业应当符合以下条件：

（一）配备成套加工机组，包括原料除杂、配料、混合、成型、计量、自动包装等设备，并具有完整的除尘系统和电控系统。

（二）有两台以上混合机，混合机（含混合机缓冲仓）与物料接触部分使用不锈钢制造，混合机的混合均匀度变异系数不大于5%。

（三）生产线除尘系统使用脉冲式除尘设备，投料口采用单点除尘方式，作业区的粉尘浓度和排放浓度符合国家有关规定。

（四）小料配制和投料复核分别配置电子秤。

（五）有粉碎机、空气压缩机的，采用隔音或消音装置。

（六）生产车间和作业场所噪音控制符合国家有关规定。

第十九条 半固态宠物添加剂预混合饲料生产企业应当符合以下条件：

（一）配备成套加工机组，包括称量、加热、配料、搅拌、灌装、包装等设备，并具有完整的电控系统。

（二）生产设备、输送管道及管件使用不锈钢或者性能更好的材料制造。

（三）加热设备有搅拌、温度控制和温度显示装置。

（四）搅拌设备的搅拌速度可控。

（五）小料配制和投料复核分别配置电子秤。

（六）生产车间和作业场所噪音控制符合国家有关规定。

第二十条　液态的宠物配合饲料、宠物添加剂预混合饲料生产企业应当符合以下条件：

（一）配备成套加工机组，包括原料前处理、称量、配液、过滤、灌装等设备，并具有完整的电控系统。

（二）生产设备、输送管道及管件使用不锈钢或者性能更好的材料制造。

（三）有均质工序的，使用高压均质机的工作压力不小于 50 兆帕，并符合安全生产要求；使用高剪切均质机的均质转速不小于 2 800 转/分。

（四）配液罐有加热保温功能和温度显示装置。

（五）小料配制和投料复核分别配置电子秤。

（六）生产车间和作业场所噪音控制符合国家有关规定。

第五章　质量检验和质量管理制度

第二十一条　企业应当在厂区内独立设置检验化验室，并与生产车间和仓储区域分离。

第二十二条　宠物配合饲料生产企业检验化验室应当符合以下条件：

（一）生产液态宠物配合饲料的企业，配备常规检验仪器、万分之一分析天平、可见光分光光度计、定氮装置、粗脂肪提取装置；生产半固态宠物配合饲料的企业，还应当在液态宠物配合饲料企业的基础上，配备恒温干燥箱、高温炉、真空泵及抽滤装置、高压灭菌锅、培养箱、显微镜和样品制备设备；生产固态宠物配合饲料的企业，还应当在半固态宠物配合饲料企业的基础上，配备硬度测定仪、容重测定仪、水分活度测定仪、标准筛。

（二）检验化验室至少包括天平室、理化分析室、仪器室、留样观察室；生产固态宠物配合饲料和半固态宠物配合饲料的，还应当设立微生物检验室。各功能室应当满足下列要求：

1. 天平室有满足分析天平放置要求的天平台。

2. 理化分析室有满足样品理化分析和检验要求的通风柜、实验台、器皿柜、试剂柜；同时开展高温或者明火操作和易燃试剂操作的，分别设立独立的操作区和通风柜，并保持一定的安全距离。

3. 仪器室满足分光光度计等仪器的使用要求。

4. 留样观察室有满足原料和产品贮存要求的样品柜或者样品架。

5. 微生物检验室具有符合要求的准备间、缓冲间、无菌间和超净工作台。

第二十三条　宠物添加剂预混合饲料生产企业检验化验室应当符合以下条件：

（一）生产液态宠物添加剂预混合饲料的企业，配备常规检验仪器、万分之一分析天平；生产半固态宠物添加剂预混合饲料的企业，还应当在液态宠物添加剂预混合饲料企业的基础上，配备恒温干燥箱、高温炉和样品制备设备；生产固态宠物添加剂预混合饲料的企业，还应当在半固态宠物添加剂预混合饲料企业的基础上，配备标准筛。

（二）产品中添加维生素的，配备具有紫外检测器的高效液相色谱仪；产品中添加微量元素的，配备具有火焰原子化器和被测项目元素灯的原子吸收分光光度计；产品中添加氨基酸、酶制剂等营养性饲料添加剂的，配备满足添加成分检测要求的检验仪器。

（三）检验化验室至少包括天平室、前处理室、仪器室和留样观察室。各功能室应当满足下列要求：

1. 天平室有满足分析天平放置要求的天平台。

2. 前处理室有能够满足样品前处理和检验要求的通风柜、实验台、器皿柜、试剂柜、气瓶固定装置以及避光、空调等设备或者设施；同时开展高温或者明火操作和易燃试剂操作的，分别设立独立的操作区和通风柜，并保持一定的安全距离。

3. 仪器室满足高效液相色谱仪、原子吸收分光光度计等仪器的使用要求，高效液相色谱仪和原子吸收分光光度计分室存放。

4. 留样观察室有满足原料和产品贮存要求的样品柜或者样品架。

第六章　附则

第二十四条　在满足生产和质量检验要求的前提下，经省级人民政府饲料管理部门组织专家审核同意，企业可以使用性能更好的生产设备和检验仪器替代本条件中的相关生产设备和检验仪器。

第二十五条　本条件规定的成套加工机组中，如企业生产过程中不涉及相关工艺和设备，在申报材料和现场检查过程中可不作要求，但因缺少相关工艺和设备可能影响产品质量安全和安全生产的情况除外。

第二十六条　本条件自 2018 年 6 月 1 日起施行。

附件3：
宠物饲料标签规定

第一条　为加强宠物饲料管理，规范宠物饲料标签标示内容，根据《饲料和饲料添加剂管理条例》《宠物饲料管理办法》，制定本规定。

第二条　本规定所称的宠物饲料标签是指以文字、符号、数字、图形等方式粘贴、印刷或者附着在产品包装上用以表示产品信息的说明物的总称。

第三条　在中华人民共和国境内生产、销售的宠物饲料产品的标签应当按照本规定要求标示产品名称、原料组成、产品成分分析保证值、净含量、贮存条件、使用说明、注意事项、生产日期、保质期、生产企业名称及地址、许可证明文件编号和产品标准等信息。

第四条 宠物饲料产品标签应当在醒目位置标示"本产品符合宠物饲料卫生规定"字样，并以粘贴或者印刷等形式附具产品质量检验合格证。

第五条 宠物饲料产品名称应当位于标签的主要展示版面并采用通用名称。通用名称应当使用一致的字体、字号和颜色，不得突出或者强调其中的部分内容。在标示通用名称的同时，可以标示商品名称，但应放在通用名称之后或者之下，字号不得大于通用名称。

（一）宠物配合饲料的通用名称应当标示"宠物配合饲料""宠物全价饲料""全价宠物食品"或者"全价"字样，并标示适用动物种类和生命阶段。适用动物种类可以具体至犬、猫品种或者体型，如不标示则默认为适用于所有品种和体型；生命阶段包括幼年期、成年期、老年期、妊娠期、哺乳期等，如不标示则默认为适用于所有生命阶段。为满足宠物特定生理、病理状态下营养需要生产的宠物配合饲料，其通用名称应当标示"处方"字样。示例见附录1。

（二）宠物添加剂预混合饲料的通用名称应当标示"宠物添加剂预混合饲料""补充性宠物食品"或者"宠物营养补充剂"，并标示适用动物种类和生命阶段。适用动物种类可以具体至犬、猫品种或者体型，如不标示则默认为适用于所有品种和体型；生命阶段包括幼年期、成年期、老年期、妊娠期、哺乳期等，如不标示则默认为适用于所有生命阶段。宠物添加剂预混合饲料的通用名称中，也可以标示产品中的氨基酸、维生素、矿物质微量元素、酶制剂等营养性饲料添加剂，标示时可以使用营养性饲料添加剂的品种名称或者类别名称。示例见附录1。

（三）其他宠物饲料的通用名称应当标示"宠物零食"，并标示适用动物种类和生命阶段。适用动物种类可以具体至犬、猫品种或者体型，如不标示则默认为适用于所有品种和体型；生命阶段包括幼年期、成年期、老年期、妊娠期、哺乳期等，如不标示则默认为适用于所有生命阶段。其他宠物饲料的通用名称中，也可以标示产品的具体呈现形式。示例见附录1。

第六条 宠物饲料产品标签上应当标示原料组成。原料组成包括饲料原料和饲料添加剂两部分，分别以"原料组成"和"添加剂组成"为引导词。其中，"原料组成"应当标示生产该产品所用的饲料原料品种名称或者类别名称，并按照各类或者各种饲料原料成分加入重量的降序排列；"添加剂组成"应当标示生产该产品所用的饲料添加剂名称，抗氧化剂、着色剂、调味和诱食物质类饲料添加剂可以标示类别名称。

饲料原料品种名称应当与《饲料原料目录》一致，类别名称应当与附录2规定一致。饲料添加剂名称应当与《饲料添加剂品种目录》一致。

在产品中使用以《饲料原料目录》中动物水解物为主要原料复配制成的调味产品的，应当在原料组成部分中以"宠物饲料复合调味料"或者"口味增强剂"标示。

原料组成中的某种原料如以品种名称标示，则不应当再以类别名称标示；如以类别名称标示，则不应当再以品种名称标示。

第七条 在中国境内生产的宠物饲料产品标签上应当标示产品所执行的产品标准编号。进口宠物配合饲料、宠物添加剂预混合饲料应当标示进口产品复核检验报告的编号。

第八条 宠物饲料产品标签上应当标示产品成分分析保证值。产品成分分析保证值的计量单位见附录3。

（一）宠物配合饲料产品成分分析保证值至少应当包括的项目、要求及具体标示方法见附录4。

为满足宠物特定生理、病理状态下的营养需要生产的宠物配合饲料，其产品成分分析保证值除满足上述要求外，可以进行特殊标示。

（二）宠物添加剂预混合饲料产品成分分析保证值至少应当标示水分和产品中所添加的主要营养性饲料添加剂，标示方法参照附录4。

（三）其他宠物饲料产品成分分析保证值至少应当标示水分，也可以根据需要标示其他成分的分析保证值，标示方法参照附录4。

第九条 宠物饲料产品应当标示产品包装单位的净含量。净含量标示由净含量、数字和法定计量单位组成。净含量与产品名称应当位于标签的同一展示版面。

固态产品应当使用质量进行标示，净含量不足1千克的，以克或者g作为计量单位；净含量超过1千克（含1千克）的，以千克或者kg作为计量单位。

液态产品、半固态产品除可以使用前款规定的质量进行标示外，也可以使用体积标示，以体积标示时，净含量不足1升的，以毫升或者mL作为计量单位；净含量超过1升（含1升）的，以升或者L作为计量单位。

第十条 宠物饲料产品标签上应当标示产品的贮存条件及贮存方法。

第十一条 宠物饲料产品标签上应当标示产品使用说明。使用说明应当根据宠物的生命阶段、活动量和体型类别标示推荐饲喂量或者饲喂建议。

第十二条 宠物饲料产品标签上应当标示产品使用的注意事项。含动物源性成分（乳和乳制品除外）的产品应当标示"本产品不得饲喂反刍动物"字样。

通用名称标示"处方"字样的宠物配合饲料，应当在注意事项中参照本规定附录5中的示例，标示该产品适用的宠物特定生理、病理状态及主要营养特征，并在醒目位置标示"请在执业兽医指导下使用"字样。如其适用的生理、病理状态及主要营养特征未在附录5收录范围以内，该产品的生产企业应当参照附录5根据产品的实际情况标示注意事项，并能够提供相关证明资料。资料至少应当包括能够验证产品效果的科学试验数据及配方组成。

第十三条 宠物饲料产品标签应当标示完整的年、月、日生产日期信息，标示方法见附录6。进口产品中文标签标示的生产日期应当与原产地标签上标示的生产日期一致。如生产日期标示采用"见包装物某部位"的形式，应当标示包装物的具体部位。生产日期的标示不得另外加贴或者篡改。

第十四条 宠物饲料产品标签应当标示保质期，标示方法见附录6。进口宠物饲料产品中文标签标示的保质期应当与原产地标签上标示的保质期一致。如保质期标示采用"见包装物某部位"的形式，应当标示包装物的具体部位。保质期的标示不得另外加贴或者篡改。

第十五条 在中国境内生产的宠物配合饲料和宠物添加剂预混合饲料的产品标签，应当标示与许可证明文件一致的生产许可证编号、企业名称、注册地址、生产地址、联系方式；其他宠物饲料产品，应当标示与生产企业营业执照一致的企业名称、注册地址、生产地址、联系方式。如生产企业的注册地址与生产地址一致，可不重复标示。

进口宠物饲料产品应当以中文标示原产国名或者地区名。进口宠物配合饲料和宠物添加剂预混合饲料产品，应当标示与进口登记证一致的登记证号、生产厂家名称、生产地址，以及该产品在中国境内依法登记注册的销售机构名称、地址和联系方式。其他进口宠物饲料产品，应当标示生产厂家名称、生产地址，以及该产品在中国境内依法登记注册的销售机构名称、地址和联系方式。

联系方式应当标示以下至少一项内容：电话、传真、网络联系方式、通讯地址等。

第十六条 对于内包装不独立销售的宠物饲料产品，外包装应当标示本规定的所有内容，内包装至少标示产品名称、保质期和净含量。对于内包装独立销售的产品，内、外包装均应当标示本规定的所有内容。如内包装已标示本规定的所有内容，且标示内容能透过外包装物清晰、完整地呈现，可不在外包装物上进行重复标示。仅用于宠物饲料产品运输的外包装除外。

对于复合包装产品，外包装应当标示复合包装的净含量和所含独立包装的净含量及件数，或者直接标示所含独立包装的净含量和件数，标示形式见附录6。外包装上标示的保质期应当按照最早到期的独立包装产品的保质期计算，生产日期应当标示最早生产的独立包装产品的生产日期，也可以在外包装上分别标示各独立包装产品的生产日期和保质期。

第十七条 宠物饲料免费产品，除标示本规定的所有内容外，还应当标示"免费样品""赠品""非卖品"或者"试用装"等字样。

第十八条 委托加工的宠物配合饲料、宠物添加剂预混合饲料产品，除标示本规定的所有内容外，还应当标示委托企业的名称、注册地址和生产许可证编号。

第十九条 宠物饲料产品中含有转基因成分的，其标示应当符合相关法律法规的要求。

第二十条 宠物饲料产品标签中可以进行成分、功能和特性声称，声称时应当遵守以下规定：

（一）禁止对宠物饲料作具有预防或者治疗宠物疾病的说明或者宣传。

（二）所有声称应当具备证明材料。证明材料包括公开发表的出版物、教科书、配方组成、检测数据或者试验报告等。

（三）对成分进行声称时，声称的内容应当置于产品名称相邻位置，并与产品名称使用相同的字体和颜色，字号不大于产品名称，不得以任何形式突出或者强调其中部分内容。

1. 宠物饲料如声称使用某种饲料原料，应当在饲料原料组成中标示其名称，并在名称后标示其添加量；如该饲料原料使用所属类别名称标示，应当在类别名称之后以括号的方式标示该饲料原料的品种名称及其在产品中的添加量。示例见附录1。

2. 经脱水处理的饲料原料，可以依据水分还原后其在产品中的含量进行声称。可以进行水分还原的饲料原料种类及其计算方法见附录7。如进行水分还原，则附录7中涉及的三类饲料原料应当同时还原，计算方法应当按附录7执行。

3. 声称"XX配方"时,产品中的"XX"饲料原料应当达到产品总重的26%以上;如对两种或者两种以上饲料原料进行组合声称,其中至少一种饲料原料应当达到产品总重的26%以上,其余每种饲料原料均应当达到产品总重的3%以上,声称应当按原料的重量百分比降序排列。示例见附录1。

声称"含XX配方"时,产品中的"XX"饲料原料应当达到产品总重的14%以上;如对两种或者两种以上饲料原料进行组合声称,其中至少一种饲料原料应当达到产品总重的14%以上,其余每种饲料原料均应达到产品总重的3%以上,声称应按原料的重量百分比降序排列。示例见附录1。

声称"含XX"时,产品中的"XX"饲料原料应当达到产品总重的4%以上;如对两种或者两种以上饲料原料进行组合声称,其中至少一种饲料原料应当达到产品总重的4%以上,其余每种原料均应当达到产品总重的3%以上,声称应当按饲料原料的重量百分比降序排列。示例见附录1。

4. 如宠物饲料产品使用的饲料原料、宠物饲料复合调味料或者口味增强剂能够赋予产品某种风味,可以对产品的风味进行声称,声称应当使用"XX味"字样。示例见附录1。

5. 如宠物饲料产品中的某种饲料原料的添加量足以赋予产品某些特有属性,即使该原料未达到产品总重的4%也可以对其进行声称,声称应当使用"添加XX"字样。示例见附录1。

6. 宠物饲料产品如声称使用某种维生素、矿物质微量元素等营养素或者使用的某种饲料添加剂可以赋予产品某些特有属性,声称应当使用"含XX"字样。声称涉及的维生素、矿物质微量元素等营养素应当在产品成分分析保证值中列示。声称涉及的饲料添加剂应当在饲料添加剂组成中列示并标示其添加量。示例见附录1。

7. 宠物饲料产品可以声称不含有某种饲料原料或者饲料添加剂,声称应当使用"无XX"或者"不含XX"。除饲料原料和饲料添加剂外,不得对其他任何物质进行不含有声称。对于麸质成分,如其含量不高于20mg/kg时,可以进行"无麸质"或者"不含麸质"的声称。

8. 如对宠物饲料产品中的某种成分含量进行"高""增高"或者"低""降低"或者类似的比较性声称,应当以本企业的产品作为参照物且明确列示,增高或者降低的比例应当达到15%以上,对于常量营养素,增高或者降低的百分比应当能够通过配方进行验证。示例见附录1。

(四)对特性进行声称时,应当符合下列要求。

1. 如宠物饲料产品使用的所有饲料原料和饲料添加剂均来自未经加工、非化学工艺加工或者只经过物理加工、热加工、提取、纯化、水解、酶解、发酵或者烟熏等处理工艺的植物、动物或者矿物质微量元素,可对产品进行特性声称,声称应当使用"天然的""天然粮"或者类似字样。如宠物饲料产品中添加的维生素、氨基酸、矿物质微量元素是化学合成的,也可以对产品进行"天然的""天然粮"的声称,但应当同时对所使用的维生素、氨基酸、矿物质微量元素进行标示,声称应当使用"天然粮,添加XX"字样;如添加了两种(类)或者两种(类)以上的化学合成的维生素、氨基酸、矿物质微量元素，声称中可以使用饲料添加剂的类别名称。所有声称文字应置于同一展示版面，使用相同的字体、字号和颜色，中间不得插入其他任何内容，不得以任何形式突出或者强调其中某一部分。示例见附录1。

2. 如宠物饲料产品使用的某种饲料原料和饲料添加剂来自未经加工、非化学工艺加工或者只经过物理加工、热加工、提取、纯化、水解、酶解、发酵或者烟熏等处理工艺的植物、动物或者矿物质微量元素，可以对该饲料原料或者饲料添加剂进行特殊声称，声称应当使用"天然"字样。示例见附录1。

3. 如宠物饲料产品使用的某种饲料原料除冷藏外未经蒸煮、干燥、冷冻、水解等类似任何处理过程，且不含有氯化钠、防腐剂或者其他饲料添加剂，可以对该饲料原料进行声称，声称应当使用"新鲜的""鲜"或者类似字样。示例见附录1。

4. 如犬用宠物饲料产品的水分含量低于20%且脂肪含量不高于9%、水分含量在20%至65%之间且脂肪含量不高于7%、水分含量大于65%且脂肪含量不高于4%时，可以对犬用宠物饲料进行"低脂肪"的声称。如猫用宠物饲料产品水分含量低于20%且脂肪含量不高于10%、水分含量在20%至65%之间且脂肪含量不高于8%、水分含量大于65%且脂肪含量不高于5%时，可以对猫用宠物饲料进行"低脂肪"的声称。

5. 如犬用宠物饲料产品的水分含量低于20%且能量值不高于1 296kJME/100g、水分含量在20%至65%之间且能量值不高于1 045kJME/100g、水分含量不低于65%且能量值不高于376kJME/100g时，可以对该产品进行"低能量"声称并对其能量值进行标示。如猫用宠物饲料产品水分含量低于20%且能量值不高于1 359kJME/100g、水分含量在20%至65%之间且能量值不高于1 108kJME/100g、水分含量不低于65%且能量值不高于397kJME/100g，可以对该产品进行"低能量"声称并对其能量值进行标示。标示时应当以"能量"或者"能量值"为引导词，并与该声称置于同一展示版面。能量值应当以代谢能（ME）值表示，并以kJ/100g为单位，代谢能可以采用计算值，计算方法见附录8，但应当在代谢能值后以括号的方式标注"计算值"字样。

6. 宠物饲料产品可以使用"新产品""配方升级""产品升级"或者类似声称，但声称应当有充分证据，且该声称在产品标签上标示的时间不得超过18个月。

7. 如对宠物饲料产品进行符合国际或者国外标准的声称，产品应当符合对应标准的所有要求，且在监管部门要求时应当能提供检测报告或者产品配方等证明材料。

（五）如宠物饲料产品使用的某种饲料原料、饲料添加剂或者饲料原料中含有的某种营养素具有维持、增强宠物生长、发育、生理功能或者机体健康的作用，可以进行功能声称。声称应当符合以下要求。

1. 声称涉及的饲料添加剂应当在饲料添加剂组成或者产品成分分析保证值中按本规定要求标示，声称涉及的饲料原料应当在原料组成中标示其名称，并在名称后标示其添加量，示例见附录1。

2. 如宠物饲料产品对毛球产生、牙垢积聚等非疾病性问题具有预防性作用，可以进行功能声称，声称可以使用"预防"字样并标示该产品可以预防的非疾病问题，示例见附录1。

第二十一条 宠物饲料标签应当结实耐用。附签形式的标签不得与包装物分离或者被遮掩，标签内容应当在不打开包装的情况下完整呈现。标签内容应当清晰、醒目、持久，方便消费者辨认和识读。文字应当使用规范的汉字（商标、进口宠物饲料的生产者和地址、国外经营者的名称和地址、网址除外），可以同时使用有对应关系的汉语拼音、少数民族文字或者其他文字，但不得大于相应的汉字（商标除外）。对于印有多语言的包装物，凡使用规范汉字提供的信息均应当符合本规定的要求。

第二十二条 标签的展示面积大于 $35cm^2$ 时，标示内容的文字、符号、数字的高度不得小于 1.8mm。不同包装物或者包装容器上标签最大表面面积计算方法见附录 9。

第二十三条 国务院农业行政主管部门和县级以上地方人民政府饲料管理部门，应当根据需要定期或者不定期组织实施宠物饲料产品标签监督抽查。

第二十四条 宠物饲料产品标签不符合本规定的，依据《饲料和饲料添加剂管理条例》第四十一条进行处罚。

第二十五条 宠物饲料生产企业、经营者生产、经营的宠物饲料与标签标示的内容不一致的，依据《饲料和饲料添加剂管理条例》第四十六条进行处罚。

第二十六条 本规定自 2018 年 6 月 1 日起施行。

附录：1. 宠物饲料标示内容示例
   2. 宠物饲料原料分类
   3. 产品成分分析保证值常用计量单位
   4. 宠物配合饲料产品成分分析保证值至少应当包括的项目及标示要求
   5. 宠物配合饲料适用的特定状态及主要营养特征标示示例
   6. 生产日期、保质期及净含量的标示
   7. 可进行水分还原的原料种类及其计算方法
   8. 产品能量值的计算方法
   9. 不同包装物或者包装容器上标签最大表面面积计算方法

附录1：

宠物饲料标示内容示例

一、宠物配合饲料通用名称示例

——"宠物配合饲料犬粮"或者"宠物全价饲料犬粮"或者"全价犬粮"或者"全价宠物食品犬粮"；

——"宠物配合饲料幼年期犬粮"或者"宠物全价饲料幼年期犬粮"或者"全价幼年期犬粮"或者"全价幼年期犬粮"或者"全价宠物食品幼年期犬粮"；

——"宠物配合饲料泰迪幼年期犬粮"或者"宠物全价饲料泰迪幼年期犬粮"或者"全价泰迪幼年期犬粮"或者"全价泰迪幼年期犬粮"或者"全价宠物食品泰迪幼年期犬粮"；

——"宠物配合饲料大型犬幼年期犬粮"或者"宠物全价饲料大型犬幼年期犬粮"或者"全价大型犬幼年期犬粮"或者"全价大型犬幼年期犬粮"或者"全价宠物食品大型犬幼年期犬粮"；

——"宠物配合饲料犬处方粮"或者"宠物全价饲料犬处方粮"或者"全价犬处方粮"或者"全价宠物食品犬处方粮"。

二、宠物添加剂预混合饲料通用名称示例

——"宠物添加剂预混合饲料微量元素"或者"补充性宠物食品微量元素"或者"宠物营养补充剂微量元素"；

——"宠物添加剂预混合饲料犬幼年期微量元素"或者"补充性宠物食品犬幼年期微量元素"或者"宠物营养补充剂犬幼年期微量元素"；

——"宠物添加剂预混合饲料泰迪犬幼年期微量元素"或者"补充性宠物食品泰迪犬幼年期微量元素"或者"宠物营养补充剂泰迪犬幼年期微量元素"；

——"宠物添加剂预混合饲料大型犬幼年期微量元素"或者"补充性宠物食品大型犬幼年期微量元素"或者"宠物营养补充剂大型犬幼年期微量元素"。

——"宠物添加剂预混合饲料维生素B"或者"补充性宠物食品维生素B"或者"宠物营养补充剂维生素B"；

——"宠物添加剂预混合饲料犬幼年期维生素B"或者"补充性宠物食品犬幼年期维生素B"或者"宠物营养补充剂犬幼年期维生素B"；

——"宠物添加剂预混合饲料泰迪犬幼年期维生素B"或者"补充性宠物食品泰迪犬幼年期维生素B"或者"宠物营养补充剂泰迪犬幼年期维生素B"；

——"宠物添加剂预混合饲料大型犬幼年期维生素B"或者"补充性宠物食品大型犬幼年期维生素B"或者"宠物营养补充剂大型犬幼年期维生素B"。

三、其他宠物饲料通用名称示例

——"宠物零食肉棒";
——"宠物零食幼犬饮料";
——"宠物零食幼犬牛肉粒";
——"宠物零食幼犬洁齿磨牙棒";
——"宠物零食泰迪犬咬胶"。

四、宠物饲料产品如声称使用某种饲料原料，标示示例

——"肉类及制品（鸡肝3.5%）";
——"果蔬类籽实及其制品（蔓越莓1.3%）"。

五、成分声称标示示例

（一）宠物饲料产品中某种饲料原料达到产品总重26%以上，声称标示示例：
——"牛肉配方";
——"鸡肉大米配方";
——"牛肉鸡肉配方"。

（二）宠物饲料产品中某种饲料原料达到产品总重14%以上，声称标示示例：
——"含牛肉配方";
——"含糙米配方";
——"含牛肉鸡肉配方";
——"含牛肉大米配方"。

（三）宠物饲料产品中某种饲料原料达到产品总重4%以上，声称标示示例：
——"含牛肉";
——"含糙米";
——"含牛肉鸡肉";
——"含鸡肉大米"。

（四）宠物饲料产品中使用的饲料原料、宠物饲料复合调味料或者口味增强剂能够赋予产品某种风味，声称标示示例：
——"牛肉味";
——"鸡肉味";
——"烟熏味"。

（五）宠物饲料产品中某种饲料原料的添加量足以赋予产品某些特有属性，声称标示示例：
——"添加燕麦";
——"添加牛初乳"。

（六）宠物饲料产品如声称使用某种维生素、矿物质微量元素等营养素或者使用的某种饲料添加剂可以赋予产品某些特有属性，声称标示示例：

——"含 DHA";
——"含共轭亚油酸"。

（七）宠物饲料产品进行比较性声称时，声称标示示例：
——高蛋白全价犬粮（与 XX 全价犬粮相比）。

六、特性声称标示示例

（一）声称应当使用"天然的""天然粮"或者类似字样的宠物饲料产品标示示例：
——"天然粮，添加维生素"；
——"天然粮，添加维生素和氨基酸"。
——"天然色素"；
——"天然防腐剂"。

（二）声称应当使用"新鲜的""鲜"或者类似字样的宠物饲料产品标示示例：
——"新鲜鸡肉"；
——"鲜牛肉"。

七、功能声称标示示例

（一）宠物饲料产品中如使用的某种饲料原料、饲料添加剂或者其中含有的某种营养素具有维持、增强宠物生长、发育、生理功能或者机体健康的作用，声称标示示例：
——"含钙促进骨骼发育"；
——"含菊苣根粉促进肠道有益菌增殖"。

（二）宠物饲料产品如对非疾病性问题具有预防性作用，声称标示示例：
——"预防毛球产生"；
——"预防牙垢聚集"。

附录 2：

宠物饲料原料分类

序号	类别名称	与《饲料原料目录》对应的原料品种
1	谷物及其制品	"谷物及其加工产品"中的所有原料
2	油料籽实及其制品	"油料籽实及其加工产品"中的所有原料
3	豆科籽实及其制品	"豆科作物籽实及其加工产品"中的所有原料
4	果蔬类籽实及其制品	"块茎、块根及其加工产品"中的所有原料、"其他籽实、果实类产品及其加工产品"中的所有原料
5	天然植物及其制品	"其他植物、藻类及其加工产品"中的 7.1、7.2、7.3、7.4 的原料

(续表)

序号	类别名称	与《饲料原料目录》对应的原料品种
6	饲草类及其制品	"饲草、粗饲料及其加工产品"中的所有原料
7	藻类及其制品	"其他植物、藻类及其加工产品"中的7.5的原料
8	乳类及其制品	"乳制品及其副产品"中的所有原料
9	肉类及其制品	"陆生动物产品及其副产品"中9.1、9.3、9.6、9.7的原料
10	昆虫及其制品	"陆生动物产品及其副产品"中9.2和9.5的原料
11	蛋类及其制品	"陆生动物产品及其副产品"中9.4的原料
12	鱼类等水生生物及其制品	"鱼、其他水生生物及其副产品"中的所有原料
13	矿物质	"矿物质"中的所有原料
14	微生物发酵类制品	"微生物发酵制品及副产品"中的所有原料

附录3：

产品成分分析保证值常用计量单位

一、粗蛋白质、粗脂肪、粗纤维、水分、粗灰分、钙、总磷、水溶性氯化物（以Cl^-计）、氨基酸含量，以百分含量（%）表示。

二、微量元素含量，以每克、每千克、每毫升、每升、每片、每胶囊、每粒中元素的毫克数表示。

示例：mg/g、mg/kg、mg/mL、mg/L、mg/片、mg/胶囊。

三、维生素含量，以每克、每千克、每毫升、每升、每片、每胶囊、每粒产品中含药物或者维生素的毫克数，或者以表示生物效价的国际单位（IU）表示。

示例：mg/g、mg/kg、mg/mL、mg/L、mg/片、mg/胶囊、mg/粒，或 IU/g、IU/kg、IU/mL、IU/L、IU/片、IU/胶囊。

四、酶制剂含量，以每克、每毫升、每片、每胶囊、每粒产品中含酶活性单位表示。

示例：U/g、U/mL、U/片、U/胶囊、U/粒。

五、微生物含量，以每克、每千克、每毫升、每升、每片、每胶囊、每粒产品中含微生物的菌落数或者个数表示。

示例：CFU/g、CFU/kg、CFU/mL、CFU/L、CFU/片、CFU/胶囊、CFU/粒，或者个/g、个/mL、个/片、个/胶囊。

附录 4:

宠物配合饲料产品成分分析保证值至少
应当包括的项目及标示要求

项目	要求	标示方法
粗蛋白质	最小值	≥，或者不小于，或者至少
粗脂肪	最小值；对于进行低脂肪声称的产品，应当同时标示其最大值	≥，或者不小于，或者至少；进行低脂肪声称的产品应当标示为：最小值≤粗脂肪≤最大值，或者粗脂肪不小于，且不大于
粗纤维	最大值	≤，或者不大于，或者至多
水分	最大值	≤，或者不大于，或者至多
粗灰分	最大值	≤，或者不大于，或者至多
钙	最小值	≥，或者不小于，或者至少
总磷	最小值	≥，或者不小于，或者至少
水溶性氯化物（以 Cl^- 计）	最小值	≥，或者不小于，或者至少
赖氨酸，适用于犬粮	最小值	≥，或者不小于，或者至少
牛磺酸，适用于猫粮	最小值	≥，或者不小于，或者至少

附录 5:

宠物配合饲料适用的特定状态及主要营养特征标示示例

一、改善慢性肾功能不全状态

示例：本产品适用于慢性肾功能不全的犬、猫使用，产品中的磷和蛋白质经过科学调整。

二、帮助溶解鸟粪石

示例：本产品用于促进犬、猫鸟粪石溶解，产品中的镁和蛋白质经过科学调整。

三、减少鸟粪石再生

示例：本产品用于减少犬、猫鸟粪石再生，产品中的镁经过科学调整。

四、减少尿酸盐结石形成

示例：本产品用于减少犬、猫尿酸盐结石形成，产品中的嘌呤和蛋白质经过科学调整。

五、减少草酸盐结石形成

示例：本产品用于减少犬、猫草酸盐结石形成，产品中的钙、维生素 D 经过科学调整。

六、减少胱氨酸结石形成

示例：本产品用于减少犬、猫胱氨酸结石形成，产品中的蛋白质和含硫氨基酸经过科学调整。

七、降低急性肠道吸收障碍发生

示例：本产品用于降低犬、猫急性肠道吸收障碍发生，产品中的电解质和易消化原料经过科学调整。

八、降低原料和营养素不耐受

示例：本产品用于降低犬、猫原料和营养素的不耐受症，产品中的蛋白质或者碳水化合物经过科学调整。

九、改善消化不良

示例：本产品用于改善犬、猫消化不良，产品中原料的可消化性和脂肪经过科学调整。

十、改善慢性心脏功能不全

示例：本产品用于改善犬、猫慢性心脏功能不全，产品中的钠经过科学调整。

十一、调节葡萄糖供给

示例：本产品用于调节糖尿病犬、猫的葡萄糖供给，产品中的碳水化合物经过科学调整。

十二、改善肝功能不全

示例：本产品用于调节肝功能不全的犬、猫的营养供给，产品中的蛋白质和必需脂肪酸经过科学调整。

十三、改善高脂血症

示例：本产品用于调节犬、猫的脂肪代谢，产品中的脂肪和必需脂肪酸经过科学

调整。

十四、改善甲状腺机能亢进

示例：本产品用于改善猫的甲状腺机能亢进状态，产品中的碳经过科学调整。

十五、降低肝脏中的铜含量

示例：本产品用于降低犬肝脏中的铜，产品中的铜经过科学调整。

十六、改善超重状态

示例：本产品用于降低犬、猫的多余体重，产品的能量密度经过科学调整。

十七、营养恢复期

示例：本产品用于犬、猫疾病后的营养恢复，产品的能量密度、必需营养素和易消化原料经过科学调整。

十八、改善皮肤炎症和过度脱毛

示例：本产品用于改善犬、猫皮肤炎症和过度脱毛现象，产品中的必需脂肪酸经过科学调整。

十九、改善关节炎症

示例：本产品用于改善犬、猫的关节炎症，产品中的多不饱和脂肪酸、维生素 E 等经过科学调整。

附录 6：

生产日期、保质期及净含量的标示

一、生产日期的标示

生产日期中年、月、日可用空格、斜线、连字符、句点等符号分隔，或者不用分隔符。年代号一般应当标示 4 位数字，小包装食品也可以标示 2 位数字。月、日应当标示 2 位数字。

生产日期标示示例：

——"生产日期：2010 年 3 月 20 日"；

——"生产日期：20 日 03 月 2010 年"或者"生产日期：3 月 20 日 2010 年"；

——"生产日期（年/月/日）：20100320"或者"生产日期（年/月/日）：2010/03/20"或者"生产日期（年/月/日）：20100320"；

——"生产日期（月/日/年）：03202010"或者"生产日期（月/日/年）：03/20/

2010"或者"生产日期（月/日/年）：03202010"；

——"生产日期（日/月/年）：20032010"或者"生产日期（日/月/年）：20/03/2010"或者"生产日期（日/月/年）：20032010"。

二、保质期的标示

示例：

——"保质期：XX个月"或者"XX日"或者"XX天"或者"X年"；

——"保质期至XXXX年XX月XX日"或者"保质期至XX月XX日XXXX年"或者"保质期至XX日XX月XXXX年"；

——"此日期前最佳……"或者"此日期前食用最佳……"或者"最好在……之前食用"或者"……之前食用最佳"（……）处填写日期。

三、净含量的标示

（一）复合包装中独立包装为同类产品的，净含量标示方式示例：

——"净含量：40克×5"或者"净含量：40g×5"；

——"净含量：5×40克"或者"净含量：5×40g"；

——"净含量：200克（5×40克）"或者"净含量：200g（5×40g）"；

——"净含量：200克（40克×5）"或者"净含量：200g（40g×5）"；

——"净含量：200克（5件或者5袋或者5包或者5罐或者5听）"或者"净含量：200g（5件或者5袋或者5包或者5罐或者5听）"；

——"净含量：200克（100克+50克×2）"或者"净含量：200g（100g+50g×2）"；

——"净含量：200克（80克×2+40克）"或者"200g（80g×2+40g）"。

（二）复合包装中独立包装为不同类产品的，净含量标示方式

示例：

——"净含量：200克（A产品40克×3，B产品40克×2）或200g（A产品40g×3，B产品40g×2）"；

——"净含量：200克（40克×3，40克x2）"或者"净含量：200g（40g×3，40g×2）"；

——"净含量：100克A产品，50克×2B产品，50克C产品"或者"净含量：100gA产品，50gx2B产品，50gC产品"；

——"净含量：A产品：100克，B产品：50克×2；C产品：50克"或者"净含量：A产品：100g，B产品：50g×2；C产品：50g"；

——"净含量：100克（A产品），50克×2（B产品），50克（C产品）"或者"净含量：100g（A产品），50g×2（B产品），50g（C产品）"；

——"净含量：A产品100克，B产品50克×2，C产品50克"或者"净含量：A产品100g，B产品50g×2，C产品50g"。

附录 7：

可进行水分还原的原料种类及其计算方法

一、可进行水分还原的原料种类及还原后水分还原标准

新鲜水果和蔬菜（不包括由果蔬皮渣制成的副产品）的脱水物：90.0%；

肉类、鱼类（仅包括可食用动物组织）的脱水物：75.0%；

谷物：15.0%。

二、含水原料水分还原示例

（一）固态/半固态宠物饲料

原料	配方组成（kg）	原料的水分含量（%）	配方中的干物质含量（kg）	水分还原标准（%）	还原后的配方组成（kg）	还原后的配方组成比例（%）
玉米	66.0	10.0	59.4	15.0	69.9	37.2
鸡肉粉	24.2	10.0	21.8	75.0	87.2	46.4
牛肉粉	1.8	11.1	1.6	75.0	6.4	3.4
胡萝卜粉	2.0	8.0	1.8	90.0	18.4	9.8
添加剂预混合饲料	4.0		4.0		4.0	2.1
油脂	2.0		2.0		2.0	1.1
总计	100.0				187.9	100

注：1. 上述示例中，原配方中 24.2kg 的鸡肉粉经水分还原后相当于 87.2kg 的鸡肉，占还原后配方组成比例 46.4%，可以进行"鸡肉配方"的声称；原配方中 2.0kg 的胡萝卜粉经水分还原后相当于 18.4kg 的胡萝卜，占还原后配方组成比例 9.8%，可以进行"含胡萝卜"的声称；原配方中 1.8kg 的牛肉粉经水分还原后相当于 6.4kg 的牛肉，占还原后配方组成比例 3.4%，可以进行"牛肉味"的声称。

（二）液态宠物饲料

原料	配方组成（kg）	原料的水分含量（%）	配方中的干物质含量（kg）	水分还原标准（%）	还原后的配方组成（kg）	还原后的配方组成比例（%）
水	42.0				35.4	35.4
牛肉	35.0				35.0	35.0
鸡肉	18.2				18.2	18.2
鱼肉	2.0				2.0	2.0
添加剂预混合饲料	2.0				2.0	2.0
胡萝卜粉	0.8	8.0	0.7	10.0	7.4	7.4[2]

（续表）

原料	配方组成（kg）	原料的水分含量（%）	配方中的干物质含量（kg）	水分还原标准（%）	还原后的配方组成（kg）	还原后的配方组成比例（%）
总计	100.0				100.0[1]	100.0

注：1. 上述示例中，配方中0.8kg的胡萝卜粉经水分还原后重量增加至7.4kg，增加的6.6kg重量可视为来源于配方中的水分，所以计算还原后的配方组成比例时配方总重量保持100kg不变。

2. 配方中0.8kg的胡萝卜粉经水分还原后相当于7.4kg的胡萝卜，占还原后配方组成比例7.4%可以进行"含胡萝卜"的声称。

附录8：

产品能量值的计算方法

一、犬用宠物饲料产品能量值计算方法（每100g产品中）

（一）总能（GE）计算

总能（kcal）= 5.7×粗蛋白质克数+9.4×粗脂肪克数+4.1×（无氮浸出物克数+粗纤维克数）

（二）能量消化率（%）计算

能量消化率（%）= 91.2-1.43×干物质中粗纤维所占百分比数

（三）消化能（DE）计算

消化能（kcal）= GE×能量消化率（%）

（四）代谢能（ME）计算

代谢能（kcal）= DE-1.04×粗蛋白克数

（五）单位换算

1 kcal＝4.186kJ

示例：

以100克犬用配合饲料产品为例计算其能量值，其中含80g水分、7g粗蛋白质、4g粗脂肪、3g粗灰分、1g粗纤维和5g无氮浸出物。

GE（kcal）= 5.7×7 +9.4 ×4 +4.1×（1 +5）= 102.1

干物质中粗纤维所占百分比数 = $\dfrac{1}{100-80} \times 100 = 5$

能量消化率（%）= 91.2-1.43×5＝84.05

DE（kcal）= 102.1×84.05%＝85.82

ME（kcal）= 85.82-1.04×7＝78.54

ME（kJ）= 78.54×4.186＝328.768

二、猫用宠物饲料产品能量值计算方法（每100g产品中）

（一）总能（GE）计算

总能（kcal）= 5.7×粗蛋白质克数+9.4×粗脂肪克数+4.1×（无氮浸出物克数+粗纤维克数）

（二）能量消化率（%）计算

能量消化率（%）= 87.9-0.88×干物质中粗纤维所占百分比数

（三）消化能（DE）计算

消化能（kcal）= GE×能量消化率（%）

（四）代谢能（ME）计算

代谢能（kcal）= DE-0.77×粗蛋白质克数

（五）单位换算

1 kcal=4.186kJ

示例：

以100克猫用宠物配合饲料产品为例计算其能量值，其中含80g水分、7g粗蛋白、4g粗脂肪、3g粗灰分、1g粗纤维和5g无氮浸出物

干物质中粗纤维所占百分比数 = $\dfrac{1}{100-80} \times 100 = 5$

能量消化率（%）= 87.9-（0.88×5）= 83.5

DE（kcal）= 102.1×83.5% = 85.3

ME（kcal）= 85.3-0.77×7 = 79.9

ME（kJ）= 79.5×4.186 = 328.6

附录9：

不同包装物或者包装容器上标签最大表面面积计算方法

一、长方体形包装物或者包装容器上的计算方法

长方体形包装物或者包装容器的最大一个侧面的高度（cm）乘以宽度（cm）。

二、圆柱形包装物或者包装容器、近似圆柱形包装物或者包装容器上的计算方法

包装物或者包装容器的高度（cm）乘以圆周长（cm）的40%。

三、其他形状的包装物或者包装容器上的计算方法

包装物或者包装容器的总表面积的40%。

四、如果包装物或者包装容器有明显的主要展示版面，应以主要展示版面的面积为最大表面面积。

五、包装袋等计算表面面积时应除去封边所占尺寸。瓶形或者罐形包装计算表面面积时不包括肩部、颈部、顶部和底部的凸缘。

附件 4：

宠物饲料卫生规定

一、为加强宠物饲料管理，保障宠物饲料产品质量安全和宠物健康，依据《饲料和饲料添加剂管理条例》《宠物饲料管理办法》，制定本规定。

二、在中华人民共和国境内生产、销售的供宠物犬、宠物猫直接食用的宠物饲料产品的卫生指标，应当符合本规定的要求。

三、国务院农业行政主管部门和县级以上地方人民政府饲料管理部门，应当以卫生指标为重点，根据需要定期或者不定期组织实施宠物饲料产品监督抽查。

四、国务院农业行政主管部门和省级人民政府饲料管理部门应当按照职责权限公布监督抽查结果，并可以公布具有不良记录的宠物饲料生产企业、经营者以及为经营者提供服务的第三方交易平台名单。

五、宠物饲料生产企业、经营者生产、经营的宠物饲料不符合本规定卫生指标要求的，依据《饲料和饲料添加剂管理条例》第四十六条进行处罚。

六、本规定自 2018 年 6 月 1 日起施行。

附录：宠物饲料卫生指标及试验方法

八、宠物饲料管理

附录：

宠物饲料卫生指标及试验方法

类别	序号	卫生指标	产品名称	限量[①]	试验方法	备注
无机污染物和含氮化合物	1	氟（mg/kg）	宠物配合饲料	≤150	GB/T 13083	—
			宠物添加剂预混合饲料、其他宠物饲料	≤500（磷含量≤4%时） ≤125/1%的磷含量（磷含量>4%时）[②]		表中磷含量以干物质含量88%计
	2	镉（mg/kg）	宠物配合饲料、宠物添加剂预混合饲料、其他宠物饲料	≤2	GB/T 13082	—
	3	铬（mg/kg）	宠物配合饲料、宠物添加剂预混合饲料、其他宠物饲料	≤5	GB/T 13088—2006（原子吸收光谱法）	—
	4	汞（mg/kg）	宠物配合饲料、宠物添加剂预混合饲料、其他宠物饲料	≤0.3	GB/T 13081	—
	5	铅（mg/kg）	宠物配合饲料	≤5	GB/T 13080	—
			宠物添加剂预混合饲料、其他宠物饲料	≤10		—
	6	总砷（mg/kg）	含有水生动物及其制品或者藻类及其制品的宠物配合饲料或者藻类及其制品预混合饲料和其他宠物饲料	≤10	总砷：GB/T 13079 无机砷：GB/T 23372	其中，无机砷含量不超过 2mg/kg
			不含有水生动物及其制品的宠物配合饲料	≤2		—
			不含有水生动物及其制品的宠物添加剂预混合饲料和其他宠物饲料	≤4		—
	7	三聚氰胺（mg/kg）	宠物配合饲料、宠物添加剂预混合饲料、其他宠物饲料	≤2.5	NY/T 1372	水分达到或超过60%的罐头宠物饲料以原样计
	8	亚硝酸盐（以 NaNO₂ 计）（mg/kg）	水分含量小于14%的宠物配合饲料	≤15	GB/T 13085	—

(续表)

类别	序号	卫生指标	产品名称	限量①	试验方法	备注
真菌毒素	9	黄曲霉毒素 B₁ (μg/kg)	宠物配合饲料、宠物添加剂预混合饲料、其他宠物饲料	≤10	NY/T 2071（适用于水分含量<60%的宠物饲料）；GB/T 30955（适用于水分含量≥60%的宠物饲料）	—
	10	伏马毒素（B₁+B₂）(mg/kg)	宠物配合饲料、宠物添加剂预混合饲料、其他宠物饲料	≤5	NY/T 1970	—
	11	脱氧雪腐镰刀菌烯醇（呕吐毒素）(mg/kg)	宠物配合饲料（猫用）、宠物添加剂预混合饲料（猫用）、其他宠物饲料	≤5	GB/T 30956	—
			宠物配合饲料（犬用）、宠物添加剂预混合饲料（犬用）	≤2		
	12	玉米赤霉烯酮 (mg/kg)	宠物配合饲料（幼年期、妊娠期和哺乳期）、宠物添加剂预混合饲料（幼年期、妊娠期和哺乳期）、其他宠物饲料（幼年期、妊娠期和哺乳期）	≤0.15	NY/T 2071	—
			宠物配合饲料（成年期）、宠物添加剂预混合饲料（成年期）、其他宠物饲料（成年期）	≤0.25		
	13	赭曲霉毒素 A (mg/kg)	宠物配合饲料、宠物添加剂预混合饲料、其他宠物饲料	≤0.01	GB/T 30957	—
	14	T-2 和 HT-2 (mg/kg)	宠物配合饲料（猫用）、宠物添加剂预混合饲料（猫用）、其他宠物饲料	≤0.05	SN/T 3136	—

八、宠物饲料管理

（续表）

类别	序号	卫生指标	产品名称		限量①	试验方法	备注
天然植物毒素	15	氰化物（以HCN计）(mg/kg)	宠物配合饲料、宠物添加剂预混合饲料、其他宠物饲料		≤50	GB/T 13084	—
	16	滴滴涕（DDT）(mg/kg)	宠物配合饲料、宠物添加剂预混合饲料、其他宠物饲料		≤0.05	GB/T 5009.162	—
	17	多氯联苯（以PCB28、PCB52、PCB101、PCB138、PCB153、PCB180总和计）(μg/kg)	宠物配合饲料、宠物添加剂预混合饲料、其他宠物饲料		≤40	GB 5009.190	—
有机氯污染物	18	六六六（HCH）(mg/kg)	α-HCH	宠物配合饲料、宠物添加剂预混合饲料、其他宠物饲料	≤0.02	GB/T 13090	—
			β-HCH	宠物配合饲料、宠物添加剂预混合饲料、其他宠物饲料	≤0.01		
			γ-HCH	宠物配合饲料、宠物添加剂预混合饲料、其他宠物饲料	≤0.2		
	19	六氯苯（HCB）(mg/kg)	宠物配合饲料、宠物添加剂预混合饲料、其他宠物饲料		≤0.01	SN/T 0127	—

（续表）

类别	序号	卫生指标	产品名称	限量①	试验方法	备注
微生物污染物	20	沙门氏菌, 25g中	宠物配合饲料（罐头除外）	不得检出	GB/T 13091	—
			宠物添加剂预混合饲料（罐头除外）、其他宠物饲料（罐头除外）	不得检出		
	21	微生物	宠物配合饲料（罐头）、宠物添加剂预混合饲料（罐头）、其他宠物饲料（罐头）	商业无菌	GB 4789.26	—

说明：①表中所列限量，除特别注明外均以干物质含量88%计（微生物污染物指标除外）。②宠物添加剂预混合饲料、其他宠物饲料产品的磷含量大于4%时，每增加1%的磷，其氟限量在500mg/kg的基础上增加125mg/kg。例如：宠物添加剂预混合饲料、其他宠物饲料产品的磷含量为5%时，其氟限量为625mg/kg；磷含量为5.5%时，其氟限量按比例增加为687.5mg/kg。

附件5：

宠物配合饲料生产许可申报材料要求

一、许可范围

（一）在中华人民共和国境内生产宠物配合饲料的企业（以下简称企业）。

（二）宠物配合饲料，是指为满足宠物不同生命阶段或者特定生理、病理状态下的营养需要，将多种饲料原料和饲料添加剂按照一定比例配制的饲料，单独使用即可满足宠物全面营养需要。

宠物配合饲料分为：固态宠物配合饲料、半固态宠物配合饲料、液态宠物配合饲料。

（三）本要求适用于以下情形：

1. 设立：指企业首次申请生产许可。

2. 续展：指企业生产许可有效期满继续生产。

3. 增加或者更换生产线：增加生产线指企业在同一厂区增建已获得许可产品的生产线；更换生产线指企业对已有生产线的关键设备或生产工艺进行重大调整。

4. 增加产品品种：指企业申请增加生产许可范围以外的产品品种。

5. 迁址：指企业迁移出原生产地址，搬迁至新的生产地址。

6. 变更：指企业名称变更、法定代表人变更、注册地址或者注册地址名称变更、生产地址名称变更。

二、申报材料格式要求

（一）企业应当按照《宠物配合饲料生产许可申报材料一览表》的要求提供相关材料。

（二）申报材料应当使用A4规格纸、小四号宋体打印，按照《宠物配合饲料生产许可申报材料一览表》顺序编制目录、装订成册并标注页码。表格不足时可加续表。申报材料应当清晰、干净、整洁。

（三）申报材料中企业提供的企业承诺书、宠物配合饲料生产许可申请书、工商营业执照、企业组织机构图、主要机构负责人毕业证书或职称证书、厂区平面布局图、生产工艺流程图和工艺说明、计算机自动化控制系统配料精度证明、混合机混合均匀度检测报告、检验化验室平面布置图、检验仪器购置发票、企业管理制度等证明材料原件或者复印件的首页应当加盖企业公章。

（四）申报材料一式两份（包括纸质文件和电子文档光盘），其中一份报送省级人民政府饲料管理部门，承担具体受理工作的饲料管理部门留存一份。

（五）申报材料电子文档采用PDF格式，相关证明文件应为原件扫描件，文件名为企业全称。

（六）增加或更换生产线、增加产品品种的，仅提供与申请事项相关的资料。

（七）对于企业生产过程中不涉及的工艺和设备，申报材料中相关内容可不填写，但应另附文字说明。

三、申报材料内容要求

（一）企业承诺书

（二）宠物配合饲料生产许可申请书

1. 封面

1.1 生产许可证编号：已获得生产许可证的企业填写原生产许可证编号，新设立的企业不填写。

1.2 产品类别：根据企业情况，在固态宠物配合饲料、半固态宠物配合饲料、液态宠物配合饲料后面的"□"中打"√"。

1.3 企业名称：填写企业工商营业执照上的注册名称，并加盖企业公章。

1.4 联系人：填写企业负责办理生产许可的工作人员姓名。

1.5 联系方式：填写企业负责办理生产许可的联系人的手机、固定电话（注明区号）、传真等。

1.6 申请事项：根据企业情况分别在选项后面的"□"中打"√"。

1.7 申报日期：填写企业报出材料的日期。

2. 企业基本情况

各栏仅填写与申请事项相关的内容。

2.1 企业名称：填写企业工商营业执照上的注册名称。

2.2 生产地址：填写企业生产所在地详细地址，注明省（自治区、直辖市）、市（地）、县（市、区）、乡（镇、街道）、村（社区）、路（街）、号。

2.3 法定代表人、统一社会信用代码、住所（注册地址）、企业类型、注册资本：按照企业工商营业执照填写。

2.4 固定资产：指厂房、设备和设施等资产总值。

2.5 所属法人机构信息：如企业为非法人单位，应当填写所属法人机构信息。

2.6 主要机构设置及人员组成机构

名称按照企业实际情况填写技术、生产、质量、销售、采购等机构。

人员总数填写与企业签订全日制用工劳动合同并缴纳了养老、医疗等保险的人员数量。

专业技术人员填写企业的技术、生产、质量、销售、采购等机构中取得中专以上学历或者初级以上技术职称的人员数量。

2.7 企业简介包括建立时间或者变迁来源、隶属关系、所有权性质、生产产品、生产能力、技术水平、工艺装备、质量管理等内容（1 000字以内）。

3. 产品基本情况

3.1 生产线名称：按照产品品种进行命名。如固态宠物配合饲料生产线、半固态宠物配合饲料生产线、液态宠物配合饲料生产线。

3.2 生产能力：固态宠物配合饲料生产线按照膨化设备的设计生产能力（吨/小时）填写；半固态宠物配合饲料生产线按照杀菌设备的设计生产能力（立方米）填写；液态宠物配合饲料生产线按照配液设备的生产能力（升）填写。

3.3 产品品种：按照固态宠物配合饲料、半固态宠物配合饲料、液态宠物配合饲料填写。

3.4 产品系列：按照饲喂宠物划分，分别填写犬、猫。

4. 生产设备明细表

4.1 企业应当以生产线为单位，填写与生产工艺流程图一致的设备。

4.1.1 固态宠物配合饲料填写粉碎、配料、提升、混合、调质、膨化、干燥、喷涂、冷却、计量、包装、异物检除等设备以及除尘系统和电控系统等辅助设备。

4.1.2 半固态宠物配合饲料填写粉碎、配料、混合、乳化、蒸煮、冷却、计量、灌装、包装、异物检除等设备以及电控系统等辅助设备。

4.1.3 液体宠物配合饲料填写原料前处理、称量、配液、过滤、灌装等设备以及电控系统等辅助设备。有均质工序的还需填写均质设备。

4.1.4 有新鲜或者冷冻动物源性原料预处理工序的，填写除杂、粉碎、均质、水解等设备或设施。

4.1.5 有添加剂预混合工艺的，填写混合机、除尘器等设备。

4.1.6 生产罐头等具有商业无菌要求的产品的，还需填写杀菌设备或者提供与其他机构签订的处于有效期的产品杀菌委托协议。

4.2 生产线名称及序号：与3.1对应，并逐一填写。

4.3 设备名称、型号规格、生产厂家、出厂日期：按照设备说明书或者设备铭牌填写。

4.4 技术性能指标：填写反映生产设备主要特征的技术性能参数。

5. 检验仪器明细表

5.1 按照宠物饲料生产企业许可条件规定逐一列出。

5.2 仪器名称、型号规格、生产厂家、出厂日期、出厂编号：按照仪器说明书或者仪器铭牌填写。

5.3 技术性能指标：填写检验仪器主要技术性能参数。

6. 主要管理技术人员登记表

填写与企业签订全日制用工劳动合同并缴纳了养老、医疗等保险的人员，包括企业负责人、技术负责人、生产负责人、质量负责人、销售负责人、采购负责人、检验化验员等，其中检验化验员至少2名。

(三) 工商营业执照

提供本企业的工商营业执照复印件，尚未取得工商注册的企业除外。非法人单位还应当提供所属法人单位的工商营业执照复印件。

(四) 企业组织机构图

提供包括技术、生产、质量、销售、采购等机构的企业组织机构图。

(五) 主要机构负责人毕业证书或职称证书

提供技术、生产和质量机构负责人的毕业证书或者职称证书复印件。

（六）厂区平面布局图

按比例绘制厂区平面布局图，并注明生产、检化验、生活、办公等功能区。

1. 固态宠物配合饲料生产区应当标明原料库、配料间、加工间、成品库和附属物品库房的基本尺寸。

2. 半固态宠物配合饲料生产区应当标明原料库、前处理间、配料间、加工间、灌装间（区）、外包装间（区）、成品库和附属物品库房的基本尺寸。

3. 液态宠物配合饲料生产区应当标明原料库、前处理间、配料间、加工灌装间、外包装间、成品库和附属物品库房的基本尺寸。

4. 使用新鲜或者冷冻动物源性原料的，应当标明冷藏或者冷冻设备或者设施的基本尺寸。

（七）生产工艺流程图和工艺说明

按照企业实际生产线数量逐一提供生产工艺流程图和工艺说明，生产工艺流程图应当使用规范的饲料加工设备图形符号绘制。

工艺说明应当反映主要生产步骤、目的、原理、实施方式、实施效果等内容。使用同一套生产设备生产不同宠物饲料产品的，应当提供防止交叉污染措施。生产区以及生产线中的设备设施如与动物源性成分接触，还应当提供生产区域、生产设备设施的清洗消毒措施。使用化学药品进行清洗消毒的，还应当说明化学药品贮存方式、使用后的处理措施。

（八）计算机自动化控制系统配料精度证明

生产固态宠物配合饲料的，提供计算机自动化控制系统配料精度的自检报告或者专业检验机构出具的检验报告或者系统供应商提供的技术参数证明复印件。

（九）混合机混合均匀度检测报告

生产中使用混合机的，提供所有混合机的混合均匀度自检报告或者专业检验机构出具的检验报告或者供应商提供的技术参数证明复印件。

（十）检验化验室平面布置图

按比例绘制检验化验室平面布置图，图中标明天平室、理化分析室、仪器室和留样观察室等功能室以及功能室的基本尺寸和检验仪器的位置。固态和半固态宠物配合饲料生产企业，还应当标明微生物检验室及其准备间、缓冲间、无菌间的基本尺寸。

（十一）检验仪器购置发票

有检验仪器购置发票的提供发票复印件。无法提供购置发票的，提供检验仪器已列入企业固定资产的证明材料。

（十二）企业管理制度

提供企业按照《饲料质量安全管理规范》制定的主要管理制度的名称、主要内容等。（1 500字以内）

（十三）企业生产许可证

已经取得生产许可证的企业，提供生产许可证复印件。

（十四）相关证明材料

提出变更申请的，提供企业所在地相关管理部门出具的证明材料。

宠物配合饲料生产许可申报材料一览表

序号	申报材料项目	设立	续展	增加或更换生产线	增加产品品种	迁址	变更企业名称	变更企业法定代表人	变更企业注册地址或注册地址名称	变更企业生产地址名称
1	企业承诺书	✓	✓	✓	✓	✓				
2	宠物配合饲料生产许可申请书	✓	✓	✓	✓	✓				
3	工商营业执照	✓	✓			✓	✓		✓	
4	企业组织机构图	✓	✓			✓				
5	主要机构负责人毕业证书或职称证书	✓	✓			✓				
6	厂区平面布局图	✓	✓	✓	✓	✓				
7	生产工艺流程图和工艺说明	✓	✓	✓	✓	✓				
8	计算机自动化控制系统配料精度证明	✓	✓	✓	✓	✓				
9	混合机混合均匀度检测报告	✓	✓	✓	✓	✓				
10	检验化验室平面布置图	✓	✓			✓				
11	检验仪器购置发票	✓	✓			✓				
12	企业管理制度	✓				✓				
13	企业生产许可证		✓	✓	✓	✓	✓	✓	✓	✓
14	相关证明材料						✓	✓	✓	✓

注：1. 表中序号8，增加或者更换生产线、增加产品品种的，仅提供与申请事项相关的材料。
2. 表中序号8，仅适用于配料、混合工段采用计算机自动化控制系统的企业。
3. 表中序号9，不适用于液态宠物配合饲料生产企业。

企业承诺书

一、申报材料真实性承诺

（一）本企业对《饲料和饲料添加剂管理条例》《饲料和饲料添加剂生产许可管理办法》《宠物饲料管理办法》《宠物饲料生产企业许可条件》及其相关要求已经充分理解。

（二）本企业提供的纸质和电子申报材料均真实、完整、一致。申报材料中如有虚假不实信息，自愿承担一切后果及法律责任。

二、遵纪守法承诺

本企业严格遵守《饲料和饲料添加剂管理条例》及其配套规章和规范性文件的规定，严格遵守国家关于计量、环保、安全生产、劳动保护、消防安全、危险化学品使用、实验室管理等相关管理规定。如有违纪违法行为，自愿承担一切后果及法律责任。

法定代表人（负责人）签名

（企业公章）

年　　月　　日

生产许可证编号：

宠物配合饲料生产许可申请书

产品品种：固态宠物配合饲料☐ _____

半固态宠物配合饲料☐ _____

液态宠物配合饲料☐ _____

企业名称：_____（公章）

联 系 人：_____

联系方式：_____

申请事项： 设立☐　　　续展☐　　　增加或更换生产线☐

增加产品品种☐　　　迁址☐

申报日期：　　　　　年　　月　　日

中华人民共和国农业部制

表 1 企业基本情况

企业名称				
生产地址				
通讯地址及邮编				
法定代表人				
统一社会信用代码				
住所（注册地址）				
企业类型				
注册资本（万元）		固定资产（万元）		
所属法人机构信息	名　称			
	住　所			
	统一社会信用代码		法定代表人	
	企业类型		联系人	
	联系电话		传　真	
主要机构设置及人员组成	机构名称					
	人　数					
	人员总数		其中专业技术人员			

企业简介：

表 2　产品基本情况

生产线序号	生产线一	生产线二	生产线三	生产线四
生产线名称				
生产能力（吨/小时）（立方米）（升）				
产品品种	产品系列			

表 3　生产设备明细表

生产线名称及序号					
序号	设备名称	型号规格	生产厂家	出厂日期（年月）	技术性能指标

表 4　检验仪器明细表

生产线名称及序号						
序号	仪器名称	型号规格	生产厂家	出厂日期（年月）	出厂编号	技术性能指标

表 5　主要管理技术人员登记表

序号	姓名	职务	职称	学历	所学专业	获证书时间、种类及编号	发证机关

注："证书"指与企业签订了全日制用工劳动合同并缴纳了养老、医疗等保险的管理人员、技术人员的职称证书、最高学历证书。

附件 6：

宠物添加剂预混合饲料生产许可申报材料要求

一、许可范围

（一）在中华人民共和国境内生产宠物添加剂预混合饲料的企业（以下简称企业）。

（二）宠物添加剂预混合饲料，是指为满足宠物对氨基酸、维生素、矿物质微量元素、酶制剂等营养性饲料添加剂的需要，由营养性饲料添加剂与载体或者稀释剂按照一定比例配制的饲料。

宠物添加剂预混合饲料分为：固态宠物添加剂预混合饲料、半固态宠物添加剂预混合饲料、液态宠物添加剂预混合饲料。

（三）本要求适用于以下情形：

1. 设立：指企业首次申请生产许可。
2. 续展：指企业生产许可有效期满继续生产。
3. 增加或者更换生产线：增加生产线指企业在同一厂区增建已获得许可产品的生产线；更换生产线指企业对已有生产线的关键设备或者生产工艺进行重大调整。
4. 增加产品品种：指企业申请增加生产许可范围以外的产品品种。
5. 迁址：指企业迁移出原生产地址，搬迁至新的生产地址。
6. 变更：指企业名称变更、法定代表人变更、注册地址或者注册地址名称变更、生产地址名称变更。

二、申报材料格式要求

（一）企业应当按照《宠物添加剂预混合饲料生产许可申报材料一览表》的要求提供相关材料。

（二）申报材料应当使用 A4 规格纸、小四号宋体打印，按照《宠物添加剂预混合饲料生产许可申报材料一览表》顺序编制目录、装订成册并标注页码。表格不足时可加续表。申报材料应当清晰、干净、整洁。

（三）申报材料中企业提供的企业承诺书、宠物添加剂预混合饲料生产许可申请书、工商营业执照、企业组织机构图、主要机构负责人毕业证书或者职称证书、厂区平面布局图、生产工艺流程图和工艺说明、混合机混合均匀度检测报告、检验化验室平面布置图、检验仪器购置发票、企业管理制度等证明材料原件或者复印件的首页应当加盖企业公章。

（四）申报材料一式两份（包括纸质文件和电子文档光盘），其中一份报送省级人民政府饲料管理部门，承担具体受理工作的机构留存一份。

（五）申报材料电子文档采用 PDF 格式，相关证明文件应为原件扫描件，文件名称为企业全称。

（六）增加或者更换生产线、增加产品品种的，仅提供与申请事项相关的资料。

（七）对于企业生产过程中不涉及的工艺和设备，申报材料中相关内容可不填写，但应另附文字说明。

三、申报材料内容要求

（一）企业承诺书

（二）宠物添加剂预混合饲料生产许可申请书

1 封面

1.1 生产许可证编号：已获得生产许可证的企业填写原生产许可证编号，新设立的企业不填写。

1.2 产品品种：根据企业情况，在固态宠物添加剂预混合饲料、半固态宠物添加剂预混合饲料、液态宠物添加剂预混合饲料后面的"□"中打"√"。

1.3 企业名称：填写企业工商营业执照上的注册名称，并加盖企业公章。

1.4 联系人：填写企业负责办理生产许可的工作人员姓名。

1.5 联系方式：填写企业负责办理生产许可的联系人的手机、固定电话（注明区号）、传真等。

1.6 申请事项：根据企业情况分别在选项后面的"□"中打"√"。

1.7 申报日期：填写企业报出材料的日期。

2 企业基本情况

各栏仅填写与申请事项相关的内容。

2.1 企业名称：填写企业工商营业执照上的注册名称。

2.2 生产地址：填写企业生产所在地详细地址，注明省（自治区、直辖市）、市（地）、县（市、区）、乡（镇、街道）、村（社区）、路（街）、号。

2.3 法定代表人、统一社会信用代码、住所（注册地址）、企业类型、注册资本：按照企业工商营业执照填写。

2.4 固定资产：指厂房、设备和设施等资产总值。

2.5 所属法人机构信息：如企业为非法人单位，应当填写所属法人机构信息。

2.6 主要机构设置及人员组成

机构名称按照企业实际情况填写技术、生产、质量、销售、采购等机构。

人员总数填写与企业签订全日制用工劳动合同并缴纳了养老、医疗等保险的人员数量。

专业技术人员填写企业的技术、生产、质量、销售、采购等机构中取得中专以上学历或者初级以上技术职称的人员数量。

2.7 企业简介包括建立时间或者变迁来源、隶属关系、所有权性质、生产产品、生产能力、技术水平、工艺装备、质量管理等内容（1 000字以内）。

3 产品基本情况

3.1 生产线名称：按照产品品种进行命名。如固态宠物添加剂预混合饲料生产线、半固态宠物添加剂预混合饲料生产线、液态宠物添加剂预混合饲料生产线等。

3.2 生产能力：固态宠物添加剂预混合饲料生产线按照混合设备的设计生产能力（吨/小时）填写，计算方法为混合机有效容积×0.5平均容重×10 批/小时；半固态宠物添加剂预混合饲料生产线按照灌装设备的设计生产能力（支/小时）填写；液态宠物添加剂预混合饲料生产线按照配液设备的生产能力（升）填写。

3.3 产品品种：按照固态宠物添加剂预混合饲料、半固态宠物添加剂预混合饲料、液态宠物添加剂预混合饲料填写。

3.4 产品系列：按照饲喂宠物划分，分别填写犬、猫。

4 生产设备明细表

4.1 企业应当以生产线为单位，填写与生产工艺流程图一致的设备。

4.1.1 固态宠物添加剂预混合饲料填写原料除杂、配料、混合、成型、计量、自动包装等设备以及除尘系统和电控系统等辅助设备。

4.1.2 半固态宠物添加剂预混合饲料填写称量、加热、配料、搅拌、灌装、包装等设备以及电控系统等辅助设备。

4.1.3 液态宠物添加剂预混合饲料填写原料前处理、称量、配液、过滤、灌装等设备以及电控系统等辅助设备。有均质工序的还需填写均质设备。

4.1.4 有添加剂预混合工艺的，还需填写混合机、除尘器等设备。

4.2 生产线名称及序号：与3.1对应，并逐一填写。

4.3 设备名称、型号规格、生产厂家、出厂日期：按照设备说明书或者设备铭牌填写。

4.4 材质：填写生产设备的制造材料名称。

4.5 技术性能指标：填写反映生产设备主要特征的技术性能参数。

5 检验仪器明细表

5.1 按照宠物饲料生产企业许可条件规定逐一列出。

5.2 仪器名称、型号规格、生产厂家、出厂日期、出厂编号：按照仪器说明书或者仪器铭牌填写。

5.3 技术性能指标：填写检验仪器主要技术性能参数。

6 主要管理技术人员登记表

填写与企业签订全日制用工劳动合同并缴纳了养老、医疗等保险的人员，包括企业负责人、技术负责人、生产负责人、质量负责人、销售负责人、采购负责人、检验化验员等，其中检验化验员至少2名。

（三）工商营业执照

提供本企业的工商营业执照复印件，尚未取得工商注册的企业除外。非法人单位还应当提供所属法人单位的工商营业执照复印件。

（四）企业组织机构图

提供包括技术、生产、质量、销售、采购等机构的企业组织机构图。

（五）主要机构负责人毕业证书或职称证书

提供技术、生产和质量机构负责人的毕业证书或者职称证书复印件。

（六）厂区平面布局图

按比例绘制厂区平面布局图，并注明生产、检化验、生活、办公等功能区。

1. 固态宠物添加剂预混合饲料的生产区应当标明原料库、配料间、加工间、成品库和附属物品库房的基本尺寸。

2. 半固态宠物添加剂预混合饲料的生产区应当标明原料库、前处理间、配料间、加工间、灌装间（区）、外包装间（区）、成品库和附属物品库房的基本尺寸。

3. 液态宠物添加剂预混合饲料的生产区应当标明原料库、前处理间、配料间、加工罐装间、外包装间、成品库和附属物品库房的基本尺寸。

（七）生产工艺流程图和工艺说明

按照企业实际生产线数量逐一提供生产工艺流程图和工艺说明，生产工艺流程图应当使用规范的饲料加工设备图形符号绘制。工艺说明应当反映主要生产步骤、目的、原理、实施方式、实施效果等内容。使用同一套生产设备生产不同宠物饲料产品的，还应当提供防止交叉污染措施。

（八）混合机混合均匀度检测报告

生产中使用混合机的，提供所有混合机的混合均匀度自检报告或者专业检验机构出具的检验报告或者供应商提供的技术参数证明复印件。

（九）检验化验室平面布置图

按比例绘制检验化验室平面布置图，图中标明天平室、前处理室、仪器室和留样观察室等功能室以及功能室的基本尺寸和检验仪器的位置。

（十）检验仪器购置发票

有检验仪器购置发票的提供发票复印件。无法提供购置发票的，提供检验仪器已列入企业固定资产的证明材料。

（十一）企业管理制度

提供企业按照《饲料质量安全管理规范》制定的主要管理制度的名称、主要内容等。（1 500字以内）

（十二）企业生产许可证

已经取得生产许可证的企业，提供生产许可证复印件。

（十三）相关证明材料

提出变更申请的，提供企业所在地相关管理部门出具的证明材料。

八、宠物饲料管理

宠物添加剂预混合饲料生产许可申报材料一览表

序号	申报材料项目	设立	续展	增加或更换生产线	增加产品品种	迁址	变更企业名称	变更企业法定代表人	变更企业注册地址或注册地名称	变更企业生产地址名称
1	企业承诺书	√	√	√	√	√				
2	宠物添加剂预混合饲料生产许可申请书	√	√	√	√	√				
3	工商营业执照	√	√			√	√	√	√	√
4	企业组织机构图	√				√				
5	主要机构负责人毕业证书或职称证书	√	√			√				
6	厂区平面布局图	√	√	√	√	√				
7	生产工艺流程图和工艺说明	√	√	√	√	√				
8	混合机混合均匀度检测报告	√	√	√		√				
9	检验化验室平面布置图	√	√		√	√				
10	检验仪器购置发票	√	√		√	√				
11	企业管理制度	√	√			√				
12	企业生产许可证		√	√	√	√	√	√	√	√
13	相关证明材料						√	√	√	√

注：1. 增加或者更换生产线、增加产品品种的，仅提供与申请事项相关的材料。
2. 表中序号8，不适用于液态宠物添加剂预混合饲料生产企业。

企业承诺书

一、申报材料真实性承诺

（一）本企业对《饲料和饲料添加剂管理条例》《饲料和饲料添加剂生产许可管理办法》《宠物饲料管理办法》《宠物饲料生产企业许可条件》及其相关要求已经充分理解。

（二）本企业提供的纸质和电子申报材料均真实、完整、一致。申报材料中如有虚假不实信息，自愿承担一切后果及法律责任。

二、遵纪守法承诺

本企业严格遵守《饲料和饲料添加剂管理条例》及其配套规章和规范性文件的规定，严格遵守国家关于计量、环保、安全生产、劳动保护、消防安全、危险化学品使用、实验室管理等相关管理规定。如有违纪违法行为，自愿承担一切后果及法律责任。

法定代表人（负责人）签名

（企业公章）

年　　月　　日

生产许可证编号：

宠物添加剂预混合饲料生产许可申请书

产品品种： 固态宠物添加剂预混合饲料□

　　　　　　半固态宠物添加剂预混合饲料□

　　　　　　液态宠物添加剂预混合饲料□

企业名称： _____（公章）

联 系 人： _____

联系方式： _____

申请事项： 设立□　　续展□　　增加或更换生产线□

　　　　　　增加产品品种□　　　迁址□

申报日期： 　　　　　年　　月　　日

中华人民共和国农业部制

表 1　企业基本情况

企业名称			
生产地址			
通讯地址及邮编			
法定代表人			
统一社会信用代码			
住所（注册地址）			
企业类型			
注册资本（万元）		固定资产（万元）	
所属法人机构信息	名　称		
	住　所		
	统一社会信用代码		法定代表人	
	企业类型		联系人	
	联系电话		传　真	
主要机构设置及人员组成	机构名称					
	人　数					
	人员总数		其中专业技术人员			

八、宠物饲料管理

企业简介：

表2　产品基本情况

生产线序号	生产线一	生产线二	生产线三
生产线名称			
生产能力 （吨/小时） （支/小时）（升）			
产品品种	产品系列		

表 3 生产设备明细表

生产线名称及序号						
序号	设备名称	型号规格	材质	生产厂家	出厂日期（年月）	技术性能指标

表 4 检验仪器明细表

序号	仪器名称	型号规格	生产厂家	出厂日期（年月）	出厂编号	技术性能指标

八、宠物饲料管理

表 5　主要管理技术人员及特有工种人员登记表

序号	姓名	职务	职称	学历	所学专业	获证书时间、种类及编号	发证机关

注："证书"指与企业签订了全日制用工劳动合同并缴纳了养老、医疗等保险的管理人员、技术人员的职称证书、最高学历证书。

九、饲料相关标准

九、饲料相关标准

饲料和饲料添加剂国家标准、行业标准目录（截至2020年3月共762个）

共计762项标准，其中：基础规范25项、卫生指标限量1项、检测方法311项、研制评价技术规程16项、饲料原料76项、饲料添加剂124项、饲料产品52项、宠物9项、无公害绿色3项、进出口74项、实验动物8项、饲料机械55项，化学试剂8项。

总序号	标准分类#	标准编号	标准名称	类别
1	基础规范1	GB/T 34636—2017	饲料加工设备交叉污染防控技术规范	推荐标准
2	基础规范2	GB/T 30472—2013	饲料加工成套设备技术规范	推荐标准
3	基础规范3	GB 10648—2013	饲料标签	强制标准
4	基础规范4	GB/T 18695—2012	饲料加工设备 术语	推荐标准
5	基础规范5	GB/T 25698—2010	饲料加工工艺 术语	推荐标准
6	基础规范6	GB/T 18823—2010	饲料检测结果判定的允许误差	推荐标准
7	基础规范7	GB/Z 25008—2010	饲料和食品链的可追溯性 体系设计与实施指南	指导性技术文件
8	基础规范8	GB/Z 23738—2009	GB/T 22000—2006 在饲料加工企业的应用指南	指导性技术文件
9	基础规范9	GB/T 24352—2009	饲料加工设备图形符号	推荐标准
10	基础规范10	GB/T 22005—2009	饲料和食品链的可追溯性 体系设计与实施的通用原则和基本要求	推荐标准
11	基础规范11	GB/T 22545—2008	宠物干粮食品辐照杀菌技术规范	推荐标准
12	基础规范12	GB/T 23184—2008	饲料企业HACCP安全管理体系指南	推荐标准
13	基础规范13	GB/T 23182—2008	饲料中兽药及其他化学物检测试验规程	推荐标准
14	基础规范14	GB 19081—2008	饲料加工系统粉尘防爆安全规程	强制标准
15	基础规范15	GB/T 10647—2008	饲料工业术语	推荐标准
16	基础规范16	GB/T 20803—2006	饲料配料系统通用技术规范	推荐标准
17	基础规范17	GB/T 20192—2006	环模制粒机通用技术规范	推荐标准

(续表)

总序号	标准分类#	标准编号	标准名称	类别
18	基础规范18	GB/T 20195—2006	动物饲料 试样的制备	推荐标准
19	基础规范19	GB/T 14699.1—2005	饲料 采样	推荐标准
20	基础规范20	GB/T 10394.1—2002	饲料收获机 第1部分：术语	推荐标准
21	基础规范21	SN/T 4352—2015	饲用血液制品检验检疫监管规程	推荐标准
22	基础规范22	NY/T 2129—2012	饲草产品抽样技术规程	推荐标准
23	基础规范23	NY/T 1448—2007	饲料辐照杀菌技术规范	推荐标准
24	基础规范24	NY/T 932—2005	饲料企业HACCP管理通则	推荐标准
25	基础规范25	SB J 05—1993	饲料厂工程设计规范	推荐标准
26	卫生指标限量1	GB 13078—2017	饲料卫生标准	强制标准
27	检测方法1	GB/T 18246—2019	饲料中氨基酸的测定	推荐标准
28	检测方法2	GB/T 14701—2019	饲料中维生素B_2的测定	推荐标准
29	检测方法3	GB/T 18869—2019	饲料中大肠菌群的测定	推荐标准
30	检测方法4	GB/T 13080—2018	饲料中铅的测定 原子吸收光谱法	推荐标准
31	检测方法5	GB/T 13085—2018	饲料中亚硝酸盐的测定 比色法	推荐标准
32	检测方法6	GB/T 13091—2018	饲料中沙门氏菌的测定	推荐标准
33	检测方法7	GB/T 14702—2018	添加剂预混合饲料中维生素B_6的测定 高效液相色谱法	推荐标准
34	检测方法8	GB/T 15399—2018	饲料中含硫氨基酸的测定 离子交换色谱法	推荐标准
35	检测方法9	GB/T 15400—2018	饲料中色氨酸的测定	推荐标准
36	检测方法10	GB/T 17813—2018	添加剂预混合饲料中烟酸与叶酸的测定 高效液相色谱法	推荐标准
37	检测方法11	GB/T 17815—2018	饲料中丙酸、丙酸盐的测定	推荐标准
38	检测方法12	GB/T 36858—2018	饲料中黄曲霉毒素B_1的测定 高效液相色谱法	推荐标准
39	检测方法13	GB/T 36859—2018	饲料中尿素含量的测定	推荐标准
40	检测方法14	GB/T 36861—2018	饲料添加剂β-甘露聚糖酶活力的测定 分光光度法	推荐标准
41	检测方法15	GB/T 6432—2018	饲料中粗蛋白的测定 凯氏定氮法	推荐标准

(续表)

总序号	标准分类#	标准编号	标准名称	类别
42	检测方法16	GB/T 6437—2018	饲料中总磷的测定 分光光度法	推荐标准
43	检测方法17	GB/T 13083—2018	饲料中氟的测定 离子选择性电极法	推荐标准
44	检测方法18	GB/T 13884—2018	饲料中钴的测定 原子吸收光谱法	推荐标准
45	检测方法19	GB/T 14700—2018	饲料中维生素B_1的测定	推荐标准
46	检测方法20	GB/T 18633—2018	饲料中钾的测定 火焰光度法	推荐标准
47	检测方法21	GB/T 20194—2018	动物饲料中淀粉含量的测定 旋光法	推荐标准
48	检测方法22	GB/T 6436—2018	饲料中钙的测定	推荐标准
49	检测方法23	GB/T 14698—2017	饲料原料显微镜检查方法	推荐标准
50	检测方法24	GB/T 34269—2017	饲料原料显微镜检查图谱	推荐标准
51	检测方法25	GB/T 13885—2017	饲料中钙、铜、铁、镁、锰、钾、钠和锌含量的测定 原子吸收光谱法	推荐标准
52	检测方法26	GB/T 17819—2017	添加剂预混合饲料中维生素B_{12}的测定 高效液相色谱法	推荐标准
53	检测方法27	GB/T 18872—2017	饲料中维生素K_3的测定 高效液相色谱法	推荐标准
54	检测方法28	GB/T 34270—2017	饲料中多氯联苯与六氯苯的测定 气相色谱法	推荐标准
55	检测方法29	GB/T 34271—2017	饲料中油脂的皂化值的测定	推荐标准
56	检测方法30	GB/T 17776—2016	饲料中硫的测定 硝酸镁法	推荐标准
57	检测方法31	GB/T 32141—2015	饲料中挥发性盐基氮的测定	推荐标准
58	检测方法32	GB/T 18397—2014	预混合饲料中泛酸的测定 高效液相色谱法	推荐标准
59	检测方法33	GB/T 30955—2014	饲料中黄曲霉毒素B_1、B_2、G_1、G_2的测定 免疫亲和柱净化-高效液相色谱法	推荐标准
60	检测方法34	GB/T 30956—2014	饲料中脱氧雪腐镰刀菌烯醇的测定 免疫亲和柱净化-高效液相色谱法	推荐标准
61	检测方法35	GB/T 30957—2014	饲料中赭曲霉毒素A的测定 免疫亲和柱净化-高效液相色谱法	推荐标准

(续表)

总序号	标准分类#	标准编号	标准名称	类别
62	检测方法36	GB/T 30945—2014	饲料中泰乐菌素的测定 高效液相色谱法	推荐标准
63	检测方法37	GB/T 6435—2014	饲料中水分的测定	推荐标准
64	检测方法38	GB/T 28715—2012	饲料添加剂酸性、中性蛋白酶活力的测定 分光光度法	推荐标准
65	检测方法39	GB/T 28716—2012	饲料中玉米赤霉烯酮的测定 免疫亲和柱净化-高效液相色谱法	推荐标准
66	检测方法40	GB/T 28717—2012	饲料中丙二醛的测定 高效液相色谱法	推荐标准
67	检测方法41	GB/T 28718—2012	饲料中T-2毒素的测定 免疫亲和柱净化-高效液相色谱法	推荐标准
68	检测方法42	GB/T 28643—2012	饲料中二噁英及二噁英类多氯联苯的测定 同位素稀释-高分辨气相色谱/高分辨质谱法	推荐标准
69	检测方法43	GB/T 28642—2012	饲料中沙门氏菌的快速检测方法 聚合酶链式反应（PCR）法	推荐标准
70	检测方法44	GB/T 17814—2011	饲料中丁基羟基茴香醚、二丁基羟基甲苯、乙氧喹和没食子酸丙酯的测定	推荐标准
71	检测方法45	GB/T 27985—2011	饲料中单宁的测定 分光光度法	推荐标准
72	检测方法46	GB/T 26425—2010	饲料中产气荚膜梭菌的检测	推荐标准
73	检测方法47	GB/T 26426—2010	饲料中副溶血性弧菌的检测	推荐标准
74	检测方法48	GB/T 26427—2010	饲料中蜡样芽孢杆菌的检测	推荐标准
75	检测方法49	GB/T 26428—2010	饲用微生物制剂中枯草芽孢杆菌的检测	推荐标准
76	检测方法50	GB/T 13882—2010	饲料中碘的测定 硫氰酸铁-亚硝酸催化动力学法	推荐标准
77	检测方法51	GB/T 17817—2010	饲料中维生素A的测定 高效液相色谱法	推荐标准
78	检测方法52	GB/T 17818—2010	饲料中维生素D_3的测定 高效液相色谱法	推荐标准
79	检测方法53	GB/T 24318—2009	杜马斯燃烧法测定饲料原料中总氮含量及粗蛋白质的计算	推荐标准

九、饲料相关标准

(续表)

总序号	标准分类#	标准编号	标准名称	类别
80	检测方法 54	GB/T 23710—2009	饲料中甜菜碱的测定 离子色谱法	推荐标准
81	检测方法 55	GB/T 17777—2009	饲料中钼的测定 分光光度法	推荐标准
82	检测方法 56	GB/T 23873—2009	饲料中马杜霉素铵的测定	推荐标准
83	检测方法 57	GB/T 23874—2009	饲料添加剂木聚糖酶活力的测定 分光光度法	推荐标准
84	检测方法 58	GB/T 23877—2009	饲料酸化剂中柠檬酸、富马酸和乳酸的测定 高效液相色谱法	推荐标准
85	检测方法 59	GB/T 23881—2009	饲用纤维素酶活性的测定 滤纸法	推荐标准
86	检测方法 60	GB/T 23882—2009	饲料中 L-抗坏血酸-2-磷酸酯的测定 高效液相色谱法	推荐标准
87	检测方法 61	GB/T 23883—2009	饲料中蓖麻碱的测定 高效液相色谱法	推荐标准
88	检测方法 62	GB/T 23884—2009	动物源性饲料中生物胺的测定 高效液相色谱法	推荐标准
89	检测方法 63	GB/T 23737—2009	饲料中游离刀豆氨酸的测定 离子交换色谱法	推荐标准
90	检测方法 64	GB/T 23741—2009	饲料中 4 种巴比妥类药物的测定	推荐标准
91	检测方法 65	GB/T 23744—2009	饲料中 36 种农药多残留测定 气相色谱-质谱法	推荐标准
92	检测方法 66	GB/T 8381.7—2009	饲料中喹乙醇的测定 高效液相色谱法	推荐标准
93	检测方法 67	GB/T 23742—2009	饲料中盐酸不溶灰分的测定	推荐标准
94	检测方法 68	GB/T 23385—2009	饲料中氨苄青霉素的测定 高效液相色谱法	推荐标准
95	检测方法 69	GB/T 23743—2009	饲料中凝固酶阳性葡萄球菌的微生物学检验 Baird-parker 琼脂培养基计数法	推荐标准
96	检测方法 70	GB/T 23182—2008	饲料中兽药及其他化学物检测试验规程	推荐标准
97	检测方法 71	GB/T 18634—2009	饲用植酸酶活性的测定 分光光度法	推荐标准
98	检测方法 72	GB/T 17481—2008	预混料中氯化胆碱的测定	推荐标准

(续表)

总序号	标准分类#	标准编号	标准名称	类别
99	检测方法73	GB/T 17812—2008	饲料中维生素E的测定 高效液相色谱法	推荐标准
100	检测方法74	GB/T 23187—2008	饲料中叶黄素的测定 高效液相色谱法	推荐标准
101	检测方法75	GB/T 17480—2008	饲料中黄曲霉毒素B_1的测定 酶联免疫吸附法	推荐标准
102	检测方法76	GB/T 10649—2008	微量元素预混合饲料混合均匀度的测定	推荐标准
103	检测方法77	GB/T 13883—2008	饲料中硒的测定	推荐标准
104	检测方法78	GB/T 22259—2008	饲料中土霉素的测定 高效液相色谱法	推荐标准
105	检测方法79	GB/T 22260—2008	饲料中甲基睾丸酮的测定 高效液相色谱串联质谱法	推荐标准
106	检测方法80	GB/T 22261—2008	饲料中维吉尼亚霉素的测定 高效液相色谱法	推荐标准
107	检测方法81	GB/T 22262—2008	饲料中氯羟吡啶的测定 高效液相色谱法	推荐标准
108	检测方法82	GB/T 5917.1—2008	饲料粉碎粒度测定 两层筛分法	推荐标准
109	检测方法83	GB/T 5918—2008	饲料产品混合均匀度的测定	推荐标准
110	检测方法84	GB/T 22146—2008	饲料中洛克沙砷的测定 高效液相色谱法	推荐标准
111	检测方法85	GB/T 22147—2008	饲料中沙丁胺醇、莱克多巴胺和盐酸克仑特罗的测定 液相色谱质谱联用法	推荐标准
112	检测方法86	GB/T 21995—2008	饲料中硝基咪唑类药物的测定 液相色谱-串联质谱法	推荐标准
113	检测方法87	GB/T 17811—2008	动物性蛋白质饲料胃蛋白酶消化率的测定 过滤法	推荐标准
114	检测方法88	GB/T 21542—2008	饲料中恩拉霉素的测定 微生物学法	推荐标准
115	检测方法89	GB/T 21514—2008	饲料中脂肪酸含量的测定	推荐标准
116	检测方法90	GB/T 21108—2007	饲料中氯霉素的测定 高效液相色谱串联质谱法	推荐标准
117	检测方法91	GB/T 19371.2—2007	饲料中蛋氨酸羟基类似物的测定 高效液相色谱法	推荐标准

(续表)

总序号	标准分类#	标准编号	标准名称	类别
118	检测方法 92	GB/T 19542—2007	饲料中磺胺类药物的测定 高效液相色谱法	推荐标准
119	检测方法 93	GB/T 21033—2007	饲料中免疫球蛋白 IgG 的测定 高效液相色谱法	推荐标准
120	检测方法 94	GB/T 21036—2007	饲料中盐酸多巴胺的测定 高效液相色谱法	推荐标准
121	检测方法 95	GB/T 21103—2007	动物源性饲料中哺乳动物源性成分定性检测方法 实时荧光 PCR 方法	推荐标准
122	检测方法 96	GB/T 21107—2007	动物源性饲料中马、驴源性成分定性检测方法 PCR 方法	推荐标准
123	检测方法 97	GB/T 21104—2007	动物源性饲料中反刍动物源性成分（牛、羊、鹿）定性检测方法 PCR 方法	推荐标准
124	检测方法 98	GB/T 21102—2007	动物源性饲料中兔源性成分定性检测方法 实时荧光 PCR 方法	推荐标准
125	检测方法 99	GB/T 21106—2007	动物源性饲料中鹿源性成分定性检测方法 PCR 方法	推荐标准
126	检测方法 100	GB/T 21100—2007	动物源性饲料中骆驼源性成分定性检测方法 PCR 方法	推荐标准
127	检测方法 101	GB/T 21105—2007	动物源性饲料中狗源性成分定性检测方法 PCR 方法	推荐标准
128	检测方法 102	GB/T 21101—2007	动物源性饲料中猪源性成分定性检测方法 PCR 方法	推荐标准
129	检测方法 103	GB/T 21037—2007	饲料中三甲氧苄胺嘧啶的测定 高效液相色谱法	推荐标准
130	检测方法 104	GB/T 6438—2007	饲料中粗灰分的测定	推荐标准
131	检测方法 105	GB/T 6439—2007	饲料中水溶性氯化物的测定	推荐标准
132	检测方法 106	GB/T 13084—2006	饲料中氰化物的测定	推荐标准
133	检测方法 107	GB/T 20805—2006	饲料中酸性洗涤木质素（ADL）的测定	推荐标准
134	检测方法 108	GB/T 20806—2006	饲料中中性洗涤纤维（NDF）的测定	推荐标准
135	检测方法 109	GB/T 20190—2006	饲料中牛羊源性成分的定性检测 定性聚合酶链式反应（PCR）法	推荐标准

(续表)

总序号	标准分类#	标准编号	标准名称	类别
136	检测方法110	GB/T 20191—2006	饲料中嗜酸乳杆菌的微生物学检验	推荐标准
137	检测方法111	GB/T 13079—2006	饲料中总砷的测定	推荐标准
138	检测方法112	GB/T 13081—2006	饲料中汞的测定	推荐标准
139	检测方法113	GB/T 13090—2006	饲料中六六六、滴滴涕的测定	推荐标准
140	检测方法114	GB/T 13093—2006	饲料中细菌总数的测定	推荐标准
141	检测方法115	GB/T 6434—2006	饲料中粗纤维的含量测定 过滤法	推荐标准
142	检测方法116	GB/T 13088—2006	饲料中铬的测定	推荐标准
143	检测方法117	GB/T 13092—2006	饲料中霉菌总数的测定	推荐标准
144	检测方法118	GB/T 20363—2006	饲料中苯巴比妥的测定	推荐标准
145	检测方法119	GB/T 8622—2006	饲料用大豆制品中尿素酶活性的测定	推荐标准
146	检测方法120	GB/T 6433—2006	饲料中粗脂肪的测定	推荐标准
147	检测方法121	GB/T 20189—2006	饲料中莱克多巴胺的测定 高效液相色谱法	推荐标准
148	检测方法122	GB/T 20196—2006	饲料中盐霉素的测定	推荐标准
149	检测方法123	GB/T 17778—2005	预混合饲料中D-生物素的测定	推荐标准
150	检测方法124	GB/T 8381.2—2005	饲料中志贺氏菌的检测方法	推荐标准
151	检测方法125	GB/T 8381.3—2005	饲料中林可霉素的测定	推荐标准
152	检测方法126	GB/T 8381.4—2005	配合饲料中T-2毒素的测定 薄层色谱法	推荐标准
153	检测方法127	GB/T 8381.6—2005	配合饲料中脱氧雪腐镰刀菌烯醇的测定 薄层色谱法	推荐标准
154	检测方法128	GB/T 8381.9—2005	饲料中氯霉素的测定 气相色谱法	推荐标准
155	检测方法129	GB/T 8381.10—2005	饲料中磺胺喹噁啉的测定 高效液相色谱法	推荐标准
156	检测方法130	GB/T 8381.11—2005	饲料中盐酸氨丙啉的测定 高效液相色谱法	推荐标准
157	检测方法131	GB/T 19684—2005	饲料中金霉素的测定 高效液相色谱法	推荐标准
158	检测方法132	GB/T 5532—2008	动植物油脂 碘值的测定	推荐标准

九、饲料相关标准

(续表)

总序号	标准分类#	标准编号	标准名称	类别
159	检测方法133	NY/T 911—2004	饲料添加剂 β-葡聚糖酶活力的测定 分光光度法	推荐标准
160	检测方法134	NY/T 912—2004	饲料添加剂 纤维素酶活力的测定 分光光度法	推荐标准
161	检测方法135	GB/T 19539—2004	饲料中赭曲霉毒素A的测定	推荐标准
162	检测方法136	GB/T 19540—2004	饲料中玉米赤霉烯酮的测定	推荐标准
163	检测方法137	GB/T 19423—2003	饲料中尼卡巴嗪的测定 高效液相色谱法	推荐标准
164	检测方法138	GB/T 18969—2003	饲料中有机磷农药残留量的测定 气相色谱法	推荐标准
165	检测方法139	GB/T 19372—2003	饲料中除虫菊酯类农药残留量测定 气相色谱法	推荐标准
166	检测方法140	GB/T 19373—2003	饲料中氨基甲酸酯类农药残留量测定 气相色谱法	推荐标准
167	检测方法141	GB/T 18868—2002	饲料中水分、粗蛋白质、粗纤维、粗脂肪、赖氨酸、蛋氨酸快速测定 近红外光谱法	推荐标准
168	检测方法142	GB/T 17816—1999	饲料中总抗坏血酸的测定 邻苯二胺荧光法	推荐标准
169	检测方法143	GB/T 13082—1991	饲料中镉的测定方法	推荐标准
170	检测方法144	GB/T 13086—1991	饲料中游离棉酚的测定方法	推荐标准
171	检测方法145	GB/T 13087—1991	饲料中异硫氰酸酯的测定方法	推荐标准
172	检测方法146	GB/T 13089—1991	饲料中噁唑烷硫酮的测定方法	推荐标准
173	检测方法147	NY/T 3473—2019	饲料中纽甜、阿力甜、阿斯巴甜、甜蜜素、安赛蜜、糖精钠的测定 液相色谱-串联质谱法	推荐标准
174	检测方法148	NY/T 3475—2019	饲料中貂、狐、貉源性成分的定性检测 实时荧光PCR法	推荐标准
175	检测方法149	NY/T 3478—2019	饲料中尿素的测定	推荐标准
176	检测方法150	NY/T 3479—2019	饲料中氢溴酸常山酮的测定 液相色谱-串联质谱法	推荐标准
177	检测方法151	NY/T 3480—2019	饲料中那西肽的测定 高效液相色谱法	推荐标准
178	检测方法152	NY/T 3318—2018	饲料中钙、钠、磷、镁、钾、铁、锌、铜、锰、钴和钼的测定 原子发射光谱法	推荐标准

(续表)

总序号	标准分类#	标准编号	标准名称	类别
179	检测方法153	NY/T 3320—2018	饲料中苏丹红等8种脂溶性色素的测定 液相色谱-串联质谱法	推荐标准
180	检测方法154	NY/T 3321—2018	饲料中L-肉碱的测定	推荐标准
181	检测方法155	NY/T 3322—2018	饲料中柠檬黄等7种水溶性色素的测定 高效液相色谱法	推荐标准
182	检测方法156	SN/T 1196—2018	转基因成分检测 玉米检测方法	推荐标准
183	检测方法157	NY/T 3137—2017	饲料中香芹酚和百里香酚的测定 气相色谱法	推荐标准
184	检测方法158	NY/T 3140—2017	饲料中苯乙醇胺A的测定 高效液相色谱法	推荐标准
185	检测方法159	NY/T 3145—2017	饲料中22种β-受体激动剂的测定 液相色谱-串联质谱法	推荐标准
186	检测方法160	NY/T 3147—2017	饲料中肾上腺素和异丙肾上腺素的测定 液相色谱-串联质谱法	推荐标准
187	检测方法161	SN/T 5026—2017	饲料中T-2毒素的测定 酶联免疫吸附法	推荐标准
188	检测方法162	SN/T 3731.4—2017	食品及饲料中常见禽类品种的鉴定方法 第4部分：火鸡成分检测 实时荧光PCR法	推荐标准
189	检测方法163	NY/T 3136—2017	饲用调味剂中香兰素、乙基香兰素、肉桂醛、桃醛、乙酸异戊酯、γ-壬内酯、肉桂酸甲酯、大茴香脑的测定 气相色谱法	推荐标准
190	检测方法164	NY/T 3138—2017	饲料中艾司唑仑的测定 高效液相色谱法	推荐标准
191	检测方法165	NY/T 3139—2017	饲料中左旋咪唑的测定 高效液相色谱法	推荐标准
192	检测方法166	NY/T 3141—2017	饲料中2,6-二甲基-3,5-二乙酯基-1,4-二氢吡啶的测定 液相色谱-串联质谱法	推荐标准
193	检测方法167	NY/T 3142—2017	饲料中溴吡斯的明的测定 液相色谱-串联质谱法	推荐标准
194	检测方法168	NY/T 3143—2017	鱼粉中脲醛聚合物快速检测方法	推荐标准

九、饲料相关标准

(续表)

总序号	标准分类#	标准编号	标准名称	类别
195	检测方法169	NY/T 3144—2017	饲料原料 血液制品中18种β-受体激动剂的测定 液相色谱-串联质谱法	推荐标准
196	检测方法170	NY/T 2896—2016	饲料中斑蝥黄的测定	推荐标准
197	检测方法171	NY/T 2895—2016	饲料中叶酸的测定 高效液相色谱法	推荐标准
198	检测方法172	NY/T 2897—2016	饲料中β-阿朴-8′-胡萝卜素醛的测定 高效液相色谱法	推荐标准
199	检测方法173	NY/T 2898—2016	饲料中串珠镰刀菌素的测定 高效液相色谱法	推荐标准
200	检测方法174	NY/T 3001—2016	饲料中氨基酸的测定 毛细管电泳法	推荐标准
201	检测方法175	NY/T 3002—2016	饲料中动物源性成分检测 显微镜法	推荐标准
202	检测方法176	NY/T 2694—2015	饲料添加剂氨基酸锰及蛋白锰络（螯）合强度的测定	推荐标准
203	检测方法177	NY/T 2770—2015	有机铬添加剂（原粉）中有机形态铬的测定	推荐标准
204	检测方法178	NY/T 2656—2014	饲料中罗丹明B和罗丹明6G的测定 高效液相色谱法	推荐标准
205	检测方法179	NY/T 2548—2014	饲料中黄曲霉毒素B_1的测定 时间分辨荧光免疫层析法	推荐标准
206	检测方法180	NY/T 2549—2014	饲料中黄曲霉毒素B_1的测定 免疫亲和荧光光度法	推荐标准
207	检测方法181	NY/T 2550—2014	饲料中黄曲霉毒素B_1的测定 胶体金法	推荐标准
208	检测方法182	NY/T2656—2014	饲料中罗丹明B和罗丹明6G的测定 高效液相色谱法	推荐标准
209	检测方法183	SN/T 1201—2014	饲料中转基因植物成份PCR检测方法	推荐标准
210	检测方法184	SN/T 3730.5—2013	食品及饲料中常见畜类品种的鉴定方法 第5部分：马成分检测 实时荧光PCR法	推荐标准
211	检测方法185	SN/T 3730.4—2013	食品及饲料中常见畜类品种的鉴定方法 第4部分：驴成分检测 实时荧光PCR法	推荐标准

(续表)

总序号	标准分类#	标准编号	标准名称	类别
212	检测方法186	SN/T 3730.6—2013	食品及饲料中常见畜类品种的鉴定方法 第6部分：猫成分检测 实时荧光PCR法	推荐标准
213	检测方法187	SN/T 3731.2—2013	食品及饲料中常见禽类品种的鉴定方法 第2部分：鹅成分检测 PCR法	推荐标准
214	检测方法188	SN/T 3730.8—2013	食品及饲料中常见畜类品种的鉴定方法 第8部分：猪成分检测 实时荧光PCR法	推荐标准
215	检测方法189	SN/T 3496—2013	动物源性饲料中转基因成分实时荧光PCR检测方法	推荐标准
216	检测方法190	SN/T 3731.6—2013	食品及饲料中常见禽类品种的鉴定方法 第6部分：鹧鸪成分检测 实时荧光PCR法	推荐标准
217	检测方法191	SN/T 3730.3—2013	食品及饲料中常见畜类品种的鉴定方法 第3部分：狐狸成分检测 实时荧光PCR法	推荐标准
218	检测方法192	SN/T 3731.5—2013	食品及饲料中常见禽类品种的鉴定方法 第5部分：鸭成分检测 PCR法	推荐标准
219	检测方法193	SN/T 3730.1—2013	食品及饲料中常见畜类品种的鉴定方法 第1部分：貂成分检测 实时荧光PCR法	推荐标准
220	检测方法194	SN/T 3731.1—2013	食品及饲料中常见禽类品种的鉴定方法 第1部分：鹌鹑成分检测 PCR法	推荐标准
221	检测方法195	SN/T 3649—2013	饲料中氟喹诺酮类药物含量的检测方法 液相色谱-质谱/质谱法	推荐标准
222	检测方法196	SN/T 3730.2—2013	食品及饲料中常见畜类品种的鉴定方法 第2部分：犬成分检测 实时荧光PCR法	推荐标准
223	检测方法197	SN/T 2727—2010	饲料中禽源性成分检测方法 实时荧光PCR方法	推荐标准
224	检测方法198	SN/T 3731.3—2013	食品及饲料中常见禽类品种的鉴定方法 第3部分：鸽子成分检测 实时荧光PCR法	推荐标准
225	检测方法199	SN/T 3730.7—2013	食品及饲料中常见畜类品种的鉴定方法 第7部分：水牛成分检测 实时荧光PCR法	推荐标准

九、饲料相关标准

(续表)

总序号	标准分类#	标准编号	标准名称	类别
226	检测方法200	SN/T 3648—2013	饲料中呋喃唑酮、呋喃妥因、呋喃它酮、呋喃西林含量的检测方法　液相色谱法	推荐标准
227	检测方法201	SB/T 10775—2012	动物饲料中沙丁胺醇的快速筛查　胶体金免疫层析法	推荐标准
228	检测方法202	SB/T 10921—2012	饲料中氨苯砷酸、4-羟基苯胂酸、洛克沙胂、硝苯胂酸的测定　液相色谱-电感耦合等离子体质谱法	推荐标准
229	检测方法203	SB/T 10781—2012	动物饲料中盐酸克伦特罗的快速筛查　胶体金免疫层析法	推荐标准
230	检测方法204	SB/T 10778—2012	动物饲料中莱克多巴胺的快速筛查　胶体金免疫层析法	推荐标准
231	检测方法205	NY/T 2130—2012	饲料中烟酰胺的测定　高效液相色谱法	推荐标准
232	检测方法206	NY/T 2297—2012	饲料中苯甲酸和山梨酸的测定　高效液相色谱法	推荐标准
233	检测方法207	NY/T 1756—2012	饲料中孔雀石绿的测定	推荐标准
234	检测方法208	NY/T 2071—2011	饲料中黄曲霉毒素、玉米赤霉烯酮和T-2毒素的测定　液相色谱-串联质谱法	推荐标准
235	检测方法209	SN/T 2867—2011	饲料中鱼源性成分定性检测方法　PCR方法	推荐标准
236	检测方法210	NY/T 1902—2010	饲料中单核细胞增生李斯特氏菌的微生物学检验	推荐标准
237	检测方法211	NY/T 1944—2010	饲料中钙的测定　原子吸收分光光谱法	推荐标准
238	检测方法212	NY/T 1945—2010	饲料中硒的测定　微波消解-原子荧光光谱法	推荐标准
239	检测方法213	NY/T 1946—2010	饲料中牛羊源性成分检测　实时荧光聚合酶链反应法	推荐标准
240	检测方法214	NY/T 1970—2010	饲料中伏马毒素的测定	推荐标准
241	检测方法215	NY/T 1757—2009	饲料中苯骈二氮杂䓬类药物的测定　液相色谱-串联质谱法	推荐标准
242	检测方法216	NY/T 1799—2009	菜籽饼粕及其饲料中噁唑烷硫酮的测定　紫外分光光度法	推荐标准

(续表)

总序号	标准分类#	标准编号	标准名称	类别
243	检测方法217	NY/T 1819—2009	饲料中胆碱的测定 离子色谱法	推荐标准
244	检测方法218	SB/T 10500—2008	饲料中土霉素的测定——高效液相色谱法	推荐标准
245	检测方法219	SN/T 2051—2008	食品、化妆品和饲料中牛羊猪源性成分检测方法 实时PCR法	推荐标准
246	检测方法220	NY/T 1258—2007	饲料中苏丹红染料的测定 高效液相色谱法	推荐标准
247	检测方法221	NY/T 1345—2007	添加剂预混合饲料中肌醇的测定	推荐标准
248	检测方法222	NY/T 1372—2007	饲料中三聚氰胺的测定	推荐标准
249	检测方法223	NY/T 1457—2007	饲料中氟哌酸的测定 高效液相色谱法	推荐标准
250	检测方法224	NY/T 1458—2007	饲料中盐酸异丙嗪、盐酸氯丙嗪、地西泮、盐酸硫利达嗪和奋乃静的同步测定 高效液相色谱法和液相色谱质谱联用法	推荐标准
251	检测方法225	NY/T 1459—2007	饲料中酸性洗涤纤维的测定	推荐标准
252	检测方法226	NY/T 1460—2007	饲料中盐酸克仑特罗的测定 酶联免疫吸附法	推荐标准
253	检测方法227	NY/T 1463—2007	饲料中安眠酮的测定 高效液相色谱法	推荐标准
254	检测方法228	NY/T 1423—2007	鱼粉和反刍动物精料补充料中肉骨粉快速定性检测 近红外反射光谱法	推荐标准
255	检测方法229	NY/T 1030—2006	饲料中沙丁胺醇的测定 气相色谱/质谱法	推荐标准
256	检测方法230	NY/T 1032—2006	饲料中胆固醇的测定 气相色谱法	推荐标准
257	检测方法231	NY/T 1033—2006	饲料中西马特罗的测定 气相色谱/质谱法	推荐标准
258	检测方法232	NY/T 934—2005	饲料中地西泮的测定 高效液相色谱法	推荐标准
259	检测方法233	NY/T 936—2005	饲料中二甲硝咪唑的测定 高效液相色谱法	推荐标准
260	检测方法234	NY/T 937—2005	饲料中西马特罗的测定 高效液相色谱法	推荐标准

九、饲料相关标准

(续表)

总序号	标准分类#	标准编号	标准名称	类别
261	检测方法235	SN/T 1615—2005	食品和动物饲料中嗜冷微生物计数方法	推荐标准
262	检测方法236	NY/T 919—2004	饲料中苯并（a）芘的测定 高效液相色谱法	推荐标准
263	检测方法237	NY/T 918—2004	饲料中雌二醇的测定 高效液相色谱法	推荐标准
264	检测方法238	NY/T 914—2004	饲料中氢化可的松的测定 高效液相色谱法	推荐标准
265	检测方法239	NY/T 910—2004	饲料中盐酸氯苯胍的测定 高效液相色谱法	推荐标准
266	检测方法240	NY/T 724—2003	饲料中拉沙洛西钠的测定 高效液相色谱法	推荐标准
267	检测方法241	NY/T 725—2003	饲料中莫能菌素的测定 高效液相色谱法	推荐标准
268	检测方法242	NY/T 726—2003	饲料中杆菌肽锌的测定 高效液相色谱法	推荐标准
269	检测方法243	NY/T 727—2003	饲料中呋喃唑酮的测定 高效液相色谱法	推荐标准
270	检测方法244	SC/T 3011—2001	水产品中盐分的测定	推荐标准
271	检测方法245	NY/T 438—2001	饲料中盐酸克仑特罗的测定	推荐标准
272	检测方法246	农业农村部公告第197号-1—2019	饲料中硝基咪唑类药物的测定 液相色谱-质谱法	国家标准
273	检测方法247	农业农村部公告第197号-2—2019	饲料中盐酸沃尼妙林和泰妙菌素的测定 液相色谱-串联质谱法	国家标准
274	检测方法248	农业农村部公告第197号-3—2019	饲料中硫酸新霉素的测定 液相色谱-串联质谱法	国家标准
275	检测方法249	农业农村部公告第197号-4—2019	饲料中海南霉素的测定 液相色谱-串联质谱法	国家标准
276	检测方法250	农业农村部公告第197号-5—2019	饲料中可乐定等7种α-受体激动剂的测定 液相色谱-串联质谱法	国家标准
277	检测方法251	农业农村部公告第197号-6—2019	饲料中利巴韦林等7种抗病毒类药物的测定 液相色谱-串联质谱法	国家标准
278	检测方法252	农业农村部公告第197号-7—2019	饲料中福莫特罗、阿福特罗的测定 液相色谱-串联质谱法	国家标准

(续表)

总序号	标准分类#	标准编号	标准名称	类别
279	检测方法253	农业部2483号公告-1—2016	饲料中炔雌醚的测定 高效液相色谱法	国家标准
280	检测方法254	农业部2483号公告-2—2016	饲料中苯巴比妥钠的测定 高效液相色谱法	国家标准
281	检测方法255	农业部2483号公告-3—2016	饲料中炔雌醚的测定 液相色谱-串联质谱法	国家标准
282	检测方法256	农业部2483号公告-4—2016	饲料中苯巴比妥钠的测定 液相色谱-串联质谱法	国家标准
283	检测方法257	农业部2483号公告-5—2016	饲料中牛磺酸的测定 高效液相色谱法	国家标准
284	检测方法258	农业部2483号公告-6—2016	饲料中金刚烷胺和金刚乙胺的测定 液相色谱-串联质谱法	国家标准
285	检测方法259	农业部2483号公告-7—2016	饲料中甲硝唑、地美硝唑和异丙硝唑的测定 高效液相色谱法	国家标准
286	检测方法260	农业部2483号公告-8—2016	饲料中氯霉素、甲砜霉素和氟苯尼考的测定 液相色谱-串联质谱法	国家标准
287	检测方法261	农业部2224号公告-1—2015	饲料中赛地卡霉素的测定 高效液相色谱法	国家标准
288	检测方法262	农业部2224号公告-2—2015	饲料中炔雌醇的测定 高效液相色谱法	国家标准
289	检测方法263	农业部2224号公告-3—2015	饲料中雌二醇的测定 液相色谱-串联质谱法	国家标准
290	检测方法264	农业部2224号公告-4—2015	饲料中苯丙酸诺龙的测定 高效液相色谱法	国家标准
291	检测方法265	农业部2349号公告-1—2015	饲料中妥曲珠利的测定 高效液相色谱法	国家标准
292	检测方法266	农业部2349号公告-2—2015	饲料中赛杜霉素钠的测定 柱后衍生高效液相色谱法	国家标准
293	检测方法267	农业部2349号公告-3—2015	饲料中巴氯芬的测定 高效液相色谱法	国家标准
294	检测方法268	农业部2349号公告-4—2015	饲料中可乐定和赛庚啶的测定 高效液相色谱法	国家标准
295	检测方法269	农业部2349号公告-5—2015	饲料中磺胺类和喹诺酮类药物的测定 液相色谱-串联质谱法	国家标准

九、饲料相关标准

（续表）

总序号	标准分类#	标准编号	标准名称	类别
296	检测方法270	农业部2349号公告-6—2015	饲料中硝基咪唑类、硝基呋喃类和喹噁啉类药物的测定 液相色谱-串联质谱法	国家标准
297	检测方法271	农业部2349号公告-7—2015	饲料中司坦唑醇的测定 液相色谱-串联质谱法	国家标准
298	检测方法272	农业部2349号公告-8—2015	饲料中二甲氧苄氨嘧啶、三甲氧苄氨嘧啶和二甲氧甲基苄氨嘧啶的测定 液相色谱-串联质谱法	国家标准
299	检测方法273	农业部2086号公告-1—2014	饲料中左炔诺孕酮的测定 高效液相色谱法	国家标准
300	检测方法274	农业部2086号公告-2—2014	饲料中醋酸氯地孕酮的测定 高效液相色谱法	国家标准
301	检测方法275	农业部2086号公告-3—2014	饲料中匹莫林的测定 高效液相色谱法	国家标准
302	检测方法276	农业部2086号公告-4—2014	饲料中氟喹诺酮类药物的测定 液相色谱-串联质谱法	国家标准
303	检测方法277	农业部2086号公告-5—2014	饲料中卡巴氧、乙酰甲喹、喹烯酮和喹乙醇的测定 液相色谱-串联质谱法	国家标准
304	检测方法278	农业部2086号公告-6—2014	饲料中硫酸粘杆菌素的测定 液相色谱-串联质谱法	国家标准
305	检测方法279	农业部2086号公告-7—2014	饲料中大观霉素的测定	国家标准
306	检测方法280	农业部1879号公告-2—2012	饲料中磺胺氯吡嗪钠的测定 高效液相色谱法	国家标准
307	检测方法281	农业部1730号公告-1—2012	饲料中8种苯并咪唑类药物的测定 液相色谱-串联质谱法和液相色谱法	国家标准
308	检测方法282	农业部1862号公告-1—2012	饲料中巴氯芬的测定 液相色谱-串联质谱法	国家标准
309	检测方法283	农业部1862号公告-2—2012	饲料中唑吡旦的测定 高效液相色谱法/液相色谱-串联质谱法	国家标准
310	检测方法284	农业部1862号公告-3—2012	饲料中万古霉素的测定 液相色谱-串联质谱法	国家标准
311	检测方法285	农业部1862号公告-4—2012	饲料中5种聚醚类药物的测定 液相色谱-串联质谱法	国家标准

(续表)

总序号	标准分类#	标准编号	标准名称	类别
312	检测方法 286	农业部 1862 号公告-5—2012	饲料中地克珠利的测定 液相色谱-串联质谱法	国家标准
313	检测方法 287	农业部 1862 号公告-6—2012	饲料中噁喹酸的测定 高效液相色谱法	国家标准
314	检测方法 288	农业部 1629 号公告-1—2011	饲料中 16 种 β-受体激动剂的测定 液相色谱-串联质谱法	国家标准
315	检测方法 289	农业部 1629 号公告-2—2011	饲料中利血平的测定 高效液相色谱法	国家标准
316	检测方法 290	农业部 1486 号公告-10—2010	饲料中三唑仑的测定 气相色谱-质谱法	国家标准
317	检测方法 291	农业部 1486 号公告-2—2010	饲料中可乐定和赛庚啶的测定 液相色谱-串联质谱法	国家标准
318	检测方法 292	农业部 1486 号公告-3—2010	饲料中安普霉素的测定 高效液相色谱法	国家标准
319	检测方法 293	农业部 1486 号公告-1—2010	饲料中苯乙醇胺 A 的测定 高效液相色谱-串联质谱法	国家标准
320	检测方法 294	农业部 1486 号公告-5—2010	饲料中阿维菌素药物的测定 液相色谱-质谱法	国家标准
321	检测方法 295	农业部 1486 号公告-6—2010	饲料中雷琐酸内酯类药物的测定 气相色谱-质谱法	国家标准
322	检测方法 296	农业部 1486 号公告-7—2010	饲料中 9 种磺胺类药物的测定 高效液相色谱法	国家标准
323	检测方法 297	农业部 1486 号公告-8—2010	饲料中硝基呋喃类药物的测定 高效液相色谱法	国家标准
324	检测方法 298	农业部 1486 号公告-9—2010	饲料中氯烯雌醚的测定 高效液相色谱法	国家标准
325	检测方法 299	农业部 1068 号公告-2—2008	饲料中 5 种糖皮质激素的测定 高效液相色谱法	国家标准
326	检测方法 300	农业部 1068 号公告-3—2008	饲料中 10 种蛋白质同化激素的测定 液相色谱-串联质谱法	国家标准
327	检测方法 301	农业部 1068 号公告-4—2008	饲料中氯米芬的测定 高效液相色谱法	国家标准
328	检测方法 302	农业部 1068 号公告-5—2008	饲料中阿那曲唑的测定 高效液相色谱法	国家标准
329	检测方法 303	农业部 1068 号公告-6—2008	饲料中雷洛西芬的测定 高效液相色谱法	国家标准

九、饲料相关标准

(续表)

总序号	标准分类#	标准编号	标准名称	类别
330	检测方法304	农业部1068号公告-7—2008	饲料中士的宁的测定 气相色谱-质谱法	国家标准
331	检测方法305	农业部1063号公告-4—2008	饲料中纳多洛尔的测定 高效液相色谱法	国家标准
332	检测方法306	农业部1063号公告-5—2008	饲料中9种糖皮质激素的测定 液相色谱-串联质谱法	国家标准
333	检测方法307	农业部1063号公告-6—2008	饲料中13种β-受体激动剂的测定 液相色谱-串联质谱法	国家标准
334	检测方法308	农业部1063号公告-7—2008	饲料中8种β-受体激动剂的测定 气相色谱-质谱法	国家标准
335	检测方法309	农业部783号公告-4—2006	饲料中替米考星的测定 高效液相色谱法	国家标准
336	检测方法310	农业部783号公告-5—2006	饲料中二硝托胺的测定 高效液相色谱法	国家标准
337	检测方法311	农业部783号公告-6—2006	饲料中碘化酪蛋白的测定 液相色谱质谱联用	国家标准
338	评价指南1	GB/Z 31812—2015	饲料原料和饲料添加剂水产靶动物有效性评价试验技术指南	指导性技术文件
339	评价指南2	GB/Z 31813—2015	饲料原料和饲料添加剂畜禽靶动物有效性评价试验技术指南	指导性技术文件
340	评价指南3	GB/T 26437—2010	畜禽饲料有效性与安全性评价 强饲法测定鸡饲料表观代谢能技术规程	推荐标准
341	评价指南4	GB/T 26438—2010	畜禽饲料有效性与安全性评价 全收粪法测定猪饲料表观消化能技术规程	推荐标准
342	评价指南5	GB/T 23186—2009	水产饲料安全性评价 慢性毒性试验规程	推荐标准
343	评价指南6	GB/T 23390—2009	水产配合饲料环境安全性评价规程	推荐标准
344	评价指南7	GB/T 23389—2009	水产饲料安全性评价 繁殖试验规程	推荐标准
345	评价指南8	GB/T 23388—2009	水产饲料安全性评价 残留和蓄积试验规程	推荐标准
346	评价指南9	GB/T 23387—2009	饲草营养品质评定 GI法	推荐标准
347	评价指南10	GB/T 23179—2008	饲料毒理学评价 亚急性毒性试验	推荐标准

(续表)

总序号	标准分类#	标准编号	标准名称	类别
348	评价指南 11	GB/T 22488—2008	水产饲料安全性评价 亚急性毒性试验规程	推荐标准
349	评价指南 12	GB/T 22487—2008	水产饲料安全性评价 急性毒性试验规程	推荐标准
350	评价指南 13	GB/T 21035—2007	饲料安全性评价 喂养致畸试验	推荐标准
351	评价指南 14	NY/T 2713—2015	水产动物表观消化率测定方法	推荐标准
352	评价指南 15	NY/T 1031—2006	饲料安全性评价 亚急性毒性试验	推荐标准
353	评价指南 16	LY/T 1176—1995	粉状松针膏饲料添加剂的试验方法	推荐标准
354	饲料原料 1	GB/T 36860—2018	饲料原料 干黄酒糟	推荐标准
355	饲料原料 2	GB/T 19424—2018	天然植物饲料原料通用要求	推荐标准
356	饲料原料 3	GB/T 19541—2017	饲料原料 豆粕	推荐标准
357	饲料原料 4	GB/T 33914—2017	饲料原料 喷雾干燥猪血浆蛋白粉	推荐标准
358	饲料原料 5	GB/T 25866—2010	玉米干全酒糟（玉米 DDGS）	推荐标准
359	饲料原料 6	GB/T 23875—2009	饲料用喷雾干燥血球粉	推荐标准
360	饲料原料 7	GB/T 23736—2009	饲料用菜籽粕	推荐标准
361	饲料原料 8	GB/T 21695—2008	饲料级 沸石粉	推荐标准
362	饲料原料 9	GB/T 17890—2008	饲料用玉米	推荐标准
363	饲料原料 10	GB/T 21264—2007	饲料用棉籽粕	推荐标准
364	饲料原料 11	GB/T 20411—2006	饲料用大豆	推荐标准
365	饲料原料 12	GB/T 20193—2006	饲料用骨粉及肉骨粉	推荐标准
366	饲料原料 13	GB/T 20715—2006	犊牛代乳粉	推荐标准
367	饲料原料 14	GB/T 19164—2003	鱼粉	推荐标准
368	饲料原料 15	GB/T 17243—1998	饲料用螺旋藻粉	推荐标准
369	饲料原料 16	NY/T 132—2019	饲料用花生饼	推荐标准
370	饲料原料 17	NY/T 123—2019	饲料用米糠饼	推荐标准
371	饲料原料 18	NY/T 124—2019	饲料用米糠粕	推荐标准
372	饲料原料 19	NY/T 3476—2019	饲料原料 甘蔗糖蜜	推荐标准
373	饲料原料 20	NY/T 3477—2019	饲料原料 酿酒酵母细胞壁	推荐标准
374	饲料原料 21	NY/T 3315—2018	饲料原料 骨源磷酸氢钙	推荐标准

九、饲料相关标准

(续表)

总序号	标准分类#	标准编号	标准名称	类别
375	饲料原料22	NY/T 3316—2018	饲料原料　酿酒酵母提取物	推荐标准
376	饲料原料23	NY/T 3317—2018	饲料原料　甜菜粕颗粒	推荐标准
377	饲料原料24	NY/T 3135—2017	饲料原料　干啤酒糟	推荐标准
378	饲料原料25	NY/T 915—2017	饲料原料　水解羽毛粉	推荐标准
379	饲料原料26	LS/T 3411—2017	中国好粮油　饲用玉米	推荐标准
380	饲料原料27	NY/T 2697—2015	饲草青贮技术规程　紫花苜蓿	推荐标准
381	饲料原料28	NY/T 2696—2015	饲草青贮技术规程　玉米	推荐标准
382	饲料原料29	NY/T 120—2014	饲料用木薯干	推荐标准
383	饲料原料30	SB/T 10998—2013	饲料用桑叶粉	推荐标准
384	饲料原料31	NY/T 2218—2012	饲料原料　发酵豆粕	推荐标准
385	饲料原料32	NY/T 1748—2009	饲用甜菜	推荐标准
386	饲料原料33	NY/T 1563—2007	饲料级　乳清粉	推荐标准
387	饲料原料34	NY/T 1580—2007	饲料稻	推荐标准
388	饲料原料35	NY/T 1574—2007	豆科牧草干草质量分级	推荐标准
389	饲料原料36	SC/T 3504—2006	饲料用鱼油	推荐标准
390	饲料原料37	NY/T 931—2005	饲料用乳酸钙	推荐标准
391	饲料原料38	LY/T 1638—2005	针叶饲料粉	推荐标准
392	饲料原料39	NY/T 685—2003	饲料用玉米蛋白粉	推荐标准
393	饲料原料40	NY/T 722—2003	饲料用酶制剂通则	推荐标准
394	饲料原料41	NY/T 728—2003	禾本科牧草干草质量分级	推荐标准
395	饲料原料42	NY/T 140—2002	苜蓿干草粉质量分级	推荐标准
396	饲料原料43	NY/T 417—2000	饲料用低硫甘菜籽饼（粕）	推荐标准
397	饲料原料44	LS/T 3407—1994	饲料用血粉	推荐标准
398	饲料原料45	QB/T 1940—1994	饲料酵母	推荐标准
399	饲料原料46	NY/T 210—1992	饲料用裸大麦	推荐标准
400	饲料原料47	NY/T 211—1992	饲料用次粉	推荐标准
401	饲料原料48	NY/T 212—1992	饲料用碎米	推荐标准
402	饲料原料49	NY/T 213—1992	饲料用粟米（谷子）	推荐标准
403	饲料原料50	NY/T 214—1992	饲料用胡麻籽饼	推荐标准
404	饲料原料51	NY/T 215—1992	饲料用胡麻籽粕	推荐标准
405	饲料原料52	NY/T 216—1992	饲料用亚麻仁饼	推荐标准

(续表)

总序号	标准分类#	标准编号	标准名称	类别
406	饲料原料 53	NY/T 217—1992	饲料用亚麻仁粕	推荐标准
407	饲料原料 54	NY/T 218—1992	饲料用桑蚕蛹	推荐标准
408	饲料原料 55	NY/T 125—1989	饲料用菜籽饼	推荐标准
409	饲料原料 56	NY/T 127—1989	饲料用向日葵仁粕	推荐标准
410	饲料原料 57	NY/T 128—1989	饲料用向日葵仁饼	推荐标准
411	饲料原料 58	NY/T 129—1989	饲料用棉籽饼	推荐标准
412	饲料原料 59	NY/T 130—1989	饲料用大豆饼	推荐标准
413	饲料原料 60	NY/T 133—1989	饲料用花生粕	推荐标准
414	饲料原料 61	NY/T 134—1989	饲料用黑大豆	推荐标准
415	饲料原料 62	NY/T 136—1989	饲料用豌豆	推荐标准
416	饲料原料 63	NY/T 137—1989	饲料用柞蚕蛹粉	推荐标准
417	饲料原料 64	NY/T 138—1989	饲料用蚕豆	推荐标准
418	饲料原料 65	NY/T 139—1989	饲料用木薯叶粉	推荐标准
419	饲料原料 66	NY/T 141—1989	饲料用白三叶草粉	推荐标准
420	饲料原料 67	NY/T 142—1989	饲料用甘薯叶粉	推荐标准
421	饲料原料 68	NY/T 143—1989	饲料用蚕豆茎叶粉	推荐标准
422	饲料原料 69	NY/T 115—1989	饲料用高粱	推荐标准
423	饲料原料 70	NY/T 116—1989	饲料用稻谷	推荐标准
424	饲料原料 71	NY/T 117—1989	饲料用小麦	推荐标准
425	饲料原料 72	NY/T 118—1989	饲料用皮大麦	推荐标准
426	饲料原料 73	NY/T 119—1989	饲料用小麦麸	推荐标准
427	饲料原料 74	NY/T 121—1989	饲料用甘薯干	推荐标准
428	饲料原料 75	NY/T 122—1989	饲料用米糠	推荐标准
429	饲料原料 76	LY/T 1282—1998	针叶维生素粉	推荐标准
430	饲料添加剂 1	GB 7300.101—2019	饲料添加剂 第1部分：氨基酸、氨基酸盐及其类似物 L-苏氨酸	强制标准
431	饲料添加剂 2	GB 7300.102—2019	饲料添加剂 第1部分：氨基酸、氨基酸盐及其类似物 甘氨酸	强制标准
432	饲料添加剂 3	GB 7300.201—2019	饲料添加剂 第2部分：维生素及类维生素 L-抗坏血酸-2-磷酸酯盐	强制标准

九、饲料相关标准

(续表)

总序号	标准分类#	标准编号	标准名称	类别
433	饲料添加剂4	GB 7300.202—2019	饲料添加剂 第2部分：维生素及类维生素 维生素D_3油	强制标准
434	饲料添加剂5	GB 7300.204—2019	饲料添加剂 第2部分：维生素及类维生素 甜菜碱盐酸盐	强制标准
435	饲料添加剂6	GB 7300.301—2019	饲料添加剂 第3部分：矿物元素及其络（螯）合物 碘化钾	强制标准
436	饲料添加剂7	GB 7300.302—2019	饲料添加剂 第3部分：矿物元素及其络（螯）合物 亚硒酸钠	强制标准
437	饲料添加剂8	GB 7300.401—2019	饲料添加剂 第4部分：酶制剂 木聚糖酶	强制标准
438	饲料添加剂9	GB 7300.801—2019	饲料添加剂 第8部分：防腐剂、防霉剂和酸度调节剂 碳酸氢钠	强制标准
439	饲料添加剂10	GB 7300.901—2019	饲料添加剂 第9部分：着色剂 β-胡萝卜素粉	强制标准
440	饲料添加剂11	GB 36897—2018	饲料添加剂 L-精氨酸	强制标准
441	饲料添加剂12	GB 36898—2018	饲料添加剂 D-生物素	强制标准
442	饲料添加剂13	GB 7295—2018	饲料添加剂 盐酸硫胺（维生素B_1）	强制标准
443	饲料添加剂14	GB 7296—2018	饲料添加剂 硝酸硫胺（维生素B_1）	强制标准
444	饲料添加剂15	GB 7302—2018	饲料添加剂 叶酸	强制标准
445	饲料添加剂16	GB 7303—2018	饲料添加剂 L-抗坏血酸（维生素C）	强制标准
446	饲料添加剂17	GB/T 22141—2018	混合型饲料添加剂 酸化剂通用要求	推荐标准
447	饲料添加剂18	GB/T 36863—2018	混合型饲料添加剂 防霉剂通用要求	推荐标准
448	饲料添加剂19	GB 20802—2017	饲料添加剂 蛋氨酸铜络（螯）合物	强制标准
449	饲料添加剂20	GB 21034—2017	饲料添加剂 蛋氨酸羟基类似物钙盐	强制标准
450	饲料添加剂21	GB 21694—2017	饲料添加剂 蛋氨酸锌络（螯）合物	强制标准
451	饲料添加剂22	GB 22489—2017	饲料添加剂 蛋氨酸锰络（螯）合物	强制标准

(续表)

总序号	标准分类#	标准编号	标准名称	类别
452	饲料添加剂 23	GB 22548—2017	饲料添加剂　磷酸二氢钙	强制标准
453	饲料添加剂 24	GB 22549—2017	饲料添加剂　磷酸氢钙	强制标准
454	饲料添加剂 25	GB 23386—2017	饲料添加剂　维生素 A 棕榈酸酯（粉）	强制标准
455	饲料添加剂 26	GB 34456—2017	饲料添加剂　磷酸二氢钠	强制标准
456	饲料添加剂 27	GB 34457—2017	饲料添加剂　磷酸三钙	强制标准
457	饲料添加剂 28	GB 34458—2017	饲料添加剂　磷酸氢二钾	强制标准
458	饲料添加剂 29	GB 34459—2017	饲料添加剂　硫酸铜	强制标准
459	饲料添加剂 30	GB 34460—2017	饲料添加剂　L-抗坏血酸钠	强制标准
460	饲料添加剂 31	GB 34461—2017	饲料添加剂　L-肉碱	强制标准
461	饲料添加剂 32	GB 34462—2017	饲料添加剂　氯化胆碱	强制标准
462	饲料添加剂 33	GB 34463—2017	饲料添加剂　L-抗坏血酸钙	强制标准
463	饲料添加剂 34	GB 34464—2017	饲料添加剂　二甲基嘧啶醇亚硫酸甲萘醌	强制标准
464	饲料添加剂 35	GB 34465—2017	饲料添加剂　硫酸亚铁	强制标准
465	饲料添加剂 36	GB 34466—2017	饲料添加剂　L-赖氨酸盐酸盐	强制标准
466	饲料添加剂 37	GB 34467—2017	饲料添加剂　柠檬酸钙	强制标准
467	饲料添加剂 38	GB 34468—2017	饲料添加剂　硫酸锰	强制标准
468	饲料添加剂 39	GB 34469—2017	饲料添加剂　β-胡萝卜素（化学合成）	强制标准
469	饲料添加剂 40	GB 34470—2017	饲料添加剂　磷酸二氢钾	强制标准
470	饲料添加剂 41	GB 7293—2017	饲料添加剂　DL-α-生育酚乙酸酯（粉）	强制标准
471	饲料添加剂 42	GB 7294—2017	饲料添加剂　亚硫酸氢钠甲萘醌（维生素 K_3）	强制标准
472	饲料添加剂 43	GB 7298—2017	饲料添加剂　维生素 B_6（盐酸吡哆醇）	强制标准
473	饲料添加剂 44	GB 7300—2017	饲料添加剂　烟酸	强制标准
474	饲料添加剂 45	GB 7301—2017	饲料添加剂　烟酰胺	强制标准
475	饲料添加剂 46	GB 9454—2017	饲料添加剂　DL-α-生育酚乙酸酯	强制标准
476	饲料添加剂 47	GB 9840—2017	饲料添加剂　维生素 D_3（微粒）	强制标准

九、饲料相关标准

(续表)

总序号	标准分类#	标准编号	标准名称	类别
477	饲料添加剂 48	GB 32449—2015	饲料添加剂 硫酸镁	强制标准
478	饲料添加剂 49	GB/T 31215—2014	混合型饲料添加剂 甜味剂通用要求	推荐标准
479	饲料添加剂 50	GB/T 27983—2011	饲料添加剂 富马酸亚铁	推荐标准
480	饲料添加剂 51	GB/T 27984—2011	饲料添加剂 丁酸钠	推荐标准
481	饲料添加剂 52	GB/T 26441—2010	饲料添加剂 没食子酸丙酯	推荐标准
482	饲料添加剂 53	GB/T 26442—2010	饲料添加剂 亚硫酸氢烟酰胺甲萘醌	推荐标准
483	饲料添加剂 54	GB/T 18632—2010	饲料添加剂 80%核黄素（维生素 B_2）微粒	推荐标准
484	饲料添加剂 55	GB/T 25865—2010	饲料添加剂 硫酸锌	推荐标准
485	饲料添加剂 56	GB/T 25735—2010	饲料添加剂 L-色氨酸	推荐标准
486	饲料添加剂 57	GB/T 25247—2010	饲料添加剂 糖萜素	推荐标准
487	饲料添加剂 58	GB/T 25174—2010	饲料添加剂 4′,7-二羟基异黄酮	推荐标准
488	饲料添加剂 59	GB/T 24832—2009	饲料添加剂 半胱胺盐酸盐β环糊精微粒	推荐标准
489	饲料添加剂 60	GB/T 23876—2009	饲料添加剂 L-肉碱盐酸盐	推荐标准
490	饲料添加剂 61	GB/T 23878—2009	饲料添加剂 大豆磷脂	推荐标准
491	饲料添加剂 62	GB/T 23879—2009	饲料添加剂 肌醇	推荐标准
492	饲料添加剂 63	GB/T 23880—2009	饲料添加剂 氯化钠	推荐标准
493	饲料添加剂 64	GB/T 9455—2009	饲料添加剂 维生素 AD_3 微粒	推荐标准
494	饲料添加剂 65	GB/T 23735—2009	饲料添加剂 乳酸锌	推荐标准
495	饲料添加剂 66	GB/T 23745—2009	饲料添加剂 10%虾青素	推荐标准
496	饲料添加剂 67	GB/T 23747—2009	饲料添加剂 低聚木糖	推荐标准
497	饲料添加剂 68	GB/T 23180—2008	饲料添加剂 2% D-生物素	推荐标准
498	饲料添加剂 69	GB/T 23181—2008	微生物饲料添加剂通用要求	推荐标准
499	饲料添加剂 70	GB/T 22546—2008	饲料添加剂 碱式氯化锌	推荐标准
500	饲料添加剂 71	GB/T 22547—2008	饲料添加剂 饲用活性干酵母（酿酒酵母）	推荐标准
501	饲料添加剂 72	GB/T 22142—2008	饲料添加剂 有机酸通用要求	推荐标准
502	饲料添加剂 73	GB/T 22143—2008	饲料添加剂 无机酸通用要求	推荐标准

(续表)

总序号	标准分类#	标准编号	标准名称	类别
503	饲料添加剂74	GB/T 22145—2008	饲料添加剂 丙酸	推荐标准
504	饲料添加剂75	GB/T 22144—2008	天然矿物质饲料通则	推荐标准
505	饲料添加剂76	GB/T 21996—2008	饲料添加剂 甘氨酸铁络合物	推荐标准
506	饲料添加剂77	GB/T 21696—2008	饲料添加剂 碱式氯化铜	推荐标准
507	饲料添加剂78	GB/T 21543—2008	饲料添加剂 调味剂通用要求	推荐标准
508	饲料添加剂79	GB/T 21515—2008	饲料添加剂 天然甜菜碱	推荐标准
509	饲料添加剂80	GB/T 21516—2008	饲料添加剂 10% β-阿朴-8′-胡萝卜素酸乙酯（粉剂）	推荐标准
510	饲料添加剂81	GB/T 21517—2008	饲料添加剂 叶黄素	推荐标准
511	饲料添加剂82	GB/T 7297—2006	饲料添加剂 维生素B_2（核黄素）	推荐标准
512	饲料添加剂83	GB/T 7299—2006	饲料添加剂 D-泛酸钙	推荐标准
513	饲料添加剂84	GB/T 9841—2006	饲料添加剂 维生素B_{12}（氰钴胺）粉剂	推荐标准
514	饲料添加剂85	GB/T 19370—2003	饲料添加剂 1% β-胡萝卜素	推荐标准
515	饲料添加剂86	GB/T 18970—2003	饲料添加剂 10% β,β-胡萝卜-4,4-二酮（10%斑蝥黄）	推荐标准
516	饲料添加剂87	GB/T 19371.1—2003	饲料添加剂 液态蛋氨酸羟基类似物	推荐标准
517	饲料添加剂88	GB/T 7292—1999	饲料添加剂 维生素A乙酸酯微粒	推荐标准
518	饲料添加剂89	GB/T 17810—2009	饲料级 DL-蛋氨酸	推荐标准
519	饲料添加剂90	GB/T 23746—2009	饲料级 糖精钠	推荐标准
520	饲料添加剂91	GB/T 21695—2008	饲料级 沸石粉	推荐标准
521	饲料添加剂92	NY/T 2131—2012	饲料添加剂 枯草芽孢杆菌	推荐标准
522	饲料添加剂93	JC/T 2056—2011	饲料添加剂用膨润土	推荐标准
523	饲料添加剂94	HG/T 2792—2011	饲料级 氧化锌	推荐标准
524	饲料添加剂95	HG/T 2418—2011	饲料级 碘酸钙	推荐标准
525	饲料添加剂96	NY/T 1969—2010	饲料添加剂 产朊假丝酵母	推荐标准
526	饲料添加剂97	NY/T 1498—2008	饲料添加剂 蛋氨酸铁	推荐标准
527	饲料添加剂98	XB/T 504—2008	稀土有机络合物饲料添加剂	推荐标准
528	饲料添加剂99	NY/T 1421—2007	饲料级 双乙酸钠	推荐标准
529	饲料添加剂100	NY/T 1447—2007	饲料添加剂 苯甲酸	推荐标准

九、饲料相关标准

(续表)

总序号	标准分类#	标准编号	标准名称	类别
530	饲料添加剂101	NY/T 1462—2007	饲料添加剂 β-阿朴-8′-胡萝卜素醛(粉剂)	推荐标准
531	饲料添加剂102	NY/T 1497—2007	饲料添加剂 大蒜素(粉剂)	推荐标准
532	饲料添加剂103	NY/T 1444—2007	微生物饲料添加剂技术通则	推荐标准
533	饲料添加剂104	NY/T 1461—2007	饲料微生物添加剂 地衣芽孢杆菌	推荐标准
534	饲料添加剂105	NY/T 1028—2006	饲料添加剂 左旋肉碱	推荐标准
535	饲料添加剂106	NY/T 1246—2006	饲料添加剂 维生素D_3(胆钙化醇)油	推荐标准
536	饲料添加剂107	HG/T 3775—2005	饲料级 硫酸钴	推荐标准
537	饲料添加剂108	HG/T 3774—2005	饲料级 磷酸氢二铵	推荐标准
538	饲料添加剂109	HG/T 3776—2005	饲料级 磷酸一二钙	推荐标准
539	饲料添加剂110	NY/T 930—2005	饲料级 甲酸	推荐标准
540	饲料添加剂111	NY/T 931—2005	饲料用乳酸钙	推荐标准
541	饲料添加剂112	QB/T 2355—2005	饲料磷酸氢钙(骨制)	推荐标准
542	饲料添加剂113	NY/T 920—2004	饲料级 富马酸	推荐标准
543	饲料添加剂114	NY/T 917—2004	饲料级 磷酸脲	推荐标准
544	饲料添加剂115	NY/T 916—2004	饲料添加剂 吡啶甲酸铬	推荐标准
545	饲料添加剂116	NY/T 723—2003	饲料级 碘酸钾	推荐标准
546	饲料添加剂117	NY/T 722—2003	饲料用酶制剂 通则	推荐标准
547	饲料添加剂118	HG 2938—2001	饲料级 氯化钴	强制标准
548	饲料添加剂119	HG 2940—2000	饲料级 轻质碳酸钙	强制标准
549	饲料添加剂120	NY 399—2000	饲料级 甜菜碱盐酸盐	强制标准
550	饲料添加剂121	HG 3634—1999	饲料级 预糊化淀粉	强制标准
551	饲料添加剂122	LY/T 1566—1999	杨树皮提取物饲料添加剂	推荐标准
552	饲料添加剂123	MT/T 745—1997	饲料添加剂用腐殖酸钠技术条件	推荐标准
553	饲料添加剂124	LY/T 1175—1995	粉状松针膏饲料添加剂	推荐标准
554	饲料产品1	GB/T 36782—2018	鲤鱼配合饲料	推荐标准
555	饲料产品2	GB/T 36862—2018	青鱼配合饲料	推荐标准
556	饲料产品3	GB/T 36205—2018	草鱼配合饲料	推荐标准
557	饲料产品4	GB/T 36206—2018	大黄鱼配合饲料	推荐标准

(续表)

总序号	标准分类#	标准编号	标准名称	类别
558	饲料产品 5	GB/T 32140—2015	中华鳖配合饲料	推荐标准
559	饲料产品 6	GB/T 22919.1—2008	水产配合饲料 第1部分：斑节对虾配合饲料	推荐标准
560	饲料产品 7	GB/T 22919.2—2008	水产配合饲料 第2部分：军曹鱼配合饲料	推荐标准
561	饲料产品 8	GB/T 22919.3—2008	水产配合饲料 第3部分：鲈鱼配合饲料	推荐标准
562	饲料产品 9	GB/T 22919.4—2008	水产配合饲料 第4部分：美国红鱼配合饲料	推荐标准
563	饲料产品 10	GB/T 22919.5—2008	水产配合饲料 第5部分：南美白对虾配合饲料	推荐标准
564	饲料产品 11	GB/T 22919.6—2008	水产配合饲料 第6部分：石斑鱼配合饲料	推荐标准
565	饲料产品 12	GB/T 22919.7—2008	水产配合饲料 第7部分：刺参配合饲料	推荐标准
566	饲料产品 13	GB/T 22544—2008	蛋鸡复合预混合饲料	推荐标准
567	饲料产品 14	GB/T 5916—2008	产蛋后备鸡、产蛋鸡、肉用仔鸡配合饲料	推荐标准
568	饲料产品 15	GB/T 5915—2008	仔猪、生长肥育猪配合饲料	推荐标准
569	饲料产品 16	GB/T 20807—2006	绵羊用精饲料	推荐标准
570	饲料产品 17	GB/T 20804—2006	奶牛复合微量元素维生素预混合饲料	推荐标准
571	饲料产品 18	NY/T 2999—2016	羔羊代乳料	推荐标准
572	饲料产品 19	NY/T 3000—2016	黄颡鱼配合饲料	推荐标准
573	饲料产品 20	NY/T 2693—2015	斑点叉尾鮰配合饲料	推荐标准
574	饲料产品 21	NY/T 2072—2011	乌鳢配合饲料	推荐标准
575	饲料产品 22	SC/T 1004—2010	鳗鲡配合饲料	推荐标准
576	饲料产品 23	NY/T 1820—2009	肉种鸭配合饲料	推荐标准
577	饲料产品 24	SC/T 2029—2008	鲈鱼配合饲料	推荐标准
578	饲料产品 25	NY/T 1344—2007	山羊用精饲料	推荐标准
579	饲料产品 26	SC/T 1072—2006	长吻鮠配合饲料	推荐标准
580	饲料产品 27	SC/T 2037—2006	刺参配合饲料	推荐标准
581	饲料产品 28	SC/T 2053—2006	鲍配合饲料	推荐标准

九、饲料相关标准

(续表)

总序号	标准分类#	标准编号	标准名称	类别
582	饲料产品29	NY/T 1029—2006	仔猪、生长肥育猪维生素预混合饲料	推荐标准
583	饲料产品30	NY/T 1245—2006	奶牛用精饲料	推荐标准
584	饲料产品31	NY/T 903—2004	肉用仔鸡、产蛋鸡浓缩饲料和微量元素预混合饲料	推荐标准
585	饲料产品32	SC/T 1078—2004	中华绒螯蟹配合饲料	推荐标准
586	饲料产品33	SC/T 1077—2004	渔用配合饲料通用技术要求	推荐标准
587	饲料产品34	SC/T 1076—2004	鲫鱼配合饲料	推荐标准
588	饲料产品35	SC/T 1074—2004	团头鲂配合饲料	推荐标准
589	饲料产品36	SC/T 1025—2004	罗非鱼配合饲料	推荐标准
590	饲料产品37	SC/T 2031—2004	大菱鲆配合饲料	推荐标准
591	饲料产品38	SC/T 1066—2003	罗氏沼虾配合饲料	推荐标准
592	饲料产品39	SC/T 1056—2002	蛙类配合饲料	推荐标准
593	饲料产品40	SC/T 2002—2002	对虾配合饲料	推荐标准
594	饲料产品41	SC/T 2006—2001	牙鲆配合饲料	推荐标准
595	饲料产品42	SC/T 2007—2001	真鲷配合饲料	推荐标准
596	饲料产品43	SC/T 1030.7—1999	虹鳟养殖技术规范 配合颗粒饲料	推荐标准
597	饲料产品44	LS/T 3410—1996	生长鸭、产蛋鸭、肉用仔鸭配合饲料	推荐标准
598	饲料产品45	LS/T 3409—1996	奶牛精料补充料	推荐标准
599	饲料产品46	LS/T 3408—1995	肉兔配合饲料	推荐标准
600	饲料产品47	LS/T 3405—1992	肉牛精料补充料	推荐标准
601	饲料产品48	LS/T 3406—1992	肉用仔鹅精料补充料	推荐标准
602	饲料产品49	LS/T 3404—1992	长毛兔配合饲料	推荐标准
603	饲料产品50	LS/T 3403—1992	水貂配合饲料	推荐标准
604	饲料产品51	LS/T 3402—1992	瘦肉型生长肥育猪配合饲料	推荐标准
605	饲料产品52	LS/T 3401—1992	后备母猪、妊娠猪、哺乳母猪、种公猪配合饲料	推荐标准
606	宠物1	GB/T 31216—2014	全价宠物食品 犬粮	推荐标准
607	宠物2	GB/T 31217—2014	全价宠物食品 猫粮	推荐标准
608	宠物3	GB/T 23185—2008	宠物食品 狗咬胶	推荐标准

(续表)

总序号	标准分类#	标准编号	标准名称	类别
609	宠物 4	GB/T 22545—2008	宠物干粮食品辐照杀菌技术规范	推荐标准
610	宠物 5	JB/T 13126—2017	宠物饲料膨化机	推荐标准
611	宠物 6	T/CGAPA 003—2019	宠物营养补充剂标准综合体团体规范	团体标准
612	宠物 7	T/CGAPA 002—2019	宠物配合饲料（全价宠物食品）标准综合体团体规范	团体标准
613	宠物 8	T/CGAPA 001—2019	宠物零食标准综合体团体规范	团体标准
614	宠物 9	T/CAB 2001.4—2017	绿色生物酵素 动物用 第 4 部分：毛皮宠物专用	团体标准
615	无公害绿色 1	NY/T 471—2018	绿色食品 饲料及饲料添加剂使用准则	推荐标准
616	无公害绿色 2	NY 5032—2006	无公害食品 畜禽饲料和饲料添加剂使用准则	强制标准
617	无公害绿色 3	NY 5072—2002	无公害食品 渔用配合饲料安全限量	强制标准
618	进出口 1	SN/T 5145.13—2019	出口食品及饲料中动物源成分快速检测方法 第 13 部分：鸽子成分检测 PCR－试纸条法	推荐标准
619	进出口 2	SN/T 5145.12—2019	出口食品及饲料中动物源成分快速检测方法 第 12 部分：火鸡成分检测 PCR－试纸条法	推荐标准
620	进出口 3	SN/T 5145.11—2019	出口食品及饲料中动物源成分快速检测方法 第 11 部分：鸭成分检测 PCR-试纸条法	推荐标准
621	进出口 4	SN/T 5145.10—2019	出口食品及饲料中动物源成分快速检测方法 第 10 部分：鹅成分检测 PCR-试纸条法	推荐标准
622	进出口 5	SN/T 5145.9—2019	出口食品及饲料中动物源成分快速检测方法 第 9 部分：狐狸成分检测 PCR-试纸条法	推荐标准
623	进出口 6	SN/T 5145.8—2019	出口食品及饲料中动物源成分快速检测方法 第 8 部分：驴成分检测 PCR-试纸条法	推荐标准
624	进出口 7	SN/T 5145.7—2019	出口食品及饲料中动物源成分快速检测方法 第 7 部分：绵羊成分检测 PCR-试纸条法	推荐标准

九、饲料相关标准

(续表)

总序号	标准分类#	标准编号	标准名称	类别
625	进出口 8	SN/T 5145.6—2019	出口食品及饲料中动物源成分快速检测方法 第6部分：牛成分检测 PCR-试纸条法	推荐标准
626	进出口 9	SN/T 5145.5—2019	出口食品及饲料中动物源成分快速检测方法 第5部分：犬成分检测 PCR-试纸条法	推荐标准
627	进出口 10	SN/T 5145.4—2019	出口食品及饲料中动物源成分快速检测方法 第4部分：骆驼成分检测 PCR-试纸条法	推荐标准
628	进出口 11	SN/T 5145.3—2019	出口食品及饲料中动物源成分快速检测方法 第3部分：鹿成分检测 PCR-试纸条法	推荐标准
629	进出口 12	SN/T 5145.2—2019	出口食品及饲料中动物源成分快速检测方法 第2部分：貂成分检测 PCR-试纸条法	推荐标准
630	进出口 13	SN/T 5145.1—2019	出口食品及饲料中动物源成分快速检测方法 第1部分：猫成分检测 PCR-试纸条法	推荐标准
631	进出口 14	SN/T 0800.10—2019	进出口粮食、饲料 大豆粉吸水率检验方法	推荐标准
632	进出口 15	SN/T 5123—2019	进出口饲料组胺测定 比色法和酶联免疫吸附法	推荐标准
633	进出口 16	SN/T 5122—2019	进出口食用动物、饲料喹诺酮类筛选检测 胶体金免疫层析法	推荐标准
634	进出口 17	SN/T 5121—2019	进出口食用动物、饲料中伊维菌素残留测定 液相色谱-质谱/质谱法	推荐标准
635	进出口 18	SN/T 5120—2019	进出口食用动物、饲料中亚硝酸盐测定 比色法和离子色谱法	推荐标准
636	进出口 19	SN/T 5118—2019	进出口食用动物、饲料中三聚氰胺残留测定 液相色谱-质谱/质谱法	推荐标准
637	进出口 20	SN/T 5117—2019	进出口食用动物、饲料 链霉素类（链霉素、二氢链霉素）药物残留测定 液相色谱-质谱/质谱法	推荐标准
638	进出口 21	SN/T 5116—2019	进出口食用动物、饲料孔雀石绿、结晶紫测定 液相色谱-质谱/质谱法	推荐标准

(续表)

总序号	标准分类#	标准编号	标准名称	类别
639	进出口22	SN/T 5115—2019	进出口食用动物、饲料中卡巴氧测定 液相色谱-质谱/质谱法	推荐标准
640	进出口23	SN/T 5114—2019	进出口食用动物、饲料氟苯尼考（氟甲砜霉素）测定 液相色谱-质谱/质谱法	推荐标准
641	进出口24	SN/T 5113—2019	进出口食用动物、饲料中呋喃测定 液相色谱-质谱/质谱法和液相色谱法	推荐标准
642	进出口25	SN/T 5112—2019	进出口食用动物、饲料丙二醇含量测定 气相色谱法和气相色谱-质谱法	推荐标准
643	进出口26	SN/T 5111—2019	进出口食用动物、饲料吡喹酮药物残留测定 液相色谱-质谱/质谱法	推荐标准
644	进出口27	SN/T 1744—2018	出口动物饲料中己烷雌酚、己烯雌酚、双烯雌酚的检测方法	推荐标准
645	进出口28	SN/T 5046—2018	进出口饲料中丁基羟基茴香醚的测定 气相色谱-质谱法	推荐标准
646	进出口29	SN/T 4922—2017	进出口食用动物、饲料中磺胺类药物的测定 放射受体分析法	推荐标准
647	进出口30	SN/T 4921—2017	进出口食用动物、饲料中黄曲霉毒素的测定 液相色谱-质谱/质谱法	推荐标准
648	进出口31	SN/T 4809—2017	进出口食用动物、饲料中甲硝唑和二甲硝咪唑药物的测定 液相色谱-质谱/质谱法	推荐标准
649	进出口32	SN/T 4808—2017	进出口食用动物、饲料中磺胺类药物的测定 酶联免疫吸附法	推荐标准
650	进出口33	SN/T 4807—2017	进出口食用动物、饲料中杆菌肽的检测方法	推荐标准
651	进出口34	SN/T 4781—2017	出口食品和饲料中产志贺毒素大肠埃希氏菌检测方法 实时荧光PCR法	推荐标准
652	进出口35	SN/T 1019—2017	出口宠物食品检验检疫规程 狗咬胶	推荐标准
653	进出口36	SN/T 4743.2—2017	国际马术比赛参赛马进境饲料及铺垫物检验检疫监管规程	推荐标准

九、饲料相关标准

(续表)

总序号	标准分类#	标准编号	标准名称	类别
654	进出口37	SN/T 4605—2016	进口饲料添加剂 L-赖氨酸盐酸盐、DL-蛋氨酸监督检验规程	推荐标准
655	进出口38	SN/T 1204—2016	植物及其加工产品中转基因成分实时荧光 PCR 定性检验方法	推荐标准
656	进出口39	SN/T 0799.1—2016	进出口粮油、饲料检验 第1部分：检验一般规则	推荐标准
657	进出口40	SN/T 0535—2016	进出口饲料中棉酚的测定	推荐标准
658	进出口41	SN/T 0800.1—2016	进出口粮油、饲料检验 抽样和制样方法	推荐标准
659	进出口42	SN/T 0800.7—2016	出口粮食、油料及饲料不完善粒检验方法	推荐标准
660	进出口43	SN/T 0800.4—2015	出口粮食、饲料检验 第4部分：尿素酶活性测定方法	推荐标准
661	进出口44	SN/T 3772—2014	进境宠物食品检验检疫监管规程	推荐标准
662	进出口45	SN/T 4021—2014	出口鱼油和鱼饲料中毒杀芬残留量的检测方法	推荐标准
663	进出口46	SN/T 3490—2013	出口饲料生产、加工、存放企业检验检疫监管规程	推荐标准
664	进出口47	SN/T 3491—2013	进口饲料和饲料添加剂标签查验规程	推荐标准
665	进出口48	SN/T 3136—2012	出口花生、谷类及其制品中黄曲霉毒素、赭曲霉毒素、伏马毒素 B_1、脱氧雪腐镰刀菌烯醇、T-2 毒素、HT-2 毒素的测定	推荐标准
666	进出口49	SN/T 2854.2—2012	出口宠物食品检验检疫监管规程 第2部分：烘干禽肉类	推荐标准
667	进出口50	SN/T 3087—2012	出口饲料生产、加工、存放企业注册登记规程	推荐标准
668	进出口51	SN/T 2854.1—2011	出口宠物食品检验检疫监管规程 第1部分：饼干类	推荐标准
669	进出口52	SN/T 0127—2011	进出口动物源性食品中六六六、滴滴涕和六氯苯残留量的检测方法 气相色谱-质谱法	推荐标准
670	进出口53	SN/T 2429—2010	输日饲草热处理动物检疫操作规程	推荐标准

(续表)

总序号	标准分类#	标准编号	标准名称	类别
671	进出口54	SN/T 2746—2010	进出境饲料添加剂检验检疫监管规程	推荐标准
672	进出口55	SN/T 2743—2010	进境动物源性饲料检验检疫监管规程	推荐标准
673	进出口56	SN/T 0512—2010	进出口动物源性饲料检验规程	推荐标准
674	进出口57	SN/T 0476—2010	进出口卤虫卵检验方法	推荐标准
675	进出口58	SN/T 2115—2008	进出口食品和饲料中总氮及粗蛋白的检测方法 杜马斯燃烧法	推荐标准
676	进出口59	SN/T 1572—2005	进出口粮谷、饲料中伏马毒素检验方法 液相色谱法	推荐标准
677	进出口60	SN/T 1592—2005	输韩饲草福尔马林熏蒸处理操作规程	推荐标准
678	进出口61	SN/T 1119—2002	进口动物源性饲料中牛羊源性成分检测方法 PCR方法	推荐标准
679	进出口62	SN/T 1116—2002	进出口饲料中克伦特罗、沙丁胺醇残留量的检验方法 液相色谱法	推荐标准
680	进出口63	SN/T 0800.20—2002	进出境饲料检疫规程	推荐标准
681	进出口64	SN/T 0848—2000	进出口骨肉粉中磷的测定方法	推荐标准
682	进出口65	SN/T 0861—2000	进出口鱼粉中乙氧三甲喹啉测定方法	推荐标准
683	进出口66	SN/T 0800.18—1999	进出口粮食、饲料杂质检验方法	推荐标准
684	进出口67	SN/T 0800.17—1999	进出口粮食、饲料类型纯度及互混检验方法	推荐标准
685	进出口68	SN/T 0800.14—1999	进出口粮食、饲料发芽势、发芽率检验方法	推荐标准
686	进出口69	SN/T 0800.11—1999	进出口粮食、饲料含盐量检验方法	推荐标准
687	进出口70	SN/T 0800.10—1999	进出口粮食、饲料吸水率检验方法	推荐标准
688	进出口71	SN/T 0800.8—1999	进出口粮食、饲料粗纤维含量检验方法	推荐标准
689	进出口72	SN/T 0800.3—1999	进出口粮食饲料 粗蛋白质检验方法	推荐标准

九、饲料相关标准

(续表)

总序号	标准分类#	标准编号	标准名称	类别
690	进出口 73	SN/T 0800.2—1999	进出口粮食饲料 粗脂肪检验方法	推荐标准
691	进出口 74	SN/T 0798—1999	进出口粮油、饲料检验 检验名词术语	推荐标准
692	实验动物 1	GB/T 34240—2017	实验动物 饲料生产	推荐标准
693	实验动物 2	GB 14924.3—2010	实验动物 配合饲料营养成分	强制标准
694	实验动物 3	GB/T 14924.10—2008	实验动物 配合饲料 氨基酸的测定	推荐标准
695	实验动物 4	GB/T 14924.1—2001	实验动物 配合饲料通用质量标准	推荐标准
696	实验动物 5	GB/T 14924.2—2001	实验动物 配合饲料卫生标准	推荐标准
697	实验动物 6	GB/T 14924.9—2001	实验动物 配合饲料 常规营养成分的测定	推荐标准
698	实验动物 7	GB/T 14924.11—2001	实验动物 配合饲料 维生素的测定	推荐标准
699	实验动物 8	GB/T 14924.12—2001	实验动物 配合饲料 矿物质和微量元素的测定	推荐标准
700	饲料机械 1	JB/T 13452—2018	饲料加工成套设备电气安装通用技术规范	推荐标准
701	饲料机械 2	JB/T 13453—2018	饲料加工成套设备现场安装通用技术规范	推荐标准
702	饲料机械 3	GB/T 32665—2016	饲料粉碎机耗电量指标及试验方法	推荐标准
703	饲料机械 4	GB/T 32536—2016	饲料混合机 试验方法	推荐标准
704	饲料机械 5	JB/T 11936—2014	添加剂预混合饲料成套设备技术规范	推荐标准
705	饲料机械 6	GB/T 30468—2013	青饲料牧草烘干机组	推荐标准
706	饲料机械 7	GB/T 26968—2011	饲料机械 产品型号编制方法	推荐标准
707	饲料机械 8	SN/T 26551—2011	畜牧机械 粗饲料切碎机	推荐标准
708	饲料机械 9	GB/T 26552—2011	畜牧机械 粗饲料压块机	推荐标准
709	饲料机械 10	GB/T 25699—2010	带式横流颗粒饲料干燥机	推荐标准
710	饲料机械 11	GB/T 10394.4—2009	饲料收获机 第4部分：安全和作业性能要求	推荐标准
711	饲料机械 12	GB/T 24445—2009	单螺杆饲料原料膨化机	推荐标准
712	饲料机械 13	GB/T 6971—2007	饲料粉碎机 试验方法	推荐标准

(续表)

总序号	标准分类#	标准编号	标准名称	类别
713	饲料机械 14	GB 10395.7—2006	农林拖拉机和机械 安全技术要求 第 7 部分：联合收割机、饲料和棉花收获机	强制标准
714	饲料机械 15	GB/T 8095—2005	收获机械 饲料收获机 相关尺寸	推荐标准
715	饲料机械 16	GB/T 10394.3—2002	饲料收获机 第 3 部分：试验方法	推荐标准
716	饲料机械 17	GB/T 10394.2—2002	饲料收获机 第 2 部分：技术特征和性能	推荐标准
717	饲料机械 18	JB/T 13614—2018	饲料机械 永磁筒式磁选机	推荐标准
718	饲料机械 19	JB/T 13451—2018	饲料机械 关风器	推荐标准
719	饲料机械 20	JB/T 13455—2018	饲料膨化机 试验方法	推荐标准
720	饲料机械 21	JB/T 9822.1—2018	锤片式饲料粉碎机 第 1 部分：技术条件	推荐标准
721	饲料机械 22	JB/T 13135—2017	饲料清理筛 试验方法	推荐标准
722	饲料机械 23	JB/T 13134—2017	饲料机械 圆锥粉料清理筛	推荐标准
723	饲料机械 24	JB/T 13133—2017	饲料机械 圆筒清理筛	推荐标准
724	饲料机械 25	JB/T 13132—2017	饲料机械 包装通用技术条件	推荐标准
725	饲料机械 26	JB/T 13131—2017	饲料分级筛 试验方法	推荐标准
726	饲料机械 27	JB/T 12784—2016	饲料输送机械 闸门	推荐标准
727	饲料机械 28	JB/T 12783—2016	饲料输送机械 旋转式分配器	推荐标准
728	饲料机械 29	JB/T 12782—2016	饲料输送机械 换向阀	推荐标准
729	饲料机械 30	JB/T 11933—2014	饲料机械 螺旋喂料器	推荐标准
730	饲料机械 31	JB/T 11932—2014	饲料机械 螺旋输送机	推荐标准
731	饲料机械 32	JB/T 11935—2014	饲料机械 叶轮喂料器	推荐标准
732	饲料机械 33	JB/T 11934—2014	饲料机械 埋刮板输送机	推荐标准
733	饲料机械 34	JB/T 11931—2014	饲料机械 斗式提升机	推荐标准
734	饲料机械 35	JB/T 11692—2013	桨叶式饲料调质器 试验方法	推荐标准
735	饲料机械 36	JB/T 5155—2013	饲草粉碎机 技术条件	推荐标准
736	饲料机械 37	JB/T 11301—2012	饲料机械 产品使用说明书	推荐标准
737	饲料机械 38	JB/T 11300—2012	饲料机械 振动分级筛	推荐标准
738	饲料机械 39	JB/T 11299—2012	饲料机械 产品涂装通用技术条件	推荐标准

(续表)

总序号	标准分类#	标准编号	标准名称	类别
739	饲料机械40	JB/T 11255—2011	饲料机械 平面回转分级筛	推荐标准
740	饲料机械41	JB/T 9868.3—2010	散装饲料运输车 第3部分：试验方法	推荐标准
741	饲料机械42	JB/T 9868.2—2010	散装饲料运输车 第2部分：技术条件	推荐标准
742	饲料机械43	JB/T 7141—2007	颗粒饲料分级筛 试验方法	推荐标准
743	饲料机械44	NY/T 1554—2007	饲料粉碎机质量评价技术规范	推荐标准
744	饲料机械45	NY/T 1023—2006	饲料加工成套设备 质量评价技术规范	推荐标准
745	饲料机械46	NY/T 1024—2006	饲料混合机质量评价技术规范	推荐标准
746	饲料机械47	SC/T 6012—2002	平模颗粒饲料压制机 试验方法	推荐标准
747	饲料机械48	NY 644—2002	饲料粉碎机安全技术要求	推荐标准
748	饲料机械49	SC/T 6019—2001	颗粒饲料压制机 试验方法	推荐标准
749	饲料机械50	SC/T 6011—2001	平模颗粒饲料压制机 技术条件	推荐标准
750	饲料机械51	LS/T 3502—1995	粮油饲料机械产品型号编制方法	推荐标准
751	饲料机械52	LS/T 3608—1992	饲料半自动机械定量打包机	推荐标准
752	饲料机械53	JB/T 5685—1991	膨化颗粒饲料机 试验方法	推荐标准
753	饲料机械54	JB 5155—1991	饲草粉碎机技术条件	强制标准
754	饲料机械55	JB 5161—1991	颗粒饲料压制机技术条件	强制标准
755	化学试剂1	GB/T 601—2016	化学试剂 标准滴定溶液的制备	推荐标准
756	化学试剂2	GB/T 602—2002	化学试剂 杂质测定用标准溶液的制备	推荐标准
757	化学试剂3	GB/T 603—2002	化学试剂 试验方法中所用制剂及制品的制备	推荐标准
758	化学试剂4	GB/T 606—2003	化学试剂 水分测定通用方法 卡尔·费休法	推荐标准
759	化学试剂5	GB/T 6003.1—2012	试验筛 技术要求和检验 第1部分：金属丝编织网试验筛	推荐标准
760	化学试剂6	GB/T 6005—2008	试验筛 金属丝编织网、穿孔板和电成型薄板 筛孔的基本尺寸	推荐标准

(续表)

总序号	标准分类#	标准编号	标准名称	类别
761	化学试剂7	GB/T 9728—2007	化学试剂　硫酸盐测定通用方法	推荐标准
762	化学试剂8	GB/T 9729—2007	化学试剂　氯化物测定通用方法	推荐标准

中华人民共和国国家标准

饲料 采样

GB/T 14699—2005/ISO 6497:2002
代替 GB 10648—1999

2005-03-23 发布　　　　2005-06-01 实施

中华人民共和国国家质量监督检验检疫总局
中国国家标准化管理委员会　发布

前 言

本标准等同采用国际标准 ISO 6497：2002《动物饲料——采样》（英文版）。
本标准做了下列编辑性修改：
——标准名称"动物饲料——采样"改为"饲料 采样"；
——删除国际标准的"前言"和"引言"；
——"本国际标准"一词改为"本标准"；
——国际标准中的小数点","改为"."。
本标准代替 GB/T 14699.1—1993《饲料采样方法》。
本标准的附录 A 是资料性附录。
本标准由国家质量监督检验检疫总局和中华人民共和国农业部共同提出。
本标准由全国饲料工业标准化技术委员会归口。
本标准起草单位：国家饲料质检中心（北京）、农业部饲料质检中心（沈阳、济南）。
本标准主要起草人：苏晓鸥、陈新、冯忠华、杨曙明、李祥明、邵传明。

饲料 采样

1 范围

本标准提供了为了满足商业、技术和法律目的的质量控制中对动物饲料包括渔用饲料的采样方法。

本标准不适用于宠物食品,也不适用于以微生物检验为目的的采样。在某些条件下测定饲料物理特性时,应选择特殊的采样方法。

某些饲料的采样已有相应的国际标准,这些产品的种类见参考文献。为检测某些分布不均匀的成分的采样见附录A。

2 术语和定义

下列术语和定义适用于本标准。

2.1 交付物 consignment

一次给予、发送或收到的某个特定量的饲料的总称。

注:它可能由一批或多批饲料组成(见2.2)。

2.2 批(批次) lot

假定特性一致的某个确定量的交付物的总称。

2.3 份样 increment

一次从一批产品的一个点所取的样品。

2.4 总份样 bulk sample

通过合并和混合来自同一批次产品的所有份样得到的样品。

注:打算分别调查的、明显和可辨认的份样集合可表示为"总样品"。

2.5 缩分样 reduced sample

总份样通过连续分样和缩减过程得到的数量或体积近似于试样的样品,具有代表总份样的特征。

2.6 实验室样品 laboratory sample

由缩分样分取的部分样品,用于分析和其他检测用,并且能够代表该批产品的质量和状况。

注:所取每种样品,一般分3份或4份实验室样品,一份提交检验,至少一份保存用于复核,如果要求超过4份实验室样品,需要增加缩分样,以满足最小实验室样品量的要求。

3 通则

3.1 代表性采样

代表性采样的目的是从一批产品中获得小部分样品,而测定这小部分样品的任何特性均可代表该批产品的平均值。

3.2 选择性采样

如果被采样的一批(批次)样品的某部分在质量上明显不同于其他部分,则这部分产品应区别对待,单独作为一批产品进行采样,并在采样报告中加以说明。

3.3 统计学考虑

认同采样是动物饲料采样的常用方法。对采样属性而言，存在着根据二项式分布进行的理论采样方法，但在实际工作中，这个方法应简化为批量大小和份样数量之间的平方根关系。

注1：对于散装产品，如果批量在2.5t以下，至少取7个份样；如果批量在2.5t与80t之间，所取份样数至少等于$\sqrt{20m}$，m是批量的质量，以t计，样品变异应该是均匀的；如果批量超过80t，平方根关系仍然适用，但以此为依据做出错误决定的风险也会增加，可由各方协商确定。

注2：平方根关系的应用对袋装饲料、液体饲料和半液体饲料、舔块以及粗饲料来说有点不同，因为样品的大小变化很大。

4 采样人员

采样应该由受过适当培训并有饲料采样经验的人员执行，而且采样人员应意识到采样过程可能涉及的危害和危险。

5 采样前对产品的确认和全面检查

采样前应确认有疑问的货物，为此应适当比较货物的数量、重量或货物的体积及容器上的标记和标签，以及有关资料。

采样报告记录包括相关代表性样品的采样和涉及货物及其周围条件的所有特征。

如果货物出现损坏，要除去损坏的部分，将特性相似的货物划分在一起，并把每一部分作为独立的产品处理。

6 采样设备

6.1 一般要求

选择适合产品颗粒大小、采样量、容器大小和产品物理状态等特征的采样设备。

6.2 从固体产品采样的装置

6.2.1 手工从固体产品采样的工具举例

6.2.1.1 散装饲料采样

普通铲子、手柄勺、柱状取样器（如取样钎、管状取样器、套筒取样器）和圆锥取样器。取样钎可有一个或更多的分隔室。

流速比较慢的流动产品的采样可以手工完成。

6.2.1.2 袋装或其他包装饲料的采样

手柄勺、麻袋取样钎或取样器、管状取样器、圆锥取样器和分割式取样器。

6.2.2 机械采样装置举例

从流动的产品中周期采样可以使用认可的设备（如气力装置）。速度较高的流动产品的采样可以通过手工控制机器来完成。

6.3 从液体或半液体产品手工或机械方法采样的设备

适当大小的搅拌器、取样瓶、取样管、带状取样器和长柄勺。

6.4 清洁

采样、缩样、存贮和处理样品时，应特别小心，确保样品和被取样货物的特性不受影响。采样设备清洁、干燥、不受外界气味的影响。用于制造采样设备的材料不影响样品的质量。在不同样品间，采设备应完全清扫干净，当被取样的货物含油高时尤其重要。取样人员应带一次性的手套，不同样品间应更换手套，防止污染随后的样品。

7 装样品容器

7.1 一般要求

装样品的容器应确保样品特性不变直至检测完成。样品容器的大小以样品完全充满容器为宜。容器应当始终封口，只有检测时才能打开。

7.2 清洁

样品容器应清洁、干燥、不受外界气味的影响。制造样品容器的材料应不影响样品的品质。

7.3 固体产品的样品容器

固体产品的样品容器及盖子应是防水和防脂材料制成的（例如，玻璃、不锈钢、锡或合适的塑料等），应是广口的，最好是圆柱形的，并与所装样品多少相配套。合适的塑料袋也可以。容器应是牢固和防水的。如果样品用来测定像维生素 A、维生素 D_3、维生素 B_2 和维生素 C、叶酸等对光敏感的物质和像维生素 K_3、维生素 B_2 和维生素 B_{12} 等对光轻微敏感的物质，容器应是不透明的。

7.4 液体和半液体产品的样品容器

容器应由合适材料制成（最好是玻璃或塑料），并要求容量合适、密闭、深色。注意 7.3 中对光敏感物质测定的样品要求。

8 采样步骤

8.1 采样位置

在条件许可的情况下，采样应在不受诸如潮湿空气、灰尘或煤烟等外来污染危害影响的地方进行。条件许可时，采样应在装货或卸货中进行。如果流动中的饲料不能进行采样，被采样的饲料应安排在能使每一部分都容易接触到，以便取到有代表性的实验室样品。

8.2 产品分类

按采样目的，饲料可分为以下几类：

a）固体饲料——谷物、种子、豆类和颗粒饲料；
b）固体饲料——粉状饲料；
c）粗饲料；
d）舔块；
e）液体和半液体饲料。

8.3 样品量

要得到能代表整个批次产品的样品，就必须设置足够的份样数量。根据批次产品数量和实际采样的特点制定采样计划，在计划中确定需采的份样数量和重量。对于特别的批次产品的确定取决于 2.2 规定的因素。

8.4 谷物、种子、豆类和颗粒产品的采样

8.4.1 该类产品的举例

谷物：玉米、小麦、大麦、燕麦、水稻、高粱等；

油料籽实：向日葵籽实、花生、油菜籽、大豆、棉籽、亚麻籽等；片状物：豆类等；

颗粒产品：颗粒形态的饲料。

8.4.2 批次产品量

对于袋装的产品批次量是由包装袋的数量决定和包装袋的容量确定。对于散装的产品，批次量是由盛该散样的容器数量决定的，或由满装该产品的容器的最少数量。如果一个容器内装的产品量已超过一个批次产品的最大量时，该容器内产品即为一个批次。如果一批次散装产品形态上出现明显的分级，则需要分成不同的批次。

8.4.3 份样数量

对于贮存于罐或类似容器的产品，随机选择份样的最小数量见表1。

表1

批次的重量 m（t）	份样的最小数量
≤2.5	7
>2.5	$\sqrt{20m}$，不超过100

如果产品包装于袋中，随即选择份样的最小数量如下表：

a) 如果总量小于1kg，见表2。

表2

批次的包装袋数 n	份样的最小数量
1~6	每袋取样
7~24	6
>24	$\sqrt{20n}$，不超过100

b) 如果总量大于1kg，见表3。

表3

批次的包装袋数 n	份样的最小数量
1~4	每袋取样
5~16	4
>16	$\sqrt{20n}$，不超过100

8.4.4 样品量

见表4。

表4

批次产品总量（t）	最小的总份样量（kg）	最小的缩分样量ᵃ（kg）	最小的实验室样品量（kg）
1	4	2	0.5
>1≤5	8	2	0.5
>5≤50	16	2	0.5
>50≤100	32	2	0.5
>100≤500	64	2	0.5

ᵃ 最小量应可供取4个实验室样品。

8.4.5 采样程序

8.4.5.1 总则

采样应遵照8.1中的规定执行。对于散装产品，尽可能地在装或卸时采样。同理，如果产品是重装到料仓或仓库中，则尽可能地在装入时取样。

8.4.5.2 从散装产品中采样

如果是从堆状等散装产品中取样，根据8.4.3的最少份样数，决定本次取样的份样数。然后，随机选取每个份样的位置，这些位置既覆盖产品的表面，又包括产品的内部，使该批次产品的每个部分都被覆盖。

在产品流水线上取样时，根据流动的速度，在一定的时间间隔内，人工或机械地在流水线的某一截面取样。根据流速和本批次产品的量，计算产品通过采样点的时间，该时间除以所需采样的份样数，得到采样的时间间隔。

8.4.5.3 从袋装产品中采样

随机选择需采样的包装袋，采样的包装袋总数量根据8.4.3的最小份样数来决定。打开包装袋，用6.2.1.2描述的器具采取每个份样。

如果是在密闭的包装袋中采样，则需要取样器。采样时，不管是水平还是垂直，都必须经过包装物的对角线。份样可以是包装物的整个深度，或是表面、中间、底部这三个水平。在采样完成后，将包装袋上的采样孔封闭。

如果上述的方法不适合，则将包装物打开倒在干净、干燥的地方，混合后铲其一部分为份样。

8.4.6 实验室样品的制备

在采样完成后应尽快处理，以避免样品质量发生变化或被污染，将所得到的每个份样进行充分混合后得到总样，其重量不应小于2kg。

充分将缩分样混合后分成3个或4个实验室样品放入适当的容器中，供实验室分析用，每个实验室样品重量最好相近，但不能小于0.5kg。

8.5 粉状产品的采样

8.5.1 产品的举例

这些产品是对下列物料进行加工（如粉碎、碾磨或干燥）获得的，其粒度远小于未加工处理的单种物料或混合物。

a) 植物源性的粉状物：
1) 整粒或部分谷物；
2) 未加工、加工或浸提的油料籽实；
3) 未加工、加工或浸提的豆科籽实；
4) 干苜蓿或干草；
5) 植物蛋白浓缩物；
6) 淀粉；
7) 酵母。

b) 动物源性的粉状物：
1) 鱼粉；
2) 血粉、肉粉、肉骨粉、骨粉；
3) 奶粉、乳清粉。

c) 预混合饲料。
d) 矿物质添加剂。
e) 配合饲料。
f) 饲料添加剂：
1) 有机物：维生素和维生素制剂，药物和药物制剂，抗氧化剂，氨基酸和香味剂等；
2) 无机化合物。

8.5.2 批次产品量的大小

不论交付量有多大，一个批次内产品的量不宜超过100t。

8.5.3 最小的份样数量

见8.4.3。

8.5.4 样品量

见8.4.4。

8.5.5 在采样时的注意事项

由于干的粉状饲料中粉尘的一致性高，采样时应防止其爆炸。由于产品是经加工处理的，因此受微生物侵害腐败的可能性增加。在预先检查整个批次产品时，应特别注意有无异常。如有异常，应将这部分与其他部分分开。

粉状物易于结块，有时需要添加抗结块剂。当发生结块时，应进行额外的处理或分开采样。如果产品产生较严重的分级，则应分步采样。散装或袋装中采粉样的步骤参照8.4.5。

8.5.6 实验室样品的制备

见8.4.6。

8.6 粗饲料的采样

8.6.1 举例

——鲜青绿饲料（苜蓿、牧草、玉米等）；

——青贮青绿饲料（苜蓿、牧草、玉米等）；
——干草（苜蓿、牧草等）；
——秸秆；
——饲用甜菜；
——干糖蜜；
——块根、块茎（马铃薯等）。

8.6.2 批次产品量

由于产品遗传因素变化大，加上贮存方式的不同，粗饲料产品的特性变化很大，量大时更是如此。在量大的一批次粗饲料产品间，要求其均匀性是非常困难的。

8.6.3 采样时份样数的确定

通常粗饲料在贮存和搬运时为散装的，采样时的最小份样数规定见表5。

表5

批次的重量 m（t）	份样的最小数量
≤5	10
>5	$\sqrt{40m}$，不超过50

8.6.4 样品的重量

见表6。

表6

产品种类	最小的总份样量（kg）	最小的缩分样量[a]（kg）	最小的实验室样品量（kg）
青绿饲料、甜菜、块根、块茎、青贮粗饲料	16	4	1
干燥的粗饲料、块根、块茎	8	4	1
[a] 最小量应可供取4个实验室样品量。			

8.6.5 采样程序

8.6.5.1 总则

粗饲料采样时，通常是靠手工获得每一个份样。

8.6.5.2 田间采样

对于田间生长的产品或收获后仍放置于田间的产品，其采样程序根据土质不同参见ISO10381-6。

8.6.5.3 堆积产品、青贮窖、青贮堆内产品的采样

进行堆积产品、青贮窖、青贮堆内产品的采样时，按计算需采样的份样数，随机布置点，但应保证产品的各层均被覆盖。青贮塔内产品的采样应注意安全，最好在搬运过程中采样。

8.6.5.4 捆状产品采样

进行捆状产品采样时，按8.4.3计算需采样的份样数，随机布置各份样点，每一捆取一个份样，应采集一个完整的截面。

8.6.5.5 流动中的产品采样

对于流动中的产品采样，参照8.4.5.2。

8.6.5.6 实验室样品的制备

在采样完成后应尽快处理，以避免样品质量发生变化或被污染。在混合总份样时应注重其可操作性，通常应将样品切成小块。总份样经过逐步分取获得重量不小于4kg缩分样。对于大块块状产品，将总份样的块数减半，随机选择其中的块构建成缩分样。除非必须，不要在缩阶段将总份样切短。

充分将缩分样混合后分成3个或4个实验室样品放入适当的容器中，供实验室分析用。每个实验室样品重量最好相近，但不能小于0.5kg。置每个实验室样品于合适容器中，见2.6。

8.7 块状、砖状产品的采样

8.7.1 举例

例如矿物质的舔砖、舔块等。

8.7.2 批次产品量

该类产品一个批次量不应超过10t。

8.7.3 采样时份样数的确定

采样时以该类产品的单位数计算最小份样数，规定见表7。

表7

批次内含的产品单位数 n	最小的份样数（产品单位数）
≤25	4
26~100	7
>100	$\sqrt{n}$，不超过40

8.7.4 样品的重量

见表8。

表8

最小的总份样量（kg）	最小的缩分样量[a]（kg）	最小的实验室样品量（kg）
4	2	0.5

[a] 最小量应可供取4个实验室样品。

8.7.5 采样程序

按8.7.3计算所需的最少采样的份样数。如果舔砖、舔块较小，则整个舔砖或舔块作为一个份样。

8.7.6 实验室样品的制备

如果用整个或大部分舔砖（块）作为份样，则需打碎。

将所得到的每个份样进行充分混合后得到总份样，将总份样重复缩分获得适当的缩分样，其重量不应小于2kg

充分将缩分样混合后分成3个或4个实验室样品放入适当的容器中。每个实验室样品重量最好相近，不能小于0.5kg。

8.8 液体产品的采样

8.8.1 产品举例

——低黏度产品：该类产品易于搅拌混合。

——高黏度产品：该类产品不易搅拌混合。

8.8.2 批次产品量

该类产品一批次通常在60t或60 000L以内。如果一个容器含量超过10t或10 000L时，这一容器内产品即为一个批次。

8.8.3 采样时份样数的确定

随机选择份样时，最小份样的数量规定如下：

a）散装产品：见表9。

表 9

批次产品量		最小份样数
重量（t）	体积（L）	
≤2.5	2 500	4
>2.5	2 500	7

如果不能保证产品的均匀性，则应该增加份样数以保证实验室样品的代表性。

h）对干贮存容器体积不超过200L的产品，采样时抽取容器的数量计算如下：

　　1）如果容器体积不超过1L（含1L），参见表10。

表 10

批次内含的容器数行	最小的抽取容器数
≤16	4
>16	$\sqrt{n}$，不超过50

　　2）如果容器体积超过1L，参见表11。

表 11

批次内含的容器数 n	最小的抽取容器数
1~4	逐个
5~16	4
>16	$\sqrt{n}$，不超过 50

8.8.4 样品的重量

见表 12。

表 12

最小的总份样量		最小的缩分样量[a]		最小的实验室样品量	
kg	L	kg	L	kg	L
8	8	2	2	0.5	0.5

[a] 最小量应可供取 4 个实验室样品。

8.8.5 采样程序

8.8.5.1 如果产品贮存于罐中，则可能不均匀。采样前需要搅动混合，用适当的器具从表面至内部采样。如果采样前不可能搅动，则在产品装罐或卸罐过程中采样。如果在产品流动过程中不能采样，则整个批次产品都取份样，以保证获得有代表性的实验室样品。

在产品特性不变的前提下，有时加热会提高样品的一致性。

8.8.5.2 桶装产品的采样

采样前需对随机选取产品进行振动、搅动等，使其混合，混合后再采样。如果采样前不能进行混合，则每个桶至少在不同的方向、两个层面取 2 个份样。

8.8.5.3 小容器装产品的采样

随机选择容器，混合后进行采样；如果容器很小，则每一个容器内的产品可作为一个份样。

8.8.6 实验室样品的制备

将所有份样放入适当的容器内即获得总份样，充分混合后取其中部分形成缩分样，每个缩分样不应小于 2kg 或 2L。

对于不容易混合的产品，使用下列的缩分样程序：

——将总份样分成 2 部分，分别为 A 和 B；
——再将 A 分成 2 部分，分别为 C 和 D；
——对 B 重复上述过程，形成 E 和 F；
——随机选择 C 和 D，E 和 F 中的之一；
——将两者放在一起，充分混合；
——重复该过程，直至获得 2~4kg（L）的缩分样；

——尽可能充分地混合缩分样，将其分成 3~4 个部分（即为实验室样品），每个实验室样品不应少于 0.5kg 或 0.5L。

——置每份实验室样品于适当容器内。

如果需制备的实验室样品超过 4 份，则缩分样的数量做适当的增加。

8.9 半液体（半固体）产品的采样

8.9.1 产品举例

例如脂肪、脂类产品、加氢油脂、皂脚等。

8.9.2 批次产品量

见 8.8.2。

8.9.3 采样时份样数的确定

见 8.8.3。

8.9.4 样品的重量

见 8.8.4。

8.9.5 采样

8.9.5.1 总则

如有可能，产品应在液态下进行采样。

8.9.5.2 液态产品的采样

见 8.8.5。

8.9.5.3 半液体（半固体）产品的采样

在产品装入或搬运过程中，使用可对角线插入罐底部的适当设备，至少在 3 个深度取样，有可能的情况下，取整个截面。采样后，将采样孔填补好。

如果不可能混合，也不可能在产品的流动中采样，则根据容器对角线的长度，每隔 30cm 采样作为一个份样。

8.9.6 实验室样品的制备

将获得的总份样充分混合。将总份样放入可加热的容器中，采用加热或其他方法使其融化。如果加热对样品有不良影响，则使用其他方法。

缩分样和实验室样品的制备见 8.8.6。

9 样品和样品容器的包装、封口和标识

9.1 样品容器的装满和封口

每个装实验室样品的容器应当由取样人员封口和盖章，不破坏封口，容器就不能打开。容器也可装入结实的信封或亚麻布、棉或塑料袋中，并进一步封口和盖章，不破坏封口，内容物就不能取出。

标签应附在内含实验室样品的容器上并封口，不破坏封口标签就不能去掉。标签应有 9.2 中所要求的标识项目，封口未打开前，标识项目应是可见的。

9.2 实验室样品的标识

标签应标识以下项目：

a) 采样人和采样单位名称；

b) 采样人和采样单位的身份标志；

c) 采样的地点、日期和时间；

d) 样品材料的标示（名称、等级、规格）；

e) 样品材料的明示成分；

f) 样品材料的商品代码、批号、追踪代码或被抽检样品交付物的确认。

9.3 实验室样品的发送

每批货物，至少有一个实验室样品，与测定所需信息一起被尽快地送至认可的分析实验室，应在适当冷藏或冷冻条件下发送随时间而变化的样品。

9.4 实验室样品的贮藏

实验室样品的贮藏应防止样品成分发生变化。没有呈交实验室的实验室样品的可贮藏公认的一段时间，一般为6个月。

10 采样报告

采样后，应由采样人尽快完成报告。在报告后，应尽量附上随包装或容器的标签的复印件或交付物单子的复印件。

采样报告至少应包含以下信息：

a) 实验室样品标签所要求的信息（见9.2）；

b) 被采样人的姓名和地址；

c) 制造商、进口商、分装商和（或）销售商的名称；

d) 货物的多少（重量和体积）。

可能的情况下，还应包括以下内容：

1) 采样目的；

2) 交付给认可实验室分析的实验室样品数量；

3) 采样过程中可能出现的任何偏差的详情；

4) 其他的相关事宜。

附录 A
（资料性附录）
含有霉菌毒素、蓖麻油和毒种子等非均匀分布的有毒有害物质的饲料的采样

A.1 总份样量

A.1.1 总则

当需要分析非均匀分布的有毒有害物质时，应从一批次产品中抽取不同的总份样，并由此获得不同的实验室样品。每一批次产品应抽取最小总份样见 A.1.2 和 A.1.3。

A.1.2 对于袋装或其他容器装的产品见表 A.1。

表 A.1

批次产品内袋（容器）的数量	最小总份样份数
1~16	1
17~200	2
201~800	3
>800	4

A.1.3 对于散装产品见表 A.2。

表 A.2

批次产品重量 m（t）	最小总份样份数
<1	1
1~10	2
10~40	3
>40	4

A.2 应取的份样量

A.2.1 份样的设置见本标准的第 8 章，用该数除以 A.1.1 中规定的总份样数。

A.2.2 按 A.1.1 中规定的总份样数，将批次内产品分成若干等份。

A.2.3 从 A.2.2 划分的某份产品中，按 A.2.1 规定的份样数随即取样。

A.2.4 将每份内的份样样品混在一起形成总份样。注意不要将不同份内的份样混在一起。按本标准的第 8 章规定制备实验室样品。

参考文献

[1] ISO 542：1990，Oilseeds—Sampling.

[2] ISO 707:1997, Milk and milk products—Guidance on sampling.

[3] ISO 3951:1989, Sampling procedures and charts for inspection by variables for percent nonconforming.

[4] ISO 5500:1986, Oilseeds residues—Sampling.

[5] ISO 5555:2001, Animal and vegetable fats and oils—Sampling.

[6] ISO 6644:2002, Flowing cereals and milled cereal products-Automatic sampling by mechanical means.

[7] ISO 7002:1986, Agricultural food products-Layout for standard method of sampling.

[8] ISO 10381-6:1993, Soil quality—Sampling—Part 6: Guidance on the collection, handling and storage of soil for the assessment of aerobic microbial processes in the laboratory.

[9] ISO 13690:1999, Cereals, pulses and milled products—Sampling of static batches.

中华人民共和国国家标准

饲 料 标 签

GB/T 10648—2013
代替 GB 10648—1999

2013-10 发布

2014-07-01 实施

中华人民共和国国家质量监督检验检疫总局
中国国家标准化管理委员会 发布

前 言

本标准的全部技术内容为强制性。

本标准按照 GB/T 1.1—2009 给出的规则起草。

本标准代替 GB 10648—1999《饲料标签》。

本标准与 GB 10648—1999《饲料标签》相比，主要技术内容差异如下：

——修订完善了标准的适用范围（见第 1 章）。

——增加了饲料、饲料原料、饲料添加剂等术语的定义（见 3.2-3.15）；修改了药物饲料添加剂的定义（见 3.18）；删除了"保质期"的术语和定义，用"净含量"代替"净重"（见 3.17），并规定了净含量的标示要求（见 5.7）。

——增加了标签中不得标示具有预防或者治疗动物疾病作用的内容的规定（见 4.4）；

——增加了产品名称应采用通用名称的要求，并规定了各类饲料的通用名称的表述方式和标示要求（见 5.2）。

——规定了产品成分分析保证值应符合产品所执行的标准的要求（见 5.3.1）。

——将饲料产品成分分析保证值项目分为"饲料和饲料原料产品成分分析保证值项目"和"饲料添加剂产品成分分析保证值项目"两部分；将饲料添加剂产品分为"矿物质微量元素饲料添加剂、酶制剂饲料添加剂、微生物饲料添加剂、混合型饲料添加剂、其他饲料添加剂"；对饲料和饲料原料产品成分分析保证值项目、饲料添加剂产品成分分析保证值项目进行了修订、补充和完善；增加了饲料原料产品成分分析保证值项目为《饲料原料目录》中强制性标识项目的规定；增加了液态饲料添加剂、液态添加剂预混合饲料不需标示水分的规定；增加了执行企业标准的饲料添加剂和进口饲料添加剂应标明卫生指标的规定（表 1、表 2）；

——修订、补充和完善了原料组成应标明的内容（见 5.4）。

——增加了饲料添加剂、微量元素预混合饲料和维生素预混合饲料应标明推荐用量及注意事项的规定（见 5.6）。

——规定了进口产品的中文标签标明的生产日期应与原产地标签上标明的生产日期一致（见 5.8.2）。

——保质期增加了一种表示方法，并要求进口产品的中文标签标明的保质期应与原产地标签上标明的保质期一致（见 5.9）。

——将贮存条件及方法单独作为一条列出（见 5.10）。

——用"许可证明文件编号"代替"生产许可证和产品批准文号"（见 5.11）。

——增加了动物源性饲料（见 5.13.1）、委托加工产品（见 5.13.3）、定制产品（见 5.13.4）、进口产品（见 5.13.5）和转基因产品（见 5.13.6）的特殊标示规定。

——补充规定了标签不得被遮掩，应在不打开包装的情况下，能看到完整的标签内容（见 6.2）。

——附录 A 增加了酶制剂饲料添加剂和微生物饲料添加剂产品成分分析保证值的

计量单位。

本标准由全国饲料工业标准化技术委员会（SAC/T 76）归口。

本标准主要起草单位：中国饲料工业协会、全国饲料工业标准化技术委员会秘书处。

本标准主要起草人：王黎文、沙玉圣、粟胜兰、武玉波、杨清峰、李祥明、严建刚。

本标准所代替标准的历次版本发布情况为：

——GB 10648—1988、GB 10648—1993、GB 10648—1999。

饲 料 标 签

1 范围

本标准规定了饲料、饲料添加剂和饲料原料标签标示的基本原则、基本内容和基本要求。

本标准适用于商品饲料、饲料添加剂和饲料原料（包括进口产品），不包括可饲用原粮、药物饲料添加剂和养殖者自行配制使用的饲料。

2 规范性引用文件

下列文件对于本文件的应用是必不可少的。凡是注日期的引用文件，仅所注日期的版本适用于本文件。凡是不注日期的引用文件，其最新版本（包括所有的修改单）适用于本文件。

GB/T 10647　饲料工业术语

GB 13078　饲料卫生标准

3 术语和定义

GB/T 10647 中界定的以及下列术语和定义适用于本文件。

3.1　饲料标签 feed label

以文字、符号、数字、图形说明饲料、饲料添加剂和饲料原料内容的一切附签或其他说明物。

3.2　饲料原料 feed material

来源于动物、植物、微生物或者矿物质，用于加工制作饲料但不属于饲料添加剂的饲用物质。

3.3　饲料 feed

经工业化加工、制作的供动物食用的产品，包括单一饲料、添加剂预混合饲料、浓缩饲料、配合饲料和精料补充料。

3.4　单一饲料 single feed

来源于一种动物、植物、微生物或者矿物质，用于饲料产品生产的饲料。

3.5　添加剂预混合饲料 feed additive premix

由两种（类）或者两种（类）以上营养性饲料添加剂为主，与载体或者稀释剂按照一定比例配制的饲料，包括复合预混合饲料、微量元素预混合饲料、维生素预混合饲料。

3.6　复合预混合饲料 premix

以矿物质微量元素、维生素、氨基酸中任何两类或两类以上的营养性饲料添加剂为主，与其他饲料添加剂、载体和（或）稀释剂按一定比例配制的均匀混合物，其中营养性饲料添加剂的含量能够满足其适用动物特定生理阶段的基本营养需求，在配合饲料、精料补充料或动物饮用水中的添加量不低于 0.1% 且不高于 10%。

3.7　维生素预混合饲料 vitamin premix

两种或两种以上维生素与载体和（或）稀释剂按一定比例配制的均匀混合物，其中维生素含量应满足其适用动物特定生理阶段的维生素需求，在配合饲料、精料补充料或动物饮用水中的添加量不低于0.01%且不高于10%。

3.8 微量元素预混合饲料 trace mineral premix

两种或两种以上矿物质微量元素与载体和（或）稀释剂按一定比例配制的均匀混合物，其中矿物质微量元素含量能够满足其适用动物特定生理阶段的微量元素需求，在配合饲料、精料补充料或动物饮用水中的添加量不低于0.1%且不高于10%。

3.9 浓缩饲料 concentrate feed

主要由蛋白质、矿物质和饲料添加剂按照一定比例配制的饲料。

3.10 配合饲料 formula feed；complete feed

根据养殖动物营养需要，将多种饲料原料和饲料添加剂按照一定比例配制的饲料。

3.11 精料补充料 supplementary concentrate

为补充草食动物的营养，将多种饲料原料和饲料添加剂按照一定比例配制的饲料。

3.12 饲料添加剂 feed additive

在饲料加工、制作、使用过程中添加的少量或者微量物质，包括营养性饲料添加剂和一般饲料添加剂。

3.13 混合型饲料添加剂 feed additive blender

由一种或一种以上饲料添加剂与载体或稀释剂按一定比例混合，但不属于添加剂预混合饲料的饲料添加剂产品。

3.14 许可证明文件 official approval document

新饲料、新饲料添加剂证书，饲料、饲料添加剂进口登记证，饲料、饲料添加剂生产许可证以及饲料添加剂、添加剂预混合饲料产品批准文号的统称。

3.15 通用名称 common name

能反映饲料、饲料添加剂和饲料原料的真实属性并符合相关法律法规和标准规定的产品名称。

3.16 产品成分分析保证值 guaranteed analysis of product

在产品保质期内采用规定的分析方法能得到的、符合标准要求的产品成分值。

3.17 净含量 net content

去除包装容器和其他所有包装材料后内装物的量。

3.18 药物饲料添加剂 medical feed additive

为预防、治疗动物疾病而掺入载体或者稀释剂的兽药的预混合物质。

4 基本原则

4.1 标示的内容应符合国家相关法律法规和标准的规定。

4.2 标示的内容应真实、科学、准确。

4.3 标示内容的表述应通俗易懂。不得使用虚假、夸大或容易引起误解的表述，不得以欺骗性表述误导消费者。

4.4 不得标示具有预防或者治疗动物疾病作用的内容。但饲料中添加药物饲料添加剂的，可以对所添加的药物饲料添加剂的作用加以说明。

5 应标示的基本内容

5.1 卫生要求

饲料、饲料添加剂和饲料原料应符合相应卫生要求。饲料和饲料原料应标有"本产品符合饲料卫生标准"字样,以明示产品符合 GB 13078 的规定。

5.2 产品名称

5.2.1 产品名称应采用通用名称

5.2.2 饲料添加剂应标注"饲料添加剂"字样,其通用名称应与《饲料添加剂品种目录》中的通用名称一致。饲料原料应标注"饲料原料"字样,其通用名称应与《饲料原料目录》中的原料名称一致。新饲料、新饲料添加剂和进口饲料、进口饲料添加剂的通用名称应与农业部相关公告的名称一致。

5.2.3 混合型饲料添加剂的通用名称表述为"混合型饲料添加剂+《饲料添加剂品种目录》中规定的产品名称或类别",如"混合型饲料添加剂 乙氧基喹啉""混合型饲料添加剂 抗氧化剂"。如果产品涉及多个类别,应逐一标明;如果产品类别为"其他",应直接标明产品的通用名称。

5.2.4 饲料(单一饲料除外)的通用名称应以配合饲料、浓缩饲料、精料补充料、复合预混合饲料、微量元素预混合饲料或维生素预混合饲料中的一种表示,并标明饲喂对象。可在通用名称前(或后)标示膨化、颗粒、粉状、块状、液体、浮性等物理状态或加工方法。

5.2.5 在标明通用名称的同时,可标明商品名称,但应放在通用名称之后,字号不得大于通用名称。

5.3 产品成分分析保证值

5.3.1 产品成分分析保证值应符合产品所执行的标准的要求。

5.3.2 饲料和饲料原料产品成分分析保证值项目的标示要求,见表1。

表 1 饲料和饲料原料产品成分分析保证值项目的标示要求

序号	产品类别	产品成分分析保证值项目	备注
1	配合饲料	粗蛋白质、粗纤维、粗灰分、钙、总磷、氯化钠、水分、氨基酸	水产配合饲料还应标明粗脂肪,可以不标明氯化钠和钙
2	浓缩饲料	粗蛋白质、粗纤维、粗灰分、钙、总磷、氯化钠、水分、氨基酸	
3	精料补充料	粗蛋白质、粗纤维、粗灰分、钙、总磷、氯化钠、水分、氨基酸	
4	复合预混合饲料	微量元素、维生素和(或)氨基酸及其他有效成分、水分	
5	微量元素预混合饲料	微量元素、水分	
6	维生素预混合饲料	维生素、水分	
7	饲料原料	《饲料原料目录》规定的强制性标识项目	

(续表)

序号	产品类别	产品成分分析保证值项目	备注
序号1、2、3、4、5、6产品成分分析保证值项目中氨基酸、维生素及微量元素的具体种类应与产品所执行的质量标准一致。 液态添加剂预混合饲料不需标示水分。			

5.3.3 饲料添加剂产品成分分析保证值项目的标示要求，见表2。

表2 饲料添加剂产品成分分析保证值项目的标示要求

序号	产品类别	产品成分分析保证值项目	备注
1	矿物质微量元素饲料添加剂	有效成分、水分、粒（细）度	若无粒（细）度要求时，可以不标
2	酶制剂饲料添加剂	有效成分、水分	
3	微生物饲料添加剂	有效成分、水分	
4	混合型饲料添加剂	有效成分、水分	
5	其他饲料添加剂	有效成分、水分	
执行企业标准的饲料添加剂产品和进口饲料添加剂产品，其产品成分分析保证值项目还应标示卫生指标。 液态饲料添加剂不需标示水分。			

5.4 原料组成

5.4.1 配合饲料、浓缩饲料、精料补充料应标明主要饲料原料名称和（或）类别、饲料添加剂名称和（或）类别；添加剂预混合饲料、混合型饲料添加剂应标明饲料添加剂名称、载体和（或）稀释剂名称；饲料添加剂若使用了载体和（或）稀释剂的，应标明载体和（或）稀释剂的名称。

5.4.2 饲料原料名称和类别应与《饲料原料目录》一致；饲料添加剂名称和类别应与《饲料添加剂品种目录》一致。

5.4.3 动物源性蛋白质饲料、植物性油脂、动物性油脂若添加了抗氧化剂，还应标明抗氧化剂的名称。

5.5 产品标准编号

5.5.1 饲料和饲料添加剂产品应标明产品所执行的产品标准编号。

5.5.2 实行进口登记管理的产品，应标明进口产品复核检验报告的编号；不实行进口登记管理的产品可不标示此项。

5.6 使用说明

配合饲料、精料补充料应标明饲喂阶段。浓缩饲料、复合预混合饲料应标明添加比例或推荐配方及注意事项。饲料添加剂、微量元素预混合饲料和维生素预混合饲料应标明推荐用量及注意事项。

5.7 净含量

5.7.1 包装类产品应标明产品包装单位的净含量；罐装车运输的产品应标明运输单位的净含量。

5.7.2 固态产品应使用质量标示；液态产品、半固态或黏性产品可用体积或质量标示。

5.7.3 以质量标示时，净含量不足1kg的，以克（g）作为计量单位；净含量超过1kg（含1kg）的，以千克（kg）作为计量单位。以体积标示时，净含量不足1L的，以毫升（mL或ml）作为计量单位；净含量超过1L（含1L）的，以升（L或l）作为计量单位。

5.8 生产日期

5.8.1 应标明完整的年、月、日。

5.8.2 进口产品中文标签标明的生产日期应与原产地标签上标明的生产日期一致。

5.9 保质期

5.9.1 用"保质期为_____天（日）或_____月或_____年"或"保质期至：_____年_____月_____日"表示。

5.9.2 进口产品中文标签标明的保质期应与原产地标签上标明的保质期一致。

5.10 贮存条件及方法

应标明贮存条件及贮存方法。

5.11 行政许可证明文件编号

实行行政许可管理的饲料和饲料添加剂产品应标明行政许可证明文件编号。

5.12 生产者、经营者的名称和地址

5.12.1 实行行政许可管理的饲料和饲料添加剂产品，应标明与行政许可证明文件一致的生产者名称、注册地址、生产地址及其邮政编码、联系方式；不实行行政许可管理的，应标明与营业执照一致的生产者名称、注册地址、生产地址及其邮政编码、联系方式。

5.12.2 集团公司的分公司或生产基地，除标明上述相关信息外，还应标明集团公司的名称、地址和联系方式。

5.12.3 进口产品应标明与进口产品登记证一致的生产厂家名称，以及与营业执照一致的在中国境内依法登记注册的销售机构或代理机构名称、地址、邮政编码和联系方式等。

5.13 其他

5.13.1 动物源性饲料

5.13.1.1 动物源性饲料应标明源动物名称。

5.13.1.2 乳和乳制品之外的动物源性饲料应标明"本产品不得饲喂反刍动物"字样。

5.13.2 加入药物饲料添加剂的饲料产品

5.13.2.1 应在产品名称下方以醒目字体标明"本产品加入药物饲料添加剂"字样。

5.13.2.2 应标明所添加药物饲料添加剂的通用名称。

5.13.2.3 应标明本产品中药物饲料添加剂的有效成分含量、休药期及注意事项。

5.13.3 委托加工产品

除标明本章规定的基本内容外，还应标明委托企业的名称、注册地址和生产许可证编号。

5.13.4 定制产品

5.13.4.1 应标明"定制产品"字样。

5.13.4.2 除标明本章规定的基本内容外，还应标明定制企业的名称、地址和生产许可证编号。

5.13.4.3 定制产品可不标示产品批准文号。

5.13.5 进口产品

进口产品应用中文标明原产国名或地区名。

5.13.6 转基因产品

转基因产品的标示应符合相关法律法规的要求。

5.13.7 其他内容

可以标明必要的其他内容，如：产品批号、有效期内的质量认证标志等。

6 基本要求

6.1 印制材料应结实耐用；文字、符号、数字、图形清晰醒目，易于辨认。

6.2 不得与包装物分离或被遮掩；应在不打开包装的情况下，能看到完整的标签内容。

6.3 罐装车运输产品的标签随发货单一起传送。

6.4 应使用规范的汉字，可以同时使用有对应关系的汉语拼音及其他文字。

6.5 应采用国家法定计量单位。产品成分分析保证值常用计量单位参见附录 A。

6.6 一个标签只能标示一个产品。

附录 A
（资料性附录）
产品成分分析保证值常用计量单位

A.1 饲料产品成分分析保证值计量单位

A.1.1 粗蛋白质、粗纤维、粗脂肪、粗灰分、总磷、钙、氯化钠、水分、氨基酸的含量，以百分含量（%）表示。

A.1.2 微量元素的含量，以每千克（升）饲料中含有某元素的质量表示。如：g/kg、mg/kg、μg/kg，或 g/L、mg/L、μg/L。

A.1.3 药物饲料添加剂和维生素含量，以每千克（升）饲料中含药物或维生素的质量，或以表示生物效价的国际单位（IU）表示。如：g/kg、mg/kg、μg/kg、IU/kg，或 g/L、mg/L、μg/L、IU/L。

A.2 饲料添加剂产品成分分析保证值计量单位

A.2.1 酶制剂饲料添加剂的含量，以每千克（升）产品中含酶活性单位表示，或以每克（毫升）产品中含酶活性单位表示。如：U/kg、U/L，或 U/g、U/ml。

A.2.2 微生物饲料添加剂的含量，以每千克（升）产品中含微生物的菌落数或个数表示，或以每克（毫升）产品中含微生物的菌落数或个数表示。如：CFU/kg、个/kg、CFU/L、个/L，或 CFU/g、个/g、CFU/mL、个/mL。

饲料标签《第 1 号修改单》

（国家标准公告 2020 年第 31 号）

标准详情	
标准编号	GB 10648—2013
中文名称	饲料标签《第 1 号修改单》
发布日期	2020-12-24　　实施日期　　2021-01-01
主管部门	农业农村部（326）
归口单位	全国饲料工业标准化技术委员会（TC76）
公告号	中华人民共和国国家标准公告 2020 年第 31 号

针对标准文本中涉及"药物饲料添加剂"的相关内容进行修改。

1. 删除前言中"修改了药物饲料添加剂的定义（见 3.18）"、第 1 章范围中"、药物饲料添加剂"字样及 3.18。

2. 将 5.13.2.1 修改为"加入允许添加的抗球虫药物的，应在产品名称下方以醒目字体标明'本产品含有允许添加的抗球虫类药物'字样；加入允许添加的中药类药物的，应在产品名称下方以醒目字体标明'本产品含有允许添加的中药类药物'字样；同时加入允许添加的抗球虫和中药类药物的，应在产品名称下方以醒目字体标明'本产品含有允许添加的抗球虫和中药类药物'字样"。

3. 将 4.4、5.13.2、5.13.2.2、5.13.2.3 及附录 A 的 A.1.3 中"药物饲料添加剂"修改为"抗球虫/或中药类药物"。

中华人民共和国国家标准

饲料卫生标准

GB 13078—2017
代替 GB 13078—2001，GB 13078.1—2006，
GB 13078.2—2006，GB 13078.3—2007，GB 21693—2008

2017-10-14 发布

2018-05-01 实施

中华人民共和国国家质量监督检验检疫总局
中国国家标准化管理委员会 发布

九、饲料相关标准

前 言

本标准的全部技术内容为强制性。

本标准按照 GB/T 1.1—2009 给出的规则起草。

本标准代替 GB 13078—2001《饲料卫生标准》及其第 1 号修改单、GB 13078.1—2006《饲料卫生标准 饲料中亚硝酸盐允许量》、GB 13078.2—2006《饲料卫生标准 饲料中赭曲霉毒素 A 和玉米赤霉烯酮的允许量》、GB 13078.3—2007《配合饲料中脱氧雪腐镰刀菌烯醇的允许量》、GB 21693—2008《配合饲料中 T-2 毒素的允许量》。与原标准相比，除编辑性修改外，主要技术内容差异如下：

——调整了标准的适用范围，修改"本标准适用于表 1 中所列的饲料原料和饲料产品，不适用于宠物饲料产品和饲料添加剂产品"，删除了有关饲料添加剂产品的内容。

——增加了伏马毒素、多氯联苯、六氯苯 3 个项目的限量规定。

——规范了限量值的有效数字。

——扩大了各项目限量值的覆盖面并统一按饲料原料、添加剂预混合饲料、浓缩饲料、精料补充料、配合饲料的顺序列示，进一步细化了各项目在不同饲料原料和饲料产品（不同年龄和动物类别）中的限量水平，其中：

总砷：修改了总砷的限量，删除了原标准对有机砷制剂的例外性规定；增加了在"干草及其加工产品""棕榈仁饼（柏）""藻类及其加工产品""甲壳类动物及其副产品（虾油除外）、鱼虾粉、水生软体动物及其副产品（油脂除外）""其他水生动物源性饲料原料（不含水生动物油脂）"中的限量，并将"鱼粉"并入"其他水生动物源性饲料原料（不含水生动物油脂）"；增加了在"其他矿物质饲料原料""油脂"和"其他饲料原料"中的限量，并将"沸石粉、膨润土、麦饭石"并入"其他矿物质饲料原料"；将"猪、家禽添加剂预混合饲料"扩展为"添加剂预混合饲料"；将"猪、家禽浓缩饲料"和"牛、羊精料补充料"分别扩展为"浓缩饲料"和"精料补充料"，删除原标准有关按比例折算的说明；增加了在"水产配合饲料"和"狐狸、貉、貂配合饲料"中的限量，并将"猪、家禽配合饲料"扩展为"其他配合饲料"。

铅：在饲料原料中的限量分别按"单细胞蛋白饲料原料""矿物质饲料原料""饲草、粗饲料及其加工产品""其他饲料原料"列示，不再单独列示"骨粉、肉骨粉、鱼粉、石粉"；将"产蛋鸡、肉用仔鸡复合预混合饲料、仔猪、生长肥育猪复合预混合饲料"扩展为"添加剂预混合饲料"；将"产蛋鸡、肉用仔鸡浓缩饲料""仔猪、生长肥育猪浓缩饲料"扩展为"浓缩饲料"，将"奶牛、肉牛精料补充料"扩展为"精料补充料"；将"生长鸭、产蛋鸭、肉鸭配合饲料、鸡配合饲料、猪配合饲料"扩展为"配合饲料"。

汞：将"鱼粉"扩展为"鱼、其他水生生物及其副产品类饲料原料"，增加了在

"其他饲料原料"中的限量,在"石粉"中的限量不再单独列示;增加了在"水产配合饲料"中的限量;将"鸡配合饲料、猪配合饲料"扩展为"其他配合饲料"。

镉:将"米糠"扩展为"植物性饲料原料",增加了在"藻类及其加工产品"和"水生软体动物及其副产品"中的限量,并将"鱼粉"扩展为"其他动物源性饲料原料",增加了在"其他矿物质饲料原料"中的限量;增加了在"添加剂预混合饲料""浓缩饲料""犊牛、羔羊精料补充料""其他精料补充料"中的限量,增加了在"虾、蟹、海参、贝类配合饲料""水产配合饲料(虾、蟹、海参、贝类配合饲料除外)"中的限量,将"鸡配合饲料、猪配合饲料"扩展为"其他配合饲料"。

铬:删除了在"皮革蛋白粉"中的限量;增加了在"饲料原料""猪用添加剂预混合饲料"和"其他添加剂预混合饲料""猪用浓缩饲料""其他浓缩饲料"中的限量;将"猪、鸡配合饲料"扩展为"配合饲料",限量值降至5mg/kg。

氟:在饲料原料中的限量分别按"甲壳类动物及其副产品""其他动物源性饲料原料""蛭石""其他矿物质饲料原料"和"其他饲料原料"列示,不再单独列示"鱼粉""石粉""骨粉""肉骨粉";将"猪、禽添加剂预混合饲料"扩展为"添加剂预混合饲料",限量值降至800mg/kg;将"猪、禽浓缩饲料"扩展为"浓缩饲料",限量值统一规定为500mg/kg,删除原标准有关按比例折算的说明;将"牛(奶牛、肉牛)精料补充料"扩展为"牛、羊精料补充料";将"肉用仔鸡、生长鸡配合饲料"表述为"肉用仔鸡、育雏鸡、育成鸡配合饲料",限量不变;将"生长鸭、肉鸭配合饲料"和"产蛋鸭配合饲料"合并为"鸭配合饲料",限量值统一为200mg/kg;增加了在"水产配合饲料"和"其他配合饲料"中的限量。

亚硝酸盐:增加了在"火腿肠粉等肉制品生产过程中获得的前食品和副产品""其他饲料原料"中的限量,将"玉米""饼粕类、麦麸、次粉、米糠""草粉"和"肉粉、肉骨粉"并入"其他饲料原料",限量值统一规定为15mg/kg;将"鸡、鸭、猪浓缩饲料""牛(奶牛、肉牛)精料补充料"和"鸭配合饲料"分别扩展为"浓缩饲料""精料补充料"和"配合饲料"。

黄曲霉毒素 B_1:在饲料原料中的限量分别按照"玉米加工产品、花生饼(粕)""植物油脂(玉米油、花生油除外)""玉米油、花生油"和"其他植物性饲料原料"列示,将"玉米""棉籽饼(粕)、菜籽饼(粕)""豆粕"并入"其他植物性饲料原料";规定了在"仔猪、雏禽浓缩饲料""肉用仔鸭后期、生长鸭、产蛋鸭浓缩饲料"和"其他浓缩饲料"中的限量;增加了在"犊牛、羔羊精料补充料""泌乳期精料补充料"和"其他精料补充料"中的限量;规定了在"仔猪、雏禽配合饲料""肉用仔鸭后期、生长鸭、产蛋鸭配合饲料"中的限量,增加了在"其他配合饲料"的限量。

赭曲霉毒素 A:将"玉米"扩展为"谷物及其加工产品"。

玉米赤霉烯酮:增加了在"玉米及其加工产品(玉米皮、喷浆玉米皮、玉米浆干粉除外)""玉米皮、喷浆玉米皮、玉米浆干粉、玉米酒糟类产品"和"其他植物性饲料原料"中的限量;增加了在"犊牛、羔羊、泌乳期精料补充料"中的限量;将原标准"配合饲料"分别按照"仔猪配合饲料""青年母猪配合饲料""其他猪配合饲料"和"其他配合饲料"列示。

脱氧雪腐镰刀菌烯醇：增加了在"植物性饲料原料""犊牛、羔羊、泌乳期精料补充料"和"其他精料补充料"中的限量；将"家禽配合饲料"并入"其他配合饲料"。

T-2毒素：增加了在"植物性饲料原料"中的限量；将"猪配合饲料"和"禽配合饲料"表述为"猪、禽配合饲料"，限量值降至0.5mg/kg。

氰化物：增加了在"亚麻籽【胡麻籽】"和"其他饲料原料"中的限量；将"胡麻饼、粕"改为"亚麻籽【胡麻籽】饼、亚麻籽【胡麻籽】粕"；将"木薯干"扩展为"木薯及其加工产品"；将"雏鸡配合饲料"单独列示并将限量值降至10mg/kg。将"鸡配合饲料、猪配合饲料"扩展为"其他配合饲料"。

游离棉酚：分别规定了在"棉籽油""棉籽""脱酚棉籽蛋白、发酵棉籽蛋白""其他棉籽加工产品"和"其他饲料原料"中的限量，不再单独规定在"棉籽饼、粕"中的限量；增加了在"犊牛精料补充料""其他牛精料补充料"和"羔羊精料补充料""其他羊精料补充料"的限量；将"生长肥育猪配合饲料"扩展为"猪（仔猪除外）、兔配合饲料"，将"肉用仔鸡、生长鸡配合饲料"扩展为"家禽（产蛋禽除外）配合饲料"；将"产蛋鸡配合饲料"和"仔猪配合饲料"并入"其他畜禽配合饲料"；增加了在"植食性、杂食性水产动物配合饲料"和"其他水产配合饲料"中的限量。

异硫氰酸酯：将"菜籽饼、粕"扩展为"菜籽及其加工产品"，增加了在"其他饲料原料"中的限量；增加了在"犊牛、羔羊精料补充料"和"其他牛、羊精料补充料"中的限量，将"鸡配合饲料、生长育肥猪配合饲料"扩展为"猪（仔猪除外）、家禽配合饲料"，增加了在"水产配合饲料"和"其他配合饲料"中的限量。

噁唑烷硫酮：增加了在"菜籽及其加工产品"中的限量，将"产蛋鸡配合饲料"扩展为"产蛋禽配合饲料"，将"肉用仔鸡、生长鸡配合饲料"扩展为"其他家禽配合饲料"，增加了在"水产配合饲料"中的限量。

六六六（HCH）：明确了限量值以α-HCH、β-HCH、γ-HCH之和计，将"米糠、小麦粉、大豆饼粕、鱼粉"扩展为"谷物及其加工产品（油脂除外）、油料籽实及其加工产（油脂除外）、鱼粉"，增加了在"油脂"中的限量，将原标准中"肉用仔鸡、生长鸡配合饲料、产蛋鸡配合饲料"和"生长肥育猪配合饲料"并入"添加剂预混合饲料、浓缩饲料、精料补充料、配合饲料"，限量值降至0.2mg/kg。

滴滴涕（DDT）：明确了限量值以p,p´-DDE、υ,p´-DDT、p,p´-DDD、p,p´-DDT之和计，将"米糠、小麦麸、大豆饼粕、鱼粉"扩展为"谷物及其加工产品（油脂除外）、油料籽实及其加工产品（油脂除外）、鱼粉"；增加了在"油脂"中的限量，将原标准中"鸡配合饲料、猪配合饲料"并入"添加剂预混合饲料、浓缩饲料、精料补充料、配合饲料"，限量值降至0.05mg/kg。

霉菌总数：将"玉米""小麦麸、米糠"扩展为"谷物及其加工产品"；将"豆饼（粕）、棉籽饼（粕）、菜籽饼（粕）"扩展为"饼粕类饲料原料（发酵产品除外）"，限量值降至$4×10^3$CFU/g；增加了在"乳制品及其加工副产品"中的限量；将在"鱼粉"中的限量值降至$1×10^4$CFU/g；增加了在"其他动物源性饲料原料"中的限量并将"肉骨粉"并入其中；删除了原标准中在配合饲料、浓缩饲料及精料补充料的限量。

细菌总数：将"鱼粉"扩展为"动物源性饲料原料"。

沙门氏菌：将"饲料"扩展为"饲料原料和饲料产品"。

——增加和修改了部分项目的试验方法：油脂中六六六、滴滴涕的试验方法采用 GB/T 5009.19，六氯苯的试验方法采用 SN/T 0127，多氯联苯的试验方法采用 GB 5009.190，伏马毒素的试验方法采用 NY/T 1970；黄曲霉毒素 B_1 的试验方法改为 NY/T 2071，脱氧雪腐镰刀菌烯醇的试验方法改为 GB/T 30956，赭曲霉毒素 A 的试验方法改为 GB/T 30957，玉米赤霉烯酮和 T-2 毒素的试验方法改为 NY/T 2071。

本标准由全国饲料工业标准化技术委员会（SAC/TC 76）提出并归口。

本标准主要起草单位：中国饲料工业协会、全国饲料工业标准化技术委员会秘书处、国家饲料质量监督检验中心（武汉）、中国农业科学院北京畜牧兽医研究所、中国农业大学、国家粮食局科学研究院、江苏省微生物研究所、全国饲料工业标准化技术委员会水产饲料分技术委员会秘书处。

本标准主要起草人：沙玉圣、王黎文、武玉波、杨林、佟建明、张丽英、李爱科、宓晓黎、粟胜兰、于福清、王荃、黄智成、黄婷、董晓芳、张艳。

本标准所代替标准的历次版本发布情况为：
——GB 13078—1991、GB 13078—2001；
——GB 13078.1—2006；
——GB 13078.2—2006；
——GB 13078.3—2007；
——GB 21693—2008。

饲料卫生标准 GB 13078—2017

1 范围

本标准规定了饲料原料和饲料产品中的有毒有害物质及微生物的限量及试验方法。

本标准适用于表 1 中所列的饲料原料和饲料产品。

本标准不适用于宠物饲料产品和饲料添加剂产品。

2 规范性引用文件

下列文件对于本文件的应用是必不可少的。凡是注日期的引用文件，仅注日期的版本适用于本文件。凡是不注日期的引用文件，其最新版本（包括所有的修改单）适用于本文件。

GB/T 5009.19　食品中有机氯农药多组分残留量的测定

GB 5009.190　食品安全国家标准　食品中指示性多氯联苯含量的测定

GB/T 13079　饲料中总砷的测定

GB/T 13080　饲料中铅的测定　原子吸收光谱法

GB/T 13081　饲料中汞的测定

GB/T 13082　饲料中镉的测定方法

GB/T 13083　饲料中氟的测定　离子选择性电极法

GB/T 13084　饲料中氰化物的测定

GB/T 13085　饲料中亚硝酸盐的测定　比色法

GB/T 13086　饲料中游离棉酚的测定方法

GB/T 13087　饲料中异硫氰酸酯的测定方法

GB/T 13088—2006　饲料中铬的测定

GB/T 13089　饲料中噁唑烷硫酮的测定方法

GB/T 13090　饲料中六六六、滴滴涕的测定

GB/T 13091　饲料中沙门氏菌的检测方法

GB/T 13092　饲料中霉菌总数的测定

GB/T 13093　饲料中细菌总数的测定

GB/T 30956　饲料中脱氧雪腐镰刀菌烯醇的测定　免疫亲和柱净化——高效液相色谱法

GB/T 30957　饲料中赭曲霉毒素 A 的测定　免疫亲和柱净化——高效液相色谱法

NY/T 1970　饲料中伏马毒素的测定

NY/T 2071　饲料中黄曲霉毒素、玉米赤霉烯酮和 T-2 毒素的测定　液相色谱-串联质谱法

SN/T 0127　进出口动物源性食品中六六六、滴滴涕和六氯苯残留量的检测方法　气相色谱-质谱法

3 要求

饲料卫生指标及试验方法见表 1。

表1 饲料卫生指标及试验方法

序号	项目	产品名称		限量	试验方法	备注
无机污染物						
1	总砷 （mg/kg）	饲料原料	干草及其加工产品	≤4	GB/T 13079	
			棕榈仁饼（粕）	≤4		
			藻类及其加工产品	≤40		
			甲壳类动物及其副产品（虾油除外）、鱼虾粉、水生软体动物及其副产品（油脂除外）	≤15		
			其他水生动物源性饲料原料（不含水生动物油脂）	≤10		
			肉粉、肉骨粉	≤10		
			石粉	≤2		
			其他矿物质饲料原料	≤10		
		饲料产品	油脂	≤7		
			其他饲料原料	≤2		
			添加剂预混合饲料	≤10		
			浓缩饲料	≤4		
			精料补充料	≤4		
			水产配合饲料	≤10		
			狐狸、貉、貂配合饲料	≤10		
			其他配合饲料	≤2		
2	铅 （mg/kg）	饲料原料	单细胞蛋白饲料原料	≤5	GB/T 13080	
			矿物质饲料原料	≤15		
			饲草、粗饲料及其加工产品	≤30		
			其他饲料原料	≤10		
		饲料产品	添加剂预混合饲料	≤40		
			浓缩饲料	≤10		
			精料补充料	≤8		
			配合饲料	≤5		
3	汞 （mg/kg）	饲料原料	鱼、其他水生生物及其副产品饲料原料	≤0.5	GB/T 13081	
			其他饲料原料	≤0.1		
		饲料产品	水产配合饲料	≤0.5		
			其他配合饲料	≤0.1		

(续表)

序号	项目	产品名称		限量	试验方法	备注
4	镉 (mg/kg)	饲料原料	藻类及其加工产品	≤2	GB/T 13082	
			植物性饲料原料	≤1		
			水生软体动物及其副产品	≤75		
			其他动物源性饲料原料	≤2		
			石粉	≤0.75		
			其他矿物质饲料原料	≤2		
		饲料产品	添加剂预混合饲料	≤5		
			浓缩饲料	≤1.25		
			犊牛、羔羊精料补充料	≤0.5		
			其他精料补充料	≤1		
			虾、蟹、海参、贝类配合饲料	≤2		
			水产配合饲料（虾、蟹、海参、贝类配合饲料除外）	≤1		
			其他配合饲料	≤0.5		
5	铬 (mg/kg)	饲料原料		≤5	GB/T 13088—2006（原子吸收光谱法）	
		饲料产品	猪用添加剂预混合饲料	≤20		
			其他添加剂预混合饲料	≤5		
			猪用浓缩饲料	≤6		
			其他浓缩饲料	≤5		
			配合饲料	≤5		
6	氟 (mg/kg)	饲料原料	甲壳类动物及其副产品	≤3 000	GB/T 13083	
			其他动物及其副产品	≤500		
			蛭石	≤3 000		
			其他矿物质饲料原料	≤400		
			其他饲料原料	≤150		
		饲料产品	添加剂预混合饲料	≤800		
			浓缩饲料	≤500		
			牛、羊精料补充料	≤50		
			猪配合饲料	≤100		
			肉用仔鸡、育雏鸡、育成鸡配合饲料	≤250		
			产蛋鸡配合饲料	≤350		
			鸭配合饲料	≤200		
			水产配合饲料	≤350		
			其他配合饲料	≤150		

（续表）

序号	项目	产品名称		限量	试验方法	备注
7	亚硝酸盐（以 $NaNO_2$ 计）（mg/kg）	饲料原料	火腿肠粉等肉制品生产过程中获得的前食品和副产品	≤80	GB/T 13085	
			其他饲料原料	≤15		
		饲料产品	浓缩饲料	≤20		
			精料补充料	≤20		
			配合饲料	≤15		
真菌毒素						
8	黄曲霉毒素 B_1（μg/kg）	饲料原料	玉米加工产品、花生饼（粕）	≤50	NY/T 2071	
			植物油脂（玉米油、花生油除外）	≤10		
			玉米油、花生油	≤20		
			其他植物性饲料原料	≤30		
		饲料产品	仔猪、雏禽浓缩饲料	≤10		
			肉用仔鸡后期、生长鸭、产蛋鸭浓缩饲料	≤15		
			其他浓缩饲料	≤20		
			犊牛、羔羊精料补充料	≤20		
			泌乳期精料补充料	≤10		
			其他精料补充料	≤30		
			仔猪、雏禽配合饲料	≤10		
			肉用仔鸭后期、生长鸭、产蛋鸭配合饲料	≤15		
			其他配合饲料	≤20		
9	赭曲霉毒素A（μg/kg）	饲料原料	谷物及其加工产品	≤100	GB/T 30957	
		饲料产品	配合饲料	≤100		
10	玉米赤霉烯酮（mg/kg）	饲料原料	玉米及其加工产品（玉米皮、喷浆玉米皮、玉米浆干粉除外）	≤0.5	NY/T 2071	
			玉米皮、喷浆玉米皮、玉米浆干粉、玉米酒糟类产品	≤1.5		
			其他植物性饲料原料	≤1		
		饲料产品	犊牛、羔羊、泌乳期精料补充料	≤0.5		
			仔猪配合饲料	≤0.15		
			青年母猪配合饲料	≤0.1		
			其他猪配合饲料	≤0.25		
			其他配合饲料	≤0.5		

(续表)

序号	项目	产品名称		限量	试验方法	备注
11	脱氧雪腐镰刀菌烯醇（呕吐毒素）（mg/kg）	饲料原料	植物性饲料原料	≤5	GB/T 30956	
		饲料产品	犊牛、羔羊、泌乳期精料补充料	≤1		
			其他精料补充料	≤3		
			猪配合饲料	≤1		
			其他配合饲料	≤3		
12	T-2 毒素（mg/kg）	植物性饲料原料		≤0.5	NY/T 2071	
		猪、禽配合饲料		≤0.5		
13	伏马毒素（B_1+B_2）（mg/kg）	饲料原料	玉米及其加工产品、玉米酒糟类产品、玉米青贮饲料和玉米秸秆	≤60	NY/T 1970	
		饲料产品	犊牛、羔羊精料补充料	≤20		
			马、兔精料补充料	≤5		
			其他反刍动物精料补充料	≤50		
			猪浓缩饲料	≤5		
			家禽浓缩饲料	≤20		
			猪、兔、马配合饲料	≤5		
			家禽配合饲料	≤20		
			鱼配合饲料	≤10		
天然植物毒素						
14	氰化物（以 HCN 计）（mg/kg）	饲料原料	亚麻籽【胡麻籽】	≤250	GB/T 13084	
			亚麻籽【胡麻籽】饼、亚麻籽【胡麻籽】粕	≤350		
			木薯及其加工产品	≤100		
			其他饲料原料	≤50		
		饲料产品	雏鸡配合饲料	≤10		
			其他配合饲料	≤50		
15	游离棉酚（mg/kg）	饲料原料	棉籽油	≤200	GB/T 13086	
			棉籽	≤5 000		
			脱酚棉籽蛋白、发酵棉籽蛋白	≤400		
			其他棉籽加工产品	≤1 200		
			其他饲料原料	≤20		

(续表)

序号	项目		产品名称	限量	试验方法	备注
15	游离棉酚（mg/kg）	饲料产品	猪（仔猪除外）、兔配合饲料	≤60	GB/T 13086	
			家禽（产蛋禽除外）配合饲料	≤100		
			犊牛料补充料	≤100		
			其他牛精料补充料	≤500		
			羔羊精料补充料	≤60		
			其他羊精料补充料	≤300		
			植食性、杂食性水产动物配合饲料	≤300		
			其他水产配合饲料	≤150		
			其他畜禽配合饲料	≤20		
16	异硫氰酸酯（以丙烯基异硫氰酸酯计）（mg/kg）	饲料原料	菜籽及其加工产品	≤4 000	GB/T 13087	
			其他饲料原料	≤100		
		饲料产品	犊牛、羔羊料补充料	≤150		
			其他牛、羊精料补充料	≤1 000		
			猪（仔猪除外）、家禽配合饲料	≤500		
			水产饲料	≤800		
			其他配合饲料	≤150		
17	噁唑烷硫酮（以5-乙烯基-噁唑-2-硫酮计）（mg/kg）	饲料原料	菜籽及其加工产品	≤2 500	GB/T 13089	
		饲料产品	产蛋禽配合饲料	≤500		
			其他家禽配合饲料	≤1 000		
			水产配合饲料	≤800		
有机氯污染物						
18	多氯联苯（PCB，以PCB28、PCB52、PCB101、PCB138、PCB153、PCB180之和计）（μg/kg）	饲料原料	植物性饲料原料	≤10	GB 5009.190	
			矿物质饲料原料	≤10		
			动物脂肪、乳脂和蛋脂	≤10		
			其他陆生动物产品，包括乳、蛋及其制品	≤10		
			鱼油	≤175		
			鱼和其他水生动物及其制品（鱼油、脂肪含量大于20%的鱼蛋白水解物除外）	≤30		
		饲料产品	脂肪含量大于20%的鱼蛋白水解物	≤50		
			添加剂预混合饲料	≤10		
			水产浓缩饲料、水产配合饲料	≤40		
			其他浓缩饲料、精料补充料、配合饲料	≤10		

（续表）

序号	项目	产品名称		限量	试验方法	备注
19	六六六（HCH，以 α-HCH、β-HCH、γ-HCH 之和计）mg/kg	饲料原料	谷物及其加工产品（油脂除外）、油料籽实及其加工产品（油脂除外）、鱼粉	≤0.05	GB/T 13090	
			油脂	≤2.0	GB/T 5009.19	
			其他饲料原料	≤0.2	GB/T 13090	
		饲料产品	添加剂预混合饲料、浓缩饲料、精料补充料、配合饲料	≤0.2		
20	滴滴涕（以 p, p'-DDE、υ, p'-DDT、p, p'-DDD、p, p'-DDT 之和计）（mg/kg）	饲料原料	谷物及其加工产品（油脂除外）、油料籽实及其加工产品（油脂除外）、鱼粉	≤0.02	GB/T 13090	
			油脂	≤0.5	GB/T 5009.19	
			其他饲料原料	≤0.05	GB/T 13090	
		饲料产品	添加剂预混合饲料、浓缩饲料、精料补充料、配合饲料	≤0.05		
21	六氯苯（HCB）（mg/kg）	饲料原料	油脂	≤0.2	SN/T 0127	
			其他饲料原料	≤0.01		
		饲料产品	添加剂预混合饲料、浓缩饲料、精料补充料、配合饲料	≤0.01		
微生物污染物						
22	霉菌总数（CFU/g）	饲料原料	谷物及其加工产品	$<4\times10^4$	GB/T 13092	
			饼粕类饲料原料（发酵产品除外）	$<4\times10^3$		
			乳制品及其加工副产品	$<1\times10^3$		
			鱼粉	$<1\times10^4$		
			其他动物源性饲料原料	$<2\times10^4$		
23	细菌总数（CFU/g）	动物源性饲料原料		$<2\times10^6$	GB/T 13093	
24	沙门氏菌（25g 中）	饲料原料和饲料产品		不得检出	GB/T 13091	

表中所列限量，除特别注明外均以干物质含量88%为基础计算（霉菌总数、细菌总数、沙门氏菌除外）。饲料原料单独饲喂时，应按相应配合饲料限量执行。

十、监督执法

最高人民法院、最高人民检察院关于办理非法生产、销售、使用禁止在饲料和动物饮用水中使用的药品等刑事案件具体应用法律若干问题的解释

(法释〔2002〕26号)

中华人民共和国最高人民法院
中华人民共和国最高人民检察院 公告

法释〔2002〕26号

《最高人民法院、最高人民检察院关于办理非法生产、销售、使用禁止在饲料和动物饮用水中使用的药品等刑事案件具体应用法律若干问题的解释》已经最高人民法院审判委员会第1237次会议、最高人民检察院第九届检察委员会第109次会议通过。现予公布,自2002年8月23日起施行。

中华人民共和国最高人民法院
中华人民共和国最高人民检察院
二〇〇二年八月十六日

关于办理非法生产、销售、使用禁止在饲料和动物饮用水中使用的药品等刑事案件具体应用法律若干问题的解释

为依法惩治非法生产、销售、使用盐酸克仑特罗(Clenbuterol Hydrochloride 俗称"瘦肉精")等禁止在饲料和动物饮用水中使用的药品等犯罪活动,维护社会主义市场经济秩序,保护公民身体健康,根据刑法有关规定,现就办理这类刑事案件具体应用法律的若干问题解释如下:

第一条 未取得药品生产、经营许可证件和批准文号,非法生产、销售盐酸克仑特罗等禁止在饲料和动物饮用水中使用的药品,扰乱药品市场秩序,情节严重的,依照刑法第二百二十五条第(一)项的规定,以非法经营罪追究刑事责任。

第二条 在生产、销售的饲料中添加盐酸克仑特罗等禁止在饲料和动物饮用水中使用的药品,或者销售明知是添加有该类药品的饲料,情节严重的,依照刑法第二百二十五条第(四)项的规定,以非法经营罪追究刑事责任。

第三条 使用盐酸克仑特罗等禁止在饲料和动物饮用水中使用的药品或者含有该类

药品的饲料养殖供人食用的动物，或者销售明知是使用该类药品或者含有该类药品的饲料养殖的供人食用的动物的，依照刑法第一百四十四条的规定，以生产、销售有毒、有害食品罪追究刑事责任。

第四条 明知是使用盐酸克仑特罗等禁止在饲料和动物饮用水中使用的药品或者含有该类药品的饲料养殖的供人食用的动物，而提供屠宰等加工服务，或者销售其制品的，依照刑法第一百四十四条的规定，以生产、销售有毒、有害食品罪追究刑事责任。

第五条 实施本解释规定的行为，同时触犯刑法规定的两种以上犯罪的，依照处罚较重的规定追究刑事责任。

第六条 禁止在饲料和动物饮用水中使用的药品，依照国家有关部门公告的禁止在饲料和动物饮用水中使用的药物品种目录确定。

（附：农业部、卫生部、国家药品监督管理局公告的《禁止在饲料和动物饮用水中使用的药物品种目录》）

最高人民法院、最高人民检察院关于办理危害食品安全刑事案件适用法律若干问题的解释

（法释〔2013〕12号）

中华人民共和国最高人民法院 中华人民共和国最高人民检察院 公告

法释〔2013〕12号

《最高人民法院、最高人民检察院关于办理危害食品安全刑事案件适用法律若干问题的解释》已于2013年4月28日由最高人民法院审判委员会第1576次会议、2013年4月28日由最高人民检察院第十二届检察委员会第5次会议通过，自2013年5月4日起施行。

中华人民共和国最高人民法院
中华人民共和国最高人民检察院
二〇一三年五月四日

关于办理危害食品安全刑事案件适用法律若干问题的解释

为依法惩治危害食品安全犯罪，保障人民群众身体健康、生命安全，根据刑法有关规定，对办理此类刑事案件适用法律的若干问题解释如下：

第一条 生产、销售不符合食品安全标准的食品，具有下列情形之一的，应当认定为刑法第一百四十三条规定的"足以造成严重食物中毒事故或者其他严重食源性疾病"：

（一）含有严重超出标准限量的致病性微生物、农药残留、兽药残留、重金属、污染物质以及其他危害人体健康的物质的；

（二）属于病死、死因不明或者检验检疫不合格的畜、禽、兽、水产动物及其肉类、肉类制品的；

（三）属于国家为防控疾病等特殊需要明令禁止生产、销售的；

（四）婴幼儿食品中生长发育所需营养成分严重不符合食品安全标准的；

（五）其他足以造成严重食物中毒事故或者严重食源性疾病的情形。

第二条 生产、销售不符合食品安全标准的食品，具有下列情形之一的，应当认定

为刑法第一百四十三条规定的"对人体健康造成严重危害"：

（一）造成轻伤以上伤害的；

（二）造成轻度残疾或者中度残疾的；

（三）造成器官组织损伤导致一般功能障碍或者严重功能障碍的；

（四）造成十人以上严重食物中毒或者其他严重食源性疾病的；

（五）其他对人体健康造成严重危害的情形。

第三条 生产、销售不符合食品安全标准的食品，具有下列情形之一的，应当认定为刑法第一百四十三条规定的"其他严重情节"：

（一）生产、销售金额二十万元以上的；

（二）生产、销售金额十万元以上不满二十万元，不符合食品安全标准的食品数量较大或者生产、销售持续时间较长的；

（三）生产、销售金额十万元以上不满二十万元，属于婴幼儿食品的；

（四）生产、销售金额十万元以上不满二十万元，一年内曾因危害食品安全违法犯罪活动受过行政处罚或者刑事处罚的；

（五）其他情节严重的情形。

第四条 生产、销售不符合食品安全标准的食品，具有下列情形之一的，应当认定为刑法第一百四十三条规定的"后果特别严重"：

（一）致人死亡或者重度残疾的；

（二）造成三人以上重伤、中度残疾或者器官组织损伤导致严重功能障碍的；

（三）造成十人以上轻伤、五人以上轻度残疾或者器官组织损伤导致一般功能障碍的；

（四）造成三十人以上严重食物中毒或者其他严重食源性疾病的；

（五）其他特别严重的后果。

第五条 生产、销售有毒、有害食品，具有本解释第二条规定情形之一的，应当认定为刑法第一百四十四条规定的"对人体健康造成严重危害"。

第六条 生产、销售有毒、有害食品，具有下列情形之一的，应当认定为刑法第一百四十四条规定的"其他严重情节"：

（一）生产、销售金额二十万元以上不满五十万元的；

（二）生产、销售金额十万元以上不满二十万元，有毒、有害食品的数量较大或者生产、销售持续时间较长的；

（三）生产、销售金额十万元以上不满二十万元，属于婴幼儿食品的；

（四）生产、销售金额十万元以上不满二十万元，一年内曾因危害食品安全违法犯罪活动受过行政处罚或者刑事处罚的；

（五）有毒、有害的非食品原料毒害性强或者含量高的；

（六）其他情节严重的情形。

第七条 生产、销售有毒、有害食品，生产、销售金额五十万元以上，或者具有本解释第四条规定的情形之一的，应当认定为刑法第一百四十四条规定的"致人死亡或者有其他特别严重情节"。

第八条 在食品加工、销售、运输、贮存等过程中，违反食品安全标准，超限量或者超范围滥用食品添加剂，足以造成严重食物中毒事故或者其他严重食源性疾病的，依照刑法第一百四十三条的规定以生产、销售不符合安全标准的食品罪定罪处罚。

在食用农产品种植、养殖、销售、运输、贮存等过程中，违反食品安全标准，超限量或者超范围滥用添加剂、农药、兽药等，足以造成严重食物中毒事故或者其他严重食源性疾病的，适用前款的规定定罪处罚。

第九条 在食品加工、销售、运输、贮存等过程中，掺入有毒、有害的非食品原料，或者使用有毒、有害的非食品原料加工食品的，依照刑法第一百四十四条的规定以生产、销售有毒、有害食品罪定罪处罚。

在食用农产品种植、养殖、销售、运输、贮存等过程中，使用禁用农药、兽药等禁用物质或者其他有毒、有害物质的，适用前款的规定定罪处罚。

在保健食品或者其他食品中非法添加国家禁用药物等有毒、有害物质的，适用第一款的规定定罪处罚。

第十条 生产、销售不符合食品安全标准的食品添加剂，用于食品的包装材料、容器、洗涤剂、消毒剂，或者用于食品生产经营的工具、设备等，构成犯罪的，依照刑法第一百四十条的规定以生产、销售伪劣产品罪定罪处罚。

第十一条 以提供给他人生产、销售食品为目的，违反国家规定，生产、销售国家禁止用于食品生产、销售的非食品原料，情节严重的，依照刑法第二百二十五条的规定以非法经营罪定罪处罚。

违反国家规定，生产、销售国家禁止生产、销售、使用的农药、兽药、饲料、饲料添加剂，或者饲料原料、饲料添加剂原料，情节严重的，依照前款的规定定罪处罚。

实施前两款行为，同时又构成生产、销售伪劣产品罪，生产、销售伪劣农药、兽药罪等其他犯罪的，依照处罚较重的规定定罪处罚。

第十二条 违反国家规定，私设生猪屠宰厂（场），从事生猪屠宰、销售等经营活动，情节严重的，依照刑法第二百二十五条的规定以非法经营罪定罪处罚。

实施前款行为，同时又构成生产、销售不符合安全标准的食品罪，生产、销售有毒、有害食品罪等其他犯罪的，依照处罚较重的规定定罪处罚。

第十三条 生产、销售不符合食品安全标准的食品，有毒、有害食品，符合刑法第一百四十三条、第一百四十四条规定的，以生产、销售不符合安全标准的食品罪或者生产、销售有毒、有害食品罪定罪处罚。同时构成其他犯罪的，依照处罚较重的规定定罪处罚。

生产、销售不符合食品安全标准的食品，无证据证明足以造成严重食物中毒事故或者其他严重食源性疾病，不构成生产、销售不符合安全标准的食品罪，但是构成生产、销售伪劣产品罪等其他犯罪的，依照该其他犯罪定罪处罚。

第十四条 明知他人生产、销售不符合食品安全标准的食品，有毒、有害食品，具有下列情形之一的，以生产、销售不符合安全标准的食品罪或者生产、销售有毒、有害食品罪的共犯论处：

（一）提供资金、贷款、账号、发票、证明、许可证件的；

（二）提供生产、经营场所或者运输、贮存、保管、邮寄、网络销售渠道等便利条件的；

（三）提供生产技术或者食品原料、食品添加剂、食品相关产品的；

（四）提供广告等宣传的。

第十五条　广告主、广告经营者、广告发布者违反国家规定，利用广告对保健食品或者其他食品作虚假宣传，情节严重的，依照刑法第二百二十二条的规定以虚假广告罪定罪处罚。

第十六条　负有食品安全监督管理职责的国家机关工作人员，滥用职权或者玩忽职守，导致发生重大食品安全事故或者造成其他严重后果，同时构成食品监管渎职罪和徇私舞弊不移交刑事案件罪、商检徇私舞弊罪、动植物检疫徇私舞弊罪、放纵制售伪劣商品犯罪行为罪等其他渎职犯罪的，依照处罚较重的规定定罪处罚。

负有食品安全监督管理职责的国家机关工作人员滥用职权或者玩忽职守，不构成食品监管渎职罪，但构成前款规定的其他渎职犯罪的，依照该其他犯罪定罪处罚。

负有食品安全监督管理职责的国家机关工作人员与他人共谋，利用其职务行为帮助他人实施危害食品安全犯罪行为，同时构成渎职犯罪和危害食品安全犯罪共犯的，依照处罚较重的规定定罪处罚。

第十七条　犯生产、销售不符合安全标准的食品罪，生产、销售有毒、有害食品罪，一般应当依法判处生产、销售金额二倍以上的罚金。

第十八条　对实施本解释规定之犯罪的犯罪分子，应当依照刑法规定的条件严格适用缓刑、免予刑事处罚。根据犯罪事实、情节和悔罪表现，对于符合刑法规定的缓刑适用条件的犯罪分子，可以适用缓刑，但是应当同时宣告禁止令，禁止其在缓刑考验期限内从事食品生产、销售及相关活动。

第十九条　单位实施本解释规定的犯罪的，依照本解释规定的定罪量刑标准处罚。

第二十条　下列物质应当认定为"有毒、有害的非食品原料"：

（一）法律、法规禁止在食品生产经营活动中添加、使用的物质；

（二）国务院有关部门公布的《食品中可能违法添加的非食用物质名单》《保健食品中可能非法添加的物质名单》上的物质；

（三）国务院有关部门公告禁止使用的农药、兽药以及其他有毒、有害物质；

（四）其他危害人体健康的物质。

第二十一条　"足以造成严重食物中毒事故或者其他严重食源性疾病""有毒、有害非食品原料"难以确定的，司法机关可以根据检验报告并结合专家意见等相关材料进行认定。必要时，人民法院可以依法通知有关专家出庭作出说明。

第二十二条　最高人民法院、最高人民检察院此前发布的司法解释与本解释不一致的，以本解释为准。

农业行政许可听证程序规定

（农业部令 2004 年第 35 号）

第一章 总则

第一条 为了规范农业行政许可听证程序，保护公民、法人和其他组织的合法权益，根据《行政许可法》，制定本规定。

第二条 农业行政机关起草法律、法规和省、自治区、直辖市人民政府规章草案以及实施行政许可，依法举行听证的，适用本规定。

第三条 听证由农业行政机关法制工作机构组织。听证主持人、听证员由农业行政机关负责人指定。

第四条 听证应当遵循公开、公平、公正的原则。

第二章 设定行政许可听证

第五条 农业行政机关起草法律、法规和省、自治区、直辖市人民政府规章草案，拟设定行政许可的，在草案提交立法机关审议前，可以采取听证的形式听取意见。

第六条 农业行政机关应当在举行听证 30 日前公告听证事项、报名方式、报名条件、报名期限等内容。

第七条 符合农业行政机关规定条件的公民、法人和其他组织，均可申请参加听证，也可推选代表参加听证。

农业行政机关应当从符合条件的报名者中确定适当比例的代表参加听证，确定的代表应当具有广泛性、代表性，并将代表名单向社会公告。

农业行政机关应当在举行听证 7 日前将听证通知和听证材料送达代表。

第八条 听证按照下列程序进行：

（一）听证主持人介绍法律、法规、政府规章草案设定行政许可的必要性以及实施行政许可的主体、程序、条件、期限和收费等情况；

（二）听证代表分别对设定行政许可的必要性以及实施行政许可的主体、程序、条件、期限和收费等情况提出意见；

（三）听证应当制作笔录，详细记录听证代表提出的各项意见。

第九条 农业行政机关将法律、法规和省、自治区、直辖市人民政府规章草案提交立法机关审议时，应当说明举行听证和采纳意见的情况。

第三章 实施行政许可听证

第一节 一般规定

第十条 有下列情形之一的,农业行政机关在作出行政许可决定前,应当举行听证:

(一) 农业法律、法规、规章规定实施行政许可应当举行听证的。

(二) 农业行政机关认为其他涉及公共利益的重大行政许可需要听证的。

(三) 行政许可直接涉及申请人与他人之间重大利益关系,申请人、利害关系人在法定期限内申请听证的。

第十一条 听证由一名听证主持人、两名听证员组织,也可视具体情况由一名听证主持人组织。

审查行政许可申请的工作人员不得作为该许可事项的听证主持人或者听证员。

第十二条 听证主持人、听证员有下列情形之一的,应当自行回避,申请人、利害关系人也可以申请其回避:

(一) 与行政许可申请人、利害关系人或其委托代理人有近亲属关系的。

(二) 与该行政许可申请有其他直接利害关系,可能影响听证公正进行的。

听证主持人、听证员的回避由农业行政机关负责人决定,记录员的回避由听证主持人决定。

第十三条 行政许可申请人、利害关系人可以亲自参加听证,也可以委托1~2名代理人参加听证。

由代理人参加听证的,应当向农业行政机关提交由委托人签名或者盖章的授权委托书。授权委托书应当载明委托事项及权限,并经听证主持人确认。

委托代理人代为放弃行使听证权的,应当有委托人的特别授权。

第十四条 记录员应当将听证的全部内容制作笔录,由听证主持人、听证员、记录员签名。

听证笔录应当经听证代表或听证参加人确认无误后当场签名或者盖章。拒绝签名或者盖章的,听证主持人应当在听证笔录上注明。

第十五条 农业行政机关应当根据听证笔录,作出行政许可决定。

法制工作机构应当在听证结束后5日内,提出对行政许可事项处理意见,报本行政机关负责人决定。

第二节 依职权听证程序

第十六条 农业行政机关对本规定第十条第一款第(一)、(二)项所列行政许可事项举行听证的,应当在举行听证30日前,依照第六条的规定向社会公告有关内容,并依照第七条的规定确定听证代表,送达听证通知和材料。

第三节　依申请听证程序

第十七条　符合本规定第十条第一款第（三）项规定的申请人、利害关系人，应当在被告知听证权利后5日内向农业行政机关提出听证申请。逾期未提出的，视为放弃听证。放弃听证的，应当书面记载。

第十八条　听证申请包括以下内容：

（一）听证申请人的姓名和住址，或者法人、其他组织的名称、地址、法定代表人或者主要负责人姓名。

（二）申请听证的具体事项。

（三）申请听证的依据、理由。

听证申请人还应当同时提供相关材料。

第十九条　法制工作机构收到听证申请后，应当对申请材料进行审查；申请材料不齐备的，应当一次告知当事人补正。

有下列情形之一的，不予受理：

（一）非行政许可申请人或利害关系人提出申请的。

（二）超过5日期限提出申请的。

（三）其他不符合申请听证条件的。

不予受理的，应当书面告知不予受理的理由。

第二十条　法制工作机构审核后，对符合听证条件的，应当制作《行政许可听证通知书》，在举行听证7日前送达行政许可申请人、利害关系人。

《行政许可听证通知书》应当载明下列事项：

（一）听证事项。

（二）听证时间、地点。

（三）听证主持人、听证员姓名、职务。

（四）注意事项。

第二十一条　听证应当在收到符合条件的听证申请之日起20日内举行。

行政许可申请人、利害关系人应当按时参加听证；无正当理由不到场的，或者未经听证主持人允许中途退场的，视为放弃听证。放弃听证的，记入听证笔录。

第二十二条　承办行政许可的机构在接到《行政许可听证通知书》后，应当指派人员参加听证。

第二十三条　听证按照下列程序进行：

（一）听证主持人宣布听证开始，宣读听证纪律，核对听证参加人身份，宣布案由，宣布听证主持人、记录员名单。

（二）告知听证参加人的权利和义务，询问申请人、利害关系人是否申请回避。

（三）承办行政许可机构指派的人员提出其所了解掌握的事实，提供审查意见的证据、理由。

（四）申请人、利害关系人进行申辩，提交证据材料。

（五）听证主持人、听证员询问听证参加人、证人和其他有关人员。

（六）听证参加人就颁发行政许可的事实和法律问题进行辩论，对有关证据材料进行质证。

（七）申请人、利害关系人最后陈述。

（八）听证主持人宣布听证结束。

第二十四条　有下列情形之一的，可以延期举行听证。

（一）因不可抗力的事由致使听证无法按期举行的。

（二）行政许可申请人、利害关系人临时申请回避，不能当场决定的。

（三）应当延期的其他情形。

延期听证的，应当书面通知听证参加人。

第二十五条　有下列情形之一的，中止听证。

（一）申请人、利害关系人在听证过程中提出了新的事实、理由和依据，需要调查核实的。

（二）申请听证的公民死亡、法人或者其他组织终止，尚未确定权利、义务承受人的。

（三）应当中止听证的其他情形。

中止听证的，应当书面通知听证参加人。

第二十六条　延期、中止听证的情形消失后，由法制工作机构决定恢复听证，并书面通知听证参加人。

第二十七条　有下列情形之一的，终止听证：

（一）申请听证的公民死亡，没有继承人，或者继承人放弃听证的。

（二）申请听证的法人或者其他组织终止，承受其权利的法人或者其他组织放弃听证的。

（三）行政许可申请人、利害关系人明确放弃听证或者被视为放弃听证的。

（四）应当终止听证的其他情形。

第四章　附则

第二十八条　听证不得向当事人收取任何费用。听证经费列入本部门预算。

第二十九条　法律、法规授权组织实施农业行政许可需要举行听证的，参照本规定执行。

第三十条　本规定的期限以工作日计算，不含法定节假日。

第三十一条　本规定自2004年7月1日起施行。

关于认定违法所得问题意见的函
（农办政函〔2005〕12号）

浙江省农业厅：

你厅《关于如何认定〈饲料和饲料添加剂管理条例〉中违法所得问题的请示》（浙农〔2005〕8号）收悉。经研究，我部认为，《饲料和饲料添加剂管理条例》罚则中"违法所得"应按产品的"销售额"计算。

农业部办公厅
2005年2月25日

关于认定经营假劣饲料产品违法所得问题的复函
（农办政函〔2005〕91号）

河北省饲料工业办公室：

你厅《关于如何认定〈饲料和饲料添加剂管理条例〉中违法所得如何认定的请示》（冀饲办〔2005〕27号）收悉。经研究，我部认为，经营假劣饲料产品的违法所得应按产品的销售收入计算。

农业部办公厅
2005年10月27日

农业部关于加强农业行政执法与刑事司法衔接工作的实施意见

(农政发〔2011〕2号)

各省、自治区、直辖市农业(农牧、农村经济)、畜牧、农机、渔业、农垦、乡镇企业厅(局、委),部机关有关司局、直属有关单位:

近年来,各地农业部门不断加大农业行政执法力度,及时将涉嫌犯罪案件移送司法机关追究刑事责任,有力打击了农业违法行为,取得了明显的制裁效果和威慑作用。但是,在一些地区和部门中有案不移、以罚代刑的问题仍然不同程度地存在。为加强农业行政执法与刑事司法衔接工作,根据国务院《行政执法机关移送涉嫌犯罪案件的规定》,以及最高人民检察院、公安部、监察部等部门的有关要求,现就在农业行政执法中做好涉嫌犯罪案件移送工作提出如下意见:

一、切实提高对衔接工作重要性的认识

(一)加强农业行政执法与刑事司法衔接工作是严厉打击农业违法行为的迫切要求和重要手段,事关依法行政,事关农资市场秩序维护和农产品质量安全,事关农民和消费者合法权益保障。农业部门及时将涉嫌犯罪案件移送公安机关,使违法行为人不仅受到行政责任和民事责任追究,而且还要依法承担刑事责任,有利于最大限度地打击违法行为,遏制违法犯罪活动。当前,农业违法行为特别是制售假劣农资行为呈现专业化、隐蔽化、网络化和区域化特征,农业部门及时将涉嫌犯罪案件移送公安机关,可以借助公安机关强有力的侦查手段和丰富的办案经验,有利于及早抓获违法行为人,彻查制售假劣农资源头,捣毁制假售假网络。各级农业部门要进一步统一思想,提高做好涉嫌犯罪案件移送工作的认识,增强紧迫感和责任感。

二、严格履行法定职责

(二)各级农业部门要严格依法履行职责,对涉嫌生产、销售伪劣种子、农药、兽药、化肥、饲料,生产、销售有毒有害食用农产品,非法经营、伪造、变造、买卖国家机关公文、证件、印章,非法制造、买卖、运输、储存危险物质等犯罪案件,切实做到该移送的移送,不得以罚代刑。

(三)各级农业部门在执法检查时,发现违法行为明显涉嫌犯罪的,应当及时向公安机关通报。公安机关经调查立案后依法提请农业部门作出检验、鉴定、认定等协助的,农业部门应当予以协助。

(四)各级农业部门在查处农业违法案件过程中,发现违法行为涉嫌犯罪的,应当及时向公安机关移送。移送时应当移交案件的全部材料,同时将案件移送书及有关材料

目录抄送人民检察院。农业部门在移送案件时已经作出行政处罚决定的,应当将行政处罚决定书一并抄送公安机关、人民检察院;未作出行政处罚决定的,原则上应当在公安机关决定不予立案或者撤销案件、人民检察院作出不起诉决定、人民法院作出无罪判决或者免予刑事处罚后,再决定是否给予行政处罚。

(五)各级农业部门在查处违法行为过程中,发现国家工作人员涉嫌贪污贿赂、渎职侵权等违纪违法线索的,应当根据案件的性质,及时向监察机关或者人民检察院移送。

(六)农业部门对公安机关不受理本部门移送的案件,或者未在法定期限内作出立案或者不予立案决定的,可以建议人民检察院进行立案监督。对公安机关作出的不予立案决定有异议的,可以向作出决定的公安机关提请复议,也可以建议人民检察院进行立案监督;对公安机关不予立案的复议决定仍有异议的,可以建议人民检察院进行立案监督。对公安机关立案后作出撤销案件的决定有异议的,可以建议人民检察院进行立案监督。

三、完善衔接工作机制

(七)各地农业部门要针对农业行政执法与刑事司法衔接工作的薄弱环节,建立健全衔接工作机制,明确细化移送涉嫌犯罪案件的标准和程序,促进农业部门与公安机关等有关单位的协调配合,形成工作合力。

(八)完善联席会议制度。要充分发挥农业部门农资打假牵头单位作用,定期组织召开联席会议,由有关单位相互通报查处违法犯罪行为以及行政执法与刑事司法衔接工作的有关情况,研究衔接工作中存在的问题,提出加强衔接工作的对策。

(九)健全案件咨询和会商制度。对案情重大、复杂、疑难,性质难以认定的案件,农业部门可以就刑事案件立案追诉标准、证据的固定和保全等问题咨询和会商公安机关、人民检察院,避免因证据不足或定性不准而导致应移送的案件无法移送。

(十)健全信息通报制度。要通过工作简报、情况通报会议、电子政务网络等多种形式实现信息共享,推动农业行政执法与刑事司法衔接工作深入开展。

四、加强对衔接工作的组织领导和监督

(十一)各级农业部门要把加强农业行政执法与刑事司法衔接工作列入重要议事日程,精心组织,严格责任追究,确保农业行政执法与刑事司法衔接工作落到实处。努力争取各级政府和财政部门的支持,积极探索案件查办专项奖励机制,为协作办案提供经费保障。

(十二)各级农业部门要将行政执法与刑事司法衔接工作的有关规定和具体要求纳入培训内容,强化农业执法人员依法移送、依法办案的意识。

(十三)地方各级农业部门要定期向地方人民政府、人民检察院和监察机关报告农业行政执法与刑事司法衔接工作,主动接受监督。要加强对农业行政执法与刑事司法衔接工作的检查和考核,把是否依法移送的情况纳入各级农业部门的综合考核评价体系。各省级农业部门每年底前要将本省农业行政执法与刑事司法衔接工作情况报送我部。

中华人民共和国农业部
二〇一一年三月十一日

农业部、公安部、工业和信息化部、商务部、卫生部、国家工商总局、国家质检总局和国家食品药品监管局关于印发《"瘦肉精"涉案线索移送与案件督办工作机制》的通知

(农质发〔2011〕10号)

各省、自治区、直辖市、计划单列市及新疆生产建设兵团农业（畜牧兽医）、公安、工业和信息化、商务、卫生、工商、质量技术监督、食品药品监管厅（局、委、办），各直属检验检疫局：

为持续深入推进"瘦肉精"监管工作，进一步加强行政执法与刑事司法的衔接，严厉打击"瘦肉精"违法犯罪行为，农业部、公安部、工业和信息化部、商务部、卫生部、国家工商总局、国家质检总局和国家食品药品监管局等8部（局）共同制定了《"瘦肉精"涉案线索移送与案件督办工作机制》，现印发给你们，请遵照执行。

二〇一一年十二月二十日

"瘦肉精"涉案线索移送与案件督办工作机制

为贯彻落实《中央编办关于进一步加强"瘦肉精"监管工作的意见》精神，持续深入推进"瘦肉精"监管工作，进一步完善行政执法与刑事司法相衔接的工作机制，做好案件的督办工作，加大对"瘦肉精"违法犯罪行为的打击力度，特制定本机制。

一、关于"瘦肉精"涉案线索移送

（一）涉案线索范围

1. 检测发现的线索。在饲料和饲料添加剂生产经营、养殖、收购贩运、屠宰、加工、销售、餐饮和出口等环节，在肉及肉制品、畜产品、饲料产品和尿样中检出"瘦肉精"的。

2. 检查发现的线索。在日常检查和巡查中发现涉嫌生产、销售和使用"瘦肉精"的。

3. 举报发现的线索。各地、各部门接到群众关于"瘦肉精"的举报信息并经初步核实的。

4. 国外通报的线索。国外政府主管部门通报的进口我国肉及肉制品检出"瘦肉精"的。

5. 新闻媒体曝光的线索。新闻媒体曝光涉嫌生产、销售和使用"瘦肉精"的。

（二）移送程序与要求

1. 各承担检测任务的单位和开展检验的生产经营企业，在检测过程中，发现样品含有"瘦肉精"的，应当立即向样品归属地的主管部门报告或通报。

2. 各有关部门接到有关单位检出"瘦肉精"的报告或通报，或在检查中发现有生产、销售、使用"瘦肉精"的情况，或接到群众有关"瘦肉精"的举报并经初步核实，涉嫌犯罪的应立即以书面形式将线索移送公安机关，同时将有关情况通报"瘦肉精"牵头监管部门，并报告当地政府。

3. 公安机关收到线索后应立即进行核查，对涉嫌犯罪的要迅速依法立案侦查；对不构成犯罪的，应当在接到线索之日起2日内移送主管部门处理并通知移送部门，有必要采取紧急措施的，应当先采取紧急措施。

4. 各有关部门移送线索后，应积极配合公安机关开展源头追查，同时在行政职责范围内继续对线索开展调查处理，并随时向公安机关提供对于追查源头有价值的进展情况。

5. 公安机关侦破案件后，要加强对已办结"瘦肉精"案件的分析，应及时将案件侦破情况和有关"瘦肉精"犯罪的特征和范围通报涉案线索提供部门，以便有关部门提高搜集线索的针对性。同时，有关部门要加强对涉案物品的追查，跟进开展相关行政处罚。

（三）线索移送内容

1. 检测发现的线索应提供检验报告、取样时间和地点、问题样品的来源等基本情况。

2. 检查发现的线索应提供检查时间、被检查单位的名称和产品、检查出的问题等情况。

3. 举报的线索应提供举报人及联系方式、举报地点、举报对象、举报内容等情况及核实情况。

4. 国外通报的线索应提供国外通报的内容。

5. 新闻媒体曝光的线索应提供媒体报道的内容。

二、关于"瘦肉精"案件督办

（一）督办案件范围

1. 领导指示、批示的案件。
2. 新闻媒体曝光的案件。
3. 公安机关立案侦查的重大案件。
4. 各地报送的重大案件。
5. 其他需要督办的案件。

（二）督办方式

案件督办可采取发函督办、挂牌督办、现场督办等方式实施，案件涉及多个部门的，也可实施联合督办。

(三）督办程序与要求

1. 接到案件后，有关部门尽快研究并确定是否需要督办。

2. 督办立项后，各有关部门根据案件具体情况立即研究确定督办方案，明确督办负责人、督办方式、督办内容、案件办结时间、信息报送和案件办理要求等，并立即向案发省份的相关部门（承办单位）部署督办事宜。

3. 承办单位对督办案件要高度重视，根据督办单位的部署和要求，采取有效措施，进一步开展严格、快速的调查处理工作。

4. 承办单位要定期报送案件办理情况。各有关部门通过案件动态跟踪、信息收集、上下反馈或检查调研等措施，全面准确掌握督办案件的办理情况。

5. 承办单位在案件办结后 10 个工作日内提交案件办理情况报告。报告内容包括：案件基本情况；案件调查办理过程；有关证据材料；相应的法律、法规和政策依据、违法性质认定及案件办理结果等。

三、保障措施

一是建立案件会商制度。各有关部门与公安机关应加强案件会商协调。对重大复杂的案件，要召集"瘦肉精"专项整治协调机制各成员单位一起讨论研究，共同开展调查。在调查取证方面，要做好移送证据的转化和衔接工作；在案件定性方面，必要时可征求法院、检察院意见。

二是建立信息通报制度。要充分发挥"瘦肉精"专项整治协调机制的作用，各部门要相互通报"瘦肉精"案件查处等信息，实现信息共享，推动各部门共同查处。督办案件的承办单位要及时向当地政府通报有关情况。

三是建立联合行动制度。各有关部门和公安机关要适时开展"瘦肉精"整治联合行动，认真清查清缴，深挖线索，查清案源，彻查"瘦肉精"生产源头和销售网点。对案情复杂、社会影响较大的案件，应实行联合办案，加大对违法犯罪行为的打击力度。

四是建立奖惩考核制度。各有关部门要加强对承办单位案件办理工作的奖惩考核。对于办理准确、及时的，给予表扬。对违反本机制要求，行政不作为、乱作为，涉嫌包庇或故意瞒报，拖延、推诿的，应给予批评处分或向有关部门提出处理意见；涉嫌犯罪的，移送司法机关依法追究刑事责任。

农业部关于印发《农业行政处罚案件信息公开办法》的通知

(农政发〔2014〕6号)

各省、自治区、直辖市农业(农牧、农村经济)、畜牧、兽医、渔业(厅、局、委、办),新疆生产建设兵团农业局,部机关有关司局:

按照《国务院关于促进市场公平竞争维护市场正常秩序的若干意见》(国发〔2014〕20号)要求,我部对《农业行政处罚案件信息公开办法》(农政发〔2014〕3号)进行了修订。现印发你们,请遵照执行。

农业部
2014年11月14日

农业行政处罚案件信息公开办法

第一条 为规范农业行政处罚案件信息公开行为,促进严格、规范、公正、文明执法,根据《中华人民共和国政府信息公开条例》和国务院有关要求,结合农业行政执法工作实际,制定本办法。

第二条 本办法适用于农业部门按照一般程序依法查办的行政处罚案件相关信息的公开。

第三条 农业部负责推进、指导、协调、监督全国农业行政处罚案件信息公开工作。

农业部本级农业行政处罚案件信息公开工作由行政处罚案件承办司局负责。农业部办公厅负责监督检查部本级农业行政处罚案件信息公开工作。

县级以上地方农业行政主管部门负责公开本部门农业行政处罚案件信息,并指定专门机构负责日常工作。

第四条 公开农业行政处罚案件信息,应当遵循主动、及时、客观、准确、便民的原则。

公民、法人或者其他组织向农业部门申请公开农业行政处罚案件信息的,依照《中华人民共和国政府信息公开条例》的有关规定办理。

第五条 各级农业行政主管部门应当在职责权限范围内,依法主动公开农业行政处罚案件的下列信息:

(一)行政处罚决定书案号;

(二)案件名称;

(三)被处罚的自然人姓名,被处罚的企业或其他组织的名称和组织机构代码、法定代表人（负责人）姓名；

（四）主要违法事实；

（五）行政处罚的种类和依据；

（六）行政处罚的履行方式和期限；

（七）作出处罚决定的行政执法机关名称和日期。

公开农业行政处罚案件信息，应当按照固定的格式制作行政处罚案件信息公开表。

第六条 涉及国家秘密或可能危及国家安全、公共安全、经济安全和社会稳定的相关信息不予公开。

因前款规定的理由决定不予公开相关信息的，地方各级农业行政主管部门应当书面说明理由报上级机关批准；农业部本级查办的农业行政处罚案件，由承办司局按程序报主管部领导批准。

第七条 公开农业行政处罚案件信息不得涉及商业秘密以及自然人住所、肖像、公民身份证号码、电话号码、财产状况等个人隐私。

权利人同意公开或者农业行政主管部门认为不公开前款规定的信息可能对公共利益造成重大影响的，经本部门负责人批准后可以公开，但应当将决定公开的内容和理由书面通知权利人。

第八条 农业部各司局主动公开的农业行政处罚案件信息应当通过农业部网站（信息公开专栏下"行政执法类"）予以公开，可以同时通过农业部公告、公报、新闻发布会、广播、电视、新闻媒体等其他便于公众知晓的方式公开。

县级以上地方农业行政主管部门主动公开的农业行政处罚案件信息应当主要通过本级政府门户网站（含本部门政务网站）公开，可以同时选择公告栏、新闻发布会以及报刊、广播、电视等便于公众知晓的方式公开。

第九条 主动公开的农业行政处罚案件信息，应当自作出行政处罚决定之日起20个工作日内予以公开。法律、法规对公开时限另有规定的，从其规定。

农业行政处罚决定因行政复议或者行政诉讼发生变更或者撤销的，应当在行政处罚决定变更或者撤销之日起20个工作日内，公开变更或者撤销的信息。

第十条 各级农业行政主管部门应当建立健全农业行政处罚案件信息公开协调机制。涉及其他行政机关的，应当在信息公开前进行沟通、确认，确保公开的信息准确一致。

第十一条 各级农业行政主管部门应当建立健全农业行政处罚案件信息公开工作考核制度、社会评议制度和责任追究制度，定期对行政处罚案件信息公开工作进行考核、评议。

第十二条 公民、法人和其他组织认为农业行政主管部门在行政处罚案件信息公开工作中的具体行政行为侵犯其合法权益的，可以依法申请行政复议或者提起行政诉讼。

第十三条 各级农业行政主管部门应当严格履行农业行政处罚案件信息公开的责任与义务。对不履行信息公开义务、不及时公开或更新信息内容、在公开行政处罚案件信息过程中违反规定收取费用的，上一级农业行政主管部门应当责令改正；情节严重的，依法追究责任。

第十四条 本办法自印发之日起施行。《农业部关于印发〈农业行政处罚案件信息公开办法〉的通知》（农政发〔2014〕3号）同时废止。

附件：

农业行政处罚案件信息公开表

序号	行政处罚决定案号	案件名称	违法主体名称或姓名	违法企业组织机构代码	法定代表人（负责人）	主要违法事实	行政处罚种类和依据	行政处罚履行方式和期限	作出行政处罚的机关名称和日期	备注

关于对瑞可旺丰年虫等产品适用饲料原料问题的函
（农办政函〔2015〕26号）

宁波市农业局：

你局《关于对瑞可旺丰年虫等产品如何定性和处罚的请示》（甬农〔2015〕16号）收悉。经研究，现答复如下。

来函所述瑞可旺丰年虫等产品属于《饲料原料目录》中单一饲料以外的饲料原料，不属于《饲料和饲料添加剂管理条例》（以下简称《条例》）调整的饲料范围；生产、经营上述产品的，不适用《条例》。

农业部办公厅
2015年2月26日

农业部办公厅关于加强饲料添加剂氯化钠监管的通知

(农办牧〔2016〕31号)

氯化钠是饲料生产中不可或缺的饲料添加剂。根据国务院印发的《盐业体制改革方案》，国家发展改革委员会主持召开经济体制改革工作部级联席会议（盐业专题），明确饲料添加剂氯化钠不属于食盐，既要保证放活放开，又要加强监管，防止流入食盐市场。各级畜牧饲料管理部门要积极配合盐业体制改革工作，依据《饲料和饲料添加剂管理条例》，切实加强饲料添加剂氯化钠生产、经营和使用监管。现将有关要求通知如下。

一是加强生产监管。依据《饲料和饲料添加剂生产许可管理办法》等农业部规章和规范性文件，严把饲料添加剂氯化钠生产准入关，坚决淘汰条件不达标的生产企业。加强对饲料添加剂氯化钠获证生产企业的日常监管，督促严格履行生产过程控制、产品出厂检验、包装标识、销售信息记录等质量安全管控制度，确保产品质量符合标准、流向可追溯。指导饲料添加剂氯化钠获证生产企业建立用户评价制度和"产品仅限于饲用"的告知制度。

二是加强经营监管。针对辖区内饲料经营门店加强监督检查，督促饲料添加剂氯化钠经营者建立产品购销台账，如实记录购销产品的来源和去向信息。指导饲料添加剂氯化钠经营者针对购买者建立"产品仅限于饲用"的告知制度。严肃查处购销无证无号产品或对产品进行拆包、分装、再加工、添加其他任何物质的行为。

三是加强使用监管。全面实施《饲料质量安全管理规范》，督促饲料生产企业完善内部管理制度，健全饲料添加剂氯化钠进货查验和检验制度，如实记录产品使用情况，严肃查处使用无证无号产品、质量不合格产品的行为。

四是加强部门协作。各级畜牧饲料管理部门在饲料添加剂氯化钠监管中，要对流入食盐市场问题给予重点关注，收到盐业等有关部门通报饲料添加剂氯化钠生产、经营和使用企业涉嫌将产品作为食盐销售的，要积极支持开展追查，依法依规从严处理。

加强饲料添加剂氯化钠监管既是保障饲料质量安全的重要举措，也是推进盐业体制改革的客观要求。各级畜牧饲料管理部门要加强组织领导，强化工作措施，努力确保监管到位。工作中遇到问题，请与我部畜牧业司饲料处联系。

农业部办公厅
2016年7月20日

农业部办公厅关于饲料企业生产冒充其他企业的产品如何处罚的复函

(农办政函〔2016〕92号)

河南省畜牧局：

你局《关于饲料企业生产冒充其他企业的产品应当如何处理的请示》（豫牧〔2016〕34号）收悉。经研究，现答复如下。

一、饲料企业生产冒充其他企业依法不需要取得产品批准文号的饲料产品的，依照《饲料和饲料添加剂管理条例》第四十六条第一款第三项"生产、经营的饲料、饲料添加剂与标签标示的内容不一致的"定性处罚。

二、饲料企业生产冒充其他企业依法需要取得产品批准文号的饲料添加剂、添加剂预混合饲料的，属于同时违反《饲料和饲料添加剂管理条例》第四十六条第一款第三项"生产、经营的饲料、饲料添加剂与标签标示的内容不一致的"和第三十八条第三款"已经取得生产许可证，但未取得产品批准文号而生产饲料添加剂、添加剂预混饲料的"规定，根据案件具体情况依照两项规定中处罚较重的规定定性处罚。

农业部办公厅
2016年10月8日

农业农村部办公厅关于公布饲料和饲料添加剂检测任务承检机构名单等有关事宜的通知

（农办牧〔2018〕23号）

各有关检测机构：

为深入贯彻落实行政审批制度改革要求，进一步提高饲料管理工作效率，我部组织开展了饲料和饲料添加剂检测任务承检机构遴选工作。经专家组材料审查和现场核查，北京众检四方检验检测技术有限公司等24家检测机构（见附件）具备承担我部饲料行业管理相关检测任务的能力，现予公布，并将有关事项通知如下。

一、明确工作目标

遴选饲料和饲料添加剂检测机构是通过政府购买服务方式强化公共服务和行业监管能力的积极探索，有关检测机构要充分认识饲料行政审批和监督管理检测任务的重要性，按照我部工作安排，保质保量完成检测工作。

二、强化检测能力

有关检测机构要注重人员培训，积极参加我部组织的检测能力比对考核和能力提升活动，定期对检测人员进行业务培训；对照承检任务需要，扩大资质认定的检测参数范围；优化检测设备配置，确保设备运转正常。

三、加强运行管理

有关检测机构要建立健全管理制度，确保检验、异议处理、结果上报等环节的工作质量；要严格遵守《农产品质量安全法》等法律法规要求和保密纪律，自觉接受我部组织的随机检查。

附件：饲料和饲料添加剂检测任务承检机构遴选名单

农业农村部办公厅
2018年4月13日

附件：

饲料和饲料添加剂检测任务承检任务机构遴选名单

序号	机构名称
1	北京众检四方检验检测技术有限公司
2	谱尼测试集团股份有限公司
3	内蒙古谱尼测试技术有限公司
4	辽宁通正检测有限公司
5	谱尼测试集团上海有限公司
6	通标标准技术服务（上海）有限公司
7	农业部农产加工品监督检验测试中心（南京）
8	江苏省家禽科学研究所农业部家禽品质监督检验测试中心（扬州）
9	浙江省兽药饲料监察所
10	浙江省农业科学院
11	浙江国正检测技术有限公司
12	青岛市华测检测技术有限公司
13	通标标准技术服务（青岛）有限公司
14	青岛中维安全检测有限公司
15	山东亚康检测技术有限公司
16	河南海瑞正检测技术有限公司
17	河南三方元泰检测技术有限公司
18	河南中标检测服务有限公司
19	广州汇标检测技术中心
20	广东省农业科学院农产品公共监测中心
21	深圳出入境检验检疫局食品检验检疫技术中心
22	珠海出入境检验检疫局检验检疫技术中心
23	四川威尔检测技术股份有限公司
24	陕西秦云农产品检验检测有限公司

规范农业行政处罚自由裁量权办法

(农业农村部公告 2019 年第 180 号)

中华人民共和国农业农村部公告

第 180 号

为规范农业行政执法行为，保障农业农村主管部门合法、合理、适当地行使行政处罚自由裁量权，保护公民、法人和其他组织的合法权益，根据《中华人民共和国行政处罚法》以及国务院有关规定，我部制定了《规范农业行政处罚自由裁量权办法》（以下简称《办法》），现予以公布。各级农业农村主管部门及农业执法人员要充分认识规范行政处罚自由裁量权的重要意义，认真学习贯彻《办法》要求，切实提高农业行政执法水平，为实施乡村振兴战略创造良好法治环境。

农业农村部
2019 年 5 月 31 日

规范农业行政处罚自由裁量权办法

第一条 为规范农业行政执法行为，保障农业农村主管部门合法、合理、适当地行使行政处罚自由裁量权，保护公民、法人和其他组织的合法权益，根据《中华人民共和国行政处罚法》以及国务院有关规定，制定本办法。

第二条 本办法所称农业行政处罚自由裁量权，是指农业农村主管部门在实施农业行政处罚时，根据法律、法规、规章的规定，综合考虑违法行为的事实、性质、情节、社会危害程度等因素，决定行政处罚种类及处罚幅度的权限。

第三条 农业农村主管部门制定行政处罚自由裁量基准和行使行政处罚自由裁量权，适用本办法。

第四条 行使行政处罚自由裁量权，应当符合法律、法规、规章的规定，遵循法定程序，保障行政相对人的合法权益。

第五条 行使行政处罚自由裁量权应当符合法律目的，排除不相关因素的干扰，所采取的措施和手段应当必要、适当。

第六条 行使行政处罚自由裁量权，应当以事实为依据，行政处罚的种类和幅度应当与违法行为的事实、性质、情节、社会危害程度相当，与违法行为发生地的经济社会发展水平相适应。

违法事实、性质、情节及社会危害后果等相同或相近的违法行为，同一行政区域行政处罚的种类和幅度应当基本一致。

第七条 农业农村部可以根据统一和规范全国农业行政执法裁量尺度的需要，针对特定的农业行政处罚事项制定自由裁量基准。

第八条 法律、法规、规章对行政处罚事项规定有自由裁量空间的，省级农业农村主管部门应当根据本办法结合本地区实际制定自由裁量基准，明确处罚裁量标准和适用条件，供本地区农业农村主管部门实施行政处罚时参照执行。

市、县级农业农村主管部门可以在省级农业农村主管部门制定的行政处罚自由裁量基准范围内，结合本地实际对处罚裁量标准和适用条件进行细化和量化。

第九条 农业农村主管部门应当依据法律、法规、规章制修订情况、上级主管部门制定的行政处罚自由裁量权适用规则的变化以及执法工作实际，及时修订完善本部门的行政处罚自由裁量基准。

第十条 制定行政处罚自由裁量基准，应当遵守以下规定：

（一）法律、法规、规章规定可以选择是否给予行政处罚的，应当明确是否给予行政处罚的具体裁量标准和适用条件；

（二）法律、法规、规章规定可以选择行政处罚种类的，应当明确适用不同种类行政处罚的具体裁量标准和适用条件；

（三）法律、法规、规章规定可以选择行政处罚幅度的，应当根据违法事实、性质、情节、社会危害程度等因素确定具体裁量标准和适用条件；

（四）法律、法规、规章规定可以单处也可以并处行政处罚的，应当明确单处或者并处行政处罚的具体裁量标准和适用条件。

第十一条 法律、法规、规章设定的罚款数额有一定幅度的，在相应的幅度范围内分为从重处罚、一般处罚、从轻处罚。除法律、法规、规章另有规定外，罚款处罚的数额按照以下标准确定：

（一）罚款为一定幅度的数额，并同时规定了最低罚款数额和最高罚款数额的，从轻处罚应低于最高罚款数额与最低罚款数额的中间值，从重处罚应高于中间值；

（二）只规定了最高罚款数额未规定最低罚款数额的，从轻处罚一般按最高罚款数额的百分之三十以下确定，一般处罚按最高罚款数额的百分三十以上百分之六十以下确定，从重处罚应高于最高罚款数额的百分之六十；

（三）罚款为一定金额的倍数，并同时规定了最低罚款倍数和最高罚款倍数的，从轻处罚应低于最低罚款倍数和最高罚款倍数的中间倍数，从重处罚应高于中间倍数；

（四）只规定最高罚款倍数未规定最低罚款倍数的，从轻处罚一般按最高罚款倍数的百分之三十以下确定，一般处罚按最高罚款倍数的百分之三十以上百分之六十以下确定，从重处罚应高于最高罚款倍数的百分之六十。

第十二条 同时具有两个以上从重情节、且不具有从轻情节的，应当在违法行为对应的处罚幅度内按最高档次实施处罚。

同时具有两个以上从轻情节、且不具有从重情节的，应当在违法行为对应的处罚幅度内按最低档次实施处罚。

同时具有从重和从轻情节的，应当根据违法行为的性质和主要情节确定对应的处罚幅度，综合考虑后实施处罚。

第十三条 有下列情形之一的，农业农村主管部门依法不予处罚：

（一）未满 14 周岁的公民实施违法行为的；

（二）精神病人在不能辨认或者控制自己行为时实施违法行为的；

（三）违法事实不清，证据不足的；

（四）违法行为轻微并及时纠正，未造成危害后果的；

（五）违法行为在两年内没有发现的，法律另有规定的除外；

（六）其他依法不予处罚的。

第十四条 有下列情形之一的，农业农村主管部门依法从轻或减轻处罚：

（一）已满 14 周岁不满 18 周岁的公民实施违法行为的；

（二）主动消除或减轻违法行为危害后果的；

（三）受他人胁迫实施违法行为的；

（四）在共同违法行为中起次要或者辅助作用的；

（五）主动中止违法行为的；

（六）配合行政机关查处违法行为有立功表现的；

（七）主动投案向行政机关如实交代违法行为的；

（八）其他依法应当从轻或减轻处罚的。

第十五条 有下列情形之一的，农业农村主管部门依法从重处罚：

（一）违法情节恶劣，造成严重危害后果的；

（二）责令改正拒不改正，或者一年内实施两次以上同种违法行为的；

（三）妨碍、阻挠或者抗拒执法人员依法调查、处理其违法行为的；

（四）故意转移、隐匿、毁坏或伪造证据，或者对举报投诉人、证人打击报复的；

（五）在共同违法行为中起主要作用的；

（六）胁迫、诱骗或教唆未成年人实施违法行为的；

（七）其他依法应当从重处罚的。

第十六条 给予减轻处罚的，依法在法定行政处罚的最低限度以下作出。

第十七条 农业农村主管部门行使行政处罚自由裁量权，应当充分听取当事人的陈述、申辩，并记录在案。按照一般程序作出的农业行政处罚决定，应当经农业农村主管部门法制工作机构审核；对情节复杂或者重大违法行为给予较重的行政处罚的，还应当经农业农村主管部门负责人集体讨论决定，并在案卷讨论记录和行政处罚决定书中说明理由。

第十八条 行使行政处罚自由裁量权，应当坚持处罚与教育相结合、执法与普法相结合，将普法宣传融入行政执法全过程，教育和引导公民、法人或者其他组织知法学法、自觉守法。

第十九条 农业农村主管部门应当加强农业执法典型案例的收集、整理、研究和发布工作，建立农业行政执法案例库，充分发挥典型案例在指导和规范行政处罚自由裁量权工作中的引导、规范功能。

第二十条　农业农村主管部门行使行政处罚自由裁量权，不得有下列情形：

（一）违法行为的事实、性质、情节以及社会危害程度与受到的行政处罚相比，畸轻或者畸重的；

（二）在同一时期同类案件中，不同当事人的违法行为相同或者相近，所受行政处罚差别较大的；

（三）依法应当不予行政处罚或者应当从轻、减轻行政处罚的，给予处罚或未从轻、减轻行政处罚的；

（四）其他滥用行政处罚自由裁量权情形的。

第二十一条　各级农业农村主管部门应当建立健全规范农业行政处罚自由裁量权的监督制度，通过以下方式加强对本行政区域内农业农村主管部门行使自由裁量权情况的监督：

（一）行政处罚决定法制审核；

（二）开展行政执法评议考核；

（三）开展行政处罚案卷评查；

（四）受理行政执法投诉举报；

（五）法律、法规和规章规定的其他方式。

第二十二条　农业行政执法人员滥用行政处罚自由裁量权的，依法追究其行政责任。涉嫌违纪、犯罪的，移交纪检监察机关、司法机关依法依规处理。

第二十三条　县级以上地方人民政府农业农村主管部门制定的行政处罚自由裁量权基准，应当及时向社会公开。

第二十四条　本办法自2019年6月1日起施行。

农业农村部关于印发《农业综合行政执法事项指导目录（2020年版）》的通知

（农法发〔2020〕2号）

各省、自治区、直辖市人民政府：

根据深化党和国家机构改革有关安排部署，为贯彻落实《国务院办公厅关于农业综合行政执法有关事项的通知》（国办函〔2020〕34号）要求，扎实推进农业综合行政执法改革，经国务院批准，现将《农业综合行政执法事项指导目录（2020年版）》及说明印发给你们，请认真贯彻执行。

附件：农业综合行政执法事项指导目录（2020年版）及说明

农业农村部
2020年5月27日

附件：

农业综合行政执法事项指导目录（2020年版）（饲料相关事项节选）

序号	事项名称	职权类型	实施依据	实施主体		第一责任层级建议
				法定实施主体		
40	对畜禽养殖场未建立养殖档案或未按照规定保存养殖档案的行政处罚	行政处罚	1.《中华人民共和国畜牧法》第四十一条：畜禽养殖场应当建立养殖档案，载明以下内容：（一）畜禽的品种、数量、繁殖记录、标识情况、来源和进出场日期；（二）饲料、饲料添加剂、兽药等投入品的来源、名称，使用对象、时间和用量；（三）检疫、免疫、消毒情况；（四）畜禽发病、死亡和无害化处理情况；（五）国务院畜牧兽医行政主管部门规定的其他内容。第六十六条：违反本法第四十一条规定，畜禽养殖场未建立养殖档案的，或者未按照规定保存养殖档案的，由县级以上人民政府畜牧兽医行政主管部门责令限期改正，可以处1万元以下罚款。2.《中华人民共和国动物防疫法》第七十四条：违反本法规定，对经强制免疫的动物未按照国务院兽医主管部门规定建立免疫档案、加施畜禽标识的，依照《中华人民共和国畜牧法》的有关规定处罚。	农业农村主管部门	设区的市或县级
46	对提供虚假的资料，样品或者采取其他欺骗方式取得许可证明文件的行政处罚	行政处罚	《饲料和饲料添加剂管理条例》第三十六条：提供虚假的资料、样品或者采取其他欺骗方式取得许可证明文件的，由发证机关撤销相关许可证明文件，处5万元以上10万元以下罚款，申请人3年内不得就同一事项申请行政许可。以欺骗方式取得许可证明文件给他人造成损失的，依法承担赔偿责任。	农业农村主管部门	国务院主管部门或省级

十、监督执法

(续表)

序号	事项名称	职权类型	实施依据	实施主体		第一责任层级建议
				法定实施主体		
47	对假冒、伪造或者买卖许可证明文件的行政处罚	行政处罚	《饲料和饲料添加剂管理条例》 第三十七条：假冒、伪造或者买卖许可证明文件的，由国务院农业行政主管部门或者县级以上地方人民政府饲料管理部门按照职责权限收缴或者吊销、撤销相关许可证明文件；构成犯罪的，依法追究刑事责任。	农业农村主管部门		国务院主管部门或者设区的市或县级
48	对未取得生产许可证生产饲料、饲料添加剂的行政处罚	行政处罚	1.《饲料和饲料添加剂管理条例》第三十八条第一款：未取得饲料生产许可证生产饲料、饲料添加剂的，由县级以上地方人民政府饲料管理部门责令停止生产，没收违法生产的产品和违法所得，违法生产的产品货值金额不足1万元的，并处1万元以上5万元以下罚款，货值金额1万元以上的，并处货值金额5倍以上10倍以下罚款；情节严重的，没收其生产设备，生产企业的主要负责人和直接负责的主管人员10年内不得从事饲料、饲料添加剂生产、经营活动。 2.《宠物饲料管理办法》第十七条：未取得饲料生产许可证生产宠物添加剂预混合饲料的，依据《饲料和饲料添加剂管理条例》第三十八条进行处罚。 3.《饲料、饲料添加剂生产许可管理办法》第二十条：饲料、饲料添加剂生产企业有下列情形之一的，依照《饲料和饲料添加剂管理条例》第三十八条处罚：（一）超出许可范围生产饲料、饲料添加剂；（二）生产许可证有效期届满后，未依法继续申请延续而继续从事饲料、饲料添加剂生产。	农业农村主管部门		设区的市或县级

(续表)

序号	事项名称	职权类型	实施依据	实施主体	
				法定实施主体	第一责任层级建议
49	对已经取得生产许可证，但不再具备生产条件而继续生产饲料、饲料添加剂的行政处罚	行政处罚	《饲料和饲料添加剂管理条例》 第十四条：设立饲料、饲料添加剂生产企业，应当符合饲料工业发展规划和产业政策，并具备下列条件：（一）有与生产饲料、饲料添加剂相适应的厂房、设备和仓储设施；（二）有与生产饲料、饲料添加剂相适应的专职技术人员；（三）有必要的产品质量检验机构、人员、设施和质量管理制度；（四）有符合国家环境保护要求的污染防治措施；（五）有符合国家规定的安全、卫生要求的生产环境；（六）国务院农业行政主管部门制定的饲料、饲料添加剂质量安全管理规范规定的其他条件。 第三十八条第二款规定：已经取得生产许可证，但不再具备本条例第十四条规定的条件而继续生产饲料、饲料添加剂的，由县级以上地方人民政府饲料管理部门责令停止生产、限期改正，并处1万元以上5万元以下罚款；逾期不改正的，由发证机关吊销生产许可证。	农业农村主管部门	设区的市或县级
50	对已经取得生产许可证，但未按照规定取得产品批准文号而生产饲料添加剂的行政处罚	行政处罚	1.《饲料和饲料添加剂管理条例》第三十八条第三款：已经取得生产许可证，但未取得产品批准文号而生产饲料添加剂、添加剂预混合饲料的，由县级以上地方人民政府饲料管理部门责令停止生产，没收违法所得、违法生产的饲料添加剂和用于违法生产的饲料添加剂原料，并处违法生产的产品货值金额1倍以上3倍以下罚款；情节严重的，由发证机关吊销生产许可证。 2.《饲料添加剂和添加剂预混合饲料产品批准文号管理办法》第十七条第一款：饲料添加剂、添加剂预混合饲料生产企业违反本办法规定，向定制企业以外的其他饲料、药物饲料添加剂、饲料添加剂和饲料预混合饲料生产企业，经营者或养殖者销售的，依照《饲料和饲料添加剂管理条例》第三十八条处罚。 3.《国务院关于取消和下放一批行政许可事项的决定》（国发〔2019〕6号）附件1《国务院决定取消的行政许可事项目录》第18项：饲料添加剂、混合型饲料、混合型饲料预混合饲料产品批准文号核发。	农业农村主管部门	设区的市或县级

十、监督执法

(续表)

序号	事项名称	职权类型	实施依据	实施主体	
				法定实施主体	第一责任层级建议
51	对饲料、饲料添加剂生产企业不遵守规定使用饲料、饲料添加剂原料、单一饲料、饲料添加剂、添加剂预混合饲料生产饲料等行为的行政处罚	行政处罚	《饲料和饲料添加剂管理条例》第三十九条：饲料、饲料添加剂生产企业有下列行为之一的，由县级以上地方人民政府饲料、饲料添加剂管理部门责令改正，没收违法生产的产品和用于违法生产的饲料、饲料添加剂以及用于违法生产饲料添加剂的原料、单一饲料、饲料添加剂、药物饲料添加剂、添加剂预混合饲料的原料，违法生产的产品货值金额不足1万元的，并处1万元以上5万元以下罚款；货值金额1万元以上的，并处货值金额5倍以上10倍以下罚款；情节严重的，由发证机关吊销、撤销相关许可证明文件，饲料添加剂生产企业的主要负责人和直接负责的主管人员10年内不得从事饲料、饲料添加剂生产、经营活动，构成犯罪的，依法追究刑事责任：（一）使用限制使用的饲料原料、单一饲料、饲料添加剂、药物饲料添加剂生产饲料，不遵守国务院农业行政主管部门的限制性规定的；（二）使用国务院农业行政主管部门公布的饲料原料目录、饲料添加剂品种目录以外的物质生产饲料的；（三）生产未取得新饲料、新饲料添加剂证书的新饲料、新饲料添加剂或者禁用的饲料、饲料添加剂的。	农业农村主管部门	设区的市或县级
52	对饲料、饲料添加剂生产企业不按规定和有关标准对采购的饲料原料、单一饲料、饲料添加剂、药物饲料添加剂、添加剂预混合饲料和用于饲料生产的原料进行查验或者检验等行为的行政处罚	行政处罚	《饲料和饲料添加剂管理条例》第四十条：饲料、饲料添加剂生产企业有下列行为之一的，由县级以上地方人民政府饲料、饲料添加剂管理部门责令改正，处1万元以上2万元以下罚款；拒不改正的，没收违法所得、饲料、饲料添加剂，并处2万元以上5万元以下罚款，可以由发证机关撤销相关许可证明文件；情节严重的，责令停止生产、饲料、饲料添加剂生产过程中不遵守国务院农业行政主管部门制定的饲料、饲料添加剂安全使用规范的：（一）不按照国务院农业行政主管部门的规定和有关标准对采购的饲料原料、单一饲料、饲料添加剂、药物饲料添加剂、添加剂预混合饲料和用于饲料生产的原料进行查验或者检验的；（二）饲料、饲料添加剂生产过程中不遵守国务院农业行政主管部门制定的饲料、饲料添加剂安全使用规范的；（三）生产的饲料、饲料添加剂未经质量检验的。	农业农村主管部门	设区的市或县级

(续表)

序号	事项名称	职权类型	实施依据	实施主体	
				法定实施主体	第一责任层级建议
53	对饲料、饲料添加剂生产企业不依照规定实行采购、生产、销售记录制度或者产品留样观察制度的行政处罚	行政处罚	《饲料和饲料添加剂管理条例》第四十一条第一款：饲料、饲料添加剂生产企业不依照本条例规定实行采购、生产、销售记录制度或者产品留样观察制度的，由县级以上地方人民政府饲料管理部门责令改正，违法生产或者销售的饲料、饲料添加剂货值金额1万元以上的，处1万元以上2万元以下罚款；拒不改正的，没收违法所得，违法生产的饲料和用于违法生产饲料的饲料原料、单一饲料、饲料添加剂、药物饲料添加剂混合饲料以及用于违法生产饲料添加剂的原料，处2万元以上5万元以下罚款，并可以由发证机关吊销、撤销相关许可证明文件。	农业农村主管部门	设区的市或县级
54	对饲料、饲料添加剂生产企业销售未附具产品质量检验合格证或者包装、标签不符合规定的饲料、饲料添加剂的行政处罚	行政处罚	《饲料和饲料添加剂管理条例》第四十一条第二款：饲料、饲料添加剂生产企业销售的饲料、饲料添加剂未附具产品质量检验合格证或者包装、标签不符合规定的，由县级以上地方人民政府饲料管理部门责令改正；情节严重的，没收违法所得和违法销售的产品，可以处违法销售产品货值金额30%以下罚款。	农业农村主管部门	设区的市或县级
55	对不符合规定条件经营饲料、饲料添加剂的行政处罚	行政处罚	《饲料和饲料添加剂管理条例》第二十二条：饲料、饲料添加剂经营者应当符合下列条件：（一）有与经营饲料、饲料添加剂相适应的经营场所和仓储设施；（二）有具备饲料质量管理和安全管理知识的技术人员；（三）有必要的产品质量管理和安全管理制度。第四十二条：不符合本条例第二十二条规定条件经营饲料、饲料添加剂的，由县级人民政府饲料管理部门责令限期改正；逾期不改正的，没收违法所得和违法经营的产品，违法经营的产品货值金额不足1万元的，并处2000元以上2万元以下罚款，货值金额1万元以上的，并处货值金额2倍以上5倍以下罚款；情节严重的，责令停止经营，并通知工商行政管理部门，由工商行政管理部门吊销营业执照。	农业农村主管部门	县级

十、监督执法

(续表)

序号	事项名称	职权类型	实施依据	实施主体	
				法定实施主体	第一责任层级建议
56	经营者对饲料、饲料添加剂或者添加物质进行再加工或者添加物质等行为的行政处罚	行政处罚	1.《饲料和饲料添加剂管理条例》第四十三条：饲料、饲料添加剂经营者有下列行为之一的，由县级人民政府饲料管理部门责令改正，没收违法所得和违法经营的产品，违法经营的产品货值金额不足1万元的，并处2000元以上2万元以下罚款，违法经营的产品货值金额1万元以上的，并处货值金额2倍以上5倍以下罚款；情节严重的，责令停止经营，并通知工商行政管理部门，由工商行政管理部门依法追究营业执照；构成犯罪的，依法追究刑事责任。（一）对饲料、饲料添加剂进行再加工或者添加物质的；（二）经营无产品标签、无产品质量检验合格证或者无产品批准文号的饲料添加剂、添加剂预混合饲料的；（三）经营无产品批准文号的饲料添加剂、添加剂预混合饲料的；（四）经营用国务院农业行政主管部门公告的饲料原料目录、饲料添加剂品种目录以及禁用目录以外的物质生产的饲料，新饲料添加剂证书未取得而生产的新饲料，新饲料添加剂或者未取得定点生产企业资质的企业生产的饲料添加剂，进口登记证书未取得的进口饲料、进口饲料添加剂的；（五）经营未取得饲料、饲料添加剂以及禁用目录的饲料、饲料添加剂的。 2.《饲料添加剂和混合型饲料添加剂生产企业审查办法》第十七条第二款：定制企业违反本办法规定生产企业、经营者养殖者销售者定制产品的，依照《饲料和饲料添加剂管理条例》第四十三条处罚。 3.《国务院关于取消和下放一批行政许可事项的决定》（国发〔2019〕6号）附件1《国务院决定取消的行政许可事项目录》第18项：饲料添加剂预混合饲料、混合型饲料添加剂产品批准文号核发。	农业农村主管部门	县级
57	经营者对饲料、饲料添加剂进行拆包、分装等行为的行政处罚	行政处罚	《饲料和饲料添加剂管理条例》第四十四条：饲料、饲料添加剂经营者有下列行为之一的，由县级人民政府饲料管理部门责令改正，没收违法所得和违法经营的产品，并处2000元以上1万元以下罚款：（一）对饲料、饲料添加剂进行拆包、分装的；（二）不依照本条例规定实行产品购销台账制度的；（三）经营的饲料、饲料添加剂失效、霉变或者超过保质期的。	农业农村主管部门	县级

(续表)

序号	事项名称	职权类型	实施依据	实施主体	
				法定实施主体	第一责任层级建议
58	对饲料和饲料添加剂生产企业发现产品不主动召回的行政处罚	行政处罚	《饲料和饲料添加剂管理条例》第二十八条第一款：饲料、饲料添加剂生产企业发现其生产的饲料、饲料添加剂对养殖动物、人体健康有害或者存在其他安全隐患的，应当立即停止生产，向饲料管理部门报告，主动召回产品，通知经营者、使用者，并记录召回和处理情况。召回的产品应当在饲料管理部门监督下予以无害化处理或者销毁。第四十五条第一款：对本条例第二十八条第一款规定的饲料、饲料添加剂生产企业不主动召回的，由县级以上地方人民政府饲料管理部门责令召回，并监督生产企业对召回的产品予以无害化处理或者销毁；情节严重的，没收违法所得，并处应召回的产品货值金额1倍以上3倍以下罚款；生产企业对召回的产品不予以无害化处理或者销毁，撤销相关许可证明文件，由县级人民政府饲料管理部门代为销毁，所需费用由生产企业承担。	农业农村主管部门	设区的市或县级
59	对饲料、饲料添加剂经营者发现问题产品不停止销售的行政处罚	行政处罚	《饲料和饲料添加剂管理条例》第二十八条第二款：饲料、饲料添加剂经营者发现其销售的饲料、饲料添加剂具有前款规定情形的，应当立即停止销售，通知生产企业、供货者和使用者，向饲料管理部门报告，并记录通知情况。第四十五条第二款：对本条例第二十八条第二款规定的饲料、饲料添加剂经营者不停止销售的，由县级以上地方人民政府饲料管理部门责令停止销售，没收违法所得；拒不停止销售的，处1 000元以上5万元以下罚款；情节严重的，责令停止经营，并通知工商行政管理部门吊销营业执照，由工商行政管理部门吊销营业执照。	农业农村主管部门	设区的市或县级

（续表）

序号	事项名称	职权类型	实施依据	实施主体	
				法定实施主体	第一责任层级建议
60	对在生产、经营过程中，以非饲料、饲料添加剂冒充饲料、饲料添加剂或者以此种饲料、饲料添加剂冒充他种饲料、饲料添加剂等行为的行政处罚	行政处罚	《饲料和饲料添加剂管理条例》第四十六条：饲料、饲料添加剂生产企业、经营者有下列行为之一的，由县级以上地方人民政府饲料管理部门责令停止生产、经营，没收违法所得和违法生产、经营的产品，违法生产、经营的产品货值金额不足1万元的，并处2000元以上2万元以下罚款，货值金额1万元以上的，并处货值金额2倍以上5倍以下罚款；构成犯罪的，依法追究刑事责任：（一）在生产、经营过程中，以非饲料、饲料添加剂冒充饲料、饲料添加剂或者以此种饲料、饲料添加剂冒充他种饲料、饲料添加剂的；（二）生产、经营无产品质量标准或者产品质量不符合强制性标准的饲料、饲料添加剂的；（三）生产、经营的饲料、饲料添加剂与产品标签标示的内容不一致的。情节严重的，由发证机关吊销、撤销相关许可证明文件；饲料、饲料添加剂经营者有前款规定的行为，情节严重的，由工商行政管理部门吊销营业执照。	农业农村主管部门	设区的市或县级
61	对养殖者使用未取得新饲料、新饲料添加剂证书的新饲料、新饲料添加剂或者未取得进口登记证的进口饲料、进口饲料添加剂等行为的行政处罚	行政处罚	1.《饲料和饲料添加剂管理条例》第四十七条第一款：养殖者有下列行为之一的，由县级人民政府饲料管理部门没收违法使用的产品和非法添加物质，对单位处1万元以上5万元以下罚款，对个人处5000元以下罚款；构成犯罪的，依法追究刑事责任：（一）使用未取得新饲料、新饲料添加剂证书的新饲料、新饲料添加剂或者未取得进口登记证的进口饲料、进口饲料添加剂的；（二）使用未取得产品批准文号的饲料添加剂、添加剂预混合饲料，无生产许可证、无产品质量标准、无产品质量检验合格证的饲料、饲料添加剂的；（三）在饲料、动物饮用水中添加添加剂的；（四）使用无产品质量标准、无产品质量检验合格证的饲料添加剂的；（五）使用自行配制的饲料不遵守国务院农业行政主管部门使用规范的；（六）使用限制使用的物质养殖动物，不遵守国务院农业主管部门限制性规定的；（七）在反刍动物饲料中添加乳和乳制品以外的动物源性成分的。 2.《国务院关于取消和下放一批行政许可事项的决定》（国发〔2019〕6号）附件1《国务院决定取消的行政许可事项目录》第18项：饲料添加剂预混合饲料、混合型饲料添加剂产品批准文号核发。	农业农村主管部门	县级

719

(续表)

序号	事项名称	职权类型	实施依据	实施主体	
				法定实施主体	第一责任层级建议
62	对养殖者在饲料或者动物饮用水中添加国务院农业行政主管部门公布禁用的其他物质以及对人体具有直接危害或者潜在危害的物质，或者直接使用上述物质养殖动物的行政处罚	行政处罚	《饲料和饲料添加剂管理条例》第四十七条第二款：在饲料或者动物饮用水中添加国务院农业行政主管部门公布禁用的其他物质以及对人体具有直接危害或者潜在危害的物质，或者直接使用上述物质饲喂动物的，由县级以上地方人民政府饲料管理部门责令其对饲喂了违禁物质的动物进行无害化处理，处3万元以上10万元以下罚款；构成犯罪的，依法追究刑事责任。	农业农村主管部门	设区的市或县级
63	对养殖者自行配制的饲料对外提供的行政处罚	行政处罚	《饲料和饲料添加剂管理条例》第四十八条：养殖者对外提供自行配制的饲料的，由县级人民政府饲料管理部门责令改正，处2 000元以上2万元以下罚款。	农业农村主管部门	县级
103	对直接将兽药原料药添加到饲料及动物饮用水中或者饲喂动物的行政处罚	行政处罚	《兽药管理条例》第六十八条：违反本条例规定，在饲料和动物饮用水中添加激素类药品和国务院兽医行政管理部门规定的其他禁用药品，依照《饲料和饲料添加剂管理条例》的有关规定处罚；直接将兽药原料药添加到饲料及动物饮用水中，或者饲喂动物的，责令其立即改正，并处1万元以上3万元以下罚款；给他人造成损失的，依法承担赔偿责任。第七十条第一款：本条例规定由县级以上人民政府兽医行政管理部门作出的行政处罚决定，其中吊销兽药生产许可证、兽药经营许可证，撤销兽药批准证明文件或者责令停止兽药研究试验的，由发证、批准、备案部门决定。	农业农村主管部门	设区的市或县级

十、监督执法

（续表）

序号	事项名称	职权类型	实施依据	实施主体	
				法定实施主体	第一层级建议责任
241	对有证据证明用于违法生产饲料的饲料原料、单一饲料、饲料添加剂、药物饲料添加剂、添加剂预混合饲料等的行政强制	行政强制	《饲料和饲料添加剂管理条例》第三十四条第三、四项：国务院农业行政主管部门和县级以上地方人民政府饲料管理部门在监督检查中可以采取下列措施：（三）查封、扣押有证据证明用于违法生产饲料、饲料添加剂的原料，单一饲料、饲料添加剂，用于违法生产饲料、饲料添加剂的工具、设施，违法生产、经营、使用的饲料、饲料添加剂；（四）查封违法生产、经营饲料、饲料添加剂的场所。	农业农村主管部门	国务院主管部门或者设区的市或县级

721

附件：

农业综合行政执法事项指导目录（2020年版）说明

一、关于主要内容。《农业综合行政执法事项指导目录（2020年版）》（以下简称《指导目录》）主要梳理规范了农业综合行政执法的事项名称、职权类型、实施依据、实施主体（包括责任部门、第一责任层级建议）。各地可根据法律法规立改废释和地方立法等情况，进行补充、细化和完善，进一步明确行政执法事项的责任主体，研究细化执法事项的工作程序、规则、自由裁量标准等，严格规范公正文明执法。

二、关于梳理范围。《指导目录》主要梳理的是农业农村领域现行有效的法律、行政法规设定的行政处罚和行政强制事项，以及部门规章设定的警告、罚款的行政处罚事项。不包括地方性法规规章设定的行政处罚和行政强制事项。以后将按程序进行动态调整。

三、关于事项确定。一是为避免法律、行政法规和部门规章相关条款在实施依据中多次重复援引，原则上按法律、行政法规和部门规章的"条"或"款"来确定为一个事项。二是对"条"或"款"中罗列的多项具体违法情形，原则上不再拆分为多个事项；但罗列的违法情形涉及援引其他法律、行政法规和部门规章条款的，单独作为一个事项列出。三是部门规章在法律、行政法规规定的给予行政处罚的行为、种类和幅度范围内做出的具体规定，在实施依据中列出，不再另外单列事项。四是同一法律行政法规条款同时包含行政处罚、行政强制事项的，分别作为一个事项列出。

四、关于事项名称。一是列入《指导目录》的行政处罚、行政强制事项名称，原则上根据设定该事项的法律、行政法规和部门规章条款内容进行概括提炼，统一规范为"对××行为的行政处罚（行政强制）"。二是部分涉及多种违法情形、难以概括提炼的，以罗列的多种违法情形中的第一项为代表，统一规范为"对××等行为的行政处罚（行政强制）"。

五、关于实施依据。一是对列入《指导目录》的行政处罚、行政强制事项，按照完整、清晰、准确的原则，列出设定该事项的法律、行政法规和部门规章的具体条款内容。二是被援引的法律、行政法规和部门规章条款已作修订的，只列入修订后对应的条款。

六、关于实施主体。一是根据全国人大常委会《关于国务院机构改革涉及法律规定的行政机关职责调整问题的决定》和国务院《关于国务院机构改革涉及行政法规规定的行政机关职责调整问题的决定》，现行法律行政法规规定的行政机关职责和工作，机构改革方案确定由组建后的行政机关或者划入职责的行政机关承担的，在有关法律行政法规规定尚未修改之前，调整适用有关法律行政法规规定，由组建后的行政机关或者划入职责的行政机关承担；相关职责尚未调整到位之前，由原承担该职责和工作的行政机关继续承担；地方各级行政机关承担法律行政法规规定的职责和工作需要进行调整的，按照上述原则执行。二是法律行政法规规定的实施主体所称"县级以上××主管部门""××主管部门",指的是县级以上依据"三定"规定承担该项行政处罚和行政强制职责的部门。三是根据《深化党和国家机构改革方案》关于推进农业综合行政执法的改革精神,对列入《指导目录》行政执法事项的实施主体统一规范为"农业农村主管部门"。地方需要对部分事项的实施主体作出调整的,可结合部门"三定"规定作出具体规定,依法按程序报同级党委和政府决定。四是《指导目录》中的渔业行政执法事项,涉及在公海履行我国批准的国际公约、条约、协定等规定的渔业监管,机动渔船底拖网禁渔区线外侧、特定渔业资源渔场的渔业和水生野生动物保护执法检查与处罚由中国海警局依据部门"三定"规定实施。

七、关于第一责任层级建议。一是明确"第一责任层级建议",主要是按照有权必有责、有责要担当、失责必追究的原则,把查处违法行为的第一管辖和第一责任压实,不排斥上级主管部门对违法行为的管辖权和处罚权。必要时,上级主管部门可以按程序对重大案件和跨区域案件实施直接管辖,或进行监督指导和组织协调。二是根据党的十九届三中全会关于"减少执法层级,推动执法力量下沉"的精神和落实属地化监管责任的要求,对法定实施主体为"县级以上××主管部门"或"××主管部门"的,原则上明确"第一责任层级建议"为"设区的市或县级"。各地可在此基础上,区分不同事项和不同管理体制,结合实际具体明晰行政执法事项的第一管辖和第一责任主体。三是对于吊销行政许可等特定种类处罚,原则上由地方明确的第一管辖和第一责任主体进行调查取证后提出处罚建议,按照行政许可法规定转发证机关或者其上级行政机关落实。四是法定实施主体为"国务院××主管部门""省级××主管部门"和"县级人民政府××主管部门"的,原则上明确"第一责任层级建议"为"国务院主管部门""省级"和"县级"。

农业农村部关于加强水产养殖用投入品监管的通知

（农渔发〔2021〕1号）

各省、自治区、直辖市及计划单列市农业农村（农牧、畜牧兽医）厅（局、委），福建省海洋与渔业局，青岛市海洋发展局，厦门市海洋发展局，深圳市海洋渔业局，新疆生产建设兵团农业农村局：

为加强水产养殖用兽药、饲料和饲料添加剂等投入品管理，依法打击生产、进口、经营和使用假、劣水产养殖用兽药、饲料和饲料添加剂等违法行为，保障养殖水产品质量安全，加快推进水产养殖业绿色发展，根据《渔业法》《农产品质量安全法》《兽药管理条例》《饲料和饲料添加剂管理条例》《农药管理条例》《水产养殖质量安全管理规定》等法律法规和规章有关规定，现就加强水产养殖用投入品监管有关事项通知如下。

一、准确把握水产养殖用兽药、饲料和饲料添加剂含义

各级地方农业农村（畜牧兽医、渔业）主管部门要准确把握水产养殖用兽药、饲料和饲料添加剂的含义及管理范畴，依法履行监管职责。依照《兽药管理条例》第七十二条规定，用于预防、治疗、诊断水产养殖动物疾病或者有目的地调节水产养殖动物生理机能的物质，主要包括：血清制品、疫苗、诊断制品、微生态制品、中药材、中成药、化学药品、抗生素、生化药品、放射性药品及外用杀虫剂、消毒剂等，应按兽药监督管理。依照《饲料和饲料添加剂管理条例》第二条规定，经工业化加工、制作的供水产养殖动物食用的产品，包括单一饲料、添加剂预混合饲料、浓缩饲料、配合饲料和精料补充料，应按饲料监督管理；在水产养殖用饲料加工、制作、使用过程中添加的少量或者微量物质，包括营养性饲料添加剂和一般饲料添加剂，应按饲料添加剂监督管理。各地对无法界定的相关产品，应及时向上级主管部门请求明确。

二、强化水产养殖用兽药、饲料和饲料添加剂等投入品管理

各地要依法加强对水产养殖用兽药、饲料和饲料添加剂的生产、进口、经营和使用等环节的管理，压实属地责任，形成监管合力。水产养殖用投入品，应当按照兽药、饲料和饲料添加剂管理的，无论冠以"××剂"的名称，均应依法取得相应生产许可证和产品批准文号，方可生产、经营和使用。水产养殖用兽药的研制、生产、进口、经营、发布广告和使用等行为，应严格依照《兽药管理条例》监督管理。未经审查批准，不得生产、进口、经营水产养殖用兽药和发布水产养殖用兽药广告。市售所谓"水质改良剂""底质改良剂""微生态制剂"等产品中，用于预防、治疗、诊断水产养殖动物

疾病或者有目的地调节水产养殖动物生理机能的，应按照兽药监督管理。禁止生产、进口、经营和使用假、劣水产养殖用兽药，禁止使用禁用药品及其他化合物、停用兽药、人用药和原料药。水产养殖用饲料和饲料添加剂的审定、登记、生产、经营和使用等行为，应严格按照《饲料和饲料添加剂管理条例》监督管理。依照《农药管理条例》有关规定，水产养殖中禁止使用农药。

三、整治水产养殖用兽药、饲料和饲料添加剂相关违法行为

我部决定 2021—2023 年连续三年开展水产养殖用兽药、饲料和饲料添加剂相关违法行为的专项整治，各级地方农业农村（畜牧兽医、渔业）主管部门要将专项整治列入重点工作，落实责任，常抓不懈。县级以上地方农业农村（畜牧兽医、渔业）主管部门要设立有奖举报电话，加大对生产、进口、经营和使用假、劣水产养殖用兽药，未取得许可证明文件的水产养殖用饲料、饲料添加剂，以及使用禁用药品及其他化合物、停用兽药、人用药、原料药和农药等违法行为的打击力度，重点查处故意以所谓"非药品""动保产品""水质改良剂""底质改良剂""微生态制剂"等名义生产、经营和使用假兽药，逃避兽药监管的违法行为。县级以上地方农业农村（畜牧兽医、渔业）主管部门以及农业综合执法机构、渔政执法机构要依法、依职能，对生产、进口、经营和使用假、劣水产养殖用兽药，以及未取得许可证明文件的水产养殖用饲料、饲料添加剂，使用禁用药品及其他化合物、停用兽药、人用药、原料药和农药等违法行为实施行政处罚，涉嫌违法犯罪的，依法移送司法机关处理。各地要强化对专项整治工作的监督和考核，我部将对各地工作情况进行督导检查。

四、试行水产养殖用投入品使用白名单制度

我部决定在全国试行水产养殖用投入品使用白名单制度。白名单制度是指：将国务院农业农村主管部门批准的水产养殖用兽药、饲料和饲料添加剂，及其制定的饲料原料目录和饲料添加剂品种目录所列物质纳入水产养殖用投入品白名单，实施动态管理。水产养殖生产过程中除合法使用水产养殖用兽药、饲料和饲料添加剂等白名单投入品外，不得非法使用其他投入品，否则依法予以查处或警示。对发现养殖者使用白名单以外投入品养殖食用水产养殖动物的，由地方各级农业农村（渔业）主管部门以及农业综合执法机构、渔政执法机构依法、依职能进行查处，涉嫌犯罪的移交司法机关追究刑事责任；同时各级地方农业农村（渔业）主管部门公开发布其养殖产品可能存在质量安全风险隐患的警示信息。

五、提升普法宣传教育和行政审批服务水平

县级以上地方农业农村（畜牧兽医、渔业）主管部门，要积极为兽药、饲料和饲料添加剂生产、经营企业在相关行政审批业务，以及水产养殖者在规范使用兽药、饲料和饲料添加剂等方面提供服务，优化审批流程，引导其规范生产、经营和使用。要进一步加强法律普及和政策宣传工作，地方相关行政管理人员应准确把握兽药含义，不被部分生产者宣传的所谓"非药品""动保产品""水质改良剂""底质改良剂""微生态制

剂"等名称蒙蔽。要在兽药、饲料和饲料添加剂生产（进口）企业、经营门店和水产养殖场等场所广泛开展宣传。教育相关企业不生产、进口和经营假、劣水产养殖用兽药，以及未取得许可证明文件的水产养殖用饲料和饲料添加剂。教育养殖者应使用国家批准的水产养殖用兽药、饲料和饲料添加剂，使用自行配制饲料严格遵守国务院农业农村主管部门制定的自行配制饲料使用规范。教育养殖者应认准兽药标签上的兽药产品批准文号（进口兽药注册证书号）和二维码标识，饲料和饲料添加剂的产品标签、生产许可证、质量标准、质量检验合格证等信息，拒绝购买和使用禁用药品及其他化合物，停用兽药，假、劣兽药，人用药，原料药，农药和未赋兽药二维码的兽药，以及禁用的、无产品标签等信息的饲料和饲料添加剂。相关行业协会要加强行业自律，教育相关企业杜绝生产假、劣兽药等违法行为，依法科学规范生产、销售和使用水产养殖用投入品。

各省、自治区、直辖市及计划单列市和新疆生产建设兵团的工作实施方案，请于 2021 年 3 月 31 日前同时报我部畜牧兽医局、渔业渔政管理局。2021—2023 年，每年开展专项整治和白名单制度试行等工作情况的总结，请于当年 11 月 30 日前同时报我部畜牧兽医局、渔业渔政管理局。工作中如有问题和建议，请及时与我部相关司局联系。

畜牧兽医局联系电话：010-59191430（兽药），010-59192831（饲料）
渔业渔政管理局联系电话：010-59192976

农业农村部

2021 年 1 月 6 日

农业农村部畜牧兽医局关于印发《饲料和饲料添加剂生产企业现场检查表》的通知

(农牧便函〔2021〕98号)

各省、自治区、直辖市农业农村(农牧、畜牧兽医)厅(局、委),新疆生产建设兵团农业农村局:

为加强饲料和饲料添加剂生产企业监督管理,进一步规范生产企业现场检查工作,根据《饲料和饲料添加剂管理条例》《饲料生产企业许可条件》《饲料质量安全管理规范》等法规规章,我局研究制定了《饲料和饲料添加剂生产企业现场检查表》,现印发你们,供各地开展生产企业现场检查工作中参考使用。

附件:饲料和饲料添加剂生产企业现场检查表(略)

农业农村部畜牧兽医局
2021年2月19日

十一、饲料行业税收政策

财政部、国家税务总局关于饲料产品免征增值税问题的通知

(财税〔2001〕121号)

各省、自治区、直辖市、计划单列市财政厅（局）、国家税务局，新疆生产建设兵团财务局：

根据国务院关于部分饲料产品继续免征增值税的批示，现将免税饲料产品范围及国内环节饲料免征增值税的管理办法明确如下：

一、免税饲料产品范围包括：

（一）单一大宗饲料。指以一种动物、植物、微生物或矿物质为来源的产品或其副产品。其范围仅限于糠麸、酒糟、鱼粉、草饲料、饲料级磷酸氢钙及除豆粕以外的菜子（籽）粕、棉子（籽）粕、向日葵粕、花生粕等粕类产品。

（二）混合饲料。指由两种以上单一大宗饲料、粮食、粮食副产品及饲料添加剂按照一定比例配置，其中单一大宗饲料、粮食及粮食副产品的参兑比例不低于95%的饲料。

（三）配合饲料。指根据不同的饲养对象，饲养对象的不同生长发育阶段的营养需要，将多种饲料原料按饲料配方经工业生产后，形成的能满足饲养动物全部营养需要（除水分外）的饲料。

（四）复合预混料。指能够按照国家有关饲料产品的标准要求量，全面提供动物饲养相应阶段所需微量元素（4种或以上）、维生素（8种或以上），由微量元素、维生素、氨基酸和非营养性添加剂中任何两类或两类以上的组分与载体或稀释剂按一定比例配置的均匀混合物。

（五）浓缩饲料。指由蛋白质、复合预混料及矿物质等按一定比例配制的均匀混合物。

二、原有的饲料生产企业及新办的饲料生产企业，应凭省级税务机关认可的饲料质量检测机构出具的饲料产品合格证明，向所在地主管税务机关提出免税申请，经省级国家税务局审核批准后，由企业所在地主管税务机关办理免征增值税手续。饲料生产企业饲料产品需检测品种由省级税务机关根据本地区的具体情况确定。

三、本通知自2001年8月1日起执行。2001年8月1日前免税饲料范围及豆粕的征税问题，仍按照《国家税务总局关于修订"饲料"注释及加强饲料征免增值税管理问题的通知》（国税发〔1999〕39号）执行。

中华人民共和国财政部
中华人民共和国国家税务总局
二〇〇一年七月十二日

国家税务总局关于宠物饲料征收增值税问题的批复
（国税函〔2002〕812号）

北京市国家税务局：

你局《关于宠物饲料征收增值税问题的请示》（京国税发〔2002〕184号）收悉。宠物饲料产品不属于免征增值税的饲料，应按照饲料产品13%的税率征收增值税。

中华人民共和国国家税务总局
二〇〇二年九月十二日

国家税务总局关于饲用鱼油产品免征增值税的批复
（国税函〔2003〕1395号）

福建省国家税务局：

你局《关于"饲用鱼油"产品免征增值税问题的请示》（闽国税发〔2003〕214号）收悉。经研究，现批复如下：

饲用鱼油是鱼粉生产过程中的副产品，主要用于水产养殖和肉鸡饲养，属于单一大宗饲料。经研究，自2003年1月1日起，对饲用鱼油产品按照现行"单一大宗饲料"的增值税政策规定，免予征收增值税。

特此批复。

中华人民共和国国家税务总局
二〇〇三年十二月二十九日

国家税务总局关于取消饲料产品免征增值税审批程序后加强后续管理的通知

(国税函〔2004〕884号)

各省、自治区、直辖市和计划单列市国家税务局，局内各单位：

根据《国务院关于第三批取消和调整行政审批项目的决定》（国发〔2004〕16号），《财政部、国家税务总局关于饲料产品免征增值税的通知》（财税〔2001〕121号）第二条有关饲料生产企业向所在地主管税务机关提出申请，经省级国家税务局审核批准后办理免税的规定予以取消。为了加强对免税饲料产品的后续管理，现将有关问题明确如下：

一、符合免税条件的饲料生产企业，取得有计量认证资质的饲料质量检测机构（名单由省级国家税务局确认）出具的饲料产品合格证明后即可按规定享受免征增值税优惠政策，并将饲料产品合格证明报其所在地主管税务机关备案。

二、饲料生产企业应于每月纳税申报期内将免税收入如实向其所在地主管税务机关申报。

三、主管税务机关应加强对饲料免税企业的监督检查，凡不符合免税条件的要及时纠正，依法征税。对采取弄虚作假手段骗取免税资格的，应依照《中华人民共和国税收征收管理法》及有关税收法律、法规的规定予以处罚。

中华人民共和国国家税务总局
二〇〇四年七月七日

财政部、国家税务总局关于矿物质微量元素舔砖免征进口环节增值税的通知

(财关税〔2006〕73号)

海关总署：

为支持国内畜牧业的发展并根据《财政部 国家税务总局关于豆粕等粕类产品征免增值税政策的通知》（财税〔2001〕30号）第二条的有关规定，自2007年1月1日起，对进口的矿物质微量元素舔砖（税号：ex38249090）免征进口环节增值税。

矿物质微量元素舔砖是以四种以上微量元素、非营养性添加剂和载体为原料，经高压浓缩制成的块状预混物，供牛、羊等直接食用。

中华人民共和国财政部
中华人民共和国国家税务总局
二〇〇六年十二月十二日

十二、相关法律法规

兽药管理条例

(国务院令2004年第404号发布，2014年第653号、2016年第666号、2020年第726号修订)

第一章 总则

第一条 为了加强兽药管理，保证兽药质量，防治动物疾病，促进养殖业的发展，维护人体健康，制定本条例。

第二条 在中华人民共和国境内从事兽药的研制、生产、经营、进出口、使用和监督管理，应当遵守本条例。

第三条 国务院兽医行政管理部门负责全国的兽药监督管理工作。

县级以上地方人民政府兽医行政管理部门负责本行政区域内的兽药监督管理工作。

第四条 国家实行兽用处方药和非处方药分类管理制度。兽用处方药和非处方药分类管理的办法和具体实施步骤，由国务院兽医行政管理部门规定。

第五条 国家实行兽药储备制度。

发生重大动物疫情、灾情或者其他突发事件时，国务院兽医行政管理部门可以紧急调用国家储备的兽药；必要时，也可以调用国家储备以外的兽药。

第二章 新兽药研制

第六条 国家鼓励研制新兽药，依法保护研制者的合法权益。

第七条 （国务院令第653号修订）研制新兽药，应当具有与研制相适应的场所、仪器设备、专业技术人员、安全管理规范和措施。

研制新兽药，应当进行安全性评价。从事兽药安全性评价的单位应当遵守国务院兽医行政管理部门制定的兽药非临床研究质量管理规范和兽药临床试验质量管理规范。

省级以上人民政府兽医行政管理部门应当对兽药安全性评价单位是否符合兽药非临床研究质量管理规范和兽药临床试验质量管理规范的要求进行监督检查，并公布监督检查结果。

第八条 （国务院令第726号修订）研制新兽药，应当在临床试验前向临床试验场所所在地省、自治区、直辖市人民政府兽医行政管理部门备案，并附具该新兽药实验室阶段安全性评价报告及其他临床前研究资料。

研制的新兽药属于生物制品的，应当在临床试验前向国务院兽医行政管理部门提出申请，国务院兽医行政管理部门应当自收到申请之日起60个工作日内将审查结果书面通知申请人。

研制新兽药需要使用一类病原微生物的，还应当具备国务院兽医行政管理部门规定的条件，并在实验室阶段前报国务院兽医行政管理部门批准。

第九条 临床试验完成后，新兽药研制者向国务院兽医行政管理部门提出新兽药注册申请时，应当提交该新兽药的样品和下列资料：

（一）名称、主要成分、理化性质。

（二）研制方法、生产工艺、质量标准和检测方法。

（三）药理和毒理试验结果、临床试验报告和稳定性试验报告。

（四）环境影响报告和污染防治措施。

研制的新兽药属于生物制品的，还应当提供菌（毒、虫）种、细胞等有关材料和资料。菌（毒、虫）种、细胞由国务院兽医行政管理部门指定的机构保藏。

研制用于食用动物的新兽药，还应当按照国务院兽医行政管理部门的规定进行兽药残留试验并提供休药期、最高残留限量标准、残留检测方法及其制定依据等资料。

国务院兽医行政管理部门应当自收到申请之日起 10 个工作日内，将决定受理的新兽药资料送其设立的兽药评审机构进行评审，将新兽药样品送其指定的检验机构复核检验，并自收到评审和复核检验结论之日起 60 个工作日内完成审查。审查合格的，发给新兽药注册证书，并发布该兽药的质量标准；不合格的，应当书面通知申请人。

第十条 国家对依法获得注册的、含有新化合物的兽药的申请人提交的其自己所取得且未披露的试验数据和其他数据实施保护。

自注册之日起 6 年内，对其他申请人未经已获得注册兽药的申请人同意，使用前款规定的数据申请兽药注册的，兽药注册机关不予注册；但是，其他申请人提交其自己所取得的数据的除外。

除下列情况外，兽药注册机关不得披露本条第一款规定的数据：

（一）公共利益需要。

（二）已采取措施确保该类信息不会被不正当地进行商业使用。

第三章　兽药生产

第十一条 （国务院令第 666 号修订）从事兽药生产企业，应当符合国家兽药行业发展规划和产业政策，并具备下列条件：

（一）与所生产的兽药相适应的兽医学、药学或者相关专业的技术人员。

（二）与所生产的兽药相适应的厂房、设施。

（三）与所生产的兽药相适应的兽药质量管理和质量检验的机构、人员、仪器设备。

（四）符合安全、卫生要求的生产环境。

（五）兽药生产质量管理规范规定的其他生产条件。

符合前款规定条件的，申请人方可向省、自治区、直辖市人民政府兽医行政管理部门提出申请，并附具符合前款规定条件的证明材料；省、自治区、直辖市人民政府兽医行政管理部门应当自收到申请之日起 40 个工作日内完成审查。经审查合格的，发给兽药生产许可证；不合格的，应当书面通知申请人。

第十二条 （国务院令第 666 号修订）兽药生产许可证应当载明生产范围、生产地点、有效期和法定代表人姓名、住址等事项。

兽药生产许可证有效期为 5 年。有效期届满，需要继续生产兽药的，应当在许可证有效期届满前 6 个月到发证机关申请换发兽药生产许可证。

第十三条 （国务院令第 666 号修订）兽药生产企业变更生产范围、生产地点的，应当依照本条例第十一条的规定申请换发兽药生产许可证；申请人凭换发的兽药生产许可证办理工商变更登记手续；变更企业名称、法定代表人的，应当在办理工商变更登记手续后 15 个工作日内，到原发证机关申请换发兽药生产许可证。

第十四条 （国务院令第 666 号修订）兽药生产企业应当按照国务院兽医行政管理部门制定的兽药生产质量管理规范组织生产。

省级以上人民政府兽医行政管理部门，应当对兽药生产企业是否符合兽药生产质量管理规范的要求进行监督检查，并公布检查结果。

第十五条 兽药生产企业生产兽药，应当取得国务院兽医行政管理部门核发的产品批准文号，产品批准文号的有效期为 5 年。兽药产品批准文号的核发办法由国务院兽医行政管理部门制定。

第十六条 兽药生产企业应当按照兽药国家标准和国务院兽医行政管理部门批准的生产工艺进行生产。兽药生产企业改变影响兽药质量的生产工艺的，应当报原批准部门审核批准。

兽药生产企业应当建立生产记录，生产记录应当完整、准确。

第十七条 生产兽药所需的原料、辅料，应当符合国家标准或者所生产兽药的质量要求。

直接接触兽药的包装材料和容器应当符合药用要求。

第十八条 兽药出厂前应当经过质量检验，不符合质量标准的不得出厂。

兽药出厂应当附有产品质量合格证。

禁止生产假、劣兽药。

第十九条 兽药生产企业生产的每批兽用生物制品，在出厂前应当由国务院兽医行政管理部门指定的检验机构审查核对，并在必要时进行抽查检验；未经审查核对或者抽查检验不合格的，不得销售。

强制免疫所需兽用生物制品，由国务院兽医行政管理部门指定的企业生产。

第二十条 兽药包装应当按照规定印有或者贴有标签，附具说明书，并在显著位置注明"兽用"字样。

兽药的标签和说明书经国务院兽医行政管理部门批准并公布后，方可使用。

兽药的标签或者说明书，应当以中文注明兽药的通用名称、成分及其含量、规格、生产企业、产品批准文号（进口兽药注册证号）、产品批号、生产日期、有效期、适应症或者功能主治、用法、用量、休药期、禁忌、不良反应、注意事项、运输贮存保管条件及其他应当说明的内容。有商品名称的，还应当注明商品名称。

除前款规定的内容外，兽用处方药的标签或者说明书还应当印有国务院兽医行政管理部门规定的警示内容，其中兽用麻醉药品、精神药品、毒性药品和放射性药品还应当印有国务院兽医行政管理部门规定的特殊标志；兽用非处方药的标签或者说明书还应当印有国务院兽医行政管理部门规定的非处方药标志。

第二十一条　国务院兽医行政管理部门，根据保证动物产品质量安全和人体健康的需要，可以对新兽药设立不超过5年的监测期；在监测期内，不得批准其他企业生产或者进口该新兽药。生产企业应当在监测期内收集该新兽药的疗效、不良反应等资料，并及时报送国务院兽医行政管理部门。

第四章　兽药经营

第二十二条　（国务院令第666号修订）经营兽药的企业，应当具备下列条件：
（一）与所经营的兽药相适应的兽药技术人员。
（二）与所经营的兽药相适应的营业场所、设备、仓库设施。
（三）与所经营的兽药相适应的质量管理机构或者人员。
（四）兽药经营质量管理规范规定的其他经营条件。

符合前款规定条件的，申请人方可向市、县人民政府兽医行政管理部门提出申请，并附具符合前款规定条件的证明材料；经营兽用生物制品的，应当向省、自治区、直辖市人民政府兽医行政管理部门提出申请，并附具符合前款规定条件的证明材料。

县级以上地方人民政府兽医行政管理部门，应当自收到申请之日起30个工作日内完成审查。审查合格的，发给兽药经营许可证；不合格的，应当书面通知申请人。

第二十三条　（国务院令第666号修订）兽药经营许可证应当载明经营范围、经营地点、有效期和法定代表人姓名、住址等事项。

兽药经营许可证有效期为5年。有效期届满，需要继续经营兽药的，应当在许可证有效期届满前6个月到发证机关申请换发兽药经营许可证。

第二十四条　（国务院令第666号修订）兽药经营企业变更经营范围、经营地点的，应当依照本条例第二十二条的规定申请换发兽药经营许可证；变更企业名称、法定代表人的，应当在办理工商变更登记手续后15个工作日内，到发证机关申请换发兽药经营许可证。

第二十五条　兽药经营企业，应当遵守国务院兽医行政管理部门制定的兽药经营质量管理规范。

县级以上地方人民政府兽医行政管理部门，应当对兽药经营企业是否符合兽药经营质量管理规范的要求进行监督检查，并公布检查结果。

第二十六条　兽药经营企业购进兽药，应当将兽药产品与产品标签或者说明书、产品质量合格证核对无误。

第二十七条　兽药经营企业，应当向购买者说明兽药的功能主治、用法、用量和注意事项。销售兽用处方药的，应当遵守兽用处方药管理办法。

兽药经营企业销售兽用中药材的，应当注明产地。

禁止兽药经营企业经营人用药品和假、劣兽药。

第二十八条 兽药经营企业购销兽药，应当建立购销记录。购销记录应当载明兽药的商品名称、通用名称、剂型、规格、批号、有效期、生产厂商、购销单位、购销数量、购销日期和国务院兽医行政管理部门规定的其他事项。

第二十九条 兽药经营企业，应当建立兽药保管制度，采取必要的冷藏、防冻、防潮、防虫、防鼠等措施，保持所经营兽药的质量。

兽药入库、出库，应当执行检查验收制度，并有准确记录。

第三十条 强制免疫所需兽用生物制品的经营，应当符合国务院兽医行政管理部门的规定。

第三十一条 兽药广告的内容应当与兽药说明书内容相一致，在全国重点媒体发布兽药广告的，应当经国务院兽医行政管理部门审查批准，取得兽药广告审查批准文号。在地方媒体发布兽药广告的，应当经省、自治区、直辖市人民政府兽医行政管理部门审查批准，取得兽药广告审查批准文号；未经批准的，不得发布。

第五章　兽药进出口

第三十二条 首次向中国出口的兽药，由出口方驻中国境内的办事机构或者其委托的中国境内代理机构向国务院兽医行政管理部门申请注册，并提交下列资料和物品：

（一）生产企业所在国家（地区）兽药管理部门批准生产、销售的证明文件。

（二）生产企业所在国家（地区）兽药管理部门颁发的符合兽药生产质量管理规范的证明文件。

（三）兽药的制造方法、生产工艺、质量标准、检测方法、药理和毒理试验结果、临床试验报告、稳定性试验报告及其他相关资料；用于食用动物的兽药的休药期、最高残留限量标准、残留检测方法及其制定依据等资料。

（四）兽药的标签和说明书样本。

（五）兽药的样品、对照品、标准品。

（六）环境影响报告和污染防治措施。

（七）涉及兽药安全性的其他资料。

申请向中国出口兽用生物制品的，还应当提供菌（毒、虫）种、细胞等有关材料和资料。

第三十三条 国务院兽医行政管理部门，应当自收到申请之日起 10 个工作日内组织初步审查。经初步审查合格的，应当将决定受理的兽药资料送其设立的兽药评审机构进行评审，将该兽药样品送其指定的检验机构复核检验，并自收到评审和复核检验结论之日起 60 个工作日内完成审查。经审查合格的，发给进口兽药注册证书，并发布该兽药的质量标准；不合格的，应当书面通知申请人。

在审查过程中，国务院兽医行政管理部门可以对向中国出口兽药的企业是否符合兽药生产质量管理规范的要求进行考查，并有权要求该企业在国务院兽医行政管理部门指定的机构进行该兽药的安全性和有效性试验。

国内急需兽药、少量科研用兽药或者注册兽药的样品、对照品、标准品的进口，按照国务院兽医行政管理部门的规定办理。

第三十四条 （国务院令第 666 号修订）进口兽药注册证书的有效期为 5 年。有效期届满，需要继续向中国出口兽药的，应当在有效期届满前 6 个月到发证机关申请再注册。

第三十五条 （国务院令第 726 号修订）境外企业不得在中国直接销售兽药。境外企业在中国销售兽药，应当依法在中国境内设立销售机构或者委托符合条件的中国境内代理机构。

进口在中国已取得进口兽药注册证书的兽药的，中国境内代理机构凭进口兽药注册证书到口岸所在地人民政府兽医行政管理部门办理进口兽药通关单。海关凭进口兽药通关单放行。兽药进口管理办法由国务院兽医行政管理部门会同海关总署制定。

兽用生物制品进口后，应当依照本条例第十九条的规定进行审查核对和抽查检验。其他兽药进口后，由当地兽医行政管理部门通知兽药检验机构进行抽查检验。

第三十六条 禁止进口下列兽药：

（一）药效不确定、不良反应大以及可能对养殖业、人体健康造成危害或者存在潜在风险的。

（二）来自疫区可能造成疫病在中国境内传播的兽用生物制品。

（三）经考查生产条件不符合规定的。

（四）国务院兽医行政管理部门禁止生产、经营和使用的。

第三十七条 向中国境外出口兽药，进口方要求提供兽药出口证明文件的，国务院兽医行政管理部门或者企业所在地的省、自治区、直辖市人民政府兽医行政管理部门可以出具出口兽药证明文件。

国内防疫急需的疫苗，国务院兽医行政管理部门可以限制或者禁止出口。

第六章　兽药使用

第三十八条 兽药使用单位，应当遵守国务院兽医行政管理部门制定的兽药安全使用规定，并建立用药记录。

第三十九条 禁止使用假、劣兽药以及国务院兽医行政管理部门规定禁止使用的药品和其他化合物。禁止使用的药品和其他化合物目录由国务院兽医行政管理部门制定公布。

第四十条 有休药期规定的兽药用于食用动物时，饲养者应当向购买者或者屠宰者提供准确、真实的用药记录；购买者或者屠宰者应当确保动物及其产品在用药期、休药期内不被用于食品消费。

第四十一条 国务院兽医行政管理部门，负责制定公布在饲料中允许添加的药物饲料添加剂品种目录。

禁止在饲料和动物饮用水中添加激素类药品和国务院兽医行政管理部门规定的其他禁用药品。

经批准可以在饲料中添加的兽药，应当由兽药生产企业制成药物饲料添加剂后方可添加。禁止将原料药直接添加到饲料及动物饮用水中或者直接饲喂动物。

禁止将人用药品用于动物。

第四十二条 国务院兽医行政管理部门，应当制定并组织实施国家动物及动物产品兽药残留监控计划。

县级以上人民政府兽医行政管理部门，负责组织对动物产品中兽药残留量的检测。兽药残留检测结果，由国务院兽医行政管理部门或者省、自治区、直辖市人民政府兽医行政管理部门按照权限予以公布。

动物产品的生产者、销售者对检测结果有异议的，可以自收到检测结果之日起7个工作日内向组织实施兽药残留检测的兽医行政管理部门或者其上级兽医行政管理部门提出申请，由受理申请的兽医行政管理部门指定检验机构进行复检。

兽药残留限量标准和残留检测方法，由国务院兽医行政管理部门制定发布。

第四十三条 禁止销售含有违禁药物或者兽药残留量超过标准的食用动物产品。

第七章　兽药监督管理

第四十四条 县级以上人民政府兽医行政管理部门行使兽药监督管理权。

兽药检验工作由国务院兽医行政管理部门和省、自治区、直辖市人民政府兽医行政管理部门设立的兽药检验机构承担。国务院兽医行政管理部门，可以根据需要认定其他检验机构承担兽药检验工作。

当事人对兽药检验结果有异议的，可以自收到检验结果之日起7个工作日内向实施检验的机构或者上级兽医行政管理部门设立的检验机构申请复检。

第四十五条 兽药应当符合兽药国家标准。

国家兽药典委员会拟定的、国务院兽医行政管理部门发布的《中华人民共和国兽药典》和国务院兽医行政管理部门发布的其他兽药质量标准为兽药国家标准。

兽药国家标准的标准品和对照品的标定工作由国务院兽医行政管理部门设立的兽药检验机构负责。

第四十六条 （国务院令第666号修订）兽医行政管理部门依法进行监督检查时，对有证据证明可能是假、劣兽药的，应当采取查封、扣押的行政强制措施，并自采取行政强制措施之日起7个工作日内作出是否立案的决定；需要检验的，应当自检验报告书发出之日起15个工作日内作出是否立案的决定；不符合立案条件的，应当解除行政强制措施；需要暂停生产的，由国务院兽医行政管理部门或者省、自治区、直辖市人民政府兽医行政管理部门按照权限作出决定；需要暂停经营、使用的，由县级以上人民政府兽医行政管理部门按照权限作出决定。

未经行政强制措施决定机关或者其上级机关批准，不得擅自转移、使用、销毁、销售被查封或者扣押的兽药及有关材料。

第四十七条 有下列情形之一的，为假兽药：

（一）以非兽药冒充兽药或者以他种兽药冒充此种兽药的。

（二）兽药所含成分的种类、名称与兽药国家标准不符合的。

有下列情形之一的，按照假兽药处理：

（一）国务院兽医行政管理部门规定禁止使用的。

（二）依照本条例规定应当经审查批准而未经审查批准即生产、进口的，或者依照本条例规定应当经抽查检验、审查核对而未经抽查检验、审查核对即销售、进口的。

（三）变质的。

（四）被污染的。

（五）所标明的适应症或者功能主治超出规定范围的。

第四十八条 有下列情形之一的，为劣兽药：

（一）成分含量不符合兽药国家标准或者不标明有效成分的。

（二）不标明或者更改有效期或者超过有效期的。

（三）不标明或者更改产品批号的。

（四）其他不符合兽药国家标准，但不属于假兽药的。

第四十九条 禁止将兽用原料药拆零销售或者销售给兽药生产企业以外的单位和个人。

禁止未经兽医开具处方销售、购买、使用国务院兽医行政管理部门规定实行处方药管理的兽药。

第五十条 国家实行兽药不良反应报告制度。

兽药生产企业、经营企业、兽药使用单位和开具处方的兽医人员发现可能与兽药使用有关的严重不良反应，应当立即向所在地人民政府兽医行政管理部门报告。

第五十一条 （国务院令第666号修订）兽药生产企业、经营企业停止生产、经营超过6个月或者关闭的，由发证机关责令其交回兽药生产许可证、兽药经营许可证。

第五十二条 禁止买卖、出租、出借兽药生产许可证、兽药经营许可证和兽药批准证明文件。

第五十三条 兽药评审检验的收费项目和标准，由国务院财政部门会同国务院价格主管部门制定，并予以公告。

第五十四条 各级兽医行政管理部门、兽药检验机构及其工作人员，不得参与兽药生产、经营活动，不得以其名义推荐或者监制、监销兽药。

第八章　法律责任

第五十五条 兽医行政管理部门及其工作人员利用职务上的便利收取他人财物或者谋取其他利益，对不符合法定条件的单位和个人核发许可证、签署审查同意意见，不履行监督职责，或者发现违法行为不予查处，造成严重后果，构成犯罪的，依法追究刑事责任；尚不构成犯罪的，依法给予行政处分。

第五十六条 违反本条例规定，无兽药生产许可证、兽药经营许可证生产、经营兽药的，或者虽有兽药生产许可证、兽药经营许可证，生产、经营假、劣兽药的，或者兽药经营企业经营人用药品的，责令其停止生产、经营，没收用于违法生产的原料、辅料、包装材料及生产、经营的兽药和违法所得,并处违法生产、经营的兽药(包括已出售的和未出售的兽药,下同)货值金额2倍以上5倍以下罚款,货值金额无法查证核实的,处10万元以上20万元以下罚款;无兽药生产许可证生产兽药,情节严重的,没收其生产设备;生产、经营假、劣兽药,情节严重的,吊销兽药生产许可证、兽药经营许可证;构成犯罪的,依法追究刑事责任;给他人造成损失的,依法承担赔偿责任。生产、经营企业的主要负责人和直接负责的主管人员终身不得从事兽药的生产、经营活动。

擅自生产强制免疫所需兽用生物制品的,按照无兽药生产许可证生产兽药处罚。

第五十七条 违反本条例规定,提供虚假的资料、样品或者采取其他欺骗手段取得兽药生产许可证、兽药经营许可证或者兽药批准证明文件的,吊销兽药生产许可证、兽药经营许可证或者撤销兽药批准证明文件,并处5万元以上10万元以下罚款;给他人造成损失的,依法承担赔偿责任。其主要负责人和直接负责的主管人员终身不得从事兽药的生产、经营和进出口活动。

第五十八条 买卖、出租、出借兽药生产许可证、兽药经营许可证和兽药批准证明文件的,没收违法所得,并处1万元以上10万元以下罚款;情节严重的,吊销兽药生产许可证、兽药经营许可证或者撤销兽药批准证明文件;构成犯罪的,依法追究刑事责任;给他人造成损失的,依法承担赔偿责任。

第五十九条 (国务院令第726号修订)违反本条例规定,兽药安全性评价单位、临床试验单位、生产和经营企业未按照规定实施兽药研究试验、生产、经营质量管理规范的,给予警告,责令其限期改正;逾期不改正的,责令停止兽药研究试验、生产、经营活动,并处5万元以下罚款;情节严重的,吊销兽药生产许可证、兽药经营许可证;给他人造成损失的,依法承担赔偿责任。

违反本条例规定,研制新兽药不具备规定的条件擅自使用一类病原微生物或者在实验室阶段前未经批准的,责令其停止实验,并处5万元以上10万元以下罚款;构成犯罪的,依法追究刑事责任;给他人造成损失的,依法承担赔偿责任。

违反本条例规定,开展新兽药临床试验应当备案而未备案的,责令其立即改正,给予警告,并处5万元以上10万元以下罚款;给他人造成损失的,依法承担赔偿责任。

第六十条 违反本条例规定,兽药的标签和说明书未经批准的,责令其限期改正;逾期不改正的,按照生产、经营假兽药处罚;有兽药产品批准文号的,撤销兽药产品批准文号;给他人造成损失的,依法承担赔偿责任。

兽药包装上未附有标签和说明书,或者标签和说明书与批准的内容不一致的,责令其限期改正;情节严重的,依照前款规定处罚。

第六十一条 违反本条例规定,境外企业在中国直接销售兽药的,责令其限期改正,没收直接销售的兽药和违法所得,并处5万元以上10万元以下罚款;情节严重的,吊销进口兽药注册证书;给他人造成损失的,依法承担赔偿责任。

第六十二条 违反本条例规定,未按照国家有关兽药安全使用规定使用兽药的、未建立用药记录或者记录不完整真实的,或者使用禁止使用的药品和其他化合物的,或者将人用药品用于动物的,责令其立即改正,并对饲喂了违禁药物及其他化合物的动物及其产品进行无害化处理；对违法单位处 1 万元以上 5 万元以下罚款；给他人造成损失的，依法承担赔偿责任。

第六十三条 违反本条例规定，销售尚在用药期、休药期内的动物及其产品用于食品消费的，或者销售含有违禁药物和兽药残留超标的动物产品用于食品消费的，责令其对含有违禁药物和兽药残留超标的动物产品进行无害化处理，没收违法所得，并处 3 万元以上 10 万元以下罚款；构成犯罪的，依法追究刑事责任；给他人造成损失的，依法承担赔偿责任。

第六十四条 违反本条例规定，擅自转移、使用、销毁、销售被查封或者扣押的兽药及有关材料的，责令其停止违法行为，给予警告，并处 5 万元以上 10 万元以下罚款。

第六十五条 违反本条例规定，兽药生产企业、经营企业、兽药使用单位和开具处方的兽医人员发现可能与兽药使用有关的严重不良反应，不向所在地人民政府兽医行政管理部门报告的，给予警告，并处 5 000 元以上 1 万元以下罚款。

生产企业在新兽药监测期内不收集或者不及时报送该新兽药的疗效、不良反应等资料的，责令其限期改正，并处 1 万元以上 5 万元以下罚款；情节严重的，撤销该新兽药的产品批准文号。

第六十六条 违反本条例规定，未经兽医开具处方销售、购买、使用兽用处方药的，责令其限期改正，没收违法所得，并处 5 万元以下罚款；给他人造成损失的，依法承担赔偿责任。

第六十七条 违反本条例规定，兽药生产、经营企业把原料药销售给兽药生产企业以外的单位和个人的，或者兽药经营企业拆零销售原料药的，责令其立即改正，给予警告，没收违法所得，并处 2 万元以上 5 万元以下罚款；情节严重的，吊销兽药生产许可证、兽药经营许可证；给他人造成损失的，依法承担赔偿责任。

第六十八条 违反本条例规定，在饲料和动物饮用水中添加激素类药品和国务院兽医行政管理部门规定的其他禁用药品，依照《饲料和饲料添加剂管理条例》的有关规定处罚；直接将原料药添加到饲料及动物饮用水中，或者饲喂动物的，责令其立即改正，并处 1 万元以上 3 万元以下罚款；给他人造成损失的，依法承担赔偿责任。

第六十九条 有下列情形之一的，撤销兽药的产品批准文号或者吊销进口兽药注册证书：

（一）抽查检验连续 2 次不合格的。

（二）药效不确定、不良反应大以及可能对养殖业、人体健康造成危害或者存在潜在风险的。

（三）国务院兽医行政管理部门禁止生产、经营和使用的兽药。

被撤销产品批准文号或者被吊销进口兽药注册证书的兽药，不得继续生产、进口、经营和使用。已经生产、进口的，由所在地兽医行政管理部门监督销毁，所需费用由违法行为人承担；给他人造成损失的，依法承担赔偿责任。

第七十条　（国务院令第 666、国务院令第 726 号修订）本条例规定的行政处罚由县级以上人民政府兽医行政管理部门决定；其中吊销兽药生产许可证、兽药经营许可证、撤销兽药批准证明文件或者责令停止兽药研究试验的，由发证、批准、备案部门决定。

上级兽医行政管理部门对下级兽医行政管理部门违反本条例的行政行为，应当责令限期改正；逾期不改正的，有权予以改变或者撤销。

第七十一条 本条例规定的货值金额以违法生产、经营兽药的标价计算；没有标价的，按照同类兽药的市场价格计算。

第九章 附则

第七十二条 本条例下列用语的含义是：

（一）兽药，是指用于预防、治疗、诊断动物疾病或者有目的地调节动物生理机能的物质（含药物饲料添加剂），主要包括：血清制品、疫苗、诊断制品、微生态制品、中药材、中成药、化学药品、抗生素、生化药品、放射性药品及外用杀虫剂、消毒剂等。

（二）兽用处方药，是指凭兽医处方方可购买和使用的兽药。

（三）兽用非处方药，是指由国务院兽医行政管理部门公布的、不需要凭兽医处方就可以自行购买并按照说明书使用的兽药。

（四）兽药生产企业，是指专门生产兽药的企业和兼产兽药的企业，包括从事兽药分装的企业。

（五）兽药经营企业，是指经营兽药的专营企业或者兼营企业。

（六）新兽药，是指未曾在中国境内上市销售的兽用药品。

（七）（国务院令第726号修订）兽药批准证明文件，是指兽药产品批准文号、进口兽药注册证书、出口兽药证明文件、新兽药注册证书等文件。

第七十三条 兽用麻醉药品、精神药品、毒性药品和放射性药品等特殊药品，依照国家有关规定管理。

第七十四条 水产养殖中的兽药使用、兽药残留检测和监督管理以及水产养殖过程中违法用药的行政处罚，由县级以上人民政府渔业主管部门及其所属的渔政监督管理机构负责。

第七十五条 本条例自2004年11月1日起施行。

农业转基因生物安全管理条例

(国务院令2001年第304号发布，2011年第588号、2017年第687号修订)

第一章 总则

第一条 为了加强农业转基因生物安全管理，保障人体健康和动植物、微生物安全，保护生态环境，促进农业转基因生物技术研究，制定本条例。

第二条 在中华人民共和国境内从事农业转基因生物的研究、试验、生产、加工、经营和进口、出口活动，必须遵守本条例。

第三条 本条例所称农业转基因生物，是指利用基因工程技术改变基因组构成，用于农业生产或者农产品加工的动植物、微生物及其产品，主要包括：

（一）转基因动植物（含种子、种畜禽、水产苗种）和微生物。

（二）转基因动植物、微生物产品。

（三）转基因农产品的直接加工品。

（四）含有转基因动植物、微生物或者其产品成分的种子、种畜禽、水产苗种、农药、兽药、肥料和添加剂等产品。

本条例所称农业转基因生物安全，是指防范农业转基因生物对人类、动植物、微生物和生态环境构成的危险或者潜在风险。

第四条 （国务院令第588号修订）国务院农业行政主管部门负责全国农业转基因生物安全的监督管理工作。

县级以上地方各级人民政府农业行政主管部门负责本行政区域内的农业转基因生物安全的监督管理工作。

县级以上各级人民政府有关部门依照《中华人民共和国食品安全法》的有关规定，负责转基因食品安全的监督管理工作。

第五条 国务院建立农业转基因生物安全管理部际联席会议制度。

农业转基因生物安全管理部际联席会议由农业、科技、环境保护、卫生、外经贸、检验检疫等有关部门的负责人组成，负责研究、协调农业转基因生物安全管理工作中的重大问题。

第六条 国家对农业转基因生物安全实行分级管理评价制度。

农业转基因生物按照其对人类、动植物、微生物和生态环境的危险程度，分为Ⅰ、Ⅱ、Ⅲ、Ⅳ四个等级。具体划分标准由国务院农业行政主管部门制定。

第七条 国家建立农业转基因生物安全评价制度。

农业转基因生物安全评价的标准和技术规范,由国务院农业行政主管部门制定。

第八条 国家对农业转基因生物实行标识制度。

实施标识管理的农业转基因生物目录,由国务院农业行政主管部门商国务院有关部门制定、调整并公布。

第二章 研究与试验

第九条 国务院农业行政主管部门应当加强农业转基因生物研究与试验的安全评价管理工作,并设立农业转基因生物安全委员会,负责农业转基因生物的安全评价工作。

农业转基因生物安全委员会由从事农业转基因生物研究、生产、加工、检验检疫以及卫生、环境保护等方面的专家组成。

第十条 国务院农业行政主管部门根据农业转基因生物安全评价工作的需要,可以委托具备检测条件和能力的技术检测机构对农业转基因生物进行检测。

第十一条 从事农业转基因生物研究与试验的单位,应当具备与安全等级相适应的安全设施和措施,确保农业转基因生物研究与试验的安全,并成立农业转基因生物安全小组,负责本单位农业转基因生物研究与试验的安全工作。

第十二条 从事Ⅲ、Ⅳ级农业转基因生物研究的,应当在研究开始前向国务院农业行政主管部门报告。

第十三条 农业转基因生物试验,一般应当经过中间试验、环境释放和生产性试验三个阶段。

中间试验,是指在控制系统内或者控制条件下进行的小规模试验。

环境释放,是指在自然条件下采取相应安全措施所进行的中规模的试验。

生产性试验,是指在生产和应用前进行的较大规模的试验。

第十四条 农业转基因生物在实验室研究结束后,需要转入中间试验的,试验单位应当向国务院农业行政主管部门报告。

第十五条 农业转基因生物试验需要从上一试验阶段转入下一试验阶段的,试验单位应当向国务院农业行政主管部门提出申请;经农业转基因生物安全委员会进行安全评价合格的,由国务院农业行政主管部门批准转入下一试验阶段。

试验单位提出前款申请,应当提供下列材料:

(一)农业转基因生物的安全等级和确定安全等级的依据。

(二)农业转基因生物技术检测机构出具的检测报告。

(三)相应的安全管理、防范措施。

(四)上一试验阶段的试验报告。

第十六条 (国务院令第687号修订)从事农业转基因生物试验的单位在生产性试验结束后,可以向国务院农业行政主管部门申请领取农业转基因生物安全证书。

试验单位提出前款申请,应当提供下列材料:

(一)农业转基因生物的安全等级和确定安全等级的依据。

(二)生产性试验的总结报告。

（三）国务院农业行政主管部门规定的试验材料、检测方法等其他材料。

国务院农业行政主管部门收到申请后，应当委托具备检测条件和能力的技术检测机构进行检测，并组织农业转基因生物安全委员会进行安全评价；安全评价合格的，方可颁发农业转基因生物安全证书。

第十七条　转基因植物种子、种畜禽、水产苗种，利用农业转基因生物生产的或者含有农业转基因生物成分的种子、种畜禽、水产苗种、农药、兽药、肥料和添加剂等，在依照有关法律、行政法规的规定进行审定、登记或者评价、审批前，应当依照本条例第十六条的规定取得农业转基因生物安全证书。

第十八条　中外合作、合资或者外方独资在中华人民共和国境内从事农业转基因生物研究与试验的，应当经国务院农业行政主管部门批准。

第三章　生产与加工

第十九条　生产转基因植物种子、种畜禽、水产苗种，应当取得国务院农业行政主管部门颁发的种子、种畜禽、水产苗种生产许可证。

生产单位和个人申请转基因植物种子、种畜禽、水产苗种生产许可证，除应当符合有关法律、行政法规规定的条件外，还应当符合下列条件：

（一）取得农业转基因生物安全证书并通过品种审定。
（二）在指定的区域种植或者养殖。
（三）有相应的安全管理、防范措施。
（四）国务院农业行政主管部门规定的其他条件。

第二十条　生产转基因植物种子、种畜禽、水产苗种的单位和个人，应当建立生产档案，载明生产地点、基因及其来源、转基因的方法以及种子、种畜禽、水产苗种流向等内容。

第二十一条　单位和个人从事农业转基因生物生产、加工的，应当由国务院农业行政主管部门或者省、自治区、直辖市人民政府农业行政主管部门批准。具体办法由国务院农业行政主管部门制定。

第二十二条　从事农业转基因生物生产、加工的单位和个人，应当按照批准的品种、范围、安全管理要求和相应的技术标准组织生产、加工，并定期向所在地县级人民政府农业行政主管部门提供生产、加工、安全管理情况和产品流向的报告。

第二十三条　农业转基因生物在生产、加工过程中发生基因安全事故时，生产、加工单位和个人应当立即采取安全补救措施，并向所在地县级人民政府农业行政主管部门报告。

第二十四条　从事农业转基因生物运输、贮存的单位和个人，应当采取与农业转基因生物安全等级相适应的安全控制措施，确保农业转基因生物运输、贮存的安全。

第四章 经营

第二十五条 经营转基因植物种子、种畜禽、水产苗种的单位和个人，应当取得国务院农业行政主管部门颁发的种子、种畜禽、水产苗种经营许可证。

经营单位和个人申请转基因植物种子、种畜禽、水产苗种经营许可证，除应当符合有关法律、行政法规规定的条件外，还应当符合下列条件：

（一）有专门的管理人员和经营档案。

（二）有相应的安全管理、防范措施。

（三）国务院农业行政主管部门规定的其他条件。

第二十六条 经营转基因植物种子、种畜禽、水产苗种的单位和个人，应当建立经营档案，载明种子、种畜禽、水产苗种的来源、贮存，运输和销售去向等内容。

第二十七条 在中华人民共和国境内销售列入农业转基因生物目录的农业转基因生物，应当有明显的标识。

列入农业转基因生物目录的农业转基因生物，由生产、分装单位和个人负责标识；未标识的，不得销售。经营单位和个人在进货时，应当对货物和标识进行核对。经营单位和个人拆开原包装进行销售的，应当重新标识。

第二十八条 农业转基因生物标识应当载明产品中含有转基因成分的主要原料名称；有特殊销售范围要求的，还应当载明销售范围，并在指定范围内销售。

第二十九条 农业转基因生物的广告，应当经国务院农业行政主管部门审查批准后，方可刊登、播放、设置和张贴。

第五章 进口与出口

第三十条 从中华人民共和国境外引进农业转基因生物用于研究、试验的，引进单位应当向国务院农业行政主管部门提出申请；符合下列条件的，国务院农业行政主管部门方可批准：

（一）具有国务院农业行政主管部门规定的申请资格。

（二）引进的农业转基因生物在国（境）外已经进行了相应的研究、试验。

（三）有相应的安全管理、防范措施。

第三十一条 境外公司向中华人民共和国出口转基因植物种子、种畜禽、水产苗种和利用农业转基因生物生产的或者含有农业转基因生物成分的植物种子、种畜禽、水产苗种、农药、兽药、肥料和添加剂的，应当向国务院农业行政主管部门提出申请；符合下列条件的，国务院农业行政主管部门方可批准试验材料入境并依照本条例的规定进行中间试验、环境释放和生产性试验：

（一）输出国家或者地区已经允许作为相应用途并投放市场。

（二）输出国家或者地区经过科学试验证明对人类、动植物、微生物和生态环境无害。

（三）有相应的安全管理、防范措施。

生产性试验结束后，经安全评价合格，并取得农业转基因生物安全证书后，方可依照有关法律、行政法规的规定办理审定、登记或者评价、审批手续。

第三十二条 （国务院令第 687 号修订）境外公司向中华人民共和国出口农业转基因生物用作加工原料的，应当向国务院农业行政主管部门提出申请，提交国务院农业行政主管部门要求的试验材料、检测方法等材料；符合下列条件，经国务院农业行政主管部门委托的、具备检测条件和能力的技术检测机构检测确认对人类、动植物、微生物和生态环境不存在危险，并经安全评价合格的，由国务院农业行政主管部门颁发农业转基因生物安全证书：

（一）输出国家或者地区已经允许作为相应用途并投放市场。

（二）输出国家或者地区经过科学试验证明对人类、动植物、微生物和生态环境无害。

（三）有相应的安全管理、防范措施。

第三十三条 从中华人民共和国境外引进农业转基因生物的，或者向中华人民共和国出口农业转基因生物的，引进单位或者境外公司应当凭国务院农业行政主管部门颁发的农业转基因生物安全证书和相关批准文件，向口岸出入境检验检疫机构报检；经检疫合格后，方可向海关申请办理有关手续。

第三十四条 （国务院令第 687 号修订）农业转基因生物在中华人民共和国过境转移的，经批准方可过境转移，并遵守中华人民共和国有关法律、行政法规的规定。

第三十五条 （国务院令第 687 号修订）国务院农业行政主管部门应当自收到申请人申请之日起 270 日内作出批准或者不批准的决定，并通知申请人。

第三十六条 向中华人民共和国境外出口农产品，外方要求提供非转基因农产品证明的，由口岸出入境检验检疫机构根据国务院农业行政主管部门发布的转基因农产品信息，进行检测并出具非转基因农产品证明。

第三十七条 进口农业转基因生物，没有国务院农业行政主管部门颁发的农业转基因生物安全证书和相关批准文件的，或者与证书、批准文件不符的，作退货或者销毁处理。进口农业转基因生物不按照规定标识的，重新标识后方可入境。

第六章　监督检查

第三十八条 农业行政主管部门履行监督检查职责时，有权采取下列措施：

（一）询问被检查的研究、试验、生产、加工、经营或者进口、出口的单位和个人、利害关系人、证明人，并要求其提供与农业转基因生物安全有关的证明材料或者其他资料。

（二）查阅或者复制农业转基因生物研究、试验、生产、加工、经营或者进口、出口的有关档案、账册和资料等。

（三）要求有关单位和个人就有关农业转基因生物安全的问题作出说明。

（四）责令违反农业转基因生物安全管理的单位和个人停止违法行为。

（五）在紧急情况下，对非法研究、试验、生产、加工，经营或者进口、出口的农业转基因生物实施封存或者扣押。

第三十九条 农业行政主管部门工作人员在监督检查时，应当出示执法证件。

第四十条 有关单位和个人对农业行政主管部门的监督检查，应当予以支持、配合，不得拒绝、阻碍监督检查人员依法执行职务。

第四十一条 发现农业转基因生物对人类、动植物和生态环境存在危险时，国务院农业行政主管部门有权宣布禁止生产、加工、经营和进口，收回农业转基因生物安全证书，销毁有关存在危险的农业转基因生物。

第七章 罚则

第四十二条 违反本条例规定，从事Ⅲ、Ⅳ级农业转基因生物研究或者进行中间试验，未向国务院农业行政主管部门报告的，由国务院农业行政主管部门责令暂停研究或者中间试验，限期改正。

第四十三条 违反本条例规定，未经批准擅自从事环境释放、生产性试验的，已获批准但未按照规定采取安全管理、防范措施的，或者超过批准范围进行试验的，由国务院农业行政主管部门或者省、自治区、直辖市人民政府农业行政主管部门依据职权，责令停止试验，并处1万元以上5万元以下的罚款。

第四十四条 违反本条例规定，在生产性试验结束后，未取得农业转基因生物安全证书，擅自将农业转基因生物投入生产和应用的，由国务院农业行政主管部门责令停止生产和应用，并处2万元以上10万元以下的罚款。

第四十五条 违反本条例第十八条规定，未经国务院农业行政主管部门批准，从事农业转基因生物研究与试验的，由国务院农业行政主管部门责令立即停止研究与试验，限期补办审批手续。

第四十六条 违反本条例规定，未经批准生产、加工农业转基因生物或者未按照批准的品种、范围、安全管理要求和技术标准生产、加工的，由国务院农业行政主管部门或者省、自治区、直辖市人民政府农业行政主管部门依据职权，责令停止生产或者加工，没收违法生产或者加工的产品及违法所得；违法所得10万元以上的，并处违法所得1倍以上5倍以下的罚款；没有违法所得或者违法所得不足10万元的，并处10万元以上20万元以下的罚款。

第四十七条 违反本条例规定，转基因植物种子、种畜禽、水产苗种的生产、经营单位和个人，未按照规定制作、保存生产、经营档案的，由县级以上人民政府农业行政主管部门依据职权，责令改正，处1000元以上1万元以下的罚款。

第四十八条 违反本条例规定，未经国务院农业行政主管部门批准，擅自进口农业转基因生物的，由国务院农业行政主管部门责令停止进口，没收已进口的产品和违法所得；违法所得10万元以上的，并处违法所得1倍以上5倍以下的罚款；没有违法所得或者违法所得不足10万元的，并处10万元以上20万元以下的罚款。

第四十九条 （国务院令第687号修订）违反本条例规定，进口、携带、邮寄农业转基因生物未向口岸出入境检验检疫机构报检的，由口岸出入境检验检疫机构比照进出境动植物检疫法的有关规定处罚。

第五十条 违反本条例关于农业转基因生物标识管理规定的，由县级以上人民政府农业行政主管部门依据职权，责令限期改正，可以没收非法销售的产品和违法所得，并可以处 1 万元以上 5 万元以下的罚款。

第五十一条 假冒、伪造、转让或者买卖农业转基因生物有关证明文书的，由县级以上人民政府农业行政主管部门依据职权，收缴相应的证明文书，并处 2 万元以上 10 万元以下的罚款；构成犯罪的，依法追究刑事责任。

第五十二条 违反本条例规定，在研究、试验、生产、加工、贮存、运输、销售或者进口、出口农业转基因生物过程中发生基因安全事故，造成损害的，依法承担赔偿责任。

第五十三条 国务院农业行政主管部门或者省、自治区、直辖市人民政府农业行政主管部门违反本条例规定核发许可证、农业转基因生物安全证书以及其他批准文件的，或者核发许可证、农业转基因生物安全证书以及其他批准文件后不履行监督管理职责的，对直接负责的主管人员和其他直接责任人员依法给予行政处分；构成犯罪的，依法追究刑事责任。

第八章　附则

第五十四条 本条例自公布之日起施行。

农业转基因生物加工审批办法

（农业部令2006年第59号发布，
农业农村部令2019年第2号修订）

第一条 为了加强农业转基因生物加工审批管理，根据《农业转基因生物安全管理条例》的有关规定，制定本办法。

第二条 本办法所称农业转基因生物加工，是指以具有活性的农业转基因生物为原料，生产农业转基因生物产品的活动。

前款所称农业转基因生物产品，是指《农业转基因生物安全管理条例》第三条第（二）、（三）项所称的转基因动植物、微生物产品和转基因农产品的直接加工品。

第三条 在中华人民共和国境内从事农业转基因生物加工的单位和个人，应当取得加工所在地省级人民政府农业行政主管部门颁发的《农业转基因生物加工许可证》（以下简称《加工许可证》）。

第四条 从事农业转基因生物加工的单位和个人，除应当符合有关法律、法规规定的设立条件外，还应当具备下列条件：

（一）与加工农业转基因生物相适应的专用生产线和封闭式仓储设施。
（二）加工废弃物及灭活处理的设备和设施。
（三）农业转基因生物与非转基因生物原料加工转换污染处理控制措施；
（四）完善的农业转基因生物加工安全管理制度。包括：
1. 原料采购、运输、贮藏、加工、销售管理档案；
2. 岗位责任制度；
3. 农业转基因生物扩散等突发事件应急预案；
4. 农业转基因生物安全管理小组，具备农业转基因生物安全知识的管理人员、技术人员。

第五条 （农业农村部令第2号修订）申请《加工许可证》应当向省级人民政府农业行政主管部门提出，并提供下列材料：

（一）农业转基因生物加工许可证申请表（见附件）。
（二）农业转基因生物加工安全管理制度文本。
（三）农业转基因生物安全管理小组人员名单和专业知识、学历证明。
（四）农业转基因生物安全法规和加工安全知识培训记录。
（五）农业转基因生物产品标识样本。

第六条 省级人民政府农业行政主管部门应当自受理申请之日起20个工作日内完成审查。审查符合条件的，发给《加工许可证》，并及时向农业部备案；不符合条件的，应当书面通知申请人并说明理由。

省级人民政府农业行政主管部门可以根据需要组织专家小组对申请材料进行评审，专家小组可以进行实地考察，并在农业行政主管部门规定的期限内提交考察报告。

第七条 《加工许可证》有效期为三年。期满后需要继续从事加工的，持证单位和个人应当在期满前六个月，重新申请办理《加工许可证》。

第八条 从事农业转基因生物加工的单位和个人变更名称的，应当申请换发《加工许可证》。

从事农业转基因生物加工的单位和个人有下列情形之一的，应当重新办理《加工许可证》：

（一）超出原《加工许可证》规定的加工范围的。

（二）改变生产地址的，包括异地生产和设立分厂。

第九条 违反本办法规定的，依照《农业转基因生物安全管理条例》的有关规定处罚。

第十条 《加工许可证》由农业部统一印制。

第十一条 本办法自2006年7月1日起施行。

水产养殖质量安全管理规定
（农业部令 2003 年第 31 号）

中华人民共和国农业部令

第 31 号

《水产养殖质量安全管理规定》，已于 2003 年 7 月 14 日经农业部第 18 次常务会议审议通过，现予发布，自 2003 年 9 月 1 日起实施。

部长：杜青林
二〇〇三年七月二十四日

水产养殖质量安全管理规定

第一章 总则

第一条 为提高养殖水产品质量安全水平，保护渔业生态环境，促进水产养殖业的健康发展，根据《中华人民共和国渔业法》等法律、行政法规，制定本规定。

第二条 在中华人民共和国境内从事水产养殖的单位和个人，应当遵守本规定。

第三条 农业部主管全国水产养殖质量安全管理工作。

县级以上地方各级人民政府渔业行政主管部门主管本行政区域内水产养殖质量安全管理工作。

第四条 国家鼓励水产养殖单位和个人发展健康养殖，减少水产养殖病害发生；控制养殖用药，保证养殖水产品质量安全；推广生态养殖，保护养殖环境。

国家鼓励水产养殖单位和个人依照有关规定申请无公害农产品认证。

第二章 养殖用水

第五条 水产养殖用水应当符合农业部《无公害食品海水养殖用水水质》（NY 5052—2001）或《无公害食品淡水养殖用水水质》（NY 5051—2001）等标准，禁止将不符合水质标准的水源用于水产养殖。

第六条 水产养殖单位和个人应当定期监测养殖用水水质。

养殖用水水源受到污染时，应当立即停止使用；确需使用的，应当经过净化处理达到养殖用水水质标准。

养殖水体水质不符合养殖用水水质标准时，应当立即采取措施进行处理。经处理后仍达不到要求的，应当停止养殖活动，并向当地渔业行政主管部门报告，其养殖水产品按本规定第十三条处理。

第七条　养殖场或池塘的进排水系统应当分开。水产养殖废水排放应当达到国家规定的排放标准。

第三章　养殖生产

第八条　县级以上地方各级人民政府渔业行政主管部门应当根据水产养殖规划要求，合理确定用于水产养殖的水域和滩涂，同时根据水域滩涂环境状况划分养殖功能区，合理安排养殖生产布局，科学确定养殖规模、养殖方式。

第九条　使用水域、滩涂从事水产养殖的单位和个人应当按有关规定申领养殖证，并按核准的区域、规模从事养殖生产。

第十条　水产养殖生产应当符合国家有关养殖技术规范操作要求。水产养殖单位和个人应当配置与养殖水体和生产能力相适应的水处理设施和相应的水质、水生生物检测等基础性仪器设备。

水产养殖使用的苗种应当符合国家或地方质量标准。

第十一条　水产养殖专业技术人员应当逐步按国家有关就业准入要求，经过职业技能培训并获得职业资格证书后，方能上岗。

第十二条　水产养殖单位和个人应当填写《水产养殖生产记录》（格式见附件1），记载养殖种类、苗种来源及生长情况、饲料来源及投喂情况、水质变化等内容。《水产养殖生产记录》应当保存至该批水产品全部销售后2年以上。

第十三条　销售的养殖水产品应当符合国家或地方的有关标准。不符合标准的产品应当进行净化处理，净化处理后仍不符合标准的产品禁止销售。

第十四条　水产养殖单位销售自养水产品应当附具《产品标签》（格式见附件2），注明单位名称、地址，产品种类、规格，出池日期等。

第四章　渔用饲料和水产养殖用药

第十五条　使用渔用饲料应当符合《饲料和饲料添加剂管理条例》和农业部《无公害食品渔用饲料安全限量》（NY 5072—2002）。鼓励使用配合饲料。限制直接投喂冰鲜（冻）饵料，防止残饵污染水质。

禁止使用无产品质量标准、无质量检验合格证、无生产许可证和产品批准文号的饲料、饲料添加剂。禁止使用变质和过期饲料。

第十六条　使用水产养殖用药应当符合《兽药管理条例》和农业部《无公害食品渔药使用准则》（NY 5071—2002）。使用药物的养殖水产品在休药期内不得用于人类食品消费。

禁止使用假、劣兽药及农业部规定禁止使用的药品、其他化合物和生物制剂。原料药不得直接用于水产养殖。

第十七条　水产养殖单位和个人应当按照水产养殖用药使用说明书的要求或在水生生物病害防治员的指导下科学用药。

水生生物病害防治员应当按照有关就业准入的要求，经过职业技能培训并获得职业资格证书后，方能上岗。

第十八条　水产养殖单位和个人应当填写《水产养殖用药记录》（格式见附件3），记载病害发生情况，主要症状，用药名称、时间、用量等内容。《水产养殖用药记录》应当保存至该批水产品全部销售后2年以上。

第十九条　各级渔业行政主管部门和技术推广机构应当加强水产养殖用药安全使用的宣传、培训和技术指导工作。

第二十条　农业部负责制定全国养殖水产品药物残留监控计划，并组织实施。

县级以上地方各级人民政府渔业行政主管部门负责本行政区域内养殖水产品药物残留的监控工作。

第二十一条　水产养殖单位和个人应当接受县级以上人民政府渔业行政主管部门组织的养殖水产品药物残留抽样检测。

第五章　附则

第二十二条　本规定用语定义：

健康养殖指通过采用投放无疫病苗种、投喂全价饲料及人为控制养殖环境条件等技术措施，使养殖生物保持最适宜生长和发育的状态，实现减少养殖病害发生、提高产品质量的一种养殖方式。

生态养殖指根据不同养殖生物间的共生互补原理，利用自然界物质循环系统，在一定的养殖空间和区域内，通过相应的技术和管理措施，使不同生物在同一环境中共同生长，实现保持生态平衡、提高养殖效益的一种养殖方式。

第二十三条　违反本规定的，依照《中华人民共和国渔业法》《兽药管理条例》和《饲料和饲料添加剂管理条例》等法律法规进行处罚。

第二十四条　本规定由农业部负责解释。

第二十五条　本规定自2003年9月1日起施行。

附件1：

水产养殖生产记录

池塘号：　　　　；面积：　　　亩；养殖种类：

饲料来源		检测单位	
饲料品牌			
苗种来源		是否检疫	
投放时间		检疫单位	
时间	体长	体重	投饵量	水温	溶氧	pH值	氨氮

养殖场名称：　　　养殖证编号：（　）养证［　］第　号
养殖场场长：　　　养殖技术负责人：

附件2：

产品标签

养殖单位	
地址	
养殖证编号	（　）养证［　］第　号
产品种类	
产品规格	
出池日期	

附件 3：

水产养殖用药记录

序号				
时间				
池号				
用药名称				
用量/浓度				
平均体重/总重量				
病害发生情况				
主要症状				
处方				
处方人				
施药人员				
备注				

中华人民共和国农业法

（主席令1993年第6号发布，2002年第81号、2009年第18号、2012年第74号修正）（饲料相关条款）

（1993年7月2日第八届全国人民代表大会常务委员会第二次会议通过 2002年12月28日第九届全国人民代表大会常务委员会第三十一次会议修订 根据2009年8月27日第十一届全国人民代表大会常务委员会第十次会议《关于修改部分法律的决定》第一次修正 根据2012年12月28日第十一届全国人民代表大会常务委员会第三十次会议《关于修改〈中华人民共和国农业法〉的决定》第二次修正）

目 录

第一章　总则
第二章　农业生产经营体制
第三章　农业生产
第四章　农产品流通与加工
第五章　粮食安全
第六章　农业投入与支持保护
第七章　农业科技与农业教育
第八章　农业资源与农业环境保护
第九章　农民权益保护
第十章　农村经济发展
第十一章　执法监督
第十二章　法律责任
第十三章　附则

第十六条 国家引导和支持农民和农业生产经营组织结合本地实际按照市场需求，调整和优化农业生产结构，协调发展种植业、林业、畜牧业和渔业，发展优质、高产、高效益的农业，提高农产品国际竞争力。

种植业以优化品种、提高质量、增加效益为中心，调整作物结构、品种结构和品质结构。

加强林业生态建设，实施天然林保护、退耕还林和防沙治沙工程，加强防护林体系建设，加速营造速生丰产林、工业原料林和薪炭林。

加强草原保护和建设，加快发展畜牧业，推广圈养和舍饲，改良畜禽品种，积极发展饲料工业和畜禽产品加工业。

渔业生产应当保护和合理利用渔业资源,调整捕捞结构,积极发展水产养殖业、远洋渔业和水产品加工业。

县级以上人民政府应当制定政策,安排资金,引导和支持农业结构调整。

第二十五条 农药、兽药、饲料和饲料添加剂、肥料、种子、农业机械等可能危害人畜安全的农业生产资料的生产经营,依照相关法律、行政法规的规定实行登记或者许可制度。

各级人民政府应当建立健全农业生产资料的安全使用制度,农民和农业生产经营组织不得使用国家明令淘汰和禁止使用的农药、兽药、饲料添加剂等农业生产资料和其他禁止使用的产品。

农业生产资料的生产者、销售者应当对其生产、销售的产品的质量负责,禁止以次充好、以假充真、以不合格的产品冒充合格的产品;禁止生产和销售国家明令淘汰的农药、兽药、饲料添加剂、农业机械等农业生产资料。

第六十一条 有关地方人民政府,应当加强草原的保护、建设和管理,指导、组织农(牧)民和农(牧)业生产经营组织建设人工草场、饲草饲料基地和改良天然草原,实行以草定畜,控制载畜量,推行划区轮牧、休牧和禁牧制度,保护草原植被,防止草原退化沙化和盐渍化。

中华人民共和国畜牧法

（主席令2005年第5号，2015年第十二届全国人大第十四次会议修正）（饲料相关条款）

第四章 畜禽养殖

第三十五条 县级以上人民政府畜牧兽医行政主管部门应当根据畜牧业发展规划和市场需求，引导和支持畜牧业结构调整，发展优势畜禽生产，提高畜禽产品市场竞争力。

国家支持草原牧区开展草原围栏、草原水利、草原改良、饲草饲料基地等草原基本建设，优化畜群结构，改良牲畜品种，转变生产方式，发展舍饲圈养、划区轮牧，逐步实现畜草平衡，改善草原生态环境。

第四十一条 畜禽养殖场应当建立养殖档案，载明以下内容：

（一）畜禽的品种、数量、繁殖记录、标识情况、来源和进出场日期。

（二）饲料、饲料添加剂、兽药等投入品的来源、名称、使用对象、时间和用量。

（三）检疫、免疫、消毒情况。

（四）畜禽发病、死亡和无害化处理情况。

（五）国务院畜牧兽医行政主管部门规定的其他内容。

第四十三条 从事畜禽养殖，不得有下列行为：

（一）违反法律、行政法规的规定和国家技术规范的强制性要求使用饲料、饲料添加剂、兽药。

（二）使用未经高温处理的餐馆、食堂的泔水饲喂家畜。

（三）在垃圾场或者使用垃圾场中的物质饲养畜禽。

（四）法律、行政法规和国务院畜牧兽医行政主管部门规定的危害人和畜禽健康的其他行为。

第五十四条 县级以上人民政府应当组织畜牧兽医行政主管部门和其他有关主管部门，依照本法和有关法律、行政法规的规定，加强对畜禽饲养环境、种畜禽质量、饲料和兽药等投入品的使用以及畜禽交易与运输的监督管理。

中华人民共和国农产品质量安全法

(主席令 2006 年第 49 号)(饲料相关条款)

第四章 农产品生产

第二十条 国务院农业行政主管部门和省、自治区、直辖市人民政府农业行政主管部门应当制定保障农产品质量安全的生产技术要求和操作规程。县级以上人民政府农业行政主管部门应当加强对农产品生产的指导。

第二十一条 对可能影响农产品质量安全的农药、兽药、饲料和饲料添加剂、肥料、兽医器械,依照有关法律、行政法规的规定实行许可制度。

国务院农业行政主管部门和省、自治区、直辖市人民政府农业行政主管部门应当定期对可能危及农产品质量安全的农药、兽药、饲料和饲料添加剂、肥料等农业投入品进行监督抽查,并公布抽查结果。

中华人民共和国食品安全法

（主席令2009年第9号发布，2015年第21号令修订）（饲料相关条款）

第十七条 国家建立食品安全风险评估制度，运用科学方法，根据食品安全风险监测信息、科学数据以及有关信息，对食品、食品添加剂、食品相关产品中生物性、化学性和物理性危害因素进行风险评估。

国务院卫生行政部门负责组织食品安全风险评估工作，成立由医学、农业、食品、营养、生物、环境等方面的专家组成的食品安全风险评估专家委员会进行食品安全风险评估。食品安全风险评估结果由国务院卫生行政部门公布。

对农药、肥料、兽药、饲料和饲料添加剂等的安全性评估，应当有食品安全风险评估专家委员会的专家参加。

食品安全风险评估不得向生产经营者收取费用，采集样品应当按照市场价格支付费用。

第四十九条 食用农产品生产者应当按照食品安全标准和国家有关规定使用农药、肥料、兽药、饲料和饲料添加剂等农业投入品，严格执行农业投入品使用安全间隔期或者休药期的规定，不得使用国家明令禁止的农业投入品。禁止将剧毒、高毒农药用于蔬菜、瓜果、茶叶和中草药材等国家规定的农作物。

食用农产品的生产企业和农民专业合作经济组织应当建立农业投入品使用记录制度。

县级以上人民政府农业行政部门应当加强对农业投入品使用的监督管理和指导，建立健全农业投入品安全使用制度。

中华人民共和国土壤污染防治法

(主席令 2018 年第 8 号)(饲料相关条款)

第二十六条 国务院农业农村、林业草原主管部门应当制定规划,完善相关标准和措施,加强农用地农药、化肥使用指导和使用总量控制,加强农用薄膜使用控制。

国务院农业农村主管部门应当加强农药、肥料登记,组织开展农药、肥料对土壤环境影响的安全性评价。

制定农药、兽药、肥料、饲料、农用薄膜等农业投入品及其包装物标准和农田灌溉用水水质标准,应当适应土壤污染防治的要求。

第二十七条 地方人民政府农业农村、林业草原主管部门应当开展农用地土壤污染防治宣传和技术培训活动,扶持农业生产专业化服务,指导农业生产者合理使用农药、兽药、肥料、饲料、农用薄膜等农业投入品,控制农药、兽药、化肥等的使用量。

地方人民政府农业农村主管部门应当鼓励农业生产者采取有利于防止土壤污染的种养结合、轮作休耕等农业耕作措施;支持采取土壤改良、土壤肥力提升等有利于土壤养护和培育的措施;支持畜禽粪便处理、利用设施的建设。

中华人民共和国动物防疫法

（主席令 2021 年第 69 号）（饲料相关条款）

（1997 年 7 月 3 日第八届全国人民代表大会常务委员会第二十六次会议通过，2007 年 8 月 30 日第十届全国人民代表大会常务委员会第二十九次会议第一次修订，根据 2013 年 6 月 29 日第十二届全国人民代表大会常务委员会第三次会议《关于修改〈中华人民共和国文物保护法〉等十二部法律的决定》第一次修正，根据 2015 年 4 月 24 日第十二届全国人民代表大会常务委员会第十四次会议《关于修改〈中华人民共和国电力法〉等六部法律的决定》第二次修正，2021 年 1 月 22 日第十三届全国人民代表大会常务委员会第二十五次会议第二次修订）

第八十二条 国家鼓励和支持执业兽医、乡村兽医和动物诊疗机构开展动物防疫和疫病诊疗活动；鼓励养殖企业、兽药及饲料生产企业组建动物防疫服务团队，提供防疫服务。地方人民政府组织村级防疫员参加动物疫病防治工作的，应当保障村级防疫员合理劳务报酬。

产业结构调整指导目录（2019年本）

（国家发改委令2019年第29号）（饲料相关内容）

中华人民共和国国家发展和改革委员会令
第29号

《产业结构调整指导目录（2019年本）》已经2019年8月27日第2次委务会议审议通过，现予公布，自2020年1月1日起施行。《产业结构调整指导目录（2011年本）（修正）》同时废止。

附件：产业结构调整指导目录（2019年本）

主任：何立峰

2019年10月30日

第一类　鼓励类

一、农林业

10. 获得绿色食品生产资料标志的饲料、饲料添加剂、肥料、农药、兽药等优质安全环保农业投入品及绿色食品生产允许使用的食品添加剂开发

17. 农作物秸秆综合利用（秸秆肥料化利用，秸秆饲料化利用，秸秆能源化利用，秸秆基料化利用，秸秆原料化利用等）

十四、机械

43. 农业收获机械：自走式谷物联合收割机（喂入量6千克/秒以上）；自走式半喂入水稻联合收割机（4行以上，配套发动机44千瓦以上）；自走式玉米联合收割机（3~6行，摘穗型，带有剥皮装置，以及茎秆粉碎还田装置或茎秆切碎收集装置）；穗茎兼收玉米收获机（摘穗剥皮、茎秆切碎回收），自走式玉米籽粒联合收获机（4行以上，籽粒直收型）；自走式大麦、草苜蓿、玉米、高粱等青贮饲料收获机（配套动力147千瓦以上，茎秆切碎长度10~60毫米，"具有金属探测、石块探测安全装置及籽粒破碎功能"）；棉花采摘机（3行以上，自走式或拖拉机背负式，摘花装置为机械式或气力式，适应棉株高度35~160厘米，装有籽棉集装箱和自动卸棉装置）；马铃薯收获机（自走式或拖拉机牵引式，2行以上，行距可调，带有去土装置和收集装置，最大挖掘深度35厘米）；甘蔗收获机（自走式或拖拉机背负式，配套功率58千瓦以上，宿根

破碎率≤18%，损失率≤7%）；残膜回收与茎秆粉碎联合作业机；牧草收获机械（自走式牧草收割机、悬挂式割草压扁机、指盘式牧草搂草机、牧草捡拾压捆机等）；自走式薯类收获机械；杂交构树联合收获机械

第二类　限制类

十、医药

1. 新建、扩建古龙酸和维生素 C 原粉（包括药用、食品用、饲料用、化妆品用）生产装置，新建药品、食品、饲料、化妆品等用途的维生素 B_1、维生素 B_2、维生素 B_{12}、维生素 E 原料生产装置

第三类　淘汰类

一、落后生产工艺装备

（四）石化化工

4. 单线产能 1 万吨/年以下三聚磷酸钠、0.5 万吨/年以下六偏磷酸钠、0.5 万吨/年以下三氯化磷、3 万吨/年以下饲料磷酸氢钙、5 000 吨/年以下工艺技术落后和污染严重的氢氟酸、5 000 吨/年以下湿法氟化铝及敞开式结晶氟盐生产装置

关于提供环境保护综合名录（2017年版）的函

发展改革委、工业和信息化部、财政部、商务部、人民银行、海关总署、税务总局、工商总局、质检总局、安全监管总局、林业局、银监会、证监会、保监会办公厅（室）：

根据国务院印发的《"十三五"生态环境保护规划》（国发〔2016〕65号）关于"修订完善环境保护综合名录，推动淘汰高污染、高环境风险的工艺、设备与产品"的有关要求，我部在《环境保护综合名录（2015年版）》的基础上，继续组织研究提出了一批新的名录，形成了《环境保护综合名录（2017年版）》，包括：

一、"高污染、高环境风险"产品名录（2017年版）；

二、环境保护重点设备名录（2017年版）。

现提供给你们，供制定和调整有关产业、税收、贸易、信贷等政策时参考。

联系人：环境保护部政策法规司　靳晗，吴嗣骏

电话：（010）66556951

附件：环境保护综合名录（2017年版）

环境保护部办公厅
2018年1月12日

抄送：各省、自治区、直辖市环境保护厅（局），新疆生产建设兵团环境保护局

附件：

《环境保护综合名录（2017年版）》
（饲料添加剂相关部分）

一、"高污染、高环境风险"产品名录（2017年版）

序号	特性	产品		行业	
		产品名称	产品代码	行业名称	行业代码
806	GHW/GHF	维生素 B_1（丙烯腈-甲酰氨甲基嘧啶工艺除外）	2701040201	化学药品原料药制造	
807	GHW	维生素 B_2（BS菌生产工艺除外）	2701040202		
810	GHW	薯蓣皂素	2701080299		
811	GHW	黄姜皂素（酒精浸取法除外）	2701080299		
812	GHW	叶酸（蝶酰谷氨酸）（零排放法连续技术除外）	2701139900		

1. 特性中，GHW代表高污染产品、GHF代表高环境风险产品。
2. 除外工艺是指对环境造成的影响较小，不宜予以限制的生产工艺，具体说明详见附表。
3. 参照《统计用产品分类》。
4. 参照《国民经济行业分类》（GB/T 4754—2011）。

附表：

"高污染、高环境风险"产品名录（2017年版）中部分产品的"除外工艺"[5]说明（饲料添加剂相关部分）

序号	产品名称（对应序号[6]）	除外工艺		
		名称	污染物排放情况	认定特征
105	维生素 B_1（806）	丙烯腈-甲酰氨甲基嘧啶工艺	原料：不使用硫酸二甲酯、发烟硫酸等剧毒或高污染原料；吨产品：原料消耗降低30%，水污染物产生量降低约50%，污染治理成本减少约60%	不使用硫酸二甲酯、发烟硫酸等原料
106	维生素 B_2（807）	BS菌生产工艺	原料：工艺流程短，吨产品原辅料减少56.1%；吨产品：发酵单位比EA菌发酵法提高了4倍、减少电耗88.23%、减少煤耗92.39%、减少新水耗用量88.21%、减少COD产生量89.29%、收率提高了5%	减少有毒化学品的使用，能耗物耗降低，节能减排
107	黄姜皂素（811）	酒精浸取法	吨产品：用水量≤50t，有机溶剂消耗<1t，不使用强碱；基本不产生废渣与废水	闭环式提取，残渣用于酒精生产和有机复合肥生产
108	叶酸（蝶酰谷氨酸）（812）	零排放法连续技术	无废水排放	母液均被处理利用

5. 除外工艺是指，部分"高污染、高环境风险"产品的生产工艺中，对环境危害小的工艺。
6. 对应序号是指，该产品在《"高污染、高环境风险"产品名录（2017年版）》中的序号。

国家危险废物名录（2021年版）

（生态环境部、国家发改委、公安部、交通运输部、
国家卫健委令 2020 年第 15 号）

《国家危险废物名录（2021年版）》已于2020年11月5日经生态环境部部务会议审议通过，现予公布，自2021年1月1日起施行。

2020 年 11 月 25 日

国家危险废物名录（2021年版）

第一条 根据《中华人民共和国固体废物污染环境防治法》的有关规定，制定本名录。

第二条 具有下列情形之一的固体废物（包括液态废物），列入本名录：

（一）具有毒性、腐蚀性、易燃性、反应性或者感染性一种或者几种危险特性的；

（二）不排除具有危险特性，可能对生态环境或者人体健康造成有害影响，需要按照危险废物进行管理的。

第三条 列入本名录附录《危险废物豁免管理清单》中的危险废物，在所列的豁免环节，且满足相应的豁免条件时，可以按照豁免内容的规定实行豁免管理。

第四条 危险废物与其他物质混合后的固体废物，以及危险废物利用处置后的固体废物的属性判定，按照国家规定的危险废物鉴别标准执行。

第五条 本名录中有关术语的含义如下：

（一）废物类别，是在《控制危险废物越境转移及其处置巴塞尔公约》划定的类别基础上，结合我国实际情况对危险废物进行的分类。

（二）行业来源，是指危险废物的产生行业。

（三）废物代码，是指危险废物的唯一代码，为8位数字。其中，第1~3位为危险废物产生行业代码（依据《国民经济行业分类（GB/T 4754—2017）》确定），第4~6位为危险废物顺序代码，第7~8位为危险废物类别代码。

（四）危险特性，是指对生态环境和人体健康具有有害影响的毒性（Toxicity，T）、腐蚀性（Corrosivity，C）、易燃性（Ignitability，I）、反应性（Reactivity，R）和感染性（Infectivity，In）。

第六条 对不明确是否具有危险特性的固体废物，应当按照国家规定的危险废物鉴别标准和鉴别方法予以认定。

经鉴别具有危险特性的，属于危险废物，应当根据其主要有害成分和危险特性确定

所属废物类别，并按代码"900-000-××"（××为危险废物类别代码）进行归类管理。

经鉴别不具有危险特性的，不属于危险废物。

第七条 本名录根据实际情况实行动态调整。

第八条 本名录自 2021 年 1 月 1 日起施行。原环境保护部、国家发展和改革委员会、公安部发布的《国家危险废物名录》（环境保护部令第 39 号）同时废止。

附录：

国家危险废物名录（饲料添加剂相关部分）

废物类别	行业来源	废物代码	危险废物	危险特性[1]
HW02 医药废物	生物药品制品制造	276-001-02	利用生物技术生产生物化学药品、基因工程药物过程中产生的蒸馏及反应残余物	T
		276-002-02	利用生物技术生产生物化学药品、基因工程药物（不包括利用生物技术合成氨基酸、维生素、他汀类降脂药物、降糖类药物）过程中产生的废母液、反应基和培养基废物	T
		276-003-02	利用生物技术生产生物化学药品、基因工程药物（不包括利用生物技术合成氨基酸、维生素、他汀类降脂药物、降糖类药物）过程中产生的废脱色过滤介质	T
		276-004-02	利用生物技术生产生物化学药品、基因工程药物过程中产生的废吸附剂	T
		276-005-02	利用生物技术生产生物化学药品、基因工程药物过程中产生的废弃产品、原料药和中间体	T
HW03 废药物、药品	非特定行业	900-002-03	销售及使用过程中产生的失效、变质、不合格、淘汰、伪劣的化学药品和生物制品（不包括列入《国家基本药物目录》中的维生素、矿物质类药，调节水、电解质及酸碱平衡药），以及《医疗用毒性药品管理办法》中所列的毒性中药	T

注：1. 所列危险特性为该种危险废物的主要危险特性，不排除可能具有其他危险特性；","分隔多个危险特性代码，表示该种废物具有列在第一位代码所代表的危险特性，且可能具有所列其他代码代表的危险特性；"/"分隔的多个危险特性代码，表示该种危险废物具有所列代码所代表的一种或多种危险特性。